普通高等教育"十四五"规划教材

电化学冶金原理及应用

主　编　李　雪　张义永
副主编　朱子翼

北　京
冶金工业出版社
2023

内 容 提 要

本书共 12 章,第 1~3 章详细阐述了导体的结构、性质及相间电势差,电化学热力学基础理论;第 4~6 章分别介绍了双电层结构与模型发展情况及传荷动力学与液相传质动力学等理论基础;第 7~9 章介绍了电化学过程中几种常见的特殊电极过程,包括气体电极过程、金属阴极和阳极过程;第 10~12 章主要介绍电化学冶金原理的应用、电解法生产重要工业材料的工艺及电化学储能技术在能源领域的应用。

本书可作为高等院校冶金工程、新能源材料与器件专业的教材,也可供冶金领域的工程技术人员等参考。

图书在版编目(CIP)数据

电化学冶金原理及应用/李雪,张义永主编. —北京:冶金工业出版社,2023.7

普通高等教育"十四五"规划教材

ISBN 978-7-5024-9637-1

Ⅰ.①电… Ⅱ.①李… ②张… Ⅲ.①电化学—化学冶金—高等学校—教材 Ⅳ.①TF11

中国国家版本馆 CIP 数据核字(2023)第 192124 号

电化学冶金原理及应用

出版发行 冶金工业出版社		**电 话** (010)64027926	
地 址 北京市东城区嵩祝院北巷 39 号		**邮 编** 100009	
网 址 www.mip1953.com		**电子信箱** service@mip1953.com	

责任编辑 王梦梦 美术编辑 吕欣童 版式设计 郑小利
责任校对 石 静 责任印制 禹 蕊
北京印刷集团有限责任公司印刷
2023 年 7 月第 1 版,2023 年 7 月第 1 次印刷
787mm×1092mm 1/16;18 印张;431 千字;275 页
定价 49.00 元

投稿电话 (010)64027932 投稿信箱 tougao@cnmip.com.cn
营销中心电话 (010)64044283
冶金工业出版社天猫旗舰店 yjgycbs.tmall.com
(本书如有印装质量问题,本社营销中心负责退换)

前　　言

随着"碳达峰"和"碳中和"的提出，以清洁电能为主的能源革命正在急速推进，而电化学技术在这个进程中起到关键作用。目前，冶金领域节能降耗、减碳，新能源材料与器件等成为电化学领域的研究热点。

冶金电化学是研究金属电极、电解质及其间形成的界面和界面上发生反应的学科，是一门具有交叉特性的学科，广泛适用于有色金属、化工、水电解等工业，其中电解食盐，水电解制氢、制氧，电解铝、铜、锌、镍及石墨化炉等应用较广。电化学相关的基础理论和应用技术迭代更新速度快。然而，电化学相关的基础理论和应用技术教材更新缓慢，比较陈旧。因此，亟须编写适应科学技术发展的基础冶金电化学教材。

本书作者在大量参考国内外相关教材、专著的基础上，根据实际教学经验，采用更有利于学生掌握的章节编排结构，全面和深入地介绍冶金电化学的基础理论、基础知识与应用技术，力求做到表述严谨、条理清晰、内容新颖。希望本书能够对电化学领域，尤其是冶金、新能源材料与器件专业的学生和科研工作者开展电化学研究有所裨益。

本书由昆明理工大学李雪和张义永主编。全书共 12 章，采用由基础到应用的顺序进行组织与讲解。首先，本书详细介绍了导体的结构、性质及相间电势差，电化学热力学、双电层结构与模型发展及传荷动力学与液相传质动力学等理论基础。随后，本书介绍了电化学过程中的几种常见的特殊电极过程，包括气体电极过程、金属阴极和阳极电极过程与反应原理。在此基础上，本书最后几章主要探讨电化学冶金原理的应用、电解法生产重要工业材料的工艺，以及电化学储能技术在能源与环保领域的应用。每章还设有习题与案例，以帮助读者加深理解与掌握相关知识。

本书可作为高等院校冶金工程、新能源材料与器件专业的本科生教材，也可供冶金电化学领域的工程技术人员参考。

由于编者水平所限，书中不足之处，欢迎大家批评指正。

编　者
2023 年 3 月

目　　录

1 绪　　论

1.1　电化学科学的发展与应用

1.1.1　电化学的研究对象

通常，自然科学是按照所研究领域中研究对象所具有的特殊矛盾性划分的。其中，物理化学是旨在从物质的物理现象和化学现象的联系入手（即物质的化学变化和化学变化相联系的物理过程）探究化学变化规律的一门科学。物理化学作为化学学科的一个分支，它主要探讨：（1）化学变化的方向及限度问题；（2）化学反应的速率和机理问题；（3）物质结构和性能的关系问题。因此，温度、压力、浓度、电场、磁场、光照等因素对化学反应的影响均是物理化学研究的基本内容。而研究者在对化学现象与电现象之间的关系及相互转化过程规律的认识中，逐渐发现伴随电荷迁移的化学反应过程呈现出独特的性质，为此，一门专门研究电子导电相（金属、半导体和石墨）和离子导电相（溶液、熔盐和固体电解质）之间的界面上所发生的各种界面效应，即伴随电现象发生的化学反应的科学——电化学，作为物理化学的重要组成部分，在生产需求的推动下，经过电化学工作者的努力，获得长足的发展而成为一门独立的学科，并呈现出日益绚丽的发展前景。

电化学研究的各种界面效应所具有的内在特殊矛盾性就是化学现象和电现象的对立统一。具体而言，电化学的研究对象包括三部分：

（1）第一类导体：电子导体。凡是依靠物质内部自由电子的定向运动而导电的物体，即载流子为自由电子（或空穴）的导体，是电子导体。金属、合金、石墨及某些固态金属化合物（如氧化物 PbO_2、$FeSO_4$，金属碳化物等）均属于电子导体，而除依靠自由电子外，还可以通过空位导电的半导体本质上仍属于电子导体。由电子导体串、并联组成电子导电回路，满足欧姆（Ohm）定律，是物理学电基础所研究的内容。

（2）第二类导体：离子导体。凡是依靠物质内的离子定向迁移而导电的物体，即载流子是电解质中的正、负离子的导体称为离子导体。各种电解质溶液、熔融态电解质和固体电解质均属于离子导体。这是经典电化学研究的重要基础内容，电解质溶液理论和离子熔体及固体电解质电化学理论对其进行了深入研究。

（3）上述两类导体的界面及其效应是现代电化学研究的主要内容。

对于离子导体实现导电不可避免地需要特定的装置——原电池回路和电解池回路（见图 1-1），不同的回路装置将决定不同的能量转化形式和反应方向。首先考察原电池回路，在丹尼尔（Daniel）原电池中，电子导体的锌电极在 $ZnSO_4$ 溶液中自发地发生氧化反应（$Zn \rightarrow Zn^{2+} + 2e$），反应电子导体的锌变成锌离子进入溶液，而多余的自由电子通过电子回路移动至铜电极，在铜电极表面出现的电子被其周围的 Cu^{2+} 很快得到，引发 Cu^{2+} 的还原反应（$Cu^{2+}+2e\rightarrow Cu$），使 Cu^{2+} 在铜电极上沉积析出；随着反应的进行，被隔膜阻隔的两种电解液中，处于无规则热运动的正、负离子产生了 Zn^{2+} 向远离锌电极表面的定向运动和溶液中的 Cu^{2+} 向铜电极表面定向的移动。这样组成了两类导体的电荷传递，电流流经灯泡使其发光。

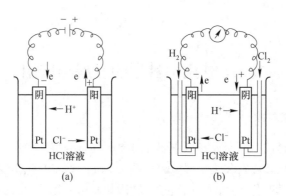

图 1-1　两类电化学装置示意图
（a）原电池回路；（b）电解池回路

对于电解池回路，由于外电源提供给电解池能量，使得电解池这一负载上发生了离子得失反应，在外电场作用下，锌电极发生氧化反应（$Zn\rightarrow Zn^{2+}+2e$），锌电极的锌变成锌离子进入电解液中；相反地，铁电极表面出现的电子被其周围的 Zn^{2+} 很快得到，引发 Zn^{2+} 的还原反应（$Zn^{2+}+2e\rightarrow Zn$），使 Zn^{2+} 在铁电极上沉积析出；电场作用下的离子移动、电子得失反应与外电路构成完整电解池回路，使得电流的输送持续不断地进行下去。总之，电子不能自由地进入电解质溶液中，为了使电流能在整个回路中通过，必须在电子导体-离子导体界面处进行导电离子的转换，即发生有电子参加的化学反应——电极反应，电极反应使得不同载流子在各自的导体上实现导电方式的转化，引发电子和离子持续运动。

实现电能和化学能转化的电化学装置均由三部分构成：电解质、电极、外电路。整个电化学体系的电化学反应过程至少包括：阴极反应过程、阳极反应过程和电流流动过程。电化学反应本质上是氧化还原反应，电化学装置使该反应可以在不同区域独立进行，一般认为，在电化学反应的两个电极中，在电极与电解质界面上，反应粒子从外电路得到电子发生还原反应，称为阴极反应；而在电极与电解质界面上，反应粒子把电子传给外电路失去电子发生氧化反应，称为阳极反应。根据电极反应把电化学过程的两个电极称为阳极或阴极，在各自的电极上发生相应的反应。但由于人们对原电池反应的认识，长期习惯于按照电极电位的高低，把两电极中电极电位较高的称为正极，电极电位低的称为负极，那么，在电解池中，正极失去电子发生阳极反应为阳极，负极得到电子发生阴极反应是阴极；在原电池中则不同，正极得到电子发生阴极还原反应是阴极，负极失去电子发生阳极氧化反应为阳极。注意，习惯上把电极材料，即电子导体（如金属、石墨等）称为电极，但也有人将由电子导体（金属）和离子导体（电解质溶液或熔融盐等）组成的体系称作电极，常以金属/溶液表示。对于这一概念的含义目前不统一，因此，在对其含义的把握上需结合上下文理解。

电化学反应是发生在电极-电解液界面上，涉及电子得失的化学过程。研究这一过程发生的可能性（趋势）、进行速率、影响因素和控制实现等是电化学这一自然科学的必然使命。电化学反应发生在电极-电解液界面，因此界面的性质和结构，如双电层的形成、界面电场的性质、界面的吸附等都直接影响电化学反应的热力学和动力学特性。电化学反应过程是一类多步骤、连续进行的复杂特殊的异相催化反应过程，可简单地看作阴极及阳极反应过程和反应物质在溶/熔液中传递过程的串联。对电化学反应过程有影响的电极表面附近液层中的传质特性及阴、阳极反应动力学规律是电化学理论的核心。量子化学的建立和发展，使量子理论运用于电化学过程，解释和揭示其电极动力学特征的电子转移步骤，量子理论开创了更微观地研究电化学变化过程的途径。

1.1.2 电化学技术的广泛应用

在自然环境及工业各部门、各环节的生产环境中，电化学反应现象普遍存在。其原因在于：

（1）两相普遍含有带电荷的粒子，如电子和离子。当两相开始相互接触时，各种带电荷的粒子在两相中的化学位一般是不相等的。这些带电荷的粒子间可能发生的相间转移（或相间化学反应）的自由能变化一般不为零，所以必然有电荷在相间自发转移，从而形成界面双电层和界面电位差。此外，两相界面常存在吸附的离子或带偶极矩的分子，也会导致电位差。

（2）界面电位差的起因是界面双电层的形成。双电层两侧各有符号相反、数量相等的过剩电荷分布着，过剩电荷只要存在极少量就足以产生明显的界面电位差。界面电位差的单位为伏特，每伏特相应的过剩电荷量约为 $0.1\ C/m^2$，这少于该界面单原子层数量的 10%，所以一般极易迅速达到。

（3）地球上广泛存在的水的介电常数较大，是各类电解质很好的溶剂。而且工业领域中有多种熔盐和各类固体电解质，因此电解质环境普遍存在。

（4）电化学反应机制相对于化学反应机制具有易于使用性。首先，电化学反应是可以分成两个半反应分别在各自最适宜进行的地点进行，而不需在所有反应粒子碰撞在一起时才能发生，因此反应的概率要大得多。其次，既然两个半反应可以同时在不同的地点进行，它们就会分别选择在各自电极左侧反应物体系的吉布斯自由能最高、活化能位垒最低的地点进行，所以以反应速率常数要远高于化学反应的速率常数。而且，化学反应过程中固体的反应产物是就地生成的，它们可能阻碍反应物粒子进一步碰撞；而电化学反应两个半电极反应进行时，最终的固体反应产物是两个半反应生成的离子扩散后相遇生成的沉淀，它对两个半反应的进行影响很小或甚至可能没有影响。所以整个反应过程按两个半反应进行的阻力远远小于按化学反应路径进行的阻力。

电化学与化工、冶金、材料、航空、航天、环境保护、生物、医学等多个领域密切相关。由伏打电堆广泛应用而引发的电化学理论研究与实践探索不仅促进了电化学理论的成熟，加速了电化学工业的形成、发展和繁荣，而且推动了电化学技术向更广阔的科学领域的扩散与渗透，形成了许多跨学科或边缘领域的科学。电化学方法广泛应用于现代技术的各个方面，因而形成了应用电化学。例如，电化学冶金、化学电源、电化学腐蚀与防护、电化学控制和分析方法、有机和无机化合物的电合成、电化学传感器的开发等，都是应用电化学的重要研究应用领域。现在一般所讲的应用电化学科学是区别于电化学原理（理论）科学的，专指将有关的电化学原理应用于实际生产过程相关的领域，以适应实际需要而发展起来的一门科学。一方面基础研究推动着电化学应用技术不断进步；另一方面应用技术的研究和发展又为基础研究提出了新的课题，这样使电化学学科得以长足发展。

总之，现代电化学已成为内容非常广泛的学科领域。为了便于组织学术交流，目前国际电化学学会（international society of electrochemisty，ISE）将其会员的活动分为 8 个大组进行，各自涵盖的学术领域如下：

（1）界面电化学，包括固/液导电表面和界面的结构状况、双电层结构、电子和离子转移过程的理论、电催化理论、光电化学、电化学体系的统计力学和量子力学方法。

（2）电子导电相和离子导电相，包括金属、半导体、固态离子导体、熔盐、电解质溶液、离子/电子导电聚合物，以及嵌入化合物等的热力学和传输性质。

（3）分析电化学，用于化学分析、监测和过程控制的电化学方法与装置（如直流电法、交流电法和电位法等技术），电化学传感器（包括离子选择性电极和固态器件）。

（4）分子电化学，包括无机物、有机物和金属有机化合物电极过程的机理和结构状况，及其在合成中的应用。

（5）电化学能量转换，包括能量的电化学产生、传输和储存，蓄电池，燃料电池，光电化学过程与装置。

（6）腐蚀、电沉积和表面处理，包括腐蚀与保护的电化学状况、钝化、电化学固相沉积与溶解过程的理论及应用（包括电镀、电抛光、微建造和电化学成型）。

（7）工业电化学和电化学工程，包括工业电化学过程的基本概念及工艺学，环境及能量状况，电解槽设计、放大与优化，电化学反应器理论，质量、动量和电量传递的基本问题，工程应用的电化学装置。

（8）生物电化学，包括生物体系组分的氧化还原过程，生物膜及其模型物的电化学，电化学生物传感器和电化学技术在生物医学中的应用。

现代电化学已成为一门交叉学科，也是应用前景非常广阔的学科。在过去的半个世纪中，电化学已为解决能源、材料、环境等的相关问题发挥了不可低估的作用，毫无疑问，在 21 世纪该学科必将继续为解决人类面临的这些重大问题发挥更加显著的作用。

1.2　电化学与冶金技术

冶金工程是研究从矿石等资源中提取金属或金属化合物，并制成具有良好使用性能和经济价值的材料的学科。冶金技术作为国民经济建设的基础，是国家实力和工业发展水平的标志，它为机械、能源、化工、交通、建筑、航空航天、国防军工等各行各业提供所需的材料产品。工业、农业、国防及科技的发展对冶金工业不断提出新的要求并推动着冶金工程技术的发展进步，反过来，冶金工程的发展又不断为人类文明进步提供新的物质基础。冶金工程是一系列物理化学单元过程的有机组合，要实现高效优质的生产就必须对其中的各个单元过程深入了解和优化，为此冶金物理化学、冶金电化学等学科被提出并不断地完善、发展和丰富。

冶金物理化学是物理化学在冶金过程中的应用，它是冶金学与材料制备的基础理论，是通过矿石转变成金属或其化合物产品的全部冶炼过程中应用物理化学的原理和方法来研究冶金过程的一门学科。冶金物理化学的基本内容包括冶金热力学、冶金动力学及冶金电化学。其中，冶金电化学旨在研究电化学在冶金中的应用。水溶液体系的电积和精炼，熔盐电解，电化学浮选、浸出及金属-熔渣平衡反应等过程均属于冶金电化学的研究范畴。因各学科的角度不同，各自关注的重心也不相同，而且从多视角分析研究冶金物理过程将有助于全面透彻地理解所研究的问题。另外，从学科交叉融合发展来说，冶金电化学的发展和丰富对于冶金物理化学和从物理化学分出的电化学的发展也都具有有益的促进作用。电化学作为研究电能和化学能相互转化关系和转化过程中有关规律的科学，它旨在关注电化学体系能量变化过程中涉及的热力学和动力学规律的概括。而运用电化学原理和方法研究揭示冶金过程中的电化学反应特性不单单是电化学理论和技术在冶金行业的应用，事实上，冶金过程中所涉及的水溶液、熔盐、固体电解质反应规律也需要相应的特殊手段来诠释，因此这对电化学理论和技术的发展也起到了极大的推动作用。

总之，冶金电化学作为冶金物理化学的重要内容，是对电化学的丰富和发展，并具有自身的特点，为此，有必要单独提出这门交叉学科并构建其理论体系，以便更好地为冶金工程技术和电化学学科学发展提供理论基础和技术支撑。

冶金电化学作为研究冶金过程中的电化学现象及其应用的一门学科，其主要任务是合理利用电化学基本原理、方法及技术进行矿物分离和提取有价组分，以及进行金属的电沉积和精炼等。电解加工是冶金工业中大规模用来提取金属的主要方法之一，元素周期表中几乎所有的金属都可以用水溶液或熔盐电解方法来制取，因此，系统地掌握冶金电化学的基本原理具有十分重要的意义。

电化学冶金作为材料冶金加工的重要手段广泛应用于 Al、Na、Li、Mg 等电负性很大的金属原材料的制备；而对于高纯度 Zn、Cu、Ni、Co、Cr、Mn、RE(稀土)、Nb、Ta 等材料的无污染或低污染生产也是首选的工艺途径。通过电化学反应使有色金属从所含盐类的水溶液或熔体中析出的电化学冶金过程，包括电解提取（又称电积）和电解精炼两种加工过程。与火法冶金及湿法冶金相比，电化学冶金具有应用范围大、产品纯度高，能处理低品位和复杂多金属矿等特点。利用电化学基本原理、方法及技术专门研究冶金过程中的电化学反应历程、行为并能相应地选择有效技术途径，合理、主动地调控冶金过程获得优质、高效冶金产品是冶金电化学原理这一研究命题的基本任务和目标。

1.3　电化学冶金的研究内容

电化学冶金的研究内容有：分析冶金过程中的电化学生产和服务于冶金加工过程的重要理论体系——冶金电化学基本原理，旨在对水溶液电解质体系的电冶金、熔盐中的金属/合金电解及固体电解质应用中的电化学现象、反应特征、机理过程进行揭示，剖析影响冶金过程的因素，为冶金工艺优化提供技术指导和理论分析基础。冶金电化学现象普遍存在于水溶液电解质体系、熔盐电解质和固体电解质三类第二导体中。而从电化学过程看，既有依靠腐蚀原电池反应过程进行的浸出、分离过程，又有依靠不同特性的电解池进行的电积、电精炼、矿浆电解、熔盐电解/精炼过程；另外，固体电解质最主要是利用其组成原电池，可对钢铁冶炼生产中的热力学参数进行研究和氧等成分进行分析（作为传感器）。

1.4 电化学冶金的研究方法

电化学冶金工业生产的终极目标在于制备出产量大、质量优的各类产品，既要从降低生产成本的角度出发，又要求具有尽可能高的电流效率和尽可能低的电能消耗，还要既能综合利用各类资源，又能较好地保护环境。因此，实现上述目标首先是合理地选择电化学冶金方法；其次是通过确定相关的技术参量，认识所研究冶金电化学过程的制约因素和过程机理；再次是根据所研究冶金电化学过程的特点进行工艺优化，试验推广，最终确定最优的生产技术方法和参数。其中，冶金电化学过程的制约因素及过程机理的确定尤为重要，但这绝非简单的事情。然而，在初步认识的基础上能自觉合理地选择运用冶金电化学原理所带来的有力的技术手段——电化学测试方法进行进一步分析，将有助于加深对所研究冶金过程的理解，进而最终认清该电化学过程的制约因素、过程机理。

电化学测试是指根据电化学原理控制实验条件进行实验测量，获取相应结果的过程。电化学测试技术是依据电化学原理设计并采用一定的测试手段（方法和仪器装置），适当控制实验测试条件，测定反映电极或电极过程的电化学参量或曲线的实验技术。其目的在于获取和揭示归结电化学反应的化学物质变化的信息和规律。因此，电化学测试技术不仅随着电化学原理的不断成熟而发展，而且在很大程度上也有赖于测试技术手段的进步。作为一项实用的技术方法，从根本上离不开其"物化"的现代电子仪器技术的辅助，特别是现代电化学测试，必须采用适宜的电子仪器和电子计算机辅助实现。

在研究电化学体系时，一般有两种方法：（1）对于所研究的电化学体系维持电化学池（包括原电池和电解池）的某些变量恒定，而测定其他变量（如电流、电量、电位和浓度）如何随受控量的变化而变化，获取体系的特性，如稳态极化曲线的测定，反映体系在极化状态下的稳定性趋势；（2）把电化学体系当作一个"黑盒子"，对这个"黑盒子"施加某一扰动或激发函数（如电位阶跃），在体系的其他变量维持不变的情况下，测量某一响应函数（如引起电流随时间的变化）。实验的目的是从激发函数和响应函数的观察中，获得关于化学体系的信息，以及了解有关体系的恰当的模型。这一点与在许多其他类型的实验所应用的基本思想相同，如电路试验或光谱分光分析。在光谱分光测定中，激发函数是不同波长的光；响应函数是在这些波长下，体系透过的光的分数；体系的模型是比尔（Beer）定律或分子模型；信息的内容包含吸收物质的浓度，它们的吸收率或它们的跃迁能。

电化学测定的优点是：

（1）测定简单。可以将一般难以测定的化学量直接转变成容易测定的电参数。

（2）测定灵敏度高。因为电化学反应是按法拉第定律进行的，所以即使微量的物质变化也可以通过容易测定的电流或电量来测定。以铁的测定为例，1 C（库仑）相当于 0.29 mg 的铁，而电量的测量精度可达 10^{-16} C，所以，利用电化学测定方法，即使是 10^{-19} g 数量级的极其微量的物质变化也可以在瞬间测定出来。

（3）即时性。利用上述高精度的特点，可以把微反应量同时检验出，并进行定量。

（4）经济性。使用的仪器都比较便宜，而且具有灵敏度高、即时性等优点。

因此，电化学测定是一种经济的测定方法。

非电化学方法，特别是光谱和能谱在电化学研究中的应用，近年来发展迅速，它对于电极表面结构的变化，以及电极和溶液交界面的研究有独到之处。然而，非电化学方法也需要用电化学方法来配合。

电化学测试包括实验条件的控制、实验结果的测量和实验结果的解析三个主要内容。在电化学原理指导下控制实验条件并测量在此控制条件下实验的结果，是电化学测试的主要任务。实验条件的控制是根据实验的要求而控制电解池系统极化的电位、电流（或电量）和极化的程度（小幅度和大幅度），改变极化的方式（恒定、阶跃、方波、扫描、正弦波和载波等）和极化的时间（稳态和暂态）。按照电化学测量研究控制方法可笼统地将极化时间分为稳态和暂态两种。稳态系统的条件是电流、电极电势、电极表面状态和电极表面物质的浓度等基本上不随时间而改变。对于实际研究的电化学体系，当电极电势和电流稳定不变（实际上是变化速度不超过一定值）时，就可以认为体系已达到稳态，可按稳态方法来处理。需要指出的是稳态不等于平衡态，平衡态是稳态的一个特例，稳态时电极反应仍以一定的速率进行，只不过是各变量（电流、电位）不随时间变化而已；而电极体系处于平衡态时，净反应速率为零；稳态和暂态是相对而言的，从暂态到达稳态是一个逐渐过渡的过程。在暂态阶段，电极电势、电极表面的吸附状态及电极-溶液界面扩散层内的浓度分布等都可能与时间有关，处于变化中。稳态的电流全部是电极反应产生的，它代表着电极反应进行的净速率，而流过电极-溶液界面的暂态电流则包括了法拉第电流和非法拉第电流。暂态法拉第电流是由电极-溶液界面的电荷传递反应所产生，通过暂态法拉第电流可以计算电极反应的量；暂态非法拉第电流是双电层的结构改变引起的，通过暂态非法拉第电流可以研究电极表面的吸附和脱附行为，测定电极的实际表面积。实现测试控制，必须由执行控制的仪器和发生各种指令的仪器辅助完成。在实验结果的测量方面，一般对象为电极的电位、电流、阻抗及它们随时间的变化。为了便于对这些电解池响应信号加以解析，经常还要求测量电量、电流的对数，以及从总阻抗中把电阻成分和电容成分分离出来；为了测量阻抗随时间的变化，还需要能迅速测出瞬间阻抗变化的仪器（如选相调辉和选相检波）。测量这些实验结果要通过相应的解析单元获得。实验结果的解析也是电化学测量研究的重要内容。虽然人们可以在电化学理论指导下选择并控制实验条件，以突出某一基本过程，但是往往因电极过程的复杂性使其他一些过程还不能完全忽略，甚至仍占有相当重要的地位，所以测量的实验数据必须经过解析才能反映和揭示电化学过程的规律和特性。例如，在一般的实验条件下测量银粉比表面积，可控制在不发生电化学反应的理想极化电位区，突出双电层充/放电过程以利于测量双电层电容；而在一般的实验条件下测量锌粉比表面积时，却无法找到不发生电化学反应的电位区，实验仅能控制在法拉第阻抗最大的电位区，因此必须采用其他的测试方法，并从理论上进行解析以求出双电层电容。

总之，针对冶金电化学反应过程的特点，依据相应的电化学原理，创造试验条件，借助电化学测试技术服务于冶金科研、生产，这已经被广大冶金科技工作者选用。研究人员通过该技术与其他技术方法配合应用探讨最佳的电解质组成，研究电极反应的条件，进而获取最佳的工艺技术条件。所选择的工业电解质溶液要求物理和化学性质稳定，具有较高的导电性，能溶解所制取的金属盐，溶解度尽可能大；且要求其无毒，价格低廉及废溶液容易处理或回收循环使用，为此，需要系统地研究电解质溶液中离子的平衡和动态性质，杂质的影响及其组成-性质关系，从中找出合理的电解质组成。所选择的熔盐应满足以下条件：(1) 理论分解电压高；(2) 离子导电性好；(3) 具有比较低的蒸气压和黏度；(4) 熔点低；(5) 对原料溶解度大；(6) 对电解槽腐蚀性小；(7) 不与阳极产物及阴极产物反应；(8) 来源广泛，成本低。为此，系统地研究熔盐物理化学性质和电化学特性，查明冶金电化学反应的电极过程（包括可逆和不可逆过程）、机理、速率影响因素十分必要，通过前者能确定离子放电的前提条件，借助后者可确定该过程反应机理及影响反应速率的重要因素，进而能够有目的地控制生产过程，找出最佳的电解工艺技术条件。

1.5　电化学冶金的发展趋势

1.5.1　原电池中的电化学冶金技术

被视作电冶金领域开创性发现的丹尼尔电池，实际上是一种原电池。如图 1-2 所示，在丹尼尔电池中，Cu 电极与 Zn 电极分别被放置在 $CuSO_4$ 溶液与 H_2SO_4 溶液中，且两种溶液被多孔陶瓷膜分隔开来以避免电解液混合。当使用导线将两个电极与外部电路连接时，由于 Cu^{2+} 与 Zn 具有比 Cu 与 Zn^{2+} 更高的反应活性，在丹尼尔电池中，由前者组成的系统有自发地向后者转化的趋势。因此，丹尼尔电池的电极反应式及总反应式为：

$$\text{正极：} \qquad\qquad Cu^{2+} + 2e \longrightarrow Cu \qquad\qquad\qquad (1\text{-}1)$$

$$\text{负极：} \qquad\qquad Zn \longrightarrow Zn^{2+} + 2e \qquad\qquad\qquad (1\text{-}2)$$

$$\text{总反应：} \qquad\qquad Zn + Cu^{2+} \longrightarrow Cu + Zn^{2+} \qquad\qquad (1\text{-}3)$$

Cu 电极上发生的是 Cu^{2+} 得电子变成 Cu 的还原反应，而 Zn 电极上发生的是 Zn 失去电子变成 Zn^{2+} 的氧化反应。因此发生还原反应的 Cu 电极被称作阴极，发生氧化反应的 Zn 电极被称作阳极。此外，在这个过程中，可以观测到电流从 Cu 电极流向 Zn 电极。因此，Cu 电极的电极电势较高，被称作正极；Zn 电极的电极电势较低，被称作负极。正极与负极之间的电势差称为电池的电动势。在丹尼尔电池中，电池的电动势为 1.1 V 左右。

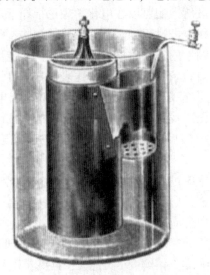

图 1-2　丹尼尔电池示意图

从式（1-1）~式（1-3）可以看出，在电池的放电过程中，负极的金属 Zn 与溶液中的 Cu^{2+} 被不断消耗，变为溶液中的 Zn^{2+} 与正极上沉积的金属 Cu。因此，丹尼尔电池本质上是一种原电池，产生的电能来源于金属锌溶解及金属铜沉积过程中释放的化学能。也正是因为这个过程，人们意识到金属的价态变化伴随着化学能的转变，通过电池可以建立化学能与电能之间的联系。这也是斯密将丹尼尔电池中的金属溶解与沉积视作电冶金领域的开创性发现的原因。自丹尼尔电池之后，人们开始探索使用电能来实现金属价态的变化方法，开始了在电冶金领域的不断探索。

1.5.2　电解池中的电化学冶金技术

与丹尼尔电池基于体系中自发的氧化还原反应将化学能转化为电能不同，电解池中存在外部电源，实际上是将电能转化为金属沉积与溶解过程中的化学能的过程。从外部电源正极流出的电流不断流入电解池，使得电解池中发生受电能驱动的氧化还原反应，然后电流再回到外部电源的负极。在电解池中，与外部电源正极连接的电极上发生的是氧化反应，被称为电解池的阳极；而与外部电源负极连接的电极上发生的是还原反应，被称为电解池的阴极。通过合理地选择电解池中的电极材料与电解液，在电能的驱动下，可以发生人们期望的金属价态变化，这就是电冶金的基础。

1.5.2.1　电镀与电铸

电镀与电铸的核心是发生在负极的金属沉积。在电镀中，通过将待镀件设置为电解池的阴极，在对电解池通入电流时，电解液中的金属离子不断地从阴极上获得电子并沉积在阴极上。通常情况下，电解池中的阳极是待镀在阴极上的金属。于是，在一定电流下，阳极金属的溶解速率与阴极上该金属的沉积速率相同，溶液中的金属离子不停地通过阳极金属溶解成金属离子而得到补充，使得电解液中的金属离子浓度不发生显著变化。以电镀铜为例，将金属铜作为电解池的阳极，硫酸铜溶液作为电解液，而阴极为待镀件。当对电解池通电时，阳极的 Cu 不断溶解变为 Cu^{2+} 进入电解液中，而阴极附近的 Cu^{2+} 不断在阴极获得电子并沉积在阴极上。同时，阳极的 Cu^{2+} 在电解液中电场的作用下不断向阴极迁移，实现阴极附近 Cu^{2+} 的补充。若阳极使用的是不溶电极如石墨等，溶液中的金属离子随着电镀的进行不断消耗，需要定期补充电解液中的金属离子以维持电镀的正常进行。

电解液中除了待镀的金属离子，通常还有阴离子与添加剂。一方面，阴离子的存在可以提高电导率，如在溶液中添加支持电解质硫酸盐可提高电导率；另一方面，一些特定的阴离子可以与金属离子配合，提高电镀的效率。如在金、银电镀液中存在的氰离子会与金、银离子形成金、银的氰配合物，既有助于阳极金属的溶解，又有助于实现阴极表面金、银的平整沉积。此外，一些添加剂如聚乙二醇能抑制镀锌过程中阴极的析氢，提高沉积效率。电镀的目的是在阴极待镀件表面获得一层镀层以改变零件表面的物理化学性能。如在钢表面电镀锌可提升钢的耐腐蚀性能，在首饰表面电镀金可获得更美观的外表与优异的耐腐蚀性能等。

与电镀获得的产品是镀层金属与零件的组合，追求镀层与待镀零件的紧密结合不同，电铸的目的产品是阴极上的沉积物，也就是电镀中的"镀层"。当然，电铸所获得的"镀层"要厚得多。电铸中的阴极称作模板，一般由石蜡、古塔胶等具有柔性的物质组成。在模板表面均匀地涂上一层石墨使模板的表面导电，再使用金属线将导电层引出，将整个模板浸入电解液中，作为电解池的阴极。在电流的作用下，溶液中的金属离子在模板表面获得电子并沉积在模板上。当沉积到需要的厚度后，将电铸件与模板从电解液中取出，并将模板与电铸件分开，就获得了所需要的电铸件。传统的电铸大多用于铜的电铸，且获得的电铸件尺寸较大。近年来，新发展的一些电铸工艺可用于制造一些精密的、结构复杂的零件，然而，它们的基本原理都是在电能的驱动下，在电解池中发生阳极金属溶解与阴极金属沉积。

1.5.2.2　电解精炼与电解沉积

电解精炼与电解沉积的目的是获得高纯度的金属产物。通常，通过高温熔炼金属的火法冶金难以获得高纯度的金属制品，而电解精炼与电解沉积可以通过金属的活性差异进行选择性提炼，从而获得高纯度的金属产物。电解精炼与电解沉积的核心都是发生在阴极的金属选择性沉积。不同之处在于，电解精炼通常将待精炼的不纯金属作为阳极，在电流的作用下，阳极的金属不断溶解变为金属离子进入溶液中，并在阴极得到电子变为金属；而电解沉积通常使用的是不溶的阳极，在沉积过程中，电解液中的金属离子浓度不断降低。

电解精炼与电解沉积利用的是杂质金属离子与待提取金属离子的活性差异。在电解精炼中，阳极发生的是金属的溶解反应。若杂质离子的电位较正，那么通过选择电解电位，可以使得待提取金属发生选择性溶解，而杂质金属未溶解。若杂质离子的电位较负，可以通过调节电解液的组成使得杂质离子无法被沉积到阴极，抑或待杂质离子被先行沉积完毕后，再收集精炼产物。类似地，在电解沉积中也是利用金属离子的活性差异与析出顺序来获得高纯度的金属制品。

电镀、电解精炼与电解沉积归根结底都是基于通电过程中金属离子在阴极的得电子沉积。不同之处在于，电镀的目的是获得高表面质量、结合紧密的沉积物，而电解精炼与电解沉积更关注沉积物的纯度。此外，由于电解精炼与电解沉积的规模较大，产量较高，对电能的消耗很大，因此电解精炼与电解沉积对过程中的电流效率较为关注。例如在锌的电解沉积中，由于锌的电位低于析氢电位，在热力学角度上，氢的析出不可避免，会影响锌电解沉积的电流效率。因此，锌电解沉积的阴极板应该选择析氢过电位较大的材料，以抑制析氢。此外，由于锌电解沉积的电流效率与电解液中的锌离子浓度有关，随着沉积的进行，溶液中锌离子浓度不断下降，电流效率也不断降低，因此应该定时补充电解池中的离子，以维持其电流效率在一个较高的范围，以获得较大的经济效益。

2 导体的结构、性质及相间电势差

电化学是研究电子导体与离子导体之间形成的界面及界面上发生的各种反应的学科，研究对象为电子导体、离子导体及两者之间界面及其上发生的反应。金属电子导体性质在物理或材料学科中介绍较多，这里就不过多介绍。因此本章主要介绍离子导体与电子导体中的半导体性质。电解质溶液广泛存在于自然界环境和各种工业过程中，冶金生产也不例外。湿法冶金主要在水溶液中进行；火法冶金中的炉渣和熔盐作为离子熔体，也称为液态电解质；除此之外，离子液体电解质在冶金工业中也具有重要的应用价值。电解质溶液不仅是构成电化学系统完成电化学反应必不可少的条件，同时也是电化学反应物的提供者，因此了解电解质溶液的物理化学特性十分重要。本章着重阐述电解质的结构及物理化学性质。

2.1 水溶液电解质的结构及性质

能够导电的材料被称为导体，根据传导电流的电荷载体（也称载流子）的不同，可以分为两类：第一类为电子导体，如金属、合金、石墨、碳、金属的氧化物（PbO、FeO 等）和碳化物（WC 等）及导电聚合物（如聚乙烯、聚吡咯、聚苯胺、聚噻吩、聚对苯乙烯、聚对苯等能形成大的共轭 π 体系，通过 π 电子流动导电）；第二类为离子导体，如电解质溶液和熔盐电解质。一般第二类导体的导电能力比第一类导体小得多，但与第一类导体相反，第二类导体的电阻率随温度升高而变小，大量实验证明，温度每升高 1 ℃，第二类导体的电阻率大约减小 2%。这是由于温度升高时，溶液的黏度降低，离子运动速率加快，在水溶液中离子水化作用减弱等，使导电能力增强。

大部分液体虽可电解，但离解程度很小，所以不是导体。例如纯水（去离子水），其电阻率在 10^{10} $\Omega \cdot m$ 以上。但加入电解质后，其离子浓度将大为增加，电阻率降至约 10^{-1} $\Omega \cdot m$，便成为导体。相对于有机溶剂电解质，以水为溶剂的电解质溶液是最常见和广泛使用的。

值得一提的是，电解质在水中离解成正、负离子的现象称为电离。电离的程度与电解质的本性（键能的性质与强弱）、溶剂的极性强弱、溶液的浓度和温度等因素有关。根据电离程度的不同，可将电解质分为强电解质和弱电解质两大类。强电解质在溶液中几乎是全部电离的。强酸、强碱和大部分盐类属于强电解质，如 HCl、H_2SO_4、NaOH、NaCl、$CuSO_4$、CH_3COONa 等溶于水时。弱电解质在溶液中是部分电离的，存在着电离平衡。可以用电离度 α（α=溶质 i 已电离的分子数/溶质 i 的分子数）表示其特征。弱酸、弱碱，如 CH_3COOH、H_2CO_3、NH_3 等溶于水时常属于弱电解质。强电解质和弱电解质之间并无绝对的界限，有些电解质介于两者之间，如 H_3PO_4、H_2SO_3、$Ca(OH)_2$ 等。有的电解质在不同的溶剂中表现出完全不同的电离程度，如 CH_3COOH 在水中是弱电解质，在液氨中则为强电解质。而按照离子在溶液中存在的形态可分为缔合式电解质和非缔合式电解质。离子在溶液中全部以自由离子形态存在的电解质称为非缔合式电解质。这类电解质实际上比较少见，主要有碱金属、碱土金属和过渡族金属的卤化物及过氯酸盐。但非缔合式电解质的概念在理论上很重要，近代电解质溶液理论就是按这类电解质推导出来的。除了自由离子外，以静电作用缔合在一起的离子缔合体或未电离的分子的电解质则称为缔合式电解质。实际中遇到的大多数电解质均属此类。另外，按照电解质的键合类型可以分为真实的电解质和可能的电解质。凡是以离子键化合的电解质本身就是由正、负离子组成的离子晶体，它们熔化成液态时，即形成离子导体。它们在溶剂中溶解时，由于溶剂分子与离子间的相互作用，离子键遭到破坏而离解为正离子和负离子。所以，把离子键化合物称为真实的电解质，例如 $NaCl$、$CuSO_4$ 等。而以共价键化合的电解质，则只有在溶解过程中，通过溶剂与溶质（电解质）的化学作用才能形成离子。例如，HCl、CH_3COOH、NH_3 等是共价键化合物，它们在水中的电离是通过下述反应生成配合物或水化物而实现的，即

$$HCl + H_2O \Longrightarrow H_3O^+ + Cl^- \tag{2-1}$$

$$H_3C-\overset{\displaystyle O}{\underset{\displaystyle OH}{C}} + O\overset{\displaystyle H}{\underset{\displaystyle H}{}} \Longrightarrow \left[H_3C-\overset{\displaystyle O}{\underset{\displaystyle OH}{C}} \right]^- + H_3O^+ \tag{2-2}$$

$$NH_3 + H_2O \Longrightarrow NH_4^+ + OH^- \tag{2-3}$$

这一类电解质就称为可能的电解质。

2.1.1　水的结构特点

水是共价化合物。按照共价键理论，最外层有 6 个电子的氧原子在化合成水分子时，它的 2s 电子和 2p 电子能形成 4 个 sp^3 杂化轨道。这 4 个杂化轨道有相同的能量，轨道的对称轴各自指向正四面体的 4 个顶角。两个未成对的电子分别与氢原子中的 1s 电子形成共价键，占据着两个杂化轨道（成键轨道）。另外两个 sp^3 杂化轨道则由两对不参与成键作用的成对电子（孤电子对）占有。孤电子对的电子云密度较高，对成键电子对占用的杂化轨道有排斥作用，使这两个成键轨道的夹角（键角）被压缩为 104°45′，小于正四面体杂化的 109°28′，因而使水分子具有不等性杂化结构（见图 2-1）。水分子中的 O—H 键是极性键，氧原子负电性很强，电子云向氧原子一边密集。而水分子又是键角为 104°45′ 的非线性分子，所以水分子的极性较强，其偶极矩为 6.17×10^{-3} C·m。

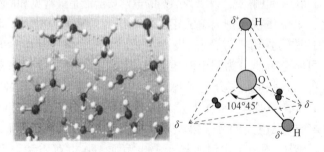

图 2-1　液体水分子结构

在水分子中，氢原子一端呈正电性，而且氢原子无内电子层，体积很小，极易与带孤电子对的负电性较强的原子以静电作用缔合，形成氢键。所以，固态水（冰）主要是以氢

键缔合而形成的正四面体结构的晶体。取任意一个水分子作为四面体的中心分子，它的两个氢原子可与其他水分子中氧的孤电子对形成氢键，它的两个孤电子对也可以与其他水分子中的氢原子形成氢键。因此，中心水分子可与四个顶角上的水分子组成正四面体。冰中每一个水分子既是中心分子，又是邻近水分子的配位分子。这样，所有的水分子都以氢键缔合成一个整体。冰的正四面体结构并未被水分子填满，存在空隙，所以冰的密度通常比较小。而当冰受热融化成水时，氢键并未完全被破坏，水中仍有大量不同数目的水分子靠氢键结合成大小不等的缔合体。其中由数十个水分子形成的缔合体部分地保留着冰的四面体结构，称之为"冰山"。所以，水实质上是由大大小小的缔合体和自由水分子共同组成的缔合式液体。其中，缔合体处于不间断的解体与生成的变化之中，与自由水分子构成一种动态平衡。"冰山"及小的缔合体可以自由移动和相互靠近，因而在空间结构上比冰的空隙少，使水的密度比冰大。但是随着温度的升高，一方面，有更多的氢键被破坏，"冰山"减少，使水的密度增大；另一方面，有更多的自由水分子形成，水分子的热运动随温度升高而增大，又将使水的密度减小。在这两个矛盾因素共同作用下，水的密度在 4 ℃时具有最大值。

总之，液体水在短程范围内和短时间内具有和冰相似的四面体结构。液体水一般呈网络状结构，聚合水分子通过静电力的作用而形成，但热运动不断将其破坏，因此处于动态平衡，同时也存在一些不缔合的游离水分子。

由于水分子是一种偶极分子（分子中的正电中心与负电中心不重合时称为偶极分子，也称为极性分子），其正、负电荷中心不集中在一点上（见图 2-2），因此，当离子晶体加入水中，晶体将受到溶剂水分子的偶极子作用发生电离，同时水分子受离子电场的作用而定向在离子周围形成水化壳，这就是水的第一种溶剂作用——离子水化；同时水分子还可以与"可能电解质"起化学作用，如由于质子转移或酸碱反应造成的：$HCl+H_2O \Longrightarrow H_3O^+ +Cl^-$，这是水的第二种溶剂作用。其中离子水化的影响普遍存在。

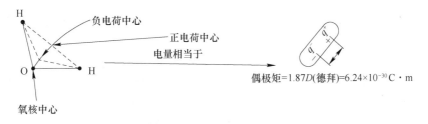

图 2-2　水分子偶极矩示意图

电解质在水中溶解时，离子与水分子的相互作用导致水分子在离子周围定向排列，破坏了附近水层原有的四面体结构。同时，对离子取向的水分子与离子形成一个整体，在溶液中一起运动，增大了离子的有效体积。把离子和水分子的相互作用及其引起的溶液状态的上述变化统称为离子水化或离子的水化作用。如果是泛指一般溶剂，可称为离子的溶剂化。离子与水分子的相互作用通常包括两个方面：离子与极性水分子之间的静电作用和它们之间的化学作用（如生成水合物）。

离子水化过程伴随有能量的变化。电解质之所以能在水中自发地离解，在于电离时破坏了离子键或极性分子共价键所需的能量来自水化作用所释放的能量。所以，电离与离子水化是电解质溶解过程的不可分割的两个方面。图 2-3 以简化的形式表示了两类结构的电解质的电离和水化过程。水化作用释放的能量并非恰好等于破坏键能所需要的能量，因而电解质溶解过程伴随有热效应的产生。在一定温度下，将 1 mol 自由气态离子由真空中进入大量水中形成无限稀释溶液时的热效应定义为离子的水化热。泛指一般溶剂时，则称为溶剂化热。实验证明，离子水化热具有加和性，所以 1 mol 电解质的水化热 ΔH_{MX} 等于其正、负离子水化热的代数和。即

$$\Delta H_{MX} = \Delta H_{M^+} + \Delta H_{X^-} \tag{2-4}$$

式中，ΔH_{M^+}、ΔH_{X^-} 分别为正、负离子水化热。

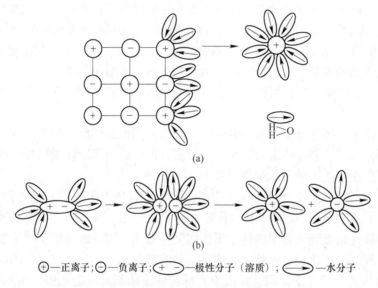

图 2-3   电解质在水中电离和水化过程的示意图

（a）离子键化合物（NaCl 型）；（b）极性共价键化合物（HCl 型）

    由于溶液中不可能只有一种离子单独存在，因此不能直接测出离子的水化热，对于水化热可以用热力学方法求出。

    由于离子与水分子相互作用的结果，离子周围的水分子和远处的自由水分子有不同的性质。近程作用的能量通常大于水分子间的氢键键能，使得水分子的热运动性质发生变化，其中主要是影响了水分子的平动运动；远程作用则主要是库仑力的作用，影响水分子的极化和取向，破坏了水原有的结构。在离子与水分子相互作用的有效范围内所包含的这些非自由水分子的数目就称为水化数。包围着离子的非自由水分子层则称作水化膜。最靠近离子的水分子层在近程作用下定向并牢固地与离子结合在一起，失去了平动自由度，在溶液中基本上与离子一起运动。这一部分水化作用称为原水化或化学水化。这层水分子层被称为原水化膜，所包含的水分子数被称为原水化数，原水化数不受温度的影响，原水化膜外的水分子层只受到远程作用的影响，与离子的联系较松散，被称为二级水化或物理水化。这部分水化膜被称为二级水化膜，它所包含的水分子数目受温度影响很大，没有固定的数值。

    应该说明的是，水化数只是一个定性的概念，目前尚无法进行定量测量和计算。许多学者使用各种方法测量过原水化数，结果都不一致。主要原因是原水化膜与二级水化膜很

难截然分开，测出的原水化数中实际包含了一部分二级水化数，但是，从水化数的测量结果仍得出了定性的规律，即原水化数随离子半径的减小和离子电荷的增加而增大，也就是说，原水化数与离子电场的库仑力大小有关。

还应强调从动态平衡的观点去理解原水化膜概念。因为溶液中的离子和水分子都不是静止的，而是处于不停的热运动之中，所以并不存在一个固定不变的水化膜。离子的热运动使它只在某些水分子附近停留一定时间，而水分子要在这个离子周围取向，也需要一定的时间，因而只有离子停留时间大于水分子取向时间时，才能形成原水化膜，在这种情况下，离子每到一处，都要建立起新的水化膜，而组成水化膜的水分子也在不停地变换着，这样，从动态平衡的观点来看，任一瞬间，离子周围总是存在着一个水化膜，相当于离子带着一个原水化膜在溶液中运动。如果离子停留时间小于水分子的取向时间，则不会形成原水化膜，例如，Cs^+ 和 I^- 的原水化数就是零。

总之，离子水化对电解质溶液的性质将产生两种重要影响：

（1）离子水化将减少溶液中自由水分子的数量，增加离子的体积，起到均化作用，使得离子的扩散系数接近相同，离子水化也改变了电解质的活度系数和电导率等静态和动态性质。

（2）带电离子的水化破坏了附近水层的四面体结构，同时水的偶极子对离子的定向，使得离子附近水分子层的介电常数发生变化，这种情况会严重影响双电层的结构，对电极过程、金属电沉积和结晶等都有一定的影响。

2.1.2 电解质水溶液的静态性质活度与活度系数

研究电解质溶液的结构旨在更好地诠释其与性质的对应关系。而通过静态性质（活度系数、热容、焓、熵）和动态性质（电导、扩散系数）的表征可以进一步增进对电解质溶液组成和结构的认识和理解。活度和活度系数是电解质溶液最重要的静态性质之一，且在电解质溶液的热力学中占据重要的地位。本节依据溶液中各种粒子间相互作用对电解质溶液静态性质的影响，说明其对活度系数的影响，这对于电解质溶液的结构和热力学描述的理解均十分有意义。

在物理化学中已学过，理想溶液中组分 i 的化学位等温式为：

$$u_i = u_i^\ominus + RT\ln x_i \tag{2-5}$$

式中，x_i 为 i 组分的摩尔分数；$u_i^\ominus$ 为 i 组分的标准化学位；u_i 为 i 组分的化学位；R 为气体常数；T 为热力学温度。

对于无限稀释溶液具有与理想溶液类似的性质，其溶剂性质遵循拉乌尔（Raoult）定律，溶质性质遵循亨利（Henry）定律。所以，对无限稀释溶液仍可以采用式（2-5），只是对溶质来说，式中的 $u_i^\ominus$ 不等于该溶质纯态时的化学位。

真实溶液中，由于存在着各种粒子间的相互作用，使真实溶液的性质与理想溶液有一定的偏差，不能直接应用式（2-5）。然而，为了保持化学位公式有统一的简单形式，应把真实溶液相对于理想溶液或无限稀释溶液的偏差全部通过浓度项来校正，而保留原有理想溶液或无限稀释溶液的标准态，即令 $u_i^\ominus$ 不变。这样，真实溶液与理想溶液或无限稀释溶液相联系时有共同的标准态，便于计算。为此路易斯（Lewis）引入了一个新的参数——活度来代替式（2-5）中的浓度，即：

$$u_i = u_i^{\ominus} + RT\ln a_i \tag{2-6}$$

式中，a_i 为 i 组分的活度，它的物理意义是"有效浓度"。活度与浓度的比值能反映粒子间相互作用所引起的真实溶液与理想溶液的偏差，称为活度系数。通常用符号 γ_i 表示。即

$$\gamma_i = \frac{a_i}{x_i} \tag{2-7}$$

同时，规定活度等于1的状态为标准状态。对于固态物质、液态物质和溶剂，这一标准状态就是它们的纯物质状态，即规定纯物质的活度等于1。对溶液中的溶质，则选用具有单位浓度而又不存在粒子间相互作用的假想状态作为该溶质的标准状态。也就是这种假想状态同时具备无限稀释溶液的性质（活度系数等于1）和活度为1的两个特性。

溶液可以采用不同的浓度标度，因而各自选用的标准状态不同，得到的活度和活度系数也不同。常用的浓度标度有摩尔分数 x，质量摩尔浓度 m 和体积摩尔浓度 c。与之对应的不同标度的活度系数和化学位等温式如下：

$$\gamma_i(x) = \frac{a_i(x)}{x_i} \tag{2-8}$$

$$\gamma_i(m) = \frac{a_i(m)}{m_i} \tag{2-9}$$

$$\gamma_i(c) = \frac{a_i(c)}{c_i} \tag{2-10}$$

$$u_i = u_i^{\ominus}(x) + RT\ln a_i(x) = u_i^{\ominus}(x) + RT\ln\gamma_i(x)x_i \tag{2-11}$$

$$u_i = u_i^{\ominus}(m) + RT\ln a_i(m) = u_i^{\ominus}(m) + RT\ln\gamma_i(m)m_i \tag{2-12}$$

$$u_i = u_i^{\ominus}(c) + RT\ln a_i(c) = u_i^{\ominus}(c) + RT\ln\gamma_i(c)c_i \tag{2-13}$$

在讨论理论问题时，常用摩尔分数 x 表示浓度，并将 $\gamma(x)$ 称为合理活度系数。在讨论电解质溶液时常用质量摩尔浓度 m 和体积摩尔浓度 c，称 $\gamma_i(m)$ 和 $\gamma_i(c)$ 为实用活度系数。采用不同浓度标度时，同一溶质的活度系数和标准化学位的数值是不同的。可以推导出上述三种活度系数之间的关系，即

$$\gamma_i(x) = \frac{\rho + 0.001c_i(M_1 - M_i)}{\rho_1}\gamma_i(c) \tag{2-14}$$

$$\gamma_i(x) = (1 + 0.001m_iM_1)\gamma_i(m) \tag{2-15}$$

式中，M_i 为溶质 i 的相对分子质量；M_1 为溶剂的相对分子质量；ρ 为溶液的密度；ρ_1 为溶剂的密度。

而且，在电解质溶液中，电解质电离为正、负离子。每一种离子作为溶液的一个组分，在理论上都可以应用式（2-8）~式（2-15）。但是，活度要靠实验测定，而任何电解质都是电中性的，电离时同时离解生成正离子和负离子，不可能得到只含一种离子的溶液，也不可能只改变溶液中某一种离子的浓度。所以，单种离子的活度是无法测量的，只能通过实验测出整个电解质的活度，因此，引入电解质平均活度和平均活度系数的概念则十分必要。

设电解质 MA 的电离反应为：

$$\mathrm{MA} \longrightarrow v_+ \, \mathrm{M}^+ \, v_- \, \mathrm{A}^- \tag{2-16}$$

式中，v_+、v_- 分别为 M^+ 和 A^- 的化学计量数。整个电解质的化学位应为：

$$\mu = v_+ \mu_+ + v_- \mu_- \tag{2-17}$$

式中，μ_+、μ_- 分别为正、负离子的化学位。将正、负离子的化学位等温式代入式（2-17），得

$$\mu = v_+ (u_i^\ominus + RT\ln a_+) + v_- (u_i^\ominus + RT\ln a_-) \tag{2-18}$$

$$\mu = v_+ u_+^\ominus + v_- u_-^\ominus + v_+ RT\ln a_+ + v_- RT\ln a_- \tag{2-19}$$

式中，a_+、a_- 分别为正、负离子的活度。因为 $\mu^\ominus = v_+\mu_+^\ominus + v_-\mu_-^\ominus$，所以：

$$\mu = \mu^\ominus + RT\ln a_+^v a_-^v \tag{2-20}$$

若采用质量摩尔浓度标度，则：

$$a_+ = \gamma_+ m_+ \tag{2-21}$$

$$a_- = \gamma_- m_- \tag{2-22}$$

$$\mu = \mu^\ominus + RT\ln(\gamma_+^{v_+} \gamma_-^{v_-})(m_+^{v_+} m_-^{v_-}) \tag{2-23}$$

为了简化，令 $v = v_+ + v_-$，则：

$$\gamma_\pm = (\gamma_+^{v_+} \gamma_-^{v_-})^{1/v} \tag{2-24}$$

$$m_\pm = (m_+^{v_+} m_-^{v_-})^{1/v} \tag{2-25}$$

$$a_\pm = (a_+^{v_+} ma_-^{v_-})^{1/v} \tag{2-26}$$

定义 $\gamma_\pm$ 为电解质平均活度系数，$m_\pm$ 为平均浓度，$a_\pm$ 为平均活度。于是式（2-23）可简化为

$$\mu = \mu^\ominus + RT\ln(\gamma_\pm m_\pm)^v = RT\ln a_\pm^v \tag{2-27}$$

进而可以得到电解质活度 a 和平均活度（mean activity）$a_\pm$、平均活度系数（mean activity coefficient）$\gamma_\pm$ 之间的关系式为：

$$a = a_\pm^v = (\gamma_\pm m_\pm)^v \tag{2-28}$$

电解质活度 a 可由实验测定，故可以通过 a 求得平均活度 $a_\pm$ 和平均活度系数 $\gamma_\pm$，并用 $\gamma_\pm$ 近似计算离子活度，即

$$a_+ = \gamma_\pm m_+ \tag{2-29}$$

$$a_- = \gamma_\pm m_- \tag{2-30}$$

目前，许多常见电解质溶液的平均活度系数均已求出，可以从电化学或物理化学手册中查到。相对于其他的浓度标度，都可以导出与式（2-23）~式（2-30）相同的关系式。

2.1.3 电解质水溶液的动态性质

电解质水溶液的动态性质，包括电导、离子淌度、离子迁移数、扩散和黏度等，它们之间有一定的内在联系，可以由一种性质推知另一种性质，因此更能加深和扩大对其物理意义的了解，又可以节省许多实验测定的工作量，在理论和实践上都有很大意义。

电解质溶液的传质过程，分为电迁移、扩散及对流三种形式，为了避免问题过于复杂，使得初学者不便理解，因而，在此首先仅考虑电迁移单个传质，之后再对单个扩散的动态传质性能进行阐述，至于多种形式共同作用下的电解质传质行为暂不作讨论，将在第6章液相传质动力学中讨论对流、电迁移对扩散的影响。

2.1.3.1 电解质溶液电导的定义及离子独立移动定律

任何导体对电流的通过都有一定的阻力，这就是电工学中的电阻。和第一类导体一样，在外加电场作用下，电解质溶液中的离子也将从无规则的随机跃迁转变为定向运动，

形成电流，电解质溶液也具有电阻 R，并服从欧姆定律。习惯上，常用电阻和电阻率的倒数来表示溶液的导电能力，即

$$L = \frac{1}{R} \tag{2-31}$$

$$\kappa = \frac{1}{\rho} \tag{2-32}$$

$$L = \kappa \frac{S}{l} \tag{2-33}$$

式中，L 为电导，S(西门子，1 S=1 Ω^{-1})；κ 为电导率，S/m，电导率 κ 表示边长为 1 m 的立方体溶液的电导，故 κ 亦称为比电导。电导 L 的数值除与电解质溶液的本性有关外，还与离子浓度、电极大小、电极距离等相关，而电导率 κ 和电阻率 ρ 类似，是排除了导体几何因素影响的参数，与电解质种类、温度、浓度有关。若溶液中含有 n 种电解质时，则该溶液的电导率应为 n 种电解质电导率之和，即

$$\kappa = \sum_{i=0}^{\infty} \kappa_i \tag{2-34}$$

根据电解质溶液导电的机理是溶液中离子的定向运动可知，几何因素固定之后，也就是离子在电场作用下迁移的路程和通过的溶液截面积一定时，溶液导电能力应与载流子-离子的运动速率有关。离子运动速率越大，传递电量就越快，则导电能力越强。另外，溶液导电能力应正比于离子的浓度。因此，凡是影响离子运动速率和离子浓度的因素，都会对溶液的导电能力发生影响。就电解质溶液来说，影响离子浓度的因素主要是电解质的浓度和电离度。同一种电解质，其浓度越大，电离后离子的浓度也越大；其电离度越大，则在同样的电解质浓度下，所电离的离子的浓度越大。影响离子运动速率的因素则更多一些，有以下几个主要因素：

（1）离子本性。主要是水化离子的半径。半径越大，在溶液中运动时受到的阻力越大，因而运动速率越小。其次是离子的价数，价数越高，受外电场作用越大，故离子运动速率越大。所以，不同离子在同一电场作用下，它们的运动速率是不一样的。

特别值得指出的是，水溶液中的 H^+ 和 OH^- 具有特殊的迁移方式，它们的运动速率比一般离子要大得多。H^+ 比其他离子大 5 ~ 8 倍，OH^- 比其他离子大 2 ~ 3 倍。例如 H^+ 在水溶液中以水合氢离子 H_3O^+ 形式存在，水合氢离子除了像一般离子那样在电场下定向运动外，还存在一种更快的移动方式。这就是质子从 H_3O^+ 上转移到邻近的水分子上，形成新的水合氢离子，新的水合氢离子上的质子又重复上述过程。这样，像接力赛一样，质子 H' 被迅速传递过去。这一过程可用式（2-35）表示：

$$\left[\begin{array}{c} H \\ | \\ H-O \cdots H \end{array}\right]^+ + \begin{array}{c} H \\ | \\ O-H \end{array} \longrightarrow \begin{array}{c} H \\ | \\ O-H \end{array} + \left[\begin{array}{c} H \\ | \\ H-O \cdots H \end{array}\right]^+ \tag{2-35}$$

根据有关的分子结构数据计算，已知质子从 H_3O^+ 上转移到水分子上需要通过 0.86×10^{-8} cm 的距离，相当于 H_3O^+ 移动了 33.1×10^{-8} cm，因而 H_3O^+ 的绝对运动速率比普通离

子大得多。

（2）溶液总浓度。电解质溶液中，离子间存在着相互作用，浓度增大后，离子间距离减小，相互作用加强，使离子运动的阻力增大。

（3）温度。温度升高，离子运动速率增大。

（4）溶剂黏度越大，离子运动的阻力越大，故运动速率减小。

总之，电解质和溶剂的性质、温度、溶液浓度等因素均对电导率 κ 有较大影响。其中溶液浓度对电导率的影响比较复杂，如图2-4所示。不少电解质溶液的电导率与溶液浓度的关系中会出现极大值。

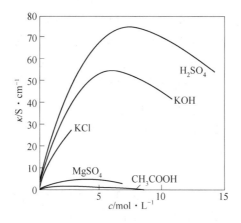

图2-4　水溶液电导率与浓度的关系（20 ℃）

虽然电导率已消除了电导池几何结构的影响，但它仍与溶液浓度或单位体积的质点数有关。因此，无论是比较不同种类的电解质溶液在指定图2-4 水溶液电导率与浓度的关系（20 ℃）温度下的导电能力，还是比较同一电解质溶液在不同温度下的导电能力，都需要固定被比较溶液所包含的质点数。这就引入了一个比 κ 更实用的物理量 Λ，称为摩尔电导率。Λ 的单位为 $S \cdot m^2/mol$。Λ_m 表示在相距为单位长度的两平行电极之间放入 1 mol 电解质的电导率，则有：

$$\Lambda_m = \frac{\kappa}{c} = \frac{L \dfrac{l}{s}}{n/(ls)} = \frac{L}{n}l^2 \tag{2-36}$$

当 $l = 1$ m，$n = 1$ mol 时，$\Lambda_m = L$。

使用 Λ_m 时必须注意：（1）应写明物质的基本单元；（2）弱电解质是指包括解离和未离解部分在内总物质的量为 1 mol 时的弱电解质；（3）一般情况下，取正、负离子各含 1 mol 电荷作为电解质的物质的量为基本单元。

另外，在电化学中曾普遍采用当量电导率的概念，它是指在两个相距 1 cm 的面积相等的平行板电极之间，含有 1 mol 电解质的溶液所具有的电导率称为该电解质溶液的当量电导率。若以 V 表示溶液中含有 1 mol 溶质时的体积（cm^3/mol），则当量电导率 λ 和电导率 κ 之间有如下关系：

$$\lambda = \kappa V \tag{2-37}$$

式中，λ 的单位为 $S \cdot cm^2/mol$；V 的单位为 cm^3/mol，它和当量浓度 $c_N(mol/dm^3)$ 的关系为：

$$V = \frac{1000}{c_N} \tag{2-38}$$

由于 V 表示含有 1 mol 电解质的溶液体积，V 越大，溶液浓度越小，故又常把 V 称为冲淡度。将式（2-38）代入式（2-37），即可得：

$$\lambda = \kappa \frac{1000}{c_N} \tag{2-39}$$

式（2-39）即为当量电导率和电导率之间相互关系的数学表达式。

实验结果表明，随着溶液浓度的降低，摩尔电导率逐渐增大并趋向一个极限值 A，该值称为无限稀释溶液的摩尔电导率或极限摩尔电导率。

德国科学家科尔劳乌施（Kohlrausch）发现在无限稀释溶液中，每种离子独立移动，不受其他离子影响，电解质的无限稀释电导率被认为是组成中各离子的无限稀释的电导率之和，每种离子对电导率都有恒定的贡献。因此，在很稀的溶液中（通常 $c_N < 0.002$ mol/L），摩尔电导率与溶液浓度的关系可以用科尔劳乌施经验公式表示：

$$\Lambda_m = \Lambda_{m, \infty +} - A \sqrt{c_N} \tag{2-40}$$

式中，A 为常数。科尔劳乌施公式只适用于强电解质溶液。

利用科尔劳乌施经验公式，可以在测出一系列强电解质稀溶液的当量电导率后，用 Λ_m 对 $\sqrt{c_N}$ 作图，外推至 $c_N = 0$ 处，从而求得 $\Lambda_{m, \infty +}$，不过由于有时 Λ_m-$\sqrt{c_N}$ 曲线的线性不够好，并不能得到精确的值。当溶液无限稀时，离子间的距离很大，可以完全忽略离子间的相互作用，即每个离子的运动都不受其他离子的影响，因此称这种情况下离子的运动都是独立的。这时电解质溶液的当量电导就等于电解质全部电离后所产生的离子当量电导之和。这一规律称为离子独立移动定律。若用 Λ_+、Λ_- 分别代表正、负离子的当量电导，则可用数学关系式表达这一定律，即

$$\Lambda_{m, \infty} = \Lambda_{m, \infty +} + \Lambda_{m, \infty -} \tag{2-41}$$

应用离子独立移动定律，可以在已知离子极限当量电导时计算电解质的 A_0，也可以通过强电解质 λ_0 计算弱电解质的极限当量电导率。例如，25 ℃时，用外推法求出了下列强电解质的 $\Lambda_{m, \infty}$（单位：$\Omega^{-1} \cdot cm^2/mol$）：$\Lambda_{HCl} = 426.1$；$\Lambda_{NaCl} = 126.5$；$\Lambda_{NaAc} = 91.0$。于是可计算醋酸（HAc）在无限稀释时的当量电导率如下：

$$\Lambda_{m, \infty HAc} = \Lambda_{m, \infty H^+} + \Lambda_{m, \infty Ae^-} = \Lambda_{0, HCl} + \Lambda_{m, \infty NaAc} - \Lambda_{m, \infty NaCl}$$

$$= 426.1 + 91.0 - 126.5 = 390.6 (\Omega^{-1} \cdot cm^2/mol) \tag{2-42}$$

表 2-1 给出了 25 ℃时一些离子的极限当量电导率。

表 2-1　25 ℃时一些离子的极限摩尔电导率　　　　　　　　[S/(m·mol)]

阳离子	$\Lambda_{m, \infty +}$	阴离子	$\Lambda_{m, \infty -}$
H^+	349.81	F^-	198.30
Li^+	38.68	OH^-	55.40
Na^+	50.10	Cl^-	76.35
K^+	73.50	Br^-	78.14
NH_4^+	73.55	I^-	76.84
Ag^+	61.90	NO_3^-	71.64

续表 2-1

阳离子	$\Lambda_{m,\infty+}$	阴离子	$\Lambda_{m,\infty-}$
Mg^{2+}	53.05	ClO_3^-	64.40
Ca^{2+}	59.50	ClO_4^-	67.36
Ni^{2+}	53.00	IO_3^-	40.54
Cu^{2+}	53.60	CH_3COO^-	40.90
Zn^{2+}	52.80	SO_4^{2-}	80.02
Cd^{2+}	54.00	CO_3^{2-}	69.30
Fe^{2+}	53.50	PO_4^{3-}	69.00
Al^{3+}	63.00	CrO_4^{2-}	85.00

2.1.3.2　电解质溶液淌度的定义

溶液中正、负离子在电场力作用下沿着相反方向的运动称为电迁移。离子的电迁移通常和溶液的导电能力密切相关。现考察电解液中一段截面积为 1 cm^2 的液柱，如图 2-5 所示。为简单起见，设溶液中只有正、负两种离子，其浓度分别为 c_+ 和 c_-，离子价数分别为 z_+、z_-，该电解质的物质的量浓度为 c_N，完全电离时应有：$c_+ z_+ = c_- z_- = c_N$。又假设图 2-5 中正、负离子在电场作用下的迁移速率分别为 v_+ 和 v_-（单位：cm/s）。液面 2 和液面 1 的距离为 v_+(cm)，故位于液面 2 和液面 1 之间的正离子将在 1 s 内全部通过液面 1。同理，设液面 3 和液面 1 的距离为 v_-(cm)。

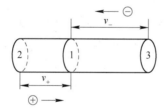

图 2-5　离子的电迁移

把单位时间内通过单位截面积的载流子量称为电迁流量，用 J 表示，单位为 mol/(cm$^2 \cdot$s)。那么，正离子的电迁流量为

$$J_+ = \frac{1}{1000} c_+ v_+ \tag{2-43a}$$

若以电流密度表示，则为

$$i_+ = |z_+| F J_+ = \frac{|z_+|}{1000} F c_+ v_+ \tag{2-44a}$$

式中，F 为法拉第常数，表示 1 mol 质子所带的电量。同理可得到负离子的电迁流量。

$$J_- = \frac{1}{1000} c_- v_- \tag{2-43b}$$

$$i_- = |z_-| F J_- = \frac{|z_-|}{1000} F c_- v_- \tag{2-44b}$$

显然，总电流应是正、负离子所迁移的电流密度之和，故：

$$i = i_+ + i_- = \frac{|z_+|}{1000}Fc_+ v_+ + \frac{|z_-|}{1000}Fc_- v_- \tag{2-45}$$

所以

$$i = \frac{1}{1000}Fc_N(v_+ + v_-) \tag{2-46}$$

将 $i = \kappa E$ 代入式（2-46），得：

$$\frac{\kappa}{c_N} = F\frac{1}{1000}\left(\frac{v_+}{E} + \frac{v_-}{E}\right) \tag{2-47}$$

式中，v_+/E 和 v_-/E 为离子淌度，$cm^2/(V \cdot s)$，表示单位场强（V/cm）下离子的迁移速率，分别以 μ_+、μ_- 表示。

将 $\lambda = 1000\kappa/c_N$ 代入式（2-47），可得

$$\lambda = F(\mu_+ + \mu_-) = \lambda_+ + \lambda_- \tag{2-48}$$

由式（2-48）可看出，在电解质完全电离的条件下，电导率随浓度的变化是由 μ_+ 和 μ_- 引起的，也就是说，μ_+ 和 μ_- 的大小决定着离子当量电导率的大小，即

$$\lambda_+ = F\mu_+ \tag{2-49a}$$

$$\lambda_- = F\mu_- \tag{2-49b}$$

在强电解质溶液中，随其溶液浓度的减小，离子间相互作用减弱，因而离子的运动速率增大，也就是 μ_+ 和 μ_- 增大，致使电导率 λ 增加。在无限稀释溶液中，显然有 $\lambda_0 = F(\mu_{0+} + \mu_{0-}) = \lambda_{0+} + \lambda_{0-}$，从而得出了与离子独立移动定律相同的结论。

2.1.3.3　电解质溶液离子迁移数定义

上面提及若溶液中只含正、负两种离子，则通过电解质溶液的总电流密度应当是两种离子迁移的电流密度之和，每种离子所迁移的电流只是总电流的一部分。这种关系可表示如下：

$$i_+ = it_+ \tag{2-50a}$$

$$i_- = it_- \tag{2-50b}$$

式中，t_+、t_- 是小于1的分数。因为 $i = i_+ + i_-$，所以 $1 = t_+ + t_-$。t_+ 和 t_- 就称为正、负离子的迁移数，其数值可由式（2-51a）和式（2-51b）求得：

$$t_+ = \frac{i_+}{i_+ + i_-} \tag{2-51a}$$

$$t_- = \frac{i_-}{i_+ + i_-} \tag{2-51b}$$

由此可见，可以把离子迁移数定义为某种离子迁移的电量在溶液中各种离子迁移的总电量中所占的百分数。

根据式（2-44）和式（2-49），并用离子淌度代替式（2-44）中的离子运动速率，则可以将离子迁移数表示为：

$$t_+ = \frac{|z_+|\mu_+ c_+}{|z_+|\mu_+ c_+ + |z_-|\mu_- c_-} = \frac{|z_+|\lambda_+ c_+}{|z_+|\lambda_+ c_+ + |z_-|\lambda_- c_-} \tag{2-52a}$$

$$t_- = \frac{|z_-|\mu_- c_-}{|z_+|\mu_+ c_+ + |z_-|\mu_- c_-} = \frac{|z_-|\lambda_- c_-}{|z_+|\lambda_+ c_+ + |z_-|\lambda_- c_-} \tag{2-52b}$$

如果溶液中有多种电解质同时存在，可以进行类似的推导，得到表示 i 种离子迁移数

的通式，即

$$t_i = \frac{|z_i| \mu_i c_i}{\sum |z_i| \mu_i c_i} = \frac{|z_i| \lambda_i c_i}{\sum |z_i| \lambda_i c_i} \tag{2-53}$$

当然，这种情况下，所有离子的迁移数之和也应等于1。

从式（2-53）可知，迁移数与浓度有关，但浓度并不是主要影响因素。表2-2中列出了水溶液中某些物质的正离子迁移数与浓度的关系。电解质的某一种离子的迁移数总是在很大程度上受到其他电解质的影响。当其他电解质的浓度很大时，甚至可以使某种离子的迁移数减小到趋近于零。例如，HCl溶液中 H^+ 的当量电导率比 Cl^- 大得多（见表2-1），H^+ 的迁移数 t_{H^+} 当然也要远大于 Cl^- 的迁移数 t_{Cl^-}。但是，如果向溶液中加入大量KCl，则有可能出现完全不同的情况。假定HCl浓度为 10^{-3} mol/L，KCl浓度为1 mol/L，且已知该溶液中 $\mu_{K^+} = 6 \times 10^{-4}$ cm^2/(V·s)，$\mu_- = 30 \times 10^{-4}$ cm^2/(V·s)。根据式（2-53）得出：

$$\frac{t_{K^+}}{t_{H^+}} = \frac{u_{K^+} c_{K^+} / \sum \mu_i c_i}{u_{H^+} c_{H^+} / \sum \mu_i c_i} = 200 \tag{2-54}$$

可见，尽管 H^+ 的迁移速率比 K^+ 大得多，但在这个混合溶液中，它所迁移的电流却只是 K^+ 的1/200。这是因为 H^+ 的浓度远小于 K^+ 和 Cl^- 的浓度，因而 H^+ 迁移数十分小。

表2-2 25 ℃时水溶液中某些物质的正离子迁移数

浓度/mol·L^{-1}	正离子迁移数			
	HCl	LiCl	NaCl	KCl
0.01	0.8251	0.3289	0.3918	0.4902
0.02	0.8266	0.3261	0.3902	0.4901
0.05	0.8292	0.3211	0.3876	0.4899
0.10	0.8314	0.3168	0.3854	0.4898
0.20	0.8337	0.3112	0.3821	0.4894
0.50	—	0.3000	—	0.4888
1.00	—	0.2870	—	0.4882

在此值得一提的是，虽然 Li^+ 半径小，但比起 H^+ 和 OH^- 的迁移速率却小得多。这与离子的迁移速率与离子本性（离子半径、价数等）、溶剂性质、温度、电位梯度等均有关。Li^+ 虽然半径小，但对水分子的作用较强，在其周围形成了紧密的水化层，使得 Li^+ 迁移阻力增大，因而，其电迁移速率较小。而 H^+ 和 OH^- 的电迁移速率比起一般的阴、阳离子大得多，这是由于它们的导电机制与其他离子不同。H^+ 是无电子的氢原子核，对电子有特殊的吸引作用，化合物中的孤对电子是质子的理想吸引对象，因此质子与水分子很容易结合成三角锥形的 H_3O^+，在水溶液中它被3个水分子包围，存在的主要形式是 $H_3O^+ \cdot 3H_2O$。氢的迁移是一种链式传递，即从一个水分子传递给具有一定方向的相邻其他水分子，这种传递可在相当长距离内实现质子传递，称为质子跃迁机理。迁移实际上只是水分子的转向，所需能量很小，因此，迁移得十分快。根据现代质子跳跃理论，它可以通过隧道效应进行跳跃，然后定向传递，其效果就如同 H^+ 以很高的速率迁移一样。OH^- 的电迁移机理与 H_3O^+ 相似。

离子迁移数可由实验直接测出。因为水溶液中离子都是水化的，离子移动时总要携带一部分水分子，而且它们的水化数又各不相同，而通常又是根据浓度的变化来测定迁移数的，所以实验测定的迁移数包含了水迁移的影响。有时把这种迁移数称为表观迁移数，以区别于把水迁移影响扣除后所求出的真实迁移数。不过，在电化学的实际体系中，离子总是带着水分子一起迁移，这种水迁移并不影响所讨论问题的解决。因此，除特殊注明外，电化学中提到的迁移数都是表观迁移数。

2.2　离子液体电解质的结构及性质

离子液体又称室温熔盐，是在室温或近于室温下呈液态的离子化合物。在离子液体中，只有阳离子和阴离子，没有中性分子。离子液体没有可测量的蒸气压、不可燃、热容大、热稳定性好、离子电导率高、电化学窗口宽，具有比一般溶剂宽的液体温度范围（熔点到沸点或分解温度）。通过选择适当的阴离子或微调阳离子的烷基链，可以改变离子液体的物理化学性质。因此，离子液体又被称为"绿色设计者溶剂"。许多学者认为，离子液体和超临界萃取相结合，将会成为 21 世纪绿色工业的理想反应介质。

2.2.1　离子液体的组成和结构

离子液体是由带正电荷的阳离子和带负电荷的阴离子组成的溶液。阳离子有铵离子、吡唑鎓、吡啶鎓等，阴离子有 $[BF_4]^-$、$[PF_6]^-$、$[Tf_2N]^-$、$[CH_3SO_3]^-$ 等。组成离子液体的阳离子和阴离子的原子种类和个数比较多且复杂，因此，离子液体的对称性低。阳离子上的电荷和阴离子上的电荷离域分布在整个阳离子或阴离子上。

鲍恩（Bowron）研究了咪唑鎓液体的结构，发现该离子液体以咪唑鎓为中心，氯离子在周围配位，氯离子和咪唑鎓上的氢之间有强的相互作用，在咪唑鎓阳离子上的相邻甲基之间也存在相互作用，在前两个或前三个配位层中离子的填充和相互作用与晶体相似。图2-6 给出了基于中子衍射数据的 EPSR 模型咪唑鎓中心周围氯配位的概率分布。

第特尔弗茨（Deetlefs）采用中子衍射的方法研究了离子液体 $[DMIM][PF_6]$ 和苯混合体系的结构（苯的含量（质量分数）为 33% ~ 67%），得到了咪唑鎓中心周围阴离子和苯的径向分布函数，如图2-7 所示。

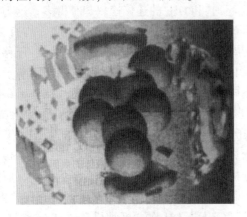

图2-6　咪唑鎓中心周围氯的概率分布

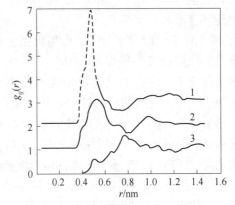

图2-7　混合体系的径向分布函数图
1—阴离子-阳离子；2—阳离子-苯；3—阳离子-阳离子

结果表明，咪唑鎓的径向分布函数和苯的径向分布函数相似。两者分别在 0.5 nm 和 0.96 nm 处形成球壳。

在咪唑鎓和苯 2:1 的溶液中，[DMIM]$^+$ 周围的苯、[PF$_6$]$^-$ 和 [DMIM]$^+$ 的概率分布如图 2-8 所示。苯周围的 [PF$_6$]$^-$、[DMIM]$^+$ 和苯的概率分布如图 2-9 所示。

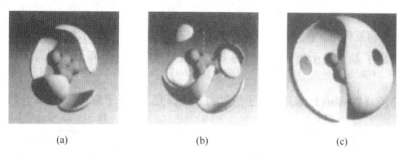

(a)　　　　　　　　　(b)　　　　　　　　　(c)

图 2-8　　[DMIM]$^+$ 周围概率分布

(a) [PF$_6$]$^-$；(b) 苯；(c) [DMIM]$^+$

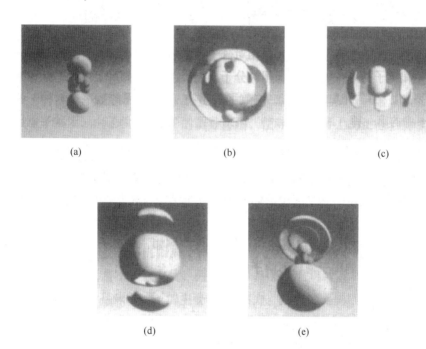

(a)　　　　　　　　　(b)　　　　　　　　　(c)

(d)　　　　　　　　(e)

图 2-9　苯周围概率分布

(a)(b)[DMIM]$^+$；(c)(d) [PF$_6$]$^-$；(e) 苯

由图 2-8 和图 2-9 可以看出，苯的存在改变了 [DMIM][PF$_6$] 离子液体的结构。

布莱德利（Bradley）用 XRD 测试了咪唑类离子液体，其 XRD 图谱都有一个宽的衍射峰。图 2-10 给出了 [C$_{16}$MIM][OTf] 的 XRD 图。由图 2-10 可见，有一个宽的峰，说明在离子液体中存在短程有序的缔合结构。图 2-11 给出了 [OMIM][PF$_6$] 散射强度随入射角变化的关系。

直接反冲光谱法（DRS）可以用来研究离子液体的表面结构。

运用 DRS 法研究离子液体 [OMIM][PF_6]、[OMIM][PF_6]、[OM-IM]Br、[OMIM]Cl、[C_{12}MIM][PF_6] 的表面结构。结果表明，在真空条件下，阴阳离子都向离子液体表面积聚，阳离子环与表面垂直、N 原子靠近表面，离子液体烷基链长的阳离子会旋转，从而导致烷基链离开表面进入液相本体，使甲基靠近表面。

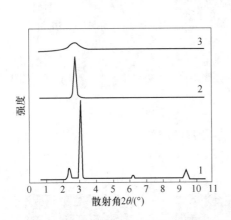

图 2-10　[C_{16}MIM][OTf] 小角度 X 射线衍射图

1—50C 晶体；2—70C SmA；3—90C 异构体

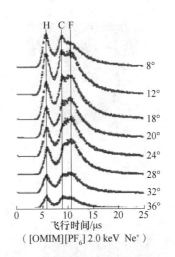

图 2-11　[OMIM][PF_6] 散射强度
随入射角变化的关系

2.2.2　离子液体的性质

2.2.2.1　离子液体的熔点

离子液体的熔点决定其使用温度的下限。离子液体的熔点由其阴阳离子的体积、对称性和电荷分布等因素决定。它是离子液体的阴阳离子结构及相互作用的表现。咪唑类离子液体的熔点受阳离子中的 H—π 键作用、阳离子平面性作用、对称性作用和侧链取代基的诱导作用影响。H—π 键是氢离子和 π 键形成的氢键，使阳离子相互接触，离子液体熔点降低。咪唑为一共轭环，若引入的基团也是平面环，则会增大阳离子的平面性，有利于其层状密堆积，造成熔点升高。

在咪唑类离子的直链、侧链上增加碳原子可以使其碳链变长、对称性降低、熔点降低。而在咪唑类离子的侧链上引入吸电子基团，则会由于吸电子的诱导作用使咪唑环上的正电子集中，阴阳离子间的相互作用增强，熔点升高。

上面各影响因素的相对强弱顺序为 H—π 键>诱导作用>平面性作用>对称性。

2.2.2.2　离子液体的热分解温度

离子液体的分解温度为 250～500 ℃，与其结构密切相关。对一定的阳离子，离子液体的分解温度还与测量分解温度所用的样品盘组成有关。例如，采用铝样品盘，受铝的催化作用 [EMIM][PF_6] 的分解温度比用 Al_2O_3 样品盘低 100 多摄氏度。

2.2.2.3　离子液体的黏度

离子液体的黏度较大，比水和一般有机溶剂大 1～3 个数量级。在离子液体与酸性混合物中，由于 $AlCl_4^-$、$Al_2Cl_7^-$ 等阴离子存在，使氢键变弱，离子液体黏度变小。

离子液体的黏度与温度有关。温度升高，黏度降低。离子液体大的黏度主要由范德华力和氢键造成。

2.2.2.4　离子液体的表面张力

离子液体的表面张力比普通有机溶剂的表面张力大，比水的表面张力小，为 $2 \sim 7.3$ Pa·cm。离子液体的表面张力与结构有关，对于阴离子相同的离子液体，其表面张力随阳离子尺寸增大而变小。对于阳离子相同的离子液体，其表面张力随阴离子尺寸增大而增大。

离子液体的表面张力与温度有关，服从奥托瓦斯（Eotvos）方程：

$$\sigma V_m^{2/3} = k(T_c - T) \tag{2-55}$$

式中，σ 为表面张力；V_m 为离子液体的摩尔体积；T_c 为临界温度；k 为经验常数，k 的取值范围介于非极性液体的 $k = 2.3 \times 10^{-7}$ J/K 和极性熔盐（NaCl）的 $k = 0.4 \times 10^{-7}$ J/K 之间。

2.2.2.5　离子液体的酸性和配位能力

离子液体的酸性和配位能力主要由阴离子决定。阴离子不同，离子液体的酸性不同，配位能力也不同。表2-3给出了一些常见的离子液体中阴离子的酸性和配位能力。

表2-3　一些常见的离子液体中阴离子的酸性和配位能力

碱性/强配位	中性/弱配位	酸性/非配位
Cl^-	$AlCl_4^-$	$Al_2Cl_3^-$
Ac^-	$CuCl_2^-$、$CF_3SO_3^-$	$Al_3C_{10}^-$
NO_3^-	SbF_6^-、AsF_6^-	
SO_4^{2-}	BF_4^-	$Cu_2Cl_3^-$
	PF_6^-	$Cu_3Cl_4^-$

$AlCl_3$ 的摩尔分数小于 0.5，[EMIM]Cl/AlCl$_3$ 含碱性阴离子 Cl^-，为碱性离子液体；添加 $AlCl_3$ 到摩尔分数为 0.5，成为含阴离子 $[AlCl_4]^-$ 的中性离子液体；继续添加 $AlCl_3$ 到摩尔分数大于 0.5，成为含酸性阴离子 $[Al_2Cl_3]^-$ 的酸性离子液体。可见 [EMIM]Cl/AlCl 的酸碱性主要取决于 $AlCl_3$ 的含量。

将 HCl 气体通入含 $AlCl_3$ 为 0.55（摩尔分数）的 [EMIM]Cl/AlCl$_3$ 离子液体中，使该混合物成为超酸体系，其酸性比纯硫酸还强。

2.2.2.6　离子液体的极性与极化能力

离子液体正负电荷中心不重合，具有极性。离子液体的极性主要与阳离子有关，其极性接近短链的醇，如甲醇。离子液体对反应物分子具有极化能力，可以促进反应的进行。改变阳离子种类可以改变离子液体的极化性能，而改变阴离子种类对极化能力影响不大。

2.2.2.7　离子液体的介电常数

离子液体具有介电作用。例如，在常温条件下，甲基咪唑的介电常数 e 为 $15.2 \sim 8.8$。e 随着烷基链长的增加而减少。阴离子对离子液体的介电常数影响大，顺序是 $[TF]^- >$ $[BF_4]^- > [PF_6]^-$。

2.2.2.8　离子液体的溶解性和溶剂化作用

离子液体与气体、液体和固体的相互作用对于离子液体的应用具有重要意义。

离子液体的溶解性与其阳离子、阴离子上的取代基和阴离子密切相关。改变离子液体中离子的种类可以改变离子液体的溶解性。例如将 Cl^- 改为 $[PF_6]^-$，离子液体从与水互溶转变为几乎完全不互溶。

2.3　熔盐电解质的结构及性质

熔融盐与水溶液电解质同是离子导体（第二类导体），它们之间究竟有什么明显差别，造成这一差别的原因是什么，这是对于熔盐这一离子导体认识的基础。从存在条件和形态上考察，不难得出电解质水溶液是常温下稳定的液体，而熔盐则往往高于 100 ℃（甚至1000 ℃）才能形成和稳定存在；从外观来看，稳定存在的这两种离子导体，熔盐与水溶液电解质一样均无色透明。表 2-4 中列出了若干典型液体的物理性质。

表 2-4　典型液体的物理性质

性　　质	水（25 ℃）	液体钠（熔点）	1 mol/L NaCl 溶液（25 ℃）	NaCl 熔体（熔点）	$Na_2O \cdot SiO_2$
熔点/℃	0. 0	97. 83	−3. 37	801	1088
蒸气压/Pa	3.17×10^3	1.312×10^{-5}	$2.240 \times 10^3(20 ℃)$ $4.106 \times 10^3(30 ℃)$	4.5996×10	—
摩尔体积/cm³	18. 07	24. 76	17. 80	30. 47	55. 36
密度/g·cm⁻³	0. 997	0. 927	1. 0369	1. 5555	2.250(1200 ℃)
压缩性/cm²·Pa⁻¹	457. 00 等温	186. 33 等温	395. 56 等温	287. 00 等温	588. 00 绝热（1200 ℃）
扩散系数/cm²·s⁻¹	3.0×10^{-5}	2.344×10^{-7} 1.584×10^{-7}	$D_{Na^+} = 1.25 \times 10^{-8}$ $D_{cl^-} = 1.77 \times 10^{-8}$	$D_{Na^+} = 1.53 \times 10^{-4}$ $D_{Cl^-} = 0.83 \times 10^{-4}$	
表面张力/N·cm⁻¹	71.97×10^{-5}	192.2×10^{-5}	74.3×10^{-5}	113.3×10^{-5}	294×10^{-5} （1100 ℃）
黏度/Pa·s	0.895×10^{-3}	0.690×10^{-3}	1.0582×10^{-3}	1.67×10^{-3}	980×10^{-3} （1200 ℃）
电导率/S·cm⁻¹	4.0×10^{-8}	1.04×10^{-5}	0.8576 mol/cm	3. 58	4.8(1750 ℃)

从表 2-4 可以看到，水溶液和高温熔体之间的许多物理性质无显著差别，主要差别表现在它们的导电性，前者的电导率约为后者的 10 倍。虽然熔盐有很高的导电度，然而，熔盐与水溶液一样是离子传导而不是电子传导，它的比电导率约为液体金属汞在 20 ℃时的比电导率（1.1×10^4 S/cm）的 1/10000，而比熔点态的液体钠的比电导率低 5 个数量级。固体 NaCl 在 800 ℃时的电导率为 1×10^{-3} S/cm。与表 2-4 中熔点时的氯化钠比较，电导率相差 3 个数量级。熔盐的高电导率与熔盐离子在电解质水溶液中离子的形成不同有关。水溶液中盐的电离是靠溶剂化作用来实现的，但这不是使离子晶体剥离的唯一方式，同样地，升高温度可以克服离子间的吸引力而形成离子熔体（见图 2-12）。因为熔盐的单位体积中离子数目要比水溶液要多，故其电导率高。从形成机制上看，熔盐也可视为溶剂是零时的电解质溶液，在熔盐中大量存在的应该是带异种电荷的离子。

按照以上的理解，关于熔盐的性质和结构还有许多重要的概念有待阐明。例如，上面

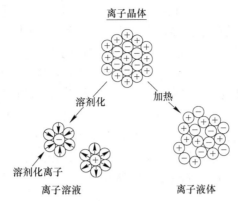

图 2-12　离子晶体经溶剂化电离成离子溶液及经加热电离成离子液体(或熔盐)的过程

提到熔盐中没有像水那样性质的惰性溶剂，那么熔盐中的离子淌度和迁移数等动态性质用什么作参考构架进行测量呢？水溶液中的配合离子或离子对是由大量的溶剂分子将其隔开的，这些离子基团是比较容易确定的。但对于熔盐体系来说，其中全部是离子，它们是经常相互接触的，它们之间能否形成配合离子或离子对？如何区别它们之间形成配合离子或离子对？这也是要探讨的一个重要问题。前面讨论电导率问题时还注意到，许多离子晶体在固态下也是以离子状态存在的，为什么一经熔化其导电度就有如此显著的差别？熔化过程如何使离子间的作用力发生如此巨大的变化？它们在结构上的差别在哪里？这些问题必须从熔盐结构的研究中去寻求解答。然而熔盐结构介于固态和气态之间，虽然对固体或气体的结构都有比较成熟的研究，但是液态结构理论尚有待进一步阐明；高温熔体的种类繁多，它与常温下的水溶液结构又有所不同，加上高温实验技术上的困难，因此目前还未能建立一个统一的熔盐结构理论。研究熔体性质的实验手段常常是借用研究固体或研究气体的方法进行的，例如应用 X 射线衍射仪、电子扫描显微镜、拉曼光谱、红外光谱等。X 射线衍射也是研究固体内部结构的经典方法，同时也是现代直接获得液体结构基本知识的重要手段之一。比较晶体、气体和液体的 X 射线衍射图谱发现，液态的 X 射线衍射图介于固态与气态之间，但比较接近于固态的图形。在一个理想的离子晶体中，例如选阳离子作参考点，取离参考的阳离子一定距离 r 处的阴离子出现的概率作图，如图 2-13 所示，离子晶体和熔盐的 X 射线图分别用实线和虚线表示。由图 2-13 可以看到，实线表示的离子晶体排列是有序的（对于固体盐，不管阳离子的距离是 r_0，$2r_0$，$\cdots$，找到阴离子的概率均相同，其中 r_0 为两相邻阴阳离子间的距离）；对于熔盐来说只在近程时是有序的，而在远程时其有序排列消失（当阳离子距离为 r_0 时，找到阴离子的概率与固体盐相同，但当距

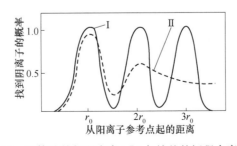

图 2-13　固体盐的长程有序（Ⅰ）与熔盐的短程有序（Ⅱ）

离为 $2r_0$ 时，找到阴离子的概率就减小了 $1/2$，距离越长，概率越小）；气相则完全是无序的。因此，在熔点附近的熔体结构接近于固体，而与气相不同。

从带相反电荷离子核间距离来看，在气相中它们的距离很大。但将离子晶体与其相应熔盐比较，核间距离则相差不大，表 2-5 中列出的试验数据，就是熔体接近固体结构的证明。从表 2-5 中数据还可以看出，熔盐中带相反电荷离子间核的距离比晶体中的核间距离还要短些。但根据摩尔体积测定，许多离子晶体熔化时，体积增大 10% ~ 25%。例如，KCl 熔盐熔化后体积增加 17.3%，NaCl 体积增加 25%，KNO_3 体积增加 3.3%。这就是说，熔化过程使阴、阳离子的核间距离有所缩短，但宏观体积却膨胀，这两种实验事实表面上似乎矛盾，在研究熔盐结构时，必须注意这种差异。

表 2-5　若干盐在晶态和液态时的核间距离　　　　　　　　（nm）

物质	LiCl	LiBr	LiI	NaI	KCl	CsCl	CsBr	CsI
晶体（熔点）	0.266	0.285	0.312	0.335	0.326	0.357	0.372	0.394
熔盐	0.247	0.268	0.285	0.315	0.310	0.353	0.355	0.385

此外，近年来，X 射线衍射和中子衍射又使人们对于熔盐结构有了新的认识。研究固体和熔盐碱金属卤化物中离子间的配位数发现，碱金属卤化物配位数为 6 的固体盐，熔化后其配位数减小为 4 ~ 5，即熔化后配位数减小。

另外，在水溶液中，配合离子的概念比较容易理解（例如，当 $CdCl_2$ 和 KCl 在水溶液中形成配合离子时，它们似小岛一样，为大量的以水为溶剂的海洋所隔开，因此可以确定它的存在），然而在熔盐中没有这种惰性溶剂，如何判断 Cd^{2+} 可与三个氯离子组成配合物呢？其实可以这样认为，虽然配合离子总是处在动态平衡之中，然而它们集合在一起的时间总要长一些，有一定的配合生命期。有人曾测定在 263 ℃时 $CdBr^+$ 在 KNO_3-$NaNO_3$ 混合熔体中的配合生命期为 0.3 s，这就证明熔盐中的配合物是一种实体，其形式类似水溶液中的水化离子。在水溶液中，离子周围虽都是水分子，然而只有一部分水分子组成离子的水化外壳，伴随着离子运动。在熔盐中，对于 $CdCl_3^-$ 配合离子来说，Cd^{2+} 周围有三个氯离子伴随它一起运动，并有一定的生命期，其他的氯离子与之接触是短暂的，在拉曼（Raman）光谱上可以出现吸收峰，根据吸收峰的位置和强度，可以计算配合离子的组成和含量（质量分数）。图 2-14 的结果表明，在 $CdCl_2$-KCl 熔盐体系中，KCl 含量（摩尔分数）在 33.3% ~ 66.6% 范围内，已经被证明主要配合离子是 $CdCl_3^-$。在熔盐的性质-组成图上也将看到，熔盐中配合离子的存在将在它们的各种物理化学性质上反映出来，并引起

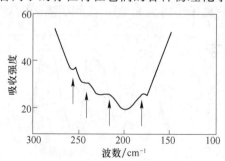

图 2-14　$CdCl_2$-KCl(50%)熔盐体系拉曼光谱

熔盐真实体系与理想体系发生偏差。同样，在 NaF-AlF₃ 体系中，在冰晶石处，黏度有极大值，这是溶液中存在巨大的冰晶石配合离子的一个证据。

2.3.1 熔盐的结构

研究熔盐结构是系统深入理解熔盐物理化学性质的基础，可以对熔盐中的电极过程有更科学合理的解释。熔盐结构是微观结构，是一种理论模型，只能根据实验事实进行推测，而且也必须经受实验结果的检验。大量的研究表明，在熔盐组成中包含如下的一些基本结构单元：

（1）异种电荷组成的简单离子；

（2）未解离的分子；

（3）缔合分子；

（4）不同符号的配离子；

（5）自由体积（孔洞、裂缝）。

决定所有这些质点平衡状态的力，具有如下性质：

（1）异名荷电离子间的库仑静电引力；

（2）同名荷电离子间的玻恩排斥力；

（3）作用于配离子和复杂离子的共价化学键力；

（4）不同形式的分子间力（色散力等）；

（5）电子-金属键。

任何模型应该能够解释熔盐的一些共同性质：

（1）熔盐熔化后体积增加；

（2）熔盐具有较高的电导率；

（3）熔盐熔化后离子排布近程有序；

（4）熔盐熔化后配位数减少。

最早给出熔盐结构概念的是法拉第（Farady），他指出：熔盐由正离子和负离子构成。许多研究者都建立了熔盐结构模型，如"似晶格"模型、"空穴"模型、"有效结构"模型、"液体自由体积"模型等。

2.3.1.1 "似晶格"或"空位"模型

"似晶格"模型（quasi-lattice model）认为，在晶体中，每个离子占据一个格子点，并在此格子点上做微小的振动，如图 2-15 所示。

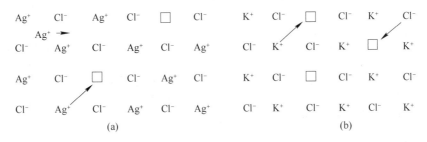

图 2-15 空位形成示意图

（a）Frenkel 缺陷；（b）Schottky 缺陷

随着温度的升高，离子振动的振幅越来越大，有些离子跳出平衡位置，留下空位，这就是所谓"格子缺陷"。这种缺陷又分成两种，一种是离子从正常格子点跳到格子间隙地方，留下 1 个空位，这种缺陷称为佛伦凯尔（Frenkel）缺陷，如图 2-15（a）所示；另一种缺陷是离子跃到晶体表面另外 1 个空格点上去，产生 1 个空位，这种缺陷称为肖特基（Schottky）缺陷，如图 2-15（b）所示。离子熔体的似晶格模型是晶体模型的变种，它是建立在离子熔体中的微缺陷与位错的概念基础上的。

X 射线研究表明，晶体熔化后仍保持局部有序，且原子间距离及配位数减小，密度测量结果也表明盐在融化时体积增加，这些都可以用"似晶格"模型进行合理解释。

2.3.1.2　"空穴"模型

"空穴"模型认为熔盐内部含有许多大小不同的空穴，这些空穴的分布完全是无规则的。这个无规则的分布就把空穴从格子点的概念中解放出来，成为与之完全不同的新的模型理论。在空穴模型中，空穴的形成不是来自肖特基缺陷，而是来自另一过程。在液体熔盐中，离子的运动自由得多，离子的分布没有完整的格子点，所以，随着离子的运动，在熔盐中必将产生微观范围内的局部密度起伏现象和空穴的呼吸现象，即单位体积内的离子数目和空穴的大小起了变化。随着热运动的进行有时挪去某个离子，使局部的密度下降，但又不影响其他离子间的距离，这样在离去离子的位置就产生了一个空穴，如图 2-16 所示。

在溶液中，离子不断地运动，空穴的大小和位置也在不断地变化，它的变化是随机的，符合玻耳兹曼分布。空穴模型形象地说明了熔盐熔化之后体积会增加、离子间异号离子距离反而减少的原因。

2.3.1.3　液体自由体积模型

液体自由体积模型认为，如果液体的总体积内共有 N 个微粒，那么胞腔自由体积则为 $V_总/N$。质点只限于在胞腔内运动，在这个胞腔内它有一定的自由空间 V，如果离子自身的体积是 V_0，那么胞腔内没有被占有的自由空间则为：

$$V_f = V - V_0 = V_总/N - V_0 \tag{2-56}$$

式中，V 为摩尔体积。

胞腔模型示意图如图 2-17 所示。按照这个模型，当熔盐熔化时体积增大，必将使胞腔的自由体积增大，但这却意味着在盐类熔解时离子间的距离会有所增加，这完全不符合离子间距离减少的实验事实。为了解决这个难题，科恩和特恩布尔又进一步提出了 3 个修正模型。他们认为熔盐的自由体积并不相等，而且这些自由体积可以互相转让。正在运动的胞腔膨胀，而与它相邻的胞腔将被压缩，这就产生胞腔自由体积的起伏，最后呈无规则状态分布。

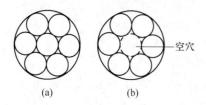

图 2-16　空穴形成示意图

（a）空穴形成前；（b）空穴形成后

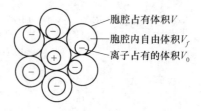

图 2-17　胞腔模型及自由体积示意图

2.3.1.4 特姆金（Temkin）模型

这是个结构模型，也是个热力学模型。此模型把熔盐的理想混合物看作是阳离子和阴离子互相独立的混合物。由于离子间的静电作用，正离子只围绕在负离子周围，负离子也只围绕在正离子周围，正负离子统计地在它们之间分布着，因而混合热等于零。这种模型经过简单处理可以半定量预测熔盐中各组分的活动。

2.3.1.5 熔盐结构的计算机模型（"硬核软壳"模型）

由于计算机技术的迅猛发展，用计算机模拟液态微观结构取得了很大的成功。在研究熔盐的结构和性质中，应用最多的是蒙特卡罗（Monte Carlo，MC）法和分子动力学（molecular dynamics，MD）法两种。在给定粒子间势的前提下，用计算机模拟液态的瞬时结构和运动不用引入主观的假设，便能相当精确地计算出许多液体（特别是熔盐和单原子分子液体）的热力学性质和动力学性质。

（1）MC 法。MC 法所考察的基本范围称为元胞。离子（其他粒子也可以）在元胞中取任意初始排布，然后由计算机发出随机数。使某离子由原来位置移到新位置（$x+\Delta x$，$y+\Delta y$，$z+\Delta z$），而维持其他 $N-1$ 个离子不动，同时计算出移动前后的势能变化 ΔE。如果 $\Delta E<0$，则该次移动"有效"；若 $\Delta E>0$，则由计算机发出随机数。若 $a\leqslant\exp(-\Delta E/kT)$（此处 K 为玻耳兹曼常数，T 为所模拟体系的温度），则离子移动亦被"接受"，反之则被"拒绝"，离子退回原处。随着各离子循环进行上述过程，体系渐趋玻耳兹曼分布，当总能量涨落达到平衡时，即可对各离子的瞬间坐标和径向分布函数进行统计，找出体系的结构规律。

MC 法的元胞设计，至今仍采用 Metropolis 等人最初提出的采样方法。这个采样方法是取元胞为正方体（三维）或正方形（二维），把 N 个被模拟的离子置于中心元胞之中，如图 2-18 所示。

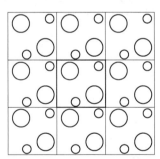

图 2-18　当 $N=4$ 时，中心元胞及周期边界条件

(图中粗实线内为中心元胞)

显然，如果少量离子只限于隔离的中心元胞之中，那么随着运动，它们将趋于胞盒的界面，而不处于宏观样本的环境之中。为解决这一问题，引进了"周期性边界条件"，即把中心元胞放到无限个同样结构的元胞中央，并规定当某一个离子中心穿出元胞的某一界面时，同一离子将从对面进入该元胞。这样，不但使中心元胞内的离子数目保持不变，而且还克服了边界效应，亦即使实验中所模拟的中心元胞及中心元胞中的每个离子都相当于沉浸在无限熔盐溶液之中而没有边界。

计算势能是 MC 法模拟工作中最繁杂的步骤，计算公式如式（2-57）所示。离子间的势能包括库仑能、近程排斥能和色散能。

$$E_{ij} = \frac{Z_i Z_j}{r_{ij}} + \frac{(R_i + R_j)^{n-1}}{nr_{ij}^n} - \frac{C_{ij}}{r^6} - \frac{D_{ij}}{r^8} \tag{2-57}$$

式中，R_i 和 R_j 分别为两离子的 Pouling 半径；n 与外层电子有关，是常数。

为了节省机时，限制两离子的过分靠近，规定当 $r_{ij} \leqslant 0.8(R_i + R_j)$ 时，$E_{ij} = \infty$，离子直接退回。由于势能的数值主要由前两项决定，所以在实际计算中有时把色散能省略。图 2-19 所示为在电场作用下 NaCl 熔体的模拟结果。

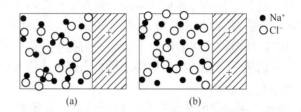

图 2-19　在电场作用下 NaCl 熔体离子排布结构

（a）$NN = 3600$，$U = -2.130351$；（b）$NN = 7200$，$U = -2.185194$

（NN 为结构数；U 为体系内能，kJ/mol）

（2）MD 法。MD 法主要解决离子运动的动力学问题，它能直接给出离子运动中动力学信息及与时间有关的性质。在所研究的体系内，i 离子受其他离子的作用与 j 离子的势能具有如式（2-58）所示的关系：

$$F_i = -\sum_{j=1,\, j \neq i}^{N} \nabla E_{ij}(r_{ij}) \tag{2-58}$$

这样就可由牛顿运动方程式求出所有离子在相空间的踪迹。

对于一个给定的体系，在时间 t 内可以得到一组力 $\{F_i\}$ 和加速度 $\{a_i(t)\}$，经过一段时间，即步长 Δt 之后（Δt 一般取 10^{-14} s），该离子的运动速率可由式（2-59）得出：

$$V_i(t + \Delta t) = V_i(t) + a_i(t)\Delta t \tag{2-59}$$

与其相对应的位置可由式（2-60）得出：

$$r_i(t + \Delta t) = r_i(t) + \frac{1}{2}[V_i(t) + V_i(t + \Delta t)]\Delta t \tag{2-60}$$

在体系的粒子坐标变动后，又可以得到一组 $\{F_i\}$ 和 $\{a_i(t)\}$，这样经过 $10^4 \sim 10^5$ 次迭代运算之后，体系达到平衡，其标志是温度的涨落趋于平衡。平衡后，可对与时间有关的物理量和物理化学性质进行统计计算。从保留下来的每个离子运动的坐标和速率中，可以看到其运动和变化的轨迹。

在 MC 法中，温度 T 是不变的，而在 MD 法中，T 则是波动量，其值可由式（2-61）计算：

$$T = \left\langle \frac{1}{3Nk_B} \sum_{i=1}^{N} m_i V_i^2 \right\rangle \tag{2-61}$$

式中，括号 $\langle\ \rangle$ 代表所有时间间隔的平均值；N 为体系模拟的离子数；m_i 和 V_i 为离子的质量和运动速率；k_B 为玻耳兹曼常数。

2.3.1.6　几种模型之间的关系

上面概略地介绍了几种熔盐模型，但是像熔盐这样复杂的体系，也许需要不同的模型和数学描述来解释它的各种各样的物理化学性质和各种各样在研究中所得到的结果。研究模型的目的不仅仅在于处理物理化学数据，也不仅仅在于对各种表象做出合理的解释，而且还在于预测那些在实验上难以测定的性质和结构。由于模型总是过于简化，它和实际结构总有一些差别，所以一种模型不可能把一个体系的各种物理化学图像都讲清楚。

为了进行比较，表2-6汇总了这几种模型的热力学性质、运输行为、扩散系数、黏度活化能等的计算与实验结果。由表2-6可见，空穴、似晶格和液体自由体积模型的理论计算结果都不同程度地与实验结果相符，其中空穴模型能更好地说明实验现象。但对于熔盐结构还有待进一步研究。

表2-6 几种熔盐结构模型与实验结果对照

模型	$\Delta V_{熔化}$	$\Delta S_{熔化}$	压缩性	膨胀性	扩散系数	$\Delta E_{黏度}$
空穴	好	一般	很好	很好	好	极好
似晶格	不能计算	很好	不能计算	—	好	定性地解释
自由体积	好	不能导出公式	不能计算	—	—	—
硬核软光	好	较好	—	—	好	好

2.3.2 熔盐电解质的物理化学性质

熔盐作为一种特殊的液体，具有特殊的特性，在很多工业上获得应用。对于熔盐性质的研究和了解可为更好地运用它提供基本依据。熔盐的性质可以分为热力学性质（蒸气压、密度、表面张力等）、传输性质（黏度、电导、扩散等）及结构性质和热力学性质。本节主要针对热力学和传输性质展开。

另外，在用熔盐电解法制取金属时，虽可用各种单独的纯盐作为电解质，但往往为了力求得到熔点较低、密度适宜、黏度较小、离子导电性好、表面张力较大及蒸气压较低和对金属的溶解能力较小的电解质，在现代冶炼中广泛使用成分复杂的由2~4种组分组成的混合熔盐体系，这使熔盐具有某些熔渣特征，其物理化学性质遵循冶金炉渣部分所介绍的基本规律。工业上用熔盐电解法制取碱金属和碱土金属的熔盐电解质多半是卤化物体系，如制取铝的电解质由冰晶石（Na_3AlF_6）和氧化铝等组成。因此，在讨论熔盐体系的物理化学性质时，将主要涉及由元素周期表中第二、第三主族有关金属的氯化物、氟化物和氧化物组成的体系。部分可用作溶剂的主要熔盐混合物见表2-7。

表2-7 用作溶剂的主要熔盐混合物

组 分		组成（摩尔分数）/%	熔点/℃	使用温度/℃	电导率（左列使用温度下）/S·cm⁻¹
卤化物	1. 氯化物				
	LiCl-KCl	59-41（共晶）	352	450	1.57
	NaCl-KCl	50-50	658	727	2.42
	$MgCl_2$-NaCl-KCl	50-30-20	396	475	1.18
	$AlCl_3$-NaCl	50-50（$NaAlCl_4$）	154	175	0.43
	$AlCl_3$-NaCl-KCl	66-20-14（共晶）	93	127	—

续表 2-7

组　分		组成（摩尔分数）/%	熔点/℃	使用温度/℃	电导率（左列使用温度下）/S·cm⁻¹
卤化物	$AlCl_3$-N-正丁基吡啶氯化物	50-50	27		—
	2. 氟化物				
	LiF-NaF-KF	46.5-11.5-42（共晶）	459	500	0.95
	LiF-NaF	61-39（共晶）	649	750	—
	BF_3-NaF	50-50（$NaBF$）	408	—	
	$NaBF_4$-NaF	92-8（共晶）	385	427	2.6
	BeF_2-NaF	60-40（共晶）	360	427	0.13
	AlF_3-NaF	25-75（Na_3AlF_6）	1009	1080	3.0
	3. 氰化物				
	NaSCN-KSCN	26.3-73.7（共晶）	128	170	0.08
含氧阴离子	1. 氢氧化物				
	NaOH-KOH	51-49（共晶）	170	227	1.4
	2. 硝酸盐				
	$LiNO_3$-KNO_3	43-57（共晶）	132	170	0.22
	$NaNO_3$-KNO_3	50-50	228	20	0.51
	$LiNO_3$-$NaNO_3$-KNO_3	30-17-53（共晶）	120		
	3. 硫酸盐				
	Li_2SO_4-K_2SO_4	71.6-28.4	535	675	1.28
	Li_2SO_4-Na_2SO_4-K_2SO_4	78-13.5-8.5	512		
	$NaHSO_4$-$KHSO_4$	50-50（共晶）	125		
	4. 碳酸盐				
	Li_2CO_3-Na_2CO_3	50-50	500	700	1.73
	Li_2CO_3-Na_2CO_3-K_2CO_3	43.5-31.5-25	397		
	5. 磷酸盐				
	$NaPO_3$-KPO_3	53.2-46.8（共晶）	547	700	
	$LiPO_3$-KPO_3	64-36（共晶）	518		
	$Li_4P_2O_7$-$K_4P_2O_7$	38.5-61.5（共晶）	720		
	6. 硼酸盐				
	$LiBO_2$-KBO_2	56-44（共晶）	582		
	$Li_2B_4O_2$-$Li_2B_4O_7$	35-65（共晶）	720		
	7. 硅酸盐				
	K_2SiO_3-Na_2SiO_3	82-18（共晶）	753		
有机阴离子	$KHCO_3$-$NaHCO_3$	50-50（共晶）	65		
	KCH_3CO_3-$NaCH_3CO_3$	53.7-46.3（共晶）	235		
	$LiCH_3CO_3$-KCH_3CO_3-$NaCH_3CO_3$	32-38-30（共晶）	162	222	0.05

2.3.2.1 混合熔盐的熔度图

由不同的盐可以组成不同的熔盐体系，其温度、黏度、表面张力、摩尔体积、电导率等随着组成不同而不同，因此，可用性质对组成作图，得到不同的相图，这种相图被称为熔度图。这是研究混合熔盐性质的一种重要的物理化学分析方法。这些熔盐体系，以碱金属卤化物组成的二元盐系为例，可以归类成具有二元共晶的熔度图、有化合物形成的二元熔度图、液态-固态完全互溶的二元系熔度图和液态完全互溶-固态部分互溶的二元系熔度图。

在二元盐系中，具有共晶的熔度图一般由碱金属卤化物组成，如 KCl-LiCl 系、NaCl-NaF 系、NaF-KF 系、LiCl-LiF 系；还可形成一种化合物的熔度图，往往由碱金属卤化物和二价金属卤化物组成的体系中遇到，如 KCl-CaCl$_2$ 系（形成化合物 KCl·CaCl$_2$）、KCl-MgCl$_2$ 系（形成化合物 KCl·MgCl$_2$）、NaCl-BeCl$_2$ 系（形成化合物 2NaCl·BeCl$_2$），NaF-MgF$_2$（形成化合物 NaF·MgF$_2$）等；形成几种化合物的熔度图，可在由碱金属卤化物和多价金属卤化物组成的体系中遇到，如 NaF-AlF$_3$ 系（可形成两种化合物 3NaF·AlF$_3$ 和 5NaF·3AlF$_3$）。NaCl-KCl 系，由于 NaCl 和 KCl 性质相近，可以形成液态和固态完全互溶的体系。BaBr$_2$-NaBr 可形成液体状态完全互溶、固态部分互溶的二元系。

除二元体系外，在三元体系方面也积累了大量的数据，其熔度图的描述和三元相图一致。KCl-NaCl-MgCl$_2$ 体系是镁冶金的重要相图（见图 2-20），在这个图中的部分区域，混合物熔点比金属镁的熔点更低，从而使电解过程可以在 953～993 K 的较低温度下进行。

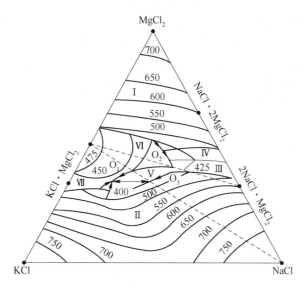

图 2-20 KCl-NaCl-MgCl$_2$ 系熔度图

（各组分含量为摩尔分数，温度单位：℃）

2.3.2.2 熔盐的密度

研究熔盐密度的意义在于能了解阴极析出的金属在电解质中的行为。由于熔盐电解质和熔融金属的密度不同，故金属液体可以上浮到电解质的表面或沉降到电解槽底部，如果电解质和金属的密度相近，金属便悬浮在电解质中。故熔融电解质与所析出金属的密度的比值是决定电解槽结构的重要因素之一。如果析出的金属上浮到电解质表面，将会造成金属的氧化损失。

熔盐的密度与其结构的关系符合下列规则：离子型结构的盐一般具有比分子型晶格结构更大的密度，并相应地具有较小的摩尔体积。一般来说，熔盐的离子性越强，则它的摩尔体积越小。在物理化学分析中，由组成-密度图中的极值线段可以判断出是否有新化合物生成。

摩尔体积和密度的关系为：

$$V = \frac{M}{\rho} = Mv \qquad (2-62)$$

式中，V 为盐的摩尔体积；M 为盐的相对分子质量；ρ 为密度；v 为盐的体积。

熔盐的密度随体系的成分不同而变化。例如，当两种盐混合时，如果没有收缩也没有膨胀现象发生，那么混合熔体的摩尔体积将由两种组分体积相加而成。在此情况下，摩尔体积与成分的关系用图解表示为一直线，共晶的 $NaCl\text{-}CaCl_2$ 系可以作为具有这种关系的例子。

如果混合熔盐体系的性质与其成分的关系不遵循加和规则，那么这种关系将不是直线而是曲线。例如，$NaF\text{-}AlF_3$ 系的密度和摩尔体积与成分的关系便是这样，而且在相当于冰晶石的成分处出现显著的密度最高点和摩尔体积最低点。这说明冰晶石晶体排列最有规则而且堆积最为紧密，在单独的氟化钠熔体中，半径较大的钠离子（$r = 1.86 \times 10^{-6}$ m）未被包含在氟离子堆的八面体空穴中，致使离子堆变得疏松，从而降低了氟化钠熔体密度；在氟化铝中，氟离子堆虽然较紧密，但其中只有 1/3 的空穴被质量比钠离子仅大 17.3% 的铝离子所占据，结果也使得氟化铝的密度比较小。在冰晶石的情况下，其中 AlF_6^{3-} 八面体和钠离子相联系，以致堆积密度最大，从而使熔体密度最大。将 NaF 加入冰晶石中，可使熔体结构变松而使其密度降低，在冰晶石中加入 AlF_3 也会使体系的密度降低。

盐-氧化物体系的密度和摩尔体积可用对实际有重要意义的冰晶石氧化铝（$Na_3AlF_6\text{-}Al_2O_3$）系作为例子来讨论，因为 $Na_3AlF_6\text{-}Al_2O_3$ 系的熔度图属于共晶型，故密度和摩尔体积的变化曲线没有极限点，但这些曲线却对加和直线有偏差，并且随氧化铝浓度的提高，熔体的密度和摩尔体积都降低。

2.3.2.3　蒸气压

蒸气压是物质的一种特征常数，它是相变过程达到平衡时物质的蒸气压力，又称为饱和蒸气压，简称蒸气压。对于单组分的相变过程，根据相律：

$$F = c - p + 2 \qquad (2-63)$$

可知蒸气压仅是温度的函数。对于多组元的溶液体系，蒸气压同时是温度和组成的函数，如果相变是在引入惰性气体或真空条件下进行，则蒸气压也是与体系平衡的外压的函数。

不同物质的蒸气压不但各不相同，而且有时甚至是相差极大，对于熔融盐溶液，因为各组分挥发性的不同，测定中很难长时间地维持成分恒定，因此，蒸气压测定时常采用多种测定方法，以保证测量的准确。由于大多数熔融盐的蒸气压较低，通常采用沸点法、相变法和气流携带法测定。图 2-21 所示为沸点法测定蒸气压装置。物质由液态转变为气态的过程称为蒸发，这是在任何温度下都能进行的缓慢过程。但当蒸气压等于外压时就会在整个液体中发生激烈的蒸发过程，这就是沸腾。此时所有输入液体中的热能全部作为相变潜热被吸收，而不能使原子和分子的动能增大，因此沸腾是一个等温蒸发过程。由于液态物质沸腾时饱和蒸气压等于外压，因此通过测量密闭体系中物质在不同外压下的沸点，就可确定物质的蒸气压。沸腾法的测试关键是如何准确确定沸腾开始温度。为此很多人做了大量工作。

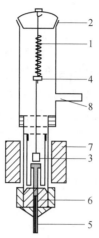

图 2-21　沸点法测定蒸气压装置图
1—石英弹簧；2—磨口塞；3—盛有试样的容器；4—指示器；
5—热电偶；6—塞子；7—炉子；8—通真空泵

例如，可以用下列现象进行判断：在蒸发试样的表面放一个轻质浮标（如细石英棒），在沸点时，液体激烈蒸发使得浮标发生突然跳动；液体沸腾时，由于大量蒸发损失，试样失重速度突然加快；在装有试样的加热炉均匀升温的条件下，将热电偶直接放在试样表面，当热电偶热电势保持恒定时，即表明沸腾开始。

气流携带法是高温下测量蒸气压的一种最简单而又最常用的方法。把一种载流气体（不论是惰性的还是活性的）通入试样的蒸气中，载流气体的流速恒定且相当小，因此载流气体饱和着试样的蒸气，而试样的蒸气可在某处冷凝。测定载流气体单位体积内所夹带的蒸气量，只要蒸气的相对分子质量为已知，就可以算出蒸气压。换言之，如果蒸气压为已知（如用沸点法测得），那么，根据气体携带法的测量结果就可以计算蒸气的平均相对分子质量。

晶格中离子键部分占优势的盐，如 $NiCl_2$、$FeCl_2$、$MnCl_2$、$MgCl_2$、$CaCl_2$ 等，它们的蒸气压甚至在 600～700 ℃ 时也是很低的，在 800～900 ℃ 时才变得更显著些。而具有分子晶格的盐类，如 $SiCl_4$、$TiCl_4$、$AlCl_3$、$BeCl_2$ 等，其蒸气压在 50～300 ℃ 就很高了，至于 UF_6、$ZrCl_4$、ZrI_4 等盐类则不经液态就直接升华。

熔融盐体系蒸气压随液相组成的变化，一般说来表现为：增加液相中某组元的相对含量，会引起蒸气中该组元的相对含量的增加。此外，在蒸气压曲线上具有最高点的体系，它在沸点曲线上具有最低点，反之亦然。

熔融体系在一定组成时的逸度（蒸气压）可以由各组元的蒸气压，根据加和规则计算出来，但这只有当体系中各组元在固态时不形成化合物时才是正确的。熔体的组成相当于固态化合物的组成时，熔体结构具有较大的规律性，因此，键的强度也较大，这就使熔体的蒸气压比由加和规则计算出来的数值低些。

若体系在固态时形成化合物，则它的熔体的蒸气压要比按照各组元的蒸气压，根据加和规则计算出来的蒸气压要低。例如，氟化铝在固态时与氟化钠形成具有离子晶格的化合物冰晶石。冰晶石的蒸气压就比 NaF-AlF$_3$ 混合物的蒸气压低，尽管混合物中氟化铝的含量比冰晶石中氟化铝的含量高。

2.3.2.4　熔盐黏度

黏度与密度一样，是熔盐的一种特性。黏度与熔盐及其混合熔体的组成和结构有一定关系。因此，研究熔盐的黏度可以提供有关熔盐结构的概念。应当指出，黏度大而流动性差的熔盐电解质不适合于金属的熔盐电解，这是因为在这种熔体当中，金属液体将与熔盐搅和而难以从盐相中分离出来。此外，黏滞的熔盐电解质的电导率往往比较小。因此，在熔盐电解中，需选择熔盐成分，使得其黏度小、流动性好，以保证熔盐电解质导电良好并能保证金属、气体和熔盐的良好分离。

液体流动时所表现出的黏滞性是液体各部分质点间流动时所产生内摩擦力的结果，根据牛顿黏度公式（2-64）可以计算得到：

$$f = \eta \frac{\mathrm{d}v}{\mathrm{d}x} \times S \tag{2-64}$$

式中，f 为两液层间的内摩擦力；η 为黏度系数，简称黏度，表示在单位速率梯度下，作用在单位面积的流质层上的切应力，Pa·s；S 为两层液体的接触面积；$\mathrm{d}v/\mathrm{d}x$ 为两层液体间的速率梯度。

各类液体的黏度范围见表2-8。

表 2-8　各类液体的黏度范围

液　体	黏度/mPa·s	液　体	黏度/mPa·s
水（20 ℃）	1.0005	液体金属	0.5~5
有机化合物	0.3~30	炉渣	50~105000
熔融盐	10~104000	纯铁（1600 ℃）	4.5

熔盐的黏度与其本性和温度有关，对大多数熔盐而言，黏度随温度变化的关系遵循：

$$\eta = A_\eta \mathrm{e}^{\frac{E_\eta}{RT}} \tag{2-65}$$

式中，η 为黏度；A_η 为黏度与温度的关系常数；E_η 为黏性活化能；T 为热力学温度；R 为摩尔气体常数。

表2-9 为典型盐的黏度和黏性流动活化能。

表 2-9　典型盐的黏度和黏性流动活化能

盐	η/mPa·s	T/℃	E_η/kJ·mol^{-1}	盐	η/mPa·s	T/℃	E_η/kJ·mol^{-1}
NaCl	1.02	900	38.038	PbCl$_2$	2.22	650	28.006
KCl	1.13	800	30.932	CdCl$_2$	2.03	650	16.720
AgCl	2.08	500	12.122				

从熔盐的离子本性看，熔盐的黏度决定于迁移速率小的阴离子。凡结构中以迁移速率小、体积大的阴离子为主的熔体，熔体的黏度将增高。例如，673.15 K 时，熔融 KNO$_3$ 和

$K_2Cr_2O_7$ 的黏度分别等于 0.0020 Pa·s 和 0.01259 Pa·s。黏度增高的原因是 $Cr_2O_7^{2-}$ 比 NO_3^- 的体积大而迁移速率较小。

阳离子的迁移速率对熔盐的黏度也有影响。实践表明，熔融碱性氯化物的黏度小于二价碱土金属氯化物的黏度。如熔融 KCl 和 NaCl 在稍高于 1073 K 温度下的黏度各等于 0.001080 Pa·s 和 0.001490 Pa·s，而 $MgCl_2$ 在 1081 K 和 $CaCl_2$ 在 1073 K 时的黏度分别为 0.00412 Pa·s 和 0.00494 Pa·s。熔融 $PbCl_2$ 在 771 K 时的黏度为 0.00553 Pa·s。可以看出，熔融二价金属氯化物的黏度比一价金属氯化物的黏度大 3~4 倍（见表 2-10）。

表 2-10　部分熔盐的黏度

盐类	温度/K	黏度/mPa·s	盐类	温度/K	黏度/mPa·s
LiCl	890	1.810	$LiNO_3$	533	6.520
NaCl	1089	1.490	$NaNO_3$	589	2.900
AgCl	876	1.606	KNO_3	673	2.010
Ag	878	30.26	$AgNO_3$	517	3.720
KCl	1073	1.080	NaOH	623	4.000
NaBr	1035	111.420	KOH	673	2.300
KBr	1013	1.480	$K_2Cr_2O_7$	673	12.590
$PbCl_2$	771	5.532	$MgCl_2$	1081	4.120
$PbBr_2$	645	10.190	$CaCl_2$	1073	4.940
$BiCl_3$	533	32.000	Na_3AlF_6	73	2.800

研究表明，对熔度图属于共晶型或有固溶体形成的二元盐系，其黏度的等温线是一条较为平滑的曲线，如 KCl-LiCl 系的黏度等温线。

对于熔度图上有最高点（相当于在结晶时有化合物形成而熔体中有相应的配合离子形成）存在的二元体系而言，黏度等温线将不是平滑曲线，而是有相当于这些化合物的奇异点出现。例如，在 $NaF-AlF_3$ 体系中，黏度等温线上有最高点，如图 2-22 所示。这显然与冰晶石熔体排列最规则和堆积最紧密有关，在此情况下，熔体质点从一个平衡位置移动到另一个平衡位置较困难，因而使熔体的流动性降低，黏度增大。

三元体系黏度图也有很多研究结果可以参考。图 2-23 给出了 $KCl-NaCl-MgCl_2$ 系黏度等温线，从该图可以看出，黏度 KCl 角和 NaCl 角向 $MgCl_2$ 角共同增大，并且在相当于熔体结晶形成化合物 $KCl·MgCl_2$ 的成分区域中升高，这是由于熔体中有 $MgCl_2$ 存在。

2.3.2.5　电导率

研究熔盐电导率不仅有助于了解熔盐的本性及其结构，而且具有很重要的实用意义。在给定的电流密度和温度下，电解槽的极间距将决定于电导率，电导率越高，电解槽的极间距便可以越大，电流效率也越高。当电解槽结构不变时，熔盐电导率较高，便可以提高电流密度，从而提高电解槽的生产率。熔盐电导率的表示方法有比电导率、电导率和摩尔电导率。

2.3.2.6　熔盐的界面性质

熔盐的界面性质主要指熔盐与气相界面上的表面张力、熔盐混合及其混合物与固相（碳）

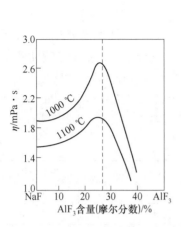

图 2-22   AlF$_3$ 的黏度等温线

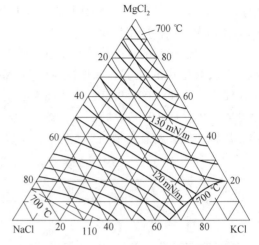

图 2-23   NaCl-KCl-MgCl$_2$ 系黏度等温线

的界面张力，它们对熔盐电解有很大作用。熔盐与气相界面上的表面张力，对于熔盐电解制取金属镁、铝、锂、钠等具有重要的实际意义。在上述的金属冶炼过程中，由于熔融金属较轻，会向熔融电解质表面浮起。浮到金属表面的金属液滴是否能使熔体膜破裂，将决定其受氧化的程度，这就和熔体及电解质与气相界面上的表面张力的大小有关。为减少和避免金属液滴的氧化，应提高电解质和气相界面上的表面张力。部分熔盐在熔化温度下的表面张力数据见表 2-11。从表 2-11 可以看出，当阴离子一定时，熔融碱金属卤化物的表面张力随着阳离子半径的增大而减小，这是因为阳离子半径越大，当其他条件相同时，聚集在盐类表面层中的离子数目越少，从而熔体内部的离子对表面层中的离子的吸引力也就越小，表面张力也就越低。在阳离子数目一定的情况下，熔盐表面张力随阴离子半径的增大而减小，这也是熔体表面层中离子数目减少的结果。

表 2-11   熔盐在融化温度下的表面张力

盐	半径/nm		表面张力/N·cm^{-1}
	阴离子	阳离子	
LiCl	0.072	0.181	137.8×10^{-3}
NaCl	0.098	0.181	113.8×10^{-3}
KCl	0.133	0.181	97.4×10^{-3}
RbCl	0.149	0.181	96.3×10^{-3}
CsCl	0.15	0.181	91.3×10^{-3}
MgCl$_2$	0.074	0.181	138.6×10^{-1}
CaCl$_2$	0.104	0.181	152.0×10^{-3}
SrCl$_2$	0.113	0.181	176.4×10^{-3}
BaCl$_2$	0.138	0.181	174.4×10^{-3}
LiF	0.072	0.133	249.5×10^{-3}
NaF	0.098	0.133	199.5×10^{-3}
KF	0.133	0.133	138.4×10^{-3}

熔融碱金属氯化物的表面张力小于熔融碱土金属氯化物的表面张力，这是因为一价金属离子的静电位低于二价金属离子的静电位。

在碱土金属族中，氯化物的表面张力与碱金属族的情况相反，是随阳离子半径的增大从 $MgCl_2$ 到 $SrCl_2$ 逐渐增大，而从 $SrCl_2$ 到 $BaCl_2$ 又降低。这与 $MgCl_2$ 的层状晶格结构和离子键的分量由 $MgCl_2$ 向 $SrCl_2$ 增大有关，而由 $SrCl_2$ 到 $BaCl_2$ 时离子半径增大的影响才变为显著。

对于熔盐体系来说，表面张力随体系中表面张力高的组分的含量增大而升高。例如，对 MgCl-KCl 而言，熔盐与气相界面上的表面张力随熔体中含量的增大而增大，如图 2-24 所示。

由图 2-24 可以看出，$MgCl_2$-KCl 系熔体的表面张力的等温线为平滑曲线，熔点时的表面张力曲线有些不同，这是因为形成了新的化合物。

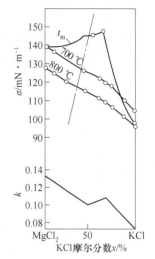

图 2-24　$MgCl_2$-KCl 系的表面张力等温线

（k 为温度系数）

KCl-NaCl-$MgCl_2$ 三元系的表面张力等温线如图 2-23 所示。从图 2-23 可以看出，当 $MgCl_2$ 质量分数增大时，熔体的表面张力增大。

至于温度对表面张力的影响，通常是表面张力随温度的升高而降低。这可能是随温度升高，各微粒之间的距离增大，相互作用力减弱的缘故。熔体与固相的界面张力，将关系到固相原料的溶解、电解槽衬里对电解质的选择性吸收作用、阳极效应等现象。

熔融电解质各组分在固相（尤其是对碳）界面上的表面活性不同，故将导致电解槽衬里对某些盐发生选择性的吸收作用。例如，铝熔盐电解的槽内衬碳会选择性地吸收 NaF；镁熔盐电解时，其槽内衬会选择性地吸收 KF。

熔盐电解时在熔融电解质衬里界面上呈现另一界面张力，熔盐在毛细吸力的影响下往衬里（如铝电解槽的碳阴极块内部）渗透，熔盐这种吸入作用的强度 P_σ 决定于毛细压力，其计算公式为

$$P_\sigma = \frac{2\sigma\cos\theta}{r} \qquad (2\text{-}66)$$

式中，θ 为熔盐的润湿角；σ 为熔盐（电解质）与气相界面上的表面张力；r 为毛细管（孔隙）的半径。

可以看出，熔体向毛细管内的渗入程度，不仅与孔隙的大小有关，而且和熔体对固相的润湿程度有关。当熔体对固相的润湿角 $\theta>90°$ 时，润湿较差，毛细压力和渗入的方向相反，阻止熔体向固相（槽衬里）孔隙渗入；当 $\theta<90°$ 时，润湿较好，毛细压力和渗入的方向相同，促进熔体向固相（槽衬里）孔隙渗入。

2.3.2.7　熔盐中质点的迁移

熔体中质点的迁移速率将影响传质速率的快慢和熔盐电导率的大小，对生产实际具有重大意义。为了表述不同离子对导电的贡献，引入离子迁移数的概念，测定熔融盐中离子的迁移数可以了解熔融盐的导电机理及电导率大小，同时还可大致判断熔体的离子构成、估计离子结构及排布。熔融盐的迁移数为某一离子所传输的电流分数，迁移数与两种离子的迁移率有关。因此，某种离子的绝对移动速率与所有各种离子的绝对移动速率的总和的

比值也称为迁移数。

对一价金属熔融盐，阳离子迁移数 t_c 和阴离子迁移数 t_a，可分别由式（2-67）和式（2-68）获得：

$$t_a = \frac{u_a}{u_c + u_a} \tag{2-67}$$

$$t_c = \frac{u_c}{u_c + u_a} \tag{2-68}$$

式中，u_c 为阳离子移动速率；u_a 为阴离子移动速率。

溶液在无限稀释下的摩尔电导率 Λ_0 是阳离子和阴离子的摩尔电导率之和，即

$$\Lambda_0 = \Lambda_0^+ + \Lambda_0^- \tag{2-69}$$

按照式（2-69），阳离子和阴离子在无限稀释下的迁移数可写为：

$$t_0^+ = \frac{\Lambda_0^+}{\Lambda_0} \tag{2-70}$$

$$t_0^- = \frac{\Lambda_0^-}{\Lambda_0} \tag{2-71}$$

离子的淌度定义为在单位强度的电场中该离子的运动速率，则离子在熔体中的迁移数可表示为：

$$t_i = \frac{Z_i c_i u_i}{\sum_{i=1}^{n} Z_i c_i u_i} \tag{2-72}$$

式中，u 为离子的绝对淌度；c_i 为离子浓度；Z_i 为离子的电荷。

赫托夫法是根据电流通过电解液时所引起的电极附近浓度改变而计算迁移数的一种方法。也可以用其他方法，如应用多孔隔膜及毛细管等来测定迁移数。但是，有多孔隔膜及毛细管存在时，所产生的电渗现象将使测定结果出现偏差。假设有电量 Q 通过电解槽，且所用的电极是惰性的，则有 Q/F 的阳离子在阴极上放电，同时有 Q/F 的阴离子在阳极上放电。若将此电解槽的阴阳两极空间划分成三室：阳极室、中极室和阴极室。则阴极室内溶质的净损失量为：

$$\Delta n_{阴} = \frac{Q}{F} - t^+ \frac{Q}{F} = \frac{Q}{F}(1 - t^+) = \frac{Q}{F} t^- \tag{2-73}$$

$$t^- = \frac{\Delta n_{阴}}{Q} F, \quad t^+ = \frac{\Delta n_{阳}}{Q} F \tag{2-74}$$

式中，Δn 为阳极室内溶质的净损失量。

因为 $t^+ + t^- = 1$，所以这两种离子的迁移数可以从阳极液或阴极液的分析结果算得。备洛泰姆等人研究了纯 NaF 溶液中的离子迁移数，所用的实验装置如图 2-25 所示。阴极液盛放在氮化硼坩埚内，其中放入另一个氮化硼小坩埚，在此小坩埚内装有阳极液，此小坩埚也用作隔板。在阴极液的底层有液态银阴极，可用来吸收电解析出的钠。用 Na-24 同位素作示踪剂，放入阳极液内。在实验中得出：迁移的 Na^+ 数量与通入槽内的电荷量成正比，Na^+ 的迁移数可从所得直线关系的斜率求得：

$$t_{Na^+} = 0.65 \pm 0.05 \tag{2-75}$$

这同按 Mulcahy-Heymam 方程求得的迁移数接近：

$$t_{Na^+} = \frac{r_{阴}}{r_{阴} + r_{阳}} = \frac{1.33}{1.33 + 0.98} = 0.58 \qquad (2-76)$$

式中，r 为离子半径。

罗林等人采用一种三室槽，按赫托夫法直接测定了 Na₃AlF₆-Al₂O₃ 熔融盐体系中的离子迁移数。如图 2-26 所示，电解槽用氮化硼制作，分三室：阳极室、中级室和阴极室。室与室之间用小沟连通，铂阳极引入阳极室，铜阴极板从阴极室导出，电解槽用氮气保护，电解温度 1010 ℃，电流 0.5 A，两个电极的电流密度都是 1 A/cm²，电解时间分别为15 min、30 min、45 min、60 min。电解后，分析电解质的化学组成，并按照通入的电量计算迁移数。

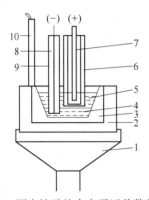

图 2-25　测定熔融盐中离子迁移数的装置

1—支架；2—石墨坩埚；3—氮化硼坩埚；

4—银液；5—阴极液；6—隔板坩埚；7—阳极；

8—铼导体；9—氮化硼保护管；10—热电偶

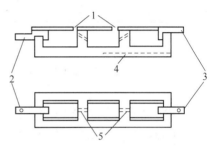

图 2-26　Na₃AlF₆-Al₂O₃ 熔融盐中

离子迁移数测定装置

1—排气孔；2—阳极板；3—阴极板；

4—热电偶；5—小孔

常见熔融盐的物理化学性质见表 2-12。

表 2-12　常见熔融盐的物理化学性质

熔融盐	相对分子质量	熔点/℃	密度/g·cm⁻³	蒸气压/Pa	表面张力/mN·cm⁻¹	黏度/mPa·s	电导率/kS·cm⁻¹
LiF	25.94	1121	1.8090	1.2	235.7	1.911	0.8490
NaF	41.99	1268	1.9490	60.8	185.6	1.520	0.4932
KF	58.10	1131	1.9100		144.1	1.339	0.3556
LiCl	42.39	883	1.5020	3.9	126.5	1.5256	0.5708
NaCl	58.44	1073	1.5567	45.3	114.1	1.339	0.3556
KCl	74.56	1043	1.5277	55.6	98.3	1.1163	0.2156
LiBr	86.85	823	2.5290		109.5	1.8141	0.4693
NaBr	102.90	1020	2.3420		100.9	1.4766	0.2896
KBr	119.01	1007	2.1000		90.1	1.2498	0.1599
LiNO₂	68.95	525	1.7810		115.6		

续表 2-12

熔融盐	相对分子质量	熔点/℃	密度/g·cm^{-3}	蒸气压/Pa	表面张力/mN·cm^{-1}	黏度/mPa·s	电导率/kS·cm^{-1}
NaNO$_2$	84.99	580	1.8890		116.3	2.996	0.9726
KNO$_2$	101.10	607	1.8670		111.2	3.009	0.6070
Li$_2$CO$_3$	73.99	996	1.8362		244.2	7.43	0.3993
Na$_2$CO$_3$	105.99	1131	1.9722		211.7	4.06	0.2864
K$_2$CO$_3$	138.21	1171	1.8964		169.1	3.01	0.2027
Li$_2$SO$_4$	109.95	1132	2.0044		300.2		0.4149
Na$_2$SO$_4$	142.05	1157	2.0699		192.6	11.4	0.2259
K$_2$SO$_4$	174.27	1342	1.8696		142.6		0.1892
MgCl$_2$	95.22	987	1.6780	1030	66.9	2.197	0.1013
CaCl$_2$	110.99	1047	2.0840	0.19	147.6	3.338	0.2002

2.4　半导体电极的电势及相边界行为

半导体与金属的电化学性质差别很大。要理解这些不同，需要开发一个比目前用于金属的模型更为详细的描述半导体的固态成键模型。

2.4.1　金属导体、半导体和绝缘体

由于存在大量可以在金属晶格中自由运动的电子，金属的特征是具有很高的电子导电性。这些电子源于晶格中原子的一部分，形成具有明显非经典型的物质状态。电子运动起源于晶格中邻近原子间的强相互作用。在这些晶格位上的原子轨道互相重叠并形成一准连续的能级，称为"能带"，该能带中电子的动能可由零到很高的值。在经典的系统中，所有的电子将占据最低几个能级，并形成所谓的玻耳兹曼（Boltzmann）分布（见图 2-27）。升高温度将会使高能态也被占据，但是大多数的电子仍然处于能量最低的状态。

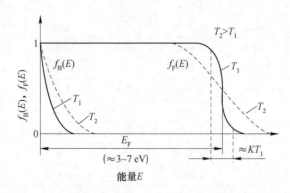

图 2-27　两个不同温度 T_1 和 T_2 下的费米和玻耳兹曼分布

事实上，电子分布并不遵循玻耳兹曼定律，因为每个能级的占据程度受 Pauli 不相容

原理限制，其最简单限制就是在同一个轨道只能填充两个自旋相反的电子。结果之一就是迫使电子占据更高能级的轨道，如图 2-27 所示，0 K 时已占轨道的能级显示出长方形分布。在 0K 下的最高占据的能级称为费米能级，它比能带中最低能态的能量高 E_F。在高温时，靠近费米能级的一小部分电子被热激发，并分布在该能量区域。然而除非温度升得很高，否则大部分电子将不受温度升高的影响。

如果能带只被部分占据，在有电场存在时有些电子可被激发到沿电场方向优先运动的能级，其净结果是产生电流。注意，这只发生在能带被部分占据的情形中。典型的金属能带结构如图 2-28 所示，可看到有好几个能带，而且它们之间被未占的能级区分开。几个能带的存在通常是源于分立的原子能级在能量上能很好地分开，即使邻近原子的各原子轨道发生重叠使能带展宽，也不足以覆盖整个能谱范围，一个熟悉的例子就是金属钠的 2p 原子轨道形成了一个与对导电起主导作用的 3s 轨道能带充分分离的能带。

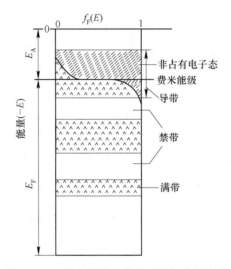

图 2-28　金属电子的能带示意图与占据密度

由图 2-28 可见，决定材料电子导电性的关键特征是其最高的能级。在有限的温度下，该能级中只有图中用影线表示的部分被电子占据。如果重叠足够大，该部分占据能级将产生所谓的电导率。应该强调的是，并不是所有被部分占据的轨道都能产生高电导率。如果轨道的重叠度很低，例如过渡金属氧化物中的部分占据的 d 轨道能带，因为不足以克服电子运动时遇到的排斥力，其电子实质上是被定域在某些特定的位置上。具有这类行为的有名的例子包括 NiO 和 CoO，事实上它们表现出半导体的行为。

半导体和金属的最大区别就是二者能带的占据程度。与金属不同的是，半导体中的能带，至少在 0 K 时，要么是全被占据，要么是全空，因此在 0 K 时其导电性非常低。在一定的温度下，有两种机理可大大提高其导电性。如果完全占据带的最高能级即"价带"的上边缘，与最低未占轨道即"导带"的下边缘之间的能量差较小（<1.0V），那么在室温下固有的热激发可以使电子由价带向导带跃迁，此时位于导带的电子是可运动的。由上面给出的机理可知，当有电场存在时，它们也能维持一定的净电流。此外，从价带移走部分电荷后也将形成一个部分填充的能带，因为价带中的空位可视为带正电荷的"空穴"在固定电子的海洋中运动，因此也能维持电流。这些空穴的运动能力通常与处于价带中最高

能级的电子类似，但是其假想的电荷意味着它们将沿着导带中电子运动相反的方向迁移。

显然，对第一种本征导电机理，通过热激发生成的电子和空穴的数量一定相同。另外通过向晶格中引入不同价态的原子，可形成另一种外来的导电机理。例如，如果将磷原子引入硅的晶格中，这时磷掺杂的硅将比正常态的硅具有更多的价电子，其中的磷能很容易地失去其价电子（迁移到导带上去）而剩下一个带正电荷的磷离子。这里的磷原子称为给体，但因为所生成的离子是不能运动的，这时电子占优势，形成所谓的"n型"导电性。类似地，也可向硅晶格中引入价电子数比硅少的原子，例如硼。硼将有效地从价带上捕捉一个电子，产生一个空穴并产生所谓的"p型"导电性。

通过图 2-29 可更清楚地了解上述机制：给体的能级比导带能级的下边缘低 E_d，在 0 K 时，该能级是全充满的。在较高的温度下，将发生电子激发，例如硅中的磷，当温度低于 100 K 时就已完全离子化。因此在室温下，所有这些给体位置都是空的，而导带中的电子数就等于给体位置的数目，该数目可在很大范围内变化，现在能制备非常纯的硅，甚至当给体浓度为 10^{13} cm^{-3}（相当于 10 亿个硅原子中有一个磷原子）时就可以检测出杂质对硅的电导率的影响。通常掺杂水平在 $10^{15} \sim 10^{18}$ cm^{-3} 之间，其电导率是金属的 $10^{-7} \sim 10^{-4}$。半导体中的费米能级位于导带和价带之间。对本征半导体（即那些仅依赖于直接由价带向导带发生热激发的半导体），其费米能级位于价带和导带的中间位置，但对掺杂的半导体，常常发现其费米能级靠近其中一个能级的边缘。对 n 型半导体，其费米能级通常只略低于导带的下缘，但是对较高掺杂水平的半导体，其费米能级还有可能进入导带中。类似地，对 p 型掺杂的半导体，其费米能级通常位于受体能级与价带的上边缘之间（见图 2-28）。

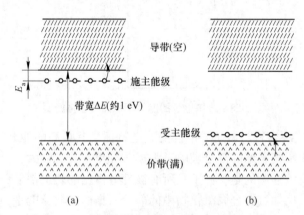

图 2-29　掺杂的半导体的能带图

（a）n 型半导体（过剩的电子）；（b）p 型半导体（过剩的空穴）

2.4.2　半导体电极的电化学平衡

由于半导体中可导电的自由电子数有限，其双电层区具有与金属电极完全不同的电势分布，当控制电势使得在电极表面的主载流子数目降低时，这一点变得尤为显著。金属电极的双电层特征显示其电势降主要发生在溶液侧，且电解质溶液中带不同电荷的离子分布不均。而在金属侧，与该分布相关联的净电荷完全由位于金属表面的电子电荷所补偿。半导体中的载流子浓度不仅比金属的要低，而且也比电解质溶液中的离子浓度低。半导体中的这种低电荷密度意味着没有从表面电子状态生成的局域表面电荷,在界面区的大部分电压降将位于半导体的内部,而只有小部分电压降位于溶液侧。

图 2-30 给出的是将半导体与电解质溶液放到一起时界面区相应的电荷分布状态,选用的例子是 n 型半导体硅电极与含有 H_2/H^+ 电对的电解质水溶液。如果电极是金属,那么 H_2/H^+ 电对的动力学速率将足够快并对平衡起主导作用,金属的电势将在 0 V 附近。如果金属的费米能级相当于其能带中的最高已占轨道,那么电化学平衡可被视为使得界面两侧电子的化学势相等:

$$\widetilde{\mu}e,\ M = \widetilde{\mu}e,\ S \tag{2-77}$$

这同时表明能带中最高已占能级的电子必须与氧化还原对的自由能相等。这里有一个概念问题,因为固体的费米能级通常是相对于"真空能级"来定义的,即在静态零电势能时将电子从固体移到无穷远处所需的能量,而氧化还原对的能级是相对于标准氢电极来定义的。不能在溶液里测量氧化还原对相对于真空能级的绝对能量,但是从热力学角度估算该能量还是有一定的可信度的,一般认为标准氢电极的费米能级比真空能级约低 4.5 eV,该能量有中等的可信度。因为通过光电子光谱研究硅中电子能带的绝对位置已经完全确定,因此可以用同样的基准来给出固体和液体的能量尺度(见图 2-30(a))。

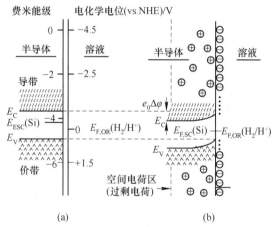

图 2-30　半导体与电解质溶液接触前后的情况

(a) 半导体与电解质溶液相未接触时的情形;(b) 半导体与电解质溶液接触后发生的能带弯曲

E_{ESC}—半导体的费米能级;$E_{F,OR}$—溶液中的氧化还原对的费米能级;E_C,E_V—导带和价带的能级

如果半导体向溶液中的 H_2/H^+ 电对转移电子是起主导作用的动力学过程,将硅与电解质溶液接触时,同样也预期半导体的费米能级将等于 H_2/H^+ 电对的能级。该过程给出在图 2-30(b) 中,因为 $E_{F,SC}(Si) > E_{F,OR}(H_2/H^+)$,为了使费米能级相等,对于溶液一侧,半导体必须带正电荷。如前所述,这时的界面电势分布将延伸到半导体内部的很大空间范围,即"空间电荷层"。而且对这个理想化的例子能很好地近似认为在表面处的导带电子的能量不随半导体电极的电势变化而变化。因为半导体内部的费米能级必须恒定,从图 2-30 可立即看出 $\Delta\varphi_{SC}$ 的电势变化必须发生在半导体内部,否则将发生电子移动直至费米能级相等为止。因此在表面处费米能级与导带的能级差(上述例中)将比半导体体相的相应能级差大 $e_0\Delta\varphi_{SC}$,其中 $\Delta\varphi_{SC}$ 称为"空间电荷电势"。

最后，明显存在一个通常称为平能带电势（V_{fb}）的电势，在该电势下半导体内部将没有电压降，其值能通过交流阻抗技术测出，其意义在于所有的电势可以此平能带电势为参考，并可以确定半导体中的绝对电压降。

应该指出的是，如果在 n 型半导体电极上施加负电荷或者当在动力学上控制的氧化还原对的 Nernst 电势位于导带能级之内时，那么图 2-29 中的电荷分布将不成立。这是因为这时表面上或在表面附近的电子浓度可以达到由导带电荷密度决定的高水平，这已经与金属中的自由电荷密度不相上下。在物理方面的文献中将这种情形称为"正向偏压"，此时半导体电极在界面处的电压分布与金属的情形十分类似。

2.5   电势差测量的应用

2.5.1   标准电势与平均活度系数的测定

通过对标准电动势的实验测量，可以得到一系列的物理化学和热力学参数，例如溶度积、酸碱离解常数和活度系数等，下面以银-氯化银电极为例来展示如何通过这类测量得出上述热力学数据：

$$AgCl + e \rightleftharpoons Ag + Cl^- \tag{2-78}$$

该反应可在下述的电池中进行研究：

$$Pt \,|\, H_2 \,|\, HCl \,|\, AgCl \,|\, Ag \tag{2-79}$$

银-氯化银电极和氢电极的电势由下面的方程给出

$$E_{Ag\,|\,AgCl\,|Cl^-} = E^0_{Ag\,|\,AgCl\,|Cl^-} - \frac{RT}{F}\ln a_{Cl^-} \tag{2-80}$$

且（对 $p_{H_2} = 1 \times 10^5$ Pa）

$$E_{H_2\,|\,H^+} = E^0_{H_2\,|\,H^+} + \frac{RT}{F}\ln a_{H_3O^+} \tag{2-81}$$

将银-氯化银电极和氢电极放入同一溶液时将不形成扩散电势，被测的电池电压 E 为

$$E = E_{Ag\,|\,AgCl\,|\,Cl^-} - E_{H_2\,|\,H^+} = E^0_{Ag\,|\,AgCl\,|Cl^-} - E^0_{H_2\,|\,H^+} - \frac{RT}{F}\ln\left[a_{Cl^-} - a_{H_2O^+}\right] \tag{2-82}$$

从 2.4.1 节中关于标准电势的讨论可知，$E^0_{H_2\,|\,H^+}$ 定义为 0 V，因此最后有

$$E = E^0_{Ag\,|\,AgCl\,|Cl^-} - \frac{RT}{F}\ln\left[a_{Cl^-} - a_{H_2O^+}\right] \tag{2-83}$$

或者从盐酸溶液的平均离子活度的定义得到 $a_\pm^2 = a_{H_3O^+} a_{Cl^-}$，所以

$$E = E^0_{Ag\,|\,AgCl\,|Cl^-} - \frac{2RT}{F}\ln a_\pm^{HCl} \tag{2-84}$$

使用方程式 $a_\pm^{HCl} = \gamma_\pm^{HCl} m_{HCl}/m^0$，最后得到在 298 K 下

$$E + 0.051361\ln\left(\frac{m_{HCl}}{m^0}\right) = E^0_{Ag\,|\,AgCl\,|Cl^-} - 0.051361\ln\gamma_\pm^{HCl} \tag{2-85}$$

从 Debye-Huckel 极限定律可知，$\ln\gamma_\pm$ 与 $\sqrt{m/m^0}$ 成正比。在不同盐酸浓度下测量电池的电压，如果实验中有部分测量选取的盐酸浓度足够低并满足 Debye-Huckel 定律，通过如

图 2-31 所示的 $E+0.051361\ln\left(\dfrac{m_{HCl}}{m^0}\right)$ 对 $\sqrt{m_{HCl}/m^0}$ 作图，通过在低浓度区求得的斜率和在纵轴上的截距可确定 $E^0_{Ag\,|\,AgCl\,|Cl^-}$。用这种方法得出的 $E^0_{Ag\,|\,AgCl\,|Cl^-}$ 相对于标准氢参比电极为 0.2224 V。如果也考虑高浓度时的数值，需要采用比 Debye-Huckel 极限定律更为精确的关系式。

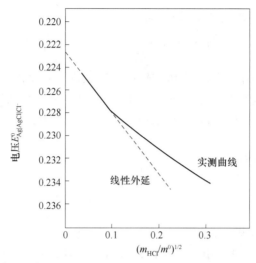

图 2-31　通过测量 $Ag\,|\,AgCl(s)\,|HCl\,|\,H_2\,|\,Pt\,|$ 的电势来确定银-氯化银参比电极的标准电势（盐酸浓度为 $0.0025 \sim 0.01\ mol/dm^3$）

通过同样的分析可测定平均活度系数。将方程式（2-85）进行变形可得到

$$0.051361\ln\gamma_{\pm}^{HCl} = E^0_{Ag\,|\,AgCl\,|Cl^-} - E - 0.051361\ln\left(\dfrac{m_{HCl}}{m^0}\right) \tag{2-86}$$

如果已经确定了 $E^0_{Ag\,|\,AgCl\,|Cl^-}$，那么测量电池电压 E 就可确定平均活度系数 $\gamma_{\pm}^{HCl}$。上述方法可进一步拓展到用来测量这类体系的电解质溶液的活度系数。

在很多种情形下，如果不使用盐桥，就不能在普通氢电极和要研究的电极之间构建电池。如 $Cu\,|\,Cu^{2+}$ 电极，氢电极不能直接放入含铜离子的溶液中，因为在该电极上 Cu^{2+} 会被还原为金属铜。此时，考虑到测量中液接电势导致的误差，必须使用另一个已经准确知道其相对于标准氢电极标准电势的电极作为参比电极。因此对 $Cu\,|\,Cu^{2+}$ 电极，可使用下面的电池

$$Ag\,|\,AgCl(s)\,|CuCl_2(aq)\,|\,Cu \tag{2-87}$$

其电动势为

$$
\begin{aligned}
E &= E_{Cu\,|\,Cu^{2+}} - E_{Ag\,|\,AgCl\,|Cl^-} \\
&= E^0_{Cu\,|\,Cu^{2+}} - E^0_{Ag\,|\,AgCl\,|Cl^-} + \frac{RT}{2F}\ln a_{Cu^{2+}} + \frac{RT}{F}\ln a_{Cl^-} \\
&= E^0_{Cu\,|\,Cu^{2+}} - E^0_{Ag\,|\,AgCl\,|Cl^-} + \frac{3RT}{2F}\ln a_{\pm}^{CuCl_2} \tag{2-88}
\end{aligned}
$$

由 2.1.2 节活度系数可知 $\left(a_{\pm}^{CuCl_2}\right)^3 = a_{Cu^{2+}}(a_{Cl^-})^2$。

根据表达式 $a_{\pm}^{CuCl_2} = \gamma_{\pm}^{CuCl_2}\left[\left(m_{Cu^{2+}}/m^0\right)\left(m_{Cl^-}/m^0\right)^2\right]^{\frac{1}{3}}$，最后得到

$$E + E^0_{Ag\,|\,AgCl\,|Cl^-} - \frac{3RT}{2F}\left\{\left[\frac{m_{Cu^{2+}}}{m^0}\left(\frac{m_{Cl^-}}{m^0}\right)^2\right]^{\frac{1}{3}}\right\} = E_{Cu\,|\,Cu^{2+}} + \frac{3RT}{2F}\ln\gamma^{CuCl_2}_\pm \tag{2-89}$$

可通过与前面的例子类似的方法由上式作图求出 $E_{Cu\,|\,Cu^{2+}}$。

2.5.2　难溶盐的溶度积

通过测量标准势可以确定 AgCl 的溶度积，因为

$$\frac{RT}{F}\ln K^{AgCl}_S = E^0_{Ag\,|\,AgCl\,|Cl^-} - E^0_{Ag\,|\,Ag^+} \tag{2-90}$$

事实上，如果已知用作第二类电极的任何金属盐相应的金属离子电极的标准电势，那么可通过测量其标准电势的方法来确定其热力学溶度积。从 $E^0_{Ag\,|\,AgCl\,|Cl^-} = 0.2224$ V 和 $E^0_{Ag\,|\,Ag^+} = 0.7996$ V 可计算出在 25 ℃下 AgCl 的溶度积为 1.784×10^{-10}。

2.5.3　水的离子积的确定

水的离子积

$$K_W = a_{H_3O^+}\, a_{OH^-} \tag{2-91}$$

可通过下述的电池来确定

$$Pt\,|\,H_2(p = 1\times10^5 Pa)\,|\,KOH(a_{OH^-}),\ KCl(a_{Cl^-})\,|\,AgCl\,|\,Ag \tag{2-92}$$

该电池的电动势 E 可由下式给出

$$E = E_{Ag\,|\,AgCl\,|Cl^-} - E_{H^+\,|\,H_2} = E^0_{Ag\,|\,AgCl\,|Cl^-} - \frac{RT}{F}\ln a_{Cl^-} - \frac{RT}{F}\ln a_{H_3O^+} \tag{2-93}$$

由 K_w 的定义有

$$E = E^0_{Ag\,|\,AgCl\,|Cl^-} - \frac{RT}{F}\ln a_{Cl^-} + \frac{RT}{F}\ln a_{OH^-} - \frac{RT}{F}\ln K_w \tag{2-94}$$

由此可得

$$\frac{F}{RT}(E - E^0_{Ag\,|\,AgCl\,|Cl^-}) + \ln\frac{m_{Cl}/m^0}{m_{OH^-}/m^0} = -\ln K_w - \ln\frac{\gamma_{Cl^-}}{\gamma_{OH^-}} \tag{2-95}$$

将式（2-95）的左侧对右边的离子强度作图，得到其截距，即可算出 K_w，因为当 $I\rightarrow 0$ 时，右侧的对数项将迅速趋近于零。在 25 ℃下，得出的 $K_w = 1.008\times10^{-14}$，与前面提到的通过对纯水的残余电导测量得到的数值非常接近。

2.5.4　弱酸的解离常数

一些弱酸的解离常数可通过测量具有如下形式的电池的电动势获得

$$Pt\,|\,H_2(p = 1\times10^5 Pa)\,|\,HA,\ NaA,\ NaCl\,|\,AgCl\,|\,Ag \tag{2-96}$$

其中决定电极电势的氢离子由酸的离解提供，氯离子的活度决定银-氯化银电极的电势。测到的电池电动势 E 由式（2-97）给出

$$E = E_{Ag\,|\,AgCl\,|Cl^-} - E_{H^+\,|\,H_2}$$
$$= E^0_{Ag\,|\,AgCl\,|Cl^-} - \frac{RT}{F}\ln a_{Cl^-} - \frac{RT}{F}\ln a_{H_3O^+}$$

$$=E^0_{Ag\,|\,AgCl\,|Cl^-} - \frac{RT}{F}\ln\left[\gamma_{H_3O^+}\,\gamma_{Cl^-}\,(m_{H_3O}/m^0)\,(m_{Cl^-}/m^0)\right] \tag{2-97}$$

根据酸的离解常数 K^{HA}_a 的定义

$$K^{HA}_a = \frac{\gamma_{H_3O^+}\,\gamma_{A^-}\left[m_{H_3O^+}/m^0\,(m_{A^-}/m^0)\right]}{\gamma_{HA}(m_{HA}/m^0)} = -\frac{RT}{F}\ln\left[\gamma_{H_3O^+}\,\gamma_{Cl^-}\,(m_{H_3O}/m^0)\,(m_{Cl^-}/m^0)\right] \tag{2-98}$$

通过对式（2-97）重排并把式（2-98）并入，得到

$$E - E^0_{Ag\,|\,AgCl\,|Cl^-} + \frac{RT}{F}\ln\frac{(m_{HA}/m^0)(m_{NaCl}/m^0)}{m_{NaA}/m^0} = -\frac{RT}{F}\ln K^{HA}_a - \frac{RT}{F}\ln\frac{\gamma_{Cl^-}\,\gamma_{HA}}{\gamma_{A^-}} \tag{2-99}$$

其中假设对弱酸 $M_{A^-} = m_{NaA} + m_{H^+} \approx m_{NaA}$，且 m_{HA} 是最初加入的弱酸的浓度。式（2-99）的右侧显示出由于 Cl^- 和 A^- 的离子半径不同而产生的对离子强度的微弱依赖关系。当溶液很稀时，事实上右边与离子强度无关，可直接外推至 $I \to 0$。该电池，在文献中有时称为 Harped 电池，曾广泛地用于测量弱酸的解离常数 K^{HA}_a。例如直接忽略活度系数项并在约 0.05 mol/kg 的摩尔浓度下，测量到的酸的 $K^{HA}_a = 1.729 \times 10^{-5}$。当外推到离子强度为零时，其值为 1.754×10^{-5}，与用电导率测量的结果非常吻合。该电池也可用于像甲酸之类的强酸，但是要注意此时的假设 $M_{A^-} \approx m_{NaA}$ 不再成立，必须进行进一步的近似。

该类电池也可用来确定 NH_4^+ 的酸解离常数：

$$NH_4^+ \rightleftharpoons NH_3 + H^+\,;\quad K^{NH_4^+}_a = \frac{a_{NH_3}}{a_{NH_4^+}}$$

电池 $Pt\,|\,H_2(p = 1 \times 10^5\,Pa)\,|\,NH_4Cl(m_1)$，$NH_4Cl(m_2)$，$KCl(m_3)\,|\,AgCl\,|\,Ag$ 的电动势如下

$$E = E^0_{Ag\,|\,AgCl\,|Cl^-} - \frac{RT}{F}\ln(a_{H^+}\,a_{Cl^-})$$

$$= E^0_{Ag\,|\,AgCl\,|Cl^-} - \frac{RT}{F}\ln\left[\gamma_{H^+}\,\gamma_{Cl^-}\,(m_{H^+}/m^0)(a_{Cl^-}/m^0)\right]$$

$$= E^0_{Ag\,|\,AgCl\,|Cl^-} - \frac{RT}{F}\ln K^{am}_a - \frac{RT}{F}\ln\frac{(m_{NH_4^+}/m^0)(m_{Cl^-}/m^0)}{m_{NH_3}/m^0} - \frac{RT}{F}\ln\frac{\gamma_{NH_4^+}\gamma_{Cl^-}}{\gamma_{NH_3}}$$

$$= E^0_{Ag\,|\,AgCl\,|Cl^-} - \frac{RT}{F}\ln K^{am}_a - \frac{RT}{F}\ln\frac{(m_1/m^0)\left[(m_1 + m_3)/m^0\right]}{m_2/m^0} - \frac{RT}{F}\ln\frac{\gamma_{NH_4^+}\gamma_{Cl^-}}{\gamma_{NH_3}}$$

在摩尔浓度为 $0.01 \sim 0.1$ mol/kg 的区间内 Guggenheim 公式成立时，通过测量并将离子强度外推至零能得到非常准确的 K^{am}_a 值。

2.5.5 热力学状态函数及化学反应相应的平衡常数的确定

一个化学反应的标准自由能与具有同样总化学反应的原电池的电动势之间的联系是

$$\Delta_r G^\ominus = -nFE^\ominus \tag{2-100}$$

其中反应在其反应物和产物都为标准态时进行（气体压力为 1×10^5 Pa，单位平均离子活度）。

类似地，反应的熵变从具有同样总化学反应的原电池的电动势得到

$$\Delta_r S^{\ominus} = nF \left(\frac{\partial E^{\ominus}}{\partial T} \right)_p \tag{2-101}$$

对标准反应生成 $\Delta_r H^{\ominus}$，由关系式 $\Delta_r G = \Delta_r H^{\ominus} - T\Delta_r S^{\ominus}$，可得出

$$\Delta_r H^{\ominus} = -nF \left[E^{\ominus} - T \left(\frac{\partial E^{\ominus}}{\partial T} \right)_p \right] \tag{2-102}$$

另外，一个化学反应的热力学平衡常数 K_{eq} 也可通过测量相应的化学电池的电动势来确定，因为

$$\Delta_r G^{\ominus} = -RT \ln K_{eq} \tag{2-103}$$

可得到

$$K_{eq} = \exp \left(\frac{nFE^{\ominus}}{RT} \right) \tag{2-104}$$

下面用一个特殊的电池，即 Daniell 电池为例来做具体说明。

$$Zn \,|\, Zn^{2+} \,(aq) \,\|\, Cu^{2+} \,(aq) \,|\, Cu \tag{2-105}$$

其中相应的电极反应为

$$Cu^{2+} + 2e \longrightarrow Cu$$
$$Zn \longrightarrow Zn^{2+} + 2e$$
$$Cu^{2+} + Zn \longrightarrow Cu + Zn^{2+} \tag{2-106}$$

该电池的标准电动势为 1.103 V，由此可计算反应 $Cu^{2+} + Zn \rightarrow Cu + Zn^{2+}$（$n = 2$）的自由能

$$\Delta_r G^{\ominus} = -2 \times 96485 \times 1.103 = -212.846 \text{ kJ/mol} \tag{2-107}$$

在 25 ℃附近测量到的 Daniell 电池的标准电动势与温度的关系为 -0.83×10^{-4} V/K，由式（2-101）可得到

$$\Delta_r S^{\ominus} = -2 \times 96485 \times (-0.83 \times 10^{-4}) = -16.02 \text{ J/(K·mol)} \tag{2-108}$$

而从式（2-109），对 $\Delta_r H^{\ominus}$ 有

$$\Delta_r H^{\ominus} = \Delta_r G^{\ominus} \, 298 \times \Delta_r S^{\ominus} = -212857 - 4774 = -217641 \text{ J/mol} = -217.641 \text{ kJ/mol} \tag{2-109}$$

最后平衡常数由下式给出

$$K_{ep} = \exp[2 \times 96485 \times 1.103/(8.314 \times 298)] = 2.041 \times 10^{37} \tag{2-110}$$

2.5.6　用氢电极测量 pH 值

pH 值的概念已经在第二章中简要地介绍了。现在希望拓展其定义并更仔细地考虑 pH 标度中固有的问题。如果某个原电池的总化学平衡中出现 H_3O^+ 的活度项，那么至少在原理上可使用该电池的平衡电势来测量 pH 值。一种最简单而且十分重要的反应平衡是氢电极 $Pt \,|\, H_2 \,|\, H_3O^+$，其电极反应如下

$$H_3O^+ + e^- \rightleftharpoons \frac{1}{2} H_2 + H_2O \tag{2-111}$$

在一个大气压下，氢电极的平衡电势 $E^{\ominus}_{H^+ \,|\, H_2}$（vs. SHE）$= 0$

$$E_{H^+ \,|\, H_2} = \frac{RT}{F} \ln a_{H_3O^+} \tag{2-112}$$

$$= -0.0591 \mathrm{pH} (298\ \mathrm{K}) \tag{2-113}$$

其中定义 $\mathrm{pH} = -\lg a_{\mathrm{H_3O^+}}$。

为了使用这类电极来确定未知溶液的 pH_x 值，需要将该电极与另外一个合适的参比电极结合并组成一个完整的电池。如果使用 $\mathrm{Hg} | \mathrm{Hg_2Cl_2} | \mathrm{Cl^-}$（饱和 KCl 溶液）作为参比电极，那么相应的电池具有下面的形式

$$\mathrm{Hg} | \mathrm{Hg_2Cl_2} | \mathrm{KCl}(饱和溶液) \parallel 溶液\ \mathrm{pH}\ 值 = \mathrm{pH}_x | \mathrm{H_2} | \mathrm{Pt} \tag{2-114}$$

显然在这个电池中的参比电极的溶液与待测 pH 值的溶液之间存在很高的液接电势 $\Delta\varphi_{\mathrm{diff}}$，用式（2-114）中的 $\parallel$ 来表示，相应的电池示意图给出在图 2-31 中。式（2-114）的电动势

$$E = E_{\mathrm{H^+ | H_2}} - E_{\mathrm{SCE}} + \Delta\varphi_{\mathrm{diff}} = -0.0591 \mathrm{pH}_x - E_{\mathrm{SCE}} + \Delta\varphi_{\mathrm{diff}} \tag{2-115}$$

而且

$$\mathrm{pH}_x = -\frac{E + E_{\mathrm{SCE}} - \Delta\varphi_{\mathrm{diff}}}{0.0591} \tag{2-116}$$

例如，如果测量的电动势为 -0.8627 V，E_{SCE} 取 0.2415 V，而液接电势差降低到 2 mV，那么

$$\mathrm{pH}_x = -(-0.8627 + 0.2415 \pm 0.002)/0.0591 = 10.51 \pm 0.03 \tag{2-117}$$

表观上其结果似乎还是令人满意的，但是这一方法还是有许多实际问题需要讨论。定义

$$\mathrm{pH} = -\lg a_{\mathrm{H_3O^+}} \tag{2-118}$$

显然是纯概念上的，因为实验上无法确定单个离子的活度。而且，在实际 pH 值的测量过程中为避免使用 E_{SCE}，在测量未知溶液的 pH 值之前，由电池 $\mathrm{Hg} | \mathrm{Hg_2Cl_2} | \mathrm{KCl_{aq}}$ 标准缓冲溶液 $| \mathrm{H_2} | \mathrm{Pt}$ 组成的图 2-32 所示的装置首先需利用一种或数种已知 pH 值的标准缓冲溶液进行校正。假设 pH 值每增加一个单位，电势降低 59.1 mV，通过相对于该标准缓冲溶液的电势差即可计算得出未知溶液的 pH 值。现在该测量过程通过使用高输入阻抗电压计直接校正 pH 值而实现了自动化。其校正通常采用标准缓冲溶液（pH≈2~12），不同工作温度的影响可以很容易地通过仪器上的校正刻度盘的补偿而考虑进去。

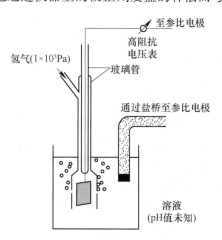

图 2-32　用氢电极测量 pH 值

如果标准缓冲和未知溶液的活度系数非常接近（当标准和未知溶液具有类似的离子组成和浓度时就会这样），液接电势差会相互抵消，那么测量值将相应于工作的 pH 值，这是因为该值是在电池工作时测定的。然而这一方法仍然有个问题：测量时该如何连接标准缓冲溶液与未知 pH 值的溶液呢？

为了解决上述问题，必须引入一些规则来排除单离子活度的问题。首先回到 Harped 电池，该电池实际上包含了缓冲溶液和一种含有已知 Cl^- 的摩尔浓度的溶液。如果将电池写成如下形式

$$Ag \mid AgCl \mid KCl, \ HA, \ KA \mid H_2 \mid Pt \tag{2-119}$$

那么其电动势具有下面的形式

$$E = -E^0_{Ag \mid AgCl \mid Cl^-} + \frac{2.303RT}{F} \lg(a_{H_2O^+} \ a_{Cl^-})$$

$$= -E^0_{Ag \mid AgCl \mid Cl^-} - \frac{2.303RT}{F} pH + \frac{2.303RT}{F} \lg(m_{Cl^-}/m^0)\gamma_{Cl^-}$$

$$= -E^0_{Ag \mid AgCl \mid Cl^-} - 0.0591 pH + 0.0591 \lg(m_{Cl^-}/m^0)\gamma_{Cl^-} \tag{2-120}$$

在 298K 下，$2.303RT/F = 0.0591$ V。在式（2-120）中，除了 pH 值外，唯一未知的量就是 γ_{Cl^-}。根据 Bates 和 Guggenheim 理论，若已知离子半径，就可使用 Debye-Huckel 的扩展表达式来计算该活度系数，可写出

$$\ln\gamma_{Cl^-} = -\frac{AI^{\frac{1}{2}}}{1 + Ba_0 I^{\frac{1}{2}}} \tag{2-121}$$

式中，A 和 B 是常数，而 a_0 是离子半径。根据 Bates-Guggenheim 理论，Cl^- 的 Ba_0 取值为 1.5。因此，在使式（2-121）成立的离子强度区（$\leqslant 0.1$），可测定一系列缓冲溶液的 pH 值，并可设计出基于 Bates-Guggenheim 理论 pH 值非常准确的标准溶液。

因此，现在再回过头来看式（2-114）中的电池，可以发现测量溶液的 pH 值包括以下步骤：（1）配制标准缓冲溶液，通过 Harped 电池的测量并结合 Bates-Guggenheim 规则计算得出其 pH 值；（2）测量式（2-114）中含标准溶液的电池的电动势 E_0，其中标准溶液的 pH 值（pH_S）应尽量接近已知溶液 pH 值；（3）测量用未知溶液取代（$pH = pH_x$）标准溶液后的电池电动势 E_x。然后根据：

$$E_S = -0.0591 pH_S - E_{SCE} + \Delta\varphi_{diff} \tag{2-122}$$

$$E_x = -0.0591 pH_x - E_{SCE} + \Delta\varphi'_{diff} \tag{2-123}$$

以及考虑到两种溶液的 $\Delta\varphi_{diff}$ 和 $\Delta\varphi'_{diff}$ 非常接近，可得到

$$pH_x = pH_S + (E_S - E_x)/0.0591 \tag{2-124}$$

上式涵盖了如何确定 pH 值的操作步骤。

式（2-124）中的氢电极可在整个 pH 值范围内用作 pH 值传感器。然而，它并不能在所有的溶液中都令人满意地工作。例如在含 CN^-、H_2S 或 $As(Ⅱ)$ 的溶液中，这些物质会因毒化电极而干扰 pH 值的测量。而且在高度分散的金属铂表面（如在铂黑电极表面），某些重金属离子、硝酸根离子或有机物可被氢还原，该还原过程将改变电极附近溶液的 pH 值。然而，如果充分注意到上述问题，通过频繁地铂黑化（重新在铂表面沉积新鲜的铂粒）和精确地控制测量的温度，用氢电极可在许多水溶液中获得可靠且可重现的测量结果。

除了氢电极之外，还有许多氧化还原电极或第二类电极可用作 pH 传感器。在碱性溶液中可利用汞-氧化汞电极对 pH 的敏感性测量 pH 值。

$$HgO + H_2O + 2e \longrightarrow Hg + 2OH^- \tag{2-125}$$

其标准电势 $E^{\ominus} = +0.097$ V（vs. SHE）。

主要用于酸性溶液的是氢醌电极：$Pt \,|\, C_6H_4O_2 ,\ C_6H_4(OH)_2 \,|\, H_3O^+$，其电极反应为

$$O \!-\!\!\!\left\langle \right\rangle\!\!\!-\! O + 2H_3O^+ + 2e \longrightarrow HO \!-\!\!\!\left\langle \right\rangle\!\!\!-\! OH + 2H_2O$$

其标准电势 $E^{\ominus} = +0.899$ V（vs. SHE）。

然而在日常实验或工业生产中，上述各种电极，甚至氢电极本身都不再使用，所有这类应用几乎全部被"玻璃 pH 电极"所取代，该电极将在下一节描述。

2.5.7 用玻璃电极测量 pH 值

如果将玻璃（例如由 SiO_2–CaO–Na_2O 组成的玻璃）浸入水中，与二氧化硅网络相连的某些阳离子将与表面附近的 H_3O^+ 发生交换（见图 2-33），这就是如图 2-34 所示的所谓的"膨润"过程，所生成的"膨润层"称为 Haugaard 层（HL），一般在 24～48 h 内达到平衡，其厚度为 5～500 nm。如果将该膨润层与含 H_3O^+ 的溶液接触，两相中（膨润层和液相中）的氢离子的活度 $a_{H_3O^+}$ 及其化学势 $\mu_{H_3O^+}$ 将不同。

$$
\begin{aligned}
\mu_{H_3O^+}^{HL} &= \mu_{H_3O^+}^{\ominus,HL} + RT\ln a_{H_3O^+}^{HL} + F\varphi^{HL} \\
&= \mu_{H_3O^+}^{\ominus,sol} + RT\ln a_{H_3O^+}^{HL} + F\varphi^{sol}
\end{aligned} \tag{2-126}
$$

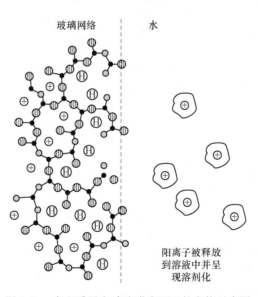

玻璃网络　　　　水

阳离子被释放
到溶液中并呈
现溶剂化

图 2-33　水和质子在玻璃膜表面区的交换示意图

如果 $\mu_{H_3O^+}^{HL} = \mu_{H_3O^+}^{sol}$，且不随溶液的改变而变化，那么膨润层和溶液相之间的电势差可写为

$$\Delta\varphi = \varphi^{sol} - \varphi^{HL} = \frac{RT}{F}\ln\frac{a_{H_3O^+}^{HL}}{a_{H_3O^+}^{sol}} \tag{2-127}$$

从式（2-127）可以看出，在25 ℃时氢离子活度每改变10倍，$\Delta\varphi$ 改变 59.1 mV。

这一效应可用来确定未知的 pH 值。在厚度约为 0.5 mm 的玻璃薄膜两侧都形成了膨润层后，可用它将一种 pH 值未知的溶液（Ⅱ）与另一种 pH 值恒定的溶液（Ⅰ）隔开，如图 2-34 所示。玻璃膜的两个表面之间的电接触是通过玻璃内的离子电导率来实现的。当离子在两边的迁移达到平衡时，可得出

$$\Delta\varphi_0(\text{Ⅰ-Ⅱ}) = \frac{RT}{F}\ln\frac{a_{H_3O^+}(\text{HL, Ⅰ})}{a_{H_3O^+}(\text{Ⅰ})} - \frac{RT}{F}\ln\frac{a_{H_3O^+}(\text{HL, Ⅱ})}{a_{H_3O^+}(\text{Ⅱ})} \tag{2-128}$$

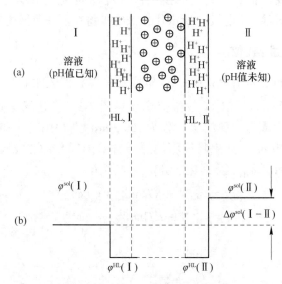

图 2-34   玻璃电极的工作原理

（a）图示位于两种具有不同 pH 值的溶液之间的玻璃膜（HL, Ⅰ）和（HL, Ⅱ）是在玻璃膜的两个表面上的膨润层；（b）跨膜的电势变化

将 $\lg a_{H_3O^+}(\text{Ⅰ}) = -\text{pH}_\text{Ⅰ}$ 和 $\lg a_{H_3O^+}(\text{Ⅱ}) = -\text{pH}_\text{Ⅱ}$ 代入

$$\Delta\varphi_0(\text{Ⅰ-Ⅱ}) = \frac{RT}{F}\ln\frac{a_{H_3O^+}(\text{HL, Ⅰ})}{a_{H_3O^+}(\text{Ⅰ})} + 0.0591(\text{pH}_\text{Ⅰ} - \text{pH}_\text{Ⅱ}) \tag{2-129}$$

在式（2-129）中出现的项 $\dfrac{RT}{F}\ln\dfrac{a_{H_3O^+}(\text{HL, Ⅰ})}{a_{H_3O^+}(\text{Ⅰ})}$ 称为不对称电势 $\Delta\varphi_\text{as}$，如果有必要可将溶液Ⅱ换成溶液Ⅰ，从而使得 $\text{pH}_\text{Ⅰ} = \text{pH}_\text{Ⅱ}$，并在两溶液中使用完全相同的参比电极来测出其值。此时 $\Delta\varphi_0$（Ⅰ-Ⅱ）可以约化为 $\Delta\varphi_\text{as}$。不对称电势起源于在制备中造成的膜两侧的氧化硅骨架中的机械张力和化学组成的不同，取决于玻璃的类型、膜的形式（平板形或弧形）以及前处理的历史（如制备工艺、处理温度、曾经与之相接触过的溶液等），通常 $\Delta\varphi_\text{as}$ 值在 0~50 mV 之间。

在实际测量中使用直径为 1 cm 的球形膜并将其封入一厚玻璃管的下端，加满 pH 值已知的缓冲溶液（见图 2-35）。通常，内缓冲溶液的 pH=7，为使得能在电极上建立稳定的电势差，通常在缓冲溶液中溶有 KCl。其内电极常使用银-氯化银、饱和甘汞或 Thalamid®

电极，后者也属于第二类参比电极。当氯离子的浓度为 1.000 mol/L 时，其电势差相对于标准参比电极是−0.555 V 内电极、玻璃膜与缓冲溶液一起称为玻璃电极。将该玻璃电极依次浸入含有已知和未知 pH 值的溶液中，测量两种情形相对于浸入同一溶液中的外部参比电极的电势差，这样即可测出溶液的 pH 值。

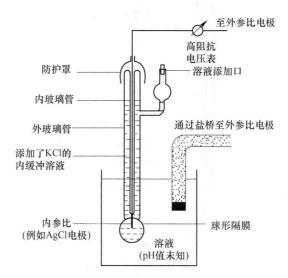

图 2-35 用玻璃电极测量 pH 值

可形象地将这种组合表示为，

$$Hg \mid Hg_2Cl_2 \mid 饱和 KCl \parallel 溶液 \, II \mid 玻璃 \mid 溶液 \, I, \, KCl \mid AgCl \mid Ag$$

如果铊和甘汞及银-氯化银电极的标准电势为 E_{SCE} 和 E_{SSE}，那么上述电池的电动势为

$$E = E^0_{SSE} - E_{SCE} + \Delta\varphi_0(\, I\text{-}II\,)$$

$$= E^0_{SSE} - E_{SCE} + \Delta\varphi_{as} + 0.0951(pH_I - pH_{II}) \quad (2\text{-}130)$$

当溶液 II 是标准缓冲溶液时，有 $E = E_S$，将溶液 II 换成未知溶液时 $E = E_x$，又一次可得到

$$pH_x = pH_S + (E_S - E_x)/0.0591 \quad (2\text{-}131)$$

用玻璃电极测量 pH 值，不过在强碱性溶液中，与膨化层的阳离子交换将导致所谓"碱性误差"。该误差也可通过使用特殊的玻璃而最小化，并使得能在 pH=1～14 的范围内进行准确的测量。当 pH<1 时，也有很小的"酸误差"，在精确测量中必须考虑。

在精确的测量中，因为 $\Delta\varphi_{as}$ 随时间而变化，每天都必须用标准缓冲溶液校正玻璃电极。强碱性的溶液及氢氟酸溶液会腐蚀玻璃膜并破坏电极。此外，如果让膜干燥，膜的性能将受到严重影响，因此电极在不用时必须浸入蒸馏水中。而且，因为玻璃膜本身具有很高的阻抗（10^{18} Ω），即使流过膨润层中的电流很小，也可能破坏该膨润层与溶液之间所建立的平衡，pH 值的测量中须使用具有很高的输入阻抗（10^{11}～10^{12} Ω）的电压计测量电池的电动势。由于使用了高阻抗系统，必须非常小心地将导线屏蔽以防引入杂散噪声。

图 2-36 给出的是更先进的玻璃电极，它将玻璃电极与外参比电极合并到一个玻璃管中。对特殊用途的测量问题，已经开发了一系列特殊类型的玻璃电极，它们包括用于土壤测量的防振锥形膜，确定诸如奶酪等固体样品 pH 值的平板膜及用于生物活体检测的微型针式系统等。

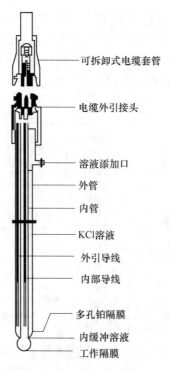

图 2-36　复合 pH 电极和参比电极

（图中标注，自上而下）
可拆卸式电缆套管
电缆外引接头
溶液添加口
外管
内管
KCl 溶液
外引导线
内部导线
多孔铂隔膜
内缓冲溶液
工作隔膜

2.5.8　电势滴定的原理

如果在一个化学反应中离子 i 的活度发生了变化，而且其活度变化可通过适当的电极来监测，那么就可通过跟踪电势变化来了解反应的进展。也就是说，与电导率的测量一样，电动势的测量也可用来确定滴定的终点。常规电极和离子选择电极等都能用来跟踪反应过程。

例如，可以用氢电极或对 pH 敏感的玻璃电极作为指示电极来跟踪酸碱滴定过程。在这两种情况下，随着滴定的进行，例如通过向酸溶液中滴加碱溶液，H_3O^+ 的活度每降低 1/10，电势差会降低 59.1 mV。只要酸过剩，那么在加碱时 pH 值将只发生微小的变化；然而在滴定终点附近 $a_{H_3O^+}$ 快速降低，电势差也跟着快速降低，碱过量后电势变化幅度减小。因此，所测到的电势差将显示如图 2-37 所示的阶跃式行为，其中 pH 电极的电势变化是通过计算用 0.1 mol/dm³ 的强碱滴定 100 mL 0.01 mol/dm³ 的强酸得到的。滴定的终点相当于电势差变化最快的那一点。可通过对该滴定曲线求微分的方法更为准确地找出滴定终点的位置，这已经用虚线表示在图 2-37 中，由图 2-37 可见，在滴定终点时存在一尖锐的最大值。

在沉积、络合或氧化还原滴定中电势的变化也与图 2-37 所示的非常类似。沉积滴定的一个例子是用硝酸银来确定 Cl^- 的活度：

$$Ag^+ + Cl^- \longrightarrow AgCl(s) \tag{2-132}$$

这时，可监测 $Ag \mid Ag^+$ 的平衡电势随所加滴定剂的体积的变化。在滴定刚开始时，溶液中银离子的浓度可有效地通过氯化银的溶度积来确定，而在滴定终点随着最后剩余的 Cl^- 被沉积，Ag^+ 的浓度将急剧上升。如果滴定是在水和丙酮的混合液中进行的，则 AgCl 的溶度积更低，电势阶跃的高度将进一步增大。

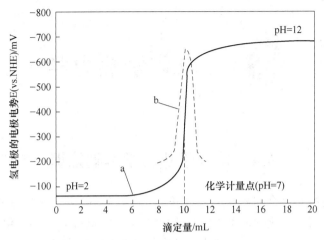

图 2-37 酸碱电势滴定

a—用强碱滴定体积为 100 mL 浓度为 0.01 mol/dm³ 的强酸的滴定曲线；
b—添加滴定剂时电势的微分变化，其峰位置相当于滴定终点量

与电导滴定类似，电势滴定具有很大的优点在浑浊的、有颜色的或很稀的溶液中都可进行。电势滴定的另一个优点是滴定的终点非常尖锐而且易于自动化，并且已经有了很多商品化的仪器。其应用范围非常广，对很多电分析过程包括测定恒量有机溶剂中的痕量水等，都已经开发了精确的测量方法。

复习思考题

2-1 说明离子淌度、电导率和电导的定义。

2-2 电解质溶液的浓度有哪几种表示方法？

2-3 电解质的离子活度和活度系数如何定义？

2-4 在没有外电场的情况下，在电解质溶液中，离子扩散的推动力是什么？

2-5 什么是离子迁移数？

2-6 简述离子液体的组成及分类。

2-7 说明决定离子液体熔点的因素。

2-8 影响离子液体电导率的因素是什么？分析其原因。

2-9 判断题。

(1) 因为熔盐有与水溶液相似的性质，因此熔盐电解成为了铝、镁、钠、锂等金属唯一的或占主导地位的生产方法。

(2) 对于软化温度低的炉渣增加燃料耗量不仅能增大炉料的熔化量，还能进一步提高炉子的最高温度。

(3) 熔锍的性质对于有价金属与杂质的分离、冶炼过程的能耗等都有重要的影响。

(4) 冶金熔体——在高温冶金过程中处于熔融状态的反应介质或反应产物。

(5) 金属熔体不仅是火法冶金过程的主要产品，而且也是冶炼过程中多相反应的直接参加者。如炼钢中的许多物理过程和化学反应都是在钢液和炉渣之间进行的。

(6) 常见的熔盐由碱金属或碱土金属的卤化物、碳酸盐、硝酸盐及磷酸盐等组成。

3 电化学热力学

3.1 电化学热力学基础知识

众所周知，通过对一个体系的热力学研究能够确定一个化学反应在指定的条件下可进行的方向和达到的限度。化学能可以转化为电能（电能也可以转化成化学能），如果一个化学反应设计在电池中进行，通过热力学研究同样能知道该电池反应对外电路所能提供的最大能量，这就是电化学热力学的主要研究内容。

依据热力学 Gibbs 自由能的定义，在等温等压条件下，电化学体系发生反应时，体系Gibbs 自由能的减少等于对外所做的最大非膨胀功（或最大非体积功），可以表示为：

$$(\Delta_r G)_{T,p} = -W_{f,max} \tag{3-1}$$

如果非膨胀功只有电功一种，则有：

$$(\Delta_r G)_{T,p} = -nEF \tag{3-2}$$

式中，n 为电化学体系反应涉及的电荷的物质的量，mol；E 为可逆电动势，V；F 为法拉第常数。

这是联系热力学和电化学的主要桥梁。但热力学只能严格地适用于平衡体系，对于原电池中的化学能以不可逆的方式转变为电能时，两电极间的电动势 E' 一定小于可逆电动势 E，则有：

$$(\Delta_r G)_{T,p} < -nE'F \tag{3-3}$$

由此可见，应用热力学方法处理一些实际过程时，可逆性的概念是非常重要的。归根结底，平衡的概念包括一个基本的思想，就是一个过程能够从平衡位置向两个相反方向中的任意一个方向移动，因而，"可逆"是其本质。可逆性的概念具有三种含义：

（1）化学可逆性（chemical reversibility），即物质可逆，也就是电极反应的可逆。对于电池反应，电池充电时两电极上发生的反应，应该是放电反应时两电极反应的逆反应。

（2）热力学可逆性（thermodynamic reversibility）。当对一个过程施加一个无穷小的反向推动力时，就能使得过程反向进行，这种过程在热力学上是可逆的。显然，体系在任何时候只有受到一个无穷小的推动力，才可能发生热力学可逆过程；因此，体系必须本质上总是处于平衡状态。所以，体系两个状态之间的可逆途径是由一系列连续的平衡状态构成的，通过这样的途径将需要无限长的时间。注意，化学不可逆电池不可能具有热力学意义上的可逆行为。而化学可逆电池则可以是，也可以不是以近似于热力学上可逆性的方式进行工作。热力学可逆性即能量可逆。电池在接近平衡下工作，放电时所消耗的能量恰好等于充电时所需的能量，并使体系与环境都恢复到原来的状态。要达到这一要求必须使得充放电时的电流无限小。

（3）实际可逆性（practical reversibility）。因为所有的实际过程都是以一定的速率进行的，所以它们不可能具有严格的热力学上的可逆性。然而，实际上一个过程可能以这样一种方式进行，即在所期望的某一准确度下，热力学公式依然适用。在这种情况下，可以称这些过程为可逆过程。实际可逆性这个术语并不是绝对的，它包含着观察者对该过程的态度和期望。下面以把一个重物从弹簧秤上取下为例对其作一个很好的比拟。为了使该过程严格可逆地进行，需要经历一系列连续的平衡，其适用的"热力学"方程式 $kx = mg$ 总是适用的（其中，k 是力的常数，x 是当施加质量为 m 的重物时弹簧被拉长的距离，g 是地球的重力加速度）。在可逆过程中，弹簧始终没有受到一种使它收缩的距离大于无限小的推力。如果一次性将重物拿开，达到最后的终态，那么，该过程将严重地失去平衡，是不可逆的。如果选择一小块一小块地取下重物，且有足够多的小块，那么，"热力学"关系式在绝大部分时间内将是适用的。事实上，人们不大可能将这真实（略有点不可逆）的过程和严格的可逆过程区分开。因此，把这种真实的变化转为"实际可逆的"是合理的。

一个化学反应借助实际可逆原电池装置实现，那么按照热力学理论可知，可从原电池获得的最大非体积功/最大净功为该化学反应的 $-\Delta G$。实际可逆原电池装置的实现可以保证化学反应体系在物质、能量转换上是可逆的，实际上可以通过采用一个无限大的电阻使得物质可逆的化学电池的放电过程在能量上转为"实际可逆"，这样式（3-2）的关系就一定满足。对原电池装置而言，由于反应程度足够小，所有组分的活度都保持不变，那么其电势也将保持不变，则可以得出消耗在外电阻上的能量，可表示为：$|\Delta G|$ = 通过电量 × 可逆电位差，即 $|\Delta G| = nF|E|$（其中，n 为反应的价电子数；F 为 1 mol 电子的电量，约为 96500 C）。然而自由能的变化与电池净反应的方向有关，因此，应该有正负号，可以通过改变反应的方向来改变其正负号，改变反应方向只需要总的电池电势有一个无穷小的变化即可。但电动势 E 基本恒定且与（可逆的）转化的方向无关。这样就产生了一个矛盾，需要把一个对方向敏感的量 ΔG 与一个对方向不敏感的可观测量 E 联系起来。这种需要也是引起目前电化学中所存在的符号混乱的全部根源。这是由于正负号的确切含义对于自由能和电势而言是不同的。对于自由能，正负号分别表示体系失去（+）和得到（−）能量，这源于早期的热力学；对于电势，负号（−）和正号（+）表示负电荷的过剩和缺乏，这是静电学的惯例。当对电化学体系的热力学性质感兴趣时可以引入反应电动势的热力学概念来克服上述矛盾，这个量赋予了反应的方向性。因为当反应自发进行时，通常规定电动势为正值，所以 $\Delta G = -nFE$。采用这种惯例，就可以将一个可观测的与电池工作的方向无关的静电量——电池电位差与一个确定的与方向相关的热力学量（Gibbs 自由能）联系起来。当所有物质的活度都等于 1 时，有

$$\Delta G^{\ominus} = - nFE^{\ominus} \tag{3-4}$$

式中，E 称为电池反应的标准电动势。

既然已经把电池的两个电极间的电位差与自由能联系起来，那么，就可以从电化学测量中导出其他的热力学量：

$$\Delta S = - \left(\frac{\partial \Delta G}{\partial T}\right)_p \tag{3-5}$$

因此

$$\Delta S = nF\left(\frac{\partial \Delta E}{\partial T}\right)_p \tag{3-6}$$

并且

$$\Delta H = \Delta G + T\Delta S = nF\left[T\left(\frac{\partial \Delta E}{\partial T}\right)_p - E\right] \tag{3-7}$$

反应的平衡常数 K 满足：

$$RT\ln K = -\Delta G^{\ominus} = nFE^{\ominus} \tag{3-8}$$

一般认为整个电池的反应由两个独立的半电池反应组成，因此可以将电池电势分解成两个独立的电极电位。这个观点是合理的且有实验根据的——已经设计出一系列的半反应电动势和半电池电动势。根据定义建立任何导电相的绝对电位，这对于电化学而言是重要的，但却极度困难。具有重大实际意义的是电极和它所处的电解质溶液之间的绝对电势/电位差，因为它是决定电化学平衡状态的首要因素。注意，在电化学中电势与电位的概念现在是没有区别的混用，只是习惯的差别。

3.2　电化学体系简介

根据电化学反应发生的条件和结果不同，通常把电化学体系分为三大类型：第一类是电化学中两个电极和外电路负载接通后，能自发地将电流送到外电路做功，该体系称为原电池；第二类是与外电源组成回路，强迫电流在电化学体系中通过并促使电化学反应发生，这类体系称为电解池；第三类是电化学反应能自发进行，但不能对外做功，只起到破坏金属的作用，这类体系称为腐蚀电池。

3.2.1　原电池

原电池的基本特征就是能够通过电池反应将化学能转变为电能。所以原电池实际上是一种可以进行能量转换的电化学装置。根据这一特征，可以把原电池定义为：凡是能将化学能直接转变成电能的电化学装置称为原电池或自发电池，也可称为 Galvani 电池。一个原电池，例如 Daniell 电池，是由锌半电池与铜半电池组合成的体系，如图 3-1(a) 所示，为了使硫酸锌溶液与硫酸铜溶液互不混合，并且离子能够通过，需要用素陶板等多孔性隔板把两个电极隔开。电池可用下列形式表示：$Zn \mid ZnSO_4 \parallel CuSO_4 \mid Cu$。其中，"$\mid$"表示相界面，"$\parallel$"表示溶液与溶液的界面。在原电池中，锌的溶解（氧化反应）和铜的析出（还原反应）是分别在不同的地点——阳极和阴极区进行的，电荷的转移（得失电子）要通过外线路中自由电子的流动和溶液中离子的迁移才得以实现。这样，电池反应所引起的

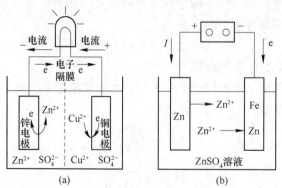

图 3-1　两类电化学装置示意图
（a）Daniell 原电池回路；（b）电解池回路

化学能变化成为载流子传递的动力,并转化为可以做电功的电能。在 Daniell 电池中,电极电势高的铜电极是正极,电极电势低的锌电极为负极。铜电极与锌电极两个电极电势之差,称为电池的电动势。

原电池是将化学能转化成电能的装置,可以对外做功,通常用原电池电动势这一参数来衡量一个原电池做电功的能力。原电池电动势定义为:在电池中没有电流通过时,原电池两个终端相之间的电势差称为该电池的电动势,用符号 E 表示。原电池的能量来源于电池内部的化学反应。若设原电池可逆地进行时所做的电功 W 为:

$$W = EQ \tag{3-9}$$

式中,Q 为电池反应时通过的电量。按照 Faraday 定律,Q 又可写成 zF;z 为参与反应的反应电子数,所以:

$$W = zFE \tag{3-10}$$

从化学热力学知道,恒温恒压下,可逆过程所做的最大有用功等于体系自由能的减少。因此可逆电池的最大有用功 W 应等于该电池体系自由能的减少($-\Delta G$),即 $W = -\Delta G$。所以 $\Delta G = -zFE$ 或 $E = -\dfrac{\Delta G}{zF}$。

3.2.2 电解池

由两个电子导体插入电解质溶液所组成的电化学体系和一个直流电源接通时(见图 3-1(b)),外电源将源源不断地向该电池体系输送电流,而体系中两个电极上分别持续地发生氧化反应和还原反应,生成新的物质。这种将电能转化为化学能的电化学体系称为电解池。进行电解时,电流从外电源的正极流出,通过与其连接的电极(称为阳极),经过电解液通过与外电源的负极连接的电极(称为阴极),返回外电源的负极。如果选择适当的电极材料和电解质溶液,就可以通过电解池生成预期的物质。由此可见,电解池是依靠外电源迫使一定的电化学反应发生并生成新物质的装置,也可以称为"电化学物质发生器"。没有这种装置,电镀、电解、电合成、电冶金等工业过程将无法实现。所以它是电化学工业的核心——电化学工业的"反应器"。

将图 3-1(a)与(b)进行比较,可以看出电解池和原电池的主要异同。电解池和原电池是具有类似结构的电化学体系,都是在阴极上发生吸收电子的还原反应,在阳极上发生失去电子的氧化反应。但它们进行反应的方向是不同的,在原电池中,体系自由能变化 $\Delta G < 0$,反应是自发进行的,化学反应的结果是产生可以对外做功的电能。电解池中,自由能变化 $\Delta G > 0$,电池反应是被动的,需要从外界输入能量促使化学反应的发生。所以,从能量转化的方向看,电解池与原电池进行的恰恰是互逆的过程。在回路中,原电池可看作电源,而电解池是消耗能量的负载。从反应实质上看,在电极上进行氧化反应的称为阳极,在电极上进行还原反应的称为阴极;从电位高低分,电位高的为正极,电位低的为负极。所以在电解池中,阴极是负极,阳极是正极。在原电池中,阴极是正极,阳极是负极,与电解池恰好相反。

3.2.3 腐蚀电池

从腐蚀反应来说,无论是化学腐蚀或是电化学腐蚀都是金属的价态升高而介质中某一物质中元素原子的价态降低的反应，即氧化还原反应。如图 3-2 所示，这种氧化还原反应是通过阳极反应和阴极反应同时而分别在不同区域进行的。这一反应过程和原电池一样是自发进行的。一个电化学腐蚀体系（金属/腐蚀介质）实质上是短路的原电池，其阳极反应使金属材料破坏，腐蚀体系中进行的氧化还原反应的化学能最终不能输出电能，全部以热能的形式散失。这种导致金属材料破坏的短路原电池称为腐蚀电池。当金属表面含有一些杂质时，由于金属的电势和杂质的电势不尽相同，可构成以金属和杂质为电极的许多微小的肉眼无法辨认的短路电池，称为微电池，从而引起腐蚀。

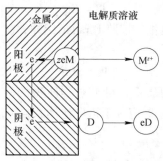

图 3-2　金属电化学腐蚀过程示意图

　　腐蚀电池区别于原电池的特征在于：（1）电池反应所释放的化学能都是以热能形式逸散掉而不能加以利用，故腐蚀电池是耗费能量的。（2）电池反应促使物质变化的结果不是生成有价值的产物，而是导致体系本身的毁坏。

　　根据组成腐蚀电池的电极大小、形成腐蚀电池的主要影响因素和腐蚀破坏的特征，一般将腐蚀电池分为三大类：宏观腐蚀电池、微观腐蚀电池和超微观腐蚀电池。宏观腐蚀电池通常由肉眼可见的电极构成，它具有阴极区和阳极区，且可保持长时间稳定，具有明显的局部腐蚀特征。微观腐蚀电池则是由于金属表面的电化学不均匀性，在金属表面产生许多微小的电极，由此而构成各种各样的微观腐蚀电池，简称微电池。超微观腐蚀电池是由于金属表面上存在着超微观的电化学不均匀性产生了许多超微电极从而形成的腐蚀电池。造成这种超微观电化学不均匀性的原因可能是在固溶体晶格中存在有不同种类的原子。由于结晶组织中原子所处的位置不同，而引起金属表面上个别原子活度不同；此外，原子在晶格中的热振荡会引起周期性的起伏，从而引起个别原子的活度不同。由此产生了肉眼和普通显微镜也难以分辨的微小电极（1～10 nm），并遍布整个金属表面，阴极和阳极无规则分布着，具有极大的不稳定性，并随时间不断地变化，最终整个金属表面既是阳极，又是阴极，结果导致金属均匀腐蚀。腐蚀电池通常会造成金属/合金材料的腐蚀损伤，因此它是有害的；但微电池腐蚀在一些情况下却是有利的，例如冶金精矿在酸性溶液中浸出，PbS 矿因含有 FeS，可构成微电池，会加速 PbS 的溶解，从而强化 Pb 的浸出过程。

3.3　电化学热力学

3.3.1　可逆电化学过程的热力学

3.3.1.1　平衡电极电位

按照电池的结构，每个电池都可以分成两半，即由两个半电池所组成。每个半电池实

际就是一个电极体系，电池总反应也由两个电极反应所组成。因此，要使整个电池成为可逆电池，两个电极或半电池必须是可逆的。可逆电极必须具备下面两个条件：（1）电极反应是可逆的。如 $Zn|ZnSO_4$ 电极，其电极反应为 $Zn^{2+}+2e \rightleftharpoons Zn$，只有正向反应和逆向反应的速率相等时，电极反应中物质交换和电荷交换才是平衡的，即在任一瞬间，氧化溶解的锌原子数等于还原的锌离子数；正向反应得到的电子数等于逆向反应失去的电子数。这样的电极反应称为可逆的电极反应。（2）电极反应在平衡条件下进行。所谓平衡条件就是通过电极的电流等于零或电流无限小。只有在这种条件下，电极上进行的氧化反应和还原反应速率才能被认为是相等的。所以，可逆电极就是在平衡条件下进行的，电荷交换与物质交换都处于平衡的电极。可逆电极也就是平衡电极。

可逆电极电位，也称作平衡电势或平衡电极电势。任何一个平衡电势都是相对于一定的电极反应而言的。如果用 O 代表氧化态物质，R 代表还原态物质，则任何一个电极反应都可以写成下列通式：

$$O + ze \frac{i_k}{i_a} R \tag{3-11}$$

当正向反应速率（还原反应）i_k 与逆向反应速率（氧化反应）i_a 相等时，电极反应中物质交换和电荷交换才是平衡的。电极处于可逆状态，通常以符号 E_e 表示某一电极的平衡电位。根据 Nernst 方程式，电极的平衡电极电位 E_e 可以写成下列通式，即：

$$E_e = E_e^{\ominus} + \frac{RT}{zF}\ln\frac{a_{氧化态}}{a_{还原态}} = E_e^{\ominus} + \frac{RT}{zF}\ln\frac{a_O}{a_R} \tag{3-12}$$

式中，$E_e^{\ominus}$ 为标准状态下的平衡电位，称为该电极的标准电极电位。

3.3.1.2 可逆电化学过程的热力学

电池的可逆电动势是可逆电池热力学的一个重要物理量，它指的是在电流趋近于零时，构成原电池各相界面的电势差的代数和。对于等温等压下发生的一个可逆电池反应，由 3.1 节讨论可知：

$$\Delta G_{T,p} = -W_{f,max}(非膨胀功) = -zFE \tag{3-13}$$

式（3-13）是沟通电化学和热力学的基本关系式。当 $E>0$ 时，$\Delta G_{T,p}<0$，电池反应自发进行；当 $E<0$ 时，$\Delta G_{T,p}>0$，电池反应不能自发进行，所以 E 也是一种判据。

根据电池反应的 Gibbs 自由能的变化可以计算出电池的电动势和最大输出电功等。假如电池内部发生的化学总反应为：$aA+bB \rightarrow lL+mM$。在恒温恒压条件下，可逆电池所做的最大电功等于体系自由能的减少，即 $\Delta G_{T,p} = -zFE$。根据化学反应的等温方程式：

$$\Delta G_{T,p} = G_{T,p}^{\ominus} + RT\ln\frac{a_L^l a_M^m}{a_A^a a_M^b} \tag{3-14}$$

$$-zFE = G_{T,p}^{\ominus} + RT\ln\frac{a_L^l a_M^m}{a_A^a a_M^b} \tag{3-15}$$

$$E = -\frac{\Delta G_{T,p}^{\ominus}}{zF} - \frac{RT}{zF}\ln\frac{a_L^l a_M^m}{a_A^a a_M^b} = E^{\ominus} - \frac{RT}{zF}\ln\frac{a_L^l a_M^m}{a_A^a a_M^b} \tag{3-16}$$

式中，$E^{\ominus}$ 为参与反应的物质活度为 1 时的电动势，称为标准电动势，即 $\Delta G_{T,p}^{\ominus} = -zFE$。

式（3-16）称为 Nernst 方程，表示电池的电动势与活度的关系。

已知 $\Delta G_{T,p}^{\ominus}$ 与反应的平衡常数 K 的关系为：

$$\Delta G_{T,p}^{\ominus} = -RT\ln K \tag{3-17}$$

合并 $\Delta G_{T,p}^{\ominus} = -zFE$ 和式（3-17）得到：

$$E^{\ominus} = -RT\ln K \tag{3-18}$$

标准电动势 $E^{\ominus}$ 的值可以通过相关的电极电位表获得，从而可通过式（3-18）计算电池反应的平衡常数 K。

在恒压下原电池电动势对温度的偏导数称为可逆电池电动势的温度系数，以 $\left(\dfrac{\partial E}{\partial T}\right)_p$ 表示。从物理化学中已知，如果反应仅在恒压下进行，当温度改变 dT 时，体系自由能的变化可以用 Gibbs-Helmholtz 方程来描述，即

$$\Delta G = \Delta H + T\left[\frac{\partial(\Delta G)}{\partial T}\right]_p \tag{3-19}$$

式中，ΔH 为反应焓变。

根据 $\Delta G = -zFE$，可将反应的熵变 ΔS 写成：

$$\Delta S = -\left[\frac{\partial(\Delta G)}{\partial T}\right]_p = zF\left(\frac{\partial E}{\partial T}\right)_p \tag{3-20}$$

合并式（3-19）和式（3-20）后得出：

$$-\Delta H = zFE - zFT\left(\frac{\partial E}{\partial T}\right)_p \tag{3-21}$$

依据实验测得的电池电动势和温度系数 $\left(\dfrac{\partial E}{\partial T}\right)_p$，根据式（3-21）可以求出电池放电反应的焓变 ΔH，即电池短路时（直接发生化学反应，不做电功）的热效应 Q_p，利用式（3-20），从实验测得的电动势的温度系数就可以计算出反应的熵变。

在等温情况下，可逆电池反应的热效应为：

$$Q_R = T\Delta S = zFT\left(\frac{\partial E}{\partial T}\right)_p \tag{3-22}$$

从温度系数的数值为正或为负，即可确定可逆电池在工作时是吸热还是放热。依据热力学第一定律，如体积功为零，电池反应的内能变化 ΔU 为：

$$\Delta U = Q_R - W_{f,\max} = zFT\left(\frac{\partial E}{\partial T}\right)_p - zFE \tag{3-23}$$

但从相反的角度考虑，以上结果表明电池电动势还可以从直接测量的热化学数据进行计算。

3.3.2 不可逆电化学过程的热力学

实际发生的电化学过程都有一定的电流通过，因而破坏电极反应的平衡状态，导致实际发生的电化学过程基本上均为不可逆过程。

3.3.2.1 电化学极化与过电位

若体系处于平衡电势下，则 $i_a = i_k$，因而电极上不会发生净电极反应。发生净电极反应的必要条件是正、反方向反应速率不同，即 $i_a \neq i_k$，这时流过电极表面的净电流密度等于：

$$i_{a,净} = i_a - i_k \tag{3-24}$$

$$i_{k,净} = i_k - i_a \tag{3-25}$$

当电极上有净电流通过时，由于 $i_a \neq i_k$，故电极上的平衡状态受到了破坏，并会使电极电势或多或少地偏离平衡数值。这种情况就称为电极电势发生了"电化学极化"。外电流为阳极极化电流时，其电极电势向正的方向移动，称为阳极极化；外电流为阴极极化电流时，其电极电势向负的方向移动，称为阴极极化。

为了明确表示由于极化使其电极电势偏离平衡电极电势的程度，把某一极化电流密度下的电极电势与其平衡电势之间差值的绝对值称为该电极反应的过电位，以 η 表示。阳极极化时，电极反应为阳极反应，过电位

$$\eta_a = E - E_e \tag{3-26}$$

阴极极化时，电极反应为阴极反应，过电位

$$\eta_k = E_e - E \tag{3-27}$$

根据这样规定，不管发生阳极极化还是阴极极化，电极反应的过电位都是正值。

注意，过电位与极化值的定义不同。过电位是针对某一电极反应以某一速率不可逆进行时的电极电位与平衡电极电位的差值，过电位是同电极反应相联系。而极化值则是与某一电极上有无电流通过时电极电位的变化方向及幅度相关。

3.3.2.2 混合电位和稳定电位

无论在平衡状态或非平衡状态，在电极表面上都只进行着一个电极反应的电极称为理想电极。在实际电化学体系中，许多电极并不具备理想电极条件，在电极表面至少存在两种或两种以上的电极反应，这样的电极是不可逆电极。如一种金属在腐蚀时，即使在最简单的情况下，在金属表面上也至少同时进行两个不同的电极反应。一个是金属电极反应，另一个是溶液中的去极化剂在金属表面进行的电极反应。由于这两个电极反应的平衡电势不同，它们互相极化。这种在均相电极上同时相互耦合地进行两个或两个以上电极反应的电极体系称为均相复合电极体系。

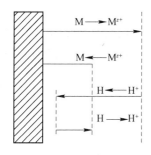

图 3-3　建立稳定电位示意图

以金属放入稀酸溶液的情况为例说明。在两相界面上除了进行金属以离子形式进入溶液的氧化反应和金属离子的还原反应以外，还有另一对电极反应，即氢的析出与氧化反应（见图 3-3）。

反应（1）：
$$M^{z+} + ze \underset{i_{a1}}{\overset{i_{k1}}{\rightleftharpoons}} M \tag{3-28}$$

反应（2）：
$$zH^+ + ze \underset{i_{a2}}{\overset{i_{k2}}{\rightleftharpoons}} \frac{n}{2}H_2 \tag{3-29}$$

这个均相的复合电极体系相当于一个短路原电池。金属电极反应（1）平衡电势较低，将主要向氧化方向进行，电位正移；电极反应（2）平衡电势较高，将主要向还原反应方向进行，电位负移。它们反应的结果是金属溶解和在金属表面析出氢气。

金属溶解速率可表示为：

$$i_a = i_{a1} - i_{k1} \tag{3-30}$$

氢析出速率可表示为：

$$i_k = i_{k2} - i_{a2} \tag{3-31}$$

这个电极显然是一种不可逆电极，所以建立起来的电极电位为不可逆电位或不平衡电位，它的数值不能用 Nernst 方程计算出来，只能由实验来测定。不可逆电位可以是稳定的，也可以是不稳定的。当这个均相的复合电极体系为一孤立电极时，尽管物质交换不平衡但当电荷在界面交换的速率相等时，即金属阳极氧化反应放出的电子恰好全部被氧化剂阴极还原反应所吸收，有

$$i_a = i_k = i_c \tag{3-32}$$

也能建立起稳定的双电层，使电极电位达到稳定状态。稳定的不可逆电位称为稳定电位。式中 i_c，称为金属自溶解电流密度或自腐蚀电流密度，简称腐蚀电流密度。

在一个孤立电极上，同时以相等的速率进行一个阳极反应和一个阴极反应的现象，称为电极反应的耦合。在孤立电极上相互耦合的这两个电极反应，它们都有着各自的动力学规律而互不相干，但它们的进行又必须是同时发生并且互相牵连，这种性质上各自独立，而又互相诱导的电化学反应，称为共轭电化学反应。

当两个电极反应耦合成共轭电化学反应时，由于彼此相互极化，在忽略溶液电阻的情况下，它们将偏离各自的平衡电势而极化得到一个共同的极化电位值 E_c。此值既是阳极反应的非平衡电位，又是阴极反应的非平衡电位，且位于两个平衡电位之间，即 $E_{c1} < E_c < E_{c2}$，因此将它称为混合电位（见图 3-4）。

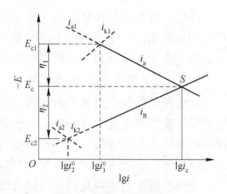

图 3-4 混合电位示意图

当电极体系达到稳态时，其混合电位（或腐蚀电位）虽然不是平衡电位，但它确能在长时间内保持基本不变。建立稳定电位的条件是在两相界面上电荷转移必须平衡，而物质的转移并不平衡。稳定电位决定于电极过程动力学。

3.3.2.3 不可逆过程电化学热力学

设在等温等压下在不可逆电池中发生化学反应，则体系状态函数的变化量 ΔG、ΔH、ΔS 和 ΔU 都与反应在相同始末状态下在可逆电池中发生时相同，但过程函数 W 与 Q 却发生了变化。

对于电池实际放电过程，当放电电池的端电压为 V 时，不可逆过程的电功 $W_{i,f}$ 可表示为：

$$W_{i,f} = zFV \tag{3-33}$$

依据热力学第一定律，电池不可逆放电过程的热效应为：

$$Q_i = \Delta U + W_{i,f} = zFT\left(\frac{\partial E}{\partial T}\right)_P - zF(V - E) \tag{3-34}$$

式（3-34）右边第一项表示的是电池可逆放电时产生的热效应，第二项表示的是由于电化学极化、浓差极化及电极和溶液电阻等引起的电压降的存在，过程克服电池内各种阻力而放出的热量。显然，电池放电时放出的热量主要与放电条件有关。因此，对于电池的放电必须要注意放电条件的选择，以保证放出的热量不至于引起电池性质的显著变化。

对于等温、等压条件下发生的不可逆电解反应，环境对体系做电功，当施加在电解槽

上的槽压为 V 时，不可逆过程的电功 $W_{i,f}$ 可表示为：

$$W_{i,f} = -zFV \tag{3-35}$$

不可逆电解过程的热效应为：

$$Q_i = \Delta U + W_{i,f} = -zFT\left(\frac{\partial E}{\partial T}\right)_p + zF(V - E) \tag{3-36}$$

式（3-36）右边第一项表示的是可逆电解时体系吸收的热量。第二项表示的是由于克服电解过程各种阻力而放出热量。对于实际发生的电解过程，体系从可逆电解时的吸收热量变成不可逆电解时放出热量。为了维持电化学反应在等温条件下进行，必须移走放出的热量，因此必须注意与电化学反应器相应的热交换器的选择。

通过以上电化学热力学讨论，也从另一角度提供了一条新的途径去计算反应体系的自由能、热焓和熵的变化。随着电化学的发展，电化学方法在热化学中获得了广泛应用，这个方法的优点是简单易行，准确度高。只要使过程在原电池中进行，测量出平衡电动势 E 和它的温度系数就可以计算出过程的热力学函数。实验也已证明，甚至在几百度的温度范围内电动势和温度的关系往往还是简单的线性关系。

3.3.2.4 不可逆电极电位及其影响因素

实际的不可逆电极反应过程中，构成电极体系的电极不能满足可逆电极条件，这类电极为不可逆电极。对于纯锌浸入稀盐酸中，开始时，溶液中没有锌离子，但有氢离子，所以，正反应为锌的氧化溶解，$Zn \rightarrow Zn^{2+} + 2e$，逆反应为氢离子的还原，$H^+ + e \rightarrow H$；随着锌的溶解，也开始发生锌离子的还原反应，即 $Zn^{2+} + 2e \rightarrow Zn$，同时还会存在氢原子重新还原为氢离子的反应，即 $H \rightarrow H^+ + e$。这样电极上同时存在 4 个反应。在总的电极反应过程中，锌的溶解速率和沉积速率不相等，氢的氧化和还原也如此。因此物质的交换是不平衡的，即有净反应的发生（锌溶解和氢析出）。

不可逆电位可以是稳定的，也可以是不稳定的。当电荷在界面上交换的速率相等时，尽管物质交换不平衡，也能建立起稳定的双电层，使电极电位达到稳定状态。稳定的不可逆电位称为稳定电位。对同一种金属，由于电极反应类型和反应速率不同，在不同条件下形成的电极电位往往差别很大。不可逆电极电位的数值通常相当有实际价值（判断不同金属接触时的腐蚀倾向，判断不同镀液中镀铜的结合力等），并与动力学特征密切相关。

对于给定电极判断是可逆还是不可逆，首先可根据电极的组成做出初步判断，分析物质、电荷的平衡性；为了进行准确的判断，还应该进一步通过实验证实，因为可逆电位可以用 Nernst 方程计算，而不可逆电位不符合 Nernst 方程的规律，不能用该方程计算。如果实验测定的电极电位与活度的关系曲线符合用 Nernst 方程计算出来的理论曲线，就说明该电极是可逆电极；若测量值与理论计算值偏差很大，超出实验误差范围，就是不可逆电极。对于 $Cd \mid CdCl_2$ 等电极体系可能是可逆电极，也可能为不可逆电极的实验事实就说明了这一点（见图 3-5）。

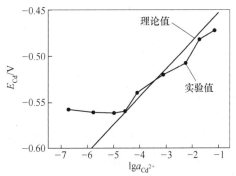

图 3-5　镉在不同浓度 $CdCl_2$ 溶液中电极电位与活度的关系

从电极电位产生的机理可知，电极电位的

大小取决于金属-溶液界面的双电层，因而影响电极电位的因素包含了金属的性质和外围介质的性质两大方面。前者包括金属的种类、物理化学状态和结构、表面状态，金属表面成相膜或吸附物的存在与否，机械变形与内应力等；后者包括溶液中各种离子的性质和浓度，溶剂的性质，溶解在溶液中的气体、分子和聚合物等的性质与浓度，以及温度、压力、光照和高能辐射等。总之，影响电极电位的因素是很复杂的，对任何一个电极体系，都必须作具体分析，才能确定影响其电位变化的因素。

（1）电极的本性。电极的本性是指电极的组成。由于组成电极的氧化态物质和还原态物质不同，得失电子的能力也不同，因而形成的电极电位不同。

（2）电极的表面状态。电极材料的表面状态对电极电位的影响很大，金属表面加工的精度、表面层纯度、氧化膜或其他成相膜的存在，以及原子、分子在表面的吸附等可使电极电位变化的范围在 1 V 左右。其中金属表面自然生成的保护性膜层（如氧化膜）的影响特别大，保护膜的形成多半使金属电极电位向正移，而保护膜破坏（如破裂、膜的空隙增多等）或溶液中离子对膜的穿透率增强时，往往使电极电位变负，电极电位的变负可达数百毫伏。

吸附在金属表面的气体原子，常常对金属的电极电位发生强烈影响。这些被吸附的气体可能本来是溶解在溶液中的，也可能是金属放入电解液以前就吸附在金属表面的。例如，铁在 1 mol/L KOH 溶液中，有大量氧吸附时的电极电位为-0.27 V，有大量氢吸附时的电极电位是-0.67 V。这一差别来自不同气体原子的吸附形成的双电层结构不同造成的。通常，有氧吸附时的金属电极电位将变正；有氢吸附时电位变负。吸附气体对电极电位的影响一般为数十毫伏，有时达数百毫伏。

（3）金属的机械变形和内应力。变形和内应力的存在通常使电极电位变负，但一般影响不大，约数毫伏至数十毫伏。其原因可以这样来解释：变形的金属上，金属离子的能量增高，活性增大，当它浸入溶液时就容易溶解而变成离子。因此，界面反应达到平衡时，所形成的双电层电位差就相对负一些。如果由于变形或应力作用破坏了金属表面的保护膜，则电位也将变负。

（4）溶液的 pH 值。溶液的 pH 值对电极电位有明显影响，pH 值的影响可使电极电位变化达数百毫伏。

（5）溶液中的氧化剂。溶液中氧化剂的存在对电极电位的影响与吸附氧、氧化膜的存在是一样的，都是通常使电极电位变正，若因生成氧化膜或使原来的保护膜更加致密，则电位变正的倾向性就更大。

（6）溶液中的配合剂。当溶液中有配合剂时，金属离子就可能不再以水化离子形式存在，而是以某种配离子的形式存在，从而影响电极反应的性质和电极电位的大小。例如，锌在含 Zn^{2+} 的溶液中的标准电位 $E_e^{\ominus} = -0.763$ V，电极反应为 $Zn \rightleftharpoons Zn^{2+} + 2e$ 或 $Zn + xH_2O \rightleftharpoons Zn(xH_2O)^{2+}$（水合锌离子）$+2e$。当溶液中加入 NaCN 后，发生配合反应：$Zn(H_2O)_x^{2+} + 4CN^- \rightleftharpoons Zn(CN)_4^{2-} + xH_2O$，锌离子将以 $Zn(CN)_4^{2-}$ 配离子形式存在，电极反应变为：$Zn + 4CN^- \rightleftharpoons Zn(CN)_4^{2-} + 2e$，该反应对应的标准电位 $E_{配}^{\ominus} = -1.260$ V，可见，加入配合剂 NaCN 之后，锌的电极电位变负了。不同的配合剂对同种金属电极电位的影响不同，但总是使电位向更负的方向变化。如果溶液中有多种配合剂存在，则对电极电位的影响更为复杂，通常要通过实验来测定电位。

（7）溶剂。电极在不同溶剂中的电极电位是不同的。在讨论电极电位的形成时，已经知道电极电位既与物质得失电子有关，又与离子的溶剂化有关。因而，不同溶剂中，离子溶剂化不同，形成的电极电位也不同。

3.4 电位-pH 图

电位-pH 图是一种电化学平衡图。它是为了研究金属腐蚀问题于 20 世纪 30 年代由比利时学者布拜（Pourbaix）首先提出的；1953 年赫耳玻尔（Halperm）率先将这种图形应用于分析湿法冶金热力学过程；1963 年 Pourbaix 等人按元素周期表分类将 90 多种元素与水构成的电位-pH 图汇编成《电化学平衡图谱》；以后陆续有人绘制了不同的硫化物-水系的电位-pH 图，从而使得电位-pH 图在湿法冶金中应用的范围不断扩大。发展至现在，电位-pH 图已广泛应用于冶金科学、电化学、生物、地质等多个领域。而且，绘制电位-pH图的方法已由人工计算和绘制发展为电子计算机计算和绘制。另外，电位-pH 图也已由常温发展为高温，由简单的金属-水系发展到采用"同时平衡原理"绘制金属-配位体-水系电位-pH 图。

由于电化学反应的平衡电极电位反映了物质的氧化还原能力，因此，可以用它方便地判断反应进行的可能性。而平衡电位与反应物质的活度有关，对有 H^+ 或 OH^- 参与的反应来说，电极电位将随溶液 pH 值的变化而变化。因此，把各种反应的平衡电位与溶液 pH 值的函数关系绘制成图，就可以从图上清楚地看出一个电化学体系中，发生各种化学或电化学反应所必须具备的电极电位与溶液 pH 值条件。或者可以判断在给定条件下某化学反应或电化学反应的可能性。

电位-pH 图是把水溶液中的基本反应作为电位、pH 值、活度的函数，在指定温度、压力下，将电位与 pH 值关系表示在平面图上（利用电子计算机还可以绘制出立体或多维图形），它可以指明反应自动进行的条件，指明物质在水溶液中稳定存在的区域和范围，这为湿法冶金浸出、分离、电解等过程提供了热力学依据。电位-pH 图一般是用热力学数据计算绘制的。常见的电位-pH 图可以分为金属-水系、金属-配合剂-水系、硫化物-水系，而且加之高温、高压技术在湿法冶金中的应用，又出现了高温电位-pH 图。

3.4.1 电位-pH 图绘制原理

电位-pH 图是在给定温度和组分的活度（常简化为浓度）或气体逸度（常简化为气相分压）下，表示电位与 pH 值的关系图。电位-pH 图取电位为纵坐标，是因为电位 E 可以作为水溶液中氧化-还原反应的趋势量度。电位-pH 图取 pH 值为横坐标，是因为水溶液中进行的反应大多与水的自离解反应（$H_2O \rightleftharpoons H^+ + OH^-$）有关，即与氢离子浓度有关。许多化合物在水溶液中的稳定性随 pH 值的变化而不同。在水溶液中进行的反应，根据有无电子和 H^+ 参加，可将溶液中的反应分成四类。这四类反应可以是均相反应，也可以是多相反应，如气-液反应、固-液反应等。表 3-1 给出了四类反应的实例。上述与电位、pH 值有关的反应，可以用一通式表示：

$$bB + hH^+ + ne \rightleftharpoons rR + wH_2O \tag{3-37}$$

式中，b、h、r、w 表示反应式中各组分的化学计量系数；n 为参加反应的电子数。

表 3-1　水溶液中的反应分类

有无 H^+、e 参加	只有 H^+ 参加	只有 e 参加
与 pH 值及电位关系	只与 pH 值有关	只与电位有关
基本方程式	$pH = \dfrac{1}{n}lgK + \dfrac{1}{n}lga_B^b/a_R^r$	$E = E^{\ominus} + \dfrac{0.059}{n}lga_B^b/a_R^r$
均相反应	$H_2CO_3 = HCO_3^- + H^+$	$Fe^{3+} + e = Fe^{2+}$
气-液反应	$CO_2 + H_2O = HCO_3^- + H^+$	$Cl_2 + 2e = 2Cl^-$
固-液反应	$Fe(OH)_2 + 2H^+ = Fe^{2+} + 2H_2O$	$Fe^{2+} + 2e = Fe$
有无 H^+、e 参加	有 H^+、e 参加	无 H^+、e 参加
与 pH 值及电位关系	与 pH 值及电位都有关	与 pH 值及电位都无关
基本方程式	$E = E^{\ominus} + \dfrac{0.059}{n}lg\dfrac{a_B^b}{a_R^r} - \dfrac{0.059}{n}pH$	
均相反应	$MnO_4^- + 8H^+ + 5e = Mn^{2+} + 4H_2O$	$CO_2(aq) + H_2O = H_2CO_3(aq)$
气-液反应	$2H^+ + 2e = H_2$	$NH_3(g) + H_2O = NH_4OH$
固-液反应	$Fe(OH)_3 + 3H^+ + e = Fe^{2+} + 3H_2O$	$H_2O(aq) = H_2O(s)$

注：aq 代表水溶液，g 代表气相，s 代表固相，a_B 为氧化态活度，a_R 为还原态活度。

反应式（3-37）的自由焓变化，在温度，压力不变时，根据等温方程式：

$$\Delta G_{T,p} = \Delta G_{T,p}^{\ominus} + RT\ln\frac{a_R^r \cdot a_{H_2O}^w}{a_B^b \cdot a_{H^+}^h} \tag{3-38}$$

因为 $a_{H_2O} = 1$，$pH = -lga_{H^+}$，式（3-19）可以写成：

$$nFE = -\Delta G_{T,p}^{\ominus} + 2.303RTlga_B^b/a_R^r - 2.303RThpH \tag{3-39}$$

如果已知平衡常数 K，式（3-39）可写为：

$$nFE = 2.303RTlgK + 2.303RTlga_B^b/a_R^r - 2.303RThpH \tag{3-40}$$

如果已知电位电极 $E^{\ominus}$，式（3-39）可写为：

$$nFE = nFE^{\ominus} + 2.303RTlga_B^b/a_R^r - 2.303RThpH \tag{3-41}$$

上述各式中，$R = 8.314$ J/（K·mol），$F = 96500$ C/mol，25 ℃时，将 R、F 之值代入式（3-39）中，得：

$$nFE = -\Delta G_{T,p}^{\ominus} + 5705.85lga_B^b/a_R^r - 5705.85hpH \tag{3-42}$$

若 $n = 0$，式（3-39）为：

$$pH = \frac{-\Delta G^{\ominus}}{2.303RTh} + \frac{1}{h}lg\frac{a_B^b}{a_R^r} = \frac{1}{h}lgK + \frac{1}{h}lg\frac{a_B^b}{a_R^r} \tag{3-43}$$

若 $h = 0$，则式（3-39）为：

$$E = E^{\ominus} + \frac{0.059}{n}lg\frac{a_B^b}{a_R^r} \tag{3-44}$$

若 $n \neq 0$，$h \neq 0$，则式（3-39）为：

$$E = E^{\ominus} + \frac{0.059}{n}lg\frac{a_B^b}{a_R^r} - \frac{h}{n} \times 0.059pH \tag{3-45}$$

根据参加电极反应的物质不同，电位-pH 图上的曲线可分为三类：

（1）反应只与电极电位有关，而与溶液的 pH 值无关。这类反应的特点是只有电子参加而无 H^+（或 OH^-）参加的电极反应。例如，电极反应：

$$Fe^{3+} + e \rightleftharpoons Fe^{2+} \tag{3-46}$$

$$Fe^{2+} + 2e \rightleftharpoons Fe(s) \tag{3-47}$$

其反应通式为：

$$bB + ne \rightleftharpoons rR \tag{3-48}$$

式中，B 表示物质的氧化态；R 表示物质的还原态；b、r 分别表示反应物和产物的化学计量系数；n 为参加反应的电子数。

则平衡电位的通式可写成：

$$E = E^{\ominus} + \frac{0.059}{n} \lg \frac{a_B^b}{a_R^r} \tag{3-49}$$

式中，a 为活度；E 为标准电极电位。

显然，这类反应的平衡电位与 pH 值无关，在一定温度下随比值 $\frac{a_A^a}{a_B^b}$ 的变化而变化，当该比值一定时，E 也将固定，在电位-pH 图上这类反应为一水平线。

（2）反应只与 pH 值有关，而与电极电位无关。这类反应的特点是只有 H^+（或 OH^-）参加，而无电子参与的化学反应，因此这类反应不构成电极反应，不能用 Nernst 方程表示电位与 pH 值的关系。例如：

沉淀反应：　　　　$Fe^{2+} + 2H_2O \rightleftharpoons Fe(OH)_2 \downarrow + 2H^+ \tag{3-50}$

水解反应：　　　　$2Fe^{3+} + 3H_2O \rightleftharpoons Fe_2O_3 + 6H^+ \tag{3-51}$

其反应通式为：

$$bB + hH^+ \rightleftharpoons rR + wH_2O \tag{3-52}$$

其平衡常数 K 一定时，

$$pH = \frac{1}{h} \lg K + \frac{1}{h} \lg \frac{a_B^b}{a_R^r} \tag{3-53}$$

可见，这类反应的平衡与电极电位无关，在一定温度下，K 一定，若给定 $\frac{a_B^b}{a_R^r}$，则 pH 值为定值。因此，在电位-pH 图上这类反应表示为一垂直线段。

（3）反应既与电极电位有关，又与溶液的 pH 值有关，如：$Fe_2O_3 + 6H^+ + 2e \rightleftharpoons 2Fe^{2+} + 3H_2O$。这类反应的特点是有 H^+（或 OH^-）参加的电极反应，即 H^+ 和电子都参加反应，反应的通式可写为：

$$bB + hH^+ + ne \rightleftharpoons rR + wH_2O \tag{3-54}$$

该反应的平衡电位为：

$$E = E^{\ominus} + \frac{0.059}{n} \lg \frac{a_B^b}{a_R^r} - \frac{h}{n} \times 0.059pH \tag{3-55}$$

可见，在一定温度下，反应的平衡条件既与电极电位有关，又与溶液的 pH 值有关。在一定温度下，给定 $\frac{a_B^b}{a_R^r}$ 值，平衡电位随 pH 值升高而降低，在电位-pH 图上这类反应为一斜线，其斜率为$-0.059h/n$。

上述分别代表三类不同反应的水平线、垂直线和斜线都是两相平衡线，它们将整个电位-pH图坐标平面划分成若干区域，这些区域分别代表某些物质的热力学稳定区，线段的交点则表示两种以上不同价态物质共存时的状况。

在绘制电位-pH图时，习惯规定：电位使用还原电位，反应方程式左边写氧化态，电子e，H^+；反应式右边写还原态。

绘图步骤一般是：

（1）确定体系中可能发生的各类反应及每个反应的平衡方程式。

（2）由热力学数据计算反应的$\Delta G_T^{\ominus}$或$\mu^{\ominus}$，求出平衡常数K或$E_T^{\ominus}$。

（3）导出各个反应的E_T与pH值的关系式。

（4）根据E_T与pH值的关系式，在指定离子活度或气相分压的条件下，计算在各个温度下的E_T与pH值。

（5）绘图。

3.4.2 Fe-H_2O系电位-pH图

3.4.2.1 水的电位-pH图

在电化学研究中，水是最常用的溶剂，水的性质反映了水溶液的许多共性。水的电位-pH图可以用于比较水溶液中不同粒子的热稳定性。25 ℃、1×10^5Pa时纯水中可能存在的各种价态的粒子有：H_2O、H^+、OH^-、H_2和O_2，共5种，标准化学位$\mu^{\ominus}$见表3-2。

25 ℃、1×10^5Pa下，纯水中各粒子发生的反应为：

$$H_2O \Longrightarrow H^+ + OH^- \tag{3-56}$$

$$2H^+ + 2e \Longrightarrow H_2(g) \tag{3-57}$$

$$2H_2O \Longrightarrow O_2(g) + 4H^+ + 4e \tag{3-58}$$

表3-2 H_2O中可能存在的物质组成及其标准化学位$\mu^{\ominus}$

形 态	名 称	化学符号	$\mu^{\ominus}$/kJ·mol^{-1}
溶液态	水	H_2O	-237.190
	氢离子	H^+	0
	氢氧根离子	OH^-	-157.297
气态	氢气	H_2	0
	氧气	O_2	0

对于式（3-56）的反应，没有电子参加反应，无法使用Nernst方程，其平衡条件可按化学反应的平衡计算。平衡条件为$\lg a_{H^+} a_{OH^-} = \lg K_w$，而

$$\lg K_w = -\frac{\sum v_i \mu_i^{\ominus}}{2.3RT} = -\frac{\mu_{H^+}^{\ominus} + \mu_{OH^-}^{\ominus} - \mu_{H_2O}^{\ominus}}{2.3RT} = -\frac{237\ 190 - 157\ 270}{2.3 \times 8.31 \times 298} = -14.0 \tag{3-59}$$

即$\lg a_{H^+} + \lg a_{OH^-} = -14.0$。在纯水中，$H^+$和$OH^-$的活度相等，根据pH值的定义（pH=$-\lg a_{H^+}$），可得水电离平衡的条件为pH=7.0。对于式（3-57）的反应，利用Nernst方程，可计算出电极电位与pH值之间的关系为：

$$E_1 = E_1^{\ominus} + \frac{RT}{2F} \ln \frac{a_{H^+}^2}{p_{H_2}} = -0.059 \text{pH} \tag{3-60}$$

由式（3-60）可知 E 与 pH 值呈线性关系，直线的斜率为-0.059，图 3-6 中的直线 a，代表 H_2 与 H^+ 处于平衡状态的条件。例如在溶液 pH 值为 4，氢气分压为 $1 \times 10^5 Pa$ 时，在溶液中浸入惰性电极 Pt，使其电极电位保持在 a 线上，则电极上不发生析氢反应，也不发生氢生成氢离子的反应，反应式（3-57）处于平衡状态。若电极电位控制在 a 线下，低于平衡电位，电极上会发生还原反应，反应式（3-57）向右进行，生成氢气析出。如果反应进行的过程中一直保持溶液的 pH 值不变，则反应将一直持续下去。说明当电位处于 a 线下方时，氢气可以稳定存在，而氢离子则不能，它将不断地被还原为氢气，因此 a 线下方是氢气的稳定区。若电极电位控制在 a 线以上，高于平衡电极电位，电极上就会发生氧化反应，即反应式（3-57）向左进行，氢气不断地被氧化成为氢离子，说明 a 线上方是氢离子的稳定区。由此可见，电位-pH 线代表了两种价态粒子处于平衡时的电极电位、pH 值条件，它把电位-pH 图一分为二，线的上方为氧化态离子的稳定区，下方为还原态离子的稳定区。

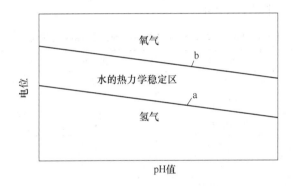

图 3-6　25 ℃、101.325 kPa 分压时水的电位-pH 图

对于反应（3-58），根据 Nernst 方程式，可计算出电极电位与 pH 值之间的关系：

$$E_2 = E_2^{\ominus} + \frac{RT}{4F} \ln \frac{a_{H^+}^4 p_{O_2}}{a_{H_2O}} = 1.229 - 0.059 \text{pH} \tag{3-61}$$

可见氧电极的电极电位与 pH 值也呈直线关系，直线的斜率也是-0.059，如图 3-6 中的直线 b 所示，代表了 O_2 和 H_2O 处于平衡状态的条件。直线 b 下方是 H_2O 的热力学稳定区，直线 b 上方是 O_2 的热力学稳定区。这样直线 a 和 b 两条电位-pH 线将整个电位-pH 图分为三个区：a 线下为 H_2 的稳定区，b 线上为 O_2 的稳定区，a 线上方和 b 线下方的区域为 H_2O 的稳定区。

根据式（3-60）和式（3-61），在电位-pH 坐标系中作图，即可得到两条斜率为-0.059，间隔 1.229 V 的平行线 a 和 b，对于式（3-56）平衡条件作图，可以得到一条平行于电位轴的垂线，由于 pH=7 是众所周知的水溶液酸碱性的分界线，通常可省略 pH=7 这条垂线，只标出线 a 和 b。如果氢和氧的平衡分压不恰好是 $1 \times 10^5 Pa$，则对应于不同的气体平衡压力，可在电位-pH 图上得到两组平行线，直线的斜率仍为-0.059，只是 a 和 b 位置发生了平行偏移。

总之，绘制并通过水的电位-pH图分析水的热力学稳定性，可以得到，a 线是反应式 (3-57) 的平衡条件，线上每一点都对应于不同 pH 值时的平衡电位。在 a 线的下方，对于该反应是处于不平衡状态，即该区域中任何一点的电位都比这一反应的平衡电位更负，相对于平衡状态，体系中有剩余电荷的积累，在这种条件下，还原反应 $2H^+ + 2e \rightarrow H_2(g)$ 的速率将增大，以趋近于平衡状态。因此，水倾向于发生还原反应而分解，析出氢气，并使溶液的酸度降低。同理，b 线为反应式 (3-58) 的平衡条件，在 b 线的上方，任意一点的电位都比这一反应的平衡电位更正，因而水倾向于因氧化反应而分解，析出氧气，并使溶液的酸性增加。只有在 a 线和 b 线之间的区域内，水才不分解为氢气和氧气，成为该条件下的热力学稳定区。

3.4.2.2 Fe-H$_2$O 体系的电位-pH 图

金属的电化学平衡图通常是指 1×10^5 Pa 压力和 25 ℃时，某金属在水溶液中不同价态时的电位-pH 图。它既可反映一定电位和 pH 值时金属的热力学稳定性及其不同价态物质的变化倾向，又能反映金属与其离子在水溶液中的反应条件，所以在金属腐蚀与防护学科中占有重要的地位。Fe-H$_2$O 体系中可能存在的组分及其标准化学位列于表 3-3 中，各组分的相互反应及其平衡条件列于表 3-4。

表 3-3 Fe-H$_2$O 体系中的物质组成及其标准化学位 $\mu^{\ominus}$

形 态	名 称	化学符号	$\mu^{\ominus}/kJ \cdot mol^{-1}$
溶液态	水	H_2O	−237.190
	氢离子	H^+	0
	氢氧根离子	OH^-	−157.297
	亚铁离子	Fe^{2+}	−84.935
	铁离子	Fe^{3+}	−10.586
	亚铁酸氢根离子	$HFeO_2^-$	−337.606
固态	铁	Fe	0
	四氧化三铁	Fe_3O_4	−1015.550
	三氧化二铁	Fe_2O_3	−741.5
气态	氢气	H_2	0
	氧气	O_2	0

表 3-4 Fe-H$_2$O 体系中的反应和平衡条件

编号	反 应 式	平 衡 条 件
(a)	$2H^+ + 2e \Longrightarrow H_2$	$E_a = -0.0591pH$
(b)	$O_2 + 4H^+ + 4e \Longrightarrow 2H_2O$	$E_b = 1.229 - 0.0591pH$
(1)	$Fe^{2+} + 2e \Longrightarrow Fe$	$E_1 = -0.440 + 0.0296 lga_{Fe^{2+}}$
(2)	$Fe_3O_4 + 8H^+ + 8e \Longrightarrow 3Fe + 4H_2O$	$E_2 = -0.0860 - 0.0591pH$
(3)	$3Fe_2O_3 + 2H^+ + 2e \Longrightarrow 2Fe_3O_4 + H_2O$	$E_3 = 0.221 - 0.0591pH$
(4)	$Fe_3O_4 + 2H_2O + 2e \Longrightarrow 3HFeO_2^- + H^+$	$E_4 = -1.82 + 0.0296pH - 0.0891 lga_{HFeO_2^-}$
(5)	$Fe_2O_3 + 6H^+ + 2e \Longrightarrow 2Fe^{2+} + 3H_2O$	$E_5 = 0.728 - 0.177pH - 0.0591 lga_{Fe^{2+}}$

编号	反 应 式	平 衡 条 件
(6)	$Fe^{3+}+e \Longrightarrow Fe^{2+}$	$E_6 = 0.771 + 0.059 lga_{Fe^{3+}/Fe^{2+}}$
(7)	$Fe_3O_4 + 8H^+ + 2e \Longrightarrow 3Fe^{2+} + 4H_2O$	$E_7 = 0.980 - 0.236pH - 0.089 lga_{Fe^{2+}}$
(8)	$HFeO_2^- + 3H^+ + 2e \Longrightarrow Fe + 2H_2O$	$E_8 = 0.493 - 0.089pH + 0.0296 lga_{HFeO_2^-}$
(9)	$Fe_2O_3 + 6H^+ \Longrightarrow 2Fe^{3+} + 3H_2O$	$lga_{Fe^{3+}} = -0.72 - 3pH$

对于表 3-4 中的反应 (1) $Fe^{2+}+2e \Longrightarrow Fe$，这是没有 H^+ 参加的电极反应，其相应的平衡条件为：

$$E_1 = E_1^{\ominus} + \frac{0.0591}{n} lga_{Fe^{2+}} = -0.440 + 0.0296 lga_{Fe^{2+}} \qquad (3-62)$$

可见反应 (1) 的 E 与 pH 值无关，当 $a_{Fe^{2+}}$ 的活度一定时，在电位-pH 图上可得到一条水平线，若分别设 $a_{Fe^{2+}}$ 为 10^0 mol/L、10^{-2} mol/L、10^{-4} mol/L、10^{-6} mol/L 则将得到一组水平线，如图 3-7 直线①所示。

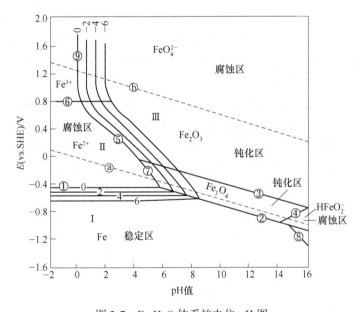

图 3-7　Fe-H_2O 体系的电位-pH 图

反应 (2) $Fe_3O_4 + 8H^+ + 8e \Longrightarrow 3Fe + 4H_2O$，这是有 H^+ 参加的电极反应，其相应的平衡条件为：

$$E_2 = E_2^{\ominus} + 0.0591 lga_{H^+} \qquad (3-63)$$

而 $E^{\ominus} = -\dfrac{\sum \gamma_i \mu_i^{\ominus}}{nF}$，则

$$E_2^{\ominus} = -\frac{1}{8F}(3\mu_{Fe}^{\ominus} + 4\mu_{H_2O}^{\ominus} - \mu_{Fe_3O_4}^{\ominus} - 8\mu_{H^+}^{\ominus})$$

$$= -\frac{1}{8 \times 96500} \times (-4 \times 237190 + 1015500) = -0.086(V)$$

所以

$$E_2 = -0.0860 - 0.0591\,\mathrm{pH} \tag{3-64}$$

由于 E_2 只与 pH 值有关，与其他反应物质浓度无关，故在电位-pH 图中得到一条斜率为 0.059 的斜线（见图 3-7 中直线②）。

反应（9）$Fe_2O_3 + 6H^+ \rightleftharpoons 2Fe^{3+} + 3H_2O$，其平衡常数为：

$$K = \frac{a_{Fe_2O_3} \cdot a_{H^+}^6}{a_{H_2O}^3 \cdot a_{Fe^{3+}}^2} = \frac{a_{H^+}^6}{a_{Fe^{3+}}^2} \tag{3-65}$$

所以

$$\lg K = 6\lg a_{H^+} - 2\lg a_{Fe^{3+}} = -6\mathrm{pH} - 2\lg a_{Fe^{3+}} \tag{3-66}$$

由 $\lg K = -\dfrac{\sum \gamma_i \mu_i}{2.3RT}$ 计算可得 $\lg K = 1.44$，将此值代入上式得：

$$\lg a_{Fe^{3+}} = -0.72 - 3\mathrm{pH} \tag{3-67}$$

当 $a_{Fe^{3+}} = 10^0\ \mathrm{mol/L}$、$10^{-2}\ \mathrm{mol/L}$、$10^{-4}\ \mathrm{mol/L}$、$10^{-6}\ \mathrm{mol/L}$ 时，可得 pH 值变化的一组垂直线（图 3-7 中第⑨组平衡线）。

用同样的方法，可以得出 Fe-H$_2$O 体系中各个反应的平衡条件（见表 3-4）及其电位-pH 直线，抹去各直线相交后的多余部分，可整理汇总成整个体系的电位-pH 图，如图 3-7 所示。图中直线上圆圈中的号码对应于表 3-4 中各平衡条件的编号，各平衡线旁边的数字代表可溶性离子活度的对数值。

图 3-7 中也给出了 H$_2$O 的电位-pH 图，这是因为腐蚀电化学中，水是最重要的溶剂，水溶液中氢离子的还原反应和氧的还原反应通常是电化学腐蚀过程中最重要的阴极反应。因此这两条虚线出现在电位-pH 图中具有特别重要的意义。图 3-7 是基于 Fe、Fe$_3$O$_4$ 和 Fe$_2$O$_3$ 为固相的平衡反应而得到的。若以 Fe、Fe(OH)$_2$ 和 Fe(OH)$_3$ 为固相，用类似的方法计算可得到相应的电位-pH 图（见图 3-8）。

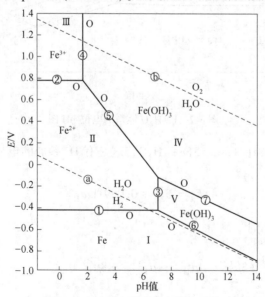

图 3-8　Fe-H$_2$O 体系的电位-pH 图

（考虑固相物质为 Fe、Fe(OH)$_2$ 和 Fe(OH)$_3$）

3.4.2.3 Fe-H$_2$O 体系电位-pH 图的含义

A 水的稳定性

水的稳定性与电位、pH 值均有关。如图 3-8 所示，在 Fe-H$_2$O 系电位-pH 图上ⓐ线以下，电位比氢的电位更负，可发生 H$_2$ 析出，表明水不稳定。ⓐ线以上，电位比氢的电位更正，发生氢的氧化，水是稳定的。同样，在ⓑ线以上，能析出 O$_2$，水不稳定，ⓑ线以下，氧还原为 OH$^-$，水是稳定的。如果用电化学的方法测定金属的平衡电位，则必须在水的稳定区内进行。所以，负电性金属如碱金属、碱土金属 Mg、Al 等不可能用电动势法直接测定电极电位，因为这些金属电极表面会发生氢的还原；金处于 Au^{3+} 或 Au$^+$ 溶液中的平衡电位，也不能直接测定，因为它的电位高于ⓑ线，会析出 O$_2$。

B 点、线、面的意义

图 3-7 中每一条线都对应于一个平衡反应，也就是代表一条两相平衡线，线的位置与组分浓度有关。①线为固相铁和液相的亚铁离子之间的两相平衡线。而三条平衡线的交点就应表示三相平衡点（从数学上讲，平面上两直线必交于一点，该点就是二直线方程的公共解。有两个方程可导出第三个方程，其交点也是第三个方程的解。三方程式所表示的三直线相交于一点，该交点表示三个平衡式的电位、pH 值都是相同的），如①、②、⑦三条线的交点是 Fe、Fe^{3+}、Fe^{2+} 的三相平衡点。所以，电位-pH 图也被称为电化学相图。电位-pH 图上的面表示某组分的稳定区。在稳定区内，可以自动进行氧化-还原反应。如在ⓐ、ⓑ线之间，可以进行 2H$_2$+O$_2$ ═ 2H$_2$O 反应，而在（Ⅱ）区内，有 Fe^{3+}+e ═Fe^{2+} 反应发生。从图中可以清楚地看出各相的热力学稳定范围和各种物质生成的电位和 pH 值条件。如在①、②、⑧线以下的区域是铁的热力学稳定区域。即在水中，在这个电位和 pH 值范围内，从热力学的观点看，铁是能够稳定存在的。

C 确定稳定区的方法

以图 3-8 中的 Fe^{2+} 稳定区（Ⅱ）为例，电位对 Fe^{2+} 的稳定性的影响是，Fe^{2+} 只能在①线和②线之间稳定，所以⑤线应止于②线和④线的交点。pH 值对 Fe^{2+} 稳定性的影响是，如 pH 值大于③线，Fe^{2+} 就会水解，所以⑤线应止于③线和⑦线的交点，③线应止于①线和⑥线的交点。因此，由①、②、③、⑤线围成的区域（Ⅱ）就是 Fe^{2+} 的稳定区。其他组分的稳定区也可用同样的方法确定。

D Fe-H$_2$O 系电位-pH 图各个面的实际意义

从电化学腐蚀观点看，Fe-H$_2$O 系电位-pH 图可划分为三个区域：金属保护区（Ⅰ），在此区域内金属处于热力学稳定状态，金属铁稳定不发生腐蚀。腐蚀区（Ⅱ）、（Ⅲ），稳定存在的是各种可溶性离子，在此该区域内，Fe^{3+} 和 Fe^{2+} 稳定。钝化区（Ⅳ）、（Ⅴ），该区内稳定存在的是固体氧化物、氢氧化物或盐膜。因此，在该区域内金属是否遭受腐蚀，取决于所生成的固态膜是否致密无孔，即看它是否能进一步阻止金属的溶解，在该区域内，Fe(OH)$_3$ 和 Fe(OH)$_2$ 可能稳定。对于湿法冶金而言，（Ⅰ）区是金属沉淀区，（Ⅱ）、（Ⅲ）区是浸出区，（Ⅳ）、（Ⅴ）区是净化区。从浸出观点看，金属稳定区越大越难浸出。

3.4.3　Me-S-H$_2$O 系电位-pH 图

3.4.3.1　S-H$_2$O 系电位-pH 图

S-H$_2$O 系电位-pH 图是研究 MeS-H$_2$O 系电位-pH 图的基础。在水溶液中，硫的存在形态是复杂的，比较稳定的形态有 S^{2-}、S^0、H$_2$S、HS$^-$、SO$_4^{2-}$、HSO$_4^-$，也有不太稳定的 S$_2$O$_3^{2-}$ 和 SO$_3^{2-}$。它的价态可以由 -2 价变到 +6 价。

这些硫化物在溶液中相互作用的关系表示如下：

$$HSO_4^- \Longrightarrow H^+ + SO_4^{2-} \tag{3-68}$$

①线（见图 3-9，下同）
$$pH = 1.91 + \lg a_{SO_4^{2-}}/a_{HSO_4^-} \tag{3-69}$$

$$H_2S(aq) \Longrightarrow H^+ + HS^- \tag{3-70}$$

②线
$$pH = 7 + \lg a_{HS^-}/a_{H_2S(aq)} \tag{3-71}$$

$$HS^- \Longrightarrow H^+ + S^{2-} \tag{3-72}$$

③线
$$pH = 14 + \lg a_{S^{2-}}/a_{HS^-} \tag{3-73}$$

$$HSO_4^- + 7H^+ + 6e \Longrightarrow S + 4H_2O \tag{3-74}$$

④线
$$E = 0.338 - 0.0639pH + 0.0099\lg a_{HSO_4^-} \tag{3-75}$$

$$SO_4^{2-} + 8H^+ + 6e \Longrightarrow S + 4H_2O \tag{3-76}$$

⑤线
$$E = 0.357 - 0.0792pH + 0.0099\lg a_{SO_4^{2-}} \tag{3-77}$$

$$S + 2H^+ + 2e \Longrightarrow H_2S(aq) \tag{3-78}$$

⑥线
$$E = 0.142 - 0.0591pH + 0.0295\lg a_{H_2S(aq)} \tag{3-79}$$

$$S + H^+ + 2e \Longrightarrow HS^- \tag{3-80}$$

⑦线
$$E = -0.065 - 0.0295pH - 0.0295\lg a_{HS^-} \tag{3-81}$$

$$SO_4^{2-} + 9H^+ + 8e \Longrightarrow HS^- + 4H_2O \tag{3-82}$$

⑧线
$$E = 0.252 - 0.0665pH - 0.00741\lg a_{SO_4^{2-}}/a_{HS^-} \tag{3-83}$$

$$SO_4^{2-} + 10H^+ + 8e \Longrightarrow H_2S(aq) + 4H_2O \tag{3-84}$$

⑨线
$$E = 0.303 - 0.0738pH - 0.00741\lg a_{SO_4^{2-}}/a_{H_2S(aq)} \tag{3-85}$$

将上述关系式表示在图 3-9 上，就是 S-H$_2$O 系电位-pH 图。S-H$_2$O 系电位-pH 图的特点是有一个 S 的稳定区。即④、⑤、⑥、⑦线围成的区域。元素 S 稳定区的大小与溶液中含硫物质的离子浓度有关。当含硫物质的离子浓度下降时，稳定区缩小。在 25 ℃下，当含硫离子浓度小于 10^{-4} mol/L 时（即图 3-9 中所表示的线段），S 的稳定区基本消失。当含硫离子浓度降低到 10^{-6} mol/L 时，只留下 H$_2$S 和 SO$_4^{2-}$ 或 HSO$_4^-$ 的边界。这是因为含硫离子浓度降低时，④、⑤线位置下移，⑥、⑦线位置上移的结果。在湿法冶金浸出过程中，如希望得到 Me^{n+}，且希望将硫以元素 S 的形态回收，就应将浸出条件控制在 S 的稳定区。这样既可以使 Me^{n+} 与硫分离，又可以回收 S。

为了便于选择浸出条件，应该求出硫的稳定区的 pH$_{上限}$ 和 pH$_{下限}$，pH$_{上限}$ 是硫氧化成单质 S 或高价硫还原成单质 S 的最高 pH 值，pH$_{下限}$ 是硫化物被酸分解析出 H$_2$S 的 pH 值。

pH$_{上限}$ 是⑤、⑦、⑧线的交点，在该 pH 值时，$E_⑤ = E_⑦ = E_⑧$，即

$$0.357 - 0.0295pH + 0.0099\lg a_{SO_4^{2-}} = -0.065 - 0.0295pH - 0.0295\lg a_{HS^-} \tag{3-86}$$

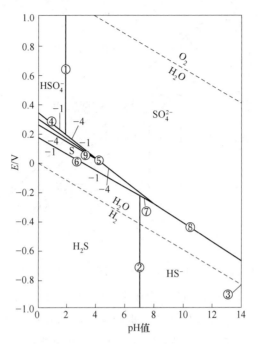

图 3-9 S-H$_2$O 系电位-pH 图 (25 ℃, 1×10^5 Pa)

所以
$$pH_{上限} = 8.50 + \frac{0.0099 \lg a_{SO_4^{2-}} + 0.0295 \lg a_{HS^-}}{0.0497} \tag{3-87}$$

当指定 $a_{SO_4^{2-}} = a_{HS^-} = 10^{-1}$ mol/L 时,

$$pH_{上限} = 8.50 + \frac{-0.0099 - 0.0295}{0.0497} = 8.50 - 0.79 = 7.71 \tag{3-88}$$

而 $pH_{下限}$ 是②、⑥、⑦线的交点, 在该 pH 值时, $E_② = E_⑥ = E_⑦$, 即

$$0.142 - 0.0591 pH + 0.0295 \lg a_{H_2S} = -0.065 - 0.0295 pH - 0.0295 \lg a_{HS^-} \tag{3-89}$$

$$pH_{下限} = \frac{0.142 + 0.065}{0.0295} + \lg \frac{a_{HS^-}}{a_{H_2S(aq)}} = 7.02 + \lg \frac{a_{HS^-}}{a_{H_2S(aq)}} \tag{3-90}$$

如果 pH>$pH_{上限}$, 则氧化的产物是 SO_4^{2-}; 如果 pH<$pH_{下限}$, 会生成有毒的 H$_2$S。工业上为了得到元素 S, 又不析出 H$_2$S, 应将 pH 值控制在 $pH_{下限}$<pH<$pH_{上限}$。

从 S-H$_2$O 系电位-pH 图可以看出, 当电位下降时, 如果溶液中的含硫离子浓度为 1 mol/L, pH 值在 1.90~8.50 范围内, SO_4^{2-} 还原成 S; 当电位继续下降时, 若 pH<7, S 进一步还原成 H$_2$S, pH>7 时, 还原成 HS$^-$。相反, 电位升高时, 若 pH<8.50, H$_2$S、HS$^-$ 均氧化成 S, 然后再氧化成 SO_4^{2-}; pH>8 时, HS$^-$ 直接氧化成 SO_4^{2-}。

3.4.3.2 Me-S-H$_2$O 系电位-pH 图

Me-S-H$_2$O 系电位-pH 图即是 MeS-H$_2$O 系电位-pH 图, 它是由 S-H$_2$O 系和 Me-H$_2$O 系构成的。通过 MeS-H$_2$O 系电位-pH 图可以简明地揭示浸出的热力学规律。为了便于比较不同硫化物的浸出条件, 常常将各种 MeS-H$_2$O 系的电位-pH 图综合在一张电位-pH 图上, 如图 3-10 所示。

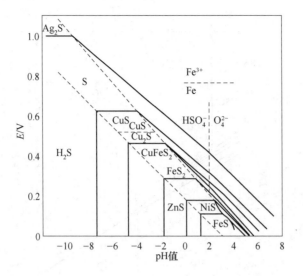

图 3-10　MeS-H$_2$O 系电位-pH 图（25 ℃，1×10^5 Pa）

从图 3-10 可以看出，不同金属硫化物在水溶液中元素硫的稳定区的 pH$_{上限}$ 值和 pH$_{下限}$ 值是不同的。表 3-5 列出了主要硫化物的元素硫稳定区的 pH$_{上限}$ 值、pH$_{下限}$ 值及 Me^{2+}+2e+ S══MeS 平衡线的平衡电位 $E^{\ominus}$（注意：表 3-5 中 pH 值是指除 a_{H^+} 外，其他组分的活度均为 1 时的 pH 值，$E^{\ominus}$ 是平衡标准电极电位）。大部分的金属硫化物（MeS）及 Me^{2+}、H$_2$S 的平衡线都与电位坐标平行，但也有例外，如 FeS$_2$、Ni$_3$S$_2$ 等，反应式如下：

$$FeS_2 + 4H^+ + 2e ══ Fe^{2+} + 2H_2S \tag{3-91}$$

$$E = -0.140 - 0.118pH - 0.0295 \lg \frac{1}{a^2_{H_2S(aq)} \cdot a_{Fe^{2+}}} \tag{3-92}$$

$$3Ni^{2+} + 2H_2S + 2e ══ Ni_3S_2 + 4H^+ \tag{3-93}$$

$$E = 0.035 + 0.118pH + 0.0885\lg a_{Ni^{2+}} + 0.0591\lg a_{H_2S(aq)} \tag{3-94}$$

表 3-5　金属硫化物在水溶液中元素硫稳定区的 pH$_{上限}$ 值、pH$_{下限}$ 值及 $E^{\ominus}$ 值

MeS	FeS	Ni$_3$S$_2$	NiS	CoS	ZnS	CdS	CuFeS$_2$	FeS$_2$	Cu$_2$S	CuS
pH$_{上限}$	3.94	3.35	2.80	1.71	1.07	0.174	-1.10	-1.19	-3.50	-3.65
pH$_{下限}$	1.78	0.47	0.45	-0.83	-1.60	-2.60	-3.80	—	-8.04	-7.10
$E^{\ominus}$/V	0.066	0.097	0.145	0.22	0.26	0.33	0.41	0.42	0.56	0.59

控制 pH 值，可以得到硫的不同氧化产物。当体系的 pH>pH$_{上限}$ 时，MeS 氧化成 SO$_4^{2-}$ 或 HSO$_4^-$；当 pH<pH$_{下限}$ 时，MeS 氧化成元素硫；为 pH<pH$_{下限}$ 时，会有 H$_2$S 析出。以 ZnS 为例：

$$pH > 1.07, \quad ZnS + 2O_2 ══ Zn^{2+} + SO_4^{2-} \tag{3-95}$$

$$pH < 1.07, \quad ZnS + 2H^+ + \frac{1}{2}O_2 ══ Zn^{2+} + S + H_2O \tag{3-96}$$

$$pH < -1.6, \quad ZnS + 2H^+ ══ Zn^{2+} + H_2S(g) \tag{3-97}$$

所以，pH$_{下限}$ 值较大的 FeS、NiS、CoS 可以采用酸浸出。pH$_{下限}$ 值很负的 CuS、CdS 等

需要使用氧化剂才能将 MeS 的硫氧化。根据湿法冶金的需要，可以通过控制 pH 值和电位，将 MeS 的浸出分为三类：

（1）产生 H_2S 的简单酸浸出：

$$MeS + 2H^+ = Me^{2+} + H_2S \tag{3-98}$$

（2）产生元素硫的浸出。其中包括：

常压氧化浸出：$\quad\quad MeS + 2Fe^{3+} = Me^{2+} + 2Fe^{2+} + S \tag{3-99}$

高压氧化酸浸出：$\quad 2MeS + 4H^+ + O_2 = 2Me^{2+} + 2H_2O + S \tag{3-100}$

（3）产出 SO_4^{2-}、HSO_4^- 的浸出。包括：

高压氧化酸浸出：$\quad\quad MeS + 2O_2 = Me^{2+} + SO_4^{2-} \tag{3-101}$

高压氧化氨浸出：$\quad MeS + H^+ + 2O_2 = Me^{2+} + HSO_4^- \tag{3-102}$

$$MeS + 2O_2 + nNH_3 = Me(NH_3)_n^{2+} + SO_4^{2-} \tag{3-103}$$

在硫化物常压浸出时，常用的氧化剂有 Fe^{3+}、Cl_2、$NaClO$、HNO_3。例如，用 Fe^{3+} 可以溶解黄铜矿：

$$CuFeS_2 + 4Fe^{3+} = Cu^{2+} + 5Fe^{2+} + 2S \tag{3-104}$$

用 H_2SO_4 和 HNO_3 的混合液可以浸出 CoS：

$$CoS + H_2SO_4 + 2HNO_3 = CoSO_4 + 2NO_2 + 2H_2O + S \tag{3-105}$$

用次氯酸可以浸出 MoS_2：

$$MoS_2 + 6ClO^- + 4OH^- = MoO_4^{2-} + S + SO_4^{2-} + 6Cl^- + 2H_2O$$

$$\tag{3-106}$$

对于冶金过程中所涉及的配合物-水系电位-pH 及高温电位-pH 相图，鉴于篇幅在此不再赘述，请读者查阅相关内容，掌握这一重要的热力学工具。

3.4.4 电位-pH 图在湿法冶金中的应用

在湿法冶金研究和生产中利用电位-pH 图，可为浸出、净化、沉淀等过程提供有利的热力学依据，下面分别示例说明。

3.4.4.1 浸出

通过电位-pH 图选择最佳的浸出（加速腐蚀）条件，以酸浸出铀矿为例（见图 3-11，该图是 $U-H_2O$ 系在 25 ℃下的部分电位-pH 图），铀矿中的铀通常以 UO_2、UO_3、U_3O_8 形态存在，其中 UO_3 易溶于酸：

$$UO_3 + 2H^+ = UO_2^{2+} + H_2O \tag{3-107}$$

①线：$\quad\quad pH = 7.4 - \dfrac{1}{2}lga_{UO_2^{2+}} \tag{3-108}$

U_3O_8 的溶解反应是：

$$3UO_2^{2+} + 2H_2O + 2e = U_3O_8 + 4H^+ \tag{3-109}$$

②线：$\quad\quad E = -0.40 + 0.12pH + 0.09lga_{UO_2^{2+}} \tag{3-110}$

UO_2^{2+} 的水解反应是：

$$UO_2^{2+} + 2H_2O = UO_2(OH)_2 + 2H^+ \tag{3-111}$$

③线：$\quad\quad pH = 2.5 - \dfrac{1}{2}lga_{UO_2^{2+}} \tag{3-112}$

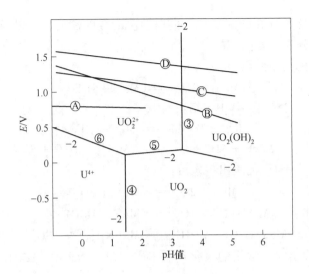

图 3-11　铀矿浸出原理图

Ⓐ线：$Fe^{3+}+e \Longrightarrow Fe^{2+}$；　Ⓑ线：$MnO_2+4H^++2e \Longrightarrow Mn^{2+}+2H_2O$；

Ⓒ线：$O_2+4H^++4e \Longrightarrow 2H_2O$ $(p_{O_2}=0.21\times10^5\ Pa)$；　Ⓓ线：$ClO_3^-+6H^++6e \Longrightarrow Cl^-+3H_2O$

UO_2 是一种难溶铀的低价氧化物，需要用浓酸才能溶解：

$$UO_2+4H^+ \Longrightarrow U^{4+}+2H_2O \tag{3-113}$$

④线：

$$pH = 0.95 - \frac{1}{4}\lg a_{U^{4+}} \tag{3-114}$$

通常在浸出液中，铀的质量浓度是 1g/L，所以 UO_2 的溶解 pH 值为：

$$pH = 0.95 - \frac{1}{4}\lg 10^{-2} = 1.45 \tag{3-115}$$

由 U-H_2O 系部分电位-pH 图可见，UO_2 可以 U^{4+} 形态进入溶液。但是，pH 值太小，既耗酸，又会使杂质大量被浸出，不利于后面的净化分离。从图 3-11 中还可以看到，如果有氧化剂存在，pH 值小于 3.5 时，可按式（3-116）溶解：

$$UO_2^{2+} + 2e \Longrightarrow UO_2 \tag{3-116}$$

工业上用 MnO_2 作氧化剂，铁离子（铀矿中溶解出来的）作催化剂来实现铀的浸出。浸出过程是：

$$UO_2 + 2Fe^{3+} \Longrightarrow UO_2^{2+} + 2Fe^{2+} \tag{3-117}$$

MnO_2 将 Fe^{2+} 氧化成 Fe^{3+}：

$$MnO_2 + 2Fe^{2+} + 4H^+ \Longrightarrow Mn^{2+} + 2Fe^{3+} + 2H_2O \tag{3-118}$$

铀浸出的总反应为：

$$UO_2 + MnO_2 + 4H^+ \Longrightarrow UO_2^{2+} + Mn^{2+} + 2H_2O \tag{3-119}$$

Fe^{3+}/Fe^{2+} 对 UO_2 的氧化起触媒作用，若溶液中没有铁离子，则 MnO_2 等氧化剂对 UO_2 的浸出起不了有效的氧化作用。从对 U-H_2O 系电位-pH 图的分析，可以找出经济合理的浸出 UO_2 的条件是：1.45<pH<3.5，选用 Fe^{3+}/Fe^{2+} 作催化剂，MnO_2 作氧化剂。这一结果与工业上实际选用的浸出条件是非常接近的。

3.4.4.2　浸出液净化

在浸出液中，铁是普遍存在的杂质，运用电位-pH 图，有助于得到合理的除铁条件。

以镍的浸出液除铁为例，图 3-12 是 $Ni-H_2O$ 系电位-pH 图。将 $Ni-H_2O$ 系电位-pH 图与 $Fe-H_2O$ 系电位-pH 图（见图 3-7）比较，可以看到 Ni^{2+}、Fe^{2+}、Fe^{3+} 水解的 pH 值分别为：

$$pH_{Ni(OH)_2} = 6.10 - \frac{1}{2}lg a_{Ni^{2+}} \tag{3-120}$$

$$pH_{Fe(OH)_2} = 6.65 - \frac{1}{2}lg a_{Fe^{2+}} \tag{3-121}$$

$$pH_{Fe(OH)_3} = 1.53 - \frac{1}{3}lg a_{Fe^{3+}} \tag{3-122}$$

可见 Ni^{2+} 与 Fe^{2+} 的水解 pH 值非常接近，如让 Fe^{2+} 以 $Fe(OH)_2$ 沉淀时，Ni^{2+} 也会水解成 $Ni(OH)_2$，达不到分离目的。因此，要将铁从溶液中除去，而让镍留在溶液中，必须用氧化剂（空气中的 O_2 或 MnO_2）将 Fe^{2+} 氧化成 Fe^{3+}，使 Fe^{3+} 以 $Fe(OH)_3$ 沉淀析出。

3.4.4.3 金属电沉积

根据电位-pH 图，还可以分析电解的电流效率。以硫酸铜溶液中电积铜为例（见图 3-13）。如果将两个铜电极分别置于 1 mol/L 的 $CuSO_4$ 溶液中，通电前各个电极的平衡电位约为 0.34 V，当两个电极外加直流电压进行电解时，阳极电位变正，移至 B 点，发生铜的溶解反应。阴极电位变负，移至 C 点，发生 Cu^{2+} 的沉积反应。即

阳极反应：$$Cu - 2e = Cu^{2+} \tag{3-123}$$

阴极反应：$$Cu^{2+} + 2e = Cu \tag{3-124}$$

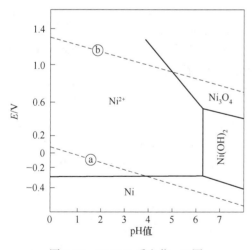

图 3-12　$Ni-H_2O$ 系电位-pH 图

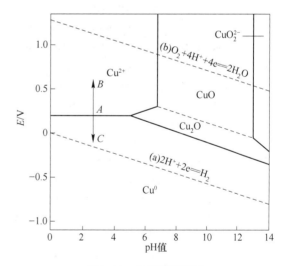

图 3-13　电积铜原理图

为了提高电流效率，让阴极上只析出铜而不析出 H_2，C 点电位必须在 0.34 V 与 ⓐ线之间（未考虑过电位时）。因此，实际电流密度不能过大，否则会出现极化作用导致阴极电位降低。溶液的酸度也必须适当，因此 pH 值降低，使这个可选择的区间变窄，因此电解时，溶液的酸度也不宜太大。如果 C 点处在酸性区（pH>3），C 点可能处在 Cu_2O 稳定区，将会在阴极上析出 Cu_2O。若 C 点电位低于ⓐ线时，会析出 H_2，使溶液向碱性区移动。阳极上 B 点也可能移至 Cu_2O 区或 CuO 区，这都会使电流效率降低。

复习思考题

3-1 试分析两相间出现电位差的原因，并判断下列相间是否有电位差存在：

(1) 铜 | 乙醇；

(2) 铁 | 氨三乙酸水溶液；

(3) Al_2O_3 | 蒸氨水；

(4) Ni | NaCl（熔盐）。

3-2 一个电化学体系中通常包括哪些相间电位？它们有哪些共性和区别？

3-3 为什么不能测出电极的绝对电位？平常所用的电极电位是如何得到的？

3-4 什么叫盐桥？为什么说它能消除液界电位？真能完全消除吗？

3-5 为什么不能用普通电压表测量电动势？应该怎样测量？

3-6 试比较电化学反应和非电化学的氧化还原反应之间的区别。

3-7 "稳定的电位就是平衡电位，不稳定的电位就是不平衡电位"，这种说法对吗？为什么？

3-8 钢铁零件在盐酸中容易发生腐蚀溶解，而铜零件却不易腐蚀，这是为什么？

3-9 举例叙述如何从理论上建立一个电位-pH 图？

3-10 写出电池 Zn | $ZnCl_2$(0.1 mol/L)，AgCl(s) | Ag 的电极反应和电池反应，并计算该电池 25 ℃时的电动势。

3-11 求 20 ℃时氯化银电极 Ag | AgCl(s)，KCl(0.5 mol/L) 的平衡电位。

3-12 25 ℃时，0.1 mol/L $AgNO_3$ 和 0.01 mol/L $AgNO_3$ 溶液中 Ag^+ 的平均迁移数为 0.467，试计算：

(a) 以下电池在 25 ℃时的电动势：

Ag | $AgNO_3$(0.01 mol/L) ‖ $AgNO_3$(0.1 mol/L) | Ag

(b) 求 $AgNO_3$(0.01 mol/L) | $AgNO_3$(0.1 mol/L) | Ag 在 25 ℃时的液相电位。

3-13 电池 Zn | $ZnCl_2$(0.05 mol/L)，AgCl(s) | Ag 在 25 ℃时的电动势为 1.015 V，电动势的温度系数是 $-4.92×10^{-4}$ V/K，计算电池反应的自由能变化、反应热效应与熵变。

3-14 25 ℃时，电池 Zn | Zn^{2+}(a=0.1) | Cu^{2+}(z=0.01) | Cu 的标准电动势为 1.103 V，求 25 ℃时该电池的电动势和反应平衡常数。

3-15 电池 Ag | AgSCN(s)，KSCN(0.1 mol/L) ‖ $AgNO_3$(0.1 mol/L) | Ag 在 18 ℃时测得电动势为 (586±1) mV，试计算 AgSCN 的溶解度（假设两种溶液的平均活度系数均为 0.76）。

3-16 25 ℃时电池 Cd | $CdCl_2$(0.01 mol/L)，AgCl(s) | Ag 的电动势为 0.7585 V，标准电动势为 0.5732 V，试计算该 $CdCl_2$ 溶液的平均活度系数 $\gamma_\pm$。

3-17 测得电池 Pt，H_2($1×10^5$ Pa) | HCl，AgCl(s) | Ag 在 25 ℃下不同 HCl 浓度时的电动势 E 的数据如下：

m/mol · kg^{-1}	0.005	0.01	0.02	0.03	0.1
E/V	0.4984	0.4612	0.4302	0.4106	0.3524

试计算 Ag | AgCl(s)，Cl^- 电极的标准电位 $E^\ominus$ 及 0.1 mol/kg HCl 溶液的平均活度系数 $\gamma_\pm$。

3-18 S_1 和 S_2 分别代表 0.5443 mol/L 和 0.2711 mol/L H_2SO_4 在无水甲醇中的溶液。已知 25 ℃时：

(1) 电池 Pt，H_2($1×10^5$ Pa) IS，Hg_2SO_4(s) | Hg 的电动势为 598.9 mV；

(2) 电池 Pt，H_2($1×10^6$ Pa) IS，Hg_2SO_4(s) | Hg 的电动势为 622.6 mV；

(3) 电池 Hg | Hg_2SO_4(s)，S_1 | S_2，Hg_2SO_4(s) | Hg 的电动势为 17.49 mV。

试求 25 ℃时硫酸的阴离子和阳离子在无水甲醇溶液中的迁移数。假设迁移数与浓度无关，且在该溶液中硫仅以硫酸根离子的形式存在。

3-19 已知反应 $3H_2(1\times10^5\ Pa) + Sb_2O_3 \rightleftharpoons 2Sb + 3H_2O$ 在 25 ℃时的 $\Delta G^{\ominus} = -8364\ J/mol$。试计算下列电池的电动势，并指出电池的正负极。

$$Pt \mid H_2(1 \times 10^5\ Pa) \mid H_2O(pH = 3) \mid Sb_2O_3(s) \mid Sb$$

3-20 在含 0.01 mol/L $ZnSO_4$ 和 0.01 mol/L $CuSO_4$ 的混合溶液中放两个铂电极，25 ℃时用无限小的电流进行电解，同时充分搅拌溶液。已知溶液 pH 值为 5。试粗略判断：（1）哪种离子首先在阴极析出？（2）当后沉积的金属开始沉积时，先析出的金属离子所剩余的浓度是多少？

3-21 有两个电池：

（1）$Ag \mid AgCl\ (s)，S_1 \mid H_2，Pt\text{-}Pt，H_2 \mid S_2，AgCl\ (s) \mid Ag$；

（2）$Ag \mid AgCl\ (s)，S_1 \mid S_2，AgCl\ (s) \mid Ag$；

已知 S_1 为 0.082 mol/kg 的 HCl 乙醇溶液，S_2 为 0.0082 mol/kg 的 HCl 乙醇溶液。已知 25 ℃时的电动势 $|E_a| = 82.2\ mV$，电动势 $|E_b| = 57.9\ mV$。

（1）求在 S_1 和 S_2 中的离子平均活度系数的比值；

（2）求 H^+ 在稀 HCl 乙醇溶液中的迁移数；

（3）求 H^+ 和 Cl^- 在乙醇中的极限当量电导率。假定 λ_0（HCl）= 83.8 S·cm²/mol。

3-22 利用有关热力学数据，绘制 Mg-H_2O 系电位-pH 图（25 ℃）并根据电位-pH 图判断下列问题：

（1）常温下把 Mg 放在水中，可能出现什么现象？

（2）海水中含 Mg 约 0.12%，要从海水中提取 Mg，应该如何控制 pH 值？

（3）金属铁放置在 HCl（1 mol/L）中将出现什么现象？如把 Fe 和 Mg 连接后放置在 HCl 中又将出现何种现象？

3-23 锌浸出液成分及锌电解液对杂质的允许物质的量浓度见下表，各种杂质采取什么办法除去？试用电位-pH 图进行分析和计算。

离 子	Zn^{2+}	Cd^{2+}	Cu^{2+}	Co^{2+}	Fe^{2+}
浸出液中浓度 /mol·L⁻¹	2.0	0.005	0.001	0.005	0.01
活度系数（$\gamma_{\pm}$）	0.0357	0.476	0.74	0.471	0.75
电解液中允许物质的量浓度/mol·L⁻¹	<10⁻⁴	<10⁻⁵	<10⁻⁵	<10⁻⁵	<10⁻³

4 双电层

电极与溶液相接触时，在界面附近会出现一个性质与电极和溶液均不相同的三维空间，通常称之为界面区。电极反应发生在电极与溶液界面之间，界面的性质显然会影响电极反应的速率。这种影响，一方面表现在电极的催化作用上（由电极材料的性质和它的表面状态体现出来的），另一方面则表现为界面区存在电场所引起的特殊效应。

界面电场对电极反应速率有强烈影响，它的基本性质对界面反应的动力学性质有很大的影响，它是动力学研究的基础。所以本章要对界面的微观结构建立明确的图像，并讨论"电极/溶液"界面的电性质，即电极和溶液两相间的电势差和界面层中的电势分布情况。本章所讨论的界面，都是假定界面的曲率半径远远大于界面区的厚度，因而可以认为界面区与界面平行。

4.1 双电层简介

4.1.1 双电层的形成

两种不同物体接触时，由于物理化学性质的差别，在相界面间粒子所受的作用力总是与各相内部粒子不同，因此界面间将出现游离电荷（电子和离子）或收向偶极子（如极性分子）的重新排布，形成大小相等、符号相反的两层界面荷电层——双电层。任何两相界面区都会形成各种不同形式的双电层，也都存在一定大小的电势差。

在电极与溶液接触形成新的界面时，来自体系中的游离电荷或偶极子必然会在界面上重新排布，形成双电层，在界面区相应地存在着电势差。根据两相界面区双电层在结构上的特点，可将它们分为三类：离子双层、偶极双层和吸附双层。

由于带电粒子因电化学势不同而在两相间转移，或通过外电源向界面两侧充电，会使两相中出现大小相等、符号相反的游离电荷（称为剩余电荷），它们分布在界面两侧，形成离子双层。其特点是每一相中有一层电荷，但符号相反。例如若金属表面带正电，则溶液中将以负离子与之形成离子双层（见图4-1）。任何一种金属与溶液的界面上都存在着偶极双层。由于金属表面的自由电子有向表面以外"膨胀"的趋势（可导致其动能的降低），但金属中金属离子的吸引作用又将使它们的势能升高，故电子不可能逸出表面过远（$0.1 \sim 0.2$ nm）。于是在紧靠金属表面处形成了正端在金属相内、负端在金属相外的偶极双层。溶液表面的极性溶剂分子（例如水）在溶液表面有取向作用，故会在界面中定向排列形成偶极双层（见图4-2）。

此外，溶液中某种离子可能被吸附于电极表面形成一层电荷。这层电荷又靠库仑力吸引溶液中同等数量的带相反电荷的离子而形成吸附双层。如图4-3所示，金属表面吸附负离子后，负离子又静电吸引等电量正离子形成吸附双层。界面上第一层电荷的出现靠的是库仑力以外的其他化学与物理作用，而第二层电荷则是由第一层电荷的库仑力引起的。

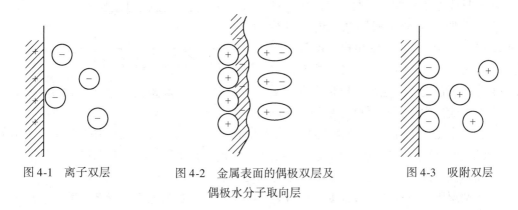

图 4-1　离子双层　　　　图 4-2　金属表面的偶极双层及　　　　图 4-3　吸附双层
　　　　　　　　　　　　　　　偶极水分子取向层

金属-溶液界面的电势差由上述三种类型双电层产生的电势差的部分或全部组成，但其中对于电极反应速率有重大影响的主要是离子双层电势差。

4.1.2　离子双层的形成条件

离子双层可能在电极与溶液接触后自发形成，也可能在外电源作用下被强制形成。无论是在哪种情况下形成，性质上没有什么差别。

如果电极是一种金属，可认为由金属离子和自由电子组成。一般情况下，金属相中金属离子的电化学势与溶液相中同种离子的电化学势并不相等。因此，在金属与溶液接触时，会发生金属离子在两相间的转移，转移达到平衡的条件是它们的电化学势相等。

例如，某温度下，Zn^{2+} 在金属锌中的电化学势比它在某一浓度的 $ZnSO_4$ 溶液中高，当两相接触时，金属锌上的 Zn^{2+} 将自发地转入溶液中，发生锌的溶解。此时电子留在金属上成为剩余电荷，故金属表面带负电，而溶液中 Zn^{2+} 是剩余电荷，带正电。剩余电荷将在库仑力作用下分布在界面两侧，因而在两相界面区出现了电势差。这个电势差对 Zn^{2+} 继续进入溶液有阻滞作用，相反，却能促使溶液中 Zn^{2+} 进入金属晶格。随着金属上 Zn^{2+} 溶解数量的增多，电势差变大，Zn^{2+} 溶解速率逐渐变小，溶液中 Zn^{2+} 返回金属的速率不断增大。最后建立起两个过程速率相等的状态，即达到了动态平衡，Zn^{2+} 在两相间的电化学势相等。这时在两相界面区形成了锌带负电而溶液带正电的离子双层。这就是自发形成的离子双层。自发形成离子双层的过程非常迅速，一般可在 10^{-6} s 的瞬间完成。

如果金属上正离子（例如 Cu^{2+}）的电化学势低于溶液（如 $CuSO_4$），则溶液中的 Cu^{2+} 会自发地沉积在金属上，使金属表面带正电。同时溶液中过剩的 SO_4^{2-} 被金属表面的正电荷吸引在金属表面附近，形成金属表面带正电、溶液带负电的离子双层。

有些情况下，金属与溶液接触时并不能自发形成离子双层。例如将纯汞放入 KCl 溶液中，由于汞相当稳定，不易被氧化，同时 K^+ 也很难被还原，因而它常常不能自发形成离子双层。但可以在外电源作用下强制形成离子双层。

若将汞电极与外电源负极接通，外电源
向电极上供应电子，在其电极电势达到 K^+
还原电势之前，电极上无电化学反应发生。
这时电子只能停留在汞上，使汞带负电。这
一层负电荷吸引溶液中相同数量的正电荷
（例如 K^+），形成汞表面带负电、溶液带正
电的双电层（见图 4-4）。反之，若将汞接
在外电源的正极上，外电源自电极上取走电
子，在不可能发生任何氧化反应来补充它的

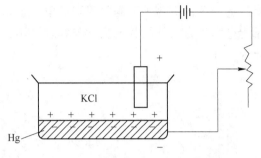

图 4-4　强制形成离子双层示意图

情况下，本来是电中性的汞表面上将出现剩余正电荷。它吸引溶液中的负离子（例如
Cl^-）使溶液一侧感应带负电，构成了汞表面带正电、溶液带负电的双电层。这种靠外电
源作用而强制形成双电层的过程犹如给电容器充电。

一般情况下，形成离子双层时，电极表面上只有少量剩余电荷即剩余电荷的表面覆盖
度很小。双电层中剩余电荷不多，所产生的电势差也不太大，但它对电极反应的影响却
很大。

假定离子双层的电势差 $\Delta\varphi$ 为 1 V，可将双电层近似看成一个平板电容器。如果界面
区两层电荷的距离为原子半径的数量级 10^{-10} m，则双电层间的电场强度将高达 10^{10} V/m。
如此巨大的电场强度，既能使一些在其他条件下不能进行的化学反应得以顺利进行（例如
可将熔融 NaCl 电解为 Na 与 Cl_2），又可使电极反应的速率发生极大的变化（例如界面区电
势差改变 $0.1\sim0.2$ V，反应速率即可提高 10 倍左右）。所以说，电极反应的速率与双电层
电势差有着密切的关系，这是电极反应不同于一般异相催化反应的特殊性所在。

当电场强度超过 10^6 V/m 时，几乎所有的电介质（绝缘体）都会引起火花放电而遭到
破坏。由于寻找不到能承受这么大电场强度的介质，因此很难得到这么大的电场强度。电
化学的双电层中两层电荷的距离很小，其间只有一两个水分子层，其他离子与分子差不多
均处于双电层之外，而不是在它们的中间，因而不会引起电介质破坏的问题。

4.1.3　理想极化电极与理想不极化电极

给电极通电时，电流会参与电极上的两种过程。一种是电子转移引起的氧化或还原反
应，由于这些反应遵守法拉第定律，因此称为法拉第过程。另一种是电极-溶液界面上双
电层荷电状态的改变，此过程称为非法拉第过程。虽然在研究一个电极反应时，通常主要
关心的是法拉第过程（研究电极/溶液界面本身性质时除外），但在应用电化学数据获得有
关电荷转移及相关反应的信息时，必须考虑非法拉第过程的影响。

可以将一般电极的等效电路表示成并联的反应电阻与双层
电容（见图 4-5）。电极上有电流通过时，一部分电流用来为双
电层充电（其电容为 C_d），另一部分电流则用来进行电化学反
应，使电流得以在电路中通过（相应的电阻为 R_r）。因此，电
极与溶液的界面可被近似地看成是一个漏电的电容器。

在一定电极电势范围内，借助外电源任意改变双电层的带电

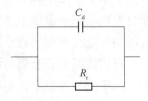

图 4-5　电极的等效电路

状况（因而改变界面区的电势差），而不致引起任何电化学反应的电极，称为理想极化电极。这种电极的特性和普通的平行板电容器类似，它对于研究双电层结构有很重要的意义。例如，汞电极与除氧的 KCl 溶液界面在 $-1.6 \sim 0.1$ V 的电势范围内（相对于标准氢电极（SHE））接近于理想极化电极。对 KCl 溶液中的汞电极来说，因为电极电势处在水的稳定区，所以既不会引起溶液中 K^+ 还原和金属汞氧化，又不会发生 H^+ 或 H_2O 还原及 OH^- 或 H_2O 的氧化。但如果给电极表面上充的负电荷过多，使之超过发生 K^+ 还原反应（$K^+ + e = K$）的电极电势；或者给电极表面充入过多的正电荷，超过了汞能够氧化（$2Hg - 2e = Hg_2^{2+}$）的电极电势，当然也有可能达到 H^+（或 H_2O）及 OH^-（或 H_2O）能以明显速率进行还原和氧化的电势，则电极将失去理想极化电极的性质。所以任何一个理想极化电极都只能在一定电势范围内工作。

显然理想极化电极电化学反应阻力很大，$R_r \to \infty$，电极反应速率趋于零，所以全部电流都用来为双电层充电，可以控制电极电势在一定范围内任意改变。

相反，若电化学反应阻力很小，$R_r \to 0$，则电流将全部漏过界面，双电层电势差维持不变。这就是理想不极化电极。理想不极化电极的电化学反应速率非常大，外线路传输的电子一到电极上就反应了，所以电极表面双层结构没有任何变化，于是电极电势也不会变化。绝对的不极化电极是不存在的。只是当电极上通过电流不大时，可近似地认为某些电极是不极化电极，例如甘汞电极（$Hg \mid Hg_2Cl_2 \mid Cl^-$ 电极）。

4.2　双电层结构的研究方法

研究界面结构的基本方法是通过实验测量一些可测的界面参数（如界面张力、界面剩余电荷密度、各种粒子的界面吸附量、界面电容等），然后根据一定的界面结构模型来推算这些参数。如果实验值与理论值较好地吻合，就可认为所假设的界面结构模型在一定程度上反映了界面的真实结构。由于界面参数大多与界面上的电势分布有关，故在实验测量时必须研究这些参数随电极电势的变化。

4.2.1　电毛细曲线

电极与溶液界面间存在着界面张力，它有力图缩小两相界面面积的倾向。这种倾向越大，界面张力也越大。对电极体系来说，界面张力不仅与界面层的物质组成有关，而且与电极电势有关。实验结果表明，电极电势的变化也会改变界面张力的大小，这种现象称为电毛细现象。界面张力与电极电势的关系曲线称为电毛细曲线。

电极电势的变化对应于电极表面剩余电荷数量的变化。电极表面出现剩余电荷时，无论是正电荷还是负电荷，同性电荷的排斥作用呈现出使界面面积增大的倾向，故界面张力将减小。表面剩余电荷密度（单位电极表面上的剩余电荷量）越大，界面张力就越小。显然，界面上剩余电荷密度为零时的界面张力最大。因此，可以通过电毛细曲线来研究电极表面的带电状况，并进一步探讨双电层的结构。

在没有电极反应发生的情况下，对一个电极与溶液的界面进行热力学分析，可使问题大大地简化。这就是说，以理想极化电极作为研究电极与溶液界面问题的对象，是比较方便的。而且理想极化电极的电极电势能够在一定电势范围内连续变化，显然更有利于绘制电毛细曲线。

液态金属电极的界面张力可以利用图4-6的装置（称为毛细管静电计）直接观测。例如将装有汞的毛细管浸入 Na_2SO_4 溶液中，毛细管尖端附近有一弯月面。这个弯月面的位置与界面张力有关。为了使弯月面固定在某一定位置，在界面张力变化时，需要用汞柱高度来调节它。界面张力与汞柱高度成正比，根据汞柱高度和毛细管直径可计算出界面张力。图4-7中曲线 I 是实验测出的电毛细曲线，即电极电势 φ 与界面张力 γ 的关系曲线。其图形近似于抛物线。这种测量通常在溶液成分恒定的条件下进行。

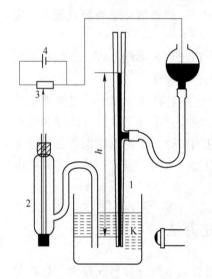

图4-6　毛细管静电计示意图

1—毛细管；2—参比电极；

3—可变电阻；4—蓄电池组

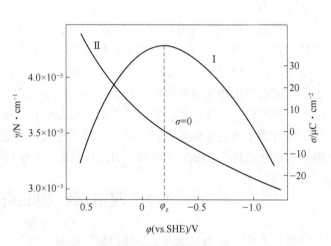

图4-7　汞电极的电毛细曲线（ I ）与
表面剩余电荷密度变化曲线（ II ）

通过用热力学方法来处理理想极化的界面，在恒温恒压下可推导出描述电极电势 φ、界面张力 γ 及电极剩余电荷密度 σ（电极上单位表面积所带之电量）三者间关系的李普曼（Lippmann）公式

$$\mu\left(\frac{\partial \gamma}{\partial \varphi}\right) = -\sigma \tag{4-1}$$

式中，括号外标出的化学势 μ 表示溶液组分保持恒定。这是因为在溶液浓度增大时，同一 φ 下的 γ 值会有所下降，电毛细曲线的位置会发生相应的变化。这里 σ 单位为 C/m^2，φ 单位为 V，γ 单位为 N/m。该式显示从电毛细曲线的斜率可以计算 σ。图4-7中曲线 II 给出了表面剩余电荷密度 σ 随电极电势变化的关系曲线。

由式（4-1）可看出，如果电极表面剩余电荷为正，即 $\sigma>0$，则 $d\gamma/d\varphi<0$，随着电势向负的方向移动（即 $d\varphi<0$），界面张力将增大（$d\gamma>0$），这相应于图4-7中曲线 I 的左半部分；如果电极表面剩余电荷为负，即 $\sigma<0$，则 $d\gamma/d\varphi>0$，随着电势向负的方向移动（即 $d\varphi<0$），界面张力也减小（$d\gamma<0$），与图4-7中曲线 I 的右半部分相对应。

前面已提到，电极表面的剩余电荷增加（无论正负），均将使界面张力降低，那么只有在电极表面剩余电荷为零时，界面张力才最大。因此，图 4-7 曲线 I 的极大点表达出电极表面剩余电荷为零（$\sigma = 0$）的状态，称为零电荷点，这时 $\mathrm{d}\gamma/\mathrm{d}\varphi = 0$。与 γ 最大值相对应的电极电势，称为零电荷电势（point of zero charge，PZC），以 φ_z 表示之。从电毛细曲线可得出：自图 4-7 中曲线 I 左侧开始，电极表面剩余电荷是正的；随着电势向负的方向移动，电极表面所带的正电荷逐渐减少，界面张力则不断增大；待到电势为 φ_z 时，界面张力最大，电极表面剩余电荷为零；若电势跃过此点继续负移，则电极表面将转变为荷负电，而且其负电荷会不断地增多；也就是说，φ_z 将整个曲线分为两半，左侧曲线（$\varphi > \varphi_z$）对应电极表面带正电的情况，而右侧曲线（$\varphi < \varphi_z$）对应电极表面荷负电。

4.2.2　微分电容曲线

对于理想极化电极来说，电极与溶液界面区中的剩余电荷可以随意改变，因而界面区电势差也可以任意改变。这就是说，它相当于一个能贮存电荷的系统，具有电容的特性。因此，可将双电层看作一个电容器来处理。

若将离子双电层比拟成一个平行板电容器，则电极与溶液界面间的两层剩余电荷相当于电容器的两个板。根据物理学，其电容为

$$C = \frac{\sigma}{\Delta\varphi} = \frac{\varepsilon_0\varepsilon_r}{d} \tag{4-2}$$

式中，ε_0 为真空介电常数；ε_r 为介质的相对介电常数；d 为电容器两板间距离。

但是，双电层与一般平行板电容器不同，它的电容不是恒定的，常常随电势而变化。因为电容是电势的函数，故在给双电层电容下定义时，只能用导数的形式来定义，称之为微分电容，常用 C_d 表示。即

$$C_d = \left(\frac{\partial\sigma}{\partial\varphi}\right)\mu Tp \tag{4-3}$$

式中，温度、压力和溶液中各组分的化学势均维持恒定。在电化学中都是使用电荷密度（单位为 C/m²）来表示电量，故电容单位为 F/m²。可见双电层界面电容表征界面在一定电势扰动下相应的电荷贮存能力。

在电化学中测量双层微分电容的方法很多。例如对于汞电极通常可用交流电桥法测量双电层的微分电容（见图 4-8）。用理想极化电极（例如 KCl 溶液中的汞电极）作为待测电极。辅助电极面积要比待测电极大数千倍，则电桥平衡时测得的交流阻抗仅由待测电极决定。实验中必须采取严格措施，以防止表面活性物质吸附在电极上干扰测量结果。

改变图 4-8 中可变电阻 13，使待测电极 8 极化到不同的电势。调节电桥中可变标准电阻 4 与可变标准电容 3，通过示波器 6 找到电桥的平衡点，测量出双电层的电容。实验中测出不同电极电势下的微分电容后，可绘成图 4-9 所示的微分电容曲线。

在不同浓度氯化钾溶液中测得汞电极的微分电容曲线如图 4-9 所示。可以看到，微分电容是随电极电势和溶液浓度而变化的。在同一电势下，随着溶液浓度的增加，微分电容也增大。如果把双电层看成平板电容器，则电容增大，意味着双电层有效厚度减小，即两个剩余电荷层之间的有效距离减小。

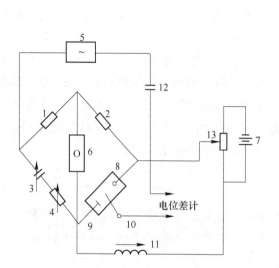

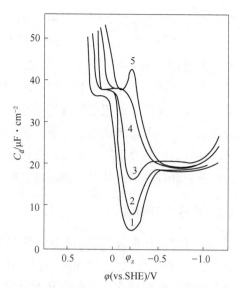

图 4-8　交流电桥法测双电层微分电容

1，2—标准电阻；3—可变标准电容；4—可变标准电阻；
5—交流信号发生器；6—示波器；7—直流电源；
8—待测电极；9—辅助电极；10—参比电极；
11—扼流圈；12—隔直电容；13—可变电阻

图 4-9　Hg 在 KCl 溶液中的微分电容曲线

KCl 浓度（mol/L）：1—0.0001；
2—0.001；3—0.01；4—0.1；5—1.0

在稀溶液中，微分电容曲线将出现最小值（见图 4-9 中曲线 1～曲线 3），溶液越稀，最小值越明显。随着浓度的增加，最小值逐渐消失（见图 4-9 中曲线 4 和曲线 5）。实验表明，出现微分电容最小值的电势就是同一电极体系的电毛细曲线最高点所对应的电势，即零电荷电势。这样零电荷电势就把微分电容曲线分成了两部分，左半部（$\varphi > \varphi_z$）电极表面剩余电荷密度 σ 为正值，右半部（$\varphi < \varphi_z$）电极表面剩余电荷密度 σ 为负值。

在 φ_z 附近的电势范围内，C_d 随 φ 的变化比较明显，而剩余电荷密度增大时，C_d 也趋于稳定，进而出现 C_d 不随电势变化的"平台"区。在曲线的左半部，平台区对应的 C_d 为 32～40 μF/cm²；右半部平台区对应的 C_d 值为 16～20 μF/cm²。这表明溶液一侧由阴离子组成的双电层有效厚度比由阳离子组成的双电层有效厚度要小。

从图 4-9 中可以看出，当 φ 远离 φ_z 时，C_d 又开始大幅上升。溶液浓度很高时，φ_z 附近会出现"驼峰"现象（见图 4-9 中曲线 5）。这些现象都与电极表面的水化层性质变化有关，如水偶极子取向变化、介电常数变化、水分子相互作用变化等。

确定 φ_z 后对式（4-3）积分，可求出在某一电极电势 φ 下的电极表面剩余电荷密度

$$\sigma = \int_0^\sigma d\sigma = \int_{\varphi_z}^\varphi C_d d\varphi \tag{4-4}$$

当 $\varphi > \varphi_z$ 时，由式（4-4）可看出 $\sigma > 0$，表示电极表面带正电；当 $\varphi < \varphi_z$ 时，可得出 $\sigma < 0$，表示电极表面带负电。如果溶液浓度较大，微分电容曲线上的最小值消失。则要根据电毛细曲线等其他方法测出 φ_z，代入式（4-4）中求 σ。

以 $\varphi - \varphi_z$ 去除式（4-4）中求出的 σ。可得出从零电荷电势 φ_z 到某一电势 φ 的平均电

容，称之为积分电容 C_i。

$$C_i = \frac{\sigma}{\varphi - \varphi_z} \tag{4-5}$$

若将式 (4-4) 代入式 (4-5)，则

$$C_i = \frac{1}{\varphi - \varphi_z} \int_{\varphi_z}^{\varphi} C_d \mathrm{d}\varphi \tag{4-6}$$

它表示微分电容与积分电容的关系，尽管两者均能反映双电层结构的一些信息，但微分电容能从实验中直接测量，更易于直观处理。

将式 (4-1) 代入式 (4-3) 可得出 C_d 与 γ 的关系：

$$C_d = -\left(\frac{\partial^2 \gamma}{\partial \varphi^2}\right)_p \tag{4-7}$$

通过电毛细曲线和微分电容曲线均可求出电极表面剩余电荷密度 σ。但前者是对电势的微分 (见式 (4-1))，而后者是对电势的积分 (见式 (4-4))。对于反映 σ 的变化量来说，显然使用微分电容曲线求 σ 能得出更精确的结果。另外，电毛细曲线的直接测量只能用于液态金属电极 (如汞、镓等)，微分电容的测量则可不受此限制。因此微分电容在双电层性质的研究工作中，比界面张力具有更重要的意义。

4.2.3 零电荷电势

电毛细曲线的最大点和微分电容曲线的最小点都对应于电极表面剩余电荷为零的状态，相应的电势就是零电荷电势。零电荷电势是相对于参比电极而测量的，例如相对于标准氢电极可测出氢标零电荷电势。

测量零电荷电势的方法很多。例如直接测量液态金属与溶液界面间的界面张力。可求出与电毛细曲线的最大值对应的 φ_z。固体金属虽不能直接测量界面张力，但可通过测量不同电极电势下的润湿接触角、摆杆硬度等与界面张力有关的参量，根据其最大值来确定 φ_z。目前，最精确的测量方法是根据稀溶液的微分电容曲线最小值确定 φ_z。溶液越稀，微分电容最小值越明显。此外，还可根据比表面很大的金属电极在不同电势下形成双电层时离子吸附量的变化求 φ_z。当然，利用电动现象及金属中电子向溶液中光辐射等方法也能测定 φ_z。表 4-1 中列出某些金属在室温下推荐使用的 φ_z 值。

表 4-1　25 ℃下的零电荷电势

类型	金　属	溶　液	φ_z(vs. SHE)/V
液态金属	Hg	NaF	−0.193
	Ga^0	$HClO_2$ 和 HCl ($c \to \infty$)	−0.64±0.01
	Ga+In (16.7%)	0.001 mol/L $HClO_4$	−0.68±0.01
	Tl-Hg (41.5%)	0.5 mol/L Na_2SO_4	−0.65±0.01
	In-Hg (64.6%)	0.5 mol/L Na_2SO_4	−0.64±0.01
不吸附氢的固态金属	Bi (多晶)	0.002 mol/L KF	−0.39
	Bi (111)	0.01 mol/L KF	−0.42
	Cd	0.001 mol/L NaF	−0.75
	Cu	0.01 ~ 0.001 mol/L NaF	0.09

续表 4-1

类型	金 属	溶 液	φ_z (vs. SHE)/V
不吸附氢的固态金属	In	0.003 mol/L NaF	-0.65
	Pb	0.001 mol/L NaF	-0.56
	Sb	0.002 mol/L KClO$_4$	-0.15
	Sn	0.001 mol/L K$_2$SO$_4$	-0.38
	Tl	0.001 mol/L NaF	-0.71
	Ag (111)	0.001 mol/L KF	-0.46
	Ag (100)	0.005 mol/L NaF	-0.61
	Ag (110)	0.005 mol/L NaF	-0.77
	Au (110)	0.005 mol/L NaF	0.19
铂系金属	Pt	0.3 mol/L HF+0.12 mol/L KF （pH=2.4）	0.185
	Pt	0.5 mol/L Na$_2$SO$_4$+0.005 mol/L H$_2$SO$_4$	0.16
	Pd	0.5 mol/L Na$_2$SO$_4$+0.001 mol/L H$_2$SO$_4$ （pH=3）	0.10
	Rh	0.3 mol/L HF+0.12 mol/L KF （pH=2.4）	-0.005
	Rh	0.5 mol/L Na$_2$SO$_4$+0.005 mol/L H$_2$SO$_4$	-0.04
	Ir	0.3 mol/L HF+0.12 mol/L KF （pH=2.4）	-0.01
	Ir	0.5 mol/L Na$_2$SO$_4$+0.005 mol/L H$_2$SO$_4$	-0.06

如果金属电极的 φ_z 比其平衡电势正得多，则在用外电源使电极自平衡电势向正的方向极化时，由于有金属溶解反应发生，很难将它极化到 φ_z。也就是说，这种金属的 φ_z 不容易准确地测出。例如曾经有人估计过锌的 φ_z 在-0.6 V 左右，比锌电极的平衡电势正得多，就属于这种情况；另外有一些能吸附氢的金属（例如铂系元素）在电极极化时，由于吸附氢原子被氧化而会消耗电量，使电极失去理想极化电极的性质。通常可用测量形成双电层时溶液组成或气相（如果是气体电极）组成的变化求出 φ_z，这类金属的 φ_z 值与 pH 值有关。例如曾测出 Pt 在 pH=3 的酸性溶液中的 φ_z 约为 0.18 V。

实验证明，φ_z 的数值受多种因素影响：如不同材料的电极或同种材料不同晶面在同样溶液中会有不同的 φ_z 值；电极表面状态不同，会测得不同的 φ_z 值；溶液的组成（包括溶剂本性、溶液中表面活性物质的存在、酸碱度等）及温度、氢和氧的吸附等因素也都对 φ_z 的数值有影响。

需要指出，剩余电荷的存在是形成相间电势的重要原因，但不是唯一原因。因而，当电极表面剩余电荷为零时，尽管没有离子双电层存在，但任何一相表面层中带电粒子或偶极子的非均匀分布仍会引起相间电势。例如，溶液中偶极分子的定向排列、金属表面原子的极化等都可能形成偶极双层，从而形成一定的相间电势。所以，零电荷电势仅仅表示电极表面剩余电荷为零时的电极电势，而不表示电极-溶液相间电势或绝对电势的零点。

由于零电荷电势是一个可以测量的参数，因而在电化学中有重要的用途。有了 φ_z 这个参量，就可以了解电极表面剩余电荷的正负和多少。金属的许多性质，例如离子双层中电荷的分布状况、各种粒子在金属上的吸附、溶液对金属的润湿性、气泡在金属上的附着力，以及金属的力学性能、电动现象、金属溶液间的光辐射电流等，都与这个因素有关。

在研究电化学动力学时，有时也需要考虑 φ_z 附近剩余电荷密度变化很大的影响。

4.2.4　离子表面剩余量

电极-溶液界面存在离子双层时，金属一侧的剩余电荷来源于电子的过剩或不足，溶液一侧的剩余电荷则由正、负离子在界面层的浓度变化所造成，即各种离子在界面层中的浓度不同于溶液内部的主体浓度。通常把界面层溶液一侧垂直于电极表面的单位截面积液柱中，有离子双层存在时 i 离子的物质的量与无离子双层存在时 i 离子的物质的量之差定义为 i 离子的表面剩余量，用 Γ_i 表示。显然，溶液一侧的剩余电荷密度等于界面层溶液一侧所有离子表面剩余量的电量之和。

利用电毛细曲线可以计算离子表面剩余量。图 4-10 所示是在 0.1 mol/L 的各种电解质溶液中汞电极上正、负离子表面剩余密度随电极电势的变化曲线。图 4-10 中每一条曲线上都用小竖线标出了该溶液中汞电极的零电荷电势的位置。

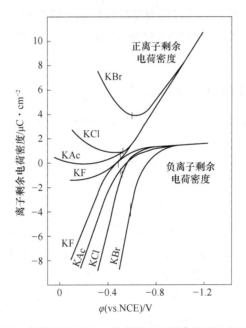

图 4-10　溶液一侧界面层中正、负离子表面剩余量随电极电势的变化

从图 4-10 可看出，当电极表面带负电时（对应于曲线右半部分），正离子（K+）表面剩余量随电极电势变负而增大；负离子（F-、Cl-、Br- 等）表面剩余量则随电势变负而出现很小的负值，表明界面层中负离子与无离子双层存在时有所减少。此变化符合静电力作用规律。

对于 KF，在 φ_z 处正、负离子表面剩余量均为零。当电极表面带正电时（对应于曲线左半部分），负离子（F-）表面剩余量随电极电势变正而增大；正离子（K+）表面剩余量则随电势变正而出现很小的负值，这些变化符合静电力作用规律。

对于除 KF 外的其他电解质，在 φ_z 处，虽然总的剩余电荷密度为零，但正、负离子表面剩余量均不为零，这是离子在电极表面的特性吸附造成的。此时双电层是吸附双层。显然正、负离子的表面剩余电量应该相互抵消以维持总剩余电荷密度为零，从图 4-10 数据也可以看出这一特点。

当电极表面带正电时（对应于曲线左半部分），随着电极电势变正，负离子的表面剩余量急剧增大，而正离子表面剩余量也随之增加，Cl^-、Br^-尤为明显。这与 KF 是明显不同的。可见这些溶液界面层中除了静电作用外，还存在其他的相互作用，这些作用比静电力更强，这就是离子的特性吸附作用。从图 4-10 中可以看出 Cl^-、Br^-的负离子表面剩余量随电势变正增加很快，可见其特性吸附尤其强烈。关于特性吸附将在下一节中详细分析。

4.3   双电层结构模型的发展

4.2 节中实验测出的有关电极与溶液界面间的参量应当是界面区双电层结构的某些反映。不过单凭这些测定结果，尚无法确定离子在双电层中的具体分布状况，还需要构建双电层中电荷分布的结构模型，然后再由模型推算出相关的参量。若这些参量与实验测定的结果一致，自然也就验证了所提模型的正确性。下面讨论已经提出的关于界面结构的几种模型。

4.3.1   Helmholtz 模型与 Gouy-Chapman 模型

由图 4-9 的微分电容曲线可看出，在不太大的电势区间内有水平线段出现，电容与电势无关，这时双电层的性质与平行板电容器很相近。但是在相当宽的电势范围内电容随电势急剧地变化，这相当于式（4-2）中的 d 值发生变化。电容变小就说明双电层的两层电荷的等效距离增大了。

因为金属电极是一种良导体，所以在平衡时，其内部不存在电场，即任何金属相的过剩电荷都严格存在于表面。早在 19 世纪末，亥姆霍兹（Helmholtz）曾认为双电层结构类似于平行板电容器。即电极表面上与溶液中的两层剩余电荷均整齐地排列在界面的两侧。如图 4-11 所示，其中两电荷层之间的距离 d 可认为是水化离子的半径。通常将溶液中停留在距电极表面一个水化离子半径位置的那部分剩余电荷称为紧密层，也称亥姆霍兹层。

亥姆霍兹模型所描述的结构相当于平板电容器，其贮存电荷密度 σ 和两电板之间的电压降 V 之间存在如下关系：

$$\sigma = \frac{\varepsilon_0 \varepsilon_r}{d} V \tag{4-8}$$

式中，ε_0 为真空介电常数；ε_r 为介质的相对介电常数；d 为两板之间的距离。故微分电容为

$$C_d = \frac{\sigma}{V} = \frac{\varepsilon_0 \varepsilon_r}{d} \tag{4-9}$$

该式表明电容 C_d 是一个常数。采用这种模型，并假设溶液中负离子能比正离子更接近电极表面（即具有较小的 d 值），可以解释微分电容曲线在零电荷电势两侧各有一平段。但是，这种模型完全无法解释为什么在稀溶液中会出现极小值，也没有触及微分电容曲线的精细结构。

由于 Helmholtz 模型的不足，1910 年和 1913 年，Gouy 和 Chapman 先后作出改进，提出了一个分散双电层模型。这个模型认为，溶液一侧参加双电层的离子为点电荷，这些离子不仅受固体表面离子的静电吸引力影响，从而使其整齐地排列在表面附近，而且要受热运动的影响，使其离开表面无规则地分散在介质中，即溶液中的电荷具有分散的结构。这便形成了如图 4-12 所示的分散双电层结构。

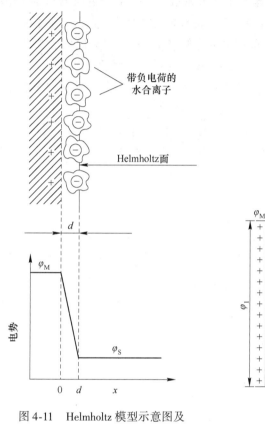

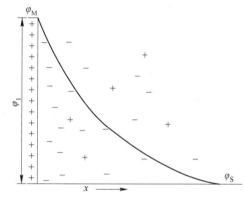

图 4-11　Helmholtz 模型示意图及
界面电势分布

图 4-12　Gouy-Chapman 分散
双电层模型及界面电势分布

为了对该模型作定量处理，提出了四点假设：（1）假设电极表面是一个无限大的平面，电极上电荷是均匀分布的；（2）分散层中，正、负离子都可视为按 Boltzmann 分布的点电荷；（3）介质是通过介电常数影响双电层的，且它的介电常数处处相同；（4）假设分散双电层中只有一种对称的电解质，即正、负离子的电荷数均为 z。

该模型最重要的贡献是能够定量地描述双电层模型。按照此模型，可以较满意地解释稀溶液中零电荷电势附近出现的电容极小值。但由于它们完全忽略了溶剂化离子的尺寸及紧密层的存在，当溶液浓度较高或表面剩余电荷密度较大时，按分散层模型计算得出的电容远大于实验测得的数值。Gouy-Chapman 模型至少有两点是不符合实际情况的：（1）离子并非点电荷，它们有一定的大小；（2）邻近表面的离子由于受固体表面的静电作用和范德华力作用，其分布不同于溶液的体相，而是被紧密地吸附在固体表面上。

4.3.2　Gouy-Chapman-Stern 模型

1924 年，斯特恩（Stern）吸取了 Helmholtz 模型和 Gouy-Chapman 模型的合理部分，将上述两种模型结合起来，建立了 GCS（Gouy-Chapman-Stern）模型。该模型认为，双电层中溶液一侧的离子既不是全部紧靠电极表面排列，也不是全部分散到较远的地方。可以将离子双层分为两部分：溶液中的一部分电荷形成紧密层；另一部分电荷分布得离电极表面稍远一些，形成分散层（见图 4-13）。如果以 φ_a 表示双层电势差 $\varphi_M - \varphi_S$，则相应地可以将电极与溶液间的电势差也分为两部分：紧密层电势差（$\varphi_a - \varphi_1$）与分散层电势差 φ_1。这里的 φ_a 和 φ_1 都是相对于本体溶液内部的电势 φ_S（规定为零）而计算的。

在这种模型中可以将双电层电容看作由紧密层电容 C_H 与分散层电容 C_G 串联组成的（见图 4-14）。

$$\frac{1}{C_d} = \frac{d\varphi_a}{d\sigma} = \frac{d(\varphi_a - \varphi_1)}{d\sigma} + \frac{d\varphi_1}{d\sigma} = \frac{1}{C_H} + \frac{1}{C_G} \tag{4-10}$$

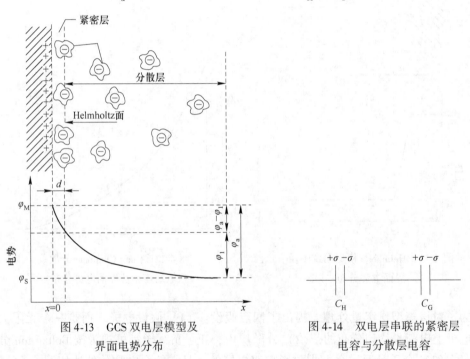

图 4-13　GCS 双电层模型及　　　　　图 4-14　双电层串联的紧密层
界面电势分布　　　　　　　　　电容与分散层电容

双电层中溶液一侧的离子除了受到电极表面的库仑力以外，还受到热运动的作用。库仑力力图使离子整齐地排列在电极表面附近，而热运动则力图使离子均匀地分布在溶液中（这是一种使离子离开电极表面的作用力）。这两种作用力相抗衡的结果是出现了离子双层紧密结构和分散结构共存的局面。

如果电极表面剩余电荷较多（电极与溶液间电势差较大），库仑力占优势，则离子双层的结构比较紧密，在整个电势差中紧密层电势占比较大。反之，表面剩余电荷较少时，热运动作用占主导地位，则双层具有比较分散的结构。电极表面不带电，达到了极度的分散，离子双层消失，这相应于微分电容曲线的最小值和电毛细曲线的最大值。

如果电解质溶液的总浓度很大，则溶液相中的剩余电荷倾向于紧密地分布在界面上。反之，溶液的浓度较小时，会使离子的热运动增强，因而离子双层也会变得比较分散。

基于 GCS 模型，为了定量地表达各种因素对双电层结构的影响，可以根据溶液中离子与电极表面间库仑力作用和离子热运动的关系推导出相应的关系式。为了计算简便，假定双电层的厚度远远小于电极表面的曲率半径，并认为与电极平行的每一液层自身都是等电势面。因此，电极表面附近液层中的电势只是距电极表面距离 x 的函数。

如果认为双电层中所有的离子均处于热运动影响之下（不存在任何将离子固定在电极表面层中的其他作用力，例如吸附力），并且它们在电场中的分布也服从于玻耳兹曼定律，则在距电极 x 处的液层中（该平面上各点电势相同，均为 φ_x），单位体积的 i 离子物质的量

$$c_{i(x)} = c_i \exp\left(-\frac{z_i F \varphi_x}{RT}\right) \tag{4-11}$$

式中，c_i 表示在双电层区域以外的溶液中（$\varphi_x = 0$）单位体积中 i 离子的物质的量，$\mathrm{mol/m^3}$；z_i 表示 i 离子的电荷数。因此，该液层中体积电荷 $\rho(\mathrm{C/m^3})$ 应为各种离子体积电荷之和，即

$$\rho = \sum z_i F_{c_{i(x)}} = \sum z_i F c_i \exp\left(\frac{z_i F \varphi_x}{RT}\right) \tag{4-12}$$

在假设离子电荷属于连续分布的（微观上离子在溶液中以粒子形式存在，严格来说电荷并不连续）前提下，可将静电学的泊松公式用于双电层中。由于这里认为电势 φ_x 只是距离 r 的函数，故

$$\frac{\mathrm{d}^2\varphi_x}{\mathrm{d}x^2} = -\frac{\rho}{\varepsilon_0 \varepsilon_r} \tag{4-13}$$

将式（4-12）代入式（4-13）中后，可得

$$\frac{\mathrm{d}^2\varphi_x}{\mathrm{d}x^2} = -\frac{1}{\varepsilon_0 \varepsilon_r} \sum z_i F c_i \exp\left(-\frac{z_i F \varphi_x}{RT}\right) \tag{4-14}$$

根据 $\frac{1}{2} \times \frac{\mathrm{d}}{\mathrm{d}\varphi_x}\left(\frac{\mathrm{d}\varphi_x}{\mathrm{d}x}\right)^2 = \frac{\mathrm{d}^2\varphi_x}{\mathrm{d}x^2}$ 可将式（4-14）改写为

$$\mathrm{d}\left(\frac{\mathrm{d}\varphi_x}{\mathrm{d}x}\right)^2 = -\frac{2}{\varepsilon_0 \varepsilon_r} \sum z_i F c_i \exp\left(-\frac{z_i F \varphi_x}{RT}\right) \mathrm{d}\varphi_x$$

将上式积分，并根据当 $x \to \infty$ 时，$\varphi_x = 0$ 和 $\mathrm{d}\varphi_x/\mathrm{d}x = 0$ 定出积分常数，遂可得出

$$\left(\frac{\mathrm{d}\varphi_x}{\mathrm{d}x}\right)^2 = \frac{2RT}{\varepsilon_0 \varepsilon_r} \sum c_i \left[\exp\left(-\frac{z_i F \varphi_x}{RT}\right) - 1\right] \tag{4-15}$$

为了计算简便，假定电解质是 z-z 型的，即 $z_+ = -z_- = z$。因为溶液中只有两种离子，可将两种离子浓度统一用 c 表示，则式（4-15）变成

$$\left(\frac{\mathrm{d}\varphi_x}{\mathrm{d}x}\right)^2 = \frac{2RTc}{\varepsilon_0 \varepsilon_r}\left[\exp\left(\frac{zF\varphi_x}{RT}\right) + \exp\left(-\frac{zF\varphi_x}{RT}\right) - 2\right]$$

$$= \frac{2RTc}{\varepsilon_0 \varepsilon_r}\left[\exp\left(\frac{zF\varphi_x}{2RT}\right) - \exp\left(-\frac{zF\varphi_x}{2RT}\right)\right]^2 \tag{4-16}$$

因为电极表面带正电时，$\varphi_x > 0$，双电层中溶液一侧的电势 φ_x 随距离的增大而减小，

即 $d\varphi_x/dx < 0$，所以根据物理意义，式（4-16）开方后应取负根，即

$$\frac{d\varphi_x}{dx} = -\sqrt{\frac{2RTc}{\varepsilon_0 \varepsilon_r}}\left[\exp\left(\frac{zF\varphi_x}{2RT}\right) - \exp\left(-\frac{zF\varphi_x}{2RT}\right)\right] \tag{4-17}$$

式（4-17）表示出在距电极表面 x 处溶液中电场强度与电势的关系。如果把式（4-17）转化为电极表面剩余电荷密度与溶液中各液层电势的关系，则可更明确地反映出双电层结构的特征。根据物理学的高斯（Gauss）定理，可将电极表面电荷与表面附近电势梯度关系表示为

$$\sigma = -\varepsilon_0 \varepsilon_r \left(\frac{d\varphi_x}{dx}\right)_{x=0}$$

因为离子具有一定体积，双电层中溶液一侧的电荷靠近电极表面的最小距离应当是 1 个离子半径，即图 4-13 中的距离 d。当 $x=d$ 时，$\varphi_x = \varphi_r$。由于在距离 d 的范围内不存在任何电荷，φ_x 与 φ_r 的关系仍为线性的，故

$$\left(\frac{d\varphi_x}{dx}\right)_{x=0} = \left(\frac{d\varphi_x}{dx}\right)_{x=d}$$

可得

$$\sigma = -\varepsilon_0 \varepsilon_r \left(\frac{d\varphi_x}{dx}\right)_{x=d} \tag{4-18}$$

将式（4-17）代入式（4-18）中，则可得

$$\sigma = \sqrt{2\varepsilon_0 \varepsilon_r cRT}\left[\exp\left(\frac{zF\varphi_1}{2RT}\right) - \exp\left(-\frac{zF\varphi_1}{2RT}\right)\right] \tag{4-19}$$

式中，φ_1 为在 $x=d$ 处相对于溶液深处（$\varphi_x = 0$）的电势。

式（4-19）表达出 σ 与 φ_1 的关系。

假设 d 不随电势差而改变，紧密层电容 C_H 也将不随电势差而变化，即 C_H 为恒定值。把 $C_H = \sigma/(\varphi_a - \varphi_1)$ 代入式（4-19）中，得

$$\sigma = C_H(\varphi_a - \varphi_1) = \sqrt{2\varepsilon_0 \varepsilon_r cRT}\left[\exp\left(\frac{zF\varphi_1}{2RT}\right) - \exp\left(-\frac{zF\varphi_1}{2RT}\right)\right] \tag{4-20}$$

进而可得

$$C_G = \frac{d\sigma}{d\varphi_1} = zF\sqrt{\frac{\varepsilon_0 \varepsilon_r c}{2RT}}\left[\exp\left(\frac{zF\varphi_1}{2RT}\right) - \exp\left(-\frac{zF\varphi_1}{2RT}\right)\right] \tag{4-21}$$

$$\varphi_a = \varphi_1 + \frac{\sigma}{C_H} = \varphi_1 + \frac{1}{C_H}\sqrt{2\varepsilon_0 \varepsilon_r cRT}\left[\exp\left(\frac{zF\varphi_1}{2RT}\right) - \exp\left(-\frac{zF\varphi_1}{2RT}\right)\right] \tag{4-22}$$

式（4-22）称为 Stern 公式。从式（4-20）～式（4-22）出发，分别讨论以下两种情况。

（1）电极表面剩余电荷密度很小和溶液浓度又很低时，双层中离子与电极间库仑力作用的能量远远小于离子热运动的能量，即 $zF|\varphi_1| \ll RT$。

将指数函数按泰勒级数展开，有以下形式

$$e^x = 1 + x + \frac{x^2}{2!} + \frac{x^3}{3!} + \cdots$$

显然，若 $|x| \ll 1$，则 $e^x = 1 + x$。将式（4-20）中的指数项以级数形式展开，并且只保留前两项，略去其余各项，可简化为

$$\sigma = C_H(\varphi_a - \varphi_1) = \sqrt{\frac{2\varepsilon_0\varepsilon_r c}{RT}}zF\varphi_1 \tag{4-23}$$

或

$$\varphi_a = \varphi_1\left(1 + \frac{zF}{C_H}\sqrt{\frac{2\varepsilon_0\varepsilon_r c}{RT}}\right) \tag{4-24}$$

如果 c 很小，则式 (4-24) 右方第二项比第一项小得多，可略去不计，近似地得出 $\varphi_a = \varphi_1$。即整个双电层都是分散层。

对于 $e^x + e^{-x} = 2 + \frac{2x^2}{2!} + \frac{4x^4}{4!} + \cdots$，当 $x = 0$ 时，$e^x + e^{-x}$ 有极小值 2。

所以由式 (4-21) 可知，当 $\varphi_1 = 0$ 时，分散层电容 C_G 有极小值。而此时整个双电层都是分散层，即 $\varphi_a = 0$，也就是说此时处于零电荷电势，这就解释了稀溶液微分电容曲线有极小值且对应 φ_z 的现象。C_G 的极小值也就等于整个双电层的电容 C_d 的极小值：

$$C_d \approx C_G = zF\sqrt{\frac{2\varepsilon_0\varepsilon_r c}{RT}} \tag{4-25}$$

这个电容极小值要比紧密层电容小得多。一般说来，紧密层电容为 $0.18 \sim 0.4$ F/m^2，而在 10^{-4} mol/L 的 1-1 型电解质溶液中分散层电容极小值约为 0.03 F/m^2。

将式 (4-25) 与式 (4-2) 对比后，得出

$$l = \frac{1}{zF}\sqrt{\frac{RT\varepsilon_0\varepsilon_r}{2c}} \tag{4-26}$$

如果把分散层看作平行板电容器，则上式中 l 相当于两板间距离。实际上分散层中电荷并非固定在某个液面上，而是分布在一定厚度的液层中，可将 l 称为分散层的当量厚度，它与离子氛厚度的作用有相似之处。由式 (4-26) 可看出，l 与 $\sqrt{c}$ 和 z 成反比、与 $\sqrt{T}$ 成正比，这表明凡是能使离子热运动增强的因素，均将使双电层扩张，使其当量厚度增大，对 1-1 型电解质计算可知，在稀溶液中（<0.001 mol/L）分散层厚度在 10 nm 以上，而在较浓溶液中（>0.1 mol/L）只有零点几纳米。

（2）电极表面剩余电荷密度较大和溶液浓度又不太小（仍然属于较稀的溶液）时，双电层中离子与电极的库仑力作用的能量远远大于离子热运动的能量，即 $zF|\psi_1| \gg RT$。

1）如果 $\varphi_1 > 0$，则式 (4-20) 中右方第一项比第二项大得多，可将第二项略去。同时考虑到 $\varphi_a - \varphi_1 \approx \varphi_a$，式 (4-20) 可简化成

$$\varphi_a \approx \frac{1}{C_H}\sqrt{2\varepsilon_0\varepsilon_r cRT}\exp\left(\frac{zF\varphi_1}{2RT}\right)$$

取对数得：

$$\varphi_1 \approx -\frac{2RT}{zF}\ln\frac{1}{C_H}\sqrt{2\varepsilon_0\varepsilon_r RT} + \frac{2RT}{zF}\ln\varphi_a - \frac{RT}{zF}\ln c \tag{4-27}$$

2）如果 $\varphi_1 < 0$ 则式 (4-20) 中第一项可略去不计，即

$$-\varphi_a \approx \frac{1}{C_H}\sqrt{2\varepsilon_0\varepsilon_r cRT}\exp\left(-\frac{zF\varphi_1}{2RT}\right)$$

取对数得：

$$\varphi_1 \approx \frac{2RT}{zF}\ln\frac{1}{C_H}\sqrt{2\varepsilon_0\varepsilon_r RT} - \frac{2RT}{zF}\ln(-\varphi_a) + \frac{RT}{zF}\ln c \tag{4-28}$$

由式（4-27）和式（4-28）可看出 $|\varphi_a|$ 变大时，$|\varphi_1|$ 也增大，二者变化趋势一致。但因它们是对数关系，故 $|\varphi_1|$ 增长的倍数将远远小于 $|\varphi_a|$。随着 $|\varphi_a|$ 的增大，φ_1 在 φ_a 中的占比越来越小。当 $|\varphi_a|$ 增大到一定数值时，$|\varphi_1|$ 比 $|\varphi_a|$ 小得多，可将 $|\varphi_1|$ 略去不计。应当注意，这里被略去的 $|\varphi_1|$ 的数值，实际上有可能会比 $|\varphi_a|$ 很小时的 $|\varphi_1|$ 还要大得多。由这两个公式还可以看出，$\varphi_1>0$ 时，随着 c 增大，φ_1 减小；当 $\varphi_1<0$ 时，φ_1 随着 c 的增大而增大，其绝对值减小。这说明溶液浓度的增大将使得双电层被压缩，而且是浓度增大 10 倍。$|\varphi_1|$ 约降低 $59/z$ mV。所以说，溶液越浓且 $|\varphi_a|$ 越大时，双电层越趋近于紧密排布。这种关系也可用图 4-15 中的曲线表示。

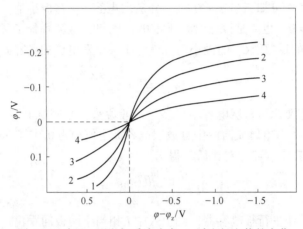

图 4-15　在 1-1 型电解质溶液中 φ_1 随电极电势的变化

这时 φ_a 变大，φ_1 当然也随之变大。尽管 φ_1 的绝对值并不很小，但是它比当前的 φ_a 小得多，相间电势主要分布在紧密层中。即相对于电极与溶液界面间总电势差来说，φ_1 在其中所占的比例很小。$|\varphi_1| \ll \varphi_a$，可见整个双电层以紧密层为主，分散层所占的比例很小。

假设正、负离子半径相同，根据 Stern 公式可以给出 C_d 随电解质浓度和电极电势的变化行为（见图 4-16），即不同浓度下的微分电容曲线。可见 GCS 模型一定程度上是符合实际情况的，但还不能完全解释图 4-9 所示曲线。

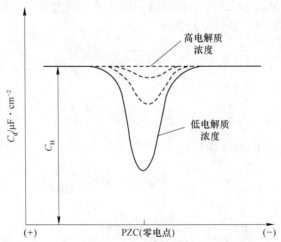

图 4-16　GCS 模型预测的 C_d 随电解质浓度和电极电势的变化行为

GCS 模型没有考虑电极表面溶剂介电常数在巨大场强作用下的变化，也没有考虑离子与电极表面的特性吸附作用，所以它与实际情况还是有不少偏差。于是在 GCS 模型的基础上提出了更精确的 BDM 模型。

4.3.3 Grahame 模型与特性吸附

从电毛细曲线、微分电容曲线、溶液离子表面剩余量随电极电势的变化曲线等实验结果来看，电极表面剩余电荷为正时所表现出来的性质与表面剩余电荷为负时差别很大。

例如电毛细曲线（见图 4-7）上电极表面带正电的部分斜率较大，曲线形状偏离了正常的抛物线。又如在微分电容曲线上（见图 4-9）还可看到，电极表面剩余电荷为正时的微分电容较大，为 $0.3 \sim 0.4 \ F/m^2$；而电极表面剩余电荷为负时，微分电容在 $0.16 \sim 0.18 \ F/m^2$，二者相差一倍左右。另外，在表面剩余量随电极电势的变化曲线上（见图 4-10）电极表面荷正电时，双电层中仍然存在着一定数量的正离子。而且随着电极电势向正的方向变化，正离子的数量急剧增大。上述现象都说明，由溶液中负离子组成的双电层与由正离子组成的并不一样。

1947 年 Grahame 提出了离子特性吸附的问题。他指出，在 Helmholtz 层中，某些离子不仅受静电力的作用，而且还受一种特性吸附力的作用，这种力并非静电力，于是在 GCS 模型的基础上提出了紧密层分为内紧密层与外紧密层的双电层模型。

（1）特性吸附现象。水溶液中的粒子在库仑力作用下在电极表面吸附时，通常隔着电极表面的水分子层吸附在电极上。但是某些粒子可以突破水分子层直接通过化学作用吸附到电极表面，这种由库仑力以外的作用力引起的离子吸附，称为特性吸附或接触吸附。特性离子与电极间分子轨道存在相互作用，使之被吸附于电极表面上，特性吸附的离子甚至有可能与电极之间发生部分电荷转移，使得它们之间的结合，部分具有共价键性质。

离子特性吸附时，需要脱除自身的水化膜并挤掉原来吸附在电极表面上的水分子，将引起系统吉布斯自由能的增大。因此，只有那些离子与电极间的相互作用（包括镜像力、色散力和化学作用等）所引起的系统吉布斯自由能的降低超过了上述吉布斯自由能的增加，离子的特性吸附才有可能发生。

阳离子一般不发生特性吸附，但尺寸较大、价数较低的阳离子（如 Tl^+、Cs^+）也发生特性吸附。阴离子容易发生特性吸附，在无机离子中，除 F^- 外几乎所有的阴离子都或多或少会发生特性吸附。如在汞电极上，无机阴离子特性吸附顺序为：$I^->Br^->Cl^->OH^-$。

因为特性吸附靠的是库仑力以外的作用力，不管电极表面有无剩余电荷，特性吸附都有可能发生。表面剩余电荷为零（$\sigma=0$）时离子双层不存在，但吸附双层依然存在，仍然会存在一定的电势差，因此有特性吸附（例如 KI 溶液中汞电极吸附 I^-）时和无特性吸附（如 Na_2SO_4 溶液中的汞电极）时的零电荷电势并不一样。由图 4-17 的电毛细曲线可清楚地看出，两条曲线的零电荷电势的差值就是 I^- 吸附双层的电势差。当电极表面负的剩余电荷过多，对 I^- 的排斥作用足够大时，I^- 特性吸附消失，汞在 KI 与 Na_2SO_4 溶液中的两条电毛细曲线重合。

由图 4-17 可以看出，在 $\varphi_z(KI)$ 下 KI 溶液中汞表面上剩余电荷为零，而在 Na_2SO_4 溶液中汞表面带负电。可将二者的双电层结构对比于图 4-18 中。

在 KI 溶液中电极表面剩余电荷为零时仍然存在负离子的特性吸附。Na_2SO_4 溶液中的

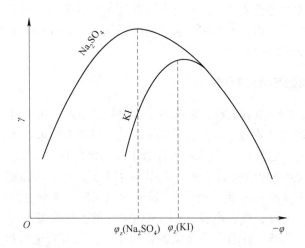

图 4-17　Hg 在 Na_2SO_4 和 KI 溶液中的电毛细曲线

离子双层和 KI 溶液中的吸附双层造成的界面电势差一样，故电极电势相同。另外，在表面剩余量随电极电势的变化曲线上（见图 4-10），在 φ_z 处，虽然总的剩余电荷密度为零，但正、负离子表面剩余量均不为零，这是离子在电极表面的特性吸附造成的。可以从图 4-18 中 KI 溶液中电极界面结构看出这一特点。

　　用 Hg 电极在不同无机盐溶液中测得的电毛细曲线如图 4-19 所示，可见卤素离子在汞电极上特性吸附引起的零电荷电势向负向移动的数值大小顺序为 $I^- > Br^- > Cl^-$，这与它们在汞电极上特性吸附能力大小的顺序一致。

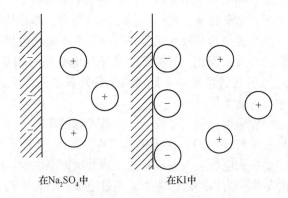

图 4-18　$\varphi = \varphi_z$（KI）时 Hg 在 Na_2SO_4 和 KI 溶液中的双电层结构（图中未画出水分子）

　　（2）内紧密层与外紧密层。电极表面存在负的剩余电荷时，水化的正离子并非与电极直接接触，二者之间存在着一层吸附水分子。在这种情况下，正离子距电极表面稍远些，其水化膜基本上未被破坏。由这种离子电荷构成的紧密层，可称为外紧密层或外亥姆霍兹层（outer Helmholtz plane，OHP），如图 4-20（a）所示。

　　电极表面的剩余电荷为正时，溶液中构成双电层的水化负离子如果发生特性吸附，则其能挤掉吸附在电极表面上的水分子而与电极表面直接接触，其结构模型如图 4-20（b）所示。紧密层中负离子的中心线与电极表面距离比正离子小得多，即这种情况下紧密层的厚

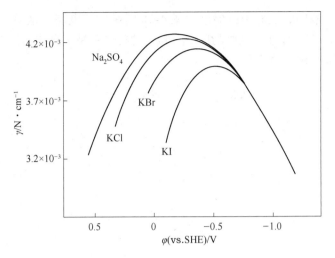

图 4-19　无机阴离子特性吸附对电毛细曲线的影响

度薄得多，可称之为内紧密层或内亥姆霍兹层（inner Helmholtz plane，IHP）。因此，根据构成双电层的离子位置的不同，紧密层有内层和外层之分，也就是说，BDM（Bockris-Davanathan-Müller）双电层模型包括内紧密层、外紧密层和分散层。

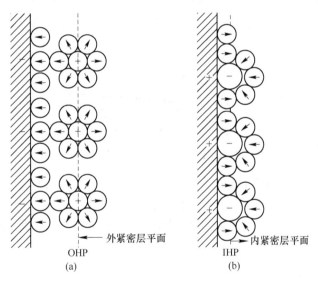

图 4-20　外紧密层与内紧密层示意图
（a）外紧密层；（b）内紧密层

正是由于由负离子形成的内紧密层比由正离子形成的外紧密层薄得多，故电极表面有正的剩余电荷时，微分电容比表面剩余电荷为负时大得多。

（3）超载吸附与三电层。在表面剩余量随电极电势的变化曲线上（见图 4-10）电极表面荷正电时理应吸引溶液中的负离子、排斥正离子形成双电层，但实验结果却是双电层中仍然存在着一定数量的正离子。而且，随着电极电势向正的方向变化，正离子的数量急剧增大。这个现象是因为负离子的特性吸附使得紧密层中负离子电荷数超过了电极表面的剩余电荷数，这种情况称为超载吸附。超载吸附使紧密层中出现了过剩的负电荷，于是又通过库仑力吸引溶液中的正离子，形成了图 4-21 所示的三电层，这时，φ_1 电势的符号与 φ_a 相反。所以说，在不存在特性吸附时 φ_1 与 φ_a 的符号总是一致的，但发生超载吸附时则会出现 φ_1 与 φ_a 符号相反的情况。

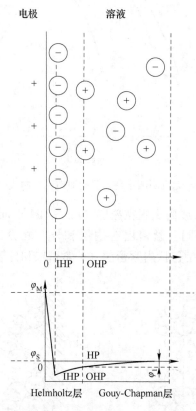

图 4-21   三电层的结构和电势分布（图中未画出水分子）

这样，如果阴离子能发生特性吸附，则在电极表面荷电状况变化时，双电层中的电势分布变化情况如图 4-22 所示。当 $\varphi = \varphi_z$ 时，电极表面剩余电荷密度 σ 为 0，发生阴离子特性吸附形成吸附双层，界面图像如图 4-18 中的 KI 界面结构所示。当 $\varphi > \varphi_z$ 时，σ 为正值，

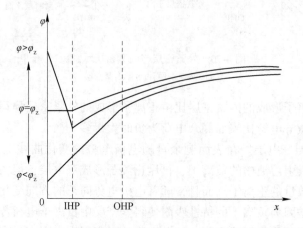

图 4-22   电极表面荷电状况变化时双电层中的电势分布变化

发生阴离子超载吸附，形成三电层。当 $\varphi < \varphi_z$ 时，σ 为负值，阴离子被排斥无特性吸附，阳离子一般不发生特性吸附，故没有内紧密层，电势分布与 GCS 模型相同。

4.3.4 Bockris 模型与溶剂层的影响

1963 年，Bockris 等人在 Grahame 模型的基础上考虑水偶极子在界面上的定向排列情况，提出了 Bockris 模型，也称为 BDM（Bockris-Davanathan-Müller）模型。

（1）电极表面水化层的介电常数（水分子是偶极子）。无论电极表面带电与否，总会有一定数量的水分子吸附于电极表面，它们可以是单个的水分子，也可以是由少量水分子组成的水分子聚集体。这就是说，除了溶液中的离子是水化的以外，实际上电极表面也是水化的。如图 4-20 中的箭头表示水分子的偶极，箭头所指方向为偶极的正端。

即使在金属表面没有施加任何表面电荷，位于第一层的水结构非常有序且水分子的密度轮廓线上表现出明显的极大值。位于第二层的水分子的密度最大值也清晰可见，尽管相对第一层强度较弱。位于第三层的水分子的密度轮廓线上的极大值信号更弱。在第三层以外，水分子的密度轮廓线明显地显示出体相水的信号。与之相应的第一层以外的水的横向结构已变得很弱。第一层水在金属表面有序排布主要是受局部电场的作用所致，水分子间的氢键相互作用使得其结构化程度随离开金属表面距离的增大而迅速降低。

在强电场作用下，电极表面上吸附的第一层水分子可以达到介电饱和，因而其相对介电常数降至 5 左右。从第二层水分子开始，相对介电常数逐渐增大，第二层水分子相对介电常数为 32 左右，而正常结构水分子相对介电常数为 78.5。

（2）电极表面水化层的电容。各种水化正离子的半径大小并不一样。按理讲，外紧密层厚度应当随着构成双电层的正离子不同而有变化，因而在溶液较浓和远离零电荷点的电势下，双电层电容也应当不同。但是实践证明，由各种不同的水化正离子（例如它们的半径可能相差一倍以上）构成外紧密层时，双电层电容基本上恒定在 $0.16 \sim 0.18 \, F/m^2$（见表 4-2）。这种现象是水分子在电极上的吸附引起的。

表 4-2 在 0.1 mol/L 氯化物溶液中的双电层微分电容

离　子	晶体半径/nm	估计的水化离子半径/nm	微分电容/$F \cdot m^{-2}$
Li^+	0.050	0.34	0.162
K^+	0.133	0.41	0.170
Rb^+	0.148	0.43	0.175
Mg^{2+}	0.065	0.63	0.165
Sr^{2+}	0.113	0.67	0.170
Al^{3+}	0.050	0.61	0.165
La^{3+}	0.115	0.68	0.171

在电极与溶液界面上出现的水分子偶极层也相当于一个电容器，它与外紧密层所代表的电容器相串联。在分散层可被忽略的情况下，双电层的微分电容 C_d 应当与水的偶极层电容 C_L 和紧密层电容 C_H 存在下列关系：

$$\frac{1}{C_d} = \frac{1}{C_L} + \frac{1}{C_H} \tag{4-29}$$

根据式（4-2），将相应的参量代入式（4-29）的 C_L 和 C_H 中，可得

$$\frac{1}{C_d} = \frac{d_L}{\varepsilon_0 \varepsilon_L} + \frac{d - d_L}{\varepsilon_0 \varepsilon_H} \tag{4-30}$$

式中，d_L 为水分子直径；ε_L 和 ε_H 分别代表水偶极层和外紧密层的相对介电常数。

强电场作用下电极表面吸附的第一层水分子的相对介电常数很小，$\varepsilon_L \approx 5$；而第一层水分子以外的紧密层中，水的相对介电常数要比第一层水分子大得多，$\varepsilon_H \approx 40$。因此式（4-30）右方第二项比第一项小得多，可将它略去，遂得

$$C_d \approx \frac{\varepsilon_0 \varepsilon_r}{d_L} \tag{4-31}$$

这种情况下的双电层电容，仅取决于水的偶极层。所以说，由任何正离子构成的双电层的电容均相差不多。若取 $\varepsilon_L = 5$，$d_L = 2.8 \times 10^{-10}\,\mathrm{m}$，$\varepsilon_0 = 8.85 \times 10^{-12}\,\mathrm{F/m^2}$，可计算出 $C_d = 0.16\,\mathrm{F/m^2}$，与实验值很接近。

（3）电极表面水偶极子的取向。溶剂分子是金属-溶液界面区的主要组分，它的存在对双电层现象有很大影响。水偶极子的取向受到界面上电场的强烈影响。

偶极矩是表示分子中电荷分布情况的物理量，它是一个矢量，方向规定为从正电中心指向负电中心。水分子的偶极矩矢量位于水分子的对称轴上，负电中心偏向氧原子一侧，正电中心偏向两个氢原子一侧。在没有表面电荷时，金属表面水分子的偶极伸向溶液侧并可在很大角度范围内取向，水分子中两个氢原子组成的 H—H 矢量通常平行于表面，但是也有极少数的水分子的 H—H 矢量垂直于表面，当引入表面电荷后，水分子的取向将发生很大的变化，这类偶极取向的变化对吸附层中的电场有很强的影响，在第一、第二吸附层的某些局部区域，甚至可以改变电场的方向。而且，最靠近表面的吸附层的结构大大降低水分子的运动能力，尤其是最紧密吸附层的水只能主要以振动的形式运动，且其重新取向的动态过程也变缓慢了，形成了一种似冰的结构。

水分子偶极取向模型主要有四种，如图 4-23 所示。第一种是 Watts-Tobin 双态模型。假定电极表面上的水分子以单体存在，且分别以氧端朝向金属或朝向溶液两种不同状态取向，即图中偶极向下和向上的水单体，这个模型过于简单。第二种是 Bockris-Habib 的三态模型，由偶极向上和向下的水单体，加上没有静偶极矩的二聚体组成。第三种是 Damaskin Frumkin 的三态模型，由偶极向上的水单体加上偶极向上和向下的水分子聚集体组成。第四种是 Parsons 四态模型，由偶极向上和向下的水单体，加上偶极向上和向下的水分子聚集体组成。

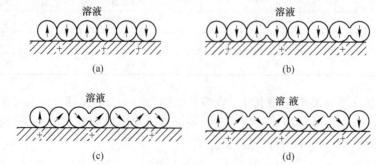

图 4-23　电极表面水分子偶极取向模型

（a）Watts-Tobin 模型；（b）Bockris-Habib 模型；（c）Damaskin Frumkin 模型；（d）Parsons 模型

BDM 模型认为，微分电容曲线上"驼峰"（见图 4-9 中曲线 5）的出现是水偶极子随着金属表面电荷密度变化而发生重新取向的结果。而当 φ 远大于 φ_z 时，C_d 又开始大幅上升的现象与水偶极子取向变化、介电常数变化、水分子相互作用变化等有关。

4.4 有机活性物质在电极表面的吸附

在电化学体系中，常常使用添加剂来控制电极过程，例如防腐工业上用的各种缓蚀剂，电镀工业中使用的各种光亮剂、润湿剂、整平剂等，这些添加剂影响电极过程的机理大多是通过它们在电极表面上的吸附实现的。

所谓吸附，是指某种物质的分子或原子、离子在固体或溶液的界面富集的一种现象。促使这些物质在溶液界面富集的原因，可能是分子间力作用的结果，即所谓的物理吸附；也可能是某种化学力作用的结果，通常称之为化学吸附。另外，由带电荷的电极吸引溶液中带相反电荷的离子，使该离子在电极界面聚集，则称之为静电吸附。吸附对电极与溶液界面的性质有重大影响，它能改变电极表面状态与双电层中电势的分布，从而影响反应粒子的表面浓度及界面反应的活化能。

凡能够强烈降低界面张力，因而容易吸附于电极表面的物质，都被称为表面活性物质，它们的分子、原子、离子等就是表面活性粒子。除了 4.3 节中介绍的无机阴离子在电极与溶液界面区的特性吸附以外，很多有机化合物的分子和离子也都能在界面上吸附。表面活性物质在电极上的吸附，取决于电极与被吸附物质之间、电极与溶剂之间、被吸附物质与溶剂之间三种类型的相互作用。前两种相互作用与电极表面剩余电荷密度有很大关系。

有机物的分子和离子在电极与溶液界面区的吸附对电极过程的影响很大。例如电镀中使用的有机添加剂和以减缓金属腐蚀为目的的有机缓蚀剂，大多都具有一定的表面活性。

与阴离子发生特性吸附类似，有机物的活性粒子向电极表面转移时，必须先脱除自身的一部分水化膜，并且排挤掉原来在电极上存在的吸附水分子。这两个过程都将使系统的吉布斯自由能增大，在电极上被吸附的活性粒子与电极间的相互作用（包括憎水作用力、镜像力和色散力引起的物理作用及与化学键类似的化学作用），则将使得系统的吉布斯自由能减少。只有后面这种作用超过了前者，系统的总吉布斯自由能减少，吸附才能发生。

有机物在电极表面吸附时会出现两种情况。一种是被吸附的有机物在电极表面保持自身的化学组成和特性不变，这种被吸附的粒子与溶液中同种粒子之间很容易进行交换，可以认为吸附是可逆的。另一种是电极与被吸附的有机物间的相互作用特别强烈，能改变有机物的化学结构而形成表面化合物，使被吸附的有机物在界面与溶液间的平衡遭到破坏，这是一种不可逆的吸附。

4.4.1 有机物的可逆吸附

当电极表面剩余电荷密度很小时，对于在电极与溶液界面间发生可逆吸附的脂肪族化合物，系以其分子中亲水的极性基团（例如丁醇中的—OH）朝着溶液（见图 4-24），而不能水化的碳链（分子的憎水部分）则向着电极。而且这种脂肪化合物的碳链越长，其表面活性越大。这类化合物在电极与溶液界面上的吸附，与它们在空气与溶液界面上的吸附很相近。

但是，一些芳香族化合物（如甲酚磺酸、2,6-二甲基苯胺等）、杂环化合物（如咪唑和噻唑衍生物等）和极性官能团多的化合物（如多亚乙基多胺、聚乙二醇等）的活性粒子与电极间的作用远比它们与空气间的作用大得多，因而它们在电极上的吸附要比在空气与溶液界面上的吸附容易得多。而且，同一种粒子在各种不同材料的电极上吸附能力的差别也很明显。

4.4.1.1　有机物吸附的电毛细曲线

近年来用测量电毛细曲线的方法研究了大量有机物在汞电极上的吸附。图 4-25 中的实线和虚线分别表示存在和不存在有机物分子吸附的电毛细曲线。由图 4-25 可知，有机物分子的吸附总是发生在零电荷电势附近一段电势区间内。表面活性物质吸附会使界面张力下降，这是吸附过程引起表面吉布斯自由能减少的直接结果。

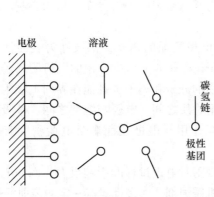

图 4-24　丁醇在电极上吸附示意图

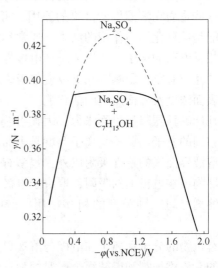

图 4-25　正庚醇对汞在 0.5 mol/L Na_2SO_4 溶液中所测电毛细曲线的影响

在溶液中不存在任何表面活性物质时，电极表面总是吸附一定数量的水分子。因此，对于有机物分子与电极间相互作用很弱的吸附过程来说，可以认为有机物在电极表面上的吸附实质上是有机物分子取代水分子的过程，与下列反应相当：

$$n\text{H}_2\text{O}_{(\text{电极})} + \text{有机物}_{(\text{溶液})} \Longrightarrow \text{有机物}_{(\text{电极})} + n\text{H}_2\text{O}_{(\text{溶液})}$$

由于水分子的极性较强，电极表面有剩余电荷时能加强水分子在电极表面的吸附。在零电荷电势附近，水在电极表面上的吸附最少，它们与电极的联系也最弱，故这时有机物分子最容易取代水分子而被吸附于电极上。在电势变化的区间内，如果电极上由于发生 H^+、OH^- 和 H_2O 的电还原和电氧化形成了氢或氧的吸附，则它们又将与有机物分子竞争，而使有机物分子的吸附减少。

电极上吸附有机物后，电毛细曲线的最大点不但降低，且将发生移动。这表明被吸附的偶极子在不带电的表面上取向时，也会出现额外的电势差。若偶极子的负端朝着电极，则将使零电荷电势向负的方向移动，反之，则移向正的方向。

4.4.1.2　有机物吸附的微分电容曲线

电毛细曲线方法研究有机物吸附的灵敏度和重现性并不好，使用更广泛的方法是微分电容法。近年来通过微分电容法研究了很多有机物在汞电极上的吸附，例如酮、酯、己二酸、香豆素、各种有机正离子、某些分子量高的化合物、生物活性物质（核苷、类固醇、脱氧核糖核酸等）等。此外，还可通过微分电容曲线的测量来研究两种有机物在电极上的共同吸附，以及局外电解质对有机物分子和正离子吸附的影响。

图 4-26 中，实线为电极表面存在有机物分子吸附时的微分电容曲线，虚线为不存在有机物吸附的曲线。可以看出，有机物分子的吸附发生在零电荷电势附近一段电势区间内，φ_z 附近双层电容降低，两侧则出现很高的电容峰值。φ_z 附近 C_d 降低是因为有机物分子取代了在电极表面层中取向的水分子后，一方面使相对介电常数变小，另一方面又使两层电荷间距离加大。根据式（4-2），双电层电容自然应当减小。

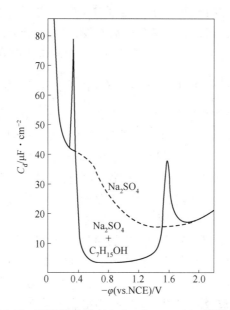

图 4-26　正庚醇对汞在 0.5 mol/L Na$_2$SO$_4$ 溶液中
所测微分电容曲线的影响

若将双电层比作平行板电容器，则可根据电容器能量 $W = \sigma\varphi_a/2$ 的变化来解释在表面剩余电荷密度较大时有机物分子的脱附。

假设电容 C 与电势无关，$C = \sigma\varphi_a$，则

$$W = \frac{1}{2} \times \frac{\sigma^2}{C} \tag{4-32}$$

有机物进入表面层后，双电层能量的变化由两方面决定。一方面，有机物分子在电极表面上取代水分子后，会引起电容的减小，若维持 σ 不变，由式（4-32）可看出，W 将增大。另一方面，吸附是吉布斯自由能减少的过程，将使系统的能量降低。若吉布斯自由能的减少超过了电容能量 W 的变化，使体系总能量降低，吸附能自发进行；反之，则吸附不能发生或已被吸附的有机物将脱附。

一定浓度的有机物在一定电极上的吸附所引起的吉布斯自由能变化，差不多是个定值，但电容器的能量却与 σ 有关。由式（4-32）可看出，在 σ 不一样时，C 对 W 的影响不同。$|\sigma|$ 越大，C 对 W 的影响越显著。当 $|\sigma|$ 增大到一定数值时，由于有机物吸附所引

起的 W 的增大超过了由于吸附引起的吉布斯自由能的变化，将发生有机物的脱附。这时水分子在电极上取代了有机物分子，使 C 增大以降低 W，系统达到了稳定。所以在远离零电荷点的电势区，不管 σ 是正还是负，均将引起被吸附物质的脱附，使图 4-26 的实线与虚线重合。

由图 4-26 还可看出，在发生吸脱附的电势下，电容会出现峰值。可以通过电容与覆盖度的关系来说明这个问题。为了简单起见，假设电极表面上被有机物分子覆盖部分的分数为 θ_A 和未被覆盖部分的分数为 $1-\theta_A$，而且两部分彼此无关。如果近似地认为有机分子吸附后零电荷电势不移动，则可将电极表面剩余电荷密度 σ 表示如下：

$$\sigma = C\varphi_a(1-\theta_A) + C'\varphi_a\theta_A \tag{4-33}$$

式中，右方第一项表示未被有机物分子覆盖部分的剩余电荷密度，C 表示该部分的电容；第二项表示被有机物分子覆盖部分的剩余电荷密度，C' 为该部分的电容。将 C 与 C' 视作恒量，求式（4-33）中 σ 对 φ 的导数，可得出整个电极的微分电容，即

$$C_d = \frac{d\sigma}{d\varphi} = C(1-\theta_A) + C'\theta_A - \frac{\partial\theta_A}{\partial\varphi}(C-C')\varphi_a \tag{4-34}$$

在接近图 4-26 中曲线左侧吸脱附边界的电势下，$\varphi_a>0$，随着 φ_a 的增大，θ_A 减小，$d\theta_A/d\varphi<0$，所以 $-(\partial\theta_A/\partial\varphi)\varphi_a>0$。在接近曲线右侧吸脱附边界的电势下，$\varphi_a<0$，随着 φ_a 的变负，θ_A 减小，$\partial\theta_A/\partial\varphi>0$，这时仍然是 $-(\partial\theta_A/\partial\varphi)\varphi_a>0$。如果考虑到有机物分子吸附后电容减小，即 $C-C'>0$，那么无论曲线左侧还是右侧，式（4-34）中最后一项总是正的。因为在吸脱附的边界上，电势的很小变化就会引起有机物分子吸附量的急剧变化，即 $\partial\theta_A/\partial\varphi$ 很大，故在吸脱附的边界出现了 C_d 的峰值。

有机物在电极上的吸附，还存在空间取向的问题。例如含有 —OH、—CHO、—CO、—CN 等基团的丁基衍生物在汞极上吸附时，若 $\theta_A\approx1$，则有机物分子的烃链将垂直于电极表面。对于芳香族和杂环化合物的吸附，若电极荷正电，被吸附的芳环平面与电极表面平行；而当电极表面带负电荷时，被吸附的芳环平面将与电极表面垂直。

4.4.2　有机物的不可逆吸附

研究发现很多种有机物（例如甲醇、苯和萘等）在铂电极上吸附是不可逆的。在有机物分子与催化活性很高的铂电极接触时，会有脱氢、自氢化、氧化和分解等化学反应发生，所形成的产物被吸附于电极上。这种在电极上吸附的有机物总量中，属于物理吸附的只占很小一部分，不足 1%。这种不可逆吸附过程，跟有机物与催化活性电极间的化学作用有密切的关系，而且在铂电极上的吸附层结构特性和组成也取决于有机物与电极间的相互作用，所以必须研究对吸附粒子的组成、结构及与电极界面间键的性质有影响的各种因素（例如电极电势、溶液 pH 值等）。研究比表面较大的铂电极上有机物吸附的最有效方法，是结合电化学测量应用具有放射活性的示踪原子。

用示踪原子可测量出被吸附的含碳粒子的数量，用电化学方法（例如积分恒电势下的电流-时间曲线）可测量出吸附时形成氢的数量，将二者加以对比后，可以估算出被吸附粒子的化学组成。

通过对不同电势下有机物吸附动力学的研究，可以了解到电极电势对有机物表面覆盖度的影响。当电极电势由吸附量最大的电势向负的方向或者向正的方向移动时，被吸附的

有机物有可能脱附。在一般情况下，脱附的原因是电极上被吸附的物质发生了电氧化或电还原。

$$\Delta \varphi^{(\mathrm{I})} = \frac{RT}{F} \ln \frac{a_{\mathrm{Na}^+}^{\mathrm{I}}}{a_{\mathrm{Na}^+}^{\mathrm{II}}} \tag{4-35}$$

其中，$a_{\mathrm{Na}^+}^{\mathrm{II}}$ 是膜中 Na^+ 的活度，而跨过整个膜的电势即所谓的渗透压可由式（4-36）给出

$$\Delta \varphi_{\mathrm{dial}} = \Delta \varphi^{(\mathrm{IIII})} - \Delta \varphi^{(\mathrm{II})} = \frac{RT}{F} \ln \frac{a_{\mathrm{Na}^+}^{\mathrm{II}}}{a_{\mathrm{Na}^+}^{\mathrm{I}}} \tag{4-36}$$

复习思考题

4-1 电极与溶液界面间电势差包括哪些种类？离子双层是如何形成的？

4-2 简述理想极化电极与理想不极化电极的概念，画出其等效电路，并说明它们在电化学中各有何实际意义？

4-3 什么是零电荷电势？说明零电荷电势下表面张力最大的原因。

4-4 简述交流电桥法测量微分电容的原理。

4-5 微分电容曲线一般有什么特点？

4-6 简述 GCS 模型双层结构，分析紧密层与分散层厚度的变化。

4-7 简述 BDM 模型双层结构，分析超载吸附界面电势分布的变化。

4-8 影响电极与溶液界面间界面张力与界面电容的因素有哪些？二者有何联系？

4-9 如何用微分电容曲线及电毛细曲线求电极表面的剩余电荷密度？哪种方法得出的结果更准确些？

4-10 什么是特性吸附？哪些类型的物质具有特性吸附的能力？

4-11 用什么方法可以判断有无特性吸附及估计吸附量的大小？为什么？

4-12 电极表面带负电，由溶液中的正离子与之构成离子双层。在溶液较浓、电势远离零电荷电势的情况下，其电容均在 $0.16 \sim 0.18 \ \mathrm{F/m^2}$，与正离子半径的大小无关，为什么？

4-13 如何判断电极表面剩余电荷的符号？

4-14 分析阳离子特性吸附对电毛细曲线的影响。

4-15 影响双电层结构的因素有哪些？有何大致规律？

4-16 为什么有机物在电极上的可逆吸附总是发生在一定的电势区间内？

4-17 有机物吸附对电毛细曲线和微分电容曲线有何影响？

4-18 画出 25 ℃下电极 $\mathrm{Cd}|\mathrm{Cd}^{2+}$（$a_{\mathrm{Cd}^{2+}} = 0.001$）处于平衡电势时的双电层结构示意图及双电层电势分布示意图。已知该电极的零电荷电势为 $-0.71 \ \mathrm{V}$。

5 传荷动力学

5.1 电极电位对电子转移步骤反应速率的影响

5.1.1 电极电位对电子转移步骤活化能的影响

电极过程最重要的特征就是电极电位对电极反应速率的影响。这种影响可以是直接的，也可以是间接的。当电子转移步骤是非控制步骤时，如前所述，电化学反应本身的平衡状态基本未遭破坏，电极电位所发生的变化通过改变某些参与控制步骤的粒子的表面浓度而间接地影响电极反应速率。例如扩散步骤控制电极过程（浓差极化）时的情形就是如此。这种情况下，仍可以借用热力学的能斯特方程来计算反应粒子的表面浓度。所以，电极电位间接影响电极反应速率的方式也称为"热力学方式"。当电子转移步骤是控制步骤时，电极电位的变化将直接影响电子转移步骤和整个电极反应过程的速率，这种情形称为电极电位按"动力学方式"影响电极反应速率。本章中涉及的正是后一种情形。从化学动力学可知，反应粒子必须吸收一定的能量激发到一种不稳定的过渡状态——活化态，才有可能发生向反应产物方向的转化。也就是说，任何一个化学反应必须具备一定的活化能，反应才得以实现。上述规律可以用图 5-1 形象地表示出来。图 5-1 中，ΔG_1 为反应始态（反应物）和活化态之间的体系自由能之差，即正向反应活化能；ΔG_2 为反应终态（产物）与活化态之间的体系自由能之差，表示逆向反应活化能。因为一般情况下 $\Delta G_1 \neq \Delta G_2$，故正向反应速率和逆向反应速率不等，整个体系的净反应速率即为二者的代数和。

电极电位对电子转移步骤的直接影响正是通过对该步骤活化能的影响而实现的。可以利用类似于图 5-1 的体系自由能（位能）变化曲线来讨论这种影响。例如，以银电极浸入硝酸银溶液为例，银电极的电子转移步骤反应为

$$Ag^+ + e \Longleftrightarrow Ag \qquad (5-1)$$

为了便于讨论和易于理解，可将上述反应看成是 Ag^+ 在电极-溶液界面的转移过程，并以 Ag^+ 的位能变化代表体系自由能的变化。当然，这只是一种简化的处理方法，不完全符合实际情况，实际的电极反应中并不仅仅涉及一种粒子在相间的转移。如式（5-1）表示的电化学反应中，除了 Ag^+ 外，还有电子的转移。所以，在下面的讨论中，虽然讲的是 Ag^+ 的位能变化，但应理解为整个反应体系的位能或自由能的变化，而不仅仅是 Ag^+ 的位能变化。

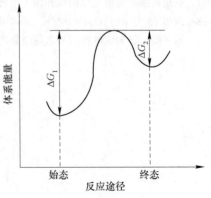

图 5-1　化学反应体系自由能与
体系状态之间的关系

同时作出以下假设：

（1）溶液中参与反应的 Ag^+ 位于外亥姆霍兹平面，电极上参与反应的 Ag^+ 位于电极表面的晶格中，活化态位于这二者之间的某个位置。

（2）电极-溶液界面上不存在任何特性吸附，也不存在除了离子双电层以外的其他相间电位。也就是说，这里只考虑离子双电层及其电位差的影响。

（3）溶液总浓度足够大，以至于双电层几乎完全是紧密层结构，即可认为双电层电位差完全分布在紧密层中，$\varphi_1 = 0$。图 5-2 为银电极刚刚浸入硝酸银溶液的瞬间，或者是零电荷电位下的 Ag^+ 的位能曲线。图中 O 为氧化态（表示溶液中的 Ag^+），R 为还原态（表示在金属晶格中的 Ag^+）。曲线 OO^* 表示 Ag^+ 脱去水化膜自溶液中逸出时的位能变化，曲线 RR^* 表示 Ag^+ 从晶格中逸出时的位能变化。二者综合起来就成了 Ag^+ 在相间转移的位能曲线 OAR。交点 A 即表示活化态，$\Delta \vec{G^0}$ 和 $\Delta \overleftarrow{G^0}$ 分别表示还原反应和氧化反应的活化能。这种情况下，由于没有离子双电层形成，根据上述假设，电极-溶液之间的内电位差 $\Delta\varphi$ 为零，即电极的绝对电位等于零。若取溶液深处内电位为零，则可用金属相的内电位 φ^M 代表相间电位 $\Delta\varphi$。于是，当 $\Delta\varphi = 0$ 时，$\varphi^M = 0$。已知电化学体系中荷电粒子的能量可用电化学位表示，根据 $\bar{\mu} = \mu + nF\varphi$，在零电荷电位时，$Ag^+$ 的电化学位等于化学位。因而在没有界面电场（$\Delta p = 0$）的情

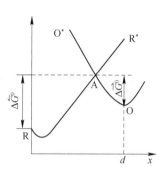

图 5-2　零电荷电位时 Ag^+ 的位能曲线

况下，Ag^+ 在氧化还原反应中的自由能变化就等于它的化学位的变化。这表明，所进行的反应实质上是一个纯化学反应，反应所需要的活化能与纯化学的氧化还原反应没有什么差别。

当电极-溶液界面存在界面电场时，例如电极的绝对电位为 Δp，且 $\Delta p > 0$ 时，Ag^+ 的位能曲线变化如图 5-3 所示。图中曲线 1 为零电荷电位时的位能曲线。曲线 3 为双电层紧密层中的电位分布。这时，电极表面的 Ag^+ 受界面电场的影响，其电化学位为

$$\bar{\mu} = \mu + F\varphi^M = \mu + F\Delta\varphi$$

式中，$\Delta\varphi > 0$，因而 Ag^+ 的位能升高了 $F\Delta\varphi$。同样道理，在紧密层内的各个位置上，Ag^+ 都会受到界面电场的影响，其能量均会有不同程度的增加，由此引起 Ag^+ 的位能的变化。如图 5-3 中曲线 4 所示，把图 5-3 中曲线 1 和曲线 4 叠加，就可得到 Ag^+ 在双电层电位差为 $\Delta\varphi$ 时的位能曲线（图 5-3 中曲线 2）。

从图 5-3 中可看到，与零电荷电位时相比，由于界面电场的影响，氧化反应活化能减小了，而还原反应活化能增大了。即有

$$\Delta \vec{G} = \Delta \vec{G^0} + \alpha F\Delta\varphi \tag{5-2}$$

$$\Delta \overleftarrow{G} = \Delta \overleftarrow{G^0} - \beta F\Delta\varphi \tag{5-3}$$

式中，$\Delta \vec{G}$ 和 $\Delta \overleftarrow{G}$ 分别表示还原反应和氧化反应的活化能；α 和 β 为小于 1、大于零的常数，分别表示电极电位对还原反应活化能和氧化反应活化能影响的程度，称为传递系数或对称系数。因为 $\alpha F\Delta\varphi + \beta F\Delta\varphi = F\Delta\varphi$，所以 $\alpha + \beta = 1$。

用同样的分析方法可以得到：如果电极电位为负值，即 $\Delta\varphi < 0$ 时，式（5-2）和式

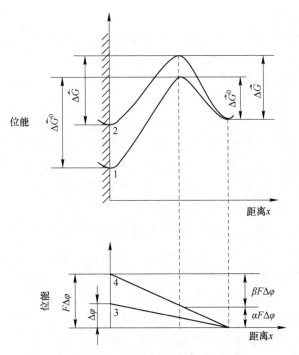

图 5-3　电极电位对 Ag^+ 位能曲线的影响

（5-3）仍然成立，只不过这两个公式将表明氧化反应的活化能增大而还原反应活化能减小。

　　在上面的例子中，把电极反应式（5-1）看成 Ag^+ 在相间的转移过程。其实，也可以把电极反应看作电子在相间转移的过程，从而分析电极电位对反应活化能的影响规律，所得结果是一样的。例如，把铂电极浸入含有 Fe^{2+} 和 Fe^{3+} 的溶液，铂本身作为惰性金属不参与电极反应，这时在电极-溶液界面发生的电化学反应为

$$Fe^{3+} + e \rightleftharpoons Fe^{2+}$$

　　若把还原反应看作电子从铂电极上转移到溶液中 Fe^{3+} 的外层电子轨道中，把氧化反应视为 Fe^{2+} 外层价电子转移到铂电极上，那么，电子的位能曲线变化如图 5-4 所示。曲线 1 至曲线 4 所表示的含义同图 5-3。由于电子荷负电荷，因而 $\Delta\varphi>0$ 时，将引起电极表面的电子位能降低 $F\Delta\varphi$。从图 5-4 中不难看出，电极电位与还原反应活化能和氧化反应活化能的关系与上一个例子是完全一致的，即

$$\Delta\vec{G} = \Delta\vec{G^0} + \alpha F\Delta\varphi$$

$$\Delta\overleftarrow{G} = \Delta\overleftarrow{G^0} - \beta F\Delta\varphi$$

　　从上面两例的讨论中所得到的结论是具有普遍适用性的，即式（5-2）和式（5-3）是普遍适用的。这是因为，尽管在讨论中作了若干假设，采用的过于简化的位能曲线图并不能反映电子转移步骤的反应细节和整个体系位能变化的具体形式，但是只要反应是按 $O+ne\rightleftharpoons R$ 的形式进行，即凡是发生一次转移 n 个电子（$n=1$ 或 2）的电化学反应，那么带有 nF 电量的 1 mol 反应粒子在电场中转移而达到活化态时，就要比没有界面电场时增加克服电场作用而消耗的功 $n\delta F\Delta\varphi$，对还原反应，$\delta=\alpha$；对氧化反应，$\delta=\beta$。所以，反应活化能

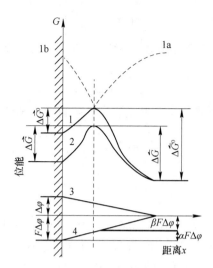

图 5-4　电极电位对电子位能曲线的影响

总是要相应地增加或减少 $n\delta F\Delta\varphi$，从而得到与上两例一致的结论。

根据讨论中的假设，在只存在离子双电层的前提下，电极的绝对电位 $\Delta\varphi$ 在零电荷电位时为零，故可用零标电位 φ_{a} 代替讨论中的绝对电位 $\Delta\varphi$，将式（5-2）和式（5-3）改写为

$$\Delta\vec{G} = \Delta\vec{G^0} + \alpha F\varphi_{\mathrm{a}} \tag{5-4}$$

$$\Delta\overleftarrow{G} = \Delta\overleftarrow{G^0} - \beta F\varphi_{\mathrm{a}} \tag{5-5}$$

如果欲采用更实用的氢标电位，则根据

$$\varphi_{\mathrm{a}} = \varphi - \varphi_0 \tag{5-6}$$

可得到

$$\Delta\vec{G} = \Delta\vec{G^0} + \alpha F(\varphi - \varphi_0) = \Delta\vec{G^{0'}} + \alpha F\varphi \tag{5-7}$$

$$\Delta\overleftarrow{G} = \Delta\overleftarrow{G^0} - \beta F(\varphi - \varphi_0) = \Delta\overleftarrow{G^{0'}} - \beta F\varphi \tag{5-8}$$

式中，$\Delta\vec{G^{0'}} = \Delta\vec{G^0} - \alpha F\varphi_0$，$\Delta\overleftarrow{G^{0'}} = \Delta\overleftarrow{G^0} + \beta F\varphi_0$，分别表示氢标电位为零时的还原反应活化能和氧化反应活化能。

综上所述，可以用一组通式来表达电极电位与反应活化能之间的关系，即

$$\Delta\vec{G} = \Delta\vec{G^0} + \alpha nF\varphi \tag{5-9}$$

$$\Delta\overleftarrow{G} = \Delta\overleftarrow{G^0} - \beta nF\varphi \tag{5-10}$$

式中，φ 为电极的相对电位；$\Delta\vec{G^0}$ 和 $\Delta\overleftarrow{G^0}$ 分别表示在所选用的电位坐标系的零点时的还原反应活化能和氧化反应活化能；n 为一个电子转移步骤一次转移的电子数，通常为 1，少数情况下为 2。

5.1.2　电极电位对电子转移步骤反应速率的影响

根据化学动力学，反应速率与反应活化能之间的关系为

$$v = kc\exp\left(-\frac{\Delta G}{RT}\right) \tag{5-11}$$

式中, v 为反应速率; c 为反应粒子浓度; ΔG 为反应活化能; k 为指前因子。

设电极反应为

$$O + e \Longrightarrow R$$

根据式 (5-11), 可以得到用电流密度表示的氧化反应和还原反应的速率, 即

$$\vec{j} = F\vec{k}c_O^* \exp\left(-\frac{\Delta\vec{G}}{RT}\right) \tag{5-12}$$

$$\overleftarrow{j} = F\overleftarrow{k}c_R^* \exp\left(-\frac{\Delta\overleftarrow{G}}{RT}\right) \tag{5-13}$$

式中, $\vec{j}$ 表示还原反应速率, $\overleftarrow{j}$ 表示氧化反应速率, 均取绝对值; $\vec{k}$、$\overleftarrow{k}$ 为指前因子; c_O^*、c_R^* 分别为 O 粒子和 R 粒子在电极表面 (OHP 平面) 的浓度。由于在研究电子转移步骤动力学时, 该步骤通常是作为电极过程的控制步骤的, 所以可认为液相传质步骤处于准平衡态, 电极表面附近的液层与溶液主体之间不存在反应粒子的浓度差。再加上已经假设双电层中不存在分散层, 因而反应粒子在 OHP 平面的浓度就等于该粒子的浓度, 即有 $c_O^* \approx c_O$, $c_R^* \approx c_R$。将这些关系代入式 (5-12) 和式 (5-13) 中, 得到

$$\vec{j} = F\vec{k}c_O \exp\left(-\frac{\Delta\vec{G}}{RT}\right) \tag{5-14}$$

$$\overleftarrow{j} = F\overleftarrow{k}c_R \exp\left(-\frac{\Delta\overleftarrow{G}}{RT}\right) \tag{5-15}$$

将活化能与电极电位的关系式 (5-9) 与式 (5-10) 代入式 (5-14) 和式 (5-15), 得

$$\vec{j} = F\vec{k}c_O \exp\left(-\frac{\Delta\vec{G^0} + \alpha F\varphi}{RT}\right) = F\vec{k}c_O \exp\left(-\frac{\alpha F\varphi}{RT}\right) \tag{5-16}$$

$$\overleftarrow{j} = F\overleftarrow{k}c_R \exp\left(-\frac{\Delta\overleftarrow{G^0} - \beta F\varphi}{RT}\right) = F\overleftarrow{k}c_R \exp\left(\frac{\beta F\varphi}{RT}\right) \tag{5-17}$$

电位坐标零点处 (即 $\varphi = 0$) 的反应速率常数分别为

$$\vec{K} = \vec{k}\exp\left(\frac{\Delta\vec{G^0}}{RT}\right) \tag{5-18}$$

$$\overleftarrow{K} = \overleftarrow{k}\exp\left(-\frac{\Delta\overleftarrow{G^0}}{RT}\right) \tag{5-19}$$

如果用 $\vec{j}^0$ 和 $\overleftarrow{j}^0$ 分别表示电位坐标零点 ($\varphi = 0$) 处的还原反应速率和氧化反应速率, 则

$$\vec{j}^0 = F\vec{K}c_O \tag{5-20}$$

$$\overleftarrow{j}^0 = F\overleftarrow{K}c_R \tag{5-21}$$

代入式 (5-16) 和式 (5-17), 得

$$\vec{j} = \vec{j}^0 \exp\left(-\frac{\alpha F\varphi}{RT}\right) \tag{5-22}$$

$$\overleftarrow{j} = \overleftarrow{j^0}\exp\left(\frac{\beta F\varphi}{RT}\right) \tag{5-23}$$

对式（5-22）和式（5-23）取对数，经整理后得到

$$\overrightarrow{\varphi} = \frac{2.3RT}{\alpha F}\lg\overrightarrow{j^0} - \frac{2.3RT}{\alpha F}\lg\overrightarrow{j} \tag{5-24}$$

$$\overleftarrow{\varphi} = -\frac{2.3RT}{\beta F}\lg\overleftarrow{j^0} + \frac{2.3RT}{\beta F}\lg\overleftarrow{j} \tag{5-25}$$

以上两组公式，即式（5-22）~式（5-25）就是电子转移步骤的基本动力学公式。这些关系式表明：在同一个电极上发生的还原反应和氧化反应的绝对速率（$\overrightarrow{j}$ 或 $\overleftarrow{j}$）与电极电位成指数关系，或者说电极电位 φ 与 $\lg\overrightarrow{j}$ 或 $\lg\overleftarrow{j}$ 成直线关系，如图5-5所示。电极电位越正，氧化反应速率（$\overleftarrow{j}$）越大；电极电位越负，还原反应速率（$\overrightarrow{j}$）越大。所以，在电极材料、溶液组成和温度等其他因素不变的条件下，可以通过改变电极电位来改变电化学步骤进行的方向和反应速率的大小。例如，25 ℃时把银电极浸入0.1 mol/L的$AgNO_3$溶液中，当电极电位为0.74 V时，银氧化溶解的绝对速率为10 mA/cm²，即

$$\overleftarrow{j_1} = F\overleftarrow{K}c_{Ag}\exp\left(\frac{\beta F\varphi}{RT}\right) = 10 \text{ mA/cm}^2$$

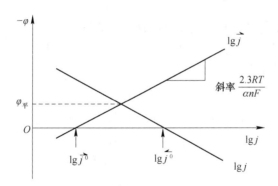

图5-5 电极电位对电极反应绝对速率 $\overrightarrow{j}$ 和 $\overleftarrow{j}$ 的影响（$n=1$ 或 2）

若使电极电位向正移动0.24 V，则银的氧化溶解速率为

$$\overleftarrow{j_2} = F\overleftarrow{K}c_{Ag}\exp\left[\frac{\beta F(\varphi + 0.24)}{RT}\right]$$

$$= F\overleftarrow{K}c_{Ag}\exp\left(\frac{\beta F\varphi}{RT}\right)\exp\left(\frac{\beta F \times 0.24}{RT}\right)$$

$$= \overleftarrow{j}\exp\left(\frac{0.24\beta F}{RT}\right)$$

将有关常数代入，即 $F=96500$ C/mol，$R=8.314$ J/(K·mol)，$T=298$ K。设 $\beta=0.5$，于是得到 $\overleftarrow{j_2}=1000$ mA/cm²。由此可见，电极电位仅仅变正0.24 V，银的溶解速率就增加了100倍。充分体现了电极电位对电化学反应速率的影响之大。最后，需要强调一下：反应速率 $\overrightarrow{j}$ 和 $\overleftarrow{j}$ 是指同一电极上发生的方向相反的还原反应和氧化反应的绝对速率（即微观反应速率），而不是该电极上电子转移步骤的净反应速率，即不是稳态时电极上流过的净

电流或外电流，更不可以把 $\vec{j}$ 和 $\overleftarrow{j}$ 误认为是电化学体系中阴极上流过的外电流（阴极电流）和阳极上流过的外电流（阳极电流）。在任何电极电位下，同一电极上总是存在着 $\vec{j}$ 和 $\overleftarrow{j}$ 的。而外电流（或净电流）恰恰是这两者的差值。当 $\vec{j}$ 和 $\overleftarrow{j}$ 的数值差别较大时，就在宏观上表现出明显的外电流。

5.2 电子转移步骤的基本动力学参数

描述电子转移步骤动力学特征的物理量称为动力学参数。通常认为传递系数、交换电流密度和电极反应速率常数为基本的动力学参数。其中传递系数 α 和 β 的物理意义已在 5.1 节中讲过，即表示电极电位对还原反应活化能和氧化反应活化能影响的程度，其数值大小取决于电极反应的性质。对单电子反应而言，$\alpha+\beta=1$，且常常有 $\alpha\approx\beta\approx0.5$，故又称为对称系数。本节主要介绍其他两个基本动力学参数。

5.2.1 交换电流密度 j^0

设电极反应为

$$O + e \Longleftrightarrow R$$

当电极电位等于平衡电位时，电极上没有净反应发生，即没有宏观的物质变化和外电流通过。但在微观上仍有物质交换，这一点已被示踪原子实验所证实。这表明，电极上的氧化反应和还原反应处于动态平衡，即

$$\vec{j} = \overleftarrow{j}$$

根据式（5-16）和式（5-17）可知，在平衡电位下有

$$\vec{j} = F\vec{K}c_O\exp\left(-\frac{\alpha F\varphi_{平}}{RT}\right) \tag{5-26}$$

$$\overleftarrow{j} = F\overleftarrow{K}c_R\exp\left(\frac{\beta F\varphi_{平}}{RT}\right) \tag{5-27}$$

因为平衡电位下的还原反应速率与氧化反应速率相等，所以可以用一个统一的符号 j^0 来表示这两个反应速率，因而有

$$j^0 = F\vec{K}c_O\exp\left(-\frac{\alpha F\varphi_{平}}{RT}\right) = F\overleftarrow{K}c_R\exp\left(\frac{\beta F\varphi_{平}}{RT}\right) \tag{5-28}$$

式中，j^0 为该电极反应的交换电流密度，或简称交换电流。它表示平衡电位下氧化反应和还原反应的绝对速率。也可以说，j^0 就是平衡状态下，氧化态粒子和还原态粒子在电极-溶液界面的交换速率。所以，交换电流密度本身就表征了电极反应在平衡状态下的动力学特性。那么，交换电流密度的大小与哪些因素有关呢？从式（5-28）可看出它与下列因素有关：

（1）j^0 与 $\vec{K}$ 或 $\overleftarrow{K}$ 有关。已知 $\vec{K}$、$\overleftarrow{K}$ 表示反应速率常数，其数值为

$$\vec{K} = \vec{k}\exp\left(\frac{\Delta\vec{G^0}}{RT}\right)$$

$$\overleftarrow{K} = \overleftarrow{k}\exp\left(-\frac{\Delta \overleftarrow{G^0}}{RT}\right)$$

式中，反应活化能 $\Delta \overrightarrow{G^0}$ 和 $\Delta \overleftarrow{G^0}$ 及指前因子 $\overrightarrow{k}$ 和 $\overleftarrow{k}$ 都取决于电极反应本性。因此表明，除了受温度影响外，交换电流密度的大小与电极反应性质密切相关。不同的电极反应，其交换电流密度可以有很大的差别。表 5-1 中列出了某些电极反应在室温下的交换电流密度。从表 5-1 可看出电极反应本性对交换电流数值的影响之大。例如，汞在 0.5 mol/L 的 H_2SO_4 溶液中电极反应的交换电流为 5×10^{-13} A/cm^2，而汞在 1×10^{-3} mol/L 的 $Hg_2(NO_3)_2$ 和 2.0 mol/L 的 $HClO_4$ 混合溶液中的交换电流则为 5×10^{-1} A/cm^2。尽管电极材料一样，但因电极反应不同，其交换电流竟可相差 12 个数量级。

（2）j^0 与电极材料有关。同一种电化学反应在不同的电极材料上进行，交换电流也可能相差很多。前面已提到，电极反应是一种异相催化反应，电极材料表面起着催化剂表面的作用。所以，电极材料不同，对同一电极反应的催化能力也不同。例如表 5-1 中，电极反应 $H^+ + e \rightleftharpoons \frac{1}{2}H_2$。在汞电极上和在铂电极上进行时，交换电流密度也相差了 9 个数量级。Zn^{2+} 在锌上和在汞上发生氧化还原反应时，交换电流密度也相差了几倍。

表 5-1 某些电极反应在室温下的交换电流密度

电极材料	溶液组成	电极反应	$j^0/A\cdot cm^{-2}$
Hg	0.5 mol/L H_2SO_4	$H^+ + e \rightleftharpoons \frac{1}{2}H_2$	5×10^{-13}
Ni	1 mol/L $NiSO_4$	$\frac{1}{2}Ni^{2+} + e \rightleftharpoons \frac{1}{2}Ni$	2×10^{-9}
Fe	1 mol/L $FeSO_4$	$\frac{1}{2}Fe^{2+} + e \rightleftharpoons \frac{1}{2}Fe$	10^{-8}
Cu	1 mol/L $CuSO_4$	$\frac{1}{2}Cu^{2+} + e \rightleftharpoons \frac{1}{2}Cu$	2×10^{-5}
Zn	1 mol/L $ZnSO_4$	$\frac{1}{2}Zn^{2+} + e \rightleftharpoons \frac{1}{2}Zn$	2×10^{-5}
Pt	0.1 mol/L H_2SO_4	$H^+ + e \rightleftharpoons \frac{1}{2}H_2$	10×10^{-4}
Hg	1×10^{-3} mol/L $Zn(NO_3)_2$+1 mol/L KNO_3	$\frac{1}{2}Zn^{2+} + e \rightleftharpoons \frac{1}{2}Zn$	7×10^{-4}
Hg	1×10^{-3} mol/L $Na(CH_3)_4OH$+1 mol/L $NaOH$	$Na^+ + e \rightleftharpoons Na$	4×10^{-2}
Hg	1×10^{-3} mol/L $Pb(NO_3)_2$+1 mol/L KNO_3	$\frac{1}{2}Pb^{2+} + e \rightleftharpoons \frac{1}{2}Pb$	1×10^{-1}
Hg	1×10^{-3} mol/L $Hg_2(NO_3)_2$+2 mol/L $HClO_4$	$\frac{1}{2}Hg^{2+} + e \rightleftharpoons \frac{1}{2}Hg$	5×10^{-1}

（3）j^0 与反应物质的浓度有关。例如对电极反应 $Zn^{2+}+2e \rightleftharpoons Zn(Hg)$，表 5-2 列出了 Zn^{2+} 浓度不同时该反应的交换电流密度。交换电流密度与反应物质浓度的关系也可从式（5-28）直接看出，并可应用该式进行定量计算。

表 5-2 室温下交换电流密度与反应物浓度的关系

电极反应	$ZnSO_4$ 浓度/$mol \cdot L^{-1}$	$j^0/A \cdot m^{-2}$
$Zn^{2+}+2e \rightleftharpoons Zn(Hg)$	1	80
	0.1	27.6
	0.05	14
	0.025	7

5.2.2 交换电流密度与电极反应的动力学特性

一个电极反应可能处于两种不同的状态：平衡状态与非平衡状态。这取决于电极-溶液界面上始终存在的氧化反应和还原反应这一对矛盾。一般情况下，氧化反应与还原反应速率不等，二者中有一个占主导地位，从而出现净电流，电极反应处于不平衡状态。但在某个特定条件下，当氧化反应与还原反应速率相等时，电极反应达到平衡。对处于平衡态的电极反应来说，它既有一定的热力学性质，又具有一定的动力学特性。这两种性质分别通过平衡电位和交换电流密度来描述，二者之间并无必然的联系。有时两个热力学性质相近的电极反应的动力学性质往往有很大的差别。例如，铁在硫酸亚铁溶液中的标准平衡电位为 -0.44 V，镉在硫酸镉溶液中的标准电位为 -0.402 V，两者很接近，但它们的交换电流密度却相差数千倍。又如，同样的氢离子的氧化还原反应 $\left(H^+ + e \rightleftharpoons \dfrac{1}{2}H_2\right)$ 在不同的金属电极上进行时，当氢离子浓度、氢气分压均相同时，其平衡电位是相同的，但交换电流密度却可能相差很多，有时相差数亿倍以上，见表 5-3。表中 ΔG 为平衡电位时的反应活化能，可以看到交换电流密度与反应活化能之间的密切关系。

表 5-3 室温下不同金属上氢电极的交换电流密度（0.1 mol/L H_2SO_4 溶液中）

电极材料	Hg	Ga	光滑 Pt
$j^0/A \cdot cm^{-2}$	6×10^{-12}	1.6×10^{-7}	3×10^{-3}
$\Delta G_{平}/kJ \cdot mol^{-1}$	75.3	63.6	41.8

但是另一方面，由于电极反应的平衡状态不是静止状态，而是来自氧化反应与还原反应的动态平衡，因此可以根据 $\vec{j} = \overleftarrow{j} = j^0$ 的关系，从动力学角度推导出体现热力学特性的平衡电位公式（能斯特方程）。例如，对于电极反应 $O+e \rightleftharpoons R$，可根据式（5-28）得到：

$$F\vec{K}c_O \exp\left(-\frac{\alpha F\varphi_{平}}{RT}\right) = F\overleftarrow{K}c_R \exp\left(\frac{\beta F\varphi_{平}}{RT}\right)$$

对上式取对数，整理后得到：

$$\frac{(\alpha+\beta)F\varphi_{平}}{RT} = \ln\vec{K} - \ln\overleftarrow{K} + \ln c_O - \ln c_R$$

因为对单电子反应 $\alpha+\beta=1$，所以，

$$\varphi_{\text{平}} = \frac{RT}{F}\ln\frac{\vec{K}}{\overleftarrow{K}} + \frac{RT}{F}\ln\frac{c_{\text{O}}}{c_{\text{R}}}$$

令

$$\varphi^{0'} = \frac{RT}{F}\ln\frac{\vec{K}}{\overleftarrow{K}} \tag{5-29}$$

则

$$\varphi_{\text{平}} = \varphi^{0'} + \frac{RT}{F}\ln\frac{c_{\text{O}}}{c_{\text{R}}} \tag{5-30}$$

式（5-30）就是用动力学方法推导出的能斯特方程。它与热力学方法推导结果的区别仅仅在于用浓度 c 代替了活度，这是在前面推导电子转移步骤基本动力学公式时没有采用活度的缘故。实际上 $\varphi^{0'}$ 中包含了活度系数因素，即

$$\varphi^{0'} = \varphi^0 + \frac{RT}{F}\ln\frac{\gamma_{\text{O}}}{\gamma_{\text{R}}} \tag{5-31}$$

如果用活度取代浓度，则推导的结果将与热力学推导的能斯特方程有完全一致的形式。当电极反应处于非平衡状态时，主要表现出动力学性质，而交换电流密度正是描述其动力学特性的基本参数。根据交换电流密度的定义（见式（5-28）），可以用交换电流密度来表示电极反应的绝对反应速率，即

$$\vec{j} = F\vec{K}c_{\text{O}}\exp\left[-\frac{\alpha F}{RT}(\Delta\varphi + \varphi_{\text{平}})\right] = j^0\exp\left(-\frac{\alpha F}{RT}\Delta\varphi\right) \tag{5-32}$$

$$\overleftarrow{j} = F\overleftarrow{K}c_{\text{R}}\exp\left[\frac{\beta F}{RT}(\Delta\varphi + \varphi_{\text{平}})\right] = j^0\exp\left(\frac{\beta F}{RT}\Delta\varphi\right) \tag{5-33}$$

式中，$\Delta\varphi$ 为有电流通过时电极的极化值。在已知 j^0、α 或 β 的条件下，就可以应用上面两式计算某个电极反应的氧化反应绝对速率 $\overleftarrow{j}$ 和还原反应绝对速率 $\vec{j}$。从式（5-32）和式（5-33）中可看出，由于单电子电极反应中，往往有 $\alpha\approx\beta\approx0.5$，因而电极反应的绝对反应速率的大小主要取决于交换电流 j^0 和极化值 $\Delta\varphi$。

根据 $\vec{j}$ 和 $\overleftarrow{j}$ 可以求得电极反应的净反应速率 $j_{\text{净}}$，即

$$j_{\text{净}} = \vec{j} - \overleftarrow{j} \tag{5-34}$$

将式（5-32）和式（5-33）代入式（5-34）得

$$j_{\text{净}} = j^0\left[\exp\left(-\frac{\alpha F}{RT}\Delta\varphi\right) - \exp\left(\frac{\beta F}{RT}\Delta\varphi\right)\right] \tag{5-35}$$

如果近似认为 $\alpha\approx\beta\approx0.5$，那么从式（5-35）可知，对于不同的电极反应，当极化值 $\Delta\varphi$ 相等时，式（5-35）中指数项之差接近于常数，因而净反应速率的大小决定于各电极反应的交换电流密度。交换电流密度越大，净反应速率也越大，这意味着电极反应越容易进行。换句话说，不同的电极反应若要以同一个净反应速率进行，那么交换电流密度越大，所需要的极化值（绝对值）越小。这表明，当净电流通过电极，电极电位倾向于偏离平衡态时，交换电流密度越大，电极反应越容易进行，其去极化的作用也越强，因而电极电位偏离平衡态的程度，即电极极化的程度就越小。电极反应这种力图恢复平衡状态的能力，或者说去极化作用的能力，可称为电极反应的可逆性。交换电流密度大，反应易于进

行的电极反应，其可逆性也大，表示电极体系不容易极化。反之，交换电流密度小的电极反应则表现出较小的可逆性，电极容易极化。

所以，利用交换电流密度可以判断电极反应的可逆性或是否容易极化。例如，表 5-4 为根据交换电流密度对某些金属电极体系可逆性所进行的分类。表 5-5 则是交换电流密度与电极体系动力学性质之间的一般性规律。其中，就可逆性来说，有两种极端的情形。即：理想极化电极几乎不发生电极反应，交换电流密度趋近于零，所以可逆性最小；理想不极化电极的交换电流密度趋近于无穷大，故几乎不发生极化，可逆性最大。

表 5-4 第一类电极（$M \mid M^{n+}$）可逆性的分类（M^{n+} 的浓度均为 1 mol/L）

序号	金 属	$j^0/A \cdot cm^{-2}$	$\eta/mV(j=1 \ A/cm^2)$	电极反应可逆性
1	Fe, Co, Ni	$10^{-8} \sim 10^{-9}$	$n \times 10^2$	小
2	Zn, Cu, Bi, Cr	$10^{-4} \sim 10^{-7}$	$n \times 10$	中
3	Pb, Cd, Ag, Sn	$10 \sim 10^{-3}$	<10	大

表 5-5 交换电流密度与电极体系动力学性质之间的关系

动力学性质	j^0			
	$\rightarrow 0$	小	大	$\rightarrow \infty$
极化性能	理想极化	易极化	难极化	理想不极化
电极反应的可逆性	完全不可逆	可逆性小	可逆性大	完全可逆
j 与 η 的关系	电极电位 可任意改变	一般为 半对数关系	一般为 直线关系	电极电位 不会改变

需要指出的是电极反应的可逆性是针对电极反应是否容易进行及电极是否容易极化而言的，它与热力学中的可逆电极和可逆电池的概念是两回事，不可混为一谈。

5.2.3 电极反应速率常数

交换电流密度虽然是最重要的基本动力学参数，但如上所述，它的大小与反应物质的浓度有关。改变电极体系中某一反应物质的浓度时，平衡电位和交换电流密度都会改变。所以，应用交换电流密度描述电极体系的动力学性质时，必须注明各反应物质的浓度，这是很不方便的。为此引出了另一个与反应物质浓度无关，更便于对不同电极体系的性质进行比较的基本动力学参数——电极反应速率常数 K。

设电极反应为

$$O + e \Longleftrightarrow R$$

当电极体系处于平衡电极电位 $\varphi^{0'}$ 时，由式（5-31）可知：$c_O = c_R$。由于平衡电位下，均有 $\vec{j} = \overleftarrow{j}$ 的关系，因而根据式（5-28）可得

$$F\vec{K}c_O \exp\left(-\frac{\alpha F}{RT}\varphi^{0'}\right) = F\overleftarrow{K}c_R \exp\left(\frac{\beta F}{RT}\varphi^{0'}\right) \tag{5-36}$$

已知 $c_O = c_R$，故可令

$$K = \vec{K}\exp\left(-\frac{\alpha F}{RT}\varphi^{0'}\right) = \overleftarrow{K}\exp\left(\frac{\beta F}{RT}\varphi^{0'}\right) \tag{5-37}$$

式中，K 即为电极反应速率常数。如果把 $\varphi^{0'}$ 近似看作 φ^0，则 K 可定义为电极电位为标准电极电位和反应粒子浓度为单位浓度时电极反应的绝对速率，单位为 cm/s 或者 m/s。可见，电极反应速率常数是交换电流密度的一个特例，如同标准电极电位是平衡电位的一种特例一样。因而，交换电流密度是浓度的函数。而电极反应速率常数是指定条件下的交换电流密度，它本身已排除了浓度变化的影响。这样，电极反应速率常数既具有交换电流密度的性质，又与反应物质浓度无关，可以代替交换电流密度描述电极体系的动力学性质，而无需注明反应物质的浓度。用电极反应速率常数描述动力学性质时，前面推导出的电子转移步骤基本动力学公式可相应地改写成如下形式，即

$$\vec{j} = F\vec{K}c_O \exp\left(-\frac{\alpha F\varphi}{RT}\right)$$

$$= F\vec{K}c_O \exp\left(-\frac{\alpha F}{RT}\varphi^{0'}\right)\exp\left[-\frac{\alpha F}{RT}(\varphi - \varphi^{0'})\right]$$

$$= FKc_O \exp\left[-\frac{\alpha F}{RT}(\varphi - \varphi^{0'})\right] \tag{5-38}$$

$$\overleftarrow{j} = F\overleftarrow{K}c_R \exp\left(\frac{\beta F\varphi}{RT}\right) = FKc_R \exp\left[\frac{\beta F}{RT}(\varphi - \varphi^{0'})\right] \tag{5-39}$$

尽管用电极反应速率常数 K 表示电极反应动力学性质时具有与反应物质浓度无关的优越性，但由于交换电流密度 j^0 可以通过极化曲线直接测定，因而 j^0 仍是电化学中应用最广泛的动力学参数。

电极反应速率常数与交换电流密度之间的关系可从下面的推导中得到：

根据式（5-39），在平衡电位时应有

$$j^0 = \vec{j} = FKc_O \exp\left[-\frac{\alpha F}{RT}(\varphi - \varphi^{0'})\right] \tag{5-40}$$

已知 $\varphi_平 = \varphi^{0'} + \frac{RT}{F}\ln\frac{c_O}{c_R}$，将其代入式（5-40）后，可得

$$j^0 = FKc_O \exp\left(-\alpha\ln\frac{c_O}{c_R}\right) = FKc_O\left(\frac{c_O}{c_R}\right)^{-\alpha}$$

由于 $\alpha + \beta = 1$，所以

$$j^0 = FKc_R^\alpha c_O^\beta \tag{5-41}$$

5.3 稳态电化学极化规律

5.3.1 电化学极化的基本实验事实

在没有建立起完整的电子转移步骤动力学理论之前，人们已通过大量的实践发现和总结了电化学极化的一些基本规律，其中以塔菲尔（Tafel）在 1905 年提出的过电位 η 和电流密度 j 之间的关系最重要。这是一个经验公式，被称为塔菲尔公式，其数学表达式为：

$$\eta = a + b\lg j \tag{5-42}$$

式中，过电位 η 和电流密度 j 均取绝对值（即正值）；a 和 b 为两个常数。a 表示电流密度为单位数值（如 1 A/cm^2）时的过电位值，它的大小和电极材料的性质、电极表面状态、

溶液组成及温度等因素有关，根据 a 值的大小可以比较不同电极体系中进行电子转移步骤的难易程度。b 是一个主要与温度有关的常数，对大多数金属而言，常温下 b 在 0.12 V 左右。从影响 a 值和 b 值的因素中可以看到，电化学极化时，过电位或电化学反应速率与哪些因素有关。

塔菲尔公式可在很宽的电流密度范围内适用。如对汞电极，当电子转移步骤控制电极过程时，在宽达 $10^{-7} \sim 1\ A/cm^2$ 的电流密度范围内，过电位和电流密度的关系都符合塔菲尔公式。但是，当电流密度很小（$j \to 0$）时，塔菲尔公式就不再成立。因为当 $j \to 0$ 时，按照塔菲尔公式将出现 $\eta \to -\infty$，这显然与实际情况不符。实际情况是：当电流密度很小时，电极电位偏离平衡状态也很少，即 $j \to 0$ 时，$\eta \to 0$。这种情况下，从大量实验中总结出另一个经验公式，即过电位与电流密度呈线性关系的公式：

$$\eta = \omega j \tag{5-43}$$

式中，ω 为一个常数，与塔菲尔公式中的 a 值类似，其大小与电极材料性质及表面状态、溶液组成、温度等有关。

塔菲尔公式和式（5-43）表达了电化学极化的基本规律。通常把式（5-42）所表达的过电位与电流密度之间的关系称为塔菲尔关系，把式（5-43）所表达的过电位与电流密度的关系称为线性关系。

5.3.2 巴特勒-伏尔摩方程

前面已讲过，当电子转移步骤成为电极过程的控制步骤时，电极的极化称为电化学极化。

在这种情况下，当一定大小的外电流通过电极时，初期单位时间内流入电极的电子来不及被还原反应完全消耗掉，或者单位时间内来不及通过氧化反应完全补充流出电极的电子，因而电极表面出现附加的剩余电荷，改变了双电层结构，使电极电位偏离通电前的电位（平衡电位或稳定电位），即电极发生了极化。同时，电极电位的改变又将改变该电极上进行的还原反应速率和氧化反应速率。这种变化一直持续到该电极的还原反应电流 $\vec{j}$ 和氧化反应电流 $\overleftarrow{j}$ 的差值与外电流密度相等为止，这时，电极过程达到了稳定状态。这就是说，电化学极化处于稳定状态时，外电流密度必定等于 $\vec{j} - \overleftarrow{j}$，也就是等于电子转移步骤的净反应速率（即净电流密度 $j_{净}$）。由于电子转移步骤是控制步骤，因而 $j_{净}$ 也应是整个电极反应的净反应速率。这样，根据电子转移步骤的基本动力学公式很容易得到稳态电化学极化时电极反应的速率与电极电位之间的关系，即

$$j = j_{净} \tag{5-44}$$

将式（5-35）代入式（5-44），则

$$j = j^0 \left[\exp\left(-\frac{\alpha F}{RT} \Delta \varphi \right) - \exp\left(\frac{\beta F}{RT} \Delta \varphi \right) \right] \tag{5-45}$$

式（5-45）就是单电子电极反应的稳态电化学极化方程式，也称为巴特勒-伏尔摩（Butler-Volmer）方程，它是电化学极化的基本方程之一。式中的 j 既可表示外电流密度（也称极化电流密度），也可表示电极反应的净反应速率。按照习惯规定，当电极上发生净还原反应（阴极反应）时，j 为正值；为发生净氧化反应（阳极反应）时，j 为负值。若

电极反应净速率欲用正值表示时，可用 j_c 代表阴极反应速率，用 j_a 表示阳极反应速率，将式（5-45）分别改写为

$$j_c = \overrightarrow{j} - \overleftarrow{j} = j = j^0 \left[\exp\left(-\frac{\alpha F}{RT}\eta_c \right) - \exp\left(\frac{\beta F}{RT}\eta_c \right) \right] \tag{5-46}$$

$$j_a = \overleftarrow{j} - \overrightarrow{j} = j = j^0 \left[\exp\left(-\frac{\beta F}{RT}\eta_a \right) - \exp\left(\frac{\alpha F}{RT}\eta_a \right) \right] \tag{5-47}$$

式中，η_c、η_a 分别表示阴极过电位和阳极过电位，均取正值。

按照巴特勒-伏尔摩方程作出的极化曲线如图 5-6 所示。图 5-6 中实线为 j-η 关系曲线，虚线为 $\overrightarrow{j}$-η 或 $\overleftarrow{j}$-η 曲线。

从巴特勒-伏尔摩方程及其图解可以看到，当电极电位为平衡电位时，即 $\eta = 0$ 时，$j = 0$。这表明在平衡电位下，即在平衡电位的界面电场中并没有净反应发生。所以界面电场的存在并不是发生净电极反应的必要条件，出现净反应的必要条件是剩余界面电场的存在，即过电位的存在。只有 $\eta \neq 0$ 时，才会有净反应速率 $j \neq 0$。这正如盐从溶液中结晶析出需要过饱和度，熔融金属结晶时需要过冷度一样。所以可以说，过电位是电极反应（净反应）发生的推动力。

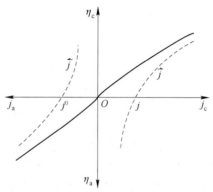

图 5-6 电化学极化曲线

（实线为 j-η 曲线，虚线为 $\overrightarrow{j}$-η 或 $\overleftarrow{j}$-η 曲线）

这正是容易进行的电极反应需要的极化值或过电位较小的原因。同时，这一点再次证明，在电极过程动力学中，真正有用的是过电位或电极电位的变化值，而不是电极电位的绝对数值（绝对电位）。

其次，巴特勒-伏尔摩方程指明了电化学极化时的过电位（可称为电化学过电位）的大小取决于外电流密度和交换电流密度的相对大小。当外电流密度一定时，交换电流密度越大的电极反应，其过电位越小。如前所述，这表明反应越容易进行，所需要的推动力越小。而相对于一定的交换电流密度而言，则外电流密度越大时，过电位也越大，即要使电极反应以更快的速率进行，就需要有更大的推动力。所以，可以把依赖于电极反应本性反映了电极反应进行难易程度的交换电流密度看作决定过电位大小或产生电极极化的内因，而外电流密度则是决定过电位大小或产生极化的外因（条件）。因而对一定的电极反应，在一定的极化电流密度下会产生一定的过电位。内因（j^0）和条件（j）中任何一方面的变化都会导致过电位的改变。

根据巴特勒-伏尔摩方程还可以知道，极化电流密度 j 和 η 或 $\Delta\varphi$ 之间的关系类似于双曲正弦函数。例如，设 $\alpha \approx \beta \approx 0.5$ 时，可以从式（5-43）中得出

$$j = j^0 \left[\exp\left(-\frac{F}{2RT}\Delta\varphi \right) - \exp\left(\frac{F}{2RT}\Delta\varphi \right) \right]$$

令

$$x = -\frac{F}{2RT}\Delta\varphi$$

则

$$j = 2j^0 \sinh x \tag{5-48}$$

根据式（5-46）可得出一个完全对称的具有双曲正弦函数图形的极化曲线，如图 5-7 所示。当 $\alpha \neq \beta$ 时，极化曲线虽不对称，但仍具备双曲函数的特征。

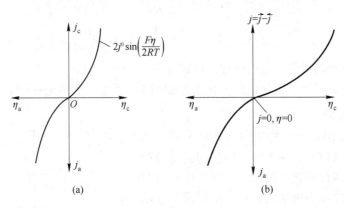

图 5-7　具有双曲函数特征的电化学极化曲线

（a）完全对称；（b）不对称

正因为如此，电化学极化时，$j\text{-}\eta$ 关系也类似于双曲函数而具有两种极限情况：x 很大和 x 很小。在这两种情况下，过电位与电流密度的关系可以简化，这对研究电化学极化的动力学规律很有意义。下面讨论接近于这两种极限情况时巴特勒-伏尔摩方程的近似公式。

5.3.3　高过电位下的电化学极化规律

当极化电流密度远大于交换电流密度时，通常会出现高的过电位，即电极的极化程度较高。此时，电极反应的平衡状态遭到明显的破坏。下面以阴极极化为例，说明这种情况下的电化学极化规律。

当过电位很大时，相当于双曲函数的 x 很大，即式（5-46）中有如下关系

$$\exp\left(\frac{\alpha F}{RT}\eta_c\right) \gg \exp\left(-\frac{\beta F}{RT}\eta_c\right)$$

所以，可以忽略式（5-46）中右边第二个指数项，遂得到

$$j_c \approx j^0 \exp\left(\frac{\alpha F}{RT}\eta_c\right) \tag{5-49}$$

由于 $j_c = \vec{j} - \overleftarrow{j} \approx \vec{j}$，故式（5-49）实质上是反映了因还原反应速率远大于氧化反应速率而可以将后者忽略不计的结果。

将式（5-49）两边取对数，整理后得

$$\eta_c = -\frac{2.3RT}{\alpha F}\lg j^0 + \frac{2.3RT}{\alpha F}\lg j_c \tag{5-50}$$

同理，对于阳极极化也可作出类似推导，得到

$$j_a \approx j^0 \exp\left(\frac{\beta F}{RT}\eta_a\right) \tag{5-51}$$

$$\eta_a = -\frac{2.3RT}{\beta F}\lg j^0 + \frac{2.3RT}{\beta F}\lg j_a \tag{5-52}$$

式（5-50）和式（5-52）即为高过电位（或者 $|j| \geqslant j^0$）时巴特勒-伏尔摩方程的近似公式。与化学极化的经验公式——塔菲尔公式（即式（5-42））相比，可看出两者是完全一致的。这表明电子转移步骤的基本动力学公式和巴特勒-伏尔摩方程的正确性得到了实践的验证。同时，理论公式——式（5-50）和式（5-52）又比从实践中总结出来的经验公式更具有普遍意义，更清楚地说明了塔菲尔关系中常数 a 和 b 所包含的物理意义，即

阴极极化时，

$$a = -\frac{2.3RT}{\alpha F}\lg j^0 \tag{5-53a}$$

$$b = \frac{2.3RT}{\alpha F} \tag{5-54a}$$

阳极极化时，

$$a = -\frac{2.3RT}{\beta F}\lg j^0 \tag{5-53b}$$

$$b = \frac{2.3RT}{\beta F} \tag{5-54b}$$

这样，理论公式明确地指出了电极反应以一定速率进行时，电化学过电位的大小取决于电极反应性质（通过 α、β 体现）和反应的温度 T。

那么，在实际情况中，什么范围才算是高过电位区呢？或者说，什么条件下电化学极化才符合塔菲尔关系呢？从式（5-50）和式（5-52）的推导过程可知，巴特勒-伏尔摩方程能够简化成半对数的塔菲尔关系，关键在于忽略了逆向反应的存在。因此，只有巴特勒-伏尔摩方程中两个指数项差别相当大时，才能符合塔菲尔关系。通常认为，满足塔菲尔关系的条件是两个指数项相差 100 倍以上。例如阴极极化时，假设 $a \approx 0.5$，则适用式（5-50）的条件为

$$\frac{\exp\left(-\dfrac{\alpha F}{RT}\eta_{\mathrm{c}}\right)}{\exp\left(\dfrac{\beta F}{RT}\eta_{\mathrm{c}}\right)} > 100$$

在 25 ℃时，可计算出该条件相当于 $\eta_{\mathrm{c}} > 0.116$ V。

5.3.4 低过电位下的电化学极化规律

当电极反应的交换电流密度比极化电流密度大得多，即 $|j| \ll j^0$ 时，由于 j 是两个大数（$\vec{j}$ 和 $\overleftarrow{j}$）之间的差值，所以只要和 j 有很小的一点差别，就足以引起比 j^0 小得多的净电流密度（即极化电流密度）j。这种情况下，只需要电极电位稍稍偏离平衡电位，也就是只需要很小的过电位就足以推动净反应以 j 的速率进行了（见图 5-8(a)），因而电极反应仍处于"近似可逆"的状态，即 $\vec{j} \approx \overleftarrow{j}$。这种情况就是低过电位下的电化学极化。实际体系中，它只有在电极反应体系的交换电流密度很大或通过电极的电流密度很小时才会发生。

当过电位很小时，式（5-45）可按级数形式展开，略去级数展开式中的高次项，只保留前两项，遂得低过电位下的近似公式

$$j \approx -\frac{Fj^0}{RT}\Delta\varphi \tag{5-55a}$$

或

$$\Delta\varphi \approx -\frac{RT}{F}\frac{j}{j^0} \tag{5-55b}$$

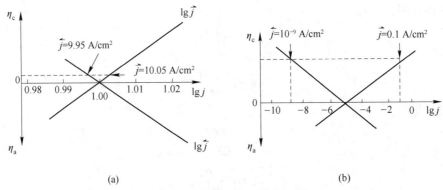

(a)   (b)

图 5-8 j 与 j^0 的相对大小对过电位的影响（设 $j = 0.1\ \text{A/cm}^2$）

(a) $j^0 = 10\ \text{A/cm}^2 \gg j$；(b) $j^0 = 10^{-5}\ \text{A/cm}^2 \ll j$

为把式（5-55b）与经验公式（5-43）比较，同样可看到理论公式与经验公式的一致性，二者都表明低过电位下，过电位与极化电流密度或净反应速率之间呈线性关系。并可得知式（5-43）中常数 ω 是交换电流与温度的函数，即

$$\omega = \frac{RT}{F}\frac{1}{j^0} \tag{5-56}$$

若模仿欧姆定律的形式，则可将式（5-55）改写成

$$R_r = \left|\frac{\mathrm{d}|\Delta\varphi|}{\mathrm{d}j}\right|_{\Delta\varphi\to 0} = \frac{RT}{Fj^0} \tag{5-57}$$

可见 $\dfrac{RT}{Fj^0}$ 具有电阻的量纲，有时就将它称为反应电阻或极化电阻，用 R_r 表示。它相当于电荷在电极-溶液界面传递过程中单位面积上的等效电阻。但应该强调的是这只是一种形式上的模拟，而不是在电极-溶液界面真的存在某一个电阻 R_r。从式（5-57）中知道，反应电阻 R_r 与交换电流密度成反比。通常认为，对于单电子电极反应，当 $\alpha \approx \beta \approx 0.5$ 时，式（5-55）所表达的过电位与极化电流密度的线性关系在 $\eta < 10\ \text{mV}$ 的范围内适用。当 α 与 β 不接近相等时，则 η 值还要小些。

处于上述两种极限情况之间，即在高过电位区与低过电位区之间还存在一个过渡区域，在这一过电位范围内，电化学极化的规律既不是线性的，也不符合塔菲尔关系。通常将这一过渡区域称为弱极化区。在弱极化区中，电极上的氧化反应和还原反应的速率差别不很大，不能忽略任何一方，但又不像线性极化区那样处于近似的可逆状态。所以，在弱极化区，巴特勒-伏尔摩方程不能进行简化。也就是说，这一区域的电化学极化规律必须用完整的巴特勒-伏尔摩方程来描述。在电极过程动力学的研究中，由于电极极化到塔菲尔区后，电极表面状态变化较大，往往已不能正确反映电极反应的初始面貌，并常因表面状态的变化而造成 η 与 $\lg j$ 之间的非线性化，从而引起较大的测量误差。而在线性极化区，又常常由于测量中采用的电流、电压信号都很小，信噪比相对增大，也给极化曲线与动力学参数的测量造成一定误差。所以，近年来，人们越来越重视弱极化区动力学规律的研究，以便利用这些规律进行电化学测量，获取比较精确的测量数据。

5.3.5 稳态极化曲线法测量基本动力学参数

根据上面讨论的各种条件下电化学极化的动力学规律，可以用图解的方法把过电位、极化电流密度（电极反应速率）和各个基本动力学参数之间的关系表示出来，如图5-9所示。从图5-9中可以看出，这个图和图5-6是一回事，仅仅改换了坐标而已，即把坐标j换成了$\lg j$。所以，图5-9同样表达了电化学极化处于稳态时，微观的氧化还原反应的动力学规律（即η-$\lg \vec{j}$和η-$\lg \overleftarrow{j}$曲线）与宏观的净电极反应的动力学规律（即阴极极化曲线η-$\lg j_c$和阳极极化曲线η-$\lg j_a$）之间的联系。其中阴极极化曲线和阳极极化曲线是可以实验测定的。因此，根据图5-9所表示的相互关系，可以找到通过测量稳态极化曲线求基本动力学参数的方法。例如：

（1）实验测定阴极和阳极极化曲线后，将其线性部分，即塔菲尔区外推，就可得到η-$\lg \vec{j}$和η-$\lg \overleftarrow{j}$曲线，如图5-9中的两条虚线，二者的交点即为该电极反应的$\lg j^0$。或者把其中一条极化曲线的线性部分外推，与平衡电位线相交，所得交点也是$\lg j^0$，由此可以求得交换电流密度$\lg j^0$。

（2）把实验测定的阴极或阳极极化曲线线性部分外推到$\lg j=0$处，在电极电位坐标上所得的截距即为塔菲尔公式中的a，根据式（5-53a）和式（5-53b），可求出j^0。

以上两种方法通常被称为塔菲尔直线外推法。所测量得到的极化曲线要以η-$\lg j$或φ-$\lg j$的形式给出，如图5-9所示。

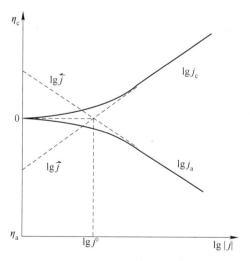

图5-9　电化学极化曲线（实线）与η-$\lg \vec{j}$、η-$\lg \overleftarrow{j}$曲线（虚线）之间的联系

（3）实验测得的η-$\lg j$曲线线性部分的斜率即为塔菲尔公式中的b，常被称作塔菲尔斜率。由b、式（5-54a）和式（5-54b）可求得该电极反应的传递系数α或β。

（4）在平衡电位附近测量极化曲线（η-j曲线，见图5-6）。该极化曲线靠近平衡电位的线性部分的斜率即为极化电阻 R_r，根据式（5-57），可以从极化电阻 R_r，求得交换电流 j^0。

（5）通过实验求得的交换电流 j^0，可根据式（5-41）计算电极反应速率常数 K。

5.4 多电子的电极反应

5.4.1 多电子电极反应简介

前几节讨论的都是单电子电极反应，而实际中遇到的不仅仅是单电子电极反应，还有很多电极反应涉及多个电子的转移。那么，这些反应中，电子是如何转移的呢？即多电子电极反应是按什么样的历程进行的呢？它的动力学规律又将如何？若是两个电子参与的电极反应，则有两种可能性。例如，对于电极反应 $Cu^{2+}+2e \rightleftharpoons Cu$，就有两种可能的反应历程，即

（1）一次转移两个电子，电极反应历程为

$$Cu^{2+} + 2e \rightleftharpoons Cu$$

这种情况发生在高过电位下。

（2）在较低过电位下，一次电化学反应只转移一个电子，要连续进行两次单电子的电极反应才能转移完两个电子，即反应历程为

$$Cu^{2+} + e \rightleftharpoons Cu^+$$
$$Cu^+ + e \rightleftharpoons Cu$$

上述反应历程（1）可称为单电子转移步骤，因为电子转移是一次完成的。单电子转移步骤转移的电子数目可以是 1 个或 2 个。但由于单个电子的转移最容易进行，所以大多数情况下单电子转移步骤只转移一个电子。

反应历程（2）称为多电子转移步骤或多步骤电化学反应。该历程中，依靠连续进行的若干个单电子转移步骤完成整个电化学反应过程。所以，多电子转移步骤是由一系列单电子转移步骤串联组成的。例如，对于多电子电极反应：

$$O + ne \rightleftharpoons R$$

其反应历程可描述为

$$
\begin{aligned}
O + e &\underset{}{\overset{j_1^0}{\rightleftharpoons}} X_1 \\
X_1 + e &\underset{}{\overset{j_2^0}{\rightleftharpoons}} X_2 \\
&\vdots \\
X_{k-2} + e &\underset{}{\overset{j_{k-1}^0}{\rightleftharpoons}} X_{k-1}
\end{aligned}
\right\} \text{控制步骤前共 } k-1 \text{ 个单电子步骤}
$$

$$X_{k-1} + e \underset{}{\overset{j_k^0}{\rightleftharpoons}} X_k \quad \text{（控制步骤）}$$

$$
\begin{aligned}
X_k + e &\underset{}{\overset{j_{k+1}^0}{\rightleftharpoons}} X_{k+1} \\
&\vdots \\
X_{n-1} + e &\underset{}{\overset{j_n^0}{\rightleftharpoons}} R
\end{aligned}
\right\} \text{控制步骤后共 } n-k \text{ 个单电子步骤}
$$

在这些连续进行的单电子转移步骤之中，同样有一个速率控制步骤，如上例中的第 k 个步骤。

有时，控制步骤要重复多次，才开始下一个步骤。例如氢电极反应 $2H^+ + 2e \rightleftharpoons H_2$，在有些情况下，会出现如下反应历程：

$$\left.\begin{array}{l} H^+ + e \rightleftharpoons H_{吸附} \\ H^+ + e \rightleftharpoons H_{吸附} \end{array}\right\} 控制步骤，重复两次$$

$$H_{吸附} + H_{吸附} \rightleftharpoons H_2$$

有些情况下，中间态粒子有可能发生歧化反应，如：

$$2(O + e \rightleftharpoons X) \qquad 单电子反应，重复两次$$

$$2X \rightleftharpoons O + R \qquad 歧化反应$$

$$O + 2e \rightleftharpoons R \qquad 净反应$$

而歧化反应可能是与电极电位无关的化学反应。所以，多电子转移步骤也不是在任何情况下都是由单电子步骤串联组成的。

凡是多个电子参与的电极反应，即 $n > 2$ 时，肯定一次不可能转移 n 个电子，所以它的反应历程都是多电子转移步骤类型，如氧电极反应 $4OH^- \rightleftharpoons 2H_2O + O_2 + 4e$ 就是一个有中间产物生成的多步骤电子转移反应。

为了简便起见，下面仍以双电子反应为例讨论多电子转移步骤的动力学规律。

5.4.2　多电子转移步骤的动力学规律

设双电子反应为

$$O + 2e \rightleftharpoons R$$

反应历程为两个单电子步骤的串联，即

（1）$O + e \rightleftharpoons X$　（中间粒子）

（2）$X + e \rightleftharpoons R$　（假定为控制步骤）

根据前几节的讨论，控制步骤作为单电子反应，其动力学规律为

$$\overrightarrow{j_2} = F\overrightarrow{K_2}c_X \exp\left(-\frac{\alpha_2 F\varphi}{RT}\right) \tag{5-58}$$

$$\overleftarrow{j_2} = F\overleftarrow{K_2}c_R \exp\left(\frac{\beta_2 F\varphi}{RT}\right) \tag{5-59}$$

式中，c_X 为中间粒子 X 的浓度。可以从非控制步骤的准平衡态性质求得 c_X，即对于步骤（1），应有

$$\overrightarrow{j} \approx \overleftarrow{j}$$

所以

$$\overrightarrow{K_1}c_0 \exp\left(-\frac{\alpha_1 F\varphi}{RT}\right) = \overleftarrow{K_1}c_X \exp\left(\frac{\beta_1 F\varphi}{RT}\right) \tag{5-60}$$

$$c_X = \frac{\overrightarrow{K_1}}{\overleftarrow{K_1}}c_0 \exp\left(-\frac{F}{RT}\varphi\right) \tag{5-61}$$

令 $K_1 = \dfrac{\overrightarrow{K_1}}{\overleftarrow{K_1}}$，则式（5-61）可写成

$$c_X = K_1 c_0 \exp\left(-\frac{F}{RT}\varphi\right) \tag{5-62}$$

将式（5-62）代入式（5-58）中，得到

$$\begin{aligned}
\overrightarrow{j_2} &= F K_{\overrightarrow{2}} K_1 c_0 \exp\left(-\frac{F\varphi}{RT}\right)\exp\left(-\frac{\alpha_2 F\varphi}{RT}\right) \\
&= F K_{\overrightarrow{2}} K_1 c_0 \exp\left[-\frac{(1+\alpha_2)F\varphi}{RT}\right] \\
&= j_2^0 \exp\left[-\frac{(1+\alpha_2)F}{RT}\Delta\varphi\right]
\end{aligned} \tag{5-63}$$

同理可推得

$$\overleftarrow{j_2} = j_2^0 \exp\left(\frac{\beta_2 F}{RT}\Delta\varphi\right) \tag{5-64}$$

式中，j_2^0 为控制步骤（步骤（2））的交换电流密度。

稳态极化时，各个串联的单元步骤的速率应当相等，并等于控制步骤的速率。因此，在电极上由 n 个单电子转移步骤串联组成的多电子转移步骤的总电流密度 j，即电极反应净电流密度应为各单电子转移步骤电流密度之和，即 $j = n j_k$。其中 j_k 为控制步骤的交换电流密度，对上述双电子反应，则应有

$$j = 2\overrightarrow{j_2} - \overleftarrow{j_2} = 2 j_2 \tag{5-65}$$

将式（5-63）和式（5-64）代入式（5-65），得

$$j = 2 j_2^0 \left\{\exp\left[-\frac{(1+\alpha_2)F}{RT}\Delta\varphi\right] - \exp\left(\frac{\beta_2 F}{RT}\Delta\varphi\right)\right\} \tag{5-66}$$

令 $j^0 = 2 j_2^0$，代表双电子反应的总交换电流密度。令 $\overrightarrow{\alpha} = 1 + \alpha_2$，表示还原反应总传递系数；$\overleftarrow{\alpha} = \beta_2$，表示氧化反应总传递系数。则可将式（5-66）写为

$$j = j^0 \left[\exp\left(-\frac{\overrightarrow{\alpha} F}{RT}\Delta\varphi\right) - \exp\left(\frac{\overleftarrow{\alpha} F}{RT}\Delta\varphi\right)\right] \tag{5-67}$$

式（5-67）即为双电子电极反应的动力学公式，也可适用于任何一个多电子电极反应。由于它和单电子转移步骤的基本动力学公式（巴特勒-伏尔摩方程）具有相同的形式，因而被称为普遍化了的巴特勒-伏尔摩方程。只是需要注意，在式（5-67）中，交换电流密度和传递系数都要用整个电极反应的交换电流密度和传递系数（$\overrightarrow{\alpha}$, $\overleftarrow{\alpha}$）。对多电子电极反应 $O + ne \rightleftharpoons R$ 可以推导出下列各关系式：

总的传递系数为

$$\overrightarrow{\alpha} = \frac{k-1}{v} + \alpha_k \tag{5-68}$$

$$\overleftarrow{\alpha} = \frac{n-k+1}{v} - \beta_k \tag{5-69}$$

式中，α_k 和 β_k 为控制步骤的传递系数；k 为控制步骤在正向（还原反应方向）反应时的序号；v 为控制步骤重复进行的次数。显然有

$$\overrightarrow{\alpha} + \overleftarrow{\alpha} = \frac{n}{v} \tag{5-70}$$

总的还原反应绝对速率为

$$\vec{j} = nFK_C c_O \exp\left(-\frac{\vec{\alpha}F}{RT}\varphi\right) = j^0 \exp\left(-\frac{\vec{\alpha}F}{RT}\Delta\varphi\right) \tag{5-71}$$

总的氧化反应绝对速率为

$$\overleftarrow{j} = nFK_a c_R \exp\left(-\frac{\overleftarrow{\alpha}F}{RT}\varphi\right) = j^0 \exp\left(\frac{\overleftarrow{\alpha}F}{RT}\Delta\varphi\right) \tag{5-72}$$

总交换电流密度为

$$j^0 = nFK_C c_O \exp\left(-\frac{\vec{\alpha}F}{RT}\varphi_{\Psi}\right) = nFK_a c_R \exp\left(\frac{\overleftarrow{\alpha}F}{RT}\varphi_{\Psi}\right) \tag{5-73}$$

式 (5-71) ~式 (5-73) 中，K_C 和 K_a 均为常数，可用式 (5-74) 和式 (5-75) 表示，即

$$K_C = \vec{K}_k \prod_{i=1}^{k-1}\left(\frac{\vec{K}_i}{\overleftarrow{K}_i}\right) \tag{5-74}$$

$$K_a = \overleftarrow{K}_k \prod_{i=n-k}^{n}\left(\frac{\vec{K}_i}{\overleftarrow{K}_i}\right) \tag{5-75}$$

式 (5-74) 和式 (5-75) 中，下标 k 表示控制步骤数，下标 i 表示非控制步骤数。$k-1$ 表示控制步骤前的单电子转步骤数，$n-k$ 表示控制步骤后的单电子转移步骤数。

显然，将式 (5-71) 和式 (5-72) 代入 $j= \vec{j} - \overleftarrow{j}$ 的关系式中，同样可得到与式 (5-67) 完全一样的多电子反应的净反应速率公式，即普遍化的巴特勒-伏尔摩方程。普遍化的巴特勒-伏尔摩方程对单电子电极反应同样适用。在单电子电极反应中，$n=1$，$k=1$，$\alpha_k=\alpha$，$\beta_k=\beta$。所以有

$$\vec{\alpha} = \alpha$$
$$\vec{\beta} = \beta$$
$$\vec{\alpha} + \overleftarrow{\alpha} = 1$$

这时的式 (5-67) 即表现为单电子转移步骤的巴特勒-伏尔摩方程：

$$j = j^0\left[\exp\left(-\frac{\alpha F}{RT}\Delta\varphi\right) - \exp\left(\frac{\beta F}{RT}\Delta\varphi\right)\right]$$

由此可见，式 (5-67) 是具有普遍意义的。

对于多电子电极反应，也可以像单电子电极反应那样，把普遍化的巴特勒-伏尔摩方程在高过电位区和低过电位区分别简化成近似公式。

(1) 高过电位区。以阴极极化为例，可有

$$j = j^0 \exp\left(-\frac{\vec{\alpha}F}{RT}\Delta\varphi\right) \tag{5-76}$$

$$\eta_c = -\Delta\varphi = -\frac{2.3RT}{\vec{\alpha}F}\lg j^0 + \frac{2.3RT}{\vec{\alpha}F}\lg j_c \tag{5-77}$$

其动力学规律同样符合塔菲尔关系。

(2) 低过电位区。式 (5-61) 按级数展开后，同样可得到一个线性方程，即

$$j_c = -j^0\frac{nF}{RT}\Delta\varphi \tag{5-78}$$

$$\Delta\varphi = -\frac{RT}{nF}\frac{j_c}{j^0}$$ 　　　　　　　　　(5-79)

从上面的讨论可知，多电子电极反应的动力学规律是由其中组成控制步骤的某一个单电子转移步骤（多为单电子反应）所决定的，因而它的基本动力学规律与单电子转移步骤（单电子电极反应）是一致的，基本动力学参数（传递系数和交换电流密度等）都具有相同的物理意义，仅仅由于反应历程的复杂程度不同，在数值上有所区别。

复习思考题

5-1　人们从实验中总结出的电化学极化规律是什么？电化学极化值的大小受哪些因素的影响？

5-2　试用位能图分析电极电位对电极反应 $Cu^{2+}+2e \rightleftharpoons Cu$（一次转移两个电子）的反应速率的影响。

5-3　从理论上推导电化学极化方程式（巴特勒-伏尔摩方程），并说明该理论公式与经验公式的一致性。

5-4　电化学反应的基本动力学参数有哪些？说明它们的物理意义。

5-5　既然平衡电位和交换电流密度都是描述电极反应平衡状态的特征参数，为什么交换电流密度能说明电极反应的动力学特征？

5-6　可以用哪些参数来描述电子转移步骤的不可逆性？这些参数之间有什么联系与区别？

5-7　何谓理想极化电极？何谓不极化电极？

5-8　φ_1 电位的变化为什么会影响电化学反应步骤的速率？在什么条件下必须考虑这种影响？

5-9　多电子转移步骤的动力学规律与单电子转移步骤的动力学规律是否一样？为什么？

5-10　当电极过程为电子转移步骤和扩散步骤共同控制时，其动力学规律有什么特点？

5-11　对于 $j_0 \ll j_d$ 的电极体系，电极过程有没有可能受扩散步骤控制？为什么？

5-12　什么是电子的隧道跃迁？在电极-溶液界面实现电子隧道跃迁的条件是什么？

5-13　什么是费米能级？它在电极反应中有什么重要意义？

5-14　试根据量子理论，说明活化态和过电位的物理意义。

5-15　何谓交换电流密度？它能说明哪些电极反应的性质？何谓"内电流"，它和外电流有什么关系？

5-16　外电流与过电位之间的线性关系和半对数关系各在什么条件下出现？由此能否说明电化学极化有两种截然不同的动力学特征？

5-17　电解 H_2SO_4 水溶液，Ni 阴极上的过电位为 0.35 V。当交换电流密度增加到原来的 8 倍时，阴极过电位是多少？假设塔菲尔公式中的 $b=0.12$ V。

5-18　实验测得酸性溶液（pH=1）中，氢在铁电极上析出的极化电位符合塔菲尔关系，得到 $a=0.7$ V，$b=128$ mV。试求外电流为 1 mV/cm^2 时的电极电位（中）、阴极过电位和交流电流密度。

6 液相传质动力学

液相传质步骤是整个电极过程中的一个重要环节，因为液相中的反应粒子需要通过液相传质向电极表面不断地输送，而电极反应产物又需通过液相传质过程离开电极表面，只有这样，才能保证电极过程连续地进行下去，在许多情况下，液相传质步骤不但是电极过程中的重要环节，而且可能成为电极过程的控制步骤，由它来决定整个电极过程动力学的特征。例如，当一个电极体系所通过的电流密度很大、电化学反应速率很快时，电极过程往往由液相传质步骤所控制，或者这时电极过程由液相传质步骤和电化学反应步骤共同控制，但其中液相传质步骤控制占有主要地位。由此可见，研究液相传质步骤动力学的规律具有非常重要的意义。

事实上，电极过程的各个单元步骤是连续进行的，并且存在着相互影响。因此，要想单独研究液相传质步骤，首先要假定电极过程的其他各单元步骤的速率非常快，处于准平衡态，以便使问题的处理得以简化，从而得到单纯由液相传质步骤控制的动力学规律，然后再综合考虑其他单元步骤对它的影响。这种处理问题的方法是在进行科学研究和理论分析时常用的科学方法。

液相传质动力学实际上是讨论电极过程中电极表面附近液层中物质浓度变化的速率。这种物质浓度的变化速率，固然与电极反应的速率有关，但如果假定电极反应速率很快，即把它当作一个确定的因素来对待，那么这种物质浓度的变化速率就主要取决于液相传质的方式及其速度。因此，需要首先研究液相传质的几种方式。

6.1 液相传质的三种方式

6.1.1 液相传质的三种方式简介

在液相传质过程中有三种传质方式，即电迁移、对流和扩散。

6.1.1.1 电迁移

在第 1 章中已经讲过，电解质溶液中的带电粒子（离子）在电场作用下沿着一定的方向移动，这种现象称为电迁移。

电化学体系是由阴极、阳极和电解质溶液组成的。当电化学体系中有电流通过时，阴极和阳极之间就会形成电场。在这个电场的作用下，电解质溶液中的阴离子就会定向地向阳极移动，而阳离子定向地向阴极移动，这种带电粒子的定向运动使得电解质溶液具有导电性能。显然，电迁移作用也使溶液中的物质进行了传输，因此，电迁移是液相传质的一种重要方式。

应该指出，通过电迁移作用而传输到电极表面附近的离子，有些是参与电极反应的，有一些则不参加电极反应，而只起到传导电流的作用。

　　由于电迁移作用而使电极表面附近溶液中某种离子浓度发生变化的数量，可用电迁流量来表示。所谓流量，就是在单位时间、单位截面积上流过的物质的量。

　　由前文可知，电迁流量为

$$J_i = \pm c_i v_i = \pm c_i u_i E \tag{6-1}$$

式中，J_i 为 i 离子的电迁流量，$mol/(cm^2 \cdot s)$；c_i 为 i 离子的浓度，mol/cm^3；v_i 为 i 离子的电迁移速率，cm/s；u_i 为 i 离子的淌度，$cm^2/(s \cdot V)$；E 为电场强度，V/cm；$\pm$表示阳离子和阴离子运动方向不同，阳离子电迁移时用"＋"号，阴离子电迁移时用"－"号。

　　由式（6-1）可见，电迁流量与 i 离子的淌度成正比，与电场强度成正比，与 i 离子的浓度成正比，即与 i 离子的迁移数有关。也就是说，溶液中其他离子的浓度越大，i 离子的迁移数就越小，则通入一定电流时，i 离子的电迁流量也越小。

6.1.1.2　对流

　　所谓对流是一部分溶液与另一部分溶液之间的相对流动。通过溶液各部分之间的这种相对流动，也可进行溶液中的物质传输过程。因此，对流也是一种重要的液相传质方式。

　　根据产生对流的原因的不同，可将对流分为自然对流和强制对流两大类。

　　溶液中各部分之间存在的密度差或温度差而引起的对流称为自然对流，这种对流在自然界中是大量存在的，自然发生的。例如，在原电池或电解池中，由于电极反应消耗了反应粒子而生成了反应产物，所以可能使得电极表面附近液层的溶液密度与其他地方不同，从而由于重力作用而引起自然对流。此外，由于电极反应可能引起溶液温度的变化，电极反应也可能有气体析出，这些都能够引起自然对流。

　　强制对流是用外力搅拌溶液引起的。搅拌溶液的方式有多种，例如，在溶液中通入压缩空气引起的搅拌称为压缩空气搅拌；在溶液中采用棒式、桨式搅拌器或采用旋转电极，这时引起的搅拌称为机械搅拌。这些搅拌方法均可引起溶液的强制对流。此外，采用超声波振荡器等振动的方法也可引起溶液的强制对流。

　　通过自然对流和强制对流作用，可以使电极表面附近流层中的溶液浓度发生变化，其变化量用对流流量来表示，i 离子的对流流量为

$$J_i = v_x c_i \tag{6-2}$$

式中，J_i 为 i 离子的对流流量，$mol/(cm^2 \cdot s)$；c_i 为 i 离子的浓度，mol/cm^3；v_x 为电极表面垂直方向上的液体流速，cm/s。

6.1.1.3　扩散

　　当溶液中存在某一组分的浓度差，即在不同区域内某组分的浓度不同时，该组分将自发地从浓度高的区域向浓度低的区域移动，这种液相传质运动称为扩散。

　　在电极体系中，当有电流通过电极时，由于电极反应消耗了某种反应粒子并生成了相应的反应产物，因此就使得某一组分在电极表面附近液层中的浓度发生了变化。在该液层中，反应粒子的浓度由于电极反应的消耗而有所降低；而反应产物的浓度却比溶液本体中的浓度高。于是，反应粒子将向电极表面方向扩散，而反应产物粒子将向远离电极表面的方向扩散。

　　电极体系中的扩散传质过程是一个比较复杂的过程，整个的扩散过程可分为非稳态扩散和稳态扩散两个阶段，现简要分析如下。

假定电极反应为阴极反应，反应粒子是可溶的，而反应产物是不溶的。

当电极上有电流通过时，在电极上发生电化学反应。电极反应首先消耗电极表面附近液层中的反应粒子，于是该液层中反应粒子的浓度 c 开始降低，从而导致在垂直于电极表面的 x 方向上产生了浓度差，或者说导致在 x 方向上产生了 i 离子的浓度梯度 dc_i/dx。在这个扩散推动力的作用下，溶液本体中的反应粒子开始向电极表面液层中扩散。

在电极反应的初期，由于反应粒子浓度变化不太大，浓度梯度较小，向电极表面扩散过来的反应粒子的数量远远少于电极反应所消耗的数量，而且扩散所发生的范围主要在离电极表面较近的区域内；随着电极反应的不断进行，由于扩散过来的反应粒子的数量远小于电极反应的消耗量，因此使浓度梯度加大，同时发生浓度差的范围也不断扩展，这时，在发生扩散的液层（可称为扩散层）中，反应粒子的浓度随着时间的不同和距电极表面的距离不同而不断地变化，如图 6-1 所示。

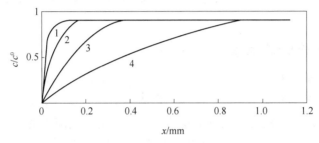

图 6-1　反应粒子的暂态浓度分布
1—0.1 s；2—1 s；3—10 s；4—100 s

由图 6-1 可以看出，扩散层中各点的反应粒子浓度是时间和距离的函数，即

$$c_i = f(x,\ t) \tag{6-3}$$

式中，x 为扩散距离；t 为开始极化后经历的时间。

这种反应粒子浓度随 x 和 t 不断变化的扩散过程，是一种不稳定的扩散传质过程。这个阶段内的扩散称为非稳态扩散或暂态扩散。由于非稳态扩散中，反应粒子的浓度是 x 与 t 的函数，问题比较复杂，将在 6.4 节中进行专门讨论。

如果随着时间的推移，扩散的速率不断提高，有可能使扩散补充过来的反应粒子数与电极反应所消耗的反应粒子数相等，则可以达到一种动态平衡状态，即扩散速率与电极反应速率相平衡。这时，反应粒子在扩散层中各点的浓度分布不再随时间变化而变化，而仅仅是距离的函数，即

$$c_i = f(x) \tag{6-4}$$

这时，存在浓度差的范围即扩散层的厚度不再变化，i 离子的浓度梯度是一个常数。在扩散的这个阶段中，虽然电极反应和扩散传质过程都在进行，但二者的速率恒定并且相等，整个过程处于稳定状态。这个阶段的扩散过程就称为稳态扩散。

在稳态扩散中，通过扩散传质输送到电极表面的反应粒子恰好补偿了电极反应所消耗的反应粒子，其扩散流量可由菲克（Fick）第一定律来确定，即

$$J_i = -D_i \frac{dc_i}{dx} \tag{6-5}$$

式中，J_i 为 i 离子的扩散流量，$mol/(cm^2 \cdot s)$；D_i 为 i 离子的扩散系数，即浓度梯度为 1 时的扩散流量，cm^2/s；$\dfrac{dc_i}{dx}$ 为 i 离子的浓度梯度，mol/cm^4；"$-$" 表示扩散传质方向与浓度增大的方向相反。

对于扩散传质过程的讨论，可简要归纳如下：

（1）稳态扩散与非稳态扩散的区别，主要看反应粒子的浓度分布是否为时间的函数，即稳态扩散时，$c_i = f(x)$；非稳态扩散时，$c_i = f(x, t)$。

（2）非稳态扩散时，扩散范围不断扩展，不存在确定的扩散层厚度；只有在稳态扩散时，才有确定的扩散范围，即存在不随时间改变的扩散层厚度。

（3）即使在稳态扩散时，由于反应粒子在电极上不断消耗，溶液本体中的反应粒子不断向电极表面进行扩散传质，故溶液本体中的反应粒子浓度也在不断下降，因此严格说来，在稳态扩散中也存在非稳态因素，把它看成是稳态扩散，只是为讨论问题方便而作的近似处理。

6.1.2　液相传质三种方式的比较

为了加深对三种传质方式的理解，可以从下述几方面对它们进行比较。

（1）从传质运动的推动力来看，电迁移传质的推动力是电场力。对流传质的推动力，对于自然对流来说是由于密度差或温度差的存在，其实质是溶液的不同部分存在重力差；对于强制对流来说，其推动力是搅拌外力。扩散传质的推动力是由于存在浓度差，或者说是由于存在浓度梯度，其实质是由于溶液中的不同部位存在化学位梯度。

（2）从所传输的物质粒子的情况来看，电迁移所传输的物质只能是带电粒子，即是电解质溶液中的阴离子或阳离子。扩散和对流所传输的物质既可以是离子，也可以是分子，甚至可能是其他形式的物质微粒。在电迁移传质和扩散传质过程中，溶质粒子与溶剂粒子之间存在着相对运动；在对流传质过程中，是溶液的一部分相对于另一部分做相对运动，而在运动着的一部分溶液中，溶质与溶剂一起运动，它们之间不存在明显的相对运动。

（3）从传质作用的区域来看可将电极表面及其附近的液层大致划分为双电层区、扩散层区和对流区，如图 6-2 所示。

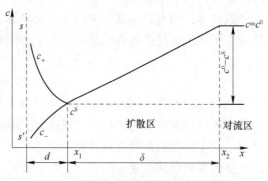

图 6-2　阴极极化时扩散层厚度示意图

d—双电层厚度；δ—扩散层厚度；c^0—溶液本体浓度；c^S—电极表面附近液层的浓度；

c_+，c_-—阳离子和阴离子的浓度；s-s'—电极表面位置

由图 6-2 可见，从电极表面到 x_1 处，其距离为 d，这是双电层区。在此区域内，由于电极表面所带电荷不同，阴离子和阳离子的浓度有所不同。图中所示电极表面带负电荷，因此在电极表面阳离子的浓度高于阴离子浓度，到达双电层的边界时，即在 x_1 处 $c_+ = c_-$，这时的离子浓度以 c^S 表示。一般来说，当电解质溶液的浓度不太稀时，$d = 10^{-7} \sim 10^{-6}$ cm，即只有零点几个纳米到几个纳米厚。在这个区域内，可以认为各种离子的浓度分布只受双电层电场的影响，而不受其他传质过程的影响，所以在讨论电极表面附近的液层时，往往把 x_1 处看作是 $x = 0$ 点。

前面已经谈到，对于非稳态扩散过程，扩散层厚度是随时间而改变的，因此不存在确定的扩散层厚度。图 6-2 中的 δ 只代表稳态扩散时的扩散层厚度。在这个区域中的主要传质方式是电迁移和扩散。因为在一般情况下，扩散层的厚度为 $10^{-3} \sim 10^{-2}$ cm，从宏观来看，非常接近于电极表面，根据流体力学可知，在如此靠近电极表面的流层中，液体对流的速度很小。越靠近电极表面，对流速度越小。因此在这个区域对流传质的作用很小。

当溶液中含有大量局外电解质时，反应离子的迁移数很小。在这种情况下考虑传质作用时，反应粒子的电迁移传质作用可以忽略不计。因此，可以说扩散传质是扩散层中的主要传质方式。在许多实际的电化学体系中，电解质溶液中往往都含有大量的局外电解质。因此，在考虑扩散层中的传质作用时，往往只考虑扩散作用，通常所说的电极表面附近的液层，也主要指的是扩散层。以后凡不加特殊说明时，都是按这种思路来处理问题的。

在稳态扩散层内存在着浓度梯度，若电极表面反应粒子浓度为 c^S，溶液本体中的反应粒子浓度为 c^0，扩散层厚度为 δ，则浓度梯度为 $\dfrac{c^0 - c^S}{\delta}$。

图 6-2 中 x_2 点以外的区域称为对流区，这个区域离电极表面比较远，可以认为该区域中各种物质的浓度与溶液本体浓度相同。在一般情况下，这个区域中的对流传质作用远远大于电迁移传质作用，因此可将后者忽略不计，认为在对流区只有对流传质才起主要作用。

从上述讨论可知，在电解液中，当电极上有电流通过时，三种传质方式可能同时存在，但在一定的区域中或在一定的条件下，起主要作用的传质方式往往只是其中的一种或两种。如果电极反应消耗了反应粒子，则所消耗的反应粒子应该由溶液本体中传输过来才能得到补充；如果电解质溶液中含有大量局外电解质，不考虑电迁移传质作用的话，那么向电极表面传输反应粒子的过程将由对流和扩散两个连续步骤串联完成。又因为对流传质的速率远大于扩散传质的速率，因此液相传质的速率主要由扩散传质过程所控制。根据控制步骤的概念，扩散动力学的特征就可以代表整个液相传质过程动力学的特征，因此本章实质上主要讨论扩散动力学的特征。只有当对流传质过程不容忽视时，才把对流传质和扩散传质结合起来进行讨论。

6.1.3 液相传质三种方式的相互影响

前面已经对液相传质的三种方式分别进行了讨论，但是，由于三种传质方式共存于电解液同一体系中，因此它们之间存在着相互联系和相互影响。

例如，在单纯的扩散过程中，即不存在任何其他传质作用时，随着电极反应不断消耗反应粒子，扩散流量很难赶上电极反应的消耗量；同时，溶液本体浓度也会有所降低。因此，实际上是达不到稳态扩散的。只有反应粒子能通过其他传质方式及时得到补充，才可能实现稳态扩散过程。通常，在溶液中总是存在着对流作用的，在远离电极表面处，对流速度>扩散速度。所以，只有当对流与扩散同时存在时，才能实现稳态扩散过程，故常常把一定强度的对流作用的存在，作为实现稳态扩散过程的必要条件。

又如，当电解液中没有大量的局外电解质存在时，电迁移的作用不能忽略。此时电迁移将对扩散作用产生影响，根据具体情况不同，电迁移和扩散可能是互相叠加，也可能互相抵消。例如，在电解池中，当阴极上发生金属阳离子的还原反应时，电迁移与扩散作用的方向相同，因此是两者的相互叠加作用使溶液本体中的金属阳离子向电极表面附近液层中移动；而当阴离子在阴极上还原，如 $Cr_2O_7^{2-}$ 在阴极上还原为铬时，电迁移与扩散方向相反，起互相抵消的作用。阳极附近的情况也与此类似，当阳极的氧化反应是金属原子失掉电子变为金属离子时，金属离子的电迁移与扩散的方向相同，是互相叠加作用；而当发生 $Fe^{2+}-e{\rightarrow}Fe^{3+}$ 这类低价离子氧化变为高价离子的反应时，Fe^{2+} 的迁移和扩散方向相反，是互相抵消作用。

6.2　稳态扩散过程

在上一节曾经谈过，本章中主要讨论的是扩散动力学的特征和规律。由于稳态扩散问题要比非稳态扩散问题简单，所以本节首先介绍稳态扩散过程。

6.2.1　理想条件下的稳态扩散

为了讨论问题的方便，先从最简单的情况开始讨论，即首先讨论单纯扩散过程的规律。

由于扩散与电迁移以及对流三种传质方式总是同时存在，因此在一般的电解池装置中，无法研究单纯扩散传质过程的规律。为了能简便地研究单纯扩散过程的规律，人们人为地设计了一定的装置，在此装置中，可以排除电迁移传质作用的干扰，并且把扩散区与对流区分开，从而得到一个单纯的扩散过程。因为这种条件是人为创造的理想条件，因此把这种条件下的扩散过程称为理想条件下的稳态扩散过程。

研究理想条件下稳态扩散的装置如图 6-3 所示。

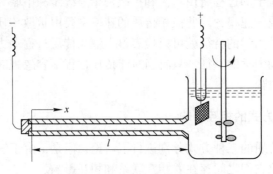

图 6-3　研究理想稳态扩散过程的装置

该装置是一个特殊设计的电解池。电解池本身是由一个很大的容器及其左侧所接的长

度为 l 的毛细管组成的。容器中的溶液为硝酸银和大量硝酸钾的混合溶液；电解池的阴极为银电极，其面积大小几乎与毛细管横截面积相同，而阳极为铂电极；在大容器中设有机械搅拌器。

6.2.1.1 理想稳态扩散的实现

该装置实际上是一个在银电极上沉积银的电解池。电解质 $AgNO_3$ 中离解出来的 Ag^+ 可不断地在银电极上还原沉积出来。大量的局外电解质 KNO_3 可以离解出大量 K^+，而 K^+ 在阴极上不会发生还原反应。因此，在液相传质过程中，Ag^+ 的电迁流量很小，可以忽略不计。

在大容器中的搅拌器可以产生强烈的搅拌作用，从而使电解液产生强烈的对流作用，可使 Ag^+ 分布均匀，也就是说，在大容器中各处的 $c_{Ag^+}^0$ 是均匀的；而毛细管内径相对很小，可以认为搅拌作用对毛细管内的溶液不发生影响，即对流传质作用不能发展到毛细管中，在毛细管中只有扩散传质才起作用。因此，可以得到截然分开的扩散区和对流区，如图 6-4 所示。

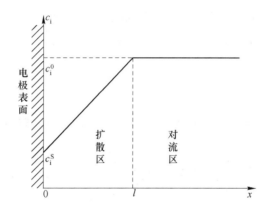

图 6-4 理想稳态扩散过程中电极表面附近液层中反应粒子的浓度分布示意图

Ag^+ 在毛细管一端的银阴极上放电。因为大容器的容积远远大于毛细管的容积，所以当通电量不太大时，可以认为大容器中的 Ag^+ 浓度 $c_{Ag^+}^0$ 不发生变化。当电解池通电以后，在阴极上有离子放电，在电极表面附近液层中 Ag^+ 浓度开始下降，由原来的 $c_{Ag^+}^0$ 变为 $c_{Ag^+}^S$，$c_{Ag^+}^S$ 即表示电极表面附近的 Ag^+ 浓度。随着通电时间的延长，浓度差逐渐向外发展。当浓度差发展到 $x=l$ 处，即发展到毛细管与大容器相接处时，由于对流作用，使该点的 Ag^+ 浓度始终等于大容器中的 Ag^+ 浓度 $c_{Ag^+}^0$，即 Ag^+ 可以由此向毛细管内扩散，以便及时补充电极反应所消耗的 Ag^+。因而，当达到稳态扩散时，Ag^+ 的浓度差就被限定在毛细管内，即扩散层厚度等于 l。

由上述分析可见，在毛细管区域内，由于可以不考虑电迁移和对流作用，因此可以实现只有单纯扩散作用的传质过程，也就是说实现了理想条件下的稳态扩散。这时，在毛细管区域内 Ag^+ 的浓度分布与时间无关，与距离的关系是线性关系，即浓度梯度 $c_{Ag^+}^0$ 是一个常数。也就是说，因为扩散层厚度等于 l，所以毛细管中 Ag^+ 的浓度梯度 $\dfrac{dc}{dx}=\dfrac{c^0-c^S}{l}=$ 常数。

6.2.1.2　理想稳态扩散的动力学规律

由上述分析并根据菲克第一定律，Ag^+ 的理想稳态扩散流量为

$$J_{Ag^+} = -D_{Ag^+} \frac{dc_{Ag^+}}{dx} = -D_{Ag^+} \frac{c^0_{Ag^+} - c^S_{Ag^+}}{l} \tag{6-6}$$

若扩散步骤为控制步骤时，整个电极反应的速率就由扩散速率来决定，因此可以用电流密度来表示扩散速率。若以还原电流为正值，则电流的方向与 x 轴方向即流量的方向相反，于是有

$$j_c = F(-J_{Ag^+}) - FD_{Ag^+} \frac{c^0_{Ag^+} - c^S_{Ag^+}}{l} \tag{6-7}$$

假设电极反应为

$$O + ne \Longleftrightarrow R$$

则稳态扩散的电流密度为

$$j = nF(-J_i) = nFD_i \frac{c^0_i - c^S_i}{l} \tag{6-8}$$

在电解池通电之前，$j=0$，$c^0_i = c^S_i$。当通电以后，随着电流密度 j 的增大，电极表面反应粒子浓度下降，当 $c^S_i = 0$ 时，则反应粒子的浓度梯度达到最大值，扩散速度也最大，此时的扩散电流密度为

$$j_d = nFD_i \frac{c^0_i}{l} \tag{6-9}$$

式中，j_d 为极限扩散电流密度。这时的浓差极化就称为完全浓差极化。将式（6-9）代入式（6-8）中，可得

$$j = j_d \left(1 - \frac{c^S_i}{c^0_i}\right) \tag{6-10}$$

或

$$c^S_i = c^0_i \left(1 - \frac{j}{j_d}\right) \tag{6-11}$$

从式（6-11）中可以看出，若 $j > j_d$，则 $c^S_i < 0$，这当然是不可能的。这就进一步证实，j_d 就是理想稳态扩散过程的极限电流密度。当出现 j_d 时，扩散速率达到了最大值，电极表面附近放电粒子浓度为零，扩散过来一个放电粒子，立刻就消耗在电极反应上了。但 c^S_i 不能小于零，所以扩散速率也就不可能再大了。

出现 j_d 是稳态扩散过程的重要特征，以后还要讲到，可以根据是否有极限扩散电流密度的出现来判断整个电极过程是否由扩散步骤控制。

6.2.2　真实条件下的稳态扩散过程

从上面的讨论已经知道，一定强度的对流的存在是实现稳态扩散的必要条件。在理想稳态扩散装置中，也是因为有了对流作用才实现稳态扩散的。在真实的电化学体系中，也总是有对流作用的存在，并与扩散作用重叠在一起。所以真实体系中的稳态扩散过程，严格来说是一种对流作用下的稳态扩散过程，或可以称为对流扩散过程，而不是单纯的扩散过程。

　　此外，在理想条件下，人为地将扩散区与对流区分开了。但在真实的电化学体系中，扩散区与对流区是互相重叠、没有明确界限的。因此，真实体系中的稳态扩散有与理想稳态扩散相同的一面，即在扩散层内都是以扩散作用为主的传质过程，故二者具有类似的扩散动力学规律。二者又有不同的一面，即在理想稳态扩散条件下，扩散层有确定的厚度，其厚度等于毛细管的长度；而在真实体系中，由于对流作用与扩散作用的重叠，只能根据一定的理论来近似地求得扩散层的有效厚度。也只有知道了扩散层的有效厚度，才可能借用理想稳态扩散的动力学公式推导出真实条件下的扩散动力学公式。

　　对流扩散又可分为两种情况，一种是自然对流条件下的稳态扩散，另一种是强制对流条件下的稳态扩散。由于很难确定自然对流的流速，因此本节只讨论在强制对流条件下的稳态扩散过程。

　　为了定量地解决强制对流条件下的稳态扩散动力学问题，列维契将流体力学的基本原理与扩散动力学相结合，提出了对流扩散理论，用该理论可以比较成功地处理异相界面附近的液流现象及其有关的传质过程。由于列维契对流扩散理论的数学推导比较复杂，所以只介绍该理论的要点。

6.2.2.1　电极表面附近的液流现象及传质作用

　　假设有一个薄片平面电极，处于由搅拌作用而产生的强制对流中。如果液流方向与电极表面平行，并且当流速不太大时，该液流属于层流。设冲击点为 y_0 点，液流的切向流速为 u_0。

　　在符合上述条件的层流中，由于在电极表面附近液体的流动受到电极表面的阻滞作用（这种阻滞作用可理解为摩擦阻力，在流体力学中称为动力黏滞），故靠近电极表面的液流速率减小，而且离电极表面越近，液流流速 u 就越小。在电极表面即 $x=0$ 处，$u=0$。而在比较远离电极表面的地方，电极表面的阻滞作用消失，液流流速为 u_0，如图6-5所示。

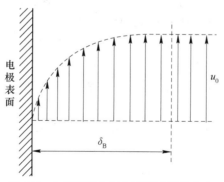

图6-5　电极表面上切向液流速度的分布

　　从 $u=0$ 到 $u=u_0$ 所包含的液流层，即靠近电极表面附近的液流层称为"边界层"，其厚度以 δ_B 表示。δ_B 的大小与电极的几何形状和流体动力学条件有关。根据流体力学理论，可以推导出下列近似关系式

$$\delta_B \approx \sqrt{\frac{\nu y}{u_0}} \tag{6-12}$$

式中，u_0 为液流的切向初速度；ν 为动力黏滞系数，又称为动力黏度系数，$\nu=\dfrac{黏度系数\,\eta}{密度\,\rho}$；$y$

为电极表面上某点距冲击点 y_0 的距离。

由式（6-12）可以看出，电极表面上各点处的 δ_B 是不同的，离冲击点越近，则 δ_B 越小，而离冲击点越远，则 δ_B 越大，如图 6-6 所示。

此外，根据扩散传质理论，在紧靠电极表面附近有一很薄的液层，在该液层中存在着反应粒子的浓度梯度，故存在着反应粒子的扩散作用。这一薄液层被称为"扩散层"，其厚度以 δ 表示。扩散层与边界层的关系，如图 6-7 所示。

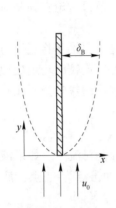

图 6-6   电极表面上边界层的厚度分布

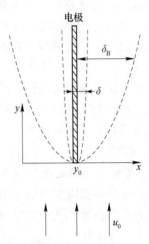

图 6-7   电极表面上边界层 δ_B 和
扩散层 δ 的厚度

从图 6-7 可见，扩散层包含在边界层之内。但值得注意的是，扩散层与边界层二者是完全不同的概念。在边界层中，存在着液流流速的速度梯度，可以实现动量的传递，动量传递的大小取决于溶液的动力黏度系数 ν；而在扩散层中，则存在着反应粒子的浓度梯度，在此层内能实现物质的传递，物质传递的多少取决于反应粒子的扩散系数 D_i。一般来说，ν 和 D_i 在数值上差别很大，例如在水溶液中，一般 $\nu = 10^{-2}$ cm²/s，而 $D_i = 10^{-6}$ cm²/s，相差三个数量级。这就说明，动量的传递要比物质的传递容易得多。因此，δ_B 也就比 δ 要大得多。

根据流体动力学理论，可以推算出 δ 与 δ_B 之间的近似关系，即

$$\frac{\delta}{\delta_B} \approx \left(\frac{D_i}{\nu}\right)^{1/3} \tag{6-13}$$

6.2.2.2   扩散层的有效厚度

由上述讨论可知，在边界层中的 $x>\delta$ 处，完全依靠切向对流作用来实现传质过程；而在 $x<\delta$ 处，即在扩散层内，主要是靠扩散作用来实现传质过程。但是在此层以内，$u \neq 0$，即仍有很小速度的对流存在，因此也存在着一定程度的对流传质作用。这就是说，在真实的电化学体系中，扩散层与对流层重叠在一起，不能将两者截然分开，而且即使在扩散层中，距电极表面距离不同的各点处，对流的速度也不相等。因此，各点的浓度梯度也不是常数，如图 6-8 所示。

既然各点的浓度梯度不同，而且扩散层的边界也不明确，那么扩散层的厚度如何计算

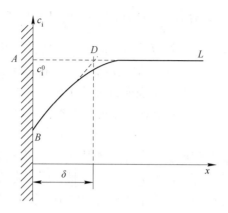

图 6-8 电极表面附近液层中反应粒子浓度的实际分布

呢？在这种情况下，通常做近似处理。即根据 $x=0$ 处（此处 $u=0$，故不受对流影响）的浓度梯度来计算扩散层厚度的有效值，也就是计算扩散层的有效厚度。

在图 6-8 中，B 点的浓度为 c_i^S，AL 所对应的浓度为 c_i^0，自 B 点作 BL 的切线与 AL 相交于 D 点，图中的长度 AD 就表示扩散层的有效厚度 $\delta_{有效}$。经过这种近似处理以后，就可以得到

$$\left(\frac{\mathrm{d}c_i}{\mathrm{d}x}\right)_{x=0} = \frac{c_i^0 - c_i^S}{\delta_{有效}} = 常数 \tag{6-14}$$

或

$$\delta_{有效} = \frac{c_i^0 - c_i^S}{\left(\dfrac{\mathrm{d}c_i}{\mathrm{d}x}\right)_{x=0}} \tag{6-15}$$

根据这种近似处理，就可以用 $\delta_{有效}$ 代表扩散层厚度 δ。

根据前面的分析，将式（6-12）代入式（6-13）中，于是可以得到

$$\delta \approx D_i^{1/3} \nu^{1/6} y^{1/2} u_0^{-1/2} \tag{6-16}$$

式中，δ 为对流扩散层的厚度。按式（6-16）计算的 δ 与式（6-15）中的 $\delta_{有效}$ 大致相等，所以 $\delta_{有效}$ 中已包含了对流对扩散的影响。

从式（6-16）可以看出，对流扩散中的扩散层厚度与理想扩散中的扩散层厚度不同，它不仅与离子的扩散运动特性 D_i 有关，而且还与电极的几何形状（距 y_i 的距离 y）及流体动力学条件（u_0 和 ν）有关。这就说明，在扩散层中的传质运动确实受到了对流作用的影响。此外，从式（6-16）与式（6-12）的对比中还可以看出，扩散层厚度 δ 与边界层厚度 δ_B 也不同，δ_B 只与 y、u_0 和 ν 有关，而 δ 除与上述三个因素有关之外，还与 D_i 有关。这就说明，在扩散层内，确实有扩散传质作用。所以，在对流扩散的扩散层中，既有扩散传质作用，也有对流传质作用，这与理想条件下的稳态扩散是完全不相同的。

6.2.2.3 对流扩散的动力学规律

将式（6-16）代入理想稳态扩散动力学公式（6-8）和式（6-9）中，就可以得到对流扩散动力学的基本规律，即

$$j = nFD_i \frac{c_i^0 - c_i^S}{\delta} \approx nFD_i^{2/3} \nu^{-1/6} y^{-1/2} u_0^{1/2}(c_i^0 - c_i^S) \tag{6-17}$$

$$j_{d} = nFD_{i}\frac{c_{i}^{0}}{\delta} \approx nFD_{i}^{2/3}\nu^{-1/6}y^{-1/2}u_{0}^{1/2}c_{i}^{0} \tag{6-18}$$

从式（6-17）和式（6-18）中可以看出，对流扩散具有如下特征：

（1）与理想稳态扩散相比，对流扩散电流 j 不是与扩散系数 D_{i} 成正比，而是与 $D_{i}^{2/3}$ 成正比，这说明，由于扩散层中有一定强度的对流存在，所以使对流扩散电流 j 受扩散系数 D_{i} 的影响相对减小了，而增加了受对流影响的因素，故可以说，对流扩散电流 j 是由 $j_{扩散}$ 和 $j_{对流}$ 两部分组成的。

（2）对流扩散电流 j 受对流传质的影响，体现在 j 受与对流有关的各因素的影响上：

1）j 和 j_{d} 与 $u_{0}^{1/2}$ 成正比，说明 j 和 j_{d} 的大小与搅拌强度有关。可以通过提高搅拌强度的方法来增大反应电流，这一点在许多电化学过程中是有很大实际意义的。此外，还可以根据搅拌强度改变以后 j 是否发生改变这一特征，来判断电极过程是否由扩散步骤控制。

2）j 与 $\nu^{-1/6}$ 成正比，说明对流扩散电流受到了溶液黏度的影响。

3）j 与 $y^{-1/2}$ 成正比，说明在电极表面不同位置上（距冲击点不同距离的各处），由于受到对流作用的影响不同，因而其扩散层厚度不均匀，扩散对流的电流 j 也不均匀。

6.2.3 旋转圆盘电极

从对流扩散理论可以看出，电极表面上各处受到的搅拌作用的影响并不均匀，从而使电极表面上的电流密度分布也不均匀。这样，在电极表面上的每一部分的"反应潜力"就可能得不到充分的利用；同时又可能引起反应产物分布不均匀，从而给电化学领域的研究和生产带来许多问题。例如，由于电流密度分布不均匀，使电极表面各处的极化条件不同，所以在研究电极反应时，会使数据处理复杂化；又如，在电镀生产过程中，阴极产物分布不均匀会造成镀层厚度的不均匀，从而使电镀层的性能下降。

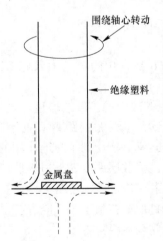

围绕轴心转动

绝缘塑料

金属盘

图6-9 旋转圆盘电极示意图

为了使电极表面各处受到均匀的搅拌作用，从而使电极表面各处的电流密度均匀分布，人们设计了一种理想的搅拌方式。采用这种搅拌方式的电极，就是旋转圆盘电极，如图6-9所示。将制成圆盘状的金属电极镶嵌在非金属绝缘支架上，由金属圆盘引出导线和外电源相接，这就构成了旋转圆盘电极。

当旋转圆盘电极围绕着垂直于圆盘中心的轴迅速旋转时，与圆盘中心相接触的溶液被旋转离心力甩向圆盘边缘，于是溶液从圆盘中心的底部向上流动，对圆盘中心进行冲击；当溶液上升到与圆盘接近时，又被离心力甩向圆盘边缘。这样，在由电极旋转而产生的液体对流中，对流的冲击点 y 就是圆盘的中心点。

下面介绍研究旋转圆盘电极表面附近液层中的扩散动力学规律。

首先，由于圆盘中心是对流冲击点，那么越接近圆盘边缘处，其 y 值越大。由式（6-16）知，扩散层厚度 $\delta \propto y^{1/2}$，即可得出离圆盘中心越远则扩散层厚度越厚的结论。

其次，离圆盘中心越远，由电极旋转离心力引起的溶液切向对流速度 u_0 也越大，由式（6-16）扩散层厚度 $\delta \propto u_0^{-1/2}$，即可得出离圆盘中心越远，则扩散层越薄的结论。

显然，在旋转圆盘引起的对流扩散中，对电极表面附近液层的扩散层厚度存在两种具有相反影响的因素，但这两种影响恰好是同比例的。例如，当旋转圆盘电极的转速为 n_0（r/s）时，圆盘上各点的切向线速度 $u_0 = 2\pi n_0 y$，则 $u_0^{-1/2} y^{1/2} = (2\pi n_0)^{-1/2} =$ 常数，故由式（6-16）知

$$\delta \approx D_i^{1/3} \nu^{1/6} \cdot 常数$$

即圆盘上各点的扩散层厚度是个与 y 无关的数值。也就是说，在旋转圆盘电极上各点的扩散层厚度是均匀的，因此在旋转圆盘电极上电流密度也是均匀分布的。这样，就克服了平面电极表面受对流作用影响不均匀的缺点，给电化学研究带来了极大的方便。因此，在电化学研究中，旋转圆盘电极得到了越来越广泛的应用。

如果旋转圆盘电极的转速为 n_0(r/s)，则旋转圆盘电极的角速度为 $\omega = 2\pi n_0$。根据流体力学理论，通过数学计算可以得到扩散层厚度的表达式，即

$$\delta = 1.62 D_i^{1/3} \nu^{1/6} \omega^{-1/2} \tag{6-19}$$

将式（6-19）分别代入式（6-17）和式（6-18）则可得到

$$j = 0.62 nF D_i^{2/3} \nu^{-1/6} \omega_0^{1/2} (c_i^0 - c_i^S) \tag{6-20}$$

$$j_d = 0.62 nF D_i^{2/3} \nu^{-1/6} \omega^{1/2} c_i^0 \tag{6-21}$$

式（6-18）和式（6-19）就是旋转圆盘电极表面附近液层扩散动力学的公式。上述公式只适用于有大量局外电解质存在时的二元电解质溶液。

目前，在电化学研究工作中还广泛使用一种带环的旋转圆盘电极，称为旋转圆环-圆盘电极，如图 6-10 所示。

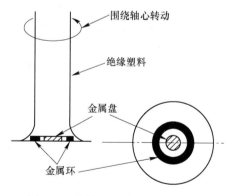

围绕轴心转动

绝缘塑料

金属盘

金属环

图6-10　旋转圆环-圆盘电极示意图

这种电极由设在中间的圆盘电极和分布在圆盘周围的圆环电极所组成。两电极之间相隔一定的距离，并彼此绝缘。两个电极分别有导线与外电源相接。利用圆环-圆盘电极可以研究或发现电极过程中产生的不稳定中间产物。例如，可以控制圆环电极的电极电位为某一定值（即与圆盘电极电位相差一个恒定值），以使圆盘电极上的中间产物到达圆环电极上时能进一步发生氧化或还原反应，并达到极限电流密度。这样，可以根据所得到的极化曲线的形状和具体数据来研究中间产物的组成及其电极过程动力学规律。

6.2.4　电迁移对稳态扩散过程的影响

在前面的讨论中，因为在电解液中都加入了大量的局外电解质，从而可以忽略电迁移作用的影响。但是，当电解液中不加入或只加入少量局外电解质时，就必须考虑在电场作用下放电粒子的电迁移作用及其对扩散电流密度的影响。

为了便于理解，以仅含 $AgNO_3$ 的溶液在阴极表面附近液层中的传质过程为例。

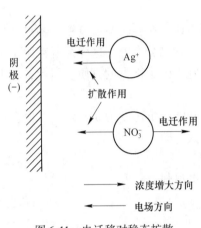

图 6-11　电迁移对稳态扩散
影响的示意图

$AgNO_3$ 在溶液中电离成 Ag^+ 和 NO_3^-。当电化学体系通电以后，Ag^+ 在阴极上放电，电极表面附近液层中的 Ag^+ 浓度降低，因此溶液本体中的 Ag^+ 将向电极表面扩散；NO_3^- 虽然不参加电极反应，但在电场作用下将向阳极迁移，所以在阴极表面附近液层中的浓度也会下降，于是 NO_3^- 也会自溶液本体向阴极表面附近液层中扩散。当经过一定时间达到稳态扩散以后，溶液中各处的离子浓度不再随时间而改变。

下面分别讨论达到稳态扩散以后阴、阳离子的运动情况，如图 6-11 所示。

由图 6-11 可见，NO_3^- 在电场力作用下发生电迁移，电迁移的方向指向远离阴极表面的方向；但由于电迁移使阴极表面附近液层中的 NO_3^- 浓度降低，因此会产生方向指向阴极表面的扩散作用。当达到稳态扩散以后，溶液中每一点的离子浓度恒定，这就意味着通过每一点的 NO_3^- 的电迁流量和扩散流量恰好相等。由于两个流量的方向相反，因此电迁移作用和扩散作用两者恰好相互抵消。

同样，对于 Ag^+ 来说，也存在着电迁移作用和扩散作用，但两个作用的方向相同，所以两者具有叠加作用。

若以 c_+、u_+、D_+ 和 c_-、u_-、D_- 分别表示 Ag^+ 及 NO_3^- 的浓度、离子淌度、扩散系数，则由式（6-1）可得出 Ag^+ 和 NO_3^- 的电迁流量分别为

$$J_{+,电迁} = + c_+ u_+ E \tag{6-22}$$

$$J_{-,电迁} = - c_- u_- E \tag{6-23}$$

由式（6-5），Ag^+ 和 NO_3^- 的扩散流量分别为

$$J_{+,扩散} = - D_+ \frac{dc_+}{dx} \tag{6-24}$$

$$J_{-,扩散} = - D_- \frac{dc_-}{dx} \tag{6-25}$$

若以 J_+ 和 J_- 分别表示 Ag^+ 和 NO_3^- 总的传质流量，则有

$$J_- = J_{-,扩散} + J_{-,电迁} = - D_- \frac{dc_-}{dx} - c_- u_- E = 0 \tag{6-26}$$

$$J_+ = J_{+,扩散} + J_{+,电迁} = - D_+ \frac{dc_+}{dx} + c_+ u_+ E \tag{6-27}$$

如果用电流密度表示，则有

$$j_- = FJ_- = 0 \tag{6-28}$$

$$j_+ = F(-J_+) = F\left(D_+ \frac{dc_+}{dx} - c_+ u_+ E\right) \tag{6-29}$$

式（6-29）中含有 D_+ 和 u_+ 两个系数，为了简化，可以用消元法消去 u_+ 而只留下 D_+。由物理化学可知，扩散系数 D_i 与离子淌度 u_i 之间的关系为

$$D_i = \frac{RT}{zF} u_i \tag{6-30}$$

因为 Ag^+ 为 1 价，所以式（6-30）中 $z=1$，故有

$$D_i = \frac{RT}{F} u_+ \tag{6-31}$$

又考虑到 $AgNO_3$ 为 1-1 价型电解质，故有 $c_+ = c_-$，于是从式（6-26）可以导出

$$c_+ E = -\frac{RT}{F} \frac{dc_+}{dx} \tag{6-32}$$

将式（6-31）和式（6-32）代入式（6-29）中，可以得到

$$j_+ = 2FD_+ \frac{dc_+}{dx} \tag{6-33}$$

由于只有 Ag^+ 参加电极反应，故稳态电极反应速率 $j=j_+$，所以

$$j = 2FD_+ \frac{dc_+}{dx} = 2J_{+,\text{扩散}} \tag{6-34}$$

从上述讨论可知，对于 1-1 价型的电解质，当完全没有局外电解质存在时，由于电迁移作用的影响，可使电极反应速率比单纯扩散作用下的扩散电流密度增大一倍。当然，如果出现极限扩散电流密度，其数值也将增大一倍。这个结论不但适用于像 $AgNO_3$ 这样的 1-1 价型电解质，也同样适用于 z-z 价型的电解质。

对于非 z-z 价型电解质，或者在少量局外电解质存在的情况下，虽然电迁移影响的定量关系式不同于上面推导的各式，但是其影响规律是一致的，即凡是正离子在阴极上还原或负离子在阳极上氧化，则反应离子的电迁移总是使稳态电流密度增大；而负离子在阴极上还原或正离子的阳极上氧化时，反应离子的电迁移将使稳态电流密度减小。

6.3　浓差极化的规律和浓差极化的判别方法

当电极过程由液相传质的扩散步骤控制时，电极所产生的极化就是浓差极化。因此，通过研究浓差极化的规律，即通过浓差极化方程式及其极化曲线等特征，就可以正确地判断电极过程是否是由扩散步骤控制的，进而可以研究如何有效地利用这类电极过程为科研和生产服务。

6.3.1　浓差极化的规律

以下列简单的阴极反应为例，并在电解液中加入大量局外电解质，从而可以忽略反应离子电迁移作用的影响：

$$O + ne \rightleftharpoons R$$

式中，O 为氧化态物质，即反应粒子；R 为还原态物质，即反应产物；n 为参加反应的电子数。

由于扩散步骤是电极过程的控制步骤，因此可以认为电子转移步骤进行得足够快，其平衡状态基本上未遭到破坏，故当电极上有电流通过时，其电极电位可借用能斯特方程式来表示，即

$$\varphi = \varphi^0 + \frac{RT}{nF}\ln\frac{\gamma_O c_O^S}{\gamma_R c_R^S} \tag{6-35}$$

式中，γ_O 为反应粒子 O 在 c_O^S 浓度下的活度系数；γ_R 为反应产物 R 在 c_R^S 浓度下的活度系数。

如果假定活度系数 γ_O 和 γ_R 不随浓度而变化，则在通电以前的平衡电位可表示为

$$\varphi_{平} = \varphi^0 + \frac{RT}{nF}\ln\frac{\gamma_O c_O^0}{\gamma_R c_R^0} \tag{6-36}$$

有了上述条件之后，就可以分两种情况来讨论浓差极化的规律。

6.3.1.1　当反应产物生成独立相时

有时，阴极反应的产物为气泡或固体沉积层等独立相，这些产物不溶于电解液。在这种情况下，可以认为

$$\gamma_O c_R^0 = 1 \tag{6-37a}$$

$$\gamma_R c_R^S = 1 \tag{6-37b}$$

也就是说，当产物不溶时，可以认为通电前后反应产物活度为 1，于是式（6-35）和式（6-36）变为

$$\varphi = \varphi^0 + \frac{RT}{nF}\ln\gamma_O c_O^S \tag{6-38}$$

$$\varphi_{平} = \varphi^0 + \frac{RT}{nF}\ln\gamma_O c_O^0 \tag{6-39}$$

由式（6-11）可以得到

$$c_O^S = c_O^0\left(1 - \frac{j}{j_d}\right) \tag{6-40}$$

将式（6-40）代入式（6-38）中，可以得到

$$\varphi = \varphi^0 + \frac{RT}{nF}\ln\gamma_O c_O^S + \frac{RT}{nF}\ln\left(1 - \frac{j}{j_d}\right) = \varphi_{平} + \frac{RT}{nF}\ln\left(1 - \frac{j}{j_d}\right) \tag{6-41}$$

由此可以得到浓差极化的极化值 $\Delta\varphi$，即

$$\Delta\varphi = \varphi - \varphi_{平} = \frac{RT}{nF}\ln\left(1 - \frac{j}{j_d}\right) \tag{6-42}$$

当 j 很小时，由于 $j \ll j_d$，将式（6-42）按级数展开并略去高次项，可以得到

$$\Delta\varphi = -\frac{RT}{nF}\frac{j}{j_d} \tag{6-43}$$

式（6-41）~式（6-43）就是当产物不溶时浓差极化的动力学方程式，即表示浓差极化的极化值与电流密度之间关系的方程式。也就是说，当 j 较大时，j 与 $\Delta\varphi$ 之间含有对数

关系，而当 j 很小时，j 与 $\Delta\varphi$ 之间是直线关系。

如果将式（6-41）画成极化曲线，则可得到如图 6-12 所示的图形。如将 φ 与 $\lg\left(1 - \dfrac{j}{j_{\mathrm{d}}}\right)$ 作图，则可得到如图 6-13 所示的直线关系。

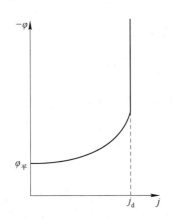

图 6-12　产物不溶时的浓差极化曲线

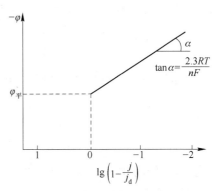

图 6-13　$\varphi\text{-}\lg\left(1 - \dfrac{j}{j_{\mathrm{d}}}\right)$ 之间的直线关系

在图 6-13 中，直线的斜率 $\tan\alpha = \dfrac{2.3RT}{nF}$。若由作图得出了直线的斜率，则可由其求得参加反应的电子数 n。

6.3.1.2　当反应产物可溶时

有时，阴极电极反应的产物可溶于电解液，或者生成汞齐，即反应产物是可溶的。这时，式（6-38）不再成立，即 $\gamma_{\mathrm{R}}c_{\mathrm{R}}^{\mathrm{S}} \neq 1$，因此，要想求得浓差极化方程式，应首先知道反应产物在电极表面附近的 $c_{\mathrm{R}}^{\mathrm{S}}$。$c_{\mathrm{R}}^{\mathrm{S}}$ 可用下述方法求得：

反应产物生成的速率与反应物消耗的速率，用克当量表示时是相等的，均为 $\dfrac{j}{nF}$。而产物的扩散流失速率为 $\pm D_{\mathrm{R}}\left(\dfrac{\partial c_{\mathrm{R}}}{\partial x}\right)_{x=0}$，其中产物向电极内部扩散（生成汞齐）时用正号，产物向溶液中扩散时用负号。显然，在稳态扩散下，产物在电极表面的生成速率应等于其扩散流失速率，假设产物向溶液中扩散，于是有

$$\frac{j}{nF} = D_{\mathrm{R}} \frac{c_{\mathrm{R}}^{\mathrm{S}} - c_{\mathrm{R}}^{0}}{\delta_{\mathrm{R}}}$$

或

$$c_{\mathrm{R}}^{\mathrm{S}} = c_{\mathrm{R}}^{0} + \frac{j\delta_{\mathrm{R}}}{nFD_{\mathrm{R}}} \tag{6-44}$$

由于反应前的产物浓度 $c_{\mathrm{R}}^{0} = 0$，因此可将式（6-44）写成

$$c_{\mathrm{R}}^{\mathrm{S}} = \frac{j\delta_{\mathrm{R}}}{nFD_{\mathrm{R}}} \tag{6-45}$$

又由式（6-9）已知，$j_{\mathrm{d}} = nFD_{\mathrm{i}}\dfrac{c_{\mathrm{i}}^{0}}{l}$，若用 δ_{O} 表示扩散层厚度，则有

$$c_R^0 = \frac{j\delta_O}{nFD_O} \tag{6-46}$$

同时，由式（6-11）有

$$c_O^S = c_O^0 \left(1 - \frac{j}{j_d}\right) \tag{6-47}$$

将式（6-45）~式（6-47）代入式（6-35）中，可以得到

$$\varphi = \varphi^0 + \frac{RT}{nF}\ln\frac{\gamma_O c_O^S}{\gamma_R c_R^S} = \varphi^0 + \frac{RT}{nF}\ln\frac{\gamma_O \delta_O D_R}{\gamma_R \delta_R D_O} + \frac{RT}{nF}\ln\frac{j_d - j}{j} \tag{6-48}$$

当 $j = \frac{1}{2}j_d$ 时，式（6-48）右方最后一项为 0，这种条件下的电极电位称为半波电位，通常以 $\varphi_{1/2}$ 表示，即

$$\varphi_{1/2} = \varphi^0 + \frac{RT}{nF}\ln\frac{\gamma_O \delta_O D_R}{\gamma_R \delta_R D_O} \tag{6-49}$$

由于在一定对流条件下的稳态扩散中，δ_O 与 δ_R 均为常数；又由于在含有大量局外电解质的电解液和稀汞齐中，γ_O、γ_R、D_O、D_R 均随浓度 c_O 和 c_R 变化很小，也可以将它们看作常数，因此可以将 $\varphi_{1/2}$ 看作只与电极反应性质（反应物与反应产物的特性）有关而与浓度无关的常数。于是，式（6-48）就可写成

$$\varphi = \varphi_{1/2} + \frac{RT}{nF}\ln\frac{j_d - j}{j} \tag{6-50}$$

式（6-50）就是反应产物可溶时的浓差极化方程式。其相应的极化曲线如图 6-14 和图 6-15 所示。

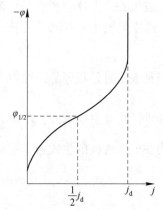

图 6-14　产物可溶时的浓差极化曲线

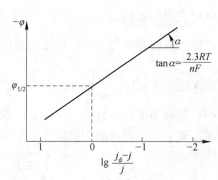

图 6-15　φ-lg$\dfrac{j_d - j}{j}$ 的直线关系

6.3.2　浓差极化的判别方法

可以根据是否出现浓差极化的动力学特征来判别电极过程是否由扩散步骤控制。

现将浓差极化的动力学特征总结如下：

（1）当电极过程受扩散步骤控制时，在一定的电极电位范围内，出现一个不受电极电位变化影响的极限扩散电流密度 j_d，而且 j_d 受温度变化的影响较小，即 j_d 的温度系数较小。

（2）浓差极化的动力学公式为

$$\varphi = \varphi_{平} + \frac{RT}{nF}\ln\left(1 - \frac{j}{j_d}\right) \qquad （产物不溶）$$

或

$$\varphi = \varphi_{1/2} + \frac{RT}{nF}\ln\frac{j_d - j}{j} \qquad （产物可溶）$$

因此，当用 φ 对 $\lg\frac{j_d - j}{j}$ 作图时，可以得到直线关系，直线的斜率为 $\frac{2.3RT}{nF}$。

（3）电流密度 j 和极限扩散电流密度 j_d 随着溶液搅拌强度的增大而增大。这是因为当搅拌强度增大时，溶液的流动速度增大，根据对流扩散理论，此时的扩散层厚度减薄，由此导致 j 和 j_d 增大。

（4）扩散电流密度与电极表面的真实表面积无关，而与电极表面的表观面积有关。这是由于 j 取决于扩散流量的大小，而扩散流量的大小与扩散流量所通过的截面积（即电极表观面积）有关，与电极表面的真实面积无关。

值得注意的是，如果仅用其中一个特征来判别，条件是不充分的，也可能会出现判断错误。例如，可以根据是否出现 j_d 来判断电极过程是否受扩散步骤控制。但是，如果仅根据出现了极限电流密度就判断该过程受扩散步骤控制，那么这个结论就不够充分。因为当电子转移步骤之前的某些步骤，例如前置转化步骤或催化步骤等成为电极过程的控制步骤时，也都可能出现极限电流密度（如动力极限电流密度、吸附极限电流密度、反应粒子穿透有机吸附层的极限电流密度等）。而如果用几个特征互相配合来进行判断，则可以得到正确的结论。例如当电极过程中出现了极限电流密度以后，再改变对溶液的搅拌强度，如果极限电流密度随搅拌强度而改变，则可以判断该电极过程受扩散步骤控制。因为除了极限扩散电流密度受搅拌强度的影响之外，上述的其他几个极限电流密度均不受搅拌强度的影响。有时，在更复杂的情况下，需要从上述几个动力学特征来进行全面综合判断，才能得出可靠的结论。

6.4　非稳态扩散过程

6.1 节已经介绍过稳态扩散与非稳态扩散的概念。已经知道，即使能够建立稳态扩散过程，也必须先经过非稳态扩散过程的过渡阶段。所以，要完整地研究扩散过程动力学规律，必须要先研究非稳态扩散过程。

研究非稳态扩散过程有着十分重要的意义。一则可以，进一步了解稳态扩散过程建立的可能性和所需要的时间；二则在现代电化学测试技术中，为了实现快速测试，往往直接利用非稳态扩散过程阶段。因此，掌握非稳态扩散过程的规律是十分重要的。

6.4.1　非克第二定律

前面已经讲过，稳态扩散与非稳态扩散的主要区别在于扩散层中各点的反应粒子浓度是否与时间有关。即在稳态扩散时，$c_i = f(x)$；而在非稳态扩散中，$c_i = f(x, t)$。根据研究稳态扩散过程的思路，要研究扩散动力学规律，就要先求出扩散流量，然后根据扩散流量求出扩散电流密度，最后再求出电流密度与电极电位的关系。研究非稳态扩散的动力学规律，基本上也要按照这种思路来处理。

在非稳态扩散中，某一瞬间的非稳态扩散流量可表示为

$$J_i = -D_i \left(\frac{dc_i}{dx} \right)_t \tag{6-51}$$

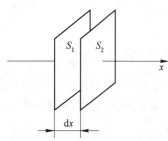

图 6-16 两个平行液面间的扩散

由于浓度梯度与时间有关，即浓度梯度不是一个常数，所以要求出扩散流量 J，就必须首先求出 $c_i = f(x, t)$ 的函数关系，也就是首先要对菲克第二定律求解。而菲克第二定律的数学表达式可由菲克第一定律推导出来。

假设有两个相互平行的液面，两液面之间的距离为 dx，液面 S_1 和 S_2 的面积都为单位面积，如图 6-16 所示。在图 6-16 中，通过液面 S_1 的扩散粒子浓度为 c，通过液面 S_2 的扩散粒子浓度为 $c' = c + \frac{dc}{dx}dx$。于是，根据菲克第一定律，流入液面 S_1 的扩散流量为

$$J_1 = -D \frac{dc}{dx} \tag{6-52}$$

而流出液面 S_2 的扩散流量为

$$J_2 = -D \frac{dc}{dx} \left(c + \frac{dc}{dx}dx \right) = -D \frac{dc}{dx} - D \frac{d^2 c}{dx^2}dx \tag{6-53}$$

S_1 和 S_2 两个液面所通过的扩散流量之差，就表示在单位时间内，在相距为 dx 的两个单位面积之间所积累的扩散粒子的摩尔数，于是有

$$J_1 - J_2 = D \frac{d^2 c}{dx^2}dx \tag{6-54}$$

如果将式（6-54）除以体积 dV（$dV = 1 \times 1 \times dx = dx$），则等于由非稳态扩散而导致的单位时间内在单位体积中积累的扩散粒子的摩尔数，该数值恰好是 S_1 和 S_2 两液面之间在单位时间内的浓度变化 $\frac{dc}{dt}$，于是有

$$\frac{dc}{dt} = \frac{J_1 - J_2}{dV} = \frac{D \frac{d^2 c}{dx^2}dx}{dx} = D \frac{d^2 c}{dx^2} \tag{6-55}$$

若改写为偏微分形式，则有

$$\frac{\partial c}{\partial t} = D \frac{\partial^2 c}{\partial x^2} \tag{6-56}$$

式（6-56）就是大家熟知的菲克第二定律，也就是在非稳态扩散过程中，扩散粒子浓度 c 随距电极表面的距离 x 和时间 t 变化的基本关系式。

菲克第二定律是一个二次偏微分方程，求出它的特解就可以知道 $c_i = f(x, t)$ 的具体函数关系。而要求出其特解，就需要知道该方程的初始条件和边界条件。由于在不同的电极形状和极化方式等条件下，具有不同的初始条件与边界条件，得到的方程特解也不同，因此要根据不同的情况作具体分析。

下面主要讨论平面电极和球形电极表面附近液层中的非稳态扩散规律。为了便于讨

论，假设扩散系数 D_i 不随被讨论的粒子浓度 c_i 而变化，而且不考虑电迁移和对流传质对非稳态扩散过程的影响。

6.4.2　平面电极上的非稳态扩散

讨论平面电极上的非稳态扩散的规律，实际上就是要根据平面电极的特点，确定菲克第二定律的初始条件和边界条件，然后再根据这些条件求得该方程式的特解。

这里所说的平面电极指一个大平面电极中的一小块电极面积。因此，在这种条件下可以认为与电极表面平行的液面上各点的粒子浓度相同，即粒子只沿着与电极表面垂直的 x 方向进行一维扩散。同时，由于溶液体积很大而电极面积很小，故可以认为在距离电极表面足够远的液层中，通电后的粒子浓度与通电前的初始浓度相等，这种条件称为半无限扩散条件，可表示为 $c_i(\infty, t) = c_i^0$。

通过上述分析，可以得到式（6-56）的初始条件和一个边界条件：

（1）初始条件：

当 $t = 0$ 时，

$$c_i(x, 0) = c_i^0 \tag{6-57}$$

（2）边界条件：

当 $x \to \infty$ 时，

$$c_i(\infty, t) = c_i^0 \tag{6-58}$$

要对式（6-51）求解，还需要确定另一个边界条件，而该条件要根据具体的极化条件才能确定，如果极化条件不同，则边界条件不同，所求得的特解的形式也不同。

下面就三种不同的极化条件分别进行讨论。

6.4.2.1　完全浓差极化

当扩散步骤为控制步骤，阴极电极电位很负（或外加一个很大的阴极极化电位）时，电极表面附近液层中的反应粒子浓度 $c_i^S = 0$，从而出现极限扩散电流密度 j_d，这种条件下的浓差极化即为完全浓差极化。

因此，在完全浓差极化条件下的边界条件为

$$c_i(0, t) = 0 \tag{6-59}$$

通过上述分析可知，在平面电极发生完全浓差极化的条件下，式（6-57）～式（6-59）就是菲克第二定律的初始条件和边界条件。有了这些条件之后，就可以通过数学运算求得式（6-56）的特解。

常用的数学运算方法是拉普拉斯（Laplace）变换法。其运算过程为：将式（6-56）两边的原函数变为象函数，然后根据式（6-57）～式（6-59）所确定的初始条件和边界条件，求出以象函数表示的微分方程解，最后再通过反变换将象函数还原为原函数。这里略去纯数学运算过程，而着重讨论解的形式和物理意义。

通过拉普拉斯变换，可以得出式（6-56）的特解形式为

$$c_i(x, t) = c_i^0 \, \text{erf}\left(\frac{x}{2\sqrt{D_i t}} \right) \tag{6-60}$$

式中，"erf"为高斯误差函数的表示符号。高斯误差函数可定义为

$$\text{erf}(\lambda) = \frac{2}{\sqrt{\pi}} \int_0^\lambda e^{-y^2} dy \tag{6-61}$$

式（6-61）是一个定积分，式中的 y 为辅助变量，当积分的上下限代入式中后就可消去。在本节所要讨论的情况下，$\lambda = \dfrac{x}{2\sqrt{D_i t}}$。

由于式（6-60）反映了反应粒子 c_i 随 x 和 t 变化的情况，而式中又含有高斯误差函数，因此为了弄清反应粒子在非稳态扩散过程中的浓度分布情况，就必须首先了解误差函数的性质。误差函数的性质可用图 6-17 表示。

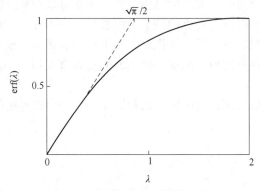

图 6-17　高斯误差函数的性质

由图 6-17 可以看出，误差函数最重要的特性是：

（1）当 $\lambda = 0$ 时，$\mathrm{erf}(\lambda) = 0$；

（2）当 $\lambda \to \infty$ 时，$\mathrm{erf}(\lambda) = 1$，一般只要 $\lambda \geqslant 2$，就有 $\mathrm{erf}(\lambda) \approx 1$；

（3）曲线起点的斜率为 $\dfrac{\mathrm{d}[\mathrm{erf}(\lambda)]}{\mathrm{d}\lambda}\bigg|_{\lambda=0} = \dfrac{2}{\sqrt{\pi}}$，由此可以看出，当 λ 值较小（通常为 $\lambda < 0.2$）时，$\mathrm{erf}(\lambda) \approx \dfrac{2\lambda}{\sqrt{\pi}}$。

误差函数只能解出近似值，其数值可以从表 6-1 中查出。从表 6-1 中的数据也可直接看出误差函数的基本性质，即当 $\lambda = 0$ 时，$\mathrm{erf}(\lambda) = 0$；当 $\lambda \geqslant 2$ 时，$\mathrm{erf}(\lambda) \approx 1$；而当 $\lambda < 0.2$ 时，$\mathrm{erf}(\lambda) \approx \dfrac{2\lambda}{\sqrt{\pi}}$

表 6-1　高斯误差函数的近似值

λ	$\mathrm{erf}(\lambda)$	λ	$\mathrm{erf}(\lambda)$	λ	$\mathrm{erf}(\lambda)$
0.0	0.0000	0.8	0.7421	1.6	0.9763
0.1	0.1126	0.9	0.7969	1.7	0.9838
0.2	0.2227	1.0	0.8427	1.8	0.9891
0.3	0.3286	1.1	0.8802	1.9	0.9928
0.4	0.4284	1.2	0.9103	2.0	0.9963
0.6	0.6204	1.3	0.9340	2.6	0.99969
0.6	0.6039	1.4	0.9623	3.0	0.99998
0.7	0.6778	1.6	0.9661		

当了解了上述误差函数的基本性质以后，就可以利用这些基本性质来讨论完全浓差极化条件下的非稳态扩散规律了。

可将式（6-60）所表示的解的形式改写为

$$\frac{c_i}{c_i^0} = \mathrm{erf}\left(\frac{x}{2\sqrt{D_i t}}\right) \tag{6-62}$$

由式（6-59）可见，在所讨论的情况下，$\mathrm{erf}(\lambda) = \dfrac{c_i}{c_i^0}$，故用$\dfrac{c_i}{c_i^0}$对$\lambda$作图，可得到图 6-18，其与图 6-17 的图形完全相同。

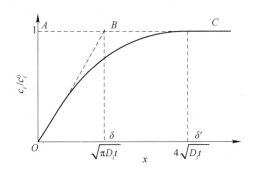

图 6-18　电极表面附近液层中反应粒子的暂态浓度分布

若将图 6-18 的横坐标改为距电极表面的距离 x，则该图就是在电极表面附近液层中反应粒子浓度的非稳态分布图。显然，其浓度分布形式与误差函数曲线是相同的，因此也具有相同的性质。即在 $x=0$（相当于 $\lambda=0$）处，$c_i=0$；而在 $x \geqslant 4\sqrt{D_i t}$（相当于 $\lambda = \dfrac{x}{2\sqrt{D_i t}}$ $\geqslant 2$）处，$c_i \approx c_i^0$。

由此可以看出，在 $x \leqslant 4\sqrt{D_i t}$ 的范围内，存在着反应粒子的浓度梯度，且浓度梯度随时间 t 而变化；而在 $x \geqslant 4\sqrt{D_i t}$ 时，可以认为反应粒子的浓度基本上不再变化。因此，可以把 $4\sqrt{D_i t}$ 看成非稳态扩散中扩散层的"总厚度"，或称为扩散层的"真实厚度"，以 δ' 表示，即

$$\delta' = 4\sqrt{D_i t} \tag{6-63}$$

如果将式（6-60）对 x 微分，则可得到

$$\frac{\partial c_i}{\partial x} = \frac{c_i^0}{\sqrt{\pi D_i t}} \tag{6-64}$$

式（6-64）表明，浓度梯度是个随 x 和 t 而变化的变量，但由于电极反应发生在电极-溶液界面上，则影响极化条件下非稳态扩散流量的主要是 $x=0$ 处的浓度梯度。

若将 $x=0$ 代入式（6-64），可以得到

$$\left(\frac{\partial c_i}{\partial x}\right)_{x=0} = \frac{c_i^0}{\sqrt{\pi D_i t}} \tag{6-65}$$

前面已经讲过，在某一瞬间的非稳态扩散流量为

$$J_i = -D_i \left(\frac{dc_i}{dx}\right)_t \tag{6-66}$$

若用扩散电流密度表示，则为

$$j = nFD_i \frac{c_i^0}{\sqrt{\pi D_i t}} \tag{6-67}$$

若将式（6-66）代入式（6-67），则可得到完全浓差极化条件下的非稳态扩散电流密度，即

$$j_d = nFD_i \frac{c_i^0}{\sqrt{\pi D_i t}} \tag{6-68}$$

将式（6-67）与对流扩散中的式（6-69）相比较，由于在对流扩散中，有

$$j_d = nFD_i \frac{c_i^0}{\delta} \tag{6-69}$$

故可以看出，式（6-67）中的 $\sqrt{\pi D_i t}$ 相当于对流扩散中的扩散层有效厚度 δ。因此，可以把 $\delta = \sqrt{\pi D_i t}$ 称为非稳态扩散中在 t 时刻的扩散层"有效厚度"。在图6-18中，自 $x=0$ 处作浓度分布曲线 OC 的切线，切线与直线 AC 的交点为 B，AB 的长度即代表扩散层的"有效厚度"。直线 AC 表示浓度 c_i 与 c_i^0 之比等于1。

通过 δ 和 δ' 数值的比较可以看出，在某一瞬间，非稳态扩散层的"有效厚度" δ 和其真实厚度 δ' 之间相差很大。

由上述讨论可知，反应粒子的浓度分布是随时间而变化的，如果将不同时间的浓度分布曲线画在同一图中，就可得到6.1小节中图6-1所示的那一组曲线。

由图6-1可以看出，离电极表面任何一点的浓度 c_i，都随时间的延长而降低。因此，这一组曲线可以形象地表示浓度差或浓度梯度的发展情况。同时，由式（6-62）可以看出，x 与 t 总是以 $\frac{x}{\sqrt{t}}$ 的形式出现，$\frac{x}{\sqrt{t}}$ 就表示等浓度面的条件。随着时间的延长，等浓度面按 $\frac{x}{\sqrt{t}}$ 的关系向前推进，但推进的速率却越来越慢。

此外，从式（6-62）还可看出，当 $t \to \infty$ 时，$\lambda = \frac{x}{2\sqrt{\pi D_i}} \to 0$，所以 $\mathrm{erf}(\lambda) \to 0$，即 $\frac{c_i}{c_i^0} \to 0$，也就是说，当 $t \to \infty$ 时，$c_i \to 0$。这就表明，当仅存在扩散作用时，c_i 随 t 无限变化，始终不能建立稳态扩散。

综上所述，可以得到在完全浓差极化条件下的非稳态扩散过程的特点：

（1）$c_i(x, t) = c_i^0 \mathrm{erf}\left(\dfrac{x}{2\sqrt{\pi D_i}}\right)$；

（2）$\delta = \sqrt{\pi D_i}$；$\delta' = 4\sqrt{\pi D_i}$；

（3）$j_d = nFD_i \dfrac{c_i^0}{\sqrt{\pi D_i t}} = nFc_i^0 \sqrt{\dfrac{D_i}{\pi t}}$。

上述三个特点都反映了扩散过程的非稳定性，即 c_i、δ 和 j_d 都随着时间而不断变化。由此可以得出如下结论：在只有扩散传质作用存在的条件下，从理论上讲，平面电极的半

无限扩散是不可能达到稳态的。

但在实际的电化学体系中，在绝大多数情况下，液相中的对流传质作用总是存在的，非稳态扩散过程不会持续很长的时间，当非稳态扩散层的有效厚度 δ 接近或等于由于对流作用形成的对流扩散层厚度时，电极表面的液相传质过程就可以转入稳态。

液相中存在的对流情况不同，由非稳态扩散过渡到稳态扩散所需要的时间也不相同。在只有自然对流作用存在时，其扩散层有效厚度大约为 10^{-2} cm。可以计算出，只需要几秒钟就可以由非稳态扩散过渡到稳态扩散。假如采用搅拌措施，则扩散层有效厚度会减薄，从而使稳态扩散建立得更快些。而如果在电化学体系中电流密度很小、反应中不产生气相产物、体系保持恒温以及避免振动存在时，则非稳态扩散过程可能会持续到 10 min 以上，甚至可能会更长些。

6.4.2.2　产物不溶时恒电位阴极极化

在浓差极化条件下，可以认为电子转移步骤处于平衡态，因此电极电位可用能斯特方程来表示，即

$$\varphi = \varphi^0 + \frac{RT}{nF}\ln c_i^S \tag{6-70}$$

这就是说，电极电位 φ 取决于反应粒子的表面浓度 c_i^S，当处在恒电位极化条件下时，因电位恒定，可以认为反应粒子的表面浓度 c_i^S 也不变。由此，可得到另一个边界条件，即

$$c_i(0,\ t) = c_i^S = 常数 \tag{6-71}$$

这样，根据式（6-70）和式（6-71）确定的初始条件和边界条件，可求得菲克第二定律的特解为

$$c_i(x,\ t) = c_i^0 + (c_i^0 - c_i^S)\,\mathrm{erf}\!\left(\frac{x}{2\sqrt{D_i t}}\right) \tag{6-72}$$

用与完全浓差极化条件下同样的处理方法，将式（6-72）对 x 微分，可求出在 $x=0$ 处的浓度梯度，即

$$\left(\frac{\partial c_i}{\partial x}\right)_{x=0} = \frac{c_i^0 - c_i^S}{\sqrt{\pi D_i t}} \tag{6-73}$$

进而可以求得阴极扩散电流密度，即

$$j = nF(c_i^0 - c_i^S)\sqrt{\frac{D_i}{\pi t}} \tag{6-74}$$

由式（6-71）～式（6-74）可以看出，在恒电位极化条件（$c_i^S = 常数$）下所求得的公式与在完全浓差极化条件下所求得的相应的公式——式（6-71）～式（6-73）完全类似，只是在各相应的公式中都相差了一个 c_i^S 项。实际上，可以把完全浓差极化条件看作恒电位极化条件下的一个特例。

从式（6-73）可以看出，当 $c_i^S \neq 0$ 时，扩散电流密度 j 总是随时间变化而变化，从而也就反映出扩散过程随时间而改变的不稳定性。在恒电位极化条件下，也只有当存在对流传质作用时，才可能由非稳态扩散过程转化为稳态扩散过程，即当扩散层有效厚度 $\sqrt{\pi D_i t}$ 接近或等于对流扩散层的有效厚度时，扩散过程由非稳态过渡到稳态。

6.4.2.3　恒电流阴极极化

恒电流阴极极化，就是在阴极极化过程中保持电极表面上的电流密度恒定，可以得出

$$j = nFD_i \left(\frac{\partial c_i}{\partial x} \right)_{x=0} \tag{6-75}$$

当 j 恒定时，有如下关系

$$\left(\frac{\partial c_i}{\partial x} \right)_{x=0} = \frac{j}{nFD_i} = 常数 \tag{6-76}$$

式（6-76）为恒电流极化条件下的另一个边界条件，再加上由式（6-72）和式（6-73）所确定的初始条件和边界条件，就可以对菲克第二定律求解，所求得的特解形式为

$$c_i(x, t) = c_i^0 + \frac{j}{nF} \left[\frac{x}{D_i} \mathrm{erfc} \left(\frac{x}{2\sqrt{D_i t}} \right) - 2\sqrt{\frac{t}{D_i \pi}} \exp \left(-\frac{x^2}{4D_i} \right) \right] \tag{6-77}$$

式（6-77）中的 $\mathrm{erfc}(\lambda) = 1 - \mathrm{erf}(\lambda)$，称为高斯误差函数的共轭函数。

下面根据式（6-78）来讨论恒电流极化条件下的非稳态扩散特征。

（1）由于电极反应发生在电极表面，所以最受关注的是各种粒子的表面浓度。由式（6-78）可知，当 $x=0$ 时，可求出反应粒子在某一时刻 t 的表面浓度：

$$c_i(0, t) = c_i^0 - \frac{2j}{nF} \sqrt{\frac{t}{D_i \pi}} \tag{6-78}$$

由式（6-78）可知，当 $\frac{2j}{nF} \sqrt{\frac{t}{D_i \pi}} = c_i^0$ 时，$c_i(0, t) = 0$，即反应粒子的表面浓度为 0。显然，使 $c_i(0, t) = 0$ 的时间应为

$$\sqrt{t} = \frac{nF\sqrt{D_i \pi}}{2j} c_i^0 \tag{6-79}$$

在恒电流极化条件下使电极表面反应粒子浓度降为零所需要的时间，称为过渡时间，一般用 τ_i 表示。由式（6-79）可有

$$\tau_i = \frac{n^2 F^2 \pi D_i}{4j^2} (c_i^0)^2 \tag{6-80}$$

由于反应粒子表面浓度 $c_i(0, t) = 0$ 时，只有依靠其他电极反应才能保持极化电流密度不变，因此，当 $c_i(0, t) = 0$ 时，电极电位发生突跃，进而发生其他新的电极反应。因此，也常把过渡时间定义为从开始恒电流极化到电极电位发生突跃所经历的时间。

由式（6-80）可以看出，极化电流密度 j 越小，或反应粒子浓度 c_i^0 越大，则过渡时间越长。

如果把式（6-80）代入式（6-78）中，则可得

$$c_i(0, t) = c_i^0 \left[1 - \left(\frac{t}{\tau_i} \right)^{1/2} \right] \tag{6-81}$$

对电极表面附近液层中的其他粒子如 k 粒子，其表面浓度 $c_k(0, t)$ 也可用 τ_i 表示，其关系式为

$$c_k(0, t) = c_k^0 - c_i^0 \left(\frac{v_k}{v_i} \right) \left(\frac{D_i}{D_k} \right)^{1/2} \left(\frac{t}{\tau_i} \right)^{1/2} \tag{6-82}$$

式中，v_i 和 v_k 分别为 i 粒子和 k 粒子的化学计量数，对反应粒子取正值，对产物粒子取

负值。

由式（6-81）和式（6-82）可知，无论反应粒子还是反应产物粒子，其表面浓度都与 $\sqrt{t}$ 呈线性关系，如图 6-19 所示。

（2）根据式（6-78），如果以 c_i 对 x 作图，在不同时间，则有不同的浓度分布曲线，如图 6-20 所示。由式（6-76）可知，在 $x=0$ 处，图中各曲线的斜率相等，即 $\left(\dfrac{\partial c_i}{\partial x}\right)_{x=0}=$ 常数。

（3）知道了各种粒子的表面浓度随时间变化的规律以后，就可以讨论恒电流极化条件下非稳态扩散中电极电位 φ 与时间 t 之间的关系了。

设电极反应为 $O+ne \rightleftharpoons R$。并且假定不考虑活度系数对溶液浓度的影响，即认为 γ_0 和 γ_R 都为 1。

当反应产物 R 不溶时，则恒电流极化条件下的电极电位仅取决于反应粒子 O 在电极表面的浓度 $c_O(0,t)$。

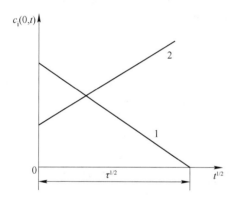

图 6-19　反应粒子和反应产物粒子
表面浓度随时间的变化
1—反应粒子；2—反应产物粒子

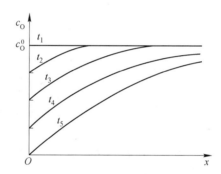

图 6-20　恒电流极化时，电极表面
附近液层中浓度分布曲线

由式（6-38）有

$$\varphi = \varphi^0 + \frac{RT}{nF}\ln(\gamma_0 c_O^S) \tag{6-83}$$

由于假定 $y_0=1$，且 c_O^S 就是上述所说的 $c_O(0,t)$，所以可得到在某一时刻 t 的电极电位为

$$\varphi_t = \varphi^0 + \frac{RT}{nF}\ln c_O(0,t) \tag{6-84}$$

若将式（6-81）代入式（6-84）中，则可得

$$\varphi_t = \varphi^0 + \frac{RT}{nF}\ln c_O^0 + \frac{RT}{nF}\ln\frac{\tau_0^{1/2}-t^{1/2}}{\tau_0^{1/2}} \tag{6-85}$$

式（6-85）就是恒电流极化条件下，当反应产物不溶时，电极电位随时间变化的方程式。由式（6-85）可见，随着时间的延长，电极电位 φ 变负，当 $t=\tau_0$ 时，$c_O(0,t)=0$，

这时 $\varphi_t \to -\infty$ ，即此时电极电位发生突变。

当反应产物可溶时，按式（6-72），并考虑在式 $O+ne \rightleftharpoons R$ 中，$\gamma_O = 1$，$\gamma_R = -1$，则可得到

$$c_R(0,\ t) = c_R^0 + c_O^0 \left(\frac{D_O}{D_R}\right)^{1/2} \left(\frac{t}{\tau_i}\right)^{1/2} \tag{6-86}$$

由于通电之前反应产物的粒子浓度为0，即 $c_R^0 = 0$，并且假定 $D_O = D_R$，$\gamma_O = \gamma_R$，将式（6-81）和式（6-86）代入式（6-84）中可得

$$\varphi_t = \varphi^0 + \frac{RT}{nF} \ln \frac{\tau_0^{1/2} - t^{1/2}}{t^{1/2}} \tag{6-87}$$

由式（6-87）可以看出，与反应产物不溶时类似，随着时间的延长，φ_t 变负，当 $t = \tau_0$ 时，$\varphi_t \to -\infty$，即此时发生电位的突跃，如图 6-21 所示。

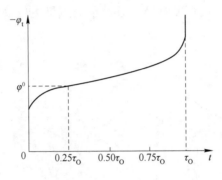

图6-21　电位-时间曲线

同时，由式（6-87）还可以看出，当 $t = \dfrac{\tau_0}{4}$ 时，$\varphi_{1/4} = \varphi^0$，它与稳态扩散过程中产物可溶时的半波电位 $\varphi_{1/2}$ 相类似，也是表示电极体系特征的一个特殊电位。在图 6-21 中，时间为 $\dfrac{\tau_0}{4}$ 时所对应的电位即为 φ^0。

从图 6-21 可见，从开始恒电流极化直到电位发生突变所对应的时间即为过渡时间 τ_0。在电化学测试技术中常常利用这一特征，首先通过电位-时间曲线的测量求得 τ_0 值，然后用 φ_t 对 $\lg \dfrac{\tau_0^{1/2} - t^{1/2}}{\tau_0^{1/2}}$ 作图，或用 φ_t 对 $\lg \dfrac{\tau_0^{1/2} - t^{1/2}}{t^{1/2}}$ 作图。根据式（6-84）和式（6-87），应该得到一条直线，而直线的斜率应为 $\dfrac{2.3RT}{nF}$，从而可以求得参加反应的电子数 n。在电分析化学中，还可以利用 $\tau_0 \propto (c_O^0)^2$ 这一特性，通过过渡时间 τ_0 的测量来进行定量分析。但是，有一点值得注意，如果 c_O^0 比较大，而 j 比较小，发生的浓度变化也比较小的话，体系中的扩散传质过程有可能由于对流作用的干扰而在 $t < \tau_0$ 时就达到了稳态，这时图 6-21 中就不再有明显的电位突跃，也就不能再利用上述特性进行其他电极过程参数的研究了。

以上讨论了平面电极在各种极化条件下的非稳态扩散的特征，其中所涉及的各有关方程式均与时间变量有关，这与稳态扩散的各方程式完全不同，这正是非稳态扩散与稳态扩

散最根本的区别。

此外，上述各种结论虽然是根据平面电极的特点而得出的，但它们对其他许多电极表面附近的非稳态扩散过程也都有不同程度的适用性。这是因为，对于具有各种形状的大多数电极来说，电极表面附近非稳态扩散层的有效厚度一般都比电极表面的曲率半径小得多，因此大都可以作为平面电极上的扩散过程来处理。

6.4.3 球形电极上的非稳态扩散

上面讨论平面电极的非稳态扩散规律时，只考虑了垂直于电极表面一维方向上的浓度分布。实际上有许多电极都具有一定的几何形状和由封闭曲面组成的电极表面，因此，对于这些电极来说，进行的都是三维空间的扩散。当然，如前所述，当非稳态扩散层的有效厚度比电极表面的曲率半径小得多时，可以当作平面电极上的扩散过程来处理。但是，当扩散层的有效厚度大体上与电极表面曲率半径相当时，就必须考虑三维空间的非稳态扩散。因为球形电极具有最简单的表面形状，在各种实验工作中也最常用到，所以本节以球形电极为例，对三维非稳态扩散的规律进行分析讨论。

6.4.3.1 以极坐标表示的菲克第二定律表达式

球形电极周围溶液中的反应粒子浓度分布应是球形对称的，即在一定半径 r 的球面上各点的反应粒子浓度应当相同，如图 6-22 所示。

在图 6-22 中，r_0 表示球形电极的半径。由于球形电极表面上的非稳态扩散过程具有向球体周围空间三维扩散的性质，故以 γ 为半径的球面就代表电极表面附近液层的等浓度面。在该等浓度面上反应粒子浓度相同。显然，对于球形电极来说，用极坐标表示反应粒子的浓度分布要比用直角坐标更为方便。

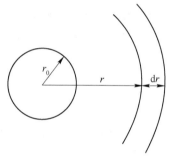

图 6-22 球形电极示意图

像研究平面电极非稳态扩散规律时的思路一样，在研究球形电极的非稳态扩散规律时，也要依据菲克第二定律和具体的极化条件推导非稳态的浓度分布公式。因此。首先要推导用极坐标表示的菲克第二定律表达式。

当用极坐标表示非稳态扩散规律时，可以把电极表面附近液层中反应粒子的浓度，看作球半径 r 和时间 t 的函数，即 $c_i = f(r, t)$。因此，在某一时刻 t 下的反应粒子浓度梯度为 $\dfrac{\partial c_i}{\partial r}$。据此，在半径为 r 和 $r+dr$ 的球面上各点的径向流量，仍可用菲克第一定律表示，即

$$J_{i(r=r)} = -D_i \left(\frac{\partial c_i}{\partial r} \right)_{r=r} \tag{6-88}$$

$$J_{i(r=r+dr)} = -D_i \left(\frac{\partial c_i}{\partial r} \right)_{r=r+dr} = -D_i \left(\frac{\partial c_i}{\partial r} \right)_{r=r} + \frac{\partial}{\partial r} \left(\frac{\partial c_i}{\partial r} \right) dr \tag{6-89}$$

所以，在两个球面间很薄的球壳体中，反应粒子浓度变化的速率为

$$\frac{\partial c_i}{\partial t} = \frac{4\pi r^2 J_{i(r=r)} - 4\pi (r+dr)^2 J_{i(r=r+dr)}}{4\pi r^2 dr} \tag{6-90}$$

展开式（6-90）并略去 dr 的高次项，则可得到以极坐标表示的菲克第二定律表达

式，即

$$\frac{\partial c_i}{\partial t} = D_i \left[\frac{\partial^2 c_i}{\partial r^2} + \frac{2}{r} \left(\frac{\partial c_i}{\partial r} \right) \right] \tag{6-91}$$

与平面电极的情况一样，当极化条件不同时，菲克第二定律的解具有不同的形式。下面以完全浓差极化条件为例，对以极坐标表示的菲克第二定律进行求解。

6.4.3.2　完全浓差极化条件下球形电极上的非稳态扩散

根据球形电极的特点，在没有通电（即 $t=0$）时，反应粒子在溶液中均匀分布，其浓度为 c_i^0。

由此得到初始条件为

$$c_i(r,\ 0) = c_i^0 \tag{6-92}$$

因为球形电极一般较小，可以把它当作浸在体积无限大的溶液中的一个电极，因此可以像平面电极半无限扩散条件一样，认为在通电以后远离电极表面无限远处的反应粒子浓度仍为 c_i^0，于是得到第一个边界条件为

$$c_i(\infty,\ t) = c_i^0 \tag{6-93}$$

根据完全浓差极化条件，电极表面处反应粒子浓度为零，由此得到第二个边界条件为

$$c_i(r_0,\ t) = 0 \tag{6-94}$$

这样，根据由式（6-92）~式（6-94）所确定的初始条件和边界条件，就可以对式（6-91）求解，所求得的特解的形式为

$$c_i(r,\ t) = c_i^0 \left[1 - \frac{r_0}{r} \mathrm{erfc} \left(\frac{r - r_0}{2\sqrt{D_i t}} \right) \right] \tag{6-95}$$

由式（6-95）可见，反应粒子的浓度分布随着径向半径 r 和时间 t 而变化。若假设 $r_0 = 0.1\ \mathrm{cm}$，$D = 10^{-5}\ \mathrm{cm}^2/\mathrm{s}$，并将它们代入式（6-95），就可以得到如图 6-23 所示的反应粒子浓度分布图。从图 6-23 可以看出在不同时间内反应粒子浓度分布的变化。

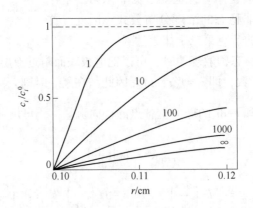

图 6-23　球形电极表面附近液层中反应粒子的浓度分布

（曲线上的数字表示开始极化后所经历的时间，单位为 s）

用与平面电极同样的方法，可以求出球形电极表面（即 $r=r_0$ 处）反应粒子的浓度梯度为

$$\left(\frac{\partial c_i}{\partial r}\right)_{r=r_0} = c_i^0 \left(\frac{1}{\sqrt{\pi D_i t}} + \frac{1}{r_0}\right) \tag{6-96}$$

由反应粒子在电极表面还原引起的瞬间扩散电流密度为

$$j = nFD_i\left(\frac{\partial c_i}{\partial r}\right)_{r=r_0} = nFD_i c_i^0 \left(\frac{1}{\sqrt{\pi D_i t}} + \frac{1}{r_0}\right) \tag{6-97}$$

比较式（6-97）与式（6-81）可以看出，与平面电极上的非稳态扩散相比，球形电极上的非稳态扩散电流方程右方多了$\frac{1}{r_0}$。因此球形电极上的扩散传质过程的传质速率要大些，这是由于球形电极上的扩散是三维空间扩散所造成的。还可以看出，当$\sqrt{\pi D_i t} \ll r_0$时，即扩散层有效厚度比电极表面的曲率半径小得多时，则式（6-97）中的$\frac{1}{r_0}$项可以忽略不计，于是式（6-97）就变成了式（6-81）。这就是说，即使对于球形电极，当其扩散层有效厚度比电极表面曲率半径小得多时，也可将其当作平面电极来处理。特别是在通电时间很短时（即在非稳态扩散过程的初期），$\sqrt{\pi D_i t}$总是很小的，因此这时可以将球形电极（也包括任何其他形状的电极）当作平面电极来处理。但是随着通电时间的延长，扩散层有效厚度$\sqrt{\pi D_i t}$越来越大，电极表面曲率半径r_0的影响也就越来越大，这时就不能再把球形电极当作平面电极来处理了。

此外，由式（6-97）可知，当通电时间$t \to \infty$时，$\frac{1}{\sqrt{\pi D_i t}} \to 0$，此时扩散电流密度成为与时间无关的稳定值，即

$$j = \frac{nFD_i c_i^0}{r_0} \tag{6-98}$$

式（6-98）表明，从理论上说，球形电极可以通过单纯的扩散传质作用来实现稳态传质过程。也就是说，在没有对流传质作用存在的条件下，球形电极表面附近液层中的扩散过程，可以自行从非稳态向稳态过渡，这是球形电极与平面电极上扩散过程的不同之处。

但是，通过单纯的扩散传质作用来建立稳态扩散，需要相当长的时间。例如，假定认为$\frac{1}{\sqrt{\pi D_i t}} : \frac{1}{r_0} = 1 : 100$时扩散过程就算达到了稳态的话，那么建立稳态所需要的时间为

$$t = \frac{r_0^2}{\pi D_i} \times 10^4 (\text{s}) \tag{6-99}$$

再假定$r_0 = 10^{-1} \text{cm}$，$D_i = 10^{-5} \text{cm}^2/\text{s}$，并将它们代入式（6-88）中，则可求得

$$t = 3 \times 10^6 (\text{s}) \approx 35 (\text{d})$$

若球形电极半径r更大，则建立稳态扩散所需的时间会更长。因此，这种依靠单纯扩散传质作用而自行达到的稳态扩散，在实践中是没有任何实际意义的。在许多实际的电化学体系中，总是存在一定强度的对流传质作用。借助于这种对流作用，电极表面附近液层中的扩散传质过程可以很快地达到稳态。这种扩散过程实质上仍是一种对流扩散过程。

复习思考题

6-1 在电极界面附近的液层中，是否总是存在三种传质方式？为什么？每一种传质方式的传质速率如何表示？

6-2 在什么条件下才能实现稳态扩散过程？实际稳态扩散过程的规律与理想稳态扩散过程有什么区别？

6-3 旋转圆盘电极与旋转圆环圆盘电极有什么优点？它们在电化学测量中有什么重要作用？

6-4 假定一个稳态电极过程受传质步骤控制，并假设该电极过程为阴离子在阴极还原。试问在电解液中加入大量局外电解质后，稳态电流密度应增大还是减小？

6-5 为什么在浓差极化条件下，当电极表面附近的反应粒子浓度为零时，稳态电流并不为零，反而得到极大值（极限扩散电流）？

6-6 试用数学表达式和极化曲线说明稳态浓差极化的规律。

6-7 什么是过渡时间？它在电化学应用中有什么用途？

6-8 稳态扩散与非稳态扩散有什么区别？

6-9 什么是半波电位？它在电化学应用中有什么意义？

6-10 在焦磷酸盐电镀液中镀铜锡合金时，发现在零件的凹洼处容易出现铜红色（即镀层颜色比正常镀层发红），而采用间歇电流时就可以消除或者减轻这一现象。请分析一下其中的原因？

6-11 已知下列电极上的阴极过程都是扩散控制。试比较它们的极限扩散电流密度是否相同？为什么？

(1) 0.1 mol/L $ZnCl_2$ +3 mol/L NaOH；

(2) 0.05 mol/L $ZnCl_2$；

(3) 0.1 mol/L $ZnCl_2$。

6-12 某有机物在 25 ℃下静止的溶液中电解氧化。若扩散步骤是速度控制步骤，试计算该电极过程的极限扩散电流密度。已知与每一个有机物分子结合的电子数是 4，有机物在溶液中的扩散系数是 6×10^{-5} cm^2/s，浓度为 0.1 mol/L，扩散层有效厚度是 5×10^{-2} cm。

6-13 在无添加剂的锌酸盐溶液中镀锌，其阴极反应为 $Zn(OH)_4^{2-} +2e \rightarrow Zn+4OH^-$，并受扩散步骤控制。18 ℃时测得某电流密度下的电位为 0.056V。若忽略阴极上析出氢气的反应，并且已知 $Zn(OH)_4^{2-}$ 的扩散系数为 0.5×10^{-5} cm^2/s，浓度为 2 mol/L，在电极表面液层（$x=0$ 处）的浓度梯度为 8×10^{-2} mol/cm^3，试求：

(1) 阴极过电位为 0.056V 时的阴极电流密度；

(2) $Zn(OH)_4^{2-}$ 在电极表面液层中的浓度。

6-14 已知 25 ℃时，在静止溶液中阴极反应 $Cu^{2+} +2e \rightarrow Cu$ 受扩散步骤控制。Cu^{2+} 在该溶液中的扩散系数为 1×10^5 cm^2/s，扩散层有效厚度为 1.1×10^{-2} cm，Cu^{2+} 的浓度为 0.5 mol/L。试求阴极电流密度为 0.44 A/cm^2 时的浓差极化值。

6-15 在含有大量局外电解质的 0.1 mol/L 的 $NiSO_4$ 溶液中，用旋转圆盘电极作阴极进行电解。已知 Ni^{2+} 的扩散系数为 1×10^{-5} cm^2/s，溶液的动力黏度系数为 1.09×10^{-2} cm^2/s，试求：

(1) 转速为 10 r/s 时阴极极限扩散电流密度是多少？

(2) 上述极限电流密度比静止电解时增大了多少倍？设静止溶液中的扩散层厚度为 5×10^{-3} cm。

6-16 已知电极反应 $O+4e \rightleftharpoons R$ 在静止溶液中恒电流极化时，阴极过程为扩散步骤控制。反应物 O 的扩散系数为 1.2×10^{-5} cm^2/s，初始浓度为 0.1 mol/L。当阴极极化电流密度为 0.5 A/cm^2 时，求阴极过程的过渡时间。若按上述条件恒电流极化 1×10^{-3} s 时，电极表面液层中反应物 O 的浓度是多少？

6-17 已知 25 ℃时，阴极反应 $O+2e \rightarrow R$ 受扩散步骤控制，O 和 R 均可溶，$c_O^0 =0.1$ mol/L，$c_R^0 =0$，扩散层厚度为 0.01 cm，O 的扩散系数为 1.5×10^{-4} cm^2/s。求

（1）测得 $j_c = 0.08\ A/cm^2$，阴极电位 $\varphi_c = -0.12V$，该阴极过程的半波电位是多少？

（2）$j_c = 0.2\ A/cm^2$ 时，阴极电位是多少？

6-18　若 25 ℃时，阴极反应 $Ag^+ + e \rightarrow Ag$ 受扩散步骤控制，测得浓差极化过电位 $\eta_{浓差} = \varphi - \varphi_平 = -59\ mV$。

已知 $c_{Ag^+}^0 = 1\ mol/L$，$\left(\dfrac{dc_{Ag^+}}{dx} \right)_{x=0} = 7 \times 10^{-2}\ mol/cm^4$，$D_{Ag^+} = 6 \times 10^{-5}\ cm^2/s$。试求：

（1）稳态扩散电流密度；

（2）扩散层有效厚度 $\delta_{有效}$；

（3）Ag^+ 的表面浓度 $c_{Ag^+}^S$。

7 气体电极过程

所谓气体电极过程，就是在电化学反应过程中，气体在电极上发生氧化或还原反应，当这种气体反应成为电极上的主反应或成为不可避免的副反应时，就称该电极过程为气体电极过程。

在各种实际的电化学体系中，最常见的气体电极过程是氢电极过程和氧电极过程。本章仅就这两种电极过程进行简要的分析与讨论。

7.1 氢电极

7.1.1 氢电极过程

在电化学研究中经常使用的标准氢电极就是一种典型的氢电极。它是将镀了铂黑的铂片浸在 H^+ 活度为 1 的并被氢气所饱和的盐酸溶液中组成的电极体系。当这种电极体系作为阴极时，在铂片与盐酸溶液界面上会发生如下反应，即

$$2H^+ + 2e \longrightarrow H_2$$

而当它作为阳极时，在铂片与盐酸溶液界面上则发生如下反应，即

$$H_2 - 2e \longrightarrow 2H^+$$

值得注意的是，在上述电极反应中，发生氧化还原反应的是氢，而金属铂并不发生氧化还原反应，铂仅作为氢的依附体和发生氢电极反应的处所。因此，这种电极称为氢电极，而不称为铂电极。

事实上，不只是铂放在盐酸溶液中，许多金属放在其他溶液中也可能发生上述氢的氧化还原反应，这些电极都可称为氢电极。

由于溶液性质的不同，虽然都发生氢的氧化还原反应，但其反应式可能不同，例如，在酸性溶液中，其反应式为

$$2H^+ + 2e \Longleftrightarrow H_2$$

而在碱性溶液中，其反应式却为

$$2H_2O + 2e \Longleftrightarrow H_2 + 2OH^-$$

7.1.2 研究氢电极过程的意义

上述氢的氧化还原反应在许多实际的电化学体系中都会遇到。有时人们有意识地利用这种反应为科研和生产服务，有时人们又要尽量控制或避免这种反应，以减少或避免它所造成的危害。例如：

(1) 标准氢电极的电极电位是公认的电极电位的基准，以它为基准的电位系列称为氢标电位，它在电化学研究和电化学测试中应用极为普遍。

（2）氢电极过程在工业上得到了广泛的应用。例如，电解食盐水以制取氢气、氯气和烧碱，就是以氢电极反应为基础的一项重要的电解工艺；又如电解水制取氢气或分离氢同位素，是以氢电极反应为基础的另一项重要的电解工业；再如，在氢-氧燃料电池和氢-空气燃料电池中，都用氢作为负极的活性物质，氢-氧燃料电池已在航天工业中得到了实际应用。

（3）在水溶液电镀中，对于多数镀种来说，氢在阴极上的析出是不可避免的副反应，而这种副反应往往是有害的。例如，由于电镀时在阴极上有氢的析出，这不仅会降低阴极电流效率，增加电能的消耗，而且可能会使镀层出现针孔、起泡等缺陷，影响镀层质量，如果氢渗入镀层和基体中，还会造成镀层和基体金属的氢脆。又如，有时由于析氢反应剧烈，导致希望沉积的金属不能在阴极上析出。在水溶液中镀钛很难实现，主要原因之一就是析氢反应很容易进行，从而使金属钛很难析出。

（4）有些金属腐蚀过程往往与氢的氧化还原过程有密切联系。例如，当析氢反应作为控制金属腐蚀溶解的共轭反应时，这种腐蚀就称为析氢腐蚀。要控制析氢腐蚀的速率，实际上就是要控制析氢电极反应的速率。此外，氢的氧化还原反应与某些金属发生应力腐蚀断裂有着密切的关系，因此研究这些金属的应力腐蚀断裂时，也需要对氢电极过程进行深入的研究。

由上述可见，无论是要利用氢电极反应为人类服务，还是要控制或消除氢电极过程所造成的危害，都有必要对氢电极过程进行深入的研究。

事实上，对氢电极过程的研究已经有半个多世纪的历史了。但是，由于影响氢电极过程的因素很多，情况比较复杂，以及实验重现性差等原因，所以直到目前为止，也只是在一些主要问题上取得了较为一致的看法，而在其他许多方面，理论不够成熟，看法也不尽一致。因此，下面仅就氢电极过程的一些基本规律作简要的分析与讨论。

7.2　氢电极的阴极过程

7.2.1　氢离子在阴极上的还原过程

氢电极的阴极过程就是氢离子在阴极上获得电子还原为氢原子，最后以氢气泡析出的过程。这个过程不是一步完成的。一般认为，氢离子在阴极上的还原过程至少应包括以下几个单元步骤。

（1）液相传质步骤。在电镀、电解和金属腐蚀等电化学体系中，存在于水溶液中的氢离子都是以水化氢离子（H_3O^+）的形式存在。在阴极还原过程中，首先要靠对流、扩散或电迁移等传质作用将溶液本体中的 H_3O^+ 输送到电极表面附近的液层中，其过程可用下式表示：

$$H_3O^+（溶液本体）\rightarrow H_3O^+（电极表面附近液层）$$

（2）电化学反应步骤。被输送到电极表面附近液层中的 H_3O^+，在阴极上接受电子发生还原反应，在电极表面上生成吸附氢原子：

$$H_3O^+ + e \longrightarrow MH + H_2O$$

式中，MH 表示金属电极表面上的吸附氢原子。

（3）随后转化步骤。在电极表面上生成的吸附氢原子，可能以下面两种不同的方式生成氢分子，并从电极表面上脱附下来。

1）复合脱附。在电极表面上，由两个吸附氢原子复合而生成氢分子，并从电极表面上脱附下来：

$$MH + MH \longrightarrow H_2$$

该反应的本质是化学转化反应。

2）电化学脱附。在电极表面上，由另一个 H_3O^+ 在吸附氢原子的位置上放电，从而直接生成氢分子，并从电极表面上脱附下来：

$$MH + H_3O^+ + e \longrightarrow H_2O + H_2$$

在这个步骤中仍然包含着电化学反应，因此称为电化学脱附步骤。

（4）新相生成步骤。由电极表面上脱附下来的氢分子聚集并生成气相，然后以氢气泡的形式从溶液中逸出：

$$nH_2 \longrightarrow H_2(气泡) \uparrow$$

之所以认为氢在阴极上的还原过程应包含有上述各步骤，是根据下述理由而提出的：虽然氢电极阴极反应的最终产物是分子氢或氢气泡，但由于两个水化氢离子同时在同一位置上放电而直接生成分子氢的概率极小，故可认为电化学反应首先生成初始产物原子氢而原子氢具有高度活性，能够生成吸附在金属表面上的吸附氢原子，随后生成分子氢的过程则有两种可能性，即通过复合脱附或电化学脱附而生成分子氢。因为氢分子中价键已达饱和，所以在常温下可不考虑氢分子的表面吸附问题。

7.2.2　析氢过电位及其影响因素

7.2.2.1　析氢过电位

在平衡电位下，因氢电极的氧化反应速度与还原反应速度相等，因此不会有氢气析出，只有当电极上有阴极电流通过从而使还原反应速度远大于氧化反应速度时，才会有氢气析出。

当电极上有阴极电流通过时，会使电位从平衡电位向负方向偏移，即产生阴极极化，即只有当电位向负的方向偏离氢的平衡电位并达到一定的过电位值时，氢气才能析出。氢析出的极化曲线如图 7-1 所示。

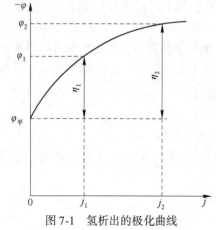

图 7-1　氢析出的极化曲线

由图 7-1 可以看出，在不同的电流密度下，析氢过电位是不同的，由此可以得到如下的定义：在某一电流密度下，氢实际析出的电位与氢的平衡电位的差值 η 称为在该电流密度下的析氢过电位，可用 $\eta = \varphi_平 - \varphi_i$ 表示。

值得注意的是，在上述定义中，指明的是在某一电流密度下的析氢过电位。因为在不同的电流密度下，析氢过电位数值是不同的，因此，不指明电流密度来谈析氢过电位就没有确定的意义。

7.2.2.2　影响析氢过电位的因素

大量实验事实表明，氢离子在大多数金属上还原时，都存在着比较大的过电位，而且，对于许多金属来说，在很宽的电流密度范围内，析氢过电位与电流密度之间呈现塔菲尔关系，即

$$\eta = a + b\lg j \qquad (7-1)$$

式中，a 和 b 为实验常数，某些电极体系在酸性溶液和碱性溶液中 a 和 b 的数值见表7-1。

表7-1　20 ℃±2 ℃时，氢在不同金属上阴极析出时的常数 a 和 b 的数值　　　　（V）

金　属	酸 性 溶 液		碱 性 溶 液	
	a	b	a	b
Ag	0.95	0.10	0.73	0.12
Al	1.00	0.10	0.64	0.14
Au	0.40	0.12	—	—
Be	1.03	0.12	—	—
Bi	0.84	0.12	—	—
Cd	1.40	0.12	1.05	0.16
Co	0.62	0.14	0.60	0.14
Cu	0.87	0.12	0.96	0.12
Fe	0.7	0.12	0.76	0.11
Ge	0.97	0.12	—	—
Hg	1.41	0.114	1.54	0.11
Mn	0.8	0.10	0.90	0.12
Mo	0.66	0.08	0.67	0.14
Nb	0.8	0.10	—	—
Ni	0.63	0.11	0.654	0.10
Pb	1.56	0.11	1.36	0.25
Pd	0.24	0.03	0.53	0.13
Pt	0.10	0.03	0.31	0.10
Sb	1.00	0.11	—	—
Sn	1.20	0.13	1.28	0.23
Ti	0.82	0.14	0.83	0.14
Tl	1.55	0.14	—	—
W	0.43	0.10	—	—
Zn	1.24	0.12	1.20	0.12

从表7-1可以看出，常数 b 的数值一般与金属的性质关系不大。在常温下，b 值的范围为 0.1 ~ 0.14 V。这说明电极电位（或界面电场）对析氢反应的活化作用大致相同。有时，在某些体系中可观察到比较高的 b 值（>0.14 V），这往往是金属表面状态发生了变化引起的，例如，当金属表面被氧化时，就可得到较高的 b 值。

从式 (7-1) 可知，常数 a 是当 $j=1\ \text{A/cm}^2$ 时的析氢过电位，它表征电极过程不可逆的程度，a 值越大，电极过程越不可逆。大量的实验表明，a 值的大小与金属材料的性质、金属表面状态及溶液的组成与温度等因素有关。

但是，在很低的电流密度下，塔菲尔公式不再适用。此时析氢过电位与电流密度之间呈现直线关系，即

$$\eta = \omega j \tag{7-2}$$

式中，ω 为实验常数，与常数 a 一样，ω 也与电极材料、材料的表面状态及溶液的组成与温度等因素有关。

下面具体分析一下影响析氢过电位的各种因素。

A 金属材料本性的影响

从表 7-1 可以看出，不同的金属具有不同的 a 值，从而当电流密度相同时，它们具有不同的析氢过电位。实验表明，可以按照 a 值的大小将金属分为三大类。

(1) 高过电位金属（$a \approx 1.0 \sim 1.5\ \text{V}$），属于这类金属的有 Pb、Tl、Hg、Cd、Zn、Sn 和 Bi 等。

(2) 中过电位金属（$a \approx 0.5 \sim 0.7\ \text{V}$），属于这类金属的有 Fe、Co、Ni、W 和 Au 等。

(3) 低过电位金属（$a \approx 0.1 \sim 0.3\ \text{V}$），属于这类金属的主要是 Pt 和 Pd 等铂族金属。

此外，实验还表明，在室温下的 2 mol/L HCl 溶液中，当 $j = 10^{-3}\ \text{A/cm}^2$ 时，金属的析氢过电位可按由小到大的次序排列：Pt、Pd、Au、W、Mo、Ni、Fe、Ta、Cu、Ag、Cr、Be、Bi、Tl、Pb、Sn、Cd、Hg。

为什么不同的金属具有不同的析氢过电位呢？这是因为不同的金属对析氢反应有不同的催化能力。有的金属能促进氢离子与电子的电化学反应或促进氢原子的复合反应，因而使析氢反应易于进行；而有的金属能阻碍氢离子与电子的反应或阻碍氢原子的复合反应，因而使析氢反应变得困难。于是不同的金属对析氢反应就具有不同的催化能力，即不同金属具有不同的析氢过电位。

此外，不同的金属对氢有不同的吸附能力。例如，1 mol 钛可吸附 2 mol 的氢，铬上吸附的氢可达 0.46%（质量分数），而锌上吸附的氢只有 0.001%（质量分数）。这样，当用不同的金属作为依附物组成氢电极时，j^0 的大小不同，析氢过电位也就不同了。像 Pt、Pd、Ti 和 Cr 等金属，容易吸附氢，析氢过电位就比较低；而 Pb、Cd、Zn 和 Sn 等金属，吸附氢的能力小，析氢过电位就高；Fe、Co、Ni 和 Cu 等金属吸附氢的能力处于前两者之间，因此具有中等程度的析氢过电位。

B 金属表面状态的影响

金属表面状态对析氢过电位的大小也有影响。例如，在镀锌时，在经过喷砂处理过的零件表面上比经过抛光处理过的零件表面上更容易析氢。这就说明，光滑表面上的析氢过电位要比粗糙表面上的析氢过电位高。又如，在镀铂黑的铂片上的析氢过电位要比光滑铂片上的析氢过电位低。

金属表面状态对析氢过电位的影响，可能是由两方面造成的：(1) 当表面状态粗糙时，表面活性比较大，使电极反应的活化能降低，因此使析氢反应易于进行，导致析氢过电位降低；(2) 当金属表面粗糙时，其真实表面积要比表观表面积大得多，相当于降低了电流密度，由式 (7-1) 可看出，当电流密降低时，析氢过电位必然要降低，同

时，真实表面积的增大也使电化学反应或复合反应的机会增多，从而也有利于析氢反应的进行。

C 溶液组成的影响

溶液的组成如 pH 值的变化、含有不同的添加剂等，都会对析氢过电位产生一定的影响。现将一些实验事实列举如下：

（1）在稀浓度的纯酸溶液中，析氢过电位不随 H⁺ 浓度的变化而变化，如图 7-2 中曲线 1 所示。对于 Hg 和 Pd 等高过电位金属，稀酸的界限为 0.1 mol/L 以下；对于 Pt 和 Pd 等低过电位金属，稀酸的界限为 0.001 mol/L 以下。

（2）在浓度较高的纯酸溶液中，析氢过电位随 H⁺ 浓度升高而降低。对于高过电位金属，较浓纯酸的浓度界限为 0.5 ~ 1.0 mol/L；对于低过电位金属，酸的浓度应在 0.001 mol/L 以上，如图 7-2 所示。

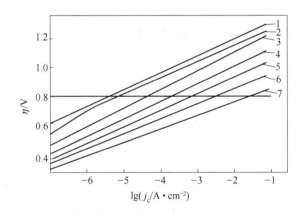

图 7-2 在不同浓度的盐酸溶液中，汞上的析氢过电位与电流密度之间的关系

1—小于 0.1 mol/L；2—0.1 mol/L；3—3.0 mol/L；4—5.0 mol/L；5—7.0 mol/L；6—10.0 mol/L；7—12.0 mol/L

由图 7-2 可以看出，当 HCl 浓度低于 0.1 mol/L 时，所对应的曲线都为曲线 1，即当酸的浓度变化时，析氢过电位不变。当 HCl 较浓时（例如大于 1.0 mol/L 以后），随着酸浓度的提高，析氢过电位降低。但是图中曲线彼此并不平行，在浓度不太高时，在低电流密度区析氢过电位比高电流密度区降低的多些；而在浓度较高时（5 mol/L 以上），则情况正相反。

由图 7-2 还可看出，在同一过电位下，例如在 -0.8 V 时，高浓度所对应的电流密度（即反应速度）比低浓度时要高几千倍。

（3）当有局外电解质存在而电解质溶液总浓度保持不变时，pH 值的变化对析氢过电位也有很大影响。例如，在电解质总浓度为 0.3 mol/L，电流密度 $j = 10^{-4} A/cm^2$ 时，在汞上的析氢过电位与 pH 值之间的关系如图 7-3 所示。

由图 7-3 可以看出，实验曲线在 pH=7 附近发生转折，当 pH<7 时，pH 值每升高 1 个单位，析氢过电位大约增加 59 mV；而当 pH>7 时，pH 值每升高 1 个单位，析氢过电位则大约降低 59 mV。

（4）在溶液中加入某些物质，例如在电镀溶液中加入某些添加剂，或在腐蚀介质中加入缓蚀剂，这些物质的加入也会影响析氢过电位的大小，人们可以合理地、有选择性地利

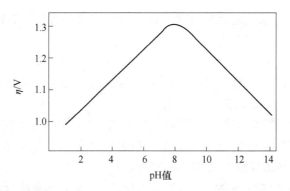

图 7-3　电解质总浓度为 0.3mol/L，$j = 10^{-4}$A/cm^2 时，汞上的析氢过电位与 pH 值之间的关系

用或避免这种现象。

a　某些金属离子的影响

例如，在铅蓄电池中，如果在电解液中含有 Pt^{2+}或 As^{3+}，那么当蓄电池工作时，Pt 和 As 就会沉积在铅电极上，从而使析氢过电位降低，结果导致蓄电池自放电严重，浪费了蓄电池的能量。

又如，在酸性溶液中发生氢去极化腐蚀的情况下，可以用某些金属盐类如 Bi$_2$(SO$_4$)$_3$ 和 SbCl$_3$ 等作为缓蚀剂。因为这些盐类中的金属离子会以 Bi 和 Sb 的形式在阴极上析出，提高了阴极上的析氢过电位，因而析氢减少，使析氢腐蚀速度降低，起到缓蚀作用。

b　表面活性物质的影响

表面活性有机分子、表面活性阴离子和表面活性阳离子，都对析氢过电位的大小有影响。有机酸和有机醇的分子加入溶液中以后，会使析氢过电位升高 0.1～0.2 V。这相当于在恒定的过电位下，氢的析出速度降低几十倍到几百倍。当添加的浓度一定时，有机物链越长，析氢过电位升高越大。这种影响只出现在给定溶液中该电极零电荷电位附近的一个不大的电位范围内。

例如，在 2mol/L HCl 溶液中加入己酸后，对汞上析氢过电位的影响如图 7-4 所示。

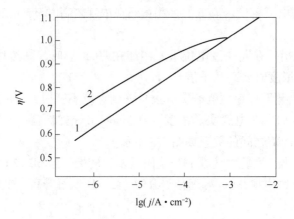

图 7-4　有机酸分子对汞上析氢过电位的影响

1—2 mol/L HCl；2—2 mol/L HCl+己酸

由图7-4可以看出，己酸分子的加入使汞上的析氢过电位有所升高，但这种升高只发生在一定的电位范围内。当过电位达到1.02 V以后，这种影响便消失了。根据电毛细曲线或双电层微分电容曲线的测量数据可知，己酸在汞表面上吸附的电位范围为+0.055 ~ 1.00 V，也就是说，在-1.00 V的电位下（与此对应的析氢过电位为1.02 V），己酸正好完全脱附。由此可见，有机分子对析氢过电位的影响，是由于这些分子在电极表面上发生吸附的结果。除了有机酸和有机醇外，其他如琼脂、糊精和磺化血等，也是由于在阴极表面吸附，提高了析氢过电位，从而才能作为缓蚀剂来使用。Cl^-、Br^-和I^-等表面活性阴离子的存在，对析氢过电位也有很大影响，它们对汞上的析氢过电位的影响如图7-5所示。

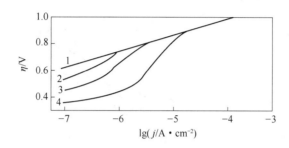

图7-5　卤素阴离子对汞上析氢过电位的影响

1—0.05 mol/L H_2SO_4 +0.5 mol/L Na_2SO_4；2—0.1 mol/L HCl+1 mol/L KCl；

3—0.1 mol/L HCl+1 mol/L KBr；4—0.1 mol/L HCl+1 mol/L KI

由图7-5可以看出，基础溶液同为酸性溶液时，对于添加没有表面活性的 Na_2SO_4 的酸性溶液来说，在 $j=5\times10^{-8} \sim 1\times10^{-2} A/cm^2$ 范围内，析氢过电位与 $\lg j$ 之间的关系表现为一条直线；但对于添加有表面活性卤离子的酸性溶液来说，在低电流密度区，析氢过电位显著地降低，并且阴离子吸附能力越强（吸附能力顺序为 $I^->Br^->Cl^-$），析氢过电位降低越多。当电流密度升高，使电位变负达到阴离子的脱附电位时，这种影响就不存在了。

表面活性有机阳离子对析氢过电位也有影响。例如，四烷基铵阳离子对汞上析氢过电位的影响如图7-6所示。

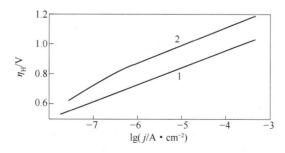

图7-6　表面活性阳离子对汞上析氢过电位的影响

1—0.5 mol/L H_2SO_4；2—0.5 mol/L H_2SO_4 +0.001 25 mol/L $[N(C_4H_9)_4]_2SO_4$

由图7-6可见，四烷基铵阳离子在汞表面上的吸附，会使析氢过电位显著地升高，但它与表面活性阴离子的影响不同，这个影响出现在电流密度较大和过电位较高的区域内。这是由于阳离子只在带负电荷的电极表面上发生吸附，当极化电位比零电荷电位更正时，它们就脱附了。

由上述分析可知，在溶液中所添加的各种物质，它们对析氢过电位的影响是比较复杂的，有的可以提高析氢过电位，有的则可使析氢过电位降低。人们可以根据不同的需要，有目的、有选择性地向溶液中加入各种物质，以满足各种不同的需要。

c　温度的影响

溶液的温度对析氢过电位也有较大的影响。例如，温度对汞在 0.25 mol/L H_2SO_4 溶液中析氢过电位的影响如图 7-7 所示。

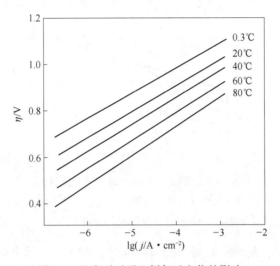

图 7-7　温度对对汞上析氢过电位的影响

从图 7-7 可以看出，随着温度的升高，汞上的析氢过电位下降。对于汞和铅等高过电位金属来说，在中等电流密度下，温度每升高 1 ℃，析氢过电位要下降 2 ~ 5 mV。温度升高使析氢过电位降低，符合异相化学反应的一般规律。因为温度升高，可使反应活化能降低。因此，在同样的电流密度下，温度高时析氢过电位降低了。而在相同的过电位条件下，温度高时反应速度则要加快。

7.2.3　析氢反应过程的机理

析氢过电位的产生是析氢反应过程的各单元步骤受到了阻力而造成的。那么，在析氢反应的各单元步骤中，究竟哪个步骤所受的阻力最大？也就是说，究竟哪个单元步骤是析氢反应过程的控制步骤？或者说析氢过程的阴极极化到底是什么原因造成的？为了要弄清这些问题，就必须研究析氢反应过程的机理。

根据本节一开始对氢离子在阴极上还原过程的分析可知，氢离子在阴极上的还原过程，一般应包括液相传质、电化学反应、复合脱附或电化学脱附、新相生成等单元步骤。在一般情况下，氢离子的液相传质步骤不会受到很大的阻力，不会成为控制步骤，新相生成步骤也不会成为控制步骤。因此，可能成为控制步骤的只有电化学反应、复合脱附或电化学脱附。由此而得出了关于析氢过程机理的各种理论：认为电化学反应步骤缓慢，并成为整个析氢过程控制步骤的理论，称为迟缓放电机理；认为复合步骤缓慢，并成为整个析氢过程控制步骤的理论，称为迟缓复合机理；认为电化学脱附步骤为控制步骤的理论，称为电化学脱附机理。下面分别加以简要的介绍。

7.2.3.1 迟缓放电机理

A 迟缓放电机理的理论内容

迟缓放电机理认为，电化学反应步骤整个析氢反应过程中的控制步骤。因为在氢离子还原时，首先需要克服其与水分子之间的较强的作用力，因此，氢离子与电子结合的还原反应需要很高的活化能，离子放电步骤就成了整个析氢过程的控制步骤。也就是说，析氢过电位是由于电化学极化作用而产生的。

B 迟缓放电机理的理论推导依据

迟缓放电机理的理论推导是在汞电极上进行的。由于迟缓放电机理认为电化学步骤是整个电极过程的控制步骤，于是可以认为电化学极化方程式适用于氢离子的放电还原过程。当 $j_c \gg j^0$ 时，可直接得到

$$\eta = -\frac{RT}{\alpha F}\ln j^0 + \frac{RT}{\alpha F}\ln j_c \tag{7-3}$$

$$\eta_H = -\frac{2.3RT}{\alpha F}\lg j^0 + \frac{2.3RT}{\alpha F}\lg j_c \tag{7-4}$$

一般情况下 $\alpha = 0.5$，将 α 的数值代入式（7-4）中，则有

$$\eta_H = -\frac{2.3 \times 2RT}{F}\lg j^0 + \frac{2.3 \times 2RT}{F}\lg j_c \tag{7-5}$$

若令

$$-\frac{2.3 \times 2RT}{F}\lg j^0 = a \tag{7-6a}$$

$$\frac{2.3 \times 2RT}{F} = b \tag{7-6b}$$

则式（7-5）变为

$$\eta_H = a + b\lg j \tag{7-7}$$

由此可见，式（7-5）与塔菲尔经验式完全相同。由式（7-6）可见，常数 a 与交换电流密度有关，而交换电流密度又与电极材料、电极表面状态及溶液的组成等因素有关，因此常数 a 值也与这些因素有关，这与大量的实验事实相符合。此外，当温度为 25 ℃ 时，由式（7-6）计算得出的 b 约为 118 mV，这也与大量的实验事实相符合。

如果假定复合脱附步骤为控制步骤，则因为脱附缓慢，吸附氢原子会在电极表面上积累。

于是，当有电流通过时，电极上吸附氢的表面覆盖度将大于平衡电位下吸附氢的表面覆盖度。由于汞电极上氢的吸附覆盖度很小，因此可以用氢的吸附覆盖度 θ_{MH}^0 和 θ_{MH} 来代替吸附氢原子的活度 a_{MH}^0 和 a_{MH}。于是，氢的平衡电位可表示为

$$\varphi_平 = \varphi_H^0 + \frac{RT}{F}\ln \frac{a_{H^+}}{\theta_{MH}^0} \tag{7-8}$$

而当有电流通过时，氢电极的极化电位可表示为

$$\varphi = \varphi_H^0 + \frac{RT}{F}\ln \frac{a_{H^+}}{\theta_{MH}^0} \tag{7-9}$$

所以析氢过电位为

$$\eta_H = \varphi_{平} - \varphi = \frac{RT}{F}\ln\frac{\theta_{MH}}{\theta_{MH}^0} \qquad (7\text{-}10)$$

或

$$\theta_{MH} = \theta_{MH}^0 \exp\left(\frac{F}{RT}\eta_H\right) \qquad (7\text{-}11)$$

当 $j_c > j^0$，也就是当阴极极化较大时，可略去逆反应不计，净阴极电流密度就等于还原电流密度，若用电流密度表示反应速率，并考虑到氢原子的复合反应是双原子反应，于是有

$$j_c = 2FK\theta_{MH}^2 \qquad (7\text{-}12)$$

式中，K 为复合反应的速率常数。

若将式（7-11）代入式（7-12），并对式（7-12）两端取对数，经过整理后可以得到

$$\eta_H = 常数 + \frac{2.3RT}{2F}\lg j_c \qquad (7\text{-}13)$$

当温度为 25 ℃时，式（7-13）中 $b = \frac{2.3RT}{2F} = 29.5$ mV，只相当于大多数实验值的 1/4，与大量实验事实不符。

如果假定电化学脱附步骤为控制步骤，则其反应式为

$$MH + H^+ + e \Longrightarrow H_2$$

由该反应式可以看出，其反应速率与电极表面的吸附氢原子浓度和氢离子浓度都有关。由于吸附氢原子的浓度可用 θ_{MH} 表示，而氢离子的浓度受表面电场的影响，其浓度为 $c_{H^+}\exp\left(\frac{\alpha F}{RT}\eta_H\right)$，于是当用电流密度表示反应速率时，复合反应是双原子反应，于是有

$$j_c = 2FK'c_{H^+}\theta_{MH}\exp\left(\frac{\alpha F}{RT}\eta_H\right) \qquad (7\text{-}14)$$

若将式（7-11）代入式（7-14），并对式（7-14）两端取对数，经过整理后可以得到

$$\eta_H = 常数 + \frac{2.3RT}{1+\alpha}\lg j_c \qquad (7\text{-}15)$$

当温度为 25 ℃，设 $\alpha = 0.5$ 时，式（7-15）中的 b 约为 39 mV，只相当于大多数实验值的 1/3，也与大量的实验事实不相符合。

由上述分析可见，对于汞电极来说，可以从理论推导上证明只有迟缓放电机理才是正确的。

C　迟缓放电机理的实验依据

用迟缓放电机理可以成功地解释许多实验现象，这也可以进一步证明迟缓放电机理的正确性。例如：

（1）用迟缓放电机理可以比较满意地解释图 7-3 所示的实验规律。由第 6 章可知，当电极过程由电化学反应步骤控制并考虑到 ψ_1 效应时，其动力学公式为

$$-\varphi = -\frac{RT}{\alpha F}\ln FK_1 c_O + \frac{RT}{\alpha F}\ln j_c + \frac{z_O - \alpha}{\alpha}\psi_1 \qquad (7\text{-}16)$$

在酸性溶液中，即当 pH<7 时，式中的氧化态物质浓度 c_O 就是氢离子的浓度 c_{H^+}，氧

化态物质的价数 $z_O = 1$，于是式（7-16）就变为

$$-\varphi = -\frac{RT}{\alpha F}\ln FK_1 - \frac{RT}{\alpha F}\ln c_{H^+} + \frac{1-\alpha}{\alpha}\psi_1 + \frac{RT}{\alpha F}\ln j_c \tag{7-17}$$

又因为氢的平衡电位为

$$\varphi_{平} = \frac{RT}{F}\ln c_{H^+} \tag{7-18}$$

式（7-17）与式（7-18）两式相减，则可以得到

$$\eta_H = 常数 - \frac{1+\alpha}{\alpha}\cdot\frac{RT}{F}\ln c_{H^+} + \frac{1-\alpha}{\alpha}\psi_1 + \frac{RT}{\alpha F}\ln j_c \tag{7-19}$$

由式（7-19）可以看出，当 j_c 不变时，析氢过电位随 ψ_1 与 c_{H^+} 的变化而变化。当电解质总浓度保持不变，溶液中又不含其他表面活性物质时，可以认为 ψ_1 基本不变。于是，析氢过电位的变化仅与 c_{H^+} 的变化有关。在一般情况下，可以认为 $\alpha = 0.5$，在 25 ℃时，由式（7-19）可以计算出，pH 值每增大 1 个单位，则析氢过电位必然增加 59 mV，理论计算与实验结果完全吻合。

在碱性溶液中，即当 pH>7 时，在电极上发生的还原反应为

$$2H_2O + 2e \Longrightarrow H_2 + 2OH^-$$

此时被还原的是 H_2O 分子，而不是氢离子，故应将式（7-17）中的 c_{H^+} 换成 c_{H_2O}，而且当溶液不太浓时，可以认为 $c_{H_2O} = 常数$。又考虑到 H_2O 为中性分子，$z_{H_2O} = 0$，所以式（7-17）应变为

$$-\varphi = 常数 - \psi_1 + \frac{RT}{F}\ln j_c \tag{7-20}$$

又由于当用 c_{OH^-} 表示时，氢的平衡电位可以写为

$$\varphi_{平} = 常数 - \frac{RT}{F}\ln c_{OH^-} \tag{7-21}$$

式（7-20）与式（7-21）两式相减，可以得到

$$\eta_H = 常数 - \frac{RT}{F}\ln c_{OH^-} - \psi_1 + \frac{RT}{\alpha F}\ln j_c \tag{7-22}$$

由式（7-22）可见，若认为 ψ_1 不变，在 25 ℃时，pH 值每增加 1 个单位，则析氢过电位应减小 59 mV，理论计算也与实验结果完全相符。

（2）用迟缓放电机理可以解释图 7-2 所示的实验规律。当酸的浓度很稀时，必须要考虑 ψ_1 效应，即要考虑 ψ_1 电位变化对析氢过电位产生的影响。由式（7-19）可以看出，当 j_c 不变时，析氢过电位的大小取决于式中等号右侧的第 2 项与第 3 项，即取决于 c_{H^+} 和 ψ_1 的变化，当溶液为纯酸溶液时，这两项的变化都是由 H^+ 浓度变化引起的。一方面，当 c_{H^+} 增大时，析氢过电位应变小。另一方面，根据双电层方程式，当电极表面带负电时，ψ_1 电位可用式（7-21）表示，即

$$\psi_1 \approx 常数 + \frac{RT}{F}\ln c_{总} \tag{7-23}$$

式中，$c_{总}$ 在此处即为 c_{H^+}，所以当 c_{H^+} 增加时，ψ_1 电位值也变大。从式（7-19）看出，当 ψ_1 变大时，析氢过电位也变大。因为上述两项同步变化，互相抵消，因此在酸的浓度变化时，析氢过电位不会随之而变化。

但是，当酸的浓度较高时，溶液浓度对析氢过电位的影响就与上述不同，这时随着酸浓度的增大，析氢过电位降低。这是因为，当酸的浓度较高时，可以不再考虑 ψ_1 效应。此时 c_{H^+} 的变化影响着氢电极的平衡电位，由式（7-18）可见，当 c_{H^+} 增大时，$\varphi_\text{平}$ 变正，因此析氢过电位降低了。

（3）用迟缓放电机理可以很好地解释表面活性物质对析氢过电位的影响规律。例如，当有表面活性阴离子吸附时，ψ_1 电位向负的方向变化，从而使析氢过电位降低，这就从理论上解释了图 7-5 所表示的实验规律。又如，当有表面活性阳离子吸附时，ψ_1 电位向正方向变化，从而使电位升高，这也从理论上解释了图 7-6 所表示的实验规律。

此外，用迟缓放电机理还可以对其他一些实验事实作出比较满意的解释。所有这些都进一步证明了迟缓放电机理的正确性。

D　迟缓放电机理的适用范围

迟缓放电机理的理论推导是在汞电极上进行的，所得结论对汞电极上的析氢反应完全适用。该机理也同样适用于吸附氢原子表面覆盖度很小的 Pb、Cd、Zn 和 Ti 等高过电位金属。

7.2.3.2　其他机理

前面在汞电极上推导迟缓放电机理的理论公式时，曾利用了汞电极的两个特性：（1）汞上的吸附氢原子的表面覆盖度很小，因此可以认为吸附氢原子的表面活度与表面覆盖度成比例，从而可以用表面覆盖度代替吸附氢原子的表面活度；（2）汞电极具有均匀的表面，从而可以使氢离子的放电反应在整个电极表面上进行。迟缓放电机理的理论公式是在这两个前提条件下推导出来的，因此，该机理对于汞电极当然是完全适用的，对于吸附氢原子表面覆盖度小的高过电位金属也是适用的。

但是，对于其他许多金属来说，它们不具有汞电极的上述两个特点。首先，对于大多数固体电极来说，它们的表面显然是不均匀的。其次，在许多金属电极上，例如在 Pd、Pt、Ni、Fe 等低过电位金属和中过电位金属上，吸附氢原子的表面覆盖度不是很小，而是可以达到很高的数值。例如，用恒电流暂态法以 1 mA/cm^2 的恒电流密度对铂电极进行阴极极化时，测得在铂电极上吸附氢的表面覆盖度为 83%，即铂电极表面几乎完全被吸附氢原子所覆盖。由于在这些金属电极上已不存在推导迟缓放电机理理论公式的前提条件，这就自然会使人们想到迟缓放电机理对这些金属不一定适用。

有许多实验结果用迟缓放电机理是无法解释的，这就迫使人们去考虑其他的反应机理。例如，在 Ni 电极上，当切断阴极极化电流以后，只有经过相当长的一段时间之后，其电位才能恢复到平衡电位的数值，即电位变化的速率是相当缓慢的。

如果这种电位变化是双电层电荷变化引起的，那么变化速率应很快，即所用时间应很短。这种缓慢的变化也不会是浓差极化消失而造成的，因为浓差极化消失的速率也很快。于是可以认为，造成这种电位缓慢变化的原因很可能是在 Ni 电极表面上积累了大量的吸附氢原子。当电流切断以后，这些吸附氢原子以比较慢的速率向固体 Ni 电极内部进行扩散，由此而造成了电位变化的速率比较缓慢。曾有人测定，在浓度为 0.5 mol/L 的 NaOH 溶液中，当过电位为 0.3 V 时，Ni 电极的每平方厘米表面上吸附氢原子的数量为 10^{15} 个。

又如，在某些金属上进行较长时间的析氢反应之后，这些金属将会变脆，机械强度大幅度降低，这就是氢脆现象。产生氢脆的原因是在电极表面上形成了大量的吸附氢原子，这些氢原子又通过扩散作用到达金属内部，在金属内部缺陷处聚集而形成很高的氢压，有时可以达到几十兆帕。由此可以判断，电极表面上的吸附氢原子的浓度必然是很大的。如果复合成氢分子的速率很快，则电极表面绝不会集聚这么多的吸附氢原子。

再如，若利用金属 Pd（或 Fe）做成薄膜电极，并使薄膜电极两侧分别与彼此不相连接的电解液相接触，当在薄膜电极的一侧进行阴极极化后，该电极另一侧的电极电位也不断地向负方向移动。只有认为在薄膜电极一侧的表面上生成了过量的吸附氢原子，而过量的吸附氢原子。又通过在薄膜电极内部进行扩散，使其被传递到电极的另一侧表面上，才能合理地解释这种现象。

以上的一些实验例证表明，在某些金属表面上确实存在过量的吸附氢原子，这肯定与吸附氢原子的脱附步骤缓慢有密切关系。因为如果电化学反应步骤缓慢，而氢原子的脱附步骤很快的话，电极表面上就不会积累过量的吸附氢原子；只有当电化学反应步骤很快，而氢原子的脱附步骤较慢时，才有可能在电极表面上积累过量的吸附氢原子。因此，必须承认吸附氢原子的脱附步骤是析氢反应过程的控制步骤，至少应承认脱附步骤是参与控制析氢反应的步骤。但是，在复合脱附步骤和电化学脱附步骤中，到底哪一个步骤是控制步骤，还难以判断清楚。

上面从实验事实出发说明了迟缓复合机理或电化学脱附机理对某些金属的适用性。而且，从上述两种理论出发，也能推导出符合塔菲尔经验公式的理论公式。

例如，假定复合脱附步骤是控制步骤，则吸附氢的表面覆盖度不是按照式（7-11）而是按照式（7-24）比较缓慢地随过电位而变化：

$$\theta_{MH} = \theta_{MH}^0 \exp\left(\frac{\beta F}{RT}\eta_H\right) \tag{7-24}$$

式中，β 相当于一个校正系数（$0 < \beta < 1$），若将式（7-24）代入式（7-12）并对式（7-12）两端取对数，经过整理后可以得到

$$\eta_H = 常数 + \frac{2.3RT}{2\beta F}\lg j_c \tag{7-25}$$

式（7-25）与式（7-1）是一致的，即符合塔菲尔经验公式。

又如，假定氢原子的表面覆盖度很大，以至于可以认为 $\theta_{MH} \approx 1$，若将其代入电化学脱附的反应速率式（7-14），经过取对数并整理后，可以得到

$$\eta_H = 常数 + \frac{2.3RT}{\alpha F}\lg j_c \tag{7-26}$$

式（7-26）也符合塔菲尔经验公式。

以上从实验例证和理论推导两方面说明了迟缓复合机理和电化学脱附机理的适用性。当然，这两种理论只适用于对氢原子有较强吸附能力的低过电位金属和中过电位金属。

但是，迟缓复合机理也存在一些问题。例如，关于溶液组成对析氢过电位产生影响的一系列实验事实，很难用迟缓复合理论进行解释。又如，根据迟缓复合理论，由复合脱附步骤控制的析氢反应速率应具有一个极限值，这个极限值相当于电极表面完全被吸附氢原子充满时的复合速率，但是这个极限值至今还没有被观测到。

还应当指出的是，金属表面状态的改变、金属表面的不均匀性及极化条件的变化等，都会影响析氢过程，甚至会使得析氢过程的机理发生改变。所以在许多情况下，析氢过程

的机理可能是非常复杂的，不能够用单一的一种理论合理地解释全部实验现象，特别是对于低过电位金属和中过电位金属更是如此。

例如，对于 Pd 和 Pt 等低过电位金属，当极化不大时，在光滑的 Pd 和 Pt 电极上，析氢反应过程很可能是受复合脱附步骤控制的；当极化较大或电极表面被毒化时，析氢反应的控制步骤则可能是电子转移步骤。而在镀铂黑的 Pt 电极等具有高度活性的金属表面上，电子转移步骤和吸附氢原子的脱附步骤都足够快，这时的析氢过电位，则可能是分子氢不能及时变为氢气泡，从而在电极表面附近液层中过量积累而引起的。

又如，在 Fe、Co、Ni、W 等中过电位金属表面上，由于固体电极表面的不均匀性，使析氢反应的情况更为复杂。可能出现这种情况：一部分表面上析氢反应过程受复合步骤控制，而另一部分表面上的析氢反应则受电化学反应步骤控制，从整体上看，析氢过程受着混合控制，析氢过程的机理随着电极表面的性质与极化条件而改变。

由于中过电位金属和低过电位金属上析氢反应的历程具有错综复杂性，因此在处理实际问题时要特别小心。例如，在防腐蚀技术中，常采用各种缓蚀剂来降低析氢速率，从而降低金属腐蚀溶解的速率，以达到防止或减轻金属腐蚀的目的。在选择缓蚀剂时，一般要选择那些能使析氢过电位增大的物质，这个原则一般来说是正确的。但是，并不是一切能提高析氢过电位的物质都能作为缓蚀剂。在选择缓蚀剂时，还必须考虑它对析氢机理的影响。例如，当添加的物质对析氢过程的影响主要是降低氢原子的脱附速率时，则在其加入之后，虽然可以提高析氢过电位，但也会使金属表面的吸附氢原子浓度增高，而吸附氢原子向金属内部扩散的结果可能导致氢脆现象，因此这种物质就不能用作缓蚀剂使。只有通过降低电化学反应速率来提高析氢过电位的那些物质，才是析氢腐蚀的较为理想的缓蚀剂。

7.3　氢电极的阳极过程

氢电极的阳极过程，就是氢在阳极上发生氧化反应的过程，该过程的反应方程式为 $H_2 - 2e \rightarrow 2H^+$。

在过去很长一段时间内，由于在重要的实用电化学体系中很少遇到氢的氧化反应，因此人们认为研究氢的阳极过程意义不大。只是在氢-氧燃料电池和氢-空气燃料电池成为化学能源工业中的重要组成部分之后，由于要利用氢作为负极的活性物质，这才促进了对氢的阳极过程的研究。同时，由于在氢电极发生阳极极化时，作为氢的依附金属也很容易发生氧化溶解，变成金属离子而进入溶液，从而给研究氢的阳极氧化反应带来许多困难，所以能用来作为研究氢阳极氧化的依附金属并不多。在酸性溶液中，一般只有 Pt、Pd、Rh 和 Ir 等贵金属可作为氢的依附金属；在碱性溶液中，除可应用上述贵金属外，镍也可作为氢的依附金属。此外，能够研究氢阳极氧化的电位范围也比较窄，因为当阳极极化电位较正时，依附金属可能会变得很不稳定。由于上述各种原因，到目前为止，对氢的阳极氧化反应的研究远不如对氢的还原反应研究得那样仔细和深入。

本节只讨论全浸在溶液中的光滑电极上的阳极氧化反应历程，而且只能就某些例子加以简要介绍，以期对氢的阳极过程有一个初步的认识。

一般认为，氢在浸于溶液中的光滑电极上进行氧化反应的历程，应包括以下几个单元步骤：

（1）分子氢溶解于溶液中并向电极表面扩散。

（2）溶解的氢分子在电极表面上离解吸附，形成吸附氢原子。离解吸附可能有以下两种方式：

1）化学离解吸附 $H_2 \rightleftharpoons 2MH$；

2）电化学离解吸附 $H_2 \rightleftharpoons MH+H^++e$。

（3）吸附氢原子的电化学氧化在酸性溶液中为 $MH \rightarrow H^++e$，而在碱性溶液中则为 $MH+OH^- \rightarrow H_2O+e$。

在上述各单元步骤中，到底哪一个单元步骤是整个阳极氧化反应过程的控制步骤，与电极材料、电极的表面状态及极化电流的大小等因素有关，可以根据阳极极化曲线的形状进行判断。

例如，光滑铂电极在 H_2SO_4、HCl 和 HBr 等酸性溶液中的阳极极化曲线如图 7-8 和图 7-9 所示。

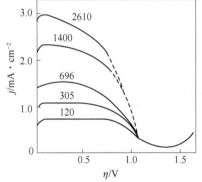

图 7-8　在 1 mol/L 的 H_2SO_4 中的旋转铂电极

（曲线上注明的数字为电极转速（r/min）；

$p_{H_2}=101325$ Pa）

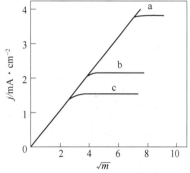

图 7-9　氢电极阳极极化曲线上极限电流密度

随电极转速的变化

（m 为电极转速（r/s）；$\eta_a=45$ mV；

溶液组成：a—1 mol/L H_2SO_4；

b—1 mol/L HCl；c—1 mol/L HBr）

图 7-8 表示了在各种不同的转速下氢阳极氧化过程中电流密度与过电位之间的关系。由该图可见，在极化开始时，随着过电位的增大，很快就出现了极限电流密度，而且随着电极转速的增大，极限电流密度也增大。出现极限电流密度，且极限电流密度随搅拌速率而改变，这正是浓差极化的特征。由此可以判断，当阳极极化不大时，氢电极阳极氧化的速率由溶解氢分子在溶液中的扩散步骤所控制。由图 7-8 还可看出，当极化进一步增大时，阳极电流密度开始下降，而且当过电位超过 1.2 V 时，阳极电流密度很低，且与搅拌速率无关。这时的电极过程不再具有扩散控制的特征，因此可以判断，此时的电极反应速率是受电极表面反应速率控制的。由充电曲线的测试可知，在 1.0 V 附近，铂电极上开始形成氧的吸附层和氧化物层，使得氢的吸附速率和吸附氢的平衡覆盖度大幅度降低，故而引起了电流密度的下降。

图 7-9 表示当过电位固定不变时，阳极电流密度与电极转速之间的关系。由图 7-9 可以看出，当电极转速不大时，阳极电流密度与转速的平方根成正比，且出现极限电流密度，与浓差极化的特征相符，说明此时电极过程由溶解氢分子的扩散步骤控制。但当电极转速增大时，极限电流不随电极转速而变化，说明当溶液中的传质速率加快时，氢分子的扩散步骤不再是控制步骤。此时的控制步骤转化为氢分子的离解吸附步骤。同时由图 7-9 还可看到，当电极表面上有 Cl⁻ 和 Br⁻ 等表面活性阴离子吸附时，控制步骤的转化发生得更早些，这是由于活性阴离子减弱了氢吸附键的缘故。

又如，表面光滑的 Ni 电极在碱性溶液中的阳极极化曲线如图 7-10 所示。

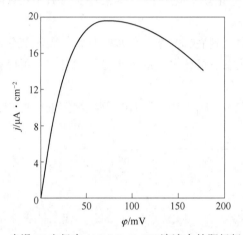

图 7-10　光滑 Ni 电极在 1 mol/L NaOH 溶液中的阳极极化曲线

众所周知，只有当极限电流密度 j_d 低于交换电流密度 j^0 时，才能使电极过程主要受扩散步骤控制。例如在稀硫酸中，光滑 Pt 电极上氢电极反应的 j^0 约为 10^{-3} A/cm²。如果将氢分子的溶解度（约为 8×10^{-7} mol/mL）、氢的扩散系数（约为 5×10^{-5} cm²/s）和扩散层厚度（$\delta = 5 \times 10^{-2}$ cm）代入公式 $j_d = nFD \dfrac{C_i^0}{\delta}$ 中，可求得 j_d 约为 2×10^{-4} A/cm²，显然低于 j^0 值。因此，可以说在稀硫酸中氢在光滑铂电极上的阳极氧化过程主要受扩散步骤控制。前面所举的实验例证，完全证实了这个推断。但是在碱性溶液中，氢在光滑 Ni 电极上进行氧化反应时，j^0 约为 $10^{-5} \sim 10^{-6}$ A/cm²，比溶解氢的极限扩散电流密度 j_d 要小 1 ~ 2 个数量级。因此，这时电化学反应步骤所引起的极化作用已不能忽视。同时，当阳极极化时，金属 Ni 本身很容易发生氧化，生成 $Ni(OH)_2$。而且生成该氧化物的电位仅比氢的平衡电位正 0.11 V 左右。

如果再考虑到在生成该氧化物之前，就可能发生氢氧根离子的吸附，或者能生成可溶性的 $HNiO_2^-$，则 Ni 的稳定区只能处于氢的平衡电位附近。Ni 的稳定区只能延伸到比氢的平衡电位正 60 ~ 80 mV 处，而且曲线上的电流密度低于 20 μA/cm²。这就表明，氢的氧化反应只能发生在氢的平衡电位附近。在这种极化不大的条件下，电极过程不可能是由溶解氢的扩散步骤控制的，而电化学反应步骤可能是主要的控制因素。

由上述两个例子的分析可见，在依附金属、溶液组成和极化条件等发生变化时，氢电极阳极氧化过程的机理可能完全不同，只有根据具体的实验结果进行具体分析，才可能得到比较确切的结论。

7.4 氧电极

7.4.1 研究氧电极过程的意义

在许多实际的电化学体系中，也经常会遇到氧电极过程。例如：

（1）在电解水工业中，氧的阳极析出与氢在阴极上析出同等重要，这两个反应构成了水的电解过程，即

$$2H_2O \rightleftharpoons 2H_2 + O_2$$

同时，利用电解法还可制备过氧化氢，它是氧化还原反应的中间产物。

（2）在 Al、Mg 和 Ti 等轻金属的阳极氧化处理工艺过程中，以及在各种金属的水溶液电镀工艺过程中，阳极上氧的析出反应往往是主要反应，或者是不可避免的副反应。

（3）在氢-氧燃料电池和氢-空气燃料电池中，总是用氧作为正极的活性物质，因此，在这些电池的正极上几乎总是发生氧的还原反应。

（4）在金属腐蚀学科领域，更是经常遇到氧电极过程。金属在大气中的腐蚀在许多情况下发生的都是吸氧腐蚀，即阴极上发生的氧去极化反应往往是金属阳极溶解反应的共轭反应。因此，阴极上氧还原反应的速率，对金属腐蚀速率起决定性的作用。此外，金属在海水、潮湿土壤以及中性或碱性水溶液中的腐蚀都与氧的扩散及其阴极还原反应有密切关系。甚至在酸性介质中，氧的存在也会对金属腐蚀过程产生很大影响。还有，能够引起突发性事故的金属应力腐蚀断裂，其起因也往往与氧的还原过程分不开。

（5）在生物体细胞内发生的氧还原过程，对生物体内的能量转换起着极其重要的作用。而这时发生的氧还原过程，可能也是按照电化学历程进行的。

由上述例证可见，氧电极过程与许多实际电化学体系有着密切联系。因此，不论是为了合理地利用氧电极过程为人类服务，还是为了避免氧电极过程所带来的危害，都应该尽量对氧电极过程进行比较深入的研究。

7.4.2 研究氧电极过程的困难

氧电极过程是一个非常复杂的电极过程。由于下述一些原因给氧电极过程的研究工作带来了许多困难，因此对氧电极过程的研究远不如对氢电极过程研究得那样深入，对氧电极过程规律的认识也不如对氢电极过程规律认识得那样深刻。

（1）在酸性溶液中，氧电极反应为

$$O_2 + 4H^+ + 4e \rightleftharpoons 2H_2O$$

而在碱性溶液中，氧电极反应为

$$O_2 + 2H_2O + 4e \rightleftharpoons 4OH^-$$

由此可见，不论是在酸性溶液还是碱性溶液中，氧电极反应都是一个有 4 个电子参加的多电子电化学反应，在电极过程中就会有各种中间步骤存在各种中间产物。因此，氧电极反应的历程相当复杂，给研究工作带来困难。

（2）氧电极反应的可逆性很小，因此，在实验条件下建立一个可逆氧电极是相当困难的，即使在 Pt、Pd、Ag 和 Ni 等经常用作氧电极反应的金属电极或依附金属表面上，按照

氧还原的极化曲线外推得到的 j^0，均小于 $10^{-9} \sim 10^{-10}$ A/cm²。也就是说，氧电极反应总是伴随有很高的过电位，从而几乎无法在热力学平衡电位附近研究氧电极反应的动力学规律，甚至很难用实验手段测得准确的氧电极反应的平衡电位。通常所用的氧电极的平衡电位大多是由理论计算得到的，这就使研究氧电极过程的手段受到了限制。

（3）由于氧电极过程总伴随有较大的过电位，因此在研究中必然涉及电位较正的区域。而在这种电位较正的区域内，电极表面上发生氧或含氧粒子的吸附，甚至会生成成相的氧化物层。这就使得随着电极电位的变化，电极的表面状态也在不断变化。这也给反应机理的研究带来极大的困难。

（4）在氧电极的阳极过程研究中，特别是在酸性介质中，氧的阳极析出反应需要在比氧的平衡电位更正的电位下才能实现。但是在达到这个电位之前，许多金属都会变为热力学不稳定金属。因此，电极上发生的是金属的溶解或氧化，而不是氧的析出反应，至少是金属的溶解或氧化与氧析出反应同时发生。这也会给氧电极过程的研究带来许多困难。正因为如此，在酸性介质中，能作为依附金属的只有 Au 和 Pt 等贵金属，以及能在电极表面生成不溶于酸的稳定氧化物的那些金属。而在碱性溶液中，由于极化不太大，除了 Au 和 Pt 等贵金属外，Fe、Co 和 Ni 等金属也可作为阳极使用。但是，不论在酸性介质还是碱性介质中，各种金属的表面都会在一定程度上受到氧化，因此氧不是在金属上而是在金属氧化物上析出。

正是由于上述困难的存在，使得氧电极过程的重现性很差。为了解释这些实验结果而提出的各种理论也很难统一。因此，下面只能就一些主要的实验事实加以简要的分析，以便对氧电极过程有基本的了解。

7.5 氧的阳极析出反应

7.5.1 氧的析出过程

在不同的电解液中，氧析出反应及其反应过程是不同的。

在碱性溶液中，氧析出的总反应式为

$$4OH^- \rightleftharpoons O_2 + 2H_2O + 4e$$

在酸性溶液中，氧析出的总反应式为

$$2H_2O \rightleftharpoons O_2 + 4H^+ + 4e$$

这种反应过程中可能包含着复杂的中间过程。对于含氧酸的浓溶液，在较高的电流密度下，可能有含氧阴离子直接参与氧的析出反应。例如，在硫酸溶液中，可能按照下述步骤发生氧的析出反应，即

$$2SO_4^{2-} \rightleftharpoons 2SO_3 + O_2 + 4e$$

$$2SO_3 + 2H_2O \rightleftharpoons 2SO_4^{2-} + 4H^+$$

其总反应式仍为

$$2H_2O \rightleftharpoons O_2 + 4H^+ + 4e$$

在中性盐溶液中，可以由 OH^- 和水分子两种放电形式来析出氧。到底以哪一种形式为主，要看在给定的具体条件下哪一种放电形式所需要的能量较低而定。

7.5.2 氧过电位

在平衡电位下是不能发生氧的析出反应的，氧总是要在比其平衡电位更正一些的电位下才能析出。也就是说，只有在阳极极化的条件下氧才能析出。与定义析氢过电位一样，可以把在某个电流密度下氧析出的实际电位与平衡电位的差值称为氧过电位，以下式表示：

$$\eta_O = \varphi_i - \varphi_{\text{平}}$$

值得指出的是，即使在给定电流密度不变的情况下，氧过电位也往往随时间而变化，一般来说，氧过电位随时间延长而增大。例如，对于 Fe 和 Pt 等金属，氧过电位随时间延长而逐渐增大；而对于 Pb 和 Cu 等金属，氧过电位随时间延长而跳跃式地增大。这种现象可能与在电极表面上有氧化物的形成及氧化层的增厚有关。因此，一般所说的氧过电位值均指其稳态值。

实验表明，氧过电位与电流密度之间的关系也遵循塔菲尔关系，即氧过电位 η_O 与 $\lg j$ 之间成直线关系，即

$$\eta_O = a + b\lg j$$

但实际测得的阳极极化曲线表明，半对数极化曲线往往分成不同斜率的几段，类似折线一样。

7.6　氧的阴极还原过程

如果不考虑氧阴极还原反应历程的细节，则可将各种电极上氧的还原反应历程分为如下两大类。

（1）中间产物为 H_2O_2 或 HO_2^-。在这类的反应历程中，氧分子首先得到两个电子还原为 H_2O_2 或 HO_2^-，然后再进一步还原为水或 OH^-，即在中间过程中有 H_2O_2 或 HO_2^- 产生。

1）在酸性及中性溶液中，基本反应历程为：

① $O_2 + 2H^+ + 2e \rightarrow H_2O_2$。

② $H_2O_2 + 2H^+ + 2e \rightarrow 2H_2O$ 或 $H_2O_2 \rightarrow \frac{1}{2}O_2 + H_2O$。

2）在碱性溶液中，基本反应历程为：

① $O_2 + H_2O + 2e \rightarrow HO_2^- + OH^-$。

② $HO_2^- + H_2O + 2e \rightarrow 3OH^-$ 或 $HO_2^- \rightarrow \frac{1}{2}O_2 + OH^-$。

（2）中间产物为吸附氧或表面氧化物。在这一类反应历程中，不是以 H_2O_2 或 HO_2^- 为中间产物，而是以吸附氧或表面氧化物为中间产物，最终产物仍为水或 OH^-。

1）当以吸附氧为中间产物时，基本反应历程为：

① $O_2 \rightarrow 2MO_{\text{吸}}$。

② $MO_{\text{吸}} + 2H^+ + 2e \rightarrow H_2O$（酸性溶液）或 $MO_{\text{吸}} + H_2O + 2e \rightarrow 2OH^-$（碱性溶液）。

2）当表面氧化物（或氢氧化物）为中间产物时，基本反应历程为：

① $M + H_2O + \frac{1}{2}O_2 \rightarrow M(OH)_2$。

② $M(OH)_2 + 2e \rightarrow M + 2OH^-$。

区别上述两类反应历程的主要方法是检查反应中是否有中间产物的存在。例如，如果在反应中检查到有中间产物 H_2O_2 的存在，则反应历程应属于第一类，或者至少有一部分反应是通过第一类历程进行的。

复习思考题

7-1 用间接方法求得 298.15 K 时，反应 $H_2 + \dfrac{1}{2}O_2 = H_2O$，$\Delta_r G_m^{\ominus} = -236.65$ kJ/mol 试问 298.15 K 时，非常稀的硫酸溶液的分解电压是多少？设用的是可逆电极，并且溶液搅拌均匀。

7-2 298.15 K 时低电流密度电解稀硫酸水溶液，用银作两极的电极材料，和用光滑铂作两极材料，试分别确定其分解电压（已知：在银电极上，$\eta_{H_2} = 0.87$ V，$\eta_{O_2} = 0.96$ V；在光滑铂电极上，$\eta_{H_2} = 0.09$ V，$\eta_{O_2} = 0.45$ V；在稀硫酸水溶液中，并设 $\alpha_{H_2O} = 1$）。

7-3 某溶液中含 10^{-2} mol/dm³ $CdSO_4$、10^2 mol/dm³ $ZnSO_4$ 和 0.5 mol/dm³ H_2SO_4，把该溶液放在两个铂电极之间，用低电流密度进行电解，同时均匀搅拌，试问
(1) 哪一种金属将首先沉积在阴极上？
(2) 当另一种金属开始沉积时，溶液中先析出的那一种金属所剩余的浓度为多少？

7-4 电解某溶液在阴极上有 Zn 沉积，H_2 在 Zn 上的超电压为 0.72 V，欲使溶液中 Zn^{2+} 的浓度降到 10^{-4} mol/dm³，阴极仍不析出 H_2，溶液的 pH 值最小应控制为多少？

7-5 298.15 K 时电解精炼铜的酸性溶液内含铜 30 g/dm³，离子活度系数 $\gamma_{Cu^{2+}} = 0.0576$，若电解液中含有杂质银，试问要得到精铜，电解液中银含量最大不能超过何值（设电积时铜的超电压可以忽略，最大银含量时 Ag^+ 的 $\gamma_{Ag^{2+}} = 0.1$）？

7-6 电解 pH = 5 的 $CdCl_2$ 溶液时，Cd^{2+} 的浓度为多少时 H_2 开始析出？已知此时的超电压为 0.48 V。

7-7 将含 0.05 mol/dm³ 硫酸的 0.1 mol/dm³ 硫酸铜溶液于 298.15 K 时进行电解，当二价铜离子的浓度减少到 1×10^{-7} mol/dm³ 时，阴极电势为何值？在不让氢析出的条件下，阴极电势可能的值为多少（设电解液的 pH = 0.15，氢在铜上的超电压为 0.33 V）？

7-8 用电解沉积 Cd^{2+} 的方法分离某中性水溶液中的 Cd^{2+} 和 Zn^{2+}。已知该溶液中 Cd^{2+} 和 Zn^{2+} 的浓度均为 0.1 mol/kg，H_2 在 Cd 和 Zn 上的超电压分别为 0.48 V 和 0.70 V，试问在 298.15 K 时分离效果怎样？有没有氢析出干扰（设 Cd^{2+} 和 Zn^{2+} 的活度近似等于浓度）？

7-9 某溶液中含 Zn^{2+} 和 Fe^{2+}，活度均为 1。已知氢在铁上的超电压为 0.4 V，如欲使离子析出次序为 Fe、H_2、Zn，则 298.15 K 时溶液的 pH 值最大不得超过多少？在此 pH 溶液中，H_2 开始析出时 Fe^{2+} 的活度降为多少？

7-10 在 0.50 mol/kg $CuSO_4$ 及 0.01 mol/kg H_2SO_4 的溶液中，使 Cu 镀到铂极上，若 H_2 在 Cu 上的超电压为 0.23 V，当外电压增加到有 H_2 在电极上析出时，试问溶液中所余 Cu^{2+} 的浓度为多少？

7-11 镀镍溶液中 $NiSO_4 \cdot 5H_2O$ 含量（质量浓度）为 270 g/dm³（溶液中还有 Na_2SO_4、NaCl 等），已知氢在镍上的超电压为 0.42 V，氧在镍上的超电压为 0.1 V，问在阴极和阳极上首先析出（或溶解）的可能是哪种物质？

7-12 研究氢电极过程和氧电极过程有什么实际意义？

7-13 为什么氢电极和氧电极的反应历程在不同条件下会有较大差别？

7-14 举出实验依据说明在汞电极上析氢过程是符合迟缓放电机理的。

7-15 氢的阳极氧化过程有什么特点？

8 金属阴极过程

8.1 金属阴极过程基本历程

8.1.1 金属阴极过程基本历程简介

金属沉积的阴极过程一般由以下几个单元步骤串联组成：

（1）液相传质。溶液中的反应粒子如金属水化离子向电极表面迁移。

（2）前置转化。迁移到电极表面附近的反应粒子发生化学转化反应，如金属水化离子水化程度降低和重排，金属络离子配位数降低等。

（3）电荷传递。反应粒子得电子还原为吸附态金属原子。

（4）电结晶。新生的吸附态金属原子沿电极表面扩散到适当位置（生长点）进入金属晶格生长，或与其他新生原子集聚而形成晶核并长大，从而形成晶体。

上述各个单元步骤中反应阻力最大、速率最慢的步骤将成为电沉积过程的速率控制步骤。不同的工艺因电沉积条件不同，其速率控制步骤也不相同。

8.1.2 简单金属离子的阴极还原

简单金属离子在阴极上的还原历程遵循 8.1.1 节中所述的金属电沉积基本历程，其总反应式可表示如下：

$$M^{n+} \cdot mH_2O + ne \Longrightarrow M + mH_2O \tag{8-1}$$

需要指出的是：

（1）简单金属离子在水溶液中都以水化离子形式存在，金属离子在阴极还原时，必须首先发生水化离子周围水分子的重排和水化程度的降低，才能实现电子在电极与水化离子之间的跃迁，形成部分脱水化膜的吸附在电极表面的所谓吸附原子。计算和实验结果表明，这种原子还可能带有部分电荷，因而也有人称之为吸附离子。然后，这些吸附原子脱去剩余的水化膜成为金属原子。

（2）多价金属离子的阴极还原符合多电子电极反应的规律，即电子的转移是多步骤完成的，因而阴极还原的电极过程比较复杂。

8.1.3 金属络离子的阴极还原

加入络合剂后，由于络合剂和金属离子的络合反应，使水化金属离子转变成不同配位数的络合离子，金属在溶液中的存在形式和在电极上放电的粒子都发生了改变，因而引起了该电极体系电化学性质的变化。

8.1.3.1 使金属电极的平衡电位向负移动

平衡电极电位的变化不仅可以测量出来，而且可以通过热力学公式（能斯特方程）计算出来。例如，25 ℃时，银在 1 mol/L AgNO$_3$；溶液中的平衡电位是：

$$\varphi_y = \varphi_{平} + \frac{RT}{F}\ln a_{Ag^+}$$

$$= 0.779 + 0.0591\lg(1 \times 0.4) = 0.756(V)$$

若在该溶液中加入 1 mol/L KCN，因 Ag$^+$ 与 CN$^-$ 形成银氰络离子，若按第一类可逆电极计算电极电位，应先计算游离 Ag$^+$ 活度。Ag$^+$ 与 CN$^-$ 的络合平衡反应为：

$$Ag^+ + 2CN^- \Longrightarrow Ag(CN)_2^-$$

已知该络合物不稳定常数 $K_{不} = \dfrac{a_{Ag^+} \cdot a_{CN^-}^2}{a_{Ag(CN)_2^-}} = 1.6 \times 10^{-22}$。设游离 Ag$^+$ 活度为 x，Ag(CN)$_2^-$。活度为 $a - x = 0.4 - x$，CN$^-$ 活度近似为 1，则有：

$$x = K_{不}\frac{a_{Ag(CN)_2^-}}{a_{CN^-}^2} = K_{不}\frac{0.4 - x}{1^2} = 6.4 \times 10^{-23}(mol/L)$$

由此可见，游离 Ag$^+$ 浓度是如此之小，以至于在一般情况下可以忽略不计。

按上述计算结果，有络合剂时的平衡电极电位应为：

$$\varphi_{平} = \varphi^0 + 0.0591\lg x$$

$$= 0.779 + 0.0591\lg(6.4 \times 10^{-23}) = -0.533(V)$$

因此，在氰化物溶液中，银离子以银氰络离子形式存在时，电极平衡电位负移了 $-0.533 - 0.756 = -1.289$ V。

从上面的例子可以看出，络合物不稳定常数越小，平衡电位负移越多。而平衡电位越负，金属阴极还原的初始析出电位也越负；从热力学的角度看，还原反应越难进行。

8.1.3.2　金属络离子阴极还原机理

在络盐溶液中，由于金属离子与络合剂之间的一系列络合-离解平衡，因而存在从简单金属离子到具有不同配位数的各种络离子，它们的浓度也各不相同。当络合剂浓度较高时，具有特征配位数的络离子是金属在溶液中的主要存在形式。例如，在锌酸盐镀锌溶液中，络合剂 NaOH 往往是过量的，故溶液中主要存在的是 $[Zn(OH)_4]^{2-}$，同时还存在低浓度的 $[Zn(OH)_3]^-$、$Zn(OH)_2$ 和 $[Zn(OH)]^+$ 等其他络离子及微量的 Zn^{2+}。

那么，是哪一种粒子在电极上得到电子而还原（放电）呢？目前，多数人认为是配位数较低而浓度适中的络离子，如在锌酸盐镀锌溶液中是 $Zn(OH)_2$，这是因为上面的分析已经表明简单金属离子的浓度太小，尽管它脱去水化膜而放电所需的活化能最小，也不可能靠它直接在电极上放电；然而，具有特征配位数的络离子虽然浓度最高，但其配位数往往较高或最高，所处能态较低，还原时要脱去的配位体较多，与其他络离子相比，放电时需要的活化能也较大，而且这类络离子往往带负电荷，受到界面电场的排斥，故由它直接放电的可能性极小。而像 $Zn(OH)_2$ 这样的配位数较低的络离子，其阴极还原所需要的反应活化能相对较小，又有足够的浓度，因而可以以较高的速率在电极上放电。表 8-1 给出了某些电极体系中络离子的主要存在形式和直接在电极上还原的粒子种类。

表 8-1　某些电极体系中络离子的主要存在形式和放电粒子种类

电极体系	络离子主要存在形式	直接放电的粒子
$Zn(Hg)\mid Zn^{2+}$，CN^-，OH^-	$Zn(CN)_4^{2-}$	$Zn(OH)_2$
$Zn(Hg)\mid Zn^{2+}$，OH^-	$Zn(OH)_4^{2-}$	$Zn(OH)_2$
$Zn(Hg)\mid Zn^{2+}$，NH_3	$Zn(NH_3)_2OH^+$	$Zn(NH_3)_2^{2+}$
$Cd(Hg)\mid Cd^{2+}$，CN^-，OH^-	$Cd(CN)_4^{2-}$	$c_{CN^-}<0.05\ mol/L$ 时为 $Cd(CN)_2$ $c_{CN^-}>0.05\ mol/L$ 时为 $Cd(CN)_3^-$
$Ag\mid Ag$，CN^-	$Ag(CN)_3^{2-}$	$c_{CN^-}<0.1\ mol/L$ 时为 $AgCN$ $c_{CN^-}>0.1\ mol/L$ 时为 $Ag(CN)_2^-$
$Ag\mid Ag$，NH_3	$Ag(NH_3)_2$	$AgNH_3$

　　如果溶液中含有两种络合剂，其中一种络离子又比另一种络离子容易放电，则往往在配位体重排、配位体数降低的表面转化步骤之前还要经过不同类型配位体的交换。如氰化镀锌溶液中存在 NaCN 和 NaOH 两种络合剂，其阴极还原过程就是如此：

$$Zn(CN)_4^{2-}+4OH^-=\!=\!=Zn(OH)_4^{2-}+4CN^-　　（配位体交换）$$

$$Zn(OH)_4^{2-}=\!=\!=Zn(OH)_2+2OH^-　　（配位数降低）$$

$$Zn(OH)_2+2e=\!=\!=Zn(OH)_{2吸附}^{2-}　　（电子转移）$$

$$Zn(OH)_{2吸附}^{2-}=\!=\!=Zn_{晶格中}+2OH^-　　（进入晶格）$$

　　最后，需要特别指出的是，络合剂的加入使金属电极的平衡电位变负，这只是改变了电极体系的热力学性质，与电极体系的动力学性质并没有直接的联系。也就是说，络离子不稳定常数越小，电极平衡电位越负，但金属络离子在阴极还原时的过电位不一定越大。因为前者取决于溶液中主要存在形式的络离子的性质；后者主要取决于直接在电极上放电的粒子在电极上的吸附热和中心离子（金属离子）配位体重排、脱去部分配位体而形成活化络合物时发生的能量变化。例如，$Zn(CN)_4^{2-}$ 和 $Zn(OH)_4^{2-}$ 的不稳定常数很接近，分别为 1.9×10^{-17} 和 7.1×10^{-16}，但在锌酸盐溶液中镀锌时的过电位却比氰化镀锌时小得多。

8.2　金属阴极过程影响因素

　　电结晶的影响因素如下：

　　（1）过电位与交换电流密度的影响。对于任一电极过程，施加于电极的电位（过电位）决定了电极反应速率的大小。同样，对于电结晶过程，所施加过电位的大小决定了沉积的速率和结晶层的结构。图 8-1 表示的是电结晶的结构与施加于阴极的还原电位的关系。

　　从图 8-1 上可发现，要得到所希望的金属电结晶层，就必须注意调节施加电位的大小。沉积层的结晶形态和生长方式与阴极过电位密切相关，过电

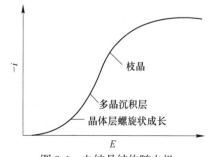

图 8-1　电结晶结构随电极
电位的变化关系

位是决定结晶形态的首要因素。为了增强金属电结晶时的阴极极化过电位作用，通常可采取以下几种措施：

1）提高阴极电流密度。一般情况下阴极极化作用随阴极电流密度的增大而增大，沉积层结晶也随之变得细致紧密。在阴极极化作用随阴极电流密度的提高而增大的情况下，可采用适当提高电流密度的方法增强阴极极化作用，但不能超过所允许的上限值。

2）适当降低电解液的温度。降低电解液温度能减慢阴极反应速率和离子扩散速率，增强阴极极化作用。但在实际操作中，对于增大温度所带来的负面影响，可以通过增大电流密度而得到弥补。由于升高温度就可以进一步提高电流密度，从而加速电镀过程，因此在具体操作过程中，要根据实际情况调节电解液的温度。

3）加入配合剂。在电沉积生产中，能够配合主盐中金属离子的物质称为配合剂。由于配离子较简单离子难以在阴极上还原，因此提高阴极极化值。

4）加入添加剂。添加剂吸附在电极的表面会阻碍金属的析出，从而增强了阴极极化作用。总之，在实践中可根据实际情况，采取措施适当增强金属电结晶时的阴极极化作用，但是不能认为阴极极化作用越大越好，因为极化作用超过一定范围，会导致氢气大量析出，从而使沉积层变得多孔、粗糙，质量反而下降。

在水溶液中从简单盐溶液析出金属颗粒的粗细可以根据交换电流密度的大小把金属分成 3 组。第一组：交换电流密度比较大，为 $10^{-1} \sim 10^{-3}$ A/cm^2，例如 Pb、Cd、Sn，它们沉积时过电位很小，沉积物颗粒粗大，其平均粒度大小于 10^{-3} cm；第二组：交换电流密度为 $10^{-4} \sim 10^{-5}$ A/cm^2，相应的过电位约为 $10^{-8} \sim 10^{-9}$ V，例如 Bi、Cu、Zn，所得结晶颗粒的粒度为 $10^{-3} \sim 10^{-4}$ cm；第三组：交换电流密度为 $10^{-1} \sim 10^{-3}$ A/cm^2，过电位不小于 10^{-1} V，例如 Fe、Co、Ni；这组金属通常以细密的沉积物析出。因此，根据交换电流大小，可以预计沉积颗粒的粗细。

同一条件下不同晶面对过电位也有不同的影响，对于单晶 Sn 而言，当晶面从（001）转变为（100）时，过电位降低了一半以上。对于相同晶面，过电位的大小顺序为 Ni>Cu>Sn 和 Pb。

（2）电解液组成的影响。电解液成分（除主盐金属离子外）通常包括阴离子、不参加电还原的惰性阳离子、配合剂、有机添加剂等，这些成分对电结晶均有影响。在简单盐溶液中析出金属时发现，阴离子对过电位的影响随下列顺序而减少：$PO_4^{3-} > NO_3^- > SO_4^{2-} > ClO_4^- > Cl^- > Br^- > I^-$，析出金属颗粒的粒度也随这个顺序而增大。阴离子对过电位的影响比晶面改变还要大，例如 Pb 从过氯酸溶液变为亚硫酸铵溶液时，其过电位几乎减少了 2/3，而 Pb 从（111）面改变为（100）面时，过电位降低 1/2。

有惰性阳离子存在时，可以增加金属析出的过电位。这种效应在析出镍、锌、铜和其他金属时都能观察到。在冶金电解生产中，最常见的局外离子是氢离子。增加 H$^+$ 浓度，常使用高酸度溶液。电镀中添加惰性阳离子有利于得到细密结晶。与简单盐溶液相比，配合物的加入常使金属离子析出电位明显负移。在电镀工业中，为了得到致密的金属镀层，对于一些析出电位较正的金属经常加入配合物。在冶金电解工业中，较少使用配合物，但在某些电解体系中，例如硫化钠浸出锑时，生成的硫代锑酸根配离子可直接进行电解生产金属锑。

（3）金属离子浓度和电流密度的影响。离子价态对沉积物结构亦有影响，如 Pb^{2+} 沉积的铅呈海绵状，Pb^{2+} 沉积的铅为大结晶；用 CrO_3 沉积的铬是光亮的，而 Cr^{3+} 沉积的铬是粗大的结晶。

一般来说，在无添加剂的直流电沉积中，当阴极电流密度低时，阴极极化作用小，沉积层晶粒较粗；随着阴极电流密度的增大，阴极的极化作用随之增大，结晶也随之变得细致紧密。但当实际使用的电流密度超过极限电流密度时，扩散过电位（浓差极化过电位）会急剧增大，沉积层就会出现外向生长的趋势而停止层状生长，此时局部的电流密度还会更高，阴极附近将严重缺乏金属离子，只有放电离子达到的部分晶面还能继续长大，而另一部分晶面却被钝化，此时不但不利于获得细晶电沉积层，而且会导致阴极上大量析氢和常常形成形状如树枝的枝状沉积层，或形状如海绵的疏松沉积层。如要提高成核速率，增加晶体的生长中心而得到结晶致密细化的沉积层，则必须设法提高界面反应的不可逆性而引起的过电位，即结晶过电位，使得结晶过程受界面反应速率步骤的控制。

在一定浓度范围内，晶核产生的数目与电流密度、析出金属离子浓度的关系可用式 (8-2) 表示。

$$N_{晶核} = a + b\lg\frac{j}{c} \qquad (8-2)$$

式 (8-2) 表明，随着电流密度的增加和离子浓度的减少，晶核的数目增加。因而可获得细小的结晶。例如对银的析出，可获得式 (8-2) 的关系。当 Ag^+ 浓度很低时，形成较细小的结晶；当 Ag^+ 浓度为 $0.5 \sim 1.0 \ mol/L$ 时，则在单晶面上形成 $1 \sim 3$ 个银晶体。

（4）晶体缺陷的影响。如果晶核在一平面上形成，并且沿着这一平面生长，这就是二维晶核的形成与生长。然而在大多数实际晶体生长过程中，发现晶体生长可以连续发展下去而不必再度形成二维晶核，这种生长方式称为螺旋错位。因为实际晶面常有隆起的台阶，只要有原子层大小的台阶就足以引起螺旋错位，并由此形成块状和层状。螺旋错位也可以发生在平面上，螺旋不断上升似一座山。在银的析出时可观察到这样的生长。晶面上也可以出现两条以上的螺旋线，出现两个左右旋转的上升的螺旋平面。

（5）有机表面活性添加剂的影响。实验表明，在电沉积过程中加入少量有机添加剂，容易得到致密的沉积层，这在于它们能吸附在电极表面上，改变双电层结构，使极化增加，因此会使结晶变细。研究表明，表面活性物质对金属离子的放电具有选择性，它能抑制某种金属离子放电，而让另一种离子通过，这种抑制作用与表面活性物质的结构有关。对不同的晶面，表面活性物质的吸附作用也不一样，具有强烈吸附表面物质的晶面生长受阻，而吸附较少的晶面得到生长，这就会改变晶体的生长形貌。

在表面活性物质覆盖的表面上，要使离子放电，必须使它穿过吸附层到达电极表面，因此需要一定的能量使离子活化。这一能量的大小取决于离子的性质，同时也与吸附的性质和表面活性物质的结构有关。目前对表面活性物质的选择和应用，尚没有明确的理论作指导，主要依靠在实践中摸索。根据大量实验结果，归纳出下列规律：

1）凡含有 N、O、S 的有机化合物，一般都能在电极-溶液表面吸附，同一系列的有机化合物中（例如脂肪族的酸、醇、胺等），只要溶解度允许，其表面活性随碳氢键的增长而增大。胺类的表面活性顺序为：$NH_3 < RNH < R_3N$（式中 R 为碳氢键）。

2）表面活性物质的活性可能由于吸附物质与电极的相互作用而加强。例如芳香族和杂环化合物在电极上的表面活性要比其在空气-溶液界面上的活性大得多。

3）在电毛细曲线中已知，中性有机表面活性物质在零电荷电位附近有最大的吸附量。但实验指出，同一表面活性物质在不同的金属电极表面上脱附电位相差不大，可以忽略不同金属的"个性"，而认为各种类型表面活性物质的脱附电位范围大致是确定的。

需要指出：

1）吸附层主要是对电化学步骤和其他直接在表面上发生的步骤（如电结晶等）的反应速率有较大的影响，而对扩散步骤和表面液层中的转化速率不会有多大作用。因此，如果未加入表面活性物质时整个电极反应速率的控制步骤是扩散步骤或表面液层中的转化步骤，而在加入表面活性物质后电化学步骤和其他表面步骤的进行速率虽然受到阻止，却还不足以形成新的电极反应减缓步骤，则整个电极反应的进行速率不发生变化。在这种情况下，并不是吸附层不引起阻化效应，而是所引起的阻化效应不会表现出来。作为一般性原则，可以认为任何阻化因素都只有在能影响整个反应的控制步骤或是能导致出现新的控制步骤时才会表现为有效。有机添加剂往往对"慢"反应（界面反应速率控制）的效果比较显著，而对"快"反应（其稳态反应速率一般受扩散控制）却常常表现为"无效"，原因即在于此。当溶液中加入有机添加剂时，需要了解的关键是吸附层的结构和覆盖度、在表面层中金属离子与添加剂及来自溶液的其他组分（阴离子、溶剂分子等）组成了什么形式的表面反应粒子，以及在吸附层中这些粒子具有怎样的反应能力和它对相应电极过程的影响等。

2）大多数表面活性物质不直接参加电化学反应，因此它们在阴极上应该是"非消耗性"的，然而实践表明，电解液中添加的活性物质大多需要定期补加。除可能在溶液中分解或在阳极上氧化（如抗坏血酸）外，引起活性物质消耗的主要原因是它们常夹杂在镀层中，有些还能在电极上还原（如胡椒醛、香格兰醛等）。这些"阴极消耗性添加剂"在电镀实践中有时可用作"平整剂"或"光亮剂"。

3）与加入配合剂的方法相比，加入表面活性物质以控制金属电极过程的方法具有加入浓度小因而成本较低、对溶液中金属离子的化学性质没有影响而使废水较易处理，及一般不具有毒性等优点，然而该方法也存在易引起夹杂并使沉积层的纯度和力学性能下降，不宜在高温下使用、容易产生泡沫并由此引起新的废水处理问题，以及浓度的测定和控制较为困难等缺点。

（6）其他影响。温度上升，结晶变得粗大，这是因为极化减少以及有机添加剂的脱附。温度过高还会带来其他问题，因而应结合具体对象来选择温度。搅拌可使电解液流动，减少浓差极化，可在较高电流密度下防止树枝状、海绵状沉积物的生成及氢的析出。

当金属在异种金属表面还原结晶时，有时会观察到，在电极电位还显著正于沉积金属的标准电极电位时就能在基材上生成单原子沉积层——欠电位沉积（underpotential depoition，UPD）。迄今为止，已有大量文献报道了 UPD 实验现象。目前认为，欠电位沉积是发生沉积的金属与电极表面之间强相互作用的结果。发生欠电位沉积的前提是金属与电极表面之间的作用力比纯金属的晶体间的相互作用力更强。实验观察到的欠电位沉积主要是单层的，这为上面的机理提供了支持。长期以来一直在镀 Pt 溶液中加入少量 Pb^{2+} 来增强铂黑的活性，其机理可能是 Pb 的欠电位沉积能加快晶核的形成。

8.3 金属共沉积规律

通常在电解质溶液中常常存在多种离子，因此，不可避免地会出现两种以上离子的共同还原过程。在水溶液中最常见的是 H^+ 与金属离子的共同还原，在氢气的析出中仅使金属电沉积过程的电流效率降低，也会影响金属沉积物的力学性能。在很多情况下，电解质中存在着多种金属离子，也会发生多种金属离子的共同还原，这也是一个很有实际意义的题目。例如，在电解制备纯金属或金属精炼时，必须设法抑制其他金属离子的共同还原。但是，为了得到某些特殊性能的合金，又必须采取一定的技术措施使得几种金属离子共同还原。这些都需要了解几种金属离子共同还原时的规律。

体系中存在多种金属离子发生共同还原时，有些体系表现出某种金属离子与其他离子共同还原，这种体系只遵循自身的动力学规律进行还原反应，而不受其他离子的制约和影响（称为理想共轭体系）；有些体系，则由于离子间的相互影响和相互制约，其还原动力学明显偏离单独还原动力学规律（称为真实共轭体系）。离子间的相互影响与金属本性、双电层结构及离子在溶液中的状态均有关。

8.3.1 共沉积基本条件

对于单金属来说，其沉积电位等于它的平衡电位与过电位之和，可表示为：

$$E_{析} = E_e + \eta_c \tag{8-3}$$

即

$$E_{析} = E_e + \frac{RT}{nF}\ln\alpha + \eta_c \tag{8-4}$$

式中，$E_{析}$ 为沉积电位（或析出电位），V；E_e 为平衡电极电位，V；η_c 为金属离子在阴极上放电的过电位，V，可由电极过程动力学因素及有关参数确定；α 为金属离子的活度。

在电解过程中，阴极上有两种或两种以上的金属同时沉积的过程，称为金属的共沉积（codeposition）。目前人们对单金属电沉积的理论了解得还不够多，而对于金属的共沉积的理论则研究得更少。由于金属共沉积需要考虑两种或两种以上金属电沉积的规律，因而对金属共沉积理论和规律的研究则更加困难。合金电沉积的应用和研究目前仅限于二元合金和少数三元合金方面，下面重点讨论二元合金共沉积的条件。

（1）合金中两种金属至少有一种金属能单独从水溶液中沉积出来。有些金属如钨、钼等，虽然不能单独从水溶液中沉积出来，但可以与另一种金属如铁、钴、镍等在水溶液中实现共沉积。

（2）金属共沉积的基本条件是两种金属的析出电位十分接近或相等，这是因为电沉积过程中，电位较正的金属总是优先沉积，甚至可以完全排除电位较负的金属沉积析出，该共沉积条件经常表示为式（8-3）。欲使两种金属在阴极上共沉积，它们的析出电位必须相等，即

$$E_{析1} = E_{析2} \tag{8-5}$$

$$E_{析1} = E_{e1}^{\ominus} + \frac{RT}{nF}\ln\alpha_1 + \eta_{c1} \tag{8-6}$$

$$E_{析2} = E_{e2}^{\ominus} + \frac{RT}{nF}\ln\alpha_2 + \eta_{c2} \tag{8-7}$$

　　一般金属的析出电位与标准电极电位具有较大的差别，而且影响的因素比较多，如离子的配合状态、过电位及金属离子放电时的相互影响等。因此仅从标准电极电位来预测金属共沉积是有很大的局限性的。为了使电极电位相差较远的金属实现共沉积，一般采取以下措施：

　　1）改变溶液中的金属离子浓度。增大电位较负金属的离子浓度使其电位正移，或降低电位较正金属的离子浓度使其电位负移，从而使两者的电位接近，根据能斯特公式计算，对于两价金属离子而言，其浓度改变 10 倍，平衡电位仅移动 0.029 V。多数金属离子的平衡电位相差较大，故通过改变金属离子浓度来实现共沉积显然难以实现。

　　2）选择适当的配合剂。金属配离子能降低离子的有效浓度，使电位较正金属的平衡电位负移，从而使电位相差大的两种金属的平衡电位接近。例如，在硫酸盐的单盐溶液中铜和锌的平衡电位分别为 +0.285V 和 -0.815 V，两者相差高达 1.100 V，当铜和锌被氰化物配合之后，铜的平衡电位负移至 -0.620 V，而锌的平衡电位负移至 -1.077 V，两者相差缩小为 0.457 V。当通过 0.5A/dm^2 电流时，配合物溶液中的铜和锌的极化电势分别为 1.448 V 和 -1.424 V，仅相差 0.024 V，所以配合剂的加入使电位相差大的金属共沉积成为可能。另外，由于金属离子在配合物溶液中形成了稳定的配合离子，使阴极上析出的活化能提高了，于是就需要更高的能量才能在阴极上还原。所以阴极极化也增加，这样才有可能使两种金属离子的析出电位接近或相等，以达到共沉积的目的。

　　3）溶液中加入添加剂。添加剂对金属平衡电位的影响不大，而对金属沉积的极化则往往有明显的影响。添加剂在阴极表面的阻化作用常具有一定的选择性，对某些金属沉积起作用，而对另一些金属则无效。目前仅有少数例子通过添加剂使两种金属共沉积成为可能，例如含有铜离子和铅离子的溶液中，添加明胶可以实现合金的共沉积。为了实现金属共沉积，在电镀液中可单独加入添加剂，也可以和配合剂同时加入。

8.3.2　共沉积类型及沉积层结构类型

　　根据合金电沉积的动力学特征以及槽液组成和工艺条件，可将合金电沉积分为正常共沉积和非正常共沉积两大类。其中正常共沉积的特点是电位较正的金属总是优先沉积。依据各组分金属在对应溶液中的平衡电极电位，可定性地推断出在合金镀层中各金属的含量。正常共沉积又可分为 3 种：

　　(1) 正则共沉积。这种金属共沉积的特点是受扩散控制。合金沉积层中电位较正金属的含量随阴极扩散层中金属离子总含量增多而提高。电沉积工艺条件对沉积层组成的影响可由槽液在阴极沉积层中金属离子的浓度来预测，并可用扩散定律来估计。因此，提高槽液中金属离子的总含量、减小阴极电流密度、提高槽液的温度或增加搅拌等能增加阴极扩散层中金属离子浓度的措施，都能使合金沉积层中电位较正金属的含量增加。简单金属盐溶液的电沉积一般属于正则共沉积。例如：镍钴、铜铋和铅锡合金在简单金属盐溶液中实现的共沉积就属于此类。有的配合物电解液也能得到此类共沉积。若能取样测出阴极溶液界面上各组分金属离子的浓度，就能推算出合金沉积层的组成。如果各组分金属的平衡电极电位相差较大，且共沉积不能形成固溶体合金时，则容易形成正则共沉积。

（2）非正则共沉积。这类共沉积的特点主要是受阴极电位控制，即阴极电位决定了沉积合金的组成。电沉积工艺条件对合金沉积层组成的影响比正则共沉积小得多。有的槽液组成对合金沉积层各组分的影响遵守扩散理论；而另一些却不遵守扩散理论。配合物槽液中的沉积特别是在配合物浓度对某一组分金属的平衡电极电位有显著影响的槽液中的沉积，多属于此类共沉积。例如：铜和锌在氰化物槽液中的共沉积。另外，如果各组分金属的平衡电位比较接近，且易形成固溶体的槽液，也容易出现非正则共沉积。

（3）平衡共沉积。平衡共沉积的特点是在低电流密度下（阴极极化非常小），合金沉积层中组分金属比等于槽液中各金属离子浓度比。当将各组分金属浸入含有各组分金属离子的槽液中时，它们的平衡电极电位最终会变得相等。在此类槽液中以低电流密度电解时（即阴极极化很小）发生的共沉积，即称为平衡共沉积。在通常的槽液中，属于平衡共沉积的类型并不多。例如，在酸性槽液中沉积铜铋合金和铅锡合金等属于此类。

目前对于非正常共沉积的研究还不多，已有的研究，虽也提出了几种不同的机理，但还不够成熟。非正常共沉积又可分为异常共沉积和诱导共沉积。这两种共沉积现在还不能按基本理论预测。

（1）异常共沉积。异常共沉积的特点是电极电位较负的金属反而优先沉积。对于给定槽液，只有在某种浓度和某些工艺条件下（即特定条件）才出现异常共沉积，当条件有了改变后就不一定出现异常共沉积。锌与铁族金属形成的合金或者铁族金属之间形成的合金的沉积多属于此类共沉积，例如：锌铁、锌镍、锌钴、镍钴、铁钴和铁镍合金等的沉积。这类合金在沉积层中，电位较负金属的含量总是比电位较正金属组分的含量高。

（2）诱导共沉积。从含有钛、钼和钨等金属的水溶液中是不可能沉积出纯金属沉积层的，但可与铁族金属形成合金而共沉积出来，这类沉积就称为诱导共沉积。诱导共沉积与其他类型的共沉积相比更难推测出电解液中金属组分和工艺条件的影响。通常把能够促使难沉积金属共沉积的铁族金属称为诱导金属。诱导共沉积的合金有镍钼、钴钼、镍钨、钴钨和铁钨等。其中钼钨与铁族金属共沉积形成的合金，由于电沉积时阴极电流效率高，可作为高熔点合金。根据铁族金属的作用对于诱导共沉积的机理，曾提出了多核配合物的形成及接触还原和中间相生成等理论。

金属发生共沉积后，将形成不同的结构类型，主要有机械混合物合金、固溶体合金、金属间化合物、非晶态合金等。

（1）机械混合物合金。形成合金的各组分（金属或非金属）仍保持原来组分的结构和性质，这类合金称为机械混合物合金。如电沉积得到的 Sn-Pb、Cd-Zn、Sn-Zn 和 Cu-Ag 合金等，它是各组分晶体的混合物，组分金属之间不发生相互作用，各组分的标准自由能也同纯金属一样，平衡电位不发生变化。

（2）固溶体合金。将溶质原子溶入溶剂的晶格中，仍保持溶剂晶格类型的金属晶体称为固溶体合金。通常把溶质原子分布于溶剂间隔中形成的固溶体，称为间隙固溶体；把溶质原子占据溶剂晶格的一些结点，即溶剂原子被溶质原子置换的固溶体，称为置换固溶体。形成固溶体时，虽然保持着溶剂金属的晶体结构，但由于溶质原子和溶剂原子的尺寸大小不可能完全相同，随着溶质原子的溶入，固溶体的晶格常数将会发生不同程度的变化，其变化程度和规律与固溶体的类型、溶质原子的大小及其溶入量（浓度）等有关。对于置换固溶体，溶质原子半径大于溶剂原子半径，则晶格常数将随溶解度的增加而增大；

反之，固溶体的晶格常数将减小。对于间隙固溶体，晶格常数总是随着溶质溶解度的增加而增大。

（3）金属间化合物。金属间化合物是合金组分发生相互作用而生成的一种新相，其晶格类型和性能完全不同于任一组分，一般可用分子式表示其组成。它与普通化合物不同，除离子键和共价键外，金属键也在不同程度上起作用，使这种化合物具有一定程度的金属性质，故称为金属间化合物，如 Cu-Sn 合金（Cu_6Sn_5）、Sn-Ni 合金（Ni_3Sn_2）等。金属间化合物一般具有复杂的晶体结构、熔点高、硬而脆。当合金中出现金属间化合物时，通常能提高合金沉积层的硬度和耐磨性，但会降低其塑性。金属间化合物的种类很多，根据其形成条件，可划分为正常价化合物和电子化合物。正常价化合物的特点是符合一般化合物中的原子价规律，成分固定，并可用化学分子式表示。通常由化学性能上表现出强金属性的元素与非金属或类金属元素组成，如 Mg_2Sn、Mg_2Pb 等。这类化合物具有很高的硬度和脆性。电子化合物不遵守原子价规律，但其晶体与电子密度有一定的对应关系：电子密度为 3/2 的电子化合物通常具有体心立方结构，称为 β 相，如 CuZn、Cu_5Sn 等；电子密度为 21/13 的电子化合物，具有复杂立方结构，其晶胞由 52 个原子组成，称为 γ 相，如 Cu_5Zn_6 等；电子密度为 7/4 电子化合物，具有密排六方结构，称为 e 相，如 Cu_3Zn、$CuZn_3$ 等。电子化合物原子之间为金属键，因而具有明显的金属特性，它的熔点和硬度都很高，但塑性较低。

（4）非晶态合金。电沉积得到的非晶态合金，一般是以过渡元素（如铁、钴、镍等）为主，含有少量的磷、硼、钼、钨、铼等的合金，如 Ni-P、Ni-B、Fe-Mo、Co-Re 和 Cr-W 等。非晶态合金的原子排序是无序的，所以没有晶粒间隙、位错等晶格缺陷，也不会出现某一成分的偏析现象，它是各向等同的均匀合金，由于其独特的结构，其化学、物理和力学性能均与晶体不同。非晶态合金属于介稳结构，它对热具有不稳定性，在加热过程中结构会发生变化，并引起原子重排而逐渐结晶化，从而形成均匀置换固溶体，其晶格原子位置由该两种原子随机占据。

复习思考题

8-1 金属沉积的电极过程包括哪些步骤？各步骤的物理意义是什么？各步骤之间的关系及在沉积过程中的作用是什么？

8-2 金属还原的可能性为什么以铬分族分界？如果任意指定一种金属，该怎样来判断它是否自水溶液沉积？

8-3 金属阴极过程的影响因素包括哪几类？具体是什么？

8-4 新相生成与过饱和度有什么关系？在电极结晶中过饱和度用什么关系式来表示？

8-5 电极结晶过程中分哪些步骤进行？用什么模型来解释电极结晶机理？

8-6 解释金属络离子阴极的还原机理？

8-7 形核理论成立的条件及形核理论的基本观点是什么？

8-8 影响电极结晶生长的因素有哪些？实际的结晶生长情况如何？

8-9 何谓结晶过电位，写出其表达式，如何确定结晶过电位的存在？

8-10 表面活性物质对电极结晶过程是如何发生影响的？

8-11 相变极化有哪些类型?

8-12 研究金属的共沉积有何重要意义?

8-13 离子共同放电的基本条件是什么?

8-14 金属共沉积有哪几种类型,说明其特点并举出应用的实例?

8-15 如何使电极电位相差较远的金属实现共沉积?

8-16 金属电结晶过程是否一定要先形成晶核?晶核形成的条件是什么?

8-17 假设对含有活度都为 1 的两种金属离子 Ni^{2+} 和 Cu^{2+} 的电解液进行电解,试计算铜离子浓度降低到什么程度才有镍与铜共同析出?($\alpha_{Cu^{2+}} = 1.08 \times 10^{-20}$)

9 金属阳极过程

9.1 阳极的活性溶解

金属作为反应物发生氧化反应的电极过程简称为金属的阳极过程。由于溶液成分对电极过程的影响，金属的阳极行为和阳极产物都比金属的阴极过程复杂，可以出现阳极活性溶解和钝化两种状态。

金属的阳极过程比阴极过程要复杂得多，但从电加工生产的正常维持考虑，则要求金属的阳极必须定量地溶解；在电解精炼金属时，金属阳极中虽含有多种组分，但只能允许其中一种组分以一定的离子形式定量地溶解，其他成分则以阳极泥的形式沉入槽底；实际上很多金属的阳极过程都是相当复杂的，随着电极电位的变化，不仅反应速率发生很大的变化，而且常常出现一些新的反应。此外，金属的阳极过程在金属腐蚀与防护领域也是一个非常重要的问题，因此，很有必要研究金属阳极过程的反应机理及规律。

金属阳极溶解可分为化学介质中的溶解和化学介质中的电化学溶解（存在明确电场强化作用下的电解、精炼等阳极过程，作为阳极的电极过程则可出现阳极活性溶解和钝化两种状态）。化学介质中阳极金属的活性溶解过程是金属基材与环境相互作用形成局部腐蚀原电池反应导致金属被不断消耗的过程。从腐蚀的角度看，它属于广泛发生的电化学腐蚀，服从于腐蚀原电池机理。对于金属在化学介质中发生腐蚀，按照电化学反应历程，而不是选择化学反应历程，首先反应可以分成两个半反应，并分别在各自最适宜进行的地点进行，而无须在所有反应粒子碰撞在一起时才能发生，反应的概率要大得多。其次，既然两个半反应可以同时在不同的地点进行，它们就会分别选择在各自电极左侧反应物体系的吉布斯自由能最高、因而活化能位垒最低的地点进行，所以反应速率常数要远高于化学反应的速率常数。而且，化学反应路径中固体的反应产物是就地生成的，它们可能会阻碍反应物粒子进一步碰撞；而电化学反应在两个半电极反应进行时，最终的固体反应产物是两个半反应生成的离子扩散后相遇生成的沉淀，它对两个半反应的进行影响很小，甚至可能没有影响。所以整个腐蚀过程按两个半反应进行的阻力远远小于按化学腐蚀的路径进行的阻力。金属材料阳极的电化学腐蚀溶解会造成材料的快速损伤，但对于湿法冶金浸出过程，则需要利用金属矿（包括废金属）和硫化矿等阳极快速腐蚀，实现高效浸出。例如在人造金红石的生产中，其中一种方法就是将钛铁矿中的铁还原成金属铁，然后将其腐蚀成氧化物，利用这种铁是氧化物，用重选等方法很容易与 TiO_2 分开而获得纯金红石。某些氧化镍矿被还原成金属镍后，可进行腐蚀浸出，因此，加速的阳极溶解过程可提高浸出效率。

金属阳极活性溶解过程通常服从电化学极化规律。当阳极反应产物是可溶性金属离子（M^{n+}）时，其电极反应可写成：

$$M \rightleftharpoons M^{n+} + ne$$

由前面可知，阳极电流密度 j_a 与阳极过电位 z 之间服从巴特勒-伏尔摩方程：

$$j_a = j^0 \left[\exp\left(\frac{\beta nF}{RT}\eta_a\right) - \exp\left(-\frac{\alpha nF}{RT}\eta_a\right) \right] \tag{9-1}$$

在高过电位区，则符合塔菲尔关系：

$$\eta_a = -\frac{RT}{\beta nF}\ln j^0 + \frac{RT}{\beta nF}\ln j_a \tag{9-2}$$

对于不同的金属阳极，交换电流 j^0 不同，因此阳极极化作用也不同（见表 9-1）。大多数金属阳极在活性溶解时的交换电流是比较大的，所以阳极极化一般不大。实验测定结果还表明，阳极反应传递系数 β 往往比较大（见表 9-2），即电极电位的变化对阳极反应速率的加速作用比阴极过程要显著，故阳极极化度一般比阴极极化度要小。

表 9-1　某些金属的交换电流密度范围（金属离子浓度为 1 mol/L）

低过电位金属 （$j \approx 10^{-8} \sim 10$ A/cm^2）	中过电位金属 （$j \approx 10^{-6} \sim 10^{-3}$ A/cm^2）	高过电位金属 （$j'' \approx 10^{-15} \sim 10^{-8}$ A/cm^2）
Pb	Cu	Fe
Sn	Zn	Co
Hg	Bi	Ni
Cd	Sb	过渡族金属
Ag		贵金属

表 9-2　某些金属电极的传递系数

电极体系	α 或 αn	β 或 βn	电极体系	α 或 αn	β 或 βn
Ag丨Ag$^+$	0.5	0.5	Cd(Hg)丨Cd$^+$	0.4 ~ 0.6	1.4 ~ 1.6
Tl(Hg丨Tl$^+$)	0.4	0.6	Zn丨Zn^{2+}	0.47	1.47
Hg丨Hg^{2+}	0.6	1.4	Zn(Hg)丨Zn^{2+}	0.52	1.40
Cu丨Cu^{2+}	0.49	1.47	ln(Hg)丨ln^{2+}	0.9	2.2
Cd丨Cd^{2+}	0.9	1.1	Bi(Hg)丨Bi^{2+}	1.18	1.76

多价金属离子的还原过程往往分为若干个单电子步骤进行，其中速率控制步骤常为得到"第一个电子"的步骤 [$M^{n+} + e \rightarrow M^{(n-1)+}$]。由此推测阳极过程也可能是分若干个单电子步骤进行的，并以失去"最后一个电子"的步骤 [$M^{(n-1)+} \rightarrow M^{n+} + e$] 的速率最慢。这一看法已被阳极极化时从溶液中检测出了中间价粒子的实验所证实。

在一定的条件下，金属阳极会失去电化学活性，阳极溶解速率变得非常小，这一现象称为金属的钝化，此时的金属阳极即处于钝化状态。金属的钝化状态可以通过两种途径实现。一是借助于外电源进行阳极极化，使金属发生钝化，称为阳极钝化；一是在没有外加极化的情况下，由于介质中存在氧化剂（去极化剂），氧化剂的还原引起了金属钝化，称为化学钝化或自钝化。本节将主要介绍阳极钝化，有关自钝化的细节可阅读有关金属腐蚀学的参考书。

具有活化-钝化转变行为的金属的典型阳极极化曲线如图 9-1 所示。从图 9-1 可以看出，金属阳极过程在不同的电极电位范围有不同的规律。在 AB 段，阳极溶解电流随着电极电位正移而增大，属于活性溶解过程，此时阳极表面处于活化状态。

　　当电极电位继续变正，达到图 9-1 中的 B 点时，金属溶解速率（阳极电流密度）不仅不增大，反而急剧下降，这一现象就是前面所说的钝化现象。此时，金属阳极表面由活化状态变为钝化状态（钝态）。产生钝化现象的根本原因是金属表面生成了一层阻碍电极反应进行的表面膜（钝化膜），下一节中将进一步说明这一点。

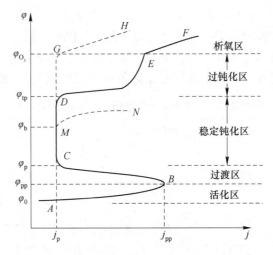

图 9-1　用控制电位法测得的金属极化曲线

　　开始发生阳极钝化的电位，即对应于 B 点的电位称为临界钝化电位或致钝电位，用 φ_{pp} 表示。对应于 φ_{pp} 的阳极电流密度称为临界钝化电流密度或致钝电流密度，用 j_{pp} 表示。一旦电流密度超过 j_{pp}，电极电位大于 φ_{pp}，金属表面就开始钝化，电流密度急剧降低。当电位增加到 C 点时，阳极电流密度降到最低点，金属转入完全的钝化状态。对应于 C 点的电位 φ_{p}，称为初始稳态钝化电位。φ_{pp} 与 φ_{p} 相距很近，在这一区间（BC 段），金属表面状态发生急剧变化，处于不稳定状态。BC 段称为活化-钝化过渡区。

　　对已经处于钝化状态的金属来说，将电极电位从正向负移到 φ_{p} 附近时，金属表面将从钝化状态转变为活化状态。这一从钝化态转变为活化态的电位称为活化电位，在一些文献中常常称为弗雷德（Flade）电位，用 φ_{F} 表示。在实验测出的极化曲线上，φ_{p} 和 φ_{F} 往往十分接近，难以区分。

　　CD 段为金属的稳定钝化区。该电位范围内的电流密度通常很小，大约在 $\mu A/cm^2$ 数量级，表明金属在钝态下的溶解速率很小。而且对大多数金属来说，该电流密度几乎不随电位改变，这一微小电流密度称为维钝电流密度 j_{p}。

　　继续增大阳极极化，电位达到 D 点，电流密度又重新增大。DE 段为金属的过钝化区，D 点的电位称为过钝化电位 φ_{tp}。电流密度重新增大的原因是电极上发生了新的电极反应。通常是生成了可溶性的高价金属离子，如不锈钢在这一区间因高价铬离子的生成而导致钝化膜破坏，使金属溶解速率重新增大。

　　EF 段是氧的析出区，即电极电位达到析氧电位，电流密度因发生析氧反应而再次增大。有的电极体系不存在过钝化区（DE 段）而直接进入析氧区，阳极极化曲线将按 DGH 段变化。

需要指出的是，用控制电流法测量出现钝化行为的金属的阳极极化曲线时，只能得到如图 9-2 所示的曲线。即正程测量得到 *ABCD* 曲线，反程测量得到 *DEA* 曲线，不能得到如图 9-1 所示的活化-钝化行为的完整曲线。所以，对具有活化-钝化行为的体系，只能用控制电位法测量阳极极化曲线。

还应指出，虽然典型的阳极钝化曲线是由活性溶解区、活化-钝化过渡区、钝化区和过钝化区所组成的，但由于组成电极体系的金属材料和电解质溶液性质不同，并不是所有的金属电极体系都具有图 9-1 所示那样典型的阳极极化曲线。有许多金属电极体系不发生钝化，不能形成钝

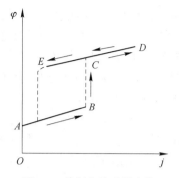

图 9-2 控制电流法测定的
阳极极化曲线

化状态，因而阳极极化曲线只具有活性溶解的形式，而完全不符合图 9-1。有的体系虽然能发生钝化，但随着电极电位的正移，在尚未达到过钝化电位 φ_{tp} 时，金属表面某些点上的钝化膜遭到破坏。在这些钝化膜局部破坏处，金属将发生活性溶解，阳极电流密度重新增大，阳极极化曲线没有过钝化区，变成图 9-1 中 *ABCMN* 所示的形式。该电流密度急剧上升时的电位称为破裂电位或击穿电位 φ_b，电位达到 φ_b 后，金属表面将萌生腐蚀小孔。有的体系在外电流为零时已处于钝化状态，如有自钝化行为的金属电极体系，则阳极极化曲线将只具有 *C* 点以后的形式。

综上所述，随着金属和溶液性质的不同，金属电极的阳极行为可能出现正常溶解和钝化两种状态。正常溶解时，阳极行为符合一般电极极化规律；而在一定条件下，金属阳极会发生钝化，此时阳极过程不符合电极过程的一般规律。这是金属阳极过程的一个特殊状态，应当加以注意。因此，对为什么会发生阳极钝化现象、金属活化状态和钝化状态在什么条件下相互转化、影响金属钝化的主要因素有哪些等问题进行深入一步的研究是很有意义的。

9.2 阳极的钝化

9.2.1 金属钝化的原因

通过大量的科学实验，人们已经认识到金属发生钝化时，金属基体的性质并没有改变，而只是金属表面在溶液中的稳定性发生了变化。所以，金属钝化只是一种界面现象，是在一定条件下金属和溶液相互接触的界面上发生变化的现象。那么，发生了什么变化？即引起金属表面钝化的原因是什么呢？为此，首先分析一下阳极极化过程中金属-溶液界面上所可能发生的变化。在金属的阳极过程中，阳极极化使金属电极电位正移，氧化反应速率增大；金属的溶解使电极表面附近溶液中金属离子浓度升高。这些变化有助于溶液中某些组分与电极表面的金属原子或金属活性溶解的产物（金属离子）反应生成金属的氧化物或盐类，形成紧密覆盖于金属表面的膜层。

由于金属的阳极溶解过程是金属离子从金属相向溶液相的转移，故其电极反应中的电荷传递是通过金属离子的迁移而实现的。当金属表面覆盖了膜层，且表面膜的离子导电性

很低，即离子在膜中的迁移很困难时，金属阳极溶解反应就会受到明显抑制。然而，不同的膜有不同的电性质，若表面膜具有电子导电性（电子导体），如以电子和空穴为载流子的半导体膜，则虽然依靠金属离子从金属转移到溶液的金属阳极溶解过程受到抑制，但依靠电子转移电荷的其他电极反应仍可进行；若表面膜是非电子导体，则不仅金属阳极溶解被抑制，而且其他电极反应也被抑制。通常，只把前者看作钝化膜，也就是说，如果在介质作用下，金属表面形成了能抑制金属溶解、而本身又难溶于介质的电子导体膜，使金属阳极溶解速率降至很低，则这种表面膜就是钝化膜。钝化膜通常极薄，可以是单分子层至几个分子层的吸附膜，也可以是三维的成相膜。钝化膜的存在使金属电极表面进行活性溶解的面积减小或阻碍了反应粒子的传输而抑制金属阳极溶解，或者因改变阳极溶解过程的机理而使金属溶解速率降低，从而导致钝化现象的出现。所以，金属表面生成钝化膜的过程就是钝化过程，具有完整的钝化膜的表面状态就是钝化状态（钝态），钝态金属的阳极行为特性则称为钝性。

需要说明的是，膜的导电性质不仅与膜成分和结构有关，而且与膜的厚度有关。例如，较厚的铝合金氧化膜是非电子导体，然而该氧化膜在厚度小于几个纳米时，电子可以借助隧道效应通过膜层而具有电子导体性质，这种极薄的氧化膜就是钝化膜，如铝合金在空气中形成的自然氧化膜。通常，把金属表面与介质作用生成的较厚的非电子导体膜称为化学转化膜，例如铝合金表面的化学氧化膜、钢表面的磷化膜。通过阳极极化过程得到的化学转化膜又称阳极氧化膜或阳极化膜，例如铝合金和镁合金表面的阳极化膜。应注意区分钝化膜和化学转化膜。

由于钝化现象的复杂性，目前对产生钝化的原因和钝化膜结构形成的原理尚不完全清楚，看法也不统一。还没有一个完整的钝化理论能够解释所有的钝化现象。本节仅扼要介绍目前认为能较好地解释大部分实验事实的理论，即成相膜理论和吸附理论。

9.2.2　成相膜理论

成相膜理论认为当金属溶解时，可以生成致密的、与基体金属结合牢固的固态产物，这些产物形成独立的相，称为钝化膜或成相膜。它们把金属表面和溶液机械地隔离开来，因此使金属的溶解速率大大降低，也就是金属表面转入了钝态。因此，阳极化和溶液中存在氧化剂（如 CrO_4^{2-}、$Cr_2O_7^{2-}$ 和浓 HNO_3 等）时，都会促进氧化膜的形成，使金属发生钝态。

所生成的钝化膜是极薄的，金属离子和溶液中的阴离子可以通过膜进行迁移，即成相膜具有一定的离子导电性。因而金属达到钝态后，并未完全停止溶解，只是溶解速率大大降低了。

对已钝化的铁、镍、铬、锰和镁等金属，用机械除膜的方法可测量它们在碱性溶液中从钝态到活化的稳定电位，结果发现稳定电位移动很大，见表9-3。

成相膜理论最直接的实验依据是在某些钝化的金属表面上可以观察到成相膜的存在，并可以测定膜的厚度与组成。采用某种能够溶解金属而对氧化膜不起作用的试剂，小心地溶解基体金属，就可以分离出能看得见的氧化膜。例如，用 I_2-KI 溶液作试剂就可分离出铁的钝化膜。用比较灵敏的光学方法不用把膜从金属上剥离也可以发现钝化膜，并能测量它的厚度。从金属钝态的充电曲线上也可以求得膜的厚度。通过实验方法测量得到的金属钝化膜的厚度一般在零点几纳米到几十个纳米，有些钝化膜厚度可达几个微米。

表9-3 在 0.1 mol/dm³ NaOH 溶液中，表面机械修整对金属稳定电位的影响

金 属	稳定电位/V	
	机械除膜前	机械除膜后
铁	−0.1	−0.57
钴	−0.08	−0.53
镍	−0.03	−0.45
铬	−0.05	−0.86
锰	−0.35	−1.2
镁	−0.9	−1.5

用电子衍射法对钝化膜进行分析的结果证实了大多数钝化膜是由金属氧化物组成的。如铁的钝化膜为 γ-Fe_2O_3，铝的钝化膜为无孔的 γ-Al_2O_3，上面覆盖有多孔的 β-$Al_2O_3 \cdot 3H_2O$。此外，金属的某些难溶盐，如硫酸盐、铬酸盐、磷酸盐和硅酸盐等都可以在一定条件下组成钝化膜。

若将已经钝化的金属电极进行活化，则在一些金属电极（如 Cd、Ag、Pb 等）上测得的活化电位与临界钝化电位很接近，这表明该钝化膜的生长与消失是在近于可逆的条件下进行的。这些电位往往与该金属生成氧化物的热力学平衡电位相近，而且电位随溶液 pH 值变化的规律与氧化物电极平衡电极电位公式相符合，即与下述电极反应的电极电位公式相符：

$$M + nH_2O \Longrightarrow MO_n + 2nH^+ + 2ne$$
$$M + nH_2O \Longrightarrow M(OH)_n + nH^+ + ne$$

此外，由于大多数金属电极上金属氧化物的生成电位都比氧的析出电位要负得多，因此金属可以不必通过氧的作用而直接由阳极反应生成氧化物。

以上实验事实都有力地证明了成相膜理论的正确性。

需要指出的是，虽然成相膜必须是电极反应的固态产物，但却远不是所有的固态产物都能形成钝化膜。金属阳极溶解时可以先生成可溶性离子，然后与溶液中某一组分反应生成固态产物，沉积在金属表面。然而这类沉积物往往是疏松的，附着力极差，不能直接使金属钝化。

9.2.3 吸附理论

吸附理论认为金属的钝化是由于在金属表面形成了氧或含氧粒子的吸附层，这一吸附层至多只有单分子层厚，它可以是 O^{2-} 或 OH^-，较多的人则认为是氧原子，即由于氧的吸附使金属表面的反应能力降低而发生了钝化现象。

吸附理论的主要实验依据之一是根据电量测量的结果，发现某些情况下为了使金属钝化，只需要在每平方厘米电极上通入十分之几毫库仑的电量。例如，在 0.05 mol/dm³ 的 NaOH 溶液中，用 1×10^5 mA/cm² 的电流密度来极化铁电极，只需通入 0.3 mC/cm² 电量就可使铁电极钝化，而这一电量还不足以生成氧的单分子吸附层。此外，还测量了界面电

容，如果界面上存在极薄的膜，则界面电容应比自由表面的双电层电容要小得多$\left(\text{因为 } C = \dfrac{\varepsilon_0 \varepsilon_r}{l}\right)$。但测量结果发现，在 1Cr18Ni9 不锈钢表面上，金属发生钝化时界面电容改变不大，表明成相氧化物膜并不存在。又如对铂电极表面充氧时，只要有 6% 的表面被氧覆盖，就能使铂的溶解速率降低 25%；覆盖 12% 的铂表面时，其溶解速率将减慢至原来的 1/16。由此可知，在金属表面上远远没有形成一个氧的单原子层时，就已经有了明显的钝化作用。

吸附理论还在有些地方解释了成相膜理论难以说明的实验现象，例如，为什么在一些金属（如 Cr、Ni、Fe 及其合金）表面上会发生超钝化现象。吸附理论认为，增大阳极极化可以造成两种后果：(1) 由于含氧粒子吸附作用的加强而使金属溶解更加困难；(2) 由于电位变正而增强了电场对金属溶解的促进作用。这两种对立的因素可以在一定的电位范围内基本上互相抵消，从而引起钝态金属的溶解速率几乎不随电位变化。但在超钝化区的电位范围内，阳极极化达到可能生成可溶性高价含氧离子的程度，这时电场对金属溶解的加速作用成为主要因素，而氧的吸附可能不仅不阻止电极反应，反而能促进高价离子的生成，因此出现了金属溶解速率再度增大的现象。

在吸附理论中，到底哪一种含氧粒子的吸附引起了金属的钝化，以及含氧粒子吸附层改变金属表面反应能力的具体机理，至今仍不清楚。有人认为金属表面原子的不饱和价键在吸附含氧离子后被饱和了，因此使金属表面的原子失去了原有的活性；另外，有人认为氧原子的吸附引起了双电层中电位分布的变化，因而使表面反应能力随之改变。但这些推测尚缺乏充分的实验依据。

这两种钝化理论都能较好地解释许多实验现象，但又不能综合地将全部实验事实分析清楚，因此目前仍存在着争论。然而，研究钝化现象的大量实验结果表明，大多数钝态金属表面具有成相膜的结构，其厚度不少于几个分子层。但有些情况下，也确实存在单分子层的吸附膜。因此，在不同的具体条件下，表面形成成相膜或吸附性氧化物膜，都有可能成为钝化的原因。弄清楚在什么条件下生成成相膜、什么条件下生成吸附膜及钝化膜的组成与结构等问题，正是当前在进一步深入研究的课题。

9.3　影响金属阳极过程的主要因素

9.3.1　金属本性的影响

不同金属的氧化还原能力不同，因而在相同条件下（如相同的阳极电位，或同种的溶液中）阳极溶解速率也是不同的。同样，不同金属钝化的难易程度和钝态的稳定性也是不同的。最容易钝化的金属有铬、钼、铝、镍和钛等，这些金属在含有溶解氧的溶液中和空气中就能自发地钝化，并且有稳定的钝化状态，这种钝态在受到偶然因素的破坏时（如机械破坏等），往往能自行恢复。而其他的一些金属常常要在含有氧化剂的溶液中或在一定的阳极极化时才可能发生钝化。

如果固溶体合金中含有一定量的易钝化的金属组分，该合金也具有易钝化的性质，如铁中加入适量的铬、镍组分，经合金化后就可得到易钝化的不锈钢。

有些金属，如铁、铬、镍及其合金还会在一定阳极电位下发生超钝化现象，而另一些金属（如锌）则没有这种现象。

9.3.2 溶液组成的影响

电解液组成对阳极过程的影响往往很复杂，本节中主要从促进阳极正常溶解，以及阻滞阳极过程、引起钝化两个方面来加以分析。

9.3.2.1 络合剂的影响

络合剂是很多电解液的主要组分，它不仅能形成金属络离子，增强阴极极化，而且对阳极过程也有重大影响，即游离络合剂的存在可以促进阳极的正常溶解，防止产生阳极钝化。例如，在氰化镀铜溶液中，游离氰化物都起着使氰化络离子稳定、增强阴极极化和促进阳极正常溶解的良好作用。当游离氰化物浓度增高时，阳极电流效率增大，可以正常溶解而不发生钝化，但阴极过程的电流效率则显著降低；反之，氰化物游离量降低时，阴极效率提高，但却会导致阳极钝化。可见，游离氰化物含量的高低对阴极过程和阳极过程会产生不同的影响。如果考虑到氰化镀铜液本身的阴极极化已足够大，而不需要添加更多的游离氰化物来增强阴极极化时，那么如何控制游离氰化物的浓度在较低的范围，使阴极电流效率提高和允许采用较高的电流密度，使沉积速率加快，就成为首先应考虑的问题。

所以在实际生产中，选择络合剂及其含量时必须同时考虑它对阴极过程和阳极过程的影响。

9.3.2.2 活化剂的影响

有些物质有促进阳极溶解、防止钝化的作用，通常称这些物质为"活化剂"。如上面讲到的游离氰化物，对阳极过程来说，也可算是一种活化剂。许多阴离子，特别是卤素离子，如 Cl^- 和 Br^- 等对阳极都有很好的活化作用，是电镀中防止阳极钝化时常用的活化剂。按照阴离子本身对于钝化电极的活化能力大小，一般可有如下排序：$Cl^- > Br^- > I^- > F^- > ClO_4^- > OH^-$。有时，因条件变化，这个顺序也可能有某些变动。

例如，氰化镀铜液中，常加入硫氰酸盐（KCNS）和酒石酸盐（$KNaC_4H_4O_6$）作为活化剂，防止阳极钝化，它们的阴离子能使钝化膜溶解，溶解作用如下：

$$Cu(OH)_2 = Cu^{2+} + 2OH^-$$

$$3H_2O + CNS^- + Cu^{2+} = [Cu(H_2O)_3CNS]^+$$

$$Cu(OH)_2 = 2OH^- + Cu^{2+}$$

$$C_4H_4O_6^{2-} + Cu^{2+} + 2OH^- = [Cu(C_4H_2O_6)]^{2-} + 2H_2O$$

又如，在酸性镀镍溶液中，镍阳极存在显著的钝化倾向。即高的阳极极化下，OH^- 有可能在阳极上放电：

$$4OH^- - 4e \longrightarrow 2H_2O + O_2$$

氧的析出促使 Ni^{3+} 生成：

$$Ni^{2+} - e \longrightarrow Ni^{3+}$$

而三价镍离子不稳定，继而产生下列反应：

$$Ni^{3+} + 3H_2O = Ni(OH)_3 + 3H^+$$

$$2Ni(OH)_3 = Ni_2O_3 + 3H_2O$$

棕褐色的 Ni_2O_3 覆盖在阳极上，使阳极的有效工作面减少，真实电流密度相应增大，从而加快了上述反应的进行，使阳极钝化越来越严重。

阳极钝化后，不能正常溶解导致溶液中镍离子浓度降低和由于 OH^- 放电造成溶液 pH 值下降，因而造成阴极镀层发脆，甚至出现片状脱落以及阴极电流效率降低（由于 pH 值降低而大量析氢的结果）等问题，所以必须设法防止阳极钝化。目前有效的防止方法就是在镀镍电解液中加入大量氯化物（如 NaCl 或 $NiCl_2$）作为活化剂。

9.3.2.3　氧化剂的影响

溶液中存在氧化剂时，如硝酸银、重铬酸钾、高锰酸钾和铬酸钾等，均能促使金属钝化。而溶解于溶液中的氧、OH^-、阳极反应析出的氧等也都会明显促使金属钝化的钝化剂，上述镍阳极钝化的过程就是一例。

9.3.2.4　有机表面活性物质的影响

有些有机表面活性剂往往对金属的阳极溶解起阻化作用，如酸性溶液中添加含氮或含硫的有机化合物。这类表面活性剂称为阳极缓蚀剂，它的阻化作用可能是由于在电极表面的吸附，改变了双电层结构，引起电极反应速率改变。

9.3.2.5　溶液 pH 值的影响

金属在中性溶液中一般比较容易钝化，而在酸性溶液中则困难得多，这往往与阳极反应产物的溶解度有关。如果溶液中不含有络合剂或其他能与金属生成沉淀的阴离子，那么，大多数金属在中性溶液中的阳极反应均生成溶解度很小的氢氧化物或难溶盐，引起金属表面钝化。而在强酸溶液中，则可能生成溶解度大的金属离子。某些金属在碱性溶液中也会生成有一定溶解度的酸根离子（如 ZnO_2^{2-}），因而也不易钝化。

9.3.2.6　阳极电流密度的影响

这是工艺因素中对阳极过程影响最显著的一个因素。当阳极电流密度小于临界钝化电流密度时，提高阳极电流密度，可以加速金属的溶解。从阳极充电曲线（见图 9-3）上可以看到阳极电位随时间只缓慢地变化，这是由金属的阳极溶解使电极表面液层中金属离子浓度增大引起的。

当阳极电流密度 j_a 大于临界钝化电流密度 j_p 时，提高阳极电流密度将显著地加快金属的钝化过程。在图 9-3 中，电流通入一定时间后，阳极电位发生突跃，即阳极转为钝态，从开始通电到电位突跃所需的时间被称为钝化时间，以 t_p 表示。可以看出，j_p 越大，t_p 越短；j_a 越小，t_p 越长。这说明阳极电流密度越大，越容易建立钝态。

在碱性镀锡中，常常可以看到电流密度对阳极过程的明显影响。图 9-4 为碱性镀锡溶液的阳极极化曲线。随着阳极电流密度的增加，阳极电位向正移（BC），此时锡溶解生成二价锡离子：

$$Sn + 4OH^- \longrightarrow Sn(OH)_4^{2-} + 2e$$

当阳极电流密度达到 C 点（临界电流密度）时，阳极电位急剧变正。在相应的阳极电位范围（$\varphi_C \sim \varphi_B$）内，阳极表面生成金黄色薄膜。这时锡正常溶解，生成四价锡离子：

$$Sn + 6OH^- \longrightarrow Sn(OH)_6^{2-} + 4e$$

如果电流密度过高，超过 E 点，则阳极完全钝化，生成黑色钝化膜。这时金属几乎不溶解，只有大量的氧气析出：

$$4OH^- \longrightarrow 2H_2O + 4e + O_2 \uparrow$$

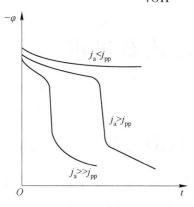

图 9-3　阳极充电曲线　　　　　图 9-4　锡在碱性镀液中的阳极极化曲线

阳极状态随着电流密度的这种显著变化，将对阴极过程产生严重影响：

（1）当 j_a 过低（*BC* 段）、阳极溶解产生大量二价锡时，阴极沉积的镀层疏松、发暗。

（2）j_a 正常（*CE* 段）时，阳极为金黄色，溶解生成四价锡，镀层为乳白色，结晶致密。

（3）j_a 过大（*ED*）时，阳极完全钝化，产生坚固的黑色钝化膜，有大量氧气析出。这时溶液中四价锡离子不断减少，破坏了槽液的稳定性。

因此在镀锡生产中，要特别注意电流密度的控制，保持阳极处于金黄色的正常工作状态。

复习思考题

9-1　金属的阳极过程有什么特点？

9-2　金属阳极溶解分为哪些溶解？

9-3　金属钝化的原因是什么？

9-4　金属阳极活性溶解服从什么样的规律？

9-5　什么是金属的钝化？

9-6　画出金属钝化的曲线，说明该曲线上的各个特征区和特征点的物理意义。

9-7　什么是钝化现象？它与金属钝化膜破裂、发生小孔腐蚀的现象是一回事吗？原因是什么？

9-8　简要概述金属钝化机理的成相膜理论的基本观点及主要实验依据。

9-9　简要概述金属钝化机理的吸附理论的基本观点及主要实验依据。

9-10　金属钝化后，该金属电极上还有没有电流通过？在什么条件下钝态金属可以重新活化？

9-11　影响金属阳极过程的因素主要有哪些？

9-12　有哪些方法可以使处于活化-钝化不稳定状态的金属进入稳定钝化状态？

10 典型的电化学冶金过程

10.1 水溶液中的电解制备过程

与丹尼尔电池基于体系中自发的氧化还原反应将化学能转化为电能不同，电解池存在外部电源，其电解原理实际上是将电能转化为金属沉积与溶解过程中的化学能的过程。从外部电源正极流出的电流不断流入电解池，使得电解池中发生受电能驱动的氧化还原反应，然后电流再回到外部电源的负极。在电解池中，与外部电源正极连接的电极上发生的是氧化反应，被称为电解池的阳极，而与外部电源负极连接的电极上发生的是还原反应，被称为电解池的阴极。根据电解时使用的阳极的不同，水溶液中电解沉积可分为可溶性阳极电解和不溶性阳极电解。可溶性阳极电解是用粗金属作为阳极，电解时阳极粗金属逐渐溶解，阴极电沉积出高纯金属，实现精炼（也称电解精炼或电精炼）。不溶性阳极一般用铅或石墨等（氯化物溶液多用石墨阳极，硫酸盐溶液多用铅或铅合金阳极）制作，电解时阳极不溶解，阴极上实现从水溶液中来的金属离子的电沉积（也称电解提取或电积）。目前全球至少有80%的 Zn 和15%的 Cu 是电解法制备的，其制备的电流效率高和操作条件较简单。另外，金属粉末作为粉末冶金的基础原料，加之纳米金属粉末具有不同于普通材料的光、电、磁、热力学和化学反应等方面的特殊性能，是一种重要的功能材料，具有广阔的应用前景；通过电解法制备金属粉末具有制备纯度高、比表面积大、粉末粒度可控、可实现自动化生产等优点，因此电解法成为一种公认的适合于大规模工业生产的低成本金属粉末、特别是纳米金属粉末的重要制备方法，国内外研究者已经运用该法成功制备出了高纯度的铜、银、金、铂、锌、铁、镍等金属（纳米）粉末，在实际工业生产应用中也有规模化生产的实例。因此，通过合理地选择电解池中的电极材料与电解液，在电能的驱动下，可以发生人们期望的金属价态变化，这就是电冶金的基础。

10.1.1 电镀与电铸

电镀是利用电解原理在某些金属表面上镀上一薄层其他金属或合金的过程，是利用电解作用使金属或其他材料的表面附着一层金属膜的工艺从而起到防止金属氧化（如锈蚀），提高耐磨性、导电性、反光性、抗腐蚀性（硫酸铜等）及增进美观等作用。不少硬币的外层亦为电镀。电镀优点：能够快速制造产品、改善表面质量、提高耐蚀性和美观度等。电铸是指在芯模上电沉积，然后分离以制造（或复制）金属制品的工艺，它的基本原理和电镀相同。但是，电镀时要求得到与基体结合牢固的金属镀层，以达到防护、装饰等目的，而电铸层要和芯模分离，其厚度也远大于电镀层。电铸的优点：（1）能把机械加工较困难的零件内表面转化为芯模外表面，能把难成型的金属转化为易成型的芯模材料（如蜡、树脂等），因而能制造用其他方法不能（或很难）制造的特殊形状的零件；（2）能准确地复制表面轮廓和微细纹路；（3）改变溶液组成和工作条件，使用添加剂能使电铸层的性能在宽广的范围内变化，以适应不同的需要；（4）能够得到尺寸精度高、表面光洁度好的产品，同一芯模生产的电铸件一致性好；（5）能得到纯度很高的金属制品（电解金属）、多层结构的构件，并能把各种金属、非金属部件拼镀成一个整体。

电镀与电铸的核心是发生在负极的金属沉积。在电镀中，通过将待镀件设置为电解池的阴极，在对电解池通入电流时，电解液中的金属离子不断地从阴极上获得电子并沉积在阴极上。通常情况下，电解池中的阳极是待镀在阴极上的金属。于是，在一定电流下，阳极金属的溶解速率与阴极上该金属的沉积速率相同，溶液中的金属离子不停地通过阳极金属溶解成金属离子而得到补充，使得电解液中的金属离子浓度不发生显著变化。以电镀铜为例，将金属铜作为电解池的阳极，硫酸铜溶液作为电解液，而阴极为待镀件。当对电解池通电时，阳极的 Cu 不断溶解变为 Cu^{2+} 进入电解液中，而阴极附近的 Cu^{2+} 不断在阴极获得电子并沉积在阴极上。同时，阳极的 Cu^{2+} 在电解液中电场的作用下不断向阴极迁移，实现阴极附近 Cu^{2+} 的补充。若阳极使用的是不溶电极如石墨等，溶液中的金属离子随着电镀的进行不断消耗，需要定期补充电解液中的金属离子以维持电镀的正常进行。

电解液中除了待镀的金属离子，通常还有阴离子与添加剂。阴离子的存在一方面可以提高电导率，如在溶液中添加支持电解质硫酸盐可提高电导率；另一方面，一些特定的阴离子可以与金属离子络合，提高电镀的效率。如在金银电镀液中存在的氰离子会与金、银离子形成金、银的配合物，既有助于阳极金属的溶解，又有助于阴极表面金、银的平整沉积。此外，一些添加剂如聚乙二醇能抑制镀锌过程中阴极的析氢，提高沉积效率。电镀的目的是在阴极待镀件表面获得一层镀层以改变零件表面的物理化学性能。如在钢表面电镀锌可提升钢的耐腐蚀性能；在首饰表面电镀金可获得更美观的外表与优异的耐腐蚀性能等。

与电镀获得的产品是镀层金属与零件的组合，追求镀层与待镀零件的紧密结合不同，电铸的目的产品是阴极上的沉积物，也就是电镀中的"镀层"。当然，电铸获得的"镀层"要厚得多。电铸中的阴极称作模板，一般由石蜡、古塔胶等具有柔性的物质组成。在模板表面均匀地涂上一层石墨使模板的表面导电，再使用金属线将导电层引出，将整个模板浸入电解液中，作为电解池的阴极。在电流的作用下，溶液中的金属离子在模板表面获得电子并沉积在模板上。当沉积到需要的厚度后，将电铸件与模板从电解液中取出，并将模板与电铸件分开，就获得了所需的电铸件。传统的电铸大多用于铜的电铸，且获得的电铸件尺寸较大。近年来，新发展的一些电铸工艺可以用于制造一些精密的、结构复杂的零件。然而，它们的基本原理都是在电能的驱动下，在电解池中发生阳极金属溶解与阴极金属沉积。

10.1.2 电解精炼与电解沉积

电解精炼比电解提取更普遍，全世界都有规模为每年生产 $1000 \sim 100000$ t 纯金属的工厂。电解精炼所得的金属纯度很高，例如铜可达 99.99%。表 10-1 列出了几种金属精炼的工艺条件。从表 10-1 可见，电解精炼获得纯金属的电流密度比较低，电流效率相当高（锡例外）和槽电压较低，因而电能消耗较低，在 $200 \sim 1500$ kW·h/t。电解沉积就是有意识地从不同溶液中以不同形态提取相应金属，因而应该选取各自适宜的电化学参数。下面以镍为例，对比说明其电化学参数选取的差异。对于电解镍可以分为三种情况，一是粗镍电解精炼；二是硫化镍阳极直接电解提取镍；三是电解制取金属镍粉。这三种情况的典型技术条件列于表 10-2 中。电解精炼与电解沉积的目的是获得高纯度的金属产物。通常，通过高温熔炼金属的火法冶金难以获得高纯度的金属制品，而电解精炼与电解沉积可以通过金属的活性差异进行选择性提炼，从而获得高纯度的金属产物。电解精炼与电解沉积的核心都是发生在阴极的金属选择性沉积。不同之处在于，电解精炼通常将待精炼的不纯金属作为阳极，在电流的作用下，阳极的金属不断溶解变为金属离子进入溶液中，并在阴极得到电子变为金属；而电解沉积通常使用的是不溶的阳极，在沉积过程中，电解液中的金属离子浓度不断降低。

表 10-1　常见金属电解精炼的主要技术条件

金属	电解液质量浓度/$g \cdot L^{-1}$	电流密度/$A \cdot m^{-2}$	槽电压/V	温度/℃	电流效率/%
Cu	$CuSO_4(100 \sim 140)$ $H_2SO_4(180 \sim 250)$	$200 \sim 300$	$0.2 \sim 0.3$	60	95
Ni	$NiSO_4(140 \sim 160)$ $NaCl(90)$ $H_3BO_3(10 \sim 20)$	$150 \sim 200$	$1.5 \sim 3.0$	60	98
Co	$CoSO_4(150 \sim 160)$ $Na_2SO_4(130)$ $NaCl(15 \sim 20)$ $H_3BO_3(10 \sim 20)$	$150 \sim 200$	$1.5 \sim 3.0$	60	85
Pb	$Pb^{2+}(60 \sim 80)$ $H_2SiF_6(50 \sim 100)$	$150 \sim 250$	$0.3 \sim 0.6$	$30 \sim 50$	95
Sn	$Na_2SnO_3(40 \sim 80)$ $NaOH(8 \sim 20)$	$50 \sim 150$	$0.3 \sim 0.6$	$20 \sim 50$	65
Au	$Au(AuCl^-)(250 \sim 300)$ $HCl(250 \sim 300)$	$200 \sim 250$	$0.2 \sim 0.3$	$30 \sim 50$	95
Ag	$Ag^+(30 \sim 150)$ $HNO_3(0 \sim 10)$ $Cu^{2+}(5 \sim 80)$	$200 \sim 500$	$1.5 \sim 5.0$	$25 \sim 45$	95

表 10-2　镍电解的主要技术条件

名　称	Ni^{2+}浓度/$g \cdot L^{-1}$	pH 值	添加剂质量浓度/$g \cdot L^{-1}$	温度/℃	电流密度/$A \cdot m^{-2}$
粗镍电解精炼	$40 \sim 50$	$5 \sim 6$	$NaCl(50)$ $H_3BO_3(4 \sim 6)$	$60 \sim 65$	$150 \sim 200$
硫化镍电积	$60 \sim 70$	$4.5 \sim 5.5$	$Cl^-(40 \sim 50)$ $H_3BO_3(>6)$	$65 \sim 70$	$200 \sim 220$
制取镍粉	$5 \sim 15$	6.3	$NH_4Cl(50)$ $NaCl(200)$	约55	$2000 \sim 3000$

　　电解精炼与电解沉积利用的是杂质金属离子与待提取金属离子的活性差异。在电解精炼中，阳极发生的是金属的溶解反应。若杂质离子的电位较正，那么通过选择电解电位，可以使得待提取金属发生选择性溶解，而杂质金属未溶解。若杂质离子的电位较负，可以通过调节电解液的组成使得杂质离子无法被沉积到阴极，抑或待杂质离子被先沉积后再收集精炼产物。类似地，在电解沉积中也是利用金属离子的活性差异与析出顺序来获得高纯度的金属制品。

　　电镀、电解精炼与电解沉积归根结底都是基于通电过程中金属离子在阴极的得电子沉积，不同之处在于电镀的目的是获得高表面质量、结合紧密的沉积物，而电解精炼与电解沉积更关注沉积物的纯度。此外，由于电解精炼与电解沉积的规模较大，产品量较多，对电能的消耗很大，因此电解精炼与电解沉积对过程中的电流效率较为关注。例如在锌的电解沉积中，由于锌的电位低于析氢电位，在热力学角度上，氢的析出不可避免，会影响锌电解沉积的电流效率。因此，锌电解沉积的阴极板应该选择析氢过电位较大的材料，以抑制析氢。此外，由于锌电解沉积的电流效率与电解液中的锌离子浓度有关，随着沉积的进行，溶液中锌离子浓度不断下降，电流效率也不断降低。因此应该定时补充电解池中的离子，以维持其电流效率在一个较高的范围而获得较大的经济效益。

10.2　熔盐冶金电化学过程

　　高温熔盐作为一种离子导体，具有很宽的电化学窗口，且高温下反应动力学速度快，因此是电化学冶金理想的电解液。电解铝工业是其中成功的典范。此外，碱金属和碱土金属及低熔点的轻稀土金属也多采用熔盐电解法生产。但是，涉及高熔点的难熔金属，传统的熔盐电解方法则受限于原料的低溶解度和产物的枝晶生长，很难大规模电解制备。

复习思考题

10-1　电镀与电铸的区别？他们各自的作用是什么？

10-2　电解精炼与电解沉积的原理是什么？

10-3　什么是电冶金？它有什么作用？

11 电冶金在电池材料制备中的应用

电冶金（electo-metallurgy）的探索自 1800 年左右开始，在过去的 200 多年中，无论是其含义还是应用都经历了重大的变革。在 1843 年 *Elements of Electro-metallurgy* 一书中正式定义了"电冶金"，即所有通过电能来调控金属的原理与加工方式，包括电镀、电铸等。1836 年，著名的丹尼尔电池被发现，该电池以锌电极放置于硫酸溶液中作为负极，铜电极放置于硫酸铜溶液中作为正极，锌电极与铂电极之间由陶瓷隔开以避免电解液混合。当电池与外部电路连接时，可以观察到锌电极在不断溶解的同时，铜电极上不断地有铜出现，这个现象被认为是电冶金的起源。之后，电铸与电镀在 19 世纪 30 年代到 20 世纪 80 年代之间被广泛地应用于印刷、艺术雕塑、电镀装饰和先进零件制造领域。电镀可以将溶液中的金属离子沉积到负极的导体上，使沉积所得的金属层与基底紧密结合，因此也将其称为电沉积（electrodeposition）过程。在电沉积体系中，与外部电源的正极连接的是电沉积阳极，与外部电源的负极连接的是电沉积阴极。电沉积过程是电冶金的核心，它使人类可以通过电能来控制金属元素在基体上形成一层所需的物质。目前，电沉积体系逐步得到了完善，许多金属如金（Au）、银（Ag）、铜（Cu）、铂（Pt）、锡（Sn）、铅（Pb）、镍（Ni）、锌（Zn）等都可以通过电沉积的方式制备，极大地促进了电沉积在艺术装饰、零器件制造等领域的发展。随着社会的发展，人们对于产品质量的要求进一步提高，电解精炼（electrorefining）与电解沉积（electrowinning）技术制备高纯度金属制品受到了广泛关注。因此，基于更深入的形核和晶体生长动力学认识，能够精确调控沉积工艺和沉积过程，以控制沉积层成分和微观结构的精细电冶金技术，展现出了更为广阔的应用前景。

11.1 电极成分的电化学调控

11.1.1 离子电池

电极由集流体与活性物质组成，是电池的重要组成部分，对于电池的性能有重要影响。基于离子嵌入和脱出机制的离子电池体系，在电池的循环充放电过程中伴随着离子不断嵌入和脱出，电极会产生体积膨胀和收缩，电极的体积稳定性显著影响了电池的循环稳定性。此外，为了满足高能量密度的需求，需要发展具有更高比容量的电极体系，从而通过电极合金化、发展复合材料等方法改善电极性能。如前所述，电沉积作为一种精细电冶金技术，通过调节电沉积参数（电流/电压、电解质、沉积方法）可以调控电极制备过程中的反应动力学以及沉积物的组分。此外，采用电沉积方法制备电极，可以在不引入黏结剂等非活性物质的情况下有效改善活性物质与集流体之间的界面结合，从而提高电极的稳定性。

11.1.1.1 电极合金化

离子电池的充放电循环过程伴随着电极体积的膨胀和收缩，因此电极的体积稳定性对于电池的循环稳定性和比容量具有重要影响。研究表明，合金化方法通过在电极中引入非平衡相或者纳米金属相，可以缓冲离子嵌入过程中的体积变化，是改善电极稳定性的有效方法。电沉积技术可以通过调控沉积参数获得理想的产物成分比例，为金属合金化提供了简便、可控的方法。例如，基于含有多种离子的电解液，设置合理的沉积参数，可以实现不同金属的共沉积。此外，电沉积作为一种保形性制备方法，可以在特定形貌的基底上实现金属的均匀沉积，进而保证了沉积层与集流体之间的紧密结合。

硅（Si）基电极因其高理论比容量（4200 mA·h/g）、低嵌锂电位、高能量密度，被认为是有前景的代替商业石墨电极的材料[1]。Si 电极用于锂离子电池负极的过程中，Li^+ 的嵌入使得 Si-Li 合金化，可以有效提高 Si 电极的导电性。该离子嵌入机制为电沉积制备合金化 Si 电极提供了借鉴。基于此，有研究采用电化学方法制备 Si 基合金负极[2]。如选用有机电解液，以 $SiCl_4$ 作为硅源，聚碳酸酯（PC）作为溶剂，$LiClO_4$ 作为锂盐，以 Cu 箔作为集流体，进行 Si 和 Li 共沉积[3]。电感耦合等离子体光谱仪（ICP）测试结果表明，沉积产物中存在 Li 和 Si 两种元素。在第一电沉积阶段，使用-3.82 mA/cm^2 的电流密度沉积 10 min，沉积层的 Si 与 Li 的原子比约为 1.51（Si 的质量分数为 85.9%）。在第二阶段使用-1.27 mA/cm^2 电流密度沉积 150 min 后，Si 与 Li 的原子比降低到约 0.46（Si 的质量分数为 65.0%），这意味着在初始电沉积过程中会沉积更多的 Si。随着沉积过程的继续进行，早期沉积的 Si 将引起 Li 的还原，使得 Li 含量增加，Si 与 Li 实现电化学合金化。在电沉积的早期，许多具有较高 Si 含量的 Li-Si 细小球体（<1 μm）聚集并覆盖了 Cu 基体。在随后的过程中，沉积了更多的 Li，部分 Li 与 Si 形成合金，从而使一次颗粒膨胀，聚集体长大后变成相互连接的多孔颗粒，尺寸为几微米到几十微米。实验对比了基于 Si 电极以及 Si-Li 合金电极的电池性能，结果表明 Si 电极在第一圈循环时表现出非常低的库仑效率（26.7%），循环容量小，而合金化电极在第一圈电池循环过程中表现出 98.2% 的库仑效率，电池性能显著改善。该结果表明，电沉积技术可用于高效地制备 Si 合金负极，所得的 Si-Li 合金电极的性能显著优于 Si 电极。该研究为通过合金化方法优化电极稳定性提供了有利借鉴。

A 锡基负极合金

锡（Sn）基金属是另一种有前景的用于锂离子电池的负极材料，Sn 与 Li 可形成 $Li_{4.4}Sn$（理论比容量为 994 mA·h/g）[4]。当在集流体上电镀 Sn 薄膜用作锂二次电池的负极材料时，表现出较高的容量。然而值得注意的是，与炭材料相比，Sn 具有较短的循环寿命，因而限制了其实际应用。这是因为在锂离子电池充放电循环过程中，电极的膨胀和收缩而发生的体积变化破坏了薄膜中的导电路径，降低了薄膜的导电性，甚至造成薄膜从集流体上剥落。为了防止 Sn 电极在 Li^+ 的嵌入和脱出过程中发生过大的体积变化，研究者们通过制备氧化合金（如 Sn-Zn、Sn-Sb、Sn-Co 和 Sn-Cu）[5-9] 和多孔 Sn 合金薄膜来提升 Sn 电极的体积稳定性。因为在充放电循环过程中，氧化物或合金中的惰性元素可以缓冲电极的体积变化，使其具备比纯 Sn 更好的循环能力。电沉积方法可用于实现活性金属（例如，金属 Sn）和非活性金属（例如，金属 Ni 和 Cu）的共沉积。例如，电沉积方法制

备的 Cu_6Sn_5 因良好的导电性和容量保持性能而成为有前景的锂离子电池负极材料之一[10]。通过脉冲电沉积直接在集流体上制备 Sn-Cu 合金的方法简单、经济、高效，在电镀行业中得到广泛应用。有研究报道通过在 Cu 箔基底上电沉积 Sn 来获得 Sn-Cu 电极，随后在 Sn-Cu 电极表面沉积 Cu 作为保护层来修饰电极表面，以增强 Cu-Sn-Cu 合金电极的电化学性能[5]。该制备过程采用的脉冲电沉积方法有利于生成较小尺寸的晶粒和缓冲离子嵌入过程中引起的体积变化。另外，利用热处理可以使 Sn 和 Cu 合金化为 Cu_6Sn_5 和 Cu_3Sn，并组成夹层结构。该过程可以将 Sn 基合金的活性成分嵌入富 Cu 的非活性层中，而富 Cu 膜在充电和放电过程中抑制了电极的粉化。当被用作锂离子电池的负极时，该 Cu-Sn-Cu 合金电极的容量保持性能超过 70%，相比于没有 Cu 保护层的电极容量保持性能（<60%）明显提升。

金属 Ni 作为非活性材料，同样被证实可以有效抑制电极的体积变化[11]。理论上，Sn-Ni 合金与 Li 的相互作用是可逆的。伴随着充电过程中 Li^+ 的嵌入，Sn 从 Sn-Ni 合金结构中分离，形成 Li-Sn 合金相。而在放电过程中，Li^+ 从 Li-Sn 合金相中析出，脱合金的 Sn 被吸收到 Ni 基体中，再次形成 Sn-Ni 合金相。而实际应用中，Sn-Ni 合金（$Sn_{54}Ni_{46}$、$Sn_{62}Ni_{38}$、$Sn_{84}Ni_{16}$）作为锂离子电池负极材料的电极性能取决于合金的具体组成。有研究采用电沉积方法制备了不同组成的 Sn-Ni 合金薄膜，并分析了其作为锂离子电池负极材料的电极性能[11]。实验发现，$Sn_{54}Ni_{46}$ 的结构无法从亚稳的 Sn-Ni 合金晶体中分离 Sn，从而无法发生上述可逆的 Li 与 Sn-Ni 电极合金/去合金化过程。对于 $Sn_{84}Ni_{16}$，可以观察到纯 Sn 相的形成，说明 Sn 没有完全与 Ni 形成合金，导致了第二圈循环后容量下降很大。因此，Sn 和 Ni 形成可逆的合金化/去合金化结构是获得高容量稳定负极材料的关键。其中，主要由 Ni_3Sn_4 结构组成的 $Sn_{62}Ni_{38}$ 可以实现上述可逆反应，同时表现出较高的比容量（654 mA·h/g）。上述研究表明，电极合金化的合理设计是改善电极稳定性的有效方法，而获得的合金电极性能与电极组成密切相关。如前所述，合金的共沉积需要满足一定的条件，合金的具体组成受沉积参数的影响显著。有研究分析了 Ni 和 Sn 共沉积过程中的电沉积因素（包括沉积电压/电流和电解液）对合金产物组成的影响[12]，结果表明金属的共沉积过程受到电化学反应速率和传质速率的共同影响。通过调控沉积过电位/电流和电解液组成可得到不同组成的 Ni-Sn 沉积产物。当 $E>-0.5$ V 时，沉积产物中 Sn 和 Ni 的含量随电压变化较小，其中 Sn 的质量分数接近 100%，仅有少量的 Ni。当 -0.5 V$>E>-0.75$ V 时，Sn 含量逐渐降低，Ni 含量逐渐增加。随沉积电压的进一步减小，当 $E<-0.75$ V 时，由于此时沉积速率受到电解液中离子扩散速率的限制，沉积产物中 Sn 和 Ni 的含量趋于稳定。同时，沉积产物的组成也受到电解液组成的影响。在电解液中 Sn 含量较低时，沉积产物中 Ni 和 Sn 含量的变化随沉积电压变化较为显著。例如在 $m(Ni^{2+}):m(Sn^{2+})=100:1$ 的电解液中，电压由 -0.5 V 减小至 -0.8 V 时，Sn 质量分数逐渐从 90% 降低至 0，而 Ni 质量分数从 10% 增至 100%。而当电解液中 Sn 含量较高时，沉积产物中 Ni 和 Sn 含量的变化随沉积电压变化较小。例如，在 $m(Ni^{2+}):m(Sn^{2+})=1:10$ 的电解液中，电压由 -0.5 V 减小至 -0.8 V 时，Sn 的含量（质量分数）由 100% 降低到 90%，而 Ni 的含量（质量分数）由 0 增加到 10%。在沉积过程中，随着电压的减小，电流密度增加。对该实验结果进行拟合计算发现，沉积产物中 Sn 的比例与沉积电流之间的关系满足：

$$f_{Sn} = 0.136j^{-0.42} \tag{11-1}$$

式中，f_{Sn} 为沉积产物中 Sn 的摩尔分数；j 为沉积电流。

结合上述实验结果及沉积产物中 Sn 含量随电流的变化，研究表明，当 $j = 1$ mA/cm^2 时，$m(Ni^{2+}) : m(Sn^{2+}) = 50 : 1$ 的电解质组成有利于获得均匀稳定的沉积产物。该研究结果可为设计应用于锂离子电池的 Sn-Ni 合金负极提供借鉴。

Sn 同样可以与金属 Na 合金化，并用作钠离子电池的负极材料。Na 最大程度地嵌入 Sn 后会生成 Na$_{15}$Sn$_4$，据此计算 Sn 的理论比容量为 847 mA·h/g，显著高于碳材料的 (300 mA·h/g)[13]。但是纯 Sn 在 Na 的合金化/去合金化的过程中会发生明显的体积变化（约 420%），导致其结构失效，因此需要发展新型 Sn 基电极材料，以进一步改善循环稳定性。为了理解和提升用于钠离子电池的 Sn 负极的电化学性能，有研究对 Na-Sn 二元相进行了密度泛函理论（DFT）计算，研究了 Sn 与 Na 的电化学反应的电压分布图[14]。计算结果表明：电压曲线具有 4 个电压平台，分别对应于 NaSn$_5$、NaSn、Na$_9$Sn$_4$ 和 Na$_{15}$Sn$_4$ 的反应。在这些研究的基础上，也有研究采用原位 X 射线衍射技术分析了 Na$^+$ 嵌入 Sn 中的电化学过程，同样证实了在两相区域中形成了 4 个不同的 Na-Sn 合金相[15]。然而，只有在完全合金化过程中形成的 Na$_{15}$Sn$_4$ 相与上述 DFT 计算结果完全匹配，其余 Na-Sn 中间相与 DFT 计算所得的合金相不一致。关于 Na 嵌入 Sn 电极中的机制依然存在争议。有研究认为 Na 嵌入 Sn 的过程主要通过四个步骤进行[16]：Na$_{0.6}$Sn 相、非晶的 Na$_{1.2}$Sn 相、Na$_5$Sn$_2$ 相及最后完全钠合金化的 Na$_{15}$Sn$_4$ 相。也有研究指出 Sn 的 Na 合金化过程分为两个步骤[17]：第一步是 Sn 转化为非晶的 NaSn$_2$，第二步是形成非晶的 Na$_9$Sn$_4$ 和 Na$_3$Sn，以及结晶的 Na$_{15}$Sn$_4$。由于电极的合金化/去合金化动力学高度依赖于它们的表面形态和微观结构，两种不同的机理可能是由于相转变过程受到了动力学因素（制备条件及样品条件）的影响。因此，有研究在不含黏结剂与添加剂的情况下，采用电沉积方法制备了两种不同晶型的 Sn 纳米颗粒负极，并研究了其钠合金化过程[14]。研究表明，Na$^+$ 与 Sn 的合金化过程主要涉及的反应步骤有：首先是 β-Sn 的钠合金化过程，在少量的 Na 嵌入后形成非晶 NaSn，随后形成结晶的 Na$_9$Sn$_4$ 和 Na$_{15}$Sn$_4$。该实验还表明不同晶型的 Sn 合金表现出不同的电极稳定性，对于硫酸溶液中制备的"P 型 Sn 合金"（JCPDS 卡：00-065-2631），因为其材料的绝缘性，表现出较差的循环性能，40 圈循环后容量仅为初始容量的 19.75%。与之相比，由焦磷酸盐电解质制备的"L 型 Sn 合金"（JCPDS 卡：00-065-2631，表现出较强的[18,19] 取向性）具有较好的容量保持率，40 圈循环后容量保持率为 98.21%，如图 11-1 所示。

如前所述，电沉积过程中集流体的性质会影响沉积产物的结构和组成。此外，集流体与沉积产物之间的结合力对于电极的稳定性也具有重要影响。如果沉积层与基底之间结合力较差，可能导致活性物质从集流体上脱落，进一步导致电阻增加、电池循环稳定性变差。在电极的充放电过程中，电极的活性物质会随离子的嵌入/脱出发生体积膨胀/收缩，会造成沉积层与集流体的体积变化，导致活性物质的脱落。因此，改进电极的集流体对于改善活性物质与集流体循环过程中的稳定性，进而提高电池稳定性，具有重要意义。例如，有研究在 Cu 箔和聚合物集流体（例如：聚吡咯（PPy））上电沉积制备了 Cu-Sn 合金，并进行了性能对比[20]。相比于 Cu 箔，在聚合物集流体上得到的 Cu-Sn 合金具有更小的颗粒尺寸及更致密的结构，并且聚合物集流体的高塑性和柔性等性能可以有效缓冲离子

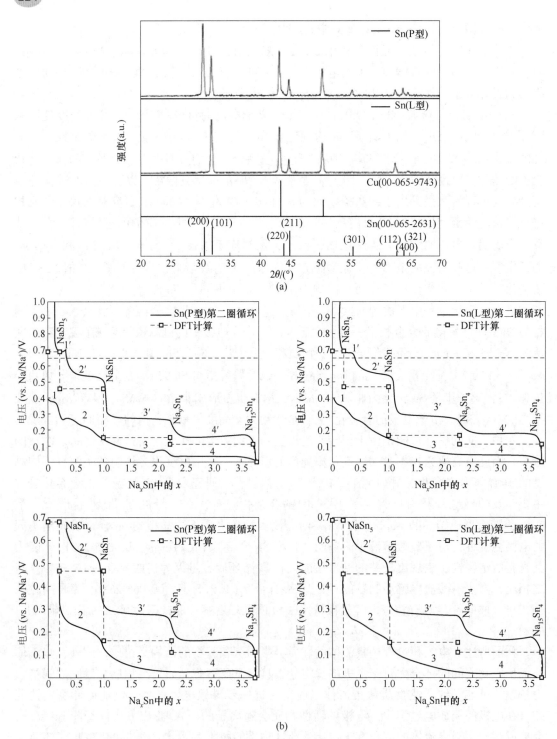

图 11-1　P 型及 L 型合金的 XRD 图谱和 P 型及 L 型合金 Na⁺嵌入过程分析[14]

(a) XRD 图谱；(b) 嵌入过程分析

嵌入过程中的电极应力，在提高电池的循环性能和质量能量密度等方面具有优势。但是聚合物集流体的导电性相比于 Cu 箔集流体较差，并且聚合物集流体上得到的 Cu-Sn 合金结晶度较差，使得该电极的倍率性能有限。该研究进一步采用电沉积制备自支撑 Cu-Sn 合金电极，结果表明其相比于 PPy 集流体上得到的 Cu-Sn 合金沉积产物，具有更高的结晶性，有利于促进电极中的离子迁移。当用作锂离子电池电极时，表现出较好的容量保持性能，同时具有优越的高倍率循环性能，在 6 A/g 电流密度下充放电循环 700 圈，比容量仍有 332 mA·h/g，接近石墨的理论比容量，表现出广泛的应用前景。

　　B　锑基负极合金化

　　相比于石墨电极，Sb 基材料因具有更高的储 Li 容量而受到关注[18,21]。由于 Sn 和 Sb 都可以与 Li 合金化实现电极的高容量[22]，有研究提出将 Sn-Sb 合金作为负极材料，并在其中添加了第三种元素 Cu[23]。Sb 和 Sn 的 Li 嵌入能不同，当一种组分与 Li 反应时，另一种组分可以"缓冲"正在反应的组分的体积变化。Cu 可以在整个电化学反应过程中充当惰性基质，而逐层电沉积技术为制备 Sn-Sb-Cu 合金薄膜提供了有效方法。实验表明，Cu 的存在有效抑制了充放电循环过程中电极的粉末化，并且经过进一步热处理后电极具有更小的颗粒尺寸和更多的表面阴离子，提供了更多的活性材料，获得了 962 mA·h/g 的初始容量，并且在经过 30 圈循环后，容量仍可保持在 715 mA·h/g。相比于未热处理的样品，容量保持率提升约 80%。但是由于电极表面含有较多的 Sb 和 SnO，退火后的电极具有较低的初始库仑效率（约 77%），通过调控沉积物中活性物质的比例可以进一步优化电化学性能。

　　化合物 Cu$_2$Sb 也被证实是一种很有前景的合金负极材料，在锂化和去锂化过程中具有较好的可逆性。其中，Sb 以面心立方阵列的方式排列，充当充电过程中 Li 嵌入的灵活骨架，金属 Cu 则作为晶粒间电接触的导电介质[24]。该合金在与 Li 合金化/去合金化循环期间会重整其原始结构，这是 Cu$_2$Sb、完全锂化的 Li$_3$Sb 和中间的 Li-Cu-Sb 三元相之间的结构关系所致[25]。电沉积制备负极材料可实现活性材料与集流体之间良好的电接触，减少了对传统导电炭添加剂和黏合剂的需求。在此基础上，有研究通过脉冲电沉积将 Sb 均匀沉积到三维有序的 Cu 集流体的纳米线阵列上，并经过后续热处理实现 Sb 与 Cu 的合金化（见图 11-2），显著地改善了集流体和电极材料之间的界面[26]。这个过程不需要添加额外的惰性材料来缓冲循环过程中的体积变化。实验发现电极性能与电沉积条件有关。脉冲电沉积制备过程中，调控沉积过程和静置过程的时间会影响沉积产物的形貌，进而影响电极性能。实验表明，在 −1.3 mA 电流下持续沉积 10 ms，而后静置 50 ms 得到的沉积产物具有更好的容量保持性能，该条件下得到的合金沉积产物组分更均匀，改善了电极中由于单纯 Sb 相的存在而造成的较大体积变化。同时，该电极表现出较好的倍率性能，能够在 0.1 C、5 C、2 C 和 1 C 下各经过 10 圈循环后，在电流恢复到 0.1 C 时，仍恢复其放电容量并表现出稳定的容量保持性能。

　　然而，上述制备方法受到了后续热处理的限制。因为 Sb 比 Cu 具有更高的蒸气压[24]，热处理过程可能会造成 Sb 的损失，进而影响最终产物组成的均匀性。因此，采用电沉积的方法直接在集流体上沉积 Cu$_2$Sb 具有显著优势。但是，值得注意的是，Cu$_2$Sb 作为一种金属间化合物，其沉积过程比较复杂。由于 Cu 和 Sb 的共沉积需要同时控制两种元素的沉积电位和速率，采用电沉积方法直接制备 Cu$_2$Sb 化合物存在以下挑战：第一，水溶液中 Cu 和 Sb 的还原电位相差约 130 mV，Cu 优先在较小的还原电位下沉积；第二，Sb 盐可溶于酸性溶液，但是由于受到氢析出反应的影响，无法在酸性溶液中电沉积 Sb，而在中性电

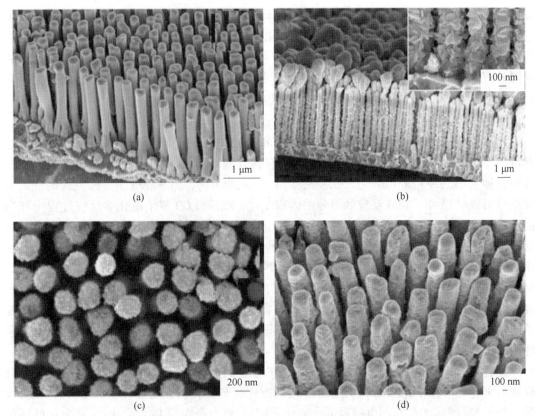

图 11-2   Cu 纳米线集流体以及通过不同脉冲电沉积参数得到的 Sb 沉积产物[26]

(a) 原始铜纳米棒阵列的 SEM 显微照片；(b) 2 mA 直流下沉积 100 ms，静止 50 ms，

沉积时间 2 h，插图为三维纳米结构底部放大图；(c) 1.3 mA 直流下沉积 50 ms，静止 50 ms，

沉积时间 2 h；(d) 1.3 mA 直流下沉积 10 ms，静止 50 ms，沉积时间 2 h

解液中，Sb 会沉淀形成 Sb_2O_3。因此，Cu 和 Sb 的共沉积需要将 Sb^{3+} 保持在弱酸性溶液中，并选择较小的还原电位。有研究提出在电沉积 Sb 的电解液中添加柠檬酸，因为柠檬酸可以在 Cu 和 Sb 的电解液中作为络合剂[27]。Sb^{3+} 与溶液中柠檬酸根离子的络合抑制了 Sb_2O_3 的形成，同时使得溶液的电化学窗口变宽。这对于直接沉积所需的 Cu_2Sb 薄膜至关重要。结果表明，在 pH = 6 的条件下，Cu 和 Sb 元素的还原电位较为一致，有助于实现 Cu、Sb 的单电势沉积，得到结晶 Cu_2Sb 薄膜，并且与集流体具有良好的电接触性能。

此外，也有研究通过电沉积的方法制备了 Cu-Sb 纳米线，并且分析了活性材料与集流体之间的化学和机械相互作用对负极材料循环稳定性的影响[28]。如前所述，基体的结构组成及其粗糙度对于沉积产物的微观结构及两者之间的界面结合具有重要影响。负极活性材料与集流体之间的结合不紧密和界面不连续会导致电极活性材料的分层，造成负极材料与集流体之间失去电接触，产生不可逆的容量损失。基于此，有研究采用电沉积的方法控制集流体与负极活性材料的相互作用，进而提高 Cu-Sb 薄膜负极的循环寿命[25]。采用水系电解质，分别以 Cu 箔和 Ni 箔为集流体沉积 Cu-Sb 薄膜。实验发现，在室温存储或电池循环过程中，Cu-Sb 电极薄膜与 Cu 箔集流体之间的相互扩散导致在界面处形成柯肯德尔空隙（见图 11-3(a)），而空隙的存在会削弱电极活性材料与集流体之间的界面结合，降低两者之间的电接触，并导致 Cu 集流体上合金负极的循环稳定性降低。对于 Ni 集流体，界面上没有观察到相似的扩散作用（见图 11-3（b）），改善了 Cu-Sb 合金负极的循环稳定性。该研究还发现电极活性材料的组成对于电池性能具有重要影响。实验表明，对于组成为 $Cu_{2-x}Sb$ 的薄膜（$0<x<2$），在 $x=1$ 左右可获得最佳的循环稳定性。$Cu_{2-x}Sb$ 这种非化学计量比的组成有利于 Li-Cu-Sb 三元相的形成，与 SEI 层（固体电解质界面层）的形成相比，减少了 Cu 的消耗。

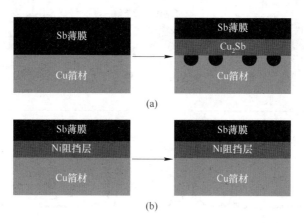

图 11-3　有无 Ni 阻挡层的 Cu 箔集流体上沉积 Sb 的截面示意图[29]
（a）无 Ni 阻挡层；（b）有 Ni 阻挡层

　　Cu-Sb 合金也是钠离子电池中有前景的电极材料。例如，采用电沉积的方法在 Cu 集流体上制备 Sb/Cu_2Sb 电极，并用于钠离子电池[30]。该合金电极表现出较好的循环稳定性和倍率性能，在 120 圈充放电循环过程中，电池的充电容量保持在 485.64 $mA \cdot h/g$，库仑效率为 97%。即使在 3 C 倍率下测试，电池的容量保持率仍可达到 70%。

　　11.1.1.2　其他负极材料

　　硫化铜是另一种具有丰富化学计量比的功能半导体材料，在传感器、太阳能器件和光电子器件中得到了广泛的应用。此外，因其具有合适的带隙（$E_g = 1.2$ eV）、优异的电导率（10^4 S/cm）、环境友好等特性，在锂离子电池和钠离子电池中具有广阔的应用前景[31]。有研究将硫化铜（CuS 和 Cu_2S）应用于锂离子电池，表现出了理想的储 Li 性能[31]。还有研究提出采用电化学合成的方法，在熔融盐（$KCl-NaCl-Na_2S$）中可制备不同相结构的硫化铜化合物（Cu_2S、Cu_7S_4 和 Cu_7KS_4），并将其用作钠离子电池的负极材料[31]。研究发现，Cu_2S 表现出优异的 Na^+ 容纳能力。Cu_2S 在 20 A/g 电流密度下具有 337 $mA \cdot h/g$ 的容量和较长的循环寿命（在 5 A/g 电流密度下 5000 圈循环后，容量保持率为 88.2%）。通过进一步对其在钠离子电池中的反应机制进行分析发现，在 Cu_2S 电极的 Na^+ 嵌入过程中，形成了均匀分散的 Cu 和 Na_xS 颗粒。这有助于在 Na^+ 脱出过程中，伴随着 Na_xS 的消耗，形成多孔结构的 Cu_2S。因 Cu_2S 良好的导电性和较高的孔隙率，多孔的 Cu_2S 为 Na^+ 和电解质提供了传输通道（见图 11-4），有利于稳定的 Na^+ 嵌入和脱出过程的进行。总之，基于 Cu_2S 化合物本身较好的 Na^+ 容纳能力及充放电过程中形成的稳定的多孔网络，Cu_2S 电极表现出良好的倍率性能和循环稳定性。

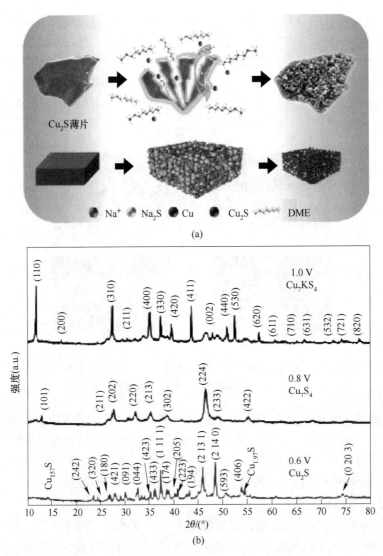

图 11-4 不同循环周期下 Cu_2S 电极的形貌变化示意图[31]

　　磷化物也可用作离子电池负极材料。在与 Li 反应的过程中，P 通过三电子反应形成 Li_3P，具有 2595 mA·h/g 的理论容量，因而受到研究者的关注[32]。其中，FeP、FeP_2 和 FeP_4 能够可逆地与 Li 反应（理论容量分别为 926 mA·h/g、1350 mA·h/g 和 1790 mA·h/g）。电沉积的方法可用于制备非晶态磷化铁，与结晶态相比，具有相对低的原子堆积密度，可以有效地降低与 Li 合金化过程中引起的力学应力，从而改善循环稳定性。有研究采用电沉积的方法在 $FeSO_4·7H_2O$ 和 $NaH_2PO_2·H_2O$ 的前驱体溶液中制备了不同 P 含量的 FeP_y(0.1<y<0.7) 薄膜[33,19]。通过对比不同组成的负极材料性能得出，随着薄膜中 P 含量的增多，电池的容量增加，对于其在离子电池中的应用具有指导意义[34]。随后，有研究对电沉积得到的 FeP_y 薄膜进行选择性电化学处理，从沉积的 FeP_y 薄膜中溶解 Fe 和富 Fe 相，将薄膜中 P 含量（原子分数）从低于 22% 增加至 46%~48%[35]，并且在电化学选择性溶解后电极仍保持力学稳定性。当用作锂电池负极时，相比于低 P 含量的电

极，容量增加 3 倍，同时电极表现出良好的循环稳定性，在 30 圈充放电循环后，仍可保持大于 420 mA·h/g 的可逆放电容量。

电极合金化因电极内非平衡相及非活性物质的存在，有利于改善电极在离子嵌入和脱出过程中的体积稳定性。电沉积技术可以实现不同元素的共沉积，是电极合金化的重要合成手段。同时，采用电沉积技术在集流体表面制备均匀薄膜为后续合金化过程提供了有利基础。但是在锂离子电池的应用中，由于合金化电极引入了非活性物质，导致循环过程中不可逆容量损失，造成能量密度下降，限制了其在高质量能量密度电池中的应用。因此，合金化电极依然需要进一步研究以优化其性能。

11.1.1.3　复合材料

通常，导电添加剂在电极制备过程中具有重要作用，可以改善电子传导，进而提高锂离子电池的充放电速率和循环寿命。为此，电极材料中通常需要添加导电碳颗粒，例如乙炔黑、碳纳米管和石墨等以改善其导电性。除用作导电添加剂外，碳材料具有质轻、导电性好等优势，是良好的导电集流体，并且还可以用于锂离子的嵌入反应。例如，石墨电极是商业化锂离子电池中常用的电极材料。另外，电极制备过程中通常会引入黏结剂，用于保证活性材料和集流体（例如，Al 和 Cu）的良好结合，这对于电池的循环稳定性至关重要。在传统的锂离子电池中，聚偏氟乙烯（PVDF）是常用的黏结剂。但是，黏结剂是电化学惰性材料，会降低电极的能量密度和功率密度。当导电添加剂和黏结剂不能被均匀分散时，电池的倍率性能和安全性等性能会极大地降低。电化学方法在制备电极过程中不引入黏结剂和导电添加剂等是提升电极比容量的有效方法，对于发展高性能电池具有重要意义。

因此，有研究将碳纸作为集流体，CH_2CHSiC_{13}（VTC）作为前驱体制备 Si-C 复合材料[36]。相比于以 Si 的传统卤化物（SiX_4）作为前驱体合成 Si 电极的方法，VTC 具有更稳定的性质，在沉积过程中，伴随着 VTC 的还原反应，在碳纸上会形成一种新型的非晶复合薄膜 SiO_xC_y（见图 11-5）。SiO_xC_y 薄膜在用作锂离子电池的负极材料时，表现出较良好的电化学性能[36]，在 1 C 下进行充放电循环测试，表现出 3784.6 mA·h/g 和 1919.8 mA·h/g 的初始充电和放电容量。

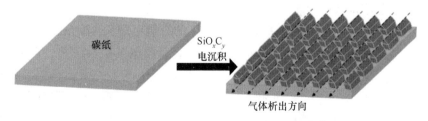

图 11-5　碳纸上 SiO_xC_y 沉积过程示意图[36]

此外，当使用 Si 作为锂离子电池的负极时，在充放电过程中容易与 Li^+ 反应，生成不同 Li 含量的合金。同时，相变会引起 Si 负极的结构和体积变化，导致较差的循环稳定性和容量保持率。因此，在制备 Si 负极的过程中需要为 Li^+ 的嵌入预留空间。在含有 VTC 的电解质中，以碳纸作为集流体电沉积得到的 SiO_xC_y 薄膜，呈现出均匀有序的形貌，具有一定的内部空隙，为 Li^+ 的嵌入提供了膨胀空间，有利于改善电极稳定性，提高锂离子电池的寿命。该 SiO_xC_y 电极在锂离子电池中的反应机制为：

$$2SiO_2 + 4Li^+ + 4e = Li_4SiO_4 + Si \qquad (11-2)$$

$$SiO_2 + 4Li^+ + 4e = 2Li_2O + Si \qquad (11-3)$$

$$Si + xLi^+ + xe = Li_xSi \qquad (11-4)$$

同时，Si 电极中引入的 C 也会与 Li^+ 反应，有利于提升 SiO_xC_y 负极的容量以及电池的稳定性[36]，在 1000 圈充放电循环后，电池仍具有较高的充电容量（1020.5 mA·h/g）[36]。以上研究为进一步探究高稳定性的电极材料提供了借鉴。

在基于 Si 负极的离子电池中，反应主要是基于 Si 电极在 Li 嵌入过程中的合金相的形成及充放电过程中电极的可逆变化。基于此，有研究提出以原位 Li^+ 电化学嵌入作为电沉积方法，用于制备 Li-Si/C 复合电极[37]。结果表明，以碳材料作为集流体，非合金化 Si 作为活性成分，可以原位合成 Li-Si/C 复合电极。该复合电极表现出较好的放电容量，并且通过与 M_xO_y 正极材料组合实现了较高的能量密度。实验中可以通过控制不同的循环次数得到不同 Li 含量的电极，成分组成（原子分数）为 64% C-21.6% Li-14.4% Si 的复合电极具有最佳的容量保持率（每个周期约 0.13% 损耗）和高比容量（约 700 mA·h/g）及较高的能量密度（432 W·h/kg）。

除了上述以碳材料作为集流体制备复合负极，共沉积是另一种简便有效的制备复合电极的方法。通过金属与碳材料的共沉积，可以实现两者较好的电接触，以及复合材料与集流体良好的结合。有研究提出通过脉冲共沉积的方法制备 Sn/MWCNT（多壁碳纳米管）复合电极[38]，沉积过程受 MWCNT 浓度及电流密度等的影响。值得注意的是，为了获得分散良好的复合材料沉积层，需要制备均匀稳定的前驱体溶液。对沉积产物分析发现，MWCNT 的引入增加了形核位点，降低了晶体生长速率，从而获得了具有较小晶粒尺寸的 Sn 沉积产物。MWCNT 上的缺陷同样为 Sn 的沉积提供了活性位点。该电极可适应 Li 嵌入过程中出现的应力膨胀，具有更好的电极稳定性[38]。相比于单纯的 Sn 电极（43%），Sn/MWCNT 表现出更高的容量保持性能（75%）。此外，也有研究采用脉冲共沉积的方法在 Cu 集流体上成功制备了 Sn-Ni/MWCNT 复合电极[39]。该复合电极因 MWCNT 以及金属 Ni 的引入而改善了导电性，并且最终形成的核壳结构有利于容纳 Li 嵌入过程中生成的应力，改善了电极的容量保持性能。

除与碳材料复合外，也有研究采用含有 $SiCl_4$ 的有机电解质，实现了一步电沉积法制备 Si-有机/无机复合电极[40]。图 11-6 是 Si-O-C 复合薄膜电沉积示意图。可以看出，在沉积过程中 $SiCl_4$ 和聚碳酸酯（PC）同时分解，从而形成了 Si-O-C 复合薄膜。该复合膜由 SiO_x 和有机化合物组成，SiO_x 是 Si 和 SiO_2 的混合物。沉积过程中伴随着有机溶剂的分解，最终形成了 Si-O-C 复合电极[40]。该复合电极可以有效容纳电极在 Li 嵌入过程中形成的应力，保持较好的体积稳定性，在 2000 圈循环后，其放电比容量仍有 1045 mA·h/g，在第 7200 圈循环时的放电比容量为 842 mA·h/g。对电极循环过程中的形貌及组成分析发现，纳米级均匀分散的 SiO_x 有助于提升电极的体积稳定性。此外，有机溶剂分解产物的缓冲作用可以抑制电极在膨胀过程中裂纹的形成。上述电极中由活性材料、惰性材料及有机化合物组成的混合物，为锂二次电池电极提供了优异的性能。

与碳材料复合同样可以提升 Sn 基电极的性能。有研究在多孔碳纳米纤维表面电沉

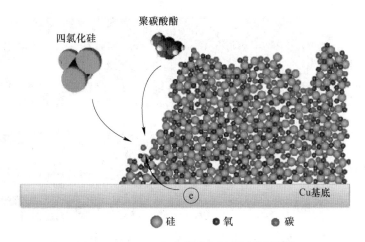

图 11-6 Si-O-C 复合薄膜电沉积示意图[40]

积制备 SnO$_2$，并进一步在该多孔碳纳米纤维（PCNF@SnO$_2$）复合电极表面沉积 C 层得到 PCNF@SnO$_2$@C 复合电极[41]。C 层的引入有效提高了电极的导电性，并且减少了活性材料与电解质的直接接触，有利于更稳定的 SEI 膜的形成。PCNF@SnO$_2$ 复合电极在 100 圈循环后容量保持率为 65.67%，而 PCNF@SnO$_2$@C 复合电极的循环稳定性较高，在电池 100 圈充放电循环测试后，仍有 586 mA·h/g 放电容量，相应容量保持率为 78.3%，并且仍表现出高库仑效率（99.8%）。此外，也有研究采用电沉积的方法在水系电解液中实现了 Sb 和碳纳米管（CNT）共沉积，并将该 Sb/CNT 复合负极应用于锂离子电池和钠离子电池中[42]。图 11-7 为 Ni 箔集流体上沉积 Sb 与 Sb/CNT 复合电极的 SEM 图及截面 SEM 图。在两种不同离子电池中进行充放电循环测试，由于与 CNT 的复合提高了电极容纳离子嵌入的能力，Sb/CNT 相比于单独的 Sb 电极表现出更高的可逆容量和更稳定的充放电循环性能。在锂离子电池中，CNT 的引入对于改善电极性能的作用更为显著。基于 Sb 电极的锂离子电池的比容量约为 400 mA·h/g，与之相比，基于 Sb/CNT 复合电极的锂离子电池具有更高的比容量（约 660 mA·h/g），并且容量保持性能明显改善。在钠离子电池中，Sb 电极的容量约为 400 mA·h/g，并且在 100 圈循环后开始出现容量衰减；而 Sb/CNT 复合电极的容量约为 500 mA·h/g，具有较好的容量保持性能，可以稳定循环 150 圈以上。该研究还证明了电沉积 CNT 复合电极的方法可以扩展到其他合金/CNT 复合活性材料的制备中。例如 Sn-Sb/CNT 复合材料，当用作锂离子电池负极时，电池的比容量约为 600 mA·h/g，并且在 75 圈循环过程中具有较好的容量保持性能。以上研究成功地说明了复合材料有利于改善电极的力学稳定性和延长锂离子电池和钠离子电池的循环寿命。

电化学方法具有简便、可控的优势。在实际生产实践中，可使用分步电沉积、共沉积以及电化学反应原位沉积等技术制备复合电极材料。复合材料的制备过程伴随着不同沉积物质的反应动力学以及复杂的物理化学反应过程，因而形成了具有不同性质的复合材料。此外，复合材料的组分在电沉积过程中会受到沉积电压、电流等因素的影响，因此需要调控最佳的电化学沉积参数（例如，电解液的组成，沉积电压/电流等）以改善材料的组成，从而获得高性能电极。

图 11-7   Ni 箔集流体上沉积 Sb 与 Sb/CNT 复合电极的 SEM 图及截面 SEM 图[42]

11.1.2   金属硫电池

元素硫（S）具有高的比容量，且其成本低、储量丰富。在锂金属电池中，若使用 S 作为电池的正极材料，在放电过程中 S_8 被 Li 还原成为硫化锂（Li_2S）时可以产生 2600 W·h/kg 的理论能量密度[43]。由于锂硫电池的能量密度远高于锂离子电池，因此，这一电池体系引起了人们广泛的研究兴趣。但是，锂硫电池的应用面临着许多挑战，如 S 是一种绝缘体，电导率低（$5×10^{-28}$ S/m），电池放电过程中，通过进一步反应可以转化为高价态多硫化物（Li_2S_x，$x = 4 \sim 8$）[12]，这些高价态的聚硫化物会溶解在液态有机电解质中，并且会穿过隔膜与 Li 负极反应，从而导致锂硫电池不可逆的容量损失。此外，电池充电过程中，高价态的聚硫化物会沉积在 S 电极上，随后溶解于电解质中，扩散至 Li 负极，与 Li 金属反应生成低价态的聚硫化物。在继续充电过程中，生成的低价聚硫化物会扩散至 S 正极。这一过程也被称作锂硫电池中的"穿梭效应"。这些活性材料的损失造成了电池体系库仑效率的降低，以及锂硫电池较差的循环性和快速的容量衰减。

将 S 与导电碳材料复合可以用于改善电极导电性。有研究提出，氧化石墨烯（graphene oxide，GO）具有丰富的含氧官能团，表现出优异的电化学性能。GO 具有与聚硫化物发生氧化还原反应的活性位点，可有效避免聚硫化物在电极表面的反应，并且其物理包覆作用可抑制聚硫化物的穿梭[44]。该研究制备了均匀的含有 GO 涂层的硫复合材料 GO-S（见图 11-8）。电化学测试表明，GO 的引入提高了 S 电极的导电性，并且有效减少了聚硫化物与电极的副反应，增强了电化学稳定性和倍率性能。在 0.5C 的倍率下循环 100 圈，GO-S 电极仍具有较好的循环稳定性和比容量，比容量最高可达 723.7mA·h/g。此外，该实验还证实了 GO-S 复合材料在电池循环过程中的结构稳定性。

基于聚硫化物的沉积机理，可以制备各种形式的硫化物用作锂金属电池的正极材料。过渡金属硫化物的 3d 电子结构使其能容纳不止一个 Li^+，有望实现高的比容量[33]。NiS 和 Ni_3S_2 是研究最广泛的两类硫化物材料。在实际生产中，一般采用金属 Ni 与 S 的机械合金化，或者 Ni 前驱体的表面 S 化处理制备 Ni_3S_2 电极。然而，在上述方法中活性物质之间依赖机械混合互相接触，需要使用惰性的黏结剂，导致活性物质与基底之间产生了较大的接触电阻。因此，有研究采用选择性电沉积方法在 Cu 集流体上制备 Ni_3S_2，实现了较好的电

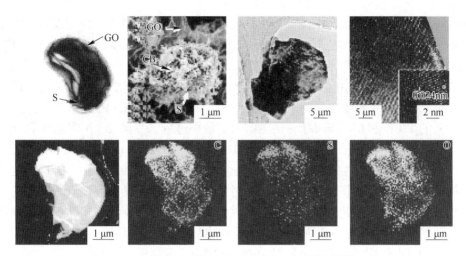

图 11-8 GO-S 电极的 SEM 图及元素分布图[44]

接触[19]。同时，通过改变电解质的成分可以调控沉积产物中 S 的含量，获得高比容量的电极。研究指出，硫脲（TU，CH_4N_2S）前驱体的含量是影响沉积产物中 S 含量的关键因素。在沉积过程中，硫脲会被电化学还原为 S^{2-}，与 Ni 反应形成 Ni_3S_2，因此随着硫脲浓度增加，沉积物中 S 含量快速增加。但是由于扩散过程的限制，沉积物中 S 含量有一定限度。化合物沉积机制如下：

$$TU + Ni^{2+} \Longrightarrow [NiTU]^{2+} \tag{11-5}$$

$$TU + 3e \Longrightarrow S^{2-} + CN^- + N \tag{11-6}$$

$$2S^{2-} + O_2 + 2H_2O + 3Ni \Longrightarrow Ni_3S_2 + 4OH^- \tag{11-7}$$

该研究在 0.2 mol/L 的硫脲溶液中制备得到了亚微米尺寸的 Ni_3S_2/Ni 复合材料。当 Ni_3S_2/Ni 被用作电池正极时，锂电池表现出较高的比容量（在约 0.6 C 时，比容量为 338mA·h/g）及较好的容量保持性能（100 圈充放电循环后，容量保持率为 95.3%）。

有机溶剂也可作为电解质溶液，用于过渡金属硫化物的电沉积。有研究提出，在二甲基亚砜（DMSO）溶液中，S 的沉积是两步反应过程[45]：

$$S_8 + 2e \Longrightarrow S_8^{2-} \tag{11-8}$$

$$S_8^{2-} + 2e \Longrightarrow S_8^{4-} \tag{11-9}$$

生成的 S_8^{4-} 分解为 S_6^{4-} 或者 S_4^{4-}。

此外，离子液体具有较宽的电化学窗口、低蒸气压等优势，可有效避免水系电解液中的气体析出问题，也可用作硫化物沉积的电解质溶液。沉积产物在电解液中的溶解性对于其稳定性有着重要作用。S 在离子液体中的物理化学性质以及电化学还原机制控制了离子液体中硫化物的沉积过程。

有报道分析了［EMIM］TFSI 离子液体中硫化物的沉积机制[46]，同样证实了离子液体中 S 的还原是两电子反应。此外，该研究进一步分析了离子液体电解液的组成对于沉积产物组成的影响。结果表明，与水系电解质相似，通过调控电解质组成可以获得不同组分的沉积产物，并且电解质中 S 的含量影响沉积产物中 S 的比例。该电沉积方法适用于 S 与过渡金属 Co、Fe 的沉积。通过一步电沉积法在离子液体中添加可溶性 S 与金属化合物前驱体，实现 Co_9S_8 和 FeS_x 的沉积。

除电解质对沉积产物的影响之外，沉积电压的影响也不容忽视。研究发现，金属还原电位的不同，硫化物薄膜的生长机制也不同。硫化钴由沉积的 Co 金属层与 S 反应形成，而硫化铁薄膜由还原的 Fe^{2+} 与电化学反应生成的离子反应形成（见图11-9）。通过优化电沉积参数，该研究在含有 0.15 mol/L Co（TFSI）$_2$ 和 0.05 mol/L S 的电解质溶液中，在 -0.25 V 的沉积电压条件下，得到了 Co_9S_8 沉积产物。不同于 Co 的沉积，FeS_x 的沉积在 0.01 mol/L 的 $FeCl_3$ 和 0.05 mol/L S 的电解质溶液中进行，并且最佳沉积电压为 -0.85 V。当将上述硫化物用于锂电池时，Co_9S_8 电极的比容量为 559mA·h/g，达到其理论比容量的 95%。FeS_x 电极的比容量为 708mA·h/g，是其理论比容量的 79.5%。尽管该研究证实了离子液体中一步沉积硫化物的可行性，但是对于离子液体中 S 的还原以及不同电势下硫化物的形成机制仍不明确。此外，在实际应用过程中，过渡金属硫化物用作锂金属电池电极时，会受到其较差的稳定性的限制。例如 Co_9S_8 电极在 20 圈循环后，容量保持率为 40%；FeS_x 电极在 20 圈循环后，容量保持率为 39%，因而还需要进一步研究。

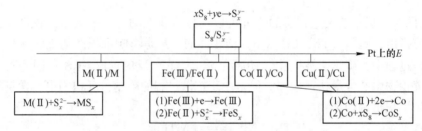

图 11-9   Cu（Ⅱ）/Cu, Co（Ⅱ）/Co, Fe（Ⅲ）/Fe（Ⅱ），M（Ⅱ）/M 和 S_8/Co 与
相关硫化物沉积产物在［EMIM］TFSI 中在 120 ℃下的反应电位[46]

综上，电沉积技术可以用于制备高容量 S 电极及过渡金属硫化物电极。电解质的成分对于沉积产物的组成有重要影响，而沉积电位控制沉积产物的形成机制。电沉积作为简便可控的制备方法，为有效调控电极成分以提高电池容量提供了条件。此外，电沉积可以较好地控制电极制备过程中的变量，对分析电极组成对电池性能的影响具有重要意义。

11.1.3   金属空气电池

金属空气电池是以金属材料（包括 Li、Na、Zn、Al、Mg 等）作为负极、空气中的氧气作为正极活性物质的一类电池。由于其理论能量密度高而受到了广泛关注。尽管金属空气电池有着巨大的商业化前景，但是大多数金属空气电池在充放电过程中因受到其空气电极上氧还原反应（ORR）和氧析出反应（OER）缓慢的动力学限制，使能量效率较低和循环寿命较短。因此，金属空气电池通常需要使用催化剂来提升反应速率，降低充放电的过电位。通常来说，为了更好地提升电池性能，催化剂应暴露更多的活性位点，同时应与集流体之间紧密结合以降低接触电阻。因此，操作简单、原位生长活性物质的电化学沉积方法引起了研究者的兴趣。

11.1.3.1   贵金属基催化剂

一直以来，贵金属基催化剂（例如 Ru、Pt、Ag、Au、Pd）及其化合物被视作高效催化剂。有研究采用一步电沉积法在含有 $HAuCl_4$ 和 H_2PtCl_6 的酸性溶液中制备 Au-Pt 合金，并且该合金在锂空气电池中表现出高的 OER 和 ORR 活性[47]。沉积产物的组成受沉积电压和电解液的影响。相比于 Pt，Au 由于其更正的还原电位更容易被沉积。此外，实验发现，通过调控电解质中 Pt 离子的浓度可以改善合金中 Pt 的含量，随 Pt 离子浓度增加，合金中 Pt 含量增加。不同的是，随着电解质中 Au 前驱体浓度的增加，Au-Pt 合金沉积物中的 Au 含量没有明显增加。通过 XRD 分析产物的晶体结构发现，Au-Pt 的（111）晶面间距大于 Pt 的（111）晶面间距，说明该沉积过程不同于上述两种元素的共沉积，而是在沉积过程中，Au 进入了 Pt 的晶格[47]。通过优化沉积参数，发现电解液组成为 6.7 ~ 10 mmol/L $HAuCl_4$，10 ~ 13.3 mmol/L H_2PtCl_6 和 0.5 mol/L H_2SO_4 时，在 20 mA/cm^2 电流密度下恒电流沉积 8 ~ 34s 可得到最优的沉积产物组成及催化活性。除了 Au、Pt 之外，金属 Ag 在碱性电解质中也表现出较高的氧还原反应（ORR）催化性能。金属 Cu 与金属 Ag 具有相同的面心立方晶体结构和相似的晶格常数，可用于合成合金催化剂。此外，金属 Cu 具有较好的电化学性能，同时其储量丰富，有助于减少贵金属的使用。将其与金属 Ag 复合可以提高催化活性，并且降低材料成本。基于此，有研究采用恒电位电沉积方法制备了 Ag-Cu 合金[48]。通过控制反应时间，得到了组成为 $Ag_{50}Cu_{50}$ 的合金催化剂，其催化活性是单纯的金属 Ag 催化剂的 2.5 倍。根据催化理论，催化剂的活性与金属催化剂的 d 带中心密切相关。金属 Ag 较低的 d 带中心导致了其较弱的氧气吸附能，而金属 Cu 具有较强的吸附能，有利于氧化反应的进行。因此，通过金属 Cu 与 Ag 的合金化，其 d 带中心相比于纯金属 Ag 更接近费米能级，从而具有更高的催化活性。上述研究为调控催化剂活性位点，发展高活性催化材料用于储能体系提供了借鉴。此外，贵金属氧化物也可通过电沉积反应制备。有研究以 K_3IrCl_6 作为前驱体溶液[49]，在其静置形成 IrO_2 胶体溶液后，用于在 Ti 集流体上阳极电沉积制备 IrO_2@Ti 电极。随后将该电极用作 OER 反应电极，并与 Pt/C 催化剂复合组装酸性锌空气电池，所组装电池获得了约 81% 的高能量效率。因此，电沉积技术可用于高效贵金属催化剂的制备，并通过调控沉积过程参数改善催化活性。然而，贵金属的高成本限制了其广泛应用，有许多研究者开始把目光投向非贵金属催化剂。

11.1.3.2 过渡金属/C 基催化剂

贵金属基催化剂通常成本较高，且储量较小，这些问题无疑会阻碍其在实际生产中的广泛应用。为了解决以上问题，研究者通过开发高性能的非贵金属氧化物催化剂以降低生产成本。其中，过渡金属氧化物、硫化物、磷化物等（如 MnO_2、Mn_3O_4、CoO_x、Co_3O_4、$CoMn_2O_4$、Co_9S_8）具有成本低、电子结构可调、催化活性较高等优势，因而被认为是金属空气电池中最具有发展前景的催化剂材料[50]。

其中，Co-Fe 基催化剂因其在碱性电解质中高的 OER 催化活性而受到广泛研究。有多种方法可用于制备 Co-Fe 基催化剂，如水热、溶剂热、热分解等方法可用于制备 $CoFe_2O_4$ 以及 Co-Fe 层状双金属氧化物。电沉积是一种简便有效的方法，可以实现催化活性物质在集流体上的直接生长，并且制备过程具有低成本和高效率等优势。更重要的是，电沉积产物会均匀嵌入多孔气体电极的电化学活性微孔层中，与集流体具有良好的接触，有效促进了催化剂与集流体之间的电荷转移。Co-Fe 合金及 Co-Fe 双金属氢氧化物均可通过电沉积一步制备，但是不同 Co、Fe 含量的催化剂的催化活性不同。例如，在 OER 反应中，单纯的羟基氧化钴（CoOOH）催化剂表现出较差的 OH$^-$ 吸附活性，但是 Fe 掺杂可以有效提高其性能[51]。此外，也有研究采用恒电流电沉积的方法，以 $CoSO_4$ 和 $FeSO_4$ 作为前驱体溶液在碳纸基底上制备固溶形式的 Co-Fe 合金[52]，并用作锌空气电池的空气正极催化剂。

研究表明，通过改善电解质溶液中的 Co/Fe 比例，可以获得不同组成的沉积产物。随电解质中 Fe 含量的增多，沉积产物中 Fe 含量增加，并且 OER 活性随着 Fe 含量的增加而增加，在含量（原子分数）约为 65% 时具有最高的催化活性。

金属氧化物因其结构多变、催化活性高以及结构稳定等特性被广泛地用作 ORR、OER 催化剂。通常，电沉积可用于合成金属氢氧化物，随后氢氧化物可通过进一步的热处理等步骤转换为氧化物。其制备工艺简便可调，通过控制沉积过程中的电解质组分可以实现不同组成的氢氧化物前驱体的制备。例如 Co_3O_4、$Ni_xCo_{3-x}O_4$、$NiFe_xO$、$CoMnO$ 等金属氧化物催化剂均可通过电沉积和热处理过程合成[53]。此外，有研究提出也可通过一步电沉积方法制备金属氧化物催化剂。例如，采用电沉积方法在含有 Mn^{2+}、3,4-乙烯二氧噻吩（EDOT）、$LiClO_4$ 和十二烷基硫酸钠（SDS）的溶液中可以一步制备 MnO_x/PEDOT 复合催化剂[54]。得到的 MnO_x/PEDOT 表现出与商业 Pt/C 相当的 ORR 性能，相比于 MnO_x 性能明显提升。对其沉积过程进行分析可以发现，两种物质的氧化还原动力学存在差异。在沉积的初始阶段仅能观察到 MnO_x 的生长，随后是 PEDOT 的聚合反应。因此，该过程本质上也属于分步电沉积。

不同于电沉积结合热处理的方法制备氧化物，有研究通过一步电沉积方法制备得到了 Co_3O_4，该沉积过程以含有 Co^{2+} 和酒石酸盐的 NaOH 溶液作为电解液。其中酒石酸用于络合 Co^{2+}，使其在 pH=14 时可溶。根据 Pourbaix 图（电位-pH 图）可知，Co_3O_4 具有热力学稳定性。通过线性扫描以及恒电流沉积过程分析电解质中的电化学反应过程可以发现，该过程是电化学-化学复合反应过程：

$$2Co^{2+}(TART) \longrightarrow 2Co^{3+} + 2(TART) + 2e \tag{11-10}$$

$$2Co^{3+} + Co^{2+}(TART) + 8OH^- \longrightarrow Co_3O_4 + 4H_2O + (TART) \tag{11-11}$$

电沉积温度是控制沉积产物的结晶性及稳定性的关键因素。提高电解质温度，电极活性物质生长的起始电位降低，结晶性提高。结果表明，在 103 ℃ 下得到的沉积产物结晶性较好，表面非常光滑，无裂纹；而在较低温度下的沉积产物表现出非晶特性，并且在干燥后会从基材上剥离。以上结晶薄膜与非晶薄膜存在明显的性能差异。分析两者 OER 性能发现，结晶 Co_3O_4 薄膜的 Tafel 斜率为 49 mV/dec，交换电流密度为 1 A/cm^2，而在 50 ℃ 沉积的非晶薄膜的 Tafel 斜率为 36 mV/dec，交换电流密度为 5.4 A/cm^2。该研究通过一步电沉积方法得到了高活性的 Co_3O_4，不涉及二次热处理过程，并且通过调控沉积温度改变了沉积物的结晶性，进一步改善了沉积活性，同时避免了热处理过程中碳及其他金属集流体的氧化反应，简化了制备过程，为金属空气电池的氧气催化剂的制备提供了有效方法。此外，也可采用一步电沉积法在 Co_3O_4 中引入 Zn，得到 $Zn_xCoO_4(0<x≤1)$ 薄膜[55]。该沉积产物的形成机制为：

$$2Co^{2+}(TART) \longrightarrow 2Co^{3+} + 2(TART) + 2e \tag{11-12}$$

$$2Co^{3+} + (1-x)Co^{2+}(TART) + xZn^{2+} + 8OH^- \longrightarrow$$
$$Zn_xCoO_4 + 4H_2O + (1-x)(TART) \tag{11-13}$$

在沉积过程中，首先电解质溶液中的 Co^{2+} 被氧化为 Co^{3+}。随后，Zn^{2+} 与电解质溶液中的 Co^{2+}、Co^{3+}、OH^- 等物质反应，形成 Zn_xCoO_4。通过优化沉积参数，发现在 97 ℃ 下，在含有 Co^{2+}、Zn^{2+} 和酒石酸的碱性溶液中恒电流下（0.1 mA/cm^2 或者 2 mA/cm^2）沉积，获得了具有最佳 OER 催化性能的产物。该沉积产物与 $ZnCo_2O_4$ 具有相似的尖晶石型结构，

组成为 $Zn_{0.45}Co_{2.55}O_4$。相比于单纯的 Co_3O_4，沉积产物中 Zn 的引入明显提高了 OER 催化活性。分析指出，这是由于 Zn^{2+} 的嵌入增加了 Co^{3+}—O 键长，增加了 Co^{3+} 对 OH^- 的吸附能力与 Co^{4+} 的形成能力。通过研究不同 Zn-Co 比的 $Zn_xCo_{3-x}O_4$ 薄膜的 OER 性能，发现氧化物中 Zn^{2+} 的比例对于 OER 活性影响较小。这说明不同组成的氧化物 OER 活性差异是由于薄膜表面活性 Co^{3+} 位点数量不同引起的。该方法同样适用于 MnO_x 薄膜的制备，并且可以通过在电解质中添加 Fe 前驱体溶液，在 MnO_x 薄膜中引入 Fe 催化活性位点，有助于改善其氧气反应的催化活性[56]。

尽管金属氧化物具有上述诸多优点，但是其催化过程受到其较差的导电性的限制，因而催化活性较低，影响了电池的倍率性能以及循环稳定性等。将金属氧化物与导电材料复合是解决这一问题的有效方法。有研究在 Co_3O_4 催化剂上通过脉冲电沉积方法引入了 Pd 纳米颗粒（见图 11-10）[94]，获得了组成均匀的 Pd-Co_3O_4 催化剂，改善了 Li-O_2 电池中 Li_2O_2 的沉积过程。相比于 Co_3O_4 电极，其倍率性能和循环稳定性明显提升。当用于 Li-O_2 电池正极时，该 Pd-Co_3O_4 电极在 300 mA·h/g 容量下，可稳定循环 70 圈。

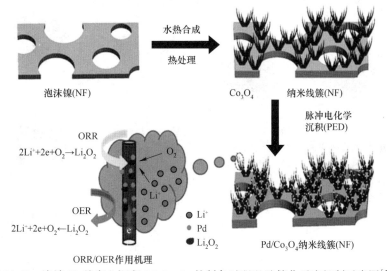

图 11-10　泡沫 Ni 基底上沉积 Pd-Co_3O_4 的制备过程以及催化反应机制示意图[57]

碳材料因其较好的 ORR 催化活性而受到关注，可通过电化学的方法有效调控其催化活性位点。采用电化学的方法在含有 $(NH_4)_2SO_4$ 的溶液中剥离石墨可以得到氧化石墨烯（EGO）[58]，获得的 EGO 具有高的结晶性及导电性，并且在该电解液中实现了对 EGO 原位的 N 和 S 掺杂。当该 N/S-EGO 进一步与 Fe 纳米颗粒复合时，获得的 Fe-N/S-EGO 表现出更高的 ORR 催化活性。在 0.4 V（vs. RHE）电压下，Fe-N/S-EGO 的电流密度为 3.2 mA/cm^2，相比于 N/S-EGO（2.55 mA/cm^2）提升 20% 以上。

金属空气电池因其具有高理论能量密度，被认为是极具应用前景的下一代储能体系。发展高效催化剂对于促进金属空气电池中的空气正极缓慢的动力学反应，改善电池能量效率，提高电池的循环稳定性具有重要意义。催化剂的组成对催化剂的反应活性位点和催化活性具有关键作用。电沉积方法已成功用于制备贵金属和过渡金属基催化剂，以及碳材料的修饰，是未来用于制备高效催化剂，发展高性能金属空气电池的有利方法。

11.2　电极微观结构的电化学调控

11.2.1　离子电池

　　目前，已经进行了大量通过电化学沉积方法进行电极材料微观结构调控的研究，为了便于讨论，根据是否需要采用模板，将其划分为模板法电化学沉积和无模板法电化学沉积两大类（见图 11-11）。

图 11-11　模板法、无模板法及其他方法辅助电化学沉积制备示意图
（a）硬质模板法合成；（b）软质模板法合成；（c）无模板法合成；（d）电化学转换

11.2.1.1 模板法电化学沉积

模板法电化学沉积是选择具有一定形貌的材料（如纳米孔、纳米球、纳米管等）作为模板，且以其为电沉积的工作电极，利用电解质中离子在阴极的还原沉积，使得沉积物在模板的限制下逐步生长，然后溶解模板，以获得具有特定形貌结构的方法。该方法可用于多种微观结构材料的可控制备，且产物的尺寸可调，制备可以在较低温度下进行。对于模板法电化学沉积，除了模板本身可以用于调控沉积产物形貌外，电化学沉积条件（包括电流密度/电压、电解质成分及浓度、电解质添加物、pH 值和温度等）也可以用于调控沉积产物的微观结构。目前，可以用作模板的材料有阳极氧化铝、二氧化钛纳米管、径迹刻蚀聚合物、氧化锌纳米棒、微纳米胶体球、嵌段共聚物、液态晶体等。

阳极氧化铝是一类常用于合成纳米线、纳米棒或纳米管的模板。以阳极氧化铝为模板，在其通道内部通过电化学沉积的方法沉积电极活性材料，然后用强碱或强酸（通常是氢氧化钠或磷酸）对模板进行化学溶解，根据填充程度的不同，最终可以得到纳米线、纳米棒或纳米管形貌的材料。阳极氧化铝模板在其阳极氧化的合成过程中，可以通过调节阳极氧化过电位的大小和时间，来控制所合成模板的孔径、孔壁厚度、孔密度、孔间距和孔长度等。因此通过选用不同类型的阳极氧化铝，并以此为模板进行电化学沉积，将其溶解后就可以获得不同直径、分布密度、长度等的纳米线、纳米棒或纳米管形貌[8]。基于特殊的结构设计，使用阳极氧化铝模板制备的电极可以获得较大的比表面积，有利于电极与电解质的充分接触和离子的快速扩散。此外，阳极氧化铝模板还可以用于电化学沉积制备集流体，有助于高比表面积集流体的形貌设计。以阳极氧化铝模板辅助合成的集流体为基体，在其表面进行电极活性物质的电化学沉积，有助于增加集流体与电极活性物质之间的接触面积，从而获得较好的电池性能。例如，先在阳极氧化铝模板上通过溅射的方式获得一层 Cu 作为集流体，之后以该模板支撑下的 Cu 为工作电极，通过电化学沉积的方法沉积 Ni-Sn 金属间化合物。用 NaOH 将模板溶解后，就可以得到长度约为 300 nm 的 Ni-Sn 纳米线电极[59]。研究表明，Ni-Sn 纳米线作为锂离子电池的负极材料，可用于研究锂离子的嵌入与脱出机制。在电池充电时，由于锂化作用，纳米线会发生膨胀、伸长和螺旋等变形，其锂化部分是一个包含高密度移动位错的区域，并且这些位错的前端会出现连续的成核与吸收。该位错团是由电化学驱动的固态非晶化（锂化过程中通常会伴随的相变）的结构前驱体，其形成表明了电极内部具有较大的面内失配应力。有趣的是，研究者发现纳米线的结构具有较大的塑性可变形性，尽管锂化反应界面有较高的应变，但仍未在 Ni-Sn 纳米线中观察到破裂或开裂现象。该研究为解决锂离子电池锂化过程中出现的体积膨胀、塑性变形和电极材料的塌陷等问题提供了重要的理论依据[60]。

利用阳极氧化铝模板辅助电化学沉积的制备方法，还可以制备核-壳结构的纳米管形貌的电极材料，并用于离子电池。通过利用核、壳两层组分的优点与彼此的增强或修饰作用，可以有效地稳定电极表面的组织和结构[47,48,61]。例如，以阳极氧化铝为模板，通过电化学沉积的方法，可以一步合成具有聚环氧乙烷（polyethylene oxide，PEO）保护涂层的 Sn-Ni 合金纳米管（见图 11-12）。其中，PEO 用于保持电极的结构和界面稳定性。研究发现，制备所得核-壳结构的 Sn-Ni/PEO 电极具有较好的循环稳定性。以其为电极组装的锂离子电池，在循环工作 80 圈之后，电池容量为 533 mA·h/g，约是非核-壳结构 Sn-Ni 电极所组装的锂离子电池容量的 3 倍[62]。

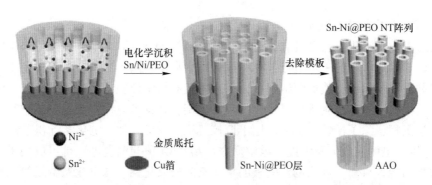

图 11-12　阳极氧化铝模板法辅助电化学沉积制备 Sn-Ni 合金纳米管示意图

由于一些沉积产物可以同时溶解于酸性和碱性溶液，无法使用上述阳极氧化铝模板法进行制备。径迹刻蚀聚合物模板法辅助电化学沉积为两性化合物的合成提供了一种有效的制备方案。径迹刻蚀聚合物模板的制备是通过使用重离子轰击聚合物薄膜（如聚碳酸酯、聚对苯二甲酸乙二醇酯等），在聚合物受损的地方会产生"径迹"，然后对其进行化学刻蚀，可以刻蚀出精确的轨迹，从而得到具有特定形貌结构的模板材料。基于此模板，可以进行自下而上的电化学沉积以填充通道内部，之后，使用有机溶剂（例如二氯甲烷、氯仿）去除模板。根据刻蚀轨迹的不同，可以得到具有不同形貌结构的物质。目前已经利用径迹刻蚀聚合物模板法得到了直径为 90 ~ 400 nm 的 Si 和 Ge 纳米线、直径为 90 nm 的锌纳米线和直径约为 60nm 的铝纳米棒[50,51]，以及具有三维孔形貌的三维金属纳米线薄膜[63]。此外，一些利用径迹刻蚀聚合物模板辅助成型的电极材料也已经被用于锂离子电池[9]。尽管如此，由于阳极氧化铝模板的结构更为有序且孔密度更高，与之相比径迹刻蚀聚合物模板法仍需要进一步的探索与研究，以不断提升其使用效果。

微纳米胶体球模板由胶体二氧化硅球、聚苯乙烯球或聚甲基丙烯酸甲酯球的二维和三维阵列排列而成。当以其为模板进行电化学沉积时，电极活性物质可以在微纳米胶体球的限制下沉积成型。之后，使用氢氟酸（HF）除去模板中的二氧化硅球，或者使用甲苯或四氢呋喃-丙酮混合物除去模板中的聚合物球体，便可得到呈有序空心球或多孔形貌的电极材料。根据填充程度的不同，使用此方法可以合成碗状阵列、空心球形阵列等形貌结构的金属、金属氧化物和导电聚合物材料[8]。其中，微纳米胶体球模板辅助电化学沉积制备的碗状阵列或者空心球形阵列结构，具有均一的孔径和较大的比表面积。该形貌有助于缓解离子电池充放电过程中电极的体积膨胀效应，且促进了活性物质与电解质的接触，有利于离子的快速扩散，从而提升离子电池的性能[64]。例如，以单层有序的聚苯乙烯球为模板，以钴系水溶液为电解液，通过电化学沉积与后续的热处理，可以得到非密排碗状阵列、密排碗状阵列以及中空球型阵列结构的 Co_3O_4。研究发现，三种不同形貌的 Co_3O_4 阵列的形成与沉积层的厚度有关，而沉积层的厚度可以通过电流密度来进行控制（见图 11-13）。其中，当沉积层的厚度小于聚苯乙烯球的半径时，制备的 Co_3O_4 呈现非密排碗状阵列的形貌。随着电流密度的增加，厚度也随之增加。当沉积层的厚度等于聚苯乙烯球的半径时，制备的 Co_3O_4 呈现密排碗状阵列的形貌。当沉积层厚度增至大于聚苯乙烯球的直径时，可以得到中空球型阵列结构的 Co_3O_4。Co_3O_4 本身的纳米孔结构与通过聚苯乙烯球模板法辅助电化学沉积制备所得的结构相结合，形成了相互连接、高度多孔的

Co_3O_4 电极活性物质，具有较高的孔隙率和比表面积。该结构促进了电解质与电极活性物质的接触，缩短了锂离子的扩散长度，所组装的锂离子电池具有较好的倍率性能和循环性能。研究表明，其循环性能优于颗粒型 Co_3O_4 和 Co_3O_4 膜电极所组装的锂离子电池的性能[64]。

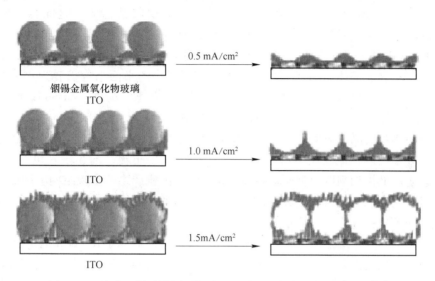

图 11-13　聚苯乙烯球模板法辅助电化学沉积制备 Co_3O_4 示意图[64]

此外，还有许多材料可以被用作模板，以辅助电化学沉积合成具有各种形貌结构的材料。例如，二氧化钛纳米管阵列可以作为模板辅助合成具有纳米管阵列通道结构的材料。氧化锌纳米棒可以作为模板辅助合成具有纳米电缆阵列、纳米管等结构的材料。嵌段共聚物模板是由两个或者多个聚合物链组成的聚合物，其中一些聚合物具有纳米级有序化结构。通过选择性地除去一种聚合物，可以获得有序多孔结构。在这些通道内以电化学沉积的方式填入电极活性物质，可以获得具有一定微观结构的电极材料。液态晶体模板是通过在电解液中加入表面活性剂而形成的具有有序介孔结构的胶束或液晶结构。然后，利用上述结构充当电化学沉积过程中的模板以制备电极材料。综上所述，目前已经利用模板法辅助电化学沉积成功可控制备了多种电极材料[8]。值得注意的是，研究者虽然正在不断地探索新的模板材料，以辅助电化学沉积合成电极材料，但仍处于初步探索阶段，将其应用于离子电池领域的报道还较为有限。

11.2.1.2　无模板法电化学沉积

尽管模板法辅助电化学沉积合成技术提供了一种可以精确控制沉积产物的形貌结构、长度、厚度、直径、分布密度等参数的方法，但是该方法需要引入模板，会增加额外的成本，且后续去除模板的操作较为复杂，增加了耗时。此外，去除模板过程中可能会出现材料结构崩塌，以及在材料中引入杂质等问题，从而影响所制备的电极及其所组装的电池的性能。因此，使用无模板法电沉积技术，一步合成具有大比表面积且结构稳定的电极材料，有助于提升离子电池的性能，因而受到了广泛的关注。

在电化学沉积时，材料本身的性质（如晶体类型、分子间作用力等）对于最终沉积产物的微观结构具有重要影响。例如，研究发现，在进行电化学沉积金属氢氧化物（如

$Co(OH)_2$ 或 $Mn(OH)_2$）时，其沉积过程主要包括电化学反应和沉淀反应[65]

$$NO_3^- + H_2O + 2e^- \longrightarrow NO_2^- + 2OH^-$$

$$M^{2+} + 2OH^- \longrightarrow M(OH)_2 \quad (M = Co, Mn)$$

$Co(OH)_2$ 和 $Mn(OH)_2$ 在电化学沉积成型时，优先以纳米薄片的形貌结构生长，这受到了其 CdI_2 型层状水镁石晶体结构的影响。这种层状结构的层之间相互作用较弱（弱的范德华力），而层状平面内的结合力较强，且（001）晶面具有最低的表面能。因此，$Co(OH)_2$ 和 $Mn(OH)_2$ 在电化学沉积过程中趋向于以纳米薄片的形貌生长[65]。与平面结构相比，直立于基体的纳米薄片形貌将比表面积小的平面结构扩展为立体的空间结构，极大地增加了材料的比表面积，有利于离子的快速扩散。另外，Zn-Sb 属于六方晶型，这会造成 Zn-Sb 优先在（001）晶面生长，从而形成纳米片状结构[66]。

除了材料本身的晶体类型、分子间作用力等对于形貌结构的影响，无模板法电化学沉积技术主要通过精确控制材料电沉积过程中使用的电压/电流、前驱体（电解质）浓度、基体表面、电解液添加剂以及沉积时间等来有效调控沉积物的微观结构。例如，当使用较高的电沉积电压制备 Zn-Sb 体系时，沉积产物为纳米片形貌，该形貌的产生与较高的过电位引起的快速成核和生长密切相关。而在使用较低的电压沉积 Zn-Sb 体系时，沉积产物为纳米颗粒形貌，其生成原因可能与晶体生长过程中 Zn/Sb 原子在 Zn-Sb 晶核上的扩散有关，从而减小了比表面积，降低了表面能。此外，在相同的沉积电流、沉积时间和基体表面状态等条件下，以不同的电解液溶质之间的浓度比（$ZnCl_2$ 和 $SbCl_3$ 的浓度比分别为 1.6、2 和 2.4）进行电化学沉积时，制备的 Zn-Sb 沉积物虽然结构相似，均为纳米片结构，然而各自薄片的厚度却有所不同。当 $ZnCl_2$ 和 $SbCl_3$ 的浓度比为 1.6 时，电化学沉积所得的纳米薄片的厚度为 100～200 nm；当 $ZnCl_2$ 和 $SbCl_3$ 的浓度比为 2.4 时，沉积所得的纳米薄片的厚度增加至 300～400 nm。随着 $ZnCl_2$ 含量比例的增加，所得纳米片状样品中锌的含量也会随之增加，纳米片厚度也会随之变化[66]。而当改变基体表面的粗糙度时，在电场的驱使下，沉积初期时离子优先在基体表面的凸起处形核。同时，随着沉积时间的增加，沉积产物从小颗粒逐渐变成杆状，最终形成纳米线。研究发现，将不同形貌的 Zn-Sb 电极作为锂离子电池的负极时，由于纳米薄片结构的稳定性和大的比表面积，所组装的锂离子电池经过 70 圈循环后，表现出最佳的放电容量（500 mA·h/g），高于基于纳米颗粒和纳米线形貌的 Zn-Sb 电极的电池容量（分别为小于 100 mA·h/g 和 190 mA·h/g）[66]。

电化学沉积的电解液可以使用水溶液、有机溶液、离子液体、熔融盐等溶剂为载体，其中，水溶液是一类较为常见的电解液溶剂。在以水系电解质溶液进行电化学沉积时，由于其电解质较窄的电化学窗口，当电解电压高于 1.23 V 时会产生氢气。有趣的是，这一析氢现象也可以用于多孔电极的电沉积制备。这是因为在沉积过程中，氢气会不断地在阴极产生，并且在阴极与电解质的界面处形成一个气泡逸出的通道。存在氢气泡的电极界面由于缺乏离子，无法发生电沉积反应，产物因此沉积在氢气泡之间的电极表面。因此氢气泡在整个沉积过程中充当了一个动态模板。通过选取适当的沉积参数，包括沉积电流和电解质浓度等，可以实现三维多孔材料的电沉积制备。三维多孔结构电沉积制备的原理如图 11-14 所示[67]。在沉积过程中，获得的三维多孔结构的孔径会随着沉积时间的增加而增大，这是因为在沉积时间较长时，氢气泡会合并成较大直径的气泡。此外，值得注意的是，随着沉积时间的增加，一些裂纹会随之产生。这是因为当氢气析出反应剧烈时，三维多孔结构可能会被破坏[68]。因此，利用电化学沉积的方法可以制备形貌可控的三维多孔材料，并用作离子电池的电极。例如，以含有硫酸、硫酸铜和硫酸锡的混合溶液为电解液，在电流密度为 5 A/cm² 的较大电流下进行电化学沉积时，可以形成多孔 Cu-Sn 合金。通过控制沉积时间，得到了孔径较大且没有裂纹的电极材料，以其为负极组装的锂离子电池在 30 圈充放电循环之后仍可保持 400 mA·h/g 的容量，为锂离子电池性能的提升提供了新思路[68]。

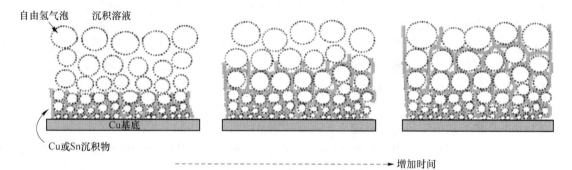

图 11-14　氢气泡动态模板法辅助电化学沉积制备过程示意图[67]

　　氢气泡动态模板法不仅可以用于合成多孔电极，在合适的电解质添加剂辅助的情况下，还可以用于合成具有纳米线形貌的材料。以电沉积制备 Sn 为例，在较高的沉积电压下，工作电极表面会发生剧烈的氢气释放现象，同时伴随大量的 Sn 晶核[69]。由于工作电极垂直放置，从电极板上逸出的氢气泡会不断地扩散到电解质与空气的界面处。在添加剂（Triton X-100）的辅助下，由于其可以选择性地吸附在 Sn 晶核的（200）晶面上，可以抑制其在 [100] 晶向方向的生长，从而促进了 Sn 晶核沿着（112）或者（200）晶面的方向生长，最终形成纳米线形貌，其生长机理如图 11-15 所示。用具有该 Sn 纳米线结构的电极组装的钠离子电池具有较好的循环性能，经过 100 圈充放电循环后，其充电容量维持在 776.26 mA·h/g，相当于初始充电容量的 95.09%。

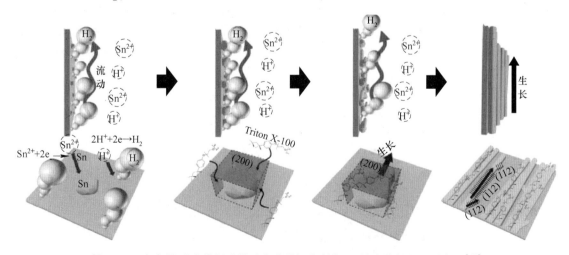

图 11-15　氢气泡动态模板法辅助电化学沉积制备 Sn 纳米线的机理示意图[69]

　　虽然水系电解液具有离子传导率较高、溶解性强等优点，但是在水系电解液中，电化学沉积制备某些物质时易发生氧化问题。例如，在合成具有微纳米结构的硅时，以水溶液为电解液，生成的微纳米结构硅通常会伴随着严重的氧化现象。当使用微纳米结构的硅作为电极材料时，其氧化会导致电极容量和初始库仑效率的下降，进而影响所组装电池的性能[70]。因此，基于这些问题，研究者们提出了一种以 $MgCl_2$-NaCl-KCl 熔融盐混合物为电解质进行电化学沉积制备纳米结构硅的方法。该方法无需大量水洗，当制备完成后，从熔融盐混合物中取出的纳米结构硅可以与熔融盐自动地分离，从而避免了纳米结构硅在水溶液清洗过程中的严重氧化[71]。有机溶剂也是一类重要的电解液溶剂，与水系电解液相比，有机溶剂具有更宽的电化学窗口，且可以避免水系电解液中可能会发生的沉积产物的氧化问题。研究者们已经成功地以碳酸丙烯酯、乙腈和四氢呋喃有机溶液为电解液，通过电化学的方法制备出了厚度约 2nm 的 Si 薄膜[72,73]。此外，一些有机溶液在较高的电压下也存在析氢现象。因此，在有机电解液中采用氢气泡动态模板法辅助电化学沉积，可以通过控制沉积电压来控制氢气泡的生成速率，进而控制最终沉积产物的形貌。

　　研究发现，沉积过程中金属离子的还原与氢气泡析出在工作电极表面同时发生。在电极表面不断形成的氢气泡充当了纳米管生长的动态模板，其中，氢气泡的产生处无法进行金属离子的还原，而是引导金属离子在气泡之间沉积。随着沉积的进行，氢气泡还可能会分裂并引起纳米管分支的增长，整个沉积过程如图 11-15 所示。当使用更高的沉积电压时，氢气泡的释放会比金属离子的沉积更快，形成末端不封口的纳米管（见图 11-16）。作为电极材料使用时，独特的中空一维纳米管结构，有助于促进锂离子扩散，并增加锂化过程中由体积膨胀引起的应变的耐受性。研究表明，以沉积所得的 Zn-Sb 纳米管为电极组装

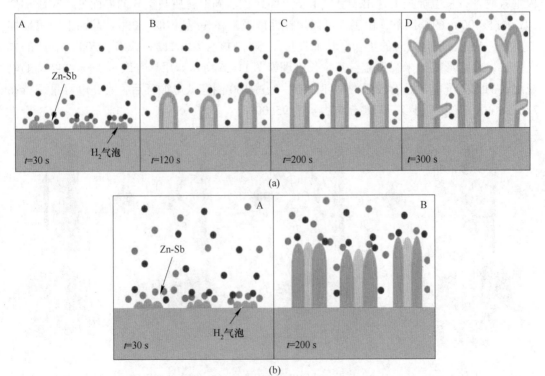

图 11-16　有机电解液中，氢气泡动态模板法辅助电化学沉积制备 Zn-Sb 纳米管机理图[74]

的锂离子电池，经过 100 圈循环后仍可保持 400 mA·h/g 的放电容量，约为纳米颗粒状 Zn-Sb 电极所组装锂离子电池的两倍（215 mA·h/g）[74]。

离子液体也是应用于电化学沉积过程中的一类具有发展前景的电解液。离子液体具有低挥发性、低可燃性、高化学稳定性、高热稳定性、较宽的电化学窗口和对金属盐类具有良好的溶解性等优点，可以避免水系电解液中的氢气析出问题，以及有机溶剂的挥发和有毒等问题。研究发现，通过改变离子液体的阴离子，可以获得具有不同形态的沉积物以改善离子电池性能。例如，以 1-乙基-3-甲基咪唑四氟硼酸酯（[EMIM]BF$_4$）、1-乙基-3-甲基咪唑三氟甲基磺酸盐（[EMIM]TFO）、1-乙基-3-甲基咪唑二氰胺（[EMIM]DCA）三种具有不同阴离子的离子液体为电解液，进行 Sn 的电化学沉积时，可以分别得到具有纳米级孔的团簇结构、致密均匀的立方体结构和垂直于电极表面的薄状纳米片结构[21]。电化学沉积制备所得产物的不同微观结构是三种阴离子（BF$_4^-$、TFO$^-$ 和 DCA$^-$）结构的差异所致。其中，B$_4^-$ 和 TFO$^-$ 是具有弱配体活性的阴离子，而 DCA$^-$ 是具有强络合能力的阴离子。由于阴离子的不同，Sn 基离子在电解液中的存在形式也会有所差异，从而进一步影响电沉积过程中 Sn 的形核和颗粒生长过程，导致最终的沉积产物具有不同的微观结构。以所制备的材料作为负极并组装成锂离子电池，与使用 [EMIM]BF$_4$ 和 [EMIM]TFO 为电解液相比，在 [EMIM]DCA 中电化学沉积得到的 Sn 基电极具有最优异的可逆容量和循环稳定性，这可以归因于其独特的纳米结构。

电化学沉积时所用的电解液添加剂对于沉积产物的形貌具有十分突出的影响，它会显著影响所组装的离子电池的性能。例如，在通过电化学沉积的方法制备 Sn 基电极材料时，表面活性剂 [聚氧乙烯（8）辛基苯基醚] 作为电解液添加剂可以有效地控制沉积产物的形貌，并得到多孔结构的 Sn 薄膜。结合热处理方法，在铜箔集流体上可以获得 Cu-Sn 合金（Cu$_6$Sn$_5$ 和/或 Cu$_3$Sn）。通过此方法制备的 Cu-Sn 负极可以在锂离子电池的充放电循环过程中保持较好的体积稳定性[75]。此外，表面活性剂 Brij 56 [聚氧乙烯（10）十六烷基醚] 可以用作结构导向剂。使用 Brij 56 为电解液添加剂进行电化学沉积时，可以得到具有介孔结构的 CoO 膜。通过这种电沉积方法制备的多孔 CoO 薄片形成了垂直于基体的网状结构，其孔径范围为 30~250 nm。研究表明，CoO 膜的高度多孔结构可以提供较大的比表面积和内部空间，有利于电解质浸入电极中，大大缩短了离子的扩散路径，同时，交叉网络结构为离子和电子的双重注入提供了更多的路径，有利于提高电池性能。同时，多孔结构有助于缓冲由 CoO 和 Li 离子之间的反应而引起的电极体积膨胀效应，从而获得更好的电池循环性能[76]。有机化合物 TritonX-100 是一种由许多亲水性氧化乙烯基团和取代的疏水苯环组成的表面活性剂，可以用于抑制 Sn 在 [100] 晶向上的生长，促使 Sn 沿着（112）或（200）晶面方向生长，最终可以形成一维 Sn 纳米纤维结构（见图 11-17）。纳米纤维结构高度各向异性膨胀和纳米纤维之间存在的孔体积，可以缓冲电极的体积膨胀效应，具有该结构的材料具有较高的力学稳定性，所组装的钠离子电池具有较好的循环性能（100 圈充放电循环后容量仅下降约 5%）[69]。

除了添加表面活性剂外，向电解液中适量引入氧化剂，可以调节电解液中反应物的存在形式，进而影响电极的微观结构。以在吡咯、NaNO$_3$ 和 HNO$_3$ 的混合水系电解液中通过电化学沉积的方法合成聚吡咯纳米线为例说明添加氧化剂对合成纳米球及纳米线结构的影响。如图 11-18 所示，在电化学沉积前期，由于 HNO$_3$ 在阴极上发生还原生成物与吡咯单

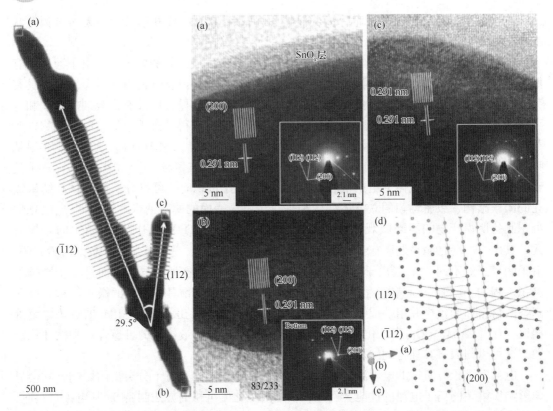

图 11-17 电解液添加剂 TritonX-100 对电化学沉积制备的 Sn 产物的影响[69]

体相互作用形成聚吡咯纳米球。当吡咯单体自由基阳离子的活性较高时，由于聚合和沉积过程的反复发生，聚吡咯纳米球会逐渐沉积；然而当自由基阳离子的活性较低时，稳定的自由基阳离子会优先与预沉积的纳米球反应，因而吡咯的逐步增长聚合反应变为基体表面上的链增长聚合反应，从而形成了纳米线结构[77]。利用该机理，可以形成纳米线结构的二氧化锡-聚吡咯共沉积产物，其中聚吡咯纳米线通过链增长聚合反应在基体表面生长，由于 NO^+ 的氧化作用，Sn 离子可以通过 Sn—N 键的形成而沉积到聚吡咯纳米线的表面（见图 11-19）。沉积得到的具有三维多孔且相互连接的纳米线网络结构的二氧化锡-聚吡咯具有较大的比表面积，所组装的锂离子电池具有较好的倍率性能和循环性能（200 圈循环）[78]。

通过沉积基体的微观结构辅助改变电极形貌，可以增加活性材料的比表面积，以促进快速地锂化和脱锂过程、增强电极的体积稳定性，进而提升电极的性能。集流体作为电池电极的重要组成部分，是电子传输的媒介，通过它可以实现电子从外部电路到活性物质的传递。因此，若以集流体为沉积基体，通过改变集流体的形貌，如设计成三维集流体以达到增大活性材料比表面积的目的，可简化电化学沉积过程中电极活性物质的形貌调控。同时，如果将三维集流体与电极活性物质的纳米化相结合，可以进一步增大电极的比表面积。三维集流体不仅可以改善电极的导电性，而且可以充当一种具有大比表面积的力学支撑基体，缓解由于电极的体积变化而产生的应力，从而增强离子电池充放电过程中的结构稳定性。

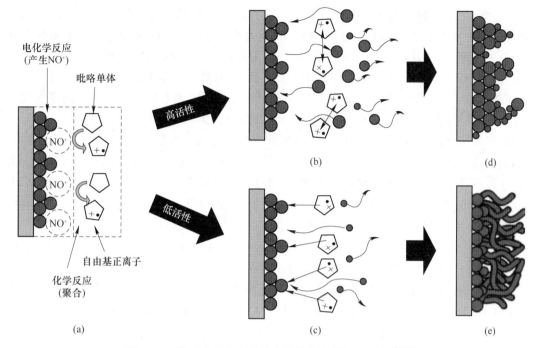

图 11-18 聚吡咯纳米球及纳米线结构生长机理示意图[77]

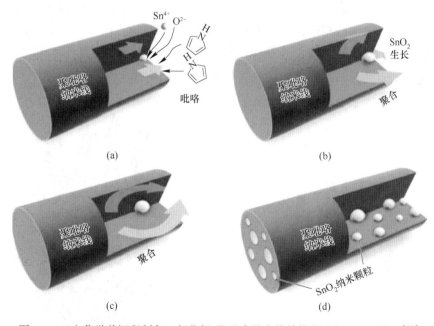

图 11-19 电化学共沉积制备二氧化锡-聚吡咯纳米线结构的生长机理示意图[78]

  目前，3D 多孔纳米金属（Ni、Cu、Sn）、具有纳米柱织构的铜表面、具有高度多孔树突壁的合金（Cu₆Sn₅）和碳纤维纸等大比表面积的集流体已被用于离子电池负极的电化学沉积制备。这类集流体由于其独特的结构特征、简单的制备工艺、优异的性能和较低的制备成本，引起了广泛的研究兴趣[79]。实验表明，以三维集流体（如三维多孔泡沫 Ni 和三维多孔泡沫 Cu）为基底，通过电化学沉积方法在基底上沉积不同的材料，如金属单质

（Si、Sn 等）、金属间化合物、复合材料等，表现出了优异的电化学性能。例如，以三维多孔泡沫 Ni 为工作电极，Pt 箔为对电极，Pt 丝为准参考电极，以 $SiCl_4$、四丁基氯化铵和 CH_3CN 为电解质，可以得到以三维多孔泡沫 Ni 为基体的 Si 材料。以所得的 Ni-Si 电极为负极组装的锂离子电池显示出了较好的性能，其在第 80 圈循环后的容量为 2800 mA·h/g。此外，在 3D 多孔 Cu 集流体上电化学沉积 Si 后用作锂离子电池的负极，其电池同样表现出较好的循环稳定性，电池在 100 圈循环后仍可以保持 99% 的库仑效率[80]。

以三维集流体为基体，通过电化学沉积的方法制备具有大比表面积的电极活性物质，具有结合基体形貌与活性物质微观结构共同调控的优势，可有效提升离子电池性能。例如，在圆锥体阵列的 Cu 集流体上（见图 11-20），以 NaOH、$Fe_2(SO_4)_3 \cdot 5H_2O$ 和三乙醇胺（TEA）的混合溶液为电解液，在 5 A/cm^2 的电流密度下，通过电化学沉积制备具有纳米结构的 Fe_3O_4。Fe_3O_4 的沉积遵循两步式反应，其电化学反应如下：

$$Fe(TEA)^{3+} + e \longrightarrow Fe^{2+} + TEA \tag{11-14}$$

$$Fe^{2+} + 2Fe(TEA)^{3+} + 8OH^- \longrightarrow Fe_3O_4 + 4H_2O + 2TEA \tag{11-15}$$

研究发现，通过调控 TEA 的含量可以对沉积产物 Fe_3O_4 的微观结构进行控制。使用 0.1 mol/L TEA 时，可以得到以圆锥体阵列 Cu-CAs 为基体的 Fe_3O_4 纳米颗粒（NPs）；使用 0.2 mol/L TEA 时，可以得到以圆锥体阵列 Cu 为基体的 Fe_3O_4 纳米花。由于基体的圆锥体阵列形貌有利于锂离子的快速扩散，且具有良好的体积变化适应性，由制备的 Fe_3O_4 纳米颗粒/圆锥体阵列 Cu 电极所组装的锂离子电池，在 20 圈循环后其放电容量下降至初始容量的 75% 左右。与此相比，由于纳米花结构的协同效应，由 Fe_3O_4 纳米花/圆锥体阵列 Cu 电极所组装的锂离子电池，在 20 圈循环后其放电容量下降至初始容量的 85% 左右[81]。

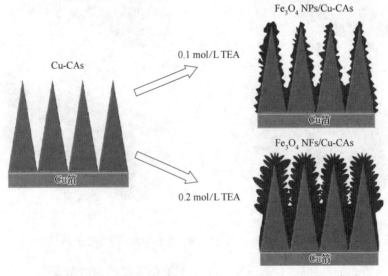

图 11-20   以圆锥体阵列铜集流体电化学沉积 Fe_3O_4 的示意图[81]

除了单一组分材料外，三维集流体还可被用于复合材料的电化学沉积制备。例如，以三维 Ni 为基体，以 $K_2Sb_2(C_4H_2O_6)_2$ 为电解质，通过脉冲电沉积的方法可以在 Ni 基体上获得均匀分布的 $NiSb/Sb_2O_3$。脉冲电沉积使得三维集流体表面电沉积消耗的离子能够得到有效的补充，使得沉积物的形貌较为均匀。此外，沉积的活性材料的质量可以通过调节脉冲次数来控制，最终可以获得具有 3D 多孔形貌的 Ni@ NiSb/Sb$_2$O$_3$ 电极。该电极具有 445 mA·h/g、488 mA·h/cm^3 的容量密度，用其组装的钠离子电池表现出出色的循环性能，可以在 200 mA/g 的电流密度下，在 200 圈循环后依然具有 89% 的容量保持率[82]。

除了上述的三维金属集流体，碳质集流体也在电化学沉积制备电极材料中表现出不错的性能，因而引起了研究者的兴趣。随着柔性电子器件的发展，具有可以弯折等性能的柔性变形碳质集流体极具发展前景。例如，以碳纤维纸（纤维直径约为 7.5μm，方向随机）为沉积基体，以 K$_4$P$_2$O$_7$、Sn$_2$P$_2$O$_7$ 和 C$_4$H$_6$O$_6$ 的混合溶液为电解液，在室温下以 30 mA/cm^2 的电流密度进行电沉积，可以得到 Sn 晶粒（平均粒度为 350 nm±50 nm）电极。在同样的沉积条件下，以铜箔为基体得到的沉积层厚度为 2.2 μm±0.2 μm，与此相比，由于碳纤维纸-Sn 具有比铜箔-Sn 更大的比表面积，使用碳纤维纸得到的沉积层厚度约为其四分之一（0.5 μm±0.1 μm），且沉积物负载量约是铜箔的两倍。因此，碳纤维纸-Sn 复合材料具有更高的化学反应活性。使用该复合电极组装的锂离子电池初始放电容量约为 470 mA·h/g，在 20 圈循环后，其放电容量仍保持在 236 mA·h/g，约为使用铜箔为基体的电极的两倍（118 mA·h/g）[83]。

除了碳纤维，生物碳也可用作离子电池电极的集流体材料。研究发现，若活性物质为 Si 材料时，由于 Si 是半导体，在制备电极时通常需要与碳纳米纤维混合以提高电极的导电性。然而，碳纳米纤维材料的导电性通常不如金属集流体[84]。因此，研究者们合成了一种具有核-壳纳米线结构的金属包覆生物碳材料。他们在烟草花叶病毒（TMV）生物炭外包覆了一层金属镍（TMV/Ni），并以此为集流体进行 Si 的电化学沉积。沉积过程以四丁基化铵、四氯化硅（SiCl$_4$）、碳酸丙烯酯的混合液为电解质，在 -2.4 V（相对于 Pt）的沉积电压下沉积 2 mA·h，可以在 TMV/Ni 表面得到沉积厚度约为 80 nm 的均匀 Si 层（见图 11-21）。所制备的电极具有三层核-壳结构：TMV/Ni/Si。以该方法制备的硅负极组装的锂离子电池表现出较高的容量（2300 mA·h/g）和较好的容量保持能力（在第 173 个循环周期时容量大于 1200 mA·h/g），几乎是目前商用石墨负极材料容量的 3 倍（372 mA·h/g）[84]。

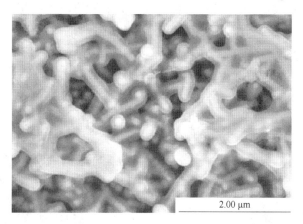

2.00 μm

图 11-21 以烟草花叶病毒包覆金属镍的核-壳纳米线为集流体，
电化学沉积制备硅材料的形貌图[84]

电沉积方法还可以与其他材料合成方法结合，协同制备离子电池的电极材料，有助于丰富电极的形貌结构，使电极性能更好地满足电池实际工作需求。例如，有研究者先通过

水热法合成 Co_3O_4 纳米线，之后利用电化学沉积法在其表面原位生长一层氢氧化物纳米薄片，从而得到具有核-壳结构的纳米线电极活性物质（见图 11-22）[65]。所得电极组装的锂离子电池具有较好的容量保持性能，在 0.5 C 和 1 C 的倍率下其容量可以达到 1323 mA·h/g 和 1221 mA·h/g，在电池工作 50 圈循环后，其容量分别降至 1182 mA·h/g 和 1044 mA·h/g。其优异的性能归因于：（1）高度多孔的微观结构缩短了电子和锂离子的传输/扩散路径；（2）介孔纳米线结构的高比表面积有利于活性材料与电解质之间的有效接触，从而为电化学反应提供了更多的活性位点；（3）多孔核-壳纳米线结构具有良好的形态稳定性，有助于减轻循环过程中因电极体积膨胀而引起的结构破坏。

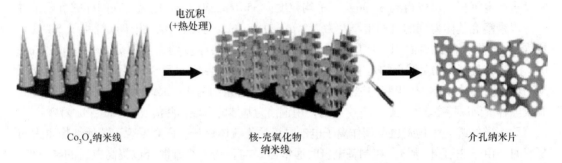

图 11-22   电化学沉积与水热法协同制备纳米线核-壳结构示意图[65]

电化学沉积方法也可以与阳极氧化法相结合以制备具有纳米结构的硅材料。研究发现，以 Si 为阴极、Mg 为阳极，对 Si 施加负电位后可以得到 Mg_2Si 合金。在这个过程中，Mg 通过放电形成 Mg^{2+}，然后转移至 Si 电极形成合金。之后，对所得的 Mg_2Si 电极施加正电位，将发生 Mg 溶解为 Mg^{2+} 的选择性溶解。这个过程会在 Si 中留下纳米孔的结构，而在 Mg 阴极上会发生 Mg^{2+} 的沉积。原则上，除了纯 Mg 电极，还可以用 Mg 合金电极代替 Mg 电极进行上述过程，并且整个过程不会消耗 Mg 或任何其他反应物。通过这个方法，可以将原始的微米级 Si 颗粒转变为由直径为 20~40 nm 的 Si 纳米棒组成的纳米多孔颗粒（见图 11-23）。用其组装的锂离子电池在电流密度为 1 A/g 时的初始充电和放电容量分别约为 3230 mA·h/g 和 2920 mA·h/g，初始库仑效率约为 90%，并且在循环 100 个周期后，其放电容量缓慢降至约 2500 mA·h/g，表现出较为优异的电化学性能[71]。

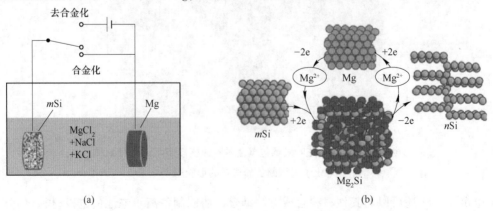

图 11-23   电化学沉积与阳极氧化法协同制备硅材料的示意图[71]

　　紫外光和激光也可以用于辅助电化学沉积以制备电极材料，通过外加光源可以影响沉积物的结构和形貌，如调节沉积物的粒径、加快沉积速率以减少内部缺陷并提高沉积质量等。当使用紫外光辅助电化学沉积法制备 Ge 基电极材料时，经循环伏安法（cyclic voltammetry，CV）研究发现，沉积电解质中 Ge 的氧化还原峰的位置在紫外光的照射下会发生偏移，促进了其还原反应[85]。因此，在无紫外光照射时，沉积产物是由许多平均粒径为 200~400 nm 的颗粒组成的 Ge 膜；而当用紫外光照射时，可以获得具有约 500 nm 长度、均匀的束状结构的 Ge 纳米线簇阵列。这些纳米线的底部彼此分开，而尖端粘在一起。这种结构十分有利于锂离子在负极材料中的嵌入和脱出。以此为电极材料组装的锂离子电池在 200 圈工作循环后仍保持 740 mA·h/g 的容量。与此相比，以无光照下合成的 Ge 膜为电极材料组装的锂离子电池，在 50 圈循环后其容量迅速下降至 560 mA·h/g。另外，对循环后的 Ge 纳米线簇阵列进行观察，发现 Ge 纳米线形成了一个多孔的且相互连接的网络，这有利于电极的容量保持[85]。

　　综上所述，通过电化学沉积调控离子电池电极材料的微观结构，实现电极的微米/纳米化的可控设计，可以增强电极体积膨胀的耐受性，使其在与锂反应期间可以适应活性物质的体积变化，并保持结构的稳定性，因而可显著提高容量和循环寿命。同时，微纳材料具有较大的比表面积，增加了活性材料与电解液的接触面积，可以实现快速锂化和脱锂，大大缩短了电子传输和锂离子扩散的距离，从而有利于减少电池极化，并提高电池倍率性能。一般而言，通过电化学沉积制备离子电池电极材料的方法可以简单分为模板法和无模板法两类。前者需要以一定的模板（如阳极氧化铝和径迹刻蚀聚合物）为基体限制材料的合成形貌，然后利用电化学沉积的方式使电解液中的物质定向地在模板中的孔洞中生长，之后将模板溶解，以得到特定微观结构的沉积产物。该方法可以根据需要选用不同的模板，以合成具有多种尺寸、形貌、分布等微观结构的材料。然而，值得注意的是，在后续去除模板的过程中，可能会在纳米结构中引入杂质，甚至导致结构崩塌，且模板法辅助电化学沉积方法的操作较为复杂，会增加额外的成本及时间。因此，无模板法电化学沉积一步合成具有特定微观结构的电极材料引起了研究者的广泛兴趣。无模板法电化学沉积技术主要通过精确控制电解液浓度、电解液添加剂，以及电化学沉积过程中使用的电压与电流、沉积时间等调控沉积产物的微观结构。另外，电沉积方法还可以与其他材料合成方法（水热法、阳极氧化法、紫外光/激光辅助法）结合，集合多种制备方法的优点，从而可以更加丰富电极材料微观结构的调控，进一步提升电池性能。

11.2.2 金属硫电池

　　如前所述，硫是一种绝缘体，解决上述锂硫电池问题的关键在于提高硫电极的导电性。此外，减少硫颗粒的尺寸有助于缩短硫正极中电子和锂离子的传输距离，进而提高电池性能[86]。实验表明，利用电化学沉积方法，在 3D 多孔泡沫镍的表面上电沉积一层均匀的 S 纳米点层，可以有效提高所组装的锂硫电池的性能，其电化学沉积过程如图 11-24 所示[87]。其中，3D 多孔泡沫镍作为集流体充当导电网络，有助于提高 S 电极的导电性。平均直径约为 2nm 的硫纳米点作为活性材料，有助于锂硫电池工作循环中离子的快速扩散。用此方法制备的硫电极组装成的锂硫电池表现出优异的循环性能，在 300 圈循环后，其容量在 0.5 C 的倍率下仍保持在 895 mA·h/g（库仑效率 97.3%）。与此相比，以块体 S 为电极组装的锂硫电池，在 0.5 C 的倍率下工作 200 圈循环后，其容量只有 326 mA·h/g。

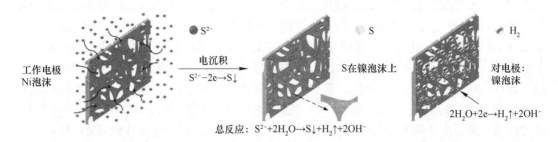

图 11-24　以三维多孔泡沫镍为集流体，电化学沉积制备硫纳米点层的示意图[87]

　　为了抑制锂硫电池中可溶性聚硫化物的穿梭效应引起电池性能下降，研究者们通过 S 电极的多孔结构设计来实现此目的。研究表明，多孔结构可以吸附锂硫电池放电过程中形成的可溶性聚硫化锂，因而有助于减小活性物质在电解质中的溶解能力。同时，多孔结构增加了电极与电解质的接触面积，有助于加快电荷的转移[88]。基于以上优点，多孔结构 S 电极的制备对于锂硫电池性能的提升具有重要作用。因此，有研究者首先构建了一个蜂窝状的聚苯胺（PANI）基导电聚合物，然后以此为基体，通过电化学沉积的方式在基体表面沉积了一层 S。蜂窝状 PANI 导电聚合物的多孔结构增大了集流体与活性物质（S）之间的接触面积，有助于电子与离子的传导与扩散，同时抑制了可溶性聚硫化物的穿梭效应，稳定了电极结构，增强了电极的循环稳定性。另外，聚合物的蜂窝状结构围绕在 S 颗粒周围，对于电极的体积变化起到了缓冲作用，为循环过程中 S 的体积变化提供了较大的空间，避免了电极的损坏。基于上述优点，利用制备所得的蜂窝状 PANI-S 电极组装的锂硫电池，在循环工作 100 圈后可以保持 900 mA·h/g 的容量，且库仑效率稳定在 98.2%[88]。

　　此外，一些研究提出将导电骨架包覆在硫表面，例如石墨烯、介孔碳、多孔导电聚合物等，以抑制锂硫电池中聚硫化物的穿梭效应[12]。这些骨架具有纳米结构和大的比表面积，在抑制多硫化物的迁移和提高电导率方面起着重要作用。利用电化学沉积方法可以有效地将硫颗粒与碳材料复合，从而提高电池性能。例如，研究者将电化学剥落法合成石墨烯与电化学沉积 S 材料相结合，成功制备了石墨烯纳米片包覆的 S 电极。由于石墨烯纳米片具有较高的比表面积，为原位沉积所得的 S 活性物质提供了较多的沉积生长位点，且石墨烯包覆在 S 颗粒外有助于抑制聚硫化物的穿梭。基于以上优点，所组装的锂硫电池在 0.1 A/g 的电流密度下循环 60 圈后，仍可以保持约 900 mA·h/g 的容量密度（容量保持率为 95.4%）。与此相比，没有外包覆石墨烯的电化学沉积 S 电极所组装的电池，在循环 60 圈之后，其容量下降了约 60%[89]。

　　介孔碳材料可以作为导电集流体框架，以其为基体进行电化学沉积 S 所得电极用于锂硫电池，同样表现出了优异的性能。理想的碳-硫复合电极应具有均匀的 S 分散度与较高的 S 含量，以实现 S 电极的高容量和出色的容量保持率[90]。研究发现，以介孔碳材料为基体，以硫酸、KOH、硫脲的混合溶液为电解液，在电磁搅拌下，通过电化学沉积的方法可以得到碳与硫充分均匀混合的碳-硫复合材料。随后通过热处理除去表面残留的硫，使碳材料包覆在 S 的表面。介孔碳材料较大的比表面积，为活性物质 S 提供了沉积附着位点，有助于电子的快速传导与离子的快速扩散。同时，利用电化学沉积的方法，S 颗粒可以原位生长在介孔碳中，有助于抑制聚硫化物的穿梭效应，提高 S 电极中的 S 含量（质量分数，77%），进而提升锂硫电池的性能。实验表明，以介孔碳、硫共沉积制备所得的介孔碳包覆硫的复合材料为电极组装的锂硫电池表现出优异的循环性能，在 0.5 A/g 的电流密度下循环工作 200 圈后，仍可以保持其放电容量基本不变（857 mA·h/g）。与此相比，先通过电化学沉积 S 电极，随后通过与介孔碳热处理得到的电极材料，在组装为锂硫电池后，其放电容量在循环 200 圈后明显下降（从 452 mA·h/g 降至 232 mA·h/g）[90]。

此外，研究发现，通过电化学沉积的方法可以在 S 电极外沉积一层导电聚合物，（如聚苯胺（PANI））纳米线，以抑制聚硫化物的穿梭效应。与无 PANI 纳米线包覆的 S 电极相比，以 S-PANI 为电极组装的锂硫电池的初始容量可以提升 2~3 倍。同时，通过调控沉积时间，可以获得不同厚度的 PANI 沉积层。分别将不同沉积时间（5 min、10 min）所得的 S-PANI 电极组装为锂硫电池，发现沉积时间为 10 min 时组装的电池在循环 100 圈后，其容量可以保持在初始容量的 66.3%，优于沉积时间为 5 min 时组装的电池容量保持率（59.7%）。这是因为随着沉积时间的增加，沉积层的厚度会随之增加，而过厚的 PANI 会影响电极的电子传导，因而会进一步影响电池的性能[91]。

除了上述 S 电极面临的挑战外，金属锂作为锂硫电池的负极材料，也面临诸多挑战，如在电池反复充放电过程中形成的锂枝晶可能会导致电池内部短路，从而造成电池热失控甚至引发爆炸。此外，金属锂价格昂贵，不利于未来大规模产业化应用。使用其他低成本且高容量的负极材料（如 Si 或 Sn 等）来代替金属锂，是一种有效的解决方案[92]。例如，研究者通过电化学沉积的制备方法获得了一层厚度为 500~650 nm 的 Si-O-C 微纳膜材料，该 Si-O-C 基电极避免了金属锂的枝晶等问题，同时也缓解了 Si 电极的体积膨胀问题，以其组装的锂硫电池可以提供约 280 mA·h/g 的稳定容量[93]。此外，Li-Sn 由于具有较高的理论容量（$Li_{4.4}Sn$，994 mA·h/g），引起了广泛关注。然而，块状 Sn 在锂化和去锂化过程中循环性能较差，这是因为 Sn 在循环过程中会发生较大的体积变化（300%），体积膨胀过程中会产生较大的应力，导致活性材料破裂和粉碎，结果易造成活性材料从集流体表面脱落。通过电化学沉积的方式合成微米级/纳米级的活性材料，并通过对电极材料微观结构的设计，有助于缓解电极体积膨胀问题，提升锂硫电池的性能。例如，利用氢气泡动态模板法辅助电化学沉积，可以在碳纸基体上得到纳米级三维多孔 Sn-石墨烯复合材料，该材料可以用作电极活性物质。该沉积过程以 $SnSO_4$、H_2SO_4 与氧化石墨烯的混合溶液为电解液。氧化石墨烯的表面具有许多氧官能团，Sn^{2+} 由于静电吸引可以吸附在其表面上，使氧化石墨烯带电荷，从而实现共沉积。电解液中的 Sn^{2+} 和氧化石墨烯最终在碳纸基体表面还原，形成 Sn-石墨烯复合材料。碳纸基体具有三维相互连接的网络结构，该结构能够进行有效的电子传导。同时，三维碳基体还有助于增加活性物质的负载量。石墨烯的存在能够提升电极的导电性和电极材料的容量，且有助于充放电过程中锂离子的扩散。以共沉积制备所得的 Sn-石墨烯电极材料组装为锂硫电池时，初始容量可达到 1113 mA·h/g，优于纯 Sn 的电极容量（878 mA·h/g），且在 20 圈充放电循环之后，其复合电极的容量约为纯 Sn 的三倍，显示出了较好的容量保持性能[92]。

综上所述，锂硫电池电极材料面临的挑战包括：（1）S 电极导电性差；（2）S 电极产生的聚硫化物易溶于电解质；（3）S 电极的体积膨胀问题；（4）金属锂的枝晶问题。通过电化学沉积的方法对电极的微观结构进行调控可以不同程度地解决以上问题与应对以上挑战。S 电极的导电性问题与聚硫化物的"穿梭效应"的解决，可以通过减小活性物质 S 的尺寸、S 电极的多孔结构设计，以及将 S 与大比表面积的碳材料或者导电聚合物复合来实现。然而，与锂离子电池中的通过化学沉积制备电极材料相比，在金属硫电池领域，相关研究报道相对较少。因此，还需要广大研究者不断地探索与开拓。

11. 2. 3   金属空气电池

金属空气电池电极材料微观结构的电化学调控，即电极材料的微纳米结构化，有利于增大活性材料的比表面积，使电极中具有更多的活性位点用于催化反应，进而提升其 ORR 与 OER 催化性能。此外，电极材料的微纳米化还可以增加活性材料与电解液的接触面积，有助于实现快速的离子传输，缩短电子传输和离子扩散的距离，从而减少电极极化，提高电池性能。

由于金属空气电池独特的半开放结构，其空气电极材料除了需要具有较大的比表面积之外，还需要具有透气性。因此，金属空气电池的空气电极应具有高度多孔的特点，以促进氧气扩散到电极表面以及内部的活性位点。目前，三维碳纤维材料（例如碳纤维纸、碳布和碳毡）由于其独特的多孔网络、高电导率和较好的机械稳定性，被广泛地用作金属空气电池中空气电极的集流体[94]。因此，通过电化学沉积的方法制备金属空气电池的空气电极时，通常以三维碳材料作为集流体，并在其表面沉积适量的催化剂来构成一体化电极。所得空气电极具有高度多孔的结构和较低的密度，不仅为催化反应提供了畅通的气体扩散路径，可以向电极中的催化活性部位持续供应足够的氧气，而且满足质轻、柔性的特点，为便携式可穿戴器件的发展奠定了基础。

为了促进金属空气电池的进一步商业化，通常期望空气电极具有最少的催化剂负载量，且具有最佳的催化性能。如前所述，通过调节电化学沉积的参数（如沉积电压/电流等），可以有效地控制沉积产物的负载量以及尺寸大小，从而获得最佳性能的电极材料。以碳纤维纸为基体，研究者成功通过电化学沉积的方式获得了大小可控、性能优异、可以作为铝空气电池的催化剂材料的 Ag 颗粒[94]。实验表明，通过调节所施加的沉积电压，可以有效地控制 Ag 颗粒的粒径和负载量。随着电化学沉积电压的增加，沉积所得的 Ag 颗粒平均直径呈先增大后减小的趋势。当电压较低时，由于沉积过电位较小，碳纤维上出现的颗粒较小，颗粒负载量也相对较少；随着电压的增加，颗粒的大小和负载量会随之增加；然而当电压继续增大时，由于瞬时成核和扩散控制的生长机制占主导地位，碳纤维上的颗粒尺寸和负载量又会因此而减少，且分布均匀，催化活性更高。因此，通过调控电化学沉积电压而制得的具有最佳颗粒尺寸和负载量的 Ag 催化剂表现出了比商用锰基空气电极更高的 ORR 活性，并且以制备所得的空气电极组装的一次性铝空气电池具有高于 $100 \ mA/cm^2$ 的最大放电电流密度，$109.5 \ mW/cm^3$ 的峰值功率密度，$2783.5 \ mA \cdot h/g$ 的容量密度和 $4342.3 \ W \cdot h/kg$ 的能量密度。这些性能的提升归因于电极材料的三维骨架具有较大的比表面积，有助于集流体和 Ag 颗粒催化活性位点之间进行快速的电子传输。同时，沉积所得催化剂颗粒的尺寸较小、分散均匀、负载量较少，适合大规模生产[94]。

此外，利用电化学沉积的方法进行电极材料的制备，可以通过电解液中添加剂的引入，以及改变沉积时间来改变电极的形貌，以构建比表面积大且稳定的微观结构。研究发现，硫氰酸钾（KSCN）在水溶液中可以解离为 SCN⁻ 和 K⁺。其中 SCN⁻ 是一种线性阴离子，可以通过 S 或 N 原子与过渡金属离子配位形成各种络合物，从而吸附到电极表面。因此，以含 KSCN 和 CoSO₄ 的电解液进行电化学沉积时，在 KSCN 添加剂的特殊作用下，可以得到独特的纳米片和纳米花状结构的硫化钴（CoS）[95]。该结构便于在电解质中暴露更多的活性位点，有利于电子与物质的传输，在碱性介质中呈现优良的催化活性和稳定性。此外，当沉积时间较短时（<150 s），由于 KSCN 的特殊作用，基体上只有较少的 CoS 纳米片；随着沉积时间的逐渐增加，基体上的纳米片随机互连并组装成纳米花簇；继续增加沉积时间，基体上纳米花簇的大小和数量会明显增加；当沉积时间达到一定值时（>1800 s），基体上的花簇消失，CoS 的表面变得光滑；继续增加沉积时间，可以观察到 CoS 表面变成了致密的球体，纳米片的数量迅速减少，这是因为纳米片的形成受到了扩散限制，从而形成了球体。沉积时间对 CoS 形貌的影响如图 11-25 所示[95]。对不同沉积时间制备所得的 CoS 材料的 OER 催化性能进行测试结果表明，随着电沉积时间从 0 s 增加到 1200 s，CoS 电极的 Tafel 斜率逐渐减小，即 OER 动力学逐渐变快。当电沉积时间增至 1800 s 和 2400 s 时，Tafel 斜率反而增大。另外，与其他沉积时间相比，在沉积 1200 s 时得到的 CoS 电极具有最大的电化学活性面积。因此，1200 s 是用于合成具有最佳催化性能的 CoS 的最优电沉积时间。实验表明，CoS 最佳的催化性能归因于其独特的纳米花簇三维结构，该结构可形成较大的反应表面，有利于电解质与电极表面的接触与反应，并且有利于反应产生的氧气及时逸出，因而具有更快的 OER 动力学。

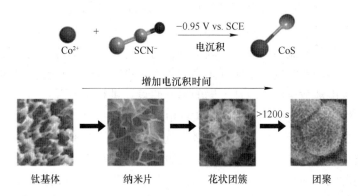

图 11-25　以硫氰酸钾为电解液添加剂电化学沉积制备 CoS 示意图及沉积时间对形貌的影响[95]

金属空气电池性能的提升，与同时兼具 ORR 与 OER 双功能催化活性的电极材料密切相关。因此，研究者提出利用不同的半固态电解质，通过改变电化学沉积工艺，实现具有双功能催化性能的一体化电极的制备。该制备工艺通过在基体的正反两面分别进行电化学沉积，从而得到同时具有 OER 与 ORR 催化功能的沉积产物。例如，使用凡士林（vaseline）半固态电解质，在泡沫镍集流体的两侧分别通过电化学沉积的方式沉积用于 ORR 催化的 MnO₂ 和用于 OER 催化的 NiFe 双金属氢氧化物（见图 11-26）[96]。实验表明，与单独使用 MnO₂ 相比（电池工作 50 圈循环后，能量效率为 29.68%），以电沉积所得 MnO₂-NiFe 电极组装的锌空气电池实现了更高的能量效率和循环稳定性（电池工作 50 圈循环后，能量效率为 46.79%）[96]。

随着时代发展和科技进步，人们开始逐渐追求高度集成化、轻量便携化、可穿戴式、可植入式等可以更好融入日常工作生活的器件，特别是具备可穿戴、柔性和可拉伸等特性

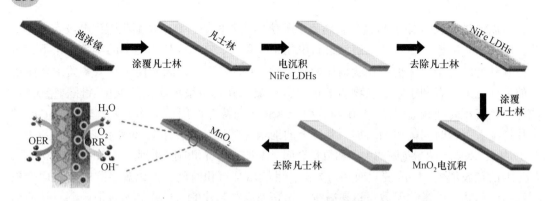

图 11-26   使用半固态电解质进行电化学沉积制备的示意图[96]

的电子产品，这就迫切需要开发与之高度兼容的具有高储能密度、柔性化、可拉伸、微型化、功能集成化的储能器件。其中，作为柔性储能器件的重要组成部分，柔性电极的开发与设计成为焦点。如前所述，通过电化学沉积方法制备的电极材料能够满足储能器件材料的机械强度、柔韧性等方面的新需求。例如，以碳布为基体，可以实现柔性电极的制备。此外，通过电池的结构设计，可组装基于柔性电极的可拉伸锌空气电池阵列。QU 等人以碳布为基体，通过电化学沉积的方法得到了一层 $Co(OH)_2$，随后在空气中热处理，得到了比表面积为 33.6 m^2/g 的纳米片多孔 Co_3O_4。纳米片形貌的形成是由于 $Co(OH)_2$ 具有 CdI_2 型层状水镁石晶体结构，晶体层状结构之间的相互作用较弱，而层状平面内的结合力较强，在电化学沉积成型时优先以纳米薄片的形貌生长[65]。由于碳布自身的柔性和电化学沉积提供的催化剂与集流体之间的稳固接触，通过阵列化的电池结构的设计，结合蛇形的线路连接，所组装的锌空气电池实现了高达 125% 的拉伸率，并且输出的电压及电流可通过增加或者减少电池数量以及电池不同的串并联设计进行调控[97]。

　　除了可拉伸性，柔性电极还需要满足柔性电池质轻和小型化的要求。因此，通过电化学沉积的方法制备超薄电极，对于柔性金属空气电池的发展具有重要推动作用。其中，超薄二维纳米膜电极具有较薄的厚度和较高的比表面积，有利于在催化反应过程中的快速电荷转移，实现超薄电极的高催化性能[98]。基于此，研究者通过电化学沉积与后续的热处理方法，成功制备了以碳布为基体的超薄 Co_3O_4 电极，用作柔性锌空气电池的高性能电极。前面已经介绍过垂直于基体表面生长的 Co_3O_4 电极。然而，垂直生长的结构仅允许电极活性物质的小部分区域（即沉积物的根部）与集流体接触。由于 Co_3O_4 的导电性较差，这种结构无法充分利用 Co_3O_4 的双功能催化活性。因此，研究者以 $Co(NO_3)_2$ 与乙二醇的混合溶液为电解液，通过电化学沉积的制备方法获得了在碳布表面上水平且均匀生长的超薄 $Co(OH)_2$ 沉积层。该结构使沉积物与集流体之间的电接触面积最大，保证了沉积物在集流体表面的牢固黏附，且有助于防止电极制备过程中超薄纳米膜的团聚。$Co(OH)_2$ 在碳纤维表面上水平生长的机理如下：在沉积过程中，乙二醇生成 OH^-，OH^- 与电解质中的 Co^{2+} 在碳纤维表面反应形成 $Co(OH)_2$。在 $Co(OH)_2$ 的形成过程中，在其表面一侧吸附的乙二醇的特殊排列，促使超薄 $Co(OH)_2$ 层在碳纤维表面有限的二维空间中水平生长。随后，经过热处理，得到了水平于碳纤维基体的超薄 Co_3O_4 电极。实验表明，超薄 Co_3O_4-碳布电极表现出优异的 ORR 和 OER 催化性能，优于市售商业 Co_3O_4 粉末所制备的空气电极。由于电化学沉积的制备方法赋予活性材料与集流体之间稳固的结合，使用超薄 Co_3O_4-碳布电极组装的三明治夹层式柔性锌空气电池具有较好的机械稳定性，不但能够承受反复的机械变形，且还能使电池稳定工作。此外，所组装的柔性锌空气电池能够驱动柔性显示设备，使其可以在弯曲、扭曲甚至被裁剪的过程中正常发光[98]。另外，研究者以电化学沉积制备的锌线为负极，以超薄 Co_3O_4 负载的碳纤维为空气正极，成功组装了线状的锌空气电池。实验表明，该电池可以类似于毛线一般穿梭在织物中为 LED、计步器和温度计等电子设备供电，在可穿戴和柔性电子设备中具有广阔的应用前景[99]。

综上所述，金属空气电池电极材料微观结构的调控，可以通过调节电化学沉积参数，如沉积电压、沉积电流、沉积时间、电解液添加剂、电解液形态等来实现。对电极材料的微纳米结构化，有利于增大活性材料的比表面积，增加活性材料与电解液的接触面积，缩短电子传输和离子扩散的距离，使电极中具有更多的活性位点用于催化反应，提升其 ORR 与 OER 催化性能。

此外，由于金属空气电池需要高度多孔的空气电极，以促进氧气快速扩散到电极上的活性位点处，三维碳纤维材料、泡沫镍等多孔材料通常被用作金属空气电池中空气电极的集流体。随着万物互联时代的到来，具备高度集成化、轻量便携化、可穿戴式特征的柔性/可拉伸电子产品引起了社会的广泛关注。采用电化学沉积的方法在柔性集流体上直接原位生长电极材料，有助于实现柔性、可拉伸、可弯曲、可折叠等一体化电极的制备，可满足柔性储能器件的机械强度、柔韧性等方面的新需求，为电化学沉积技术的发展开拓了空间。

复习思考题

11-1 离子电池有什么优点？什么是电极合金化？什么是负合金化？

11-2 金属硫电池的优点是什么？金属空气电池的优点是什么？

11-3 在金属空气电池中为什么要用催化剂？

11-4 模板法电化学沉积的原理？有什么优点？

11-5 无模板法电化学沉积的原理？有什么优点？

11-6 什么是 SEI 的稳定化？为什么要 SEI 稳定？

11-7 溶剂的选择会影响 SEI 的哪些方面？请举例说明。

11-8 锂盐是如何影响 SEI 的形成的？

11-9 功能性添加剂为什么能够增强 SEI 的性能？

11-10 人造 SEI 有什么优势？

12 电冶金技术在电化学储能领域中的应用

电化学电池的基本原理，抛开表面氧化还原、离子嵌入和脱出这些各不相同的反应机制，归根结底是电能与化学能之间的转化。当充电时，电能转化为化学能，并储存在正负极的具有不同电极电位的物质中；而当放电时，正负极的活性物质在正负极分别发生反应，将两种活性物质的化学能转化为电能。因此，任何消耗电能的反应，理论上都有被利用在储能领域的可能性。当我们把目光投向电冶金领域，可以看到许多具有上述特征的反应。在铜的电解沉积中，电能被消耗，将相对稳定的铜离子与水转化为铜与氧气，将电能储存在了铜与氧气之间的化学能中。在银的电镀中，电能同样被消耗，将溶液中的银离子转化为镀件上的银镀层，将电能储存在了银与银离子的转化之间。那么发生在电冶金领域中的这类能量转化能否被利用在电化学储能中呢？答案其实早在 1836 年丹尼尔电池问世时就已经给出了。丹尼尔电池中的铜离子被还原成铜并沉积到阴极上的反应，就是一个将化学能转化为电能的反应，这被斯密认为是电冶金领域的开创性反应。丹尼尔电池利用的是活性物质在溶解、沉积中的化学能变化。然而，在丹尼尔电池出现之后，新型电池如同雨后春笋般涌现。铅酸电池、锌锰电池、镍镉电池这类具有表面氧化还原反应特征的电池出现后，迅速地占据了市场，而原始的丹尼尔电池却由于能量密度太低而被取代。

12.1 基 本 概 念

和其他普通电池一样，电冶金型电池放电过程中正极还原反应和负极氧化反应与充电过程正好相反，所不同的是在反应前后的正负两种状态。为较好地说明电冶金型电池的特性，首先探讨了普通铅酸电池。这种电池以表面氧化还原反应为基础，放电时负极中铅转变成不溶于水的硫酸铅包覆于负极表面，而正极二氧化铅还原成了硫酸铅。一方面正负两极表面生成的硫酸铅会影响其内部活性物质进一步发生反应；另一方面，硫酸铅的导电性较差，在充电过程中不能被完全氧化/还原成二氧化铅/铅，降低了电池的容量。当正极和负极全部转变为非活性硫酸铅后电池就不能正常使用。该工艺又称铅酸电池硫酸盐化工艺。

$$Pb + PbO_2 + 2H_2SO_4 \Longrightarrow 2PbSO_4 + 2H_2O \tag{12-1}$$

当人们将视线聚焦在钴酸锂作为正极材料、石墨作为负极材料的锂离子电池上时，其充电过程就是锂离子在钴酸锂内部脱嵌的过程，经离子导通有机电解液到达电池负极。且放电时负极中的锂转化为锂离子流入电解液，然后由电流驱动到达正极并再次植入钴酸锂。在整个充放电过程中，正极能够供给的锂离子的量决定了电池的能量密度，而其他物质都对容量没有贡献。很明显，单个钴酸锂分子最多只能贡献 1 个锂离子。如此则钴酸锂容量密度是：

$$C = nF/(3.6M) = 1 \times 96485/(3.6 \times 97.873) = 273.8(mA \cdot h/g) \tag{12-2}$$

然而，实际上钴酸锂的容量密度目前最高只能达到 150 mA·h/g。究其原因在于钴酸锂中锂离子脱嵌过多后钴酸锂结构发生塌陷，不再能作为稳定主体材料使用。所以为确保锂离子电池使用寿命，对电池充电、放电电压上下限进行了严格约束，避免电极结构损坏。这是锂离子电池中普遍存在的一个问题。正极方面，多数材料不但不能为电池的容量作贡献，还会制约锂离子电池能量密度的提高。

而根据电冶金原理设计的电冶金型电池，则可以避免以上问题。目前，电冶金型电池已经被应用于锂离子二次电池、超级电容器等领域。这种电池是根据活性物质可逆溶解和沉积于正负极的原理。通过控制电极表面的电位分布和电流密度可以实现对金属离子的选择性氧化还原反应。以丹尼尔电池中的正极反应为例，该电池通过控制电流可以使其内部发生电化学还原过程。放电过程中，Cu^{2+} 被持续还原为 Cu 沉积于电极表面；并且在充电过程中，Cu 会被继续氧化为 Cu^{2+}，并进入溶液。由于这种还原和氧化过程都是可逆的，因此可以认为负极反应是可逆的。通过改变正极和负极中各组分含量及电解液成分可以控制活性物质的组成以达到不同的效果。同时还能充分利用活性物质，无需对容量没有促进作用的主体材料。在此研究结果的基础上，本节还讨论了不同条件下电极反应过程中反应物浓度及产物量等变化情况。事实上 Cu^{2+} 和 Cu 反应电对容量密度是：

$$C = nF/(3.6M) = 2 \times 96485/(3.6 \times 63.546) = 843.5(\text{mA·h/g}) \tag{12-3}$$

该值是钴酸锂理论容量密度的 3～4 倍，是实际容量密度的 5～6 倍。而在基于锂的溶解与沉积的锂金属电池中，锂负极的容量密度为

$$C = nF/(3.6M) = 1 \times 96485/(3.6 \times 6.94) = 3861.9(\text{mA·h/g}) \tag{12-4}$$

因此，锂金属负极在高能量密度电池中具有极其广阔的应用前景。

12.2 典型体系分析

12.2.1 锂金属电池

经数十年研究，已经找到锂金属电池着火、性能衰减的原因。说到底问题源于锂金属和电解液间的交互作用，即锂金属电极充放电时的沉积和溶解。锂金属电极表面出现腐蚀是导致其发生电化学短路的主要因素之一。锂金属电池具体的失效原因如下：

（1）不导电固体电解质中间相 SEI（solid-electrolyte interface）形成。当前普遍认为 SEI 构成分上下两层：负极附近由 Li_2O、Li_2CO_3、LiF 和其他材料构成的无机层，和接近电解液，包括 $ROLi$、$ROCO_2Li$ 与 $RCOO_2Li$ 等物质组成的有机层（R 代表来自电解液的有机基团）。电池内活泼锂金属与电解液自发反应生成 SEI。由于锂金属本身具有导电性，所以正极材料与电极间没有任何电势差。SEI 生成后，阻碍了内部锂金属和电解液发生进一步反应，还保护电池负极，它是锂金属负极能在有机电解液条件下正常运行的根本。因此，人们一直希望通过改变电池中的电解质成分来改善正极活性材料与电解液之间的相互作用，从而提高电池性能。但是 SEI 的生成和锂金属负极状态有直接联系。电池充放电时，由于锂金属电极的不断溶解和沉积，常伴有 SEI 断裂和新 SEI 产生。在此过程中，电池内 SEI 越来越厚，还持续消耗电解液和负极中的锂。在电池内多数活性锂金属和电解液都被转化成非活性 SEI 膜后，电池便不能正常使用。

（2）锂枝晶（dendrite）的形成。锂枝晶的形成机制至今尚未达成共识，但是，可以肯定的是锂枝晶的形成与电解液离子浓度梯度相关。在对锂金属电池进行充电时，靠近电极的锂离子从锂金属表面上得到电子，还原为锂单质，致使锂离子在电极周围浓度降低，产生浓度梯度。而离电极较远的电解液内锂离子扩散到靠近电极的区域，进行锂离子补充。但扩散的速率远远小于电解液对锂离子的消耗。锂离子浓度在靠近电极时浓度超标，有限锂离子趋向于沉积到电极表面隆起，这一倾向最终使锂枝晶形成[100]。锂枝晶形成后将带来 3 个问题：1）锂枝晶能渗入隔膜中，接触正极，由此造成电池短路，温度过高，甚至着火；2）锂枝晶组织相对脆弱，在逐步延伸过程中易发生破裂，倒塌，失去了对电极的接触，不能再次介入电池工作，因而使电池使用寿命缩短；3）生成的锂枝晶比表面积极高，造成较大范围 SEI 的形成，因而会耗费电解液和锂金属，并使电池失效。因此，研究者们希望对 SEI 与锂枝晶的形成机理进行进一步研究，以期找到合适的方法限制 SEI 与锂枝晶的形成，从而提高可充电锂金属电池的实用性。

12.2.1.1　SEI 的稳定化

如上所述，锂电极的失效与 SEI 的不稳定直接相关。不稳定的 SEI 会消耗更多的活性物质（电解液和锂金属），降低电池的能量密度和寿命。因此，如何获得高质量的 SEI 成为解决问题的关键，高质量的 SEI 应该具备以下特点：（1）锂离子电导率高，降低内阻；（2）成分致密，更好地保护锂电极；（3）尽可能薄具，有良好的机械性能，以减少开裂和损坏，从而减少活性物质的消耗。

如上所述，SEI 的组成与电解液的性质密切相关。其中，有机溶剂是 SEI 中有机层的直接来源，而电解液中锂盐的降解形成了 SEI 中的无机层。微调电解质的成分是调整 SEI 性能的有效方法。因此，已经做了大量工作来研究电解质成分，如有机溶剂、锂盐、添加剂等对 SEI 稳定性的影响。

A　溶剂的选择

不同的有机溶剂会形成不同的 SEI。在传统锂电池使用的碳酸酯类溶剂中，如碳酸丙烯酯（propylene carbonate，PC）、碳酸亚乙酯（ethylene carbonate，EC）、碳酸二甲酯（dimethyl carbonate，DMC），以及碳酸二乙酯（diethyl carbonate，DEC），所形成的 SEI 有机层分别为 $RCOOLi$、$(CH_2OCO_2Li)_2$、CH_3OLi 与 CH_3OCO_2Li，以及 $CH_3CH_2OCO_2Li$ 与 CH_3CH_2OLi[101-103]。然而，碳酸酯类溶剂的性能并不令人满意。在 PC 与 $LiAsF_6$ 的电解液中，锂金属电池的库仑效率仅有 85%[104]。此外，当碳酸酯类溶剂被使用在锂空气电池与锂硫电池中时，溶剂会受到还原的氧或者多硫化物的影响而分解，这也限制了碳酸酯类溶剂的使用[105]。醚类溶剂，如四氢呋喃（tetrahydrofuran，THF）、2-甲基四氢呋喃（2-methyltetrahydrofuran，2-MeTHF）、乙醚（diethyl ether），具有出色的低温性能，同时可以使得电池获得更高的库仑效率（在 THF 中为 88%，在 2-MeTHF 中为 96%）[106]。但是这类溶剂的电导率较低，使得电池的倍率性能受到了限制[107]。以 1,3-二氧戊环（1,3-dioxolane，DOL）为溶剂的电池表现出较好的综合性能。在 DOL 溶剂中，SEI 的有机层由 $CH_3CH_2OCH_2OLi$ 与含锂的低聚合物组成[108]，这也使得 SEI 具有一定的柔性，展现出更好的力学性能与稳定性。在电池的充放电过程中，SEI 可以适应电极的形貌变化，从而减少了 SEI 的破裂与重新形成。因此，使用 DOL 为溶剂，以 $LiAsF_6$ 为锂盐的锂金属电池的库仑效率高达 98%，循环寿命也在 100 圈以上，获得了较为突出的性能[109]。然而，这类电池必须要在较低的倍率下进行充电才能获得良好的循环性，这也限制了它的使用[110]。

在单种溶剂体系下，电池通常无法获得令人满意的性能，于是人们开始研究多溶剂混合体系下的电解液[111-114]。例如在 EC-DMC 中，既能形成 EC 溶液中稳定的 $(CH_2OCO_2Li)_2$ 有机层，电解液的熔点也比 EC 溶液的低，获得了良好的综合性能[115]。以 $LiClO_4$-PC-THF 为电解液的锂金属电池的电导率是 $LiClO_4$-PC-THF 的 1.6 倍，库仑效率提升了 10%。在 EC-DMC-DEC 的混合溶剂体系下，锂金属电池获得了比单一溶剂体系更优秀的稳定性及低温性能。在 DOL 中添加一定量的 EC 或者 PC 可以提高电池的库仑效率[116]。

B 锂盐的选择

在 SEI 的形成中，有机溶剂主要影响的是 SEI 的有机层，而锂盐主要影响的则是 SEI 的无机层。常用的锂盐主要有以 $LiClO_4$、$LiPF_6$、$LiAsF_6$、$LiBF_4$ 为主的无机锂盐和以 $LiTFSI$、$LiSO_3CF_3$ 为主的有机锂盐[117]。其中，$LiClO_4$ 和 $LiAsF_6$ 与锂金属的反应活性最低，这有利于减少锂金属的腐蚀[118]。然而，$LiClO_4$ 所形成的 SEI 对锂金属保护能力较弱，导致锂金属与溶剂反应而发生腐蚀[119]。此外，高氯酸盐不稳定，在工业生产及电池使用中容易发生危险，目前已被大多数国家禁止使用。$LiPF_6$ 是使用较为广泛的锂盐，既具有较高的电导率，又具有比 $LiAsF_6$ 更好的电化学稳定性，具有最佳的综合性能。然而，$LiPF_6$ 对水分较为敏感，需要严格控制原料及生产过程的湿度。同时，$LiPF_6$ 的热稳定性较差，在温度较高的条件下容易分解[120]。$LiBF_4$ 形成的 LiF 层较厚且多孔。相比较而言，作为有机锂盐的 $LiTFSI$ 的热稳定性较好，同时对水分具有较强的耐受能力，并会在锂金属表面形成一层薄且致密的 LiF 层，会对锂金属电极起到良好的保护作用。目前 $LiTFSI$ 主要使用领域是锂硫电池，其对充放电中形成的多硫化物具有较好的耐受能力，可以提升锂硫电池的寿命[121]。

C 功能性添加剂增强 SEI 性能

在电解质中添加添加剂可以提高 SEI 的性能，这是一种非常有前途的技术，通常只要添加很少的添加剂，就可以对电池的性能有很大的影响。同时，添加剂能在不影响已有的主要成分的前提下发挥其功能，因而受到了广泛的关注。对于 CO_2 对锂金属电极的作用的研究已有较长的时间[106]。起初，人们以为这是一种会使锂金属电池在 THF 中性能下降的杂质[122]，然而，后来的研究发现，在 PC、EC、DOL 等常见的溶剂中，CO_2 的存在有助于锂金属电极表面形成一层 Li_2CO_3，这对电极起到保护作用的同时，还提升了电池的库仑效率。此外，当集流体用于锂金属电池中时，PC 溶剂中的 CO_2 只有在使用钛或者镍集流体时才会提升锂金属电池的性能，因为 CO_2 不会在集流体上被还原。而当铜或者银被用作集流体时，CO_2 不会对电池性能产生影响[123]。人们普遍认为，H_2O 对锂金属电池的性能有很大的消极影响，因为 H_2O 会和电极反应。但是，在 EC-DEC 溶剂中添加少量 H_2O，可以促进 LiF 和 Li_2CO_3 形成 SEI 无机层，提高电池的库仑效率，并能有效地保护锂金属电极。但在锂空气电池中，CO_2 与电池的放电过程产生了化学反应，H_2O 会使电池的稳定性下降，从而对锂空气电池的工作产生不利影响[124]。

另外，在电解质溶液中加入了苯、甲苯、金属离子等添加剂，加入了 SEI，从而改善锂金属电池的库仑效率和使用寿命[125]。鉴于添加剂的种类和作用机理多种多样，因此，在今后的发展中，人们希望能够找到新的添加剂，并在研究中发挥协同作用，从而达到更好地保护锂金属电极的目的。

D 人造 SEI

与在电解质溶液中添加添加剂形成 SEI 不同，在金属锂的表面上直接形成 SEI 以防止金属锂电极受到侵蚀被大量研究。由有机物组成的人造 SEI 可以有效地保护锂金属电极。硅烷（silane）基前驱体通过 RSi-Cl 与锂金属表面羟基基团之间的自终止反应，形成一层人造 SEI 以保护锂金属电极不受到溶剂的腐蚀。使用正硅酸乙酯（tetraethoxysilane）保护的锂金属电极具有良好的稳定性，在 1 mA/cm² 的电流密度下循环 100 圈后没有出现内阻变化[126]。在电解液中加入 2%（质量分数）的三乙酰氧基乙烯基硅烷（triacetoxyvinylsilane，VS）后，所形成的 SEI 能有效地抑制锂枝晶的形成，组装的 Li/LiCoO₂ 电池在 0.5 C 的倍率下循环 200 圈后仍能保持 80%的容量[127]。

除了上述有机人造 SEI 外，还研究了许多无机人造 SEI。合金保护层是一种有效的保持锂金属电极稳定方法。当 Li-Al 合金层被制备在锂金属表面并用于锂硫电池时，对多硫化物迁移造成的腐蚀具有良好的抵御作用。使用自合金化方法制备的（LisIna、LiZn、LisBi、LisAs）/LiCl 合金层是理想的锂金属电极防护层。其中，金属合金层具有高的锂离子传导率，降低了电池的内阻；LiCl 可以有效地防止锂金属电极被腐蚀，提高了锂金属电池的稳定性。当锂金属电极以 2 mA/cm² 的电流密度循环 1400 h 之后，依然没有锂枝晶出现，体现了该人造 SEI 的优良性能[128]。由于其物理化学性能稳定，因此可以广泛用于锂金属电极的保护。用六方氮化硼构成的二维原子晶体层，其机械性能和弹性都很好。利用这种人造 SEI，可以有效地抑制锂枝晶的形成，使锂金属电极能够在高达 97%的库仑效率下，连续循环 50 次[129]。

综上所述，SEI 在锂金属电池中有着无可取代的地位，是锂金属电池稳定运行的基石。今后还需对 SEI 的成分、形成机制进行深入的研究，采用多种手段控制 SEI 的形成，设计、合成性能优异、稳定性好的 SEI，以控制其沉淀和溶解性能，从而进一步提高锂金属电池的性能。

12.2.1.2 调控锂的沉积行为

SEI 控制技术可以改善锂金属表面的沉积形态，并能提高锂金属电池安全性和稳定性。与研究为了抑制锂枝晶的形成而建立 SEI 一样，很多学者都在探索锂枝晶的形成机制，并试图找到一种能彻底改变锂元素沉积的方式。

经典的 Sand 理论指出，当在一定的时间内，铜沉积超过一定数量时，电极周围稀少的铜离子就会倾向于沉积在电极表面的凸起处，形成铜枝晶。这个量，也被称为 Sand 容量[130]。当一定时间内，沉积容量大于 Sand 容量时，枝晶开始形成。因此，通过提高溶液中金属盐的浓度，理论上可以提高 Sand 容量，从而抑制枝晶的形成。研究发现，PC 溶液中的 LiN(SO₂C₂F)₂ 的浓度会显著影响锂的沉积行为。当使用高浓度的 LiN(SO₂C₂F₅)₂ 电解液时，锂金属表面的 SEI 比低浓度中的薄，在 3.27 mol/kg 的溶液中厚度为 20 nm，而在 1.28 mol/kg 的溶液中厚度为 35 nm，且在高浓度的电解液中，锂金属电极可以稳定循环 50 圈以上，而在低浓度的电解液中，锂金属电极循环 30 圈后就无法工作了[131]。通常情况下，综合考虑电解液的离子传导率、黏度及电解质的溶解性，锂金属电池中电解液的浓度都低于 1.2 mol/L，因为高浓度会降低溶液中的离子传导率。而研究发现，当电解液的浓度继续增大，并超过一定范围时，电解液中会形成以锂盐为主导的锂离子传导系统。在这个传导系统中，锂离子的电导率得到保证，同时锂枝晶的形成及锂金属电池的变形得到显著的抑制，因而有利于提高锂金属电池的稳定性与安全性。由于超高浓度电解液的优势，研究了许多电解液体系。当使用 4 mol/L 的 LiFSI［lithium bis（fluoro sulfonyl）imide］的乙二醇二甲醚（1,2-dimethoxyethane）电解液时，锂金属电解表现出 99.1% 的库仑效率，且没有锂枝晶出现。

此外，还有许多新的超高浓度单一锂电解液与混合电解液被应用于锂金属电池，均表现出了对锂枝晶的抑制作用，大大提升了锂金属电池循环性和稳定性。

12.2.1.3 高比表面积集流体

如上所述，由于溶液中的浓度梯度影响了金属枝晶的形成，在较高的电流密度和较高的沉积速率下，由于金属离子的迁移不能弥补靠近电极的金属离子的损失，导致了金属枝晶的形成。常规的扁平金属负极与铜箔负电极相比，其表面的比表面积要小，在高功率下，由于表面电流密度太大，循环过程中会产生锂枝晶，对锂金属电池的安全性和稳定性会产生不利影响。因此，在理论上，可以采用高表面集流技术来减小电流密度，并抑制锂枝晶的形成。由于其高导电率和高的自然表面，碳材料被用于锂金属电池的集流体[132]。但是，因为锂易于在接近阳极的导电性面上沉积，因此，高比表面积的集流面临着不能有效地利用内部空间的问题，因此不能有效阻止形成锂枝晶。

除了碳材料之外，在高比表面积的情况下，将常规的铜集流体应用于三维集流中[133]。用氨水浸泡铜箔，制备出纳米级多孔结构的铜合金。在 LiTFSI-DOL-DME 溶液体系中，锂易于形成具有多孔结构的集流体。在集流体中，锂金属能够达到超过 600 h 的不短路运行，显示出良好的循环稳定性和安全性[134]。铜的三维集流技术不但可以实现锂离子的平均电流密度和锂离子的浓度分布，而且可以将锂的析出过程控制在集流结构中，从而达到使锂金属电池安全稳定工作的目的[135]。

为了减少沉积电流密度，限制锂枝晶的形成，采用非导电性三维网络来控制锂沉积。在铜箔和锂箔的表面上覆有聚丙烯腈的纤维阵列，以便在聚丙烯腈的网状结构中沉积锂金属，从而实现锂的稳定沉淀/溶解。覆盖聚丙烯腈的铜箔在与 LiFePO$_4$ 正极组成的锂金属电池中，能以 99.8% 的库仑效率稳定循环 100 圈以上，获得了 127 mA·h/g 的容量密度。而在相同条件下，铜箔的容量密度只有 64.1 mA·h/g。三维集流技术因其良好的锂枝晶调节性能而备受人们的重视，今后的研究重点应放在高锂负荷条件下的三维集流循环稳定性，并将研究成果推向实际应用。

12.2.2 水系电冶金型电池

在水系电池中，由于基于电冶金原理的丹尼尔电池能量密度有限，出现后不久就被基于表面氧化还原反应的铅酸电池、镍镉电池和锌锰电池所取代，但是，电冶金型电极反应具有高循环稳定性和高速性能等优点，至今仍在许多电池中使用。在这类电池中，其中一个电极是基于金属的溶解/沉积，具有更好的整体表现。

12.2.2.1 单电冶金型电池

如前面提到的，在单一电冶炼类型的单元中，负电极基本上是以金属溶解/淀积为基础的。锌电极因其能量密度高、成本低、安全、无毒等优点而被广泛地用于锌氯电池、锌溴电池、单液流镍锌电池、液流锌空气电池等丹尼尔电池。虽然近些年来，也有基于锡、镉、铜的单电冶金型电池的报道，但目前对电冶金型电池的机理研究大多基于锌[136]。但是，在锌电极的电冶金（沉积/溶解）方面，存在以下问题：（1）自腐蚀。锌的电势比氢的电势要低，因此，在水中，锌会被腐蚀，并放出氢气，导致锌电极溶解。在锌电极中存在铜、碳等杂质的情况下，会在锌和杂质间形成一种新的电池，从而加快了电极的腐蚀。（2）氢气的析出。在充电时，由于氢的析氢电势要比锌的还原电势大，所以在充电时氢会被还原成氢，从而导致了电池的库仑效率下降。（3）枝晶。这种方法类似于在锂金属电池中形成的枝晶，由于锌离子浓度的变化，导致锌离子容易在电极的突起部位沉积，从而形成树枝状晶体。

A　电解液的影响

有研究表明，锌氯电池中的氢气析出与电解液中的金属杂质有很大的相关性。在蓄电池充电时，将钴、锗、镍等杂质离子沉淀在锌电极表面，使其析氢强度明显提高；而在除去杂质金属离子后，能有效地抑制锌电极的氢气析出。在锌溴电池中，当使用99.9%纯度的溴化锌电解质时，锌的利用率比98%的溴化锌高了10%，这也带来了17%的库仑效率的提高[137]。除了上述杂质离子对锌电极的影响之外，电解液中阴离子的种类会影响锌的沉积形貌与效率，从而影响锌电极的循环稳定性。在硫酸锌中沉积的锌具有比在氯化锌中沉积的锌更紧密的形貌与更低的内应力，这使得在锌的沉积量较大的情况下，沉积/溶解的库仑效率有明显的增加[138]。锡酸根离子的引入有助于促进锌电极表面锌的形核与晶粒的生长，从而提高电池的库仑效率。研究发现，0.1 mol/L 的锡酸根可以在 8 mol/L 的 KOH+0.5 mol/L 的 ZnO 与 0.25 mol/L 的 LiOH 溶液中实现锌的 81.1% 的库仑效率。相比之下，未添加锡酸根的溶液中锌的库仑效率是 60%[139]。

B　集流体的影响

在镀锌时，集流体和电解质的交界是第一次进行电化学反应。在充电时，由于集流类型的不同，会对锌电极上的氢气析出产生一定的影响，进而影响到电池的库仑效率。采用低析氢过电势的镍作为集流体，其析氢强度更高。镀银能有效地改善析氢过电势，并能抑制析氢。镉集流体在液流电池中可以有效地抑制锌枝晶的形成。使用镉集流体的锌电极可在 1 mol/L 的 ZnO+10 mol/L 的 KOH 电解液中，以 98% 的库仑效率稳定循环 220 圈以上[140]。但是镉对人体和环境都有一定的危害，因此很少有实际应用。铜、铋在碱性条件下稳定，析氢过电势高，是锌电极集流体的理想选择。相反，锡对锡枝晶的形成有很好的抑制作用，但在碱性条件下，锡的稳定性很差，因此，其在集流体中的应用还有待于进一步的研究[141]。由于石墨的析氢能力强，一般不适用于锌的集流。目前，已有学者在石墨表面修饰一种含铟的化合物，对石墨的析氢作用有明显的抑制作用，从而提高锌的沉淀/溶解过程的库仑效率[142]。

C　添加剂的影响

聚乙二醇（polyethylene glycol，PEG）、硫脲（thiourea）、酒石酸钾钠（potassium sodium tartrate）等有机添加剂的引入可以有效地抑制锌枝晶的形成，提高锌电极的循环性。在碱性溶液中，锌枝晶的形成与沉积的过电位有直接关系，当过电位提高时，形成锌枝晶的趋势增加。当 0.5~5 mmol/L 香兰素（vanillin）被添加到 7 mol/L KOH+0.2 mol/L

的 ZnO 中时，锌枝晶的形成受到了显著的抑制，锌电极可以在 10 mA/cm^2 的电流密度下稳定循环 300 圈以上[143]。研究表明，十六烷基三甲基溴化铵（cetyl trimethyl ammonium bromide，CTAB）会加速锌的腐蚀，而十二烷基苯磺酸钠（sodium dodecyl benzene sulfonate，SDBS）、十二烷基硫酸钠（sodium dodecyl sulfate，SDS）能起到一定的减缓锌腐蚀的作用。另外，苯环上的电子云排布对添加剂在锌沉积过程中的调节作用有直接影响。与具有 6 个 π 电子的苄基氯（benzyl chloride）相比，具有 10 个 π 电子的萘（naphthalene）可以有效地降低锌的腐蚀速率与锌枝晶的形成。同时，与具有弱给电子基团的苄基氯相比，带有强给电子基团（—NH$_2$）的苯胺加强了苯环中 π 电子的离域，从而加强了锌的腐蚀与枝晶的形成，而带有吸电子基团的氯苯的加入可以有效抑制锌枝晶的形成[144]。二甲基亚砜（dimethyl sulfoxide，DMSO）作为一种常见的有机溶剂，当加入碱性锌电解液中时，会对锌的溶解/沉积行为产生显著影响。5% 的 DMSO 的加入能有效提高锌的溶解效率，提高锌的利用效率。这种提高作用归因于 DMSO 能够促进 ZnO 在电解液中的悬浮，从而起到抑制锌表面钝化的效果[145]。

D　电流模式的影响

在锌的溶解/沉淀中，所加的电流和电流的波形对镀层的速率和离子的分布有很大的影响，因此对镀层的锌形态和效率有很大的影响。适当地选取镀层电流和镀层电流，可以达到较好的镀层效果。在过电位较低时，锌的沉积速率受到电极界面的锌离子沉积速率的制约，表现为活性调控。锌的沉积形态一般为苔藓。在高过电压条件下，影响反应速率的主要因素是锌离子在溶液中的扩散速率，锌的沉淀具有扩散的特点，这就是锌枝晶形成的原因。如果不考虑其他调节因子，直接直流镀锌不能得到均匀的表面形态，而采用脉冲镀锌，则可以将电流的工作时间分为断开和断开。由于大晶粒的自由能很小，因此，在封闭电流的过程中，锌离子容易向大晶粒中迁移，使大颗粒变大，最终形成枝晶。如果增加脉冲电流频率，则在关闭时间内，由于没有足够的时间向大颗粒扩散，所以可以得到更精细的颗粒[141]。

12.2.2.2　双电冶金型电池

与传统电池相比，单电冶金电池在循环性能、稳定性和使用寿命等性能上有显著提升。以传统锌镍电池为例，其使用的锌电极一般由锌和锌的糊状电极组成。锌膏电极通常存在以下问题：（1）利用率低。由于锌膏电极中的锌是由锌粒组成的，在锌的放电过程中，锌转化为氧化物，随着放电的进行，氧化锌表面层逐渐变厚。当氧化锌层厚度达到一定程度时，内部锌不能继续反应，这也限制了锌的利用率。（2）循环时间短。由于锌浆内部的导电电极取决于锌粉与锌粉相互间的接触，当放电深度较大时，锌表面氧化层过厚，会造成部分锌粉开裂。这部分氧化锌无法在下次充电时还原，从而缩短了锌的使用寿命。在单流镍锌电池中，将电冶金锌电极引入电池，显著提高了锌电极的利用率和循环寿命。然而，单流锌镍电池的镍电极仍然是基于表面氧化还原反应的传统电极。在放电过程中，正极表面的 NiOOH 转化为 Ni(OH)$_2$，而内部 NiOOH 的反应依赖于质子在正极的固相扩散，这也限制了锌镍电池的功率密度。此外，由于颗粒之间的电导率的影响，镍正极的使用寿命仍然不能令人满意[142]。

因此，如何寻找合适的正负极反应对，设计合适的电池结构，已成为双电冶金电池设计需要解决的主要问题。

A 铅基双电冶金型电池

新型电动双冶金电池最早出现在铅酸蓄电池领域。如前所述，传统的铅酸电池基于硫酸电解液。在放电过程中，正极中的二氧化铅和负极中的铅分别转化为硫酸铅固体覆盖在电极表面。这种涉及固-固转化的电极反应无疑引入了更复杂的反应机理，不利于大功率放电和电极循环性能。事实上，形成的硫酸铅导电性差，在循环过程中不能完全氧化/还原成二氧化铅/铅，导致电池活性物质减少，容量下降，功率密度下降。当正负极完全转化为无法使用的硫酸铅时，电池将无法正常工作。这也是限制铅酸电池使用寿命的硫酸化问题。有研究用甲磺酸溶液代替硫酸电解液，制成铅酸电冶金电池。

由于甲磺酸铅是可溶的，在这种新型铅酸电池中，电极反应和整个电池反应如下：

$$负极： \quad\quad Pb^{2+} + 2e \Longrightarrow Pb \quad\quad\quad\quad (12\text{-}5)$$

$$正极： \quad\quad Pb^{2+} + 2H_2O - 2e \Longrightarrow PbO_2 + 4H^+ \quad\quad\quad\quad (12\text{-}6)$$

$$电池反应： \quad\quad 2Pb^{2+} + 2H_2O \Longrightarrow PbO_2 + Pb + 4H^+ \quad\quad\quad\quad (12\text{-}7)$$

在放电过程中，正极的 PbO_2 得到电子，与溶液中的氢离子结合，转化为 Pb 离子进入溶液中，并生成水；负极的 Pb 失去电子，变为 Pb 离子进入溶液。这个过程中不存在传统铅酸电池中 $PbO_2/PbSO_4$ 或 $Pb/PbSO_4$ 之间的固相反应，也就不存在先前反应的生成物阻碍内部物质继续反应的问题，有效提高了活性物质的利用率。同时，电极反应完全基于 PbO_2 与 Pb 的可逆溶解与沉积，不存在不良导电物质如 $PbSO_4$ 的形成，不存在"硫酸盐化"限制电池使用寿命的问题。研究发现，Pb^{2+} 沉积成 Pb 的反应速率很快，沉积的过电位很小，这也极大地削弱了潜在的析氢副反应。

B 锰基双电冶金型电池

如上所述，基于表面氧化还原反应的电池系统不可避免地存在限制循环寿命的固有问题。至于锌锰电池，作为该电池系统的代表，在放电过程中，正极的 MnO_2 在电解液中得到质子并转化为 MnOOH，形成 MnOOH 后，会限制内部的生成 MnO_2 的反应。此时，需要发生质子在 MnO_2 与 MnOOH 内部的固相扩散，使得 MnOOH 在正极内部形成，而表面的 MnOOH 重新变为 MnO_2，才能进一步参与放电。质子扩散到固相是反应的限速步骤，随着放电进入实际使用，由于电池极化，锌锰电池电压迅速下降。有趣的是，当使用间歇放电方法时，电池电压静置后会明显升高，这是因为静置过程中质子已经充分扩散，再次放电时，电池极化大大减弱。另外，现在的锌锰电池大多不可充电或者循环寿命极低。这是因为在放电过程中，MnO_2 会转变成具有较差可逆性的 MnO。虽然通过限制放电深度，可以将 MnO_2 的放电产物尽可能地控制为可逆性良好的 MnOOH，但是，这种基于固-固转变的电池反应仍然使得锌锰电池的循环寿命较低。此外，锌锰电池的电压大多在 1.6V 以下，这也限制了锌锰电池的使用范围。锰电池只能用于遥控器、电动玩具等小型、低功耗的电子设备。

有关锰基双电冶金型可充电电池的报道最早出现在 2019 年初申请的一份专利中[146]。在这份专利中，电池正、负极分别是基于锰、锌的电冶金型反应，电极反应与电池反应分别为：

$$正极： \quad\quad MnO_2 + 4H^+ + 2e \Longrightarrow Mn^{2+} + 2H_2O \quad\quad\quad\quad (12\text{-}8)$$

$$负极： \quad\quad Zn + 2OH^- \Longrightarrow Zn(OH)_2 + 2e \quad\quad\quad\quad (12\text{-}9)$$

电池反应：　$Zn + MnO_2 + 4H^+ + 2OH^- \Longrightarrow Mn^{2+} + Zn(OH)_2 + 2H_2O$　　　　(12-10)

在这个电池反应中，正极的标准电极电位约为 1.224 V，负极的标准电极电位约为 −1.215 V。

因此，电池的理论电压约为 2.44 V，大大超过了传统的锌锰电池。在电池中，电解液由正极的 $MnSO_4 + H_2SO_4$ 电解液和负极的 $Zn(CH_3COO)_2$ 或 $ZnO + KOH$ 组成，两种电解液之间采用离子交换膜来防止短路。正极放电过程是 MnO_2 与溶液中的氢离子结合，直接溶解成溶液中的 Mn^{2+}。负极放电过程是 Zn 与溶液中的氢氧化物结合，溶解并直接转变为 $Zn(OH)_2$ 进入溶液。充电时，电解液中的 Mn^{2+} 和 $Zn(OH)_2$ 再次变成 MnO_2 和 Zn 沉积在正负极表面。在这个过程中，不存在传统锌锰电池中的前期反应产物限制了后续反应，使得电池的放电平台变高。此外，在该工艺中，正负极活性物质在溶解过程中可以得到100%的利用，而在传统的锌锰电池中，正极 MnO_2 由于受限，利用率往往较低。同时，由于电冶金反应（沉积/溶解反应）优异的可逆性，电池具有优异的循环性能，与传统锌锰电池相比具有显著优势。另外，与传统锌锰电池中 MnO_2 转化为 $MnOOH$ 相比，每个 MnO_2 分子只能贡献一个电子；在电冶金反应 MnO_2 中，每个 MnO_2 可以贡献两个电子，使 MnO_2 的电容密度增加一倍。

因此，未来的研究方向应集中在以下几个方面：（1）设计稳定的双电解质电池系统。目前基于离子交换膜的双电解质系统电池主要受膜性能的影响。进一步的研究应该是制备具有更高选择性和更低跨膜压差的膜，或设计更好的电池结构，以实现双电解质或多电解质系统的稳定高效运行。（2）寻找对高压酸稳定的负极。开发稳定的负极到高压-电压酸，锰基双电极冶金电池的高能量和高循环稳定性可以在一个电解体系下实现，从而提高电池的可用性。（3）集流体的制备具有高比表面积的正极。与可以分层沉积的负电极金属沉积不同，正电极 MnO_2 沉积厚度受 MnO_2 的电导率限制。因此，有必要开发具有高比表面积的正极集流体以实现高 MnO_2 负载量，从而实现高电池容量和能量密度。（4）解决负极枝晶问题。在锰基双电冶金电池中，所使用的金属负极在充电过程中不可避免地会出现枝晶。枝晶的出现会影响负极的稳定性，导致电池活性物质渗漏、电池容量下降、电池循环性能下降，甚至出现安全问题。因此，有必要找到合适的方法来抑制枝晶的形成。

复习思考题

12-1　有哪些方式能够调控锂沉积？

12-2　为什么要用高比表面积的集流体？

12-3　电冶金型电池目前面临着哪些问题？

12-4　什么是水系电冶金型电池？它有哪些优点？

12-5　电解液、集流体、添加剂及电流模式对水系电冶金型电池分别有什么影响？

12-6　什么是双电冶金型电池？为什么设计双电冶金型电池？

12-7　本章介绍了哪几类双电冶金型电池？它们各有什么优点？

参 考 文 献

[1] SU X, WU Q, LI J, et al. Silicon-based nanomaterials for lithium-ion batteries: A review [J]. Advanced Energy Materials, 2014, 4 (1): 1300882.

[2] LV R, YANG J, WANG J, et al. Electrodeposited porous-microspheres Li-Si films as negative electrodes in lithium-ion batteries [J]. Journal of Power Sources, 2011, 196 (8): 3868-3873.

[3] LV R G, YANG J, WANG J L, et al. Electrodeposition and electrochemical property of porous Li-Si film anodes for lithium-ion batteries [J]. Acta Physico-Chemica Sinica, 2011, 27 (4): 759-763.

[4] DERRIEN G, HASSOUN J, PANERO S, et al. Nanostructured Sn-C composite as an advanced anode material in high-performance lithium-ion batteries [J]. Advanced Materials, 2007, 19 (17): 2336-2340.

[5] PU W, HE X, REN J, et al. Electrodeposition of Sn-Cu alloy anodes for lithium batteries [J]. Electrochimica Acta, 2005, 50 (20): 4140-4145.

[6] RAO S, ZOU X, WANG S, et al. Electrodeposition of porous Sn-Ni-Cu alloy anode for lithium-ion batteries from nickel matte in deep eutectic solvents [J]. Journal of the Electrochemical Society, 2019, 166 (10): D427-D434.

[7] TAMURA N, FUJIMOTO M, KAMINO M, et al. Mechanical stability of Sn-Co alloy anodes for lithium secondary batteries [J]. Electrochimica Acta, 2004, 49 (12): 1949-1956.

[8] MA J, PRIETO A L. Electrodeposition of pure phase SnSb exhibiting high stability as a sodium-ion battery anode [J]. Chemical Communications, 2019, 55 (48): 6938-6941.

[9] HASSOUN J, ELIA G A, PANERO S, et al. A high capacity, template-electroplated Ni-Sn intermetallic electrode for lithium ion battery [J]. Journal of Power Sources, 2011, 196 (18): 7767-7770.

[10] FAN X Y, ZHUANG Q C, WEI G Z, et al. One-step electrodeposition synthesis and electrochemical properties of Cu_6Sn_5 alloy anodes for lithium-ion batteries [J]. Journal of Applied Electrochemistry, 2009, 39 (8): 1323-1330.

[11] MUKAIBO H, MOMMA T, OSAKA T. Changes of electro-deposited Sn-Ni alloy thin film for lithium ion battery anodes during charge discharge cycling [J]. Journal of Power Sources, 2005, 146 (1/2): 457-463.

[12] HOFFMAN L R, BREENE C, DIALLO A, et al. Competitive current modes for tunable Ni-Sn electrodeposition and their lithiation/delithiation properties [J]. JOM, 2016, 68 (10): 2646-2652.

[13] STEVENS D A, DAHN J R. High capacity anode materials for rechargeable sodium-ion batteries [J]. Journal of the Electrochemical Society, 2000, 147 (4): 1271-1273.

[14] NAM D H, HONG K S, LIM S J, et al. Electrochemical properties of electrodeposited Sn anodes for Na-ion batteries [J]. Journal of Physical Chemistry C, 2014, 118 (35): 20086-20093.

[15] ELLIS L D, HATCHARD T D, OBROVAC M N. Reversible Insertion of Sodium in Tin [J]. Journal of the Electrochemical Society, 2012, 159 (11): A1801-A1805.

[16] BAGGETTO L, GANESH P, MEISNER R P, et al. Characterization of sodium ion electrochemical reaction with tin anodes: Experiment and theory [J]. Journal of Power Sources, 2013, 234: 48-59.

[17] WANG J W, LIU X H, MAO S X, et al. Microstructural evolution of tin nanoparticles during in situ sodium insertion and extraction [J]. Nano Letters, 2012, 12 (11): 5897-5902.

[18] XIAO A, YANG J, ZHANG W. Mesoporous cobalt oxide film prepared by electrodeposition as anode material for Li ion batteries [J]. Journal of Porous Materials, 2010, 17 (5): 583-588.

[19] SU C W, LI J M, YANG W, et al. Electrodeposition of Ni_3S_2/Ni composites as high-performance cathodes for lithium batteries [J]. Journal of Physical Chemistry C, 2014, 118 (2): 767-773.

[20] LIU Y, WANG L, JIANG K, et al. Electro-deposition preparation of self-standing Cu-Sn alloy anode electrode for lithium ion battery [J]. Journal of Alloys and Compounds, 2019, 775: 818-825.

[21] NAM D H, KIM M J, LIM S J, et al. Single-step synthesis of polypyrrole nanowires by cathodic electropolymerization [J]. Journal of Materials Chemistry A, 2013, 1 (27): 8061-8068.

[22] TAMURA N, OHSHITA R, FUJIMOTO M, et al. Advanced structures in electrodeposited tin base negative electrodes for lithium secondary batteries [J]. Journal of the Electrochemical Society, 2003, 150 (6): A679- A683.

[23] JIANG Q, XUE R, JIA M. Electrochemical performance of Sn-Sb-Cu film anodes prepared by layer-by-layer electrodeposition [J]. Applied Surface Science, 2012, 258 (8): 3854-3858.

[24] MOSBY J M, PRIETO A L. Direct electrodeposition of Cu_2Sb for lithium-ion battery anodes [J]. Journal of the American Chemical Society, 2008, 130 (32): 10656-10661.

[25] SCHULZE M C, SCHULZE R K, PRIETO A L. Electrodeposited thin-film Cu_xSb anodes for Li-ion batteries: Enhancement of cycle life via tuning of film composition and engineering of the film-substrate interface [J]. Journal of Materials Chemistry A, 2018, 6 (26): 12708-12717.

[26] PERRE E, TABERNA P L, MAZOUZI D, et al. Electrodeposited Cu_2Sb as anode material for 3-dimensional Li-ion microbatteries [J]. Journal of Matericals Research, 2010, 25 (8): 1485-1491.

[27] ZHAO G, MENG Y, ZHANG N, et al. Electrodeposited Si film with excellent stability and high rate performance for lithium-ion battery anodes [J]. Materials Letters, 2012, 76: 55-58.

[28] JACKSON E D, PRIETO A L. Copper antimonide nanowire array lithium ion anodes stabilized by electrolyte additives [J]. ACS Applied Materials & Interfaces, 2016, 8 (44): 30379-30386.

[29] SUK J, KIM D Y, KIM D W, et al. Electrodeposited 3D porous silicon/copper films with excellent stability and high rate performance for lithium-ion batteries [J]. Journal of Materials Chemistry A, 2014, 2 (8): 2478-2481.

[30] NAM D H, HONG K S, LIM S J, et al. Electrochemical synthesis of a three-dimensional porous Sb/Cu_2Sb anode for Na-ion batteries [J]. Journal of Power Sources, 2014, 247: 423-427.

[31] LI H M, WANG K L, CHENG S J, et al. Controllable electrochemical synthesis of copper sulfides as sodium-ion battery anodes with superior rate capability and ultralong cycle life [J]. ACS Applied Materials & Interfaces, 2018, 10 (9): 8016-8025.

[32] WANG L, HE X, LI J, et al. Nano-structured phosphorus composite as high-capacity anode materials for lithium batteries [J]. Angewandte Chemie-International Edition, 2012, 51 (36): 9034-9037.

[33] JASINSKI R, BURROWS B. Cathodic discharge of nickel sulfide in a propylene carbonate——$LiClO_4$ electrolyte [J]. Journal of The Electrochemical Society, 1969, 116 (4): 422-424.

[34] PARK I T, SHIN H C. Amorphous FeP_y ($0.1 < y < 0.7$) thin film anode for rechargeable lithium battery [J]. Electrochemistry Communications, 2013, 33: 102-106.

[35] CHUN Y M, SHIN H C. Electrochemical synthesis of iron phosphides as anode materials for lithium secondary batteries [J]. Electrochimica Acta, 2016, 209: 369-378.

[36] TU J, WANG W, HU L, et al. A novel ordered SiO_xC_y film anode fabricated via electrodeposition in air for Li-ion batteries [J]. Journal of Materials Chemistry A, 2014, 2 (8): 2467-2472.

[37] DATTA M K, KUMTA P N. In situ electrochemical synthesis of lithiated silicon-carbon based composites anode materials for lithium ion batteries [J]. Journal of Power Sources, 2009, 194 (2): 1043-1052.

[38] UYSAL M, CETINKAYA T, ALP A, et al. Production of Sn/MWCNT nanocomposite anodes by pulse electrodeposition for Li-ion batteries [J]. Applied Surface Science, 2014, 290: 6-12.

[39] UYSAL M, CETINKAYA T, ALP A, et al. Active and inactive buffering effect on the electrochemical

behavior of Sn-Ni/MWCNT composite anodes prepared by pulse electrodeposition for lithium-ion batteries [J]. Journal of Alloys and Compounds, 2015, 645: 235-242.

[40] NARA H, YOKOSHIMA T, MOMMA T, et al. Highly durable SiOC composite anode prepared by electrodeposition for lithium secondary batteries [J]. Energy and Environmental Science, 2012, 5 (4): 6500-6505.

[41] DIRICAN M, YANILMAZ M, FU K, et al. Carbon-enhanced electrodeposited SnO_2/carbon nanofiber composites as anode for lithium-ion batteries [J]. Journal of Power Sources, 2014, 264: 240-247.

[42] SCHULZE M C, BELSON R M, KRAYNAK L A, et al. Electrodeposition of Sb/CNT composite films as anodes for Li- and Na-ion batteries [J]. Energy Storage Materials, 2020, 25: 572-584.

[43] LI Z J, ZHOU Y C, WANG Y, et al. Solvent-mediated Li_2S electrodeposition: A critical manipulator in lithium-sulfur batteries [J]. Advanced Energy Materials, 2019, 9 (1): 1802207.

[44] MOON J, PARK J, JEON C, et al. An electrochemical approach to graphene oxide coated sulfur for long cycle life [J]. Nanoscale, 2015, 7 (31): 13249-13255.

[45] MARTIN R P, WILLIAM H, DOUB J, et al. Electrochemical reduction of sulfur in aprotic solvents [J]. Inorganic Chemistry, 1973, 12 (8): 1921-1925.

[46] CHEN Y, TARASCON J M, GUÉRY C. Exploring sulfur solubility in ionic liquids for the electrodeposition of sulfide films with their electrochemical reactivity toward lithium [J]. Electrochimica Acta, 2013, 99: 46-53.

[47] ZHANG J Q, LI D, ZHU Y M, et al. Properties and electrochemical behaviors of AuPt alloys prepared by direct-current electrodeposition for lithium air batteries [J]. Electrochimica Acta, 2015, 151: 415-422.

[48] JIN Y, CHEN F, LEI Y, et al. A silver-copper alloy as an oxygen reduction electrocatalyst for an advanced zinc-air battery [J]. ChemCatChem, 2015, 7 (15): 2377-2383.

[49] LI L, MANTHIRAM A. Long-life, high-voltage acidic Zn-air batteries [J]. Advanced Energy Materials, 2016, 6 (5): 1502054.

[50] BLURTON K F, SAMMELLS A F. Metal/air batteries: Their status and potential—A review [J]. Journal of Power Sources, 1979, 4 (4): 263-279.

[51] ZHANG B, ZHENG X L, VOZNYY O, et al. Homogeneously dispersed multimetal oxygen-evolving catalysts [J]. Science, 2016, 352 (6283): 333-337.

[52] XIONG M, IVEY D G. Composition effects of electrodeposited Co-Fe as electrocatalysts for the oxygen evolution reaction [J]. Electrochimica Acta, 2018, 260: 872-881.

[53] LAMBERT T N, VIGIL J A, WHITE S E, et al. Electrodeposited $Ni_xCo_{3-x}O_4$ nanostructured films as bifunctional oxygen electrocatalysts [J]. Chemical Communications, 2015, 51 (46): 9511-9514.

[54] VIGIL J A, LAMBERT T N, ELDRED K. Electrodeposited MnO_x/PEDOT composite thin films for the oxygen reduction reaction [J]. ACS Applied Materials & Interfaces, 2015, 7 (41): 22745-22750.

[55] HAN S, LIU S, WANG R, et al. One-step electrodeposition of nanocrystalline $Zn_xCo_3-xO_4$ films with high activity and stability for electrocatalytic oxygen evolution [J]. ACS Applied Materials & Interfaces, 2017, 9 (20): 17186-17194.

[56] ETZI COLLER PASCUZZI M, SELINGER E, SACCO A, et al. Beneficial effect of Fe addition on the catalytic activity of electrodeposited MnO_x films in the water oxidation reaction [J]. Electrochimica Acta, 2018, 284: 294-302.

[57] LENG L, ZENG X, SONG H, et al. Pd nanoparticles decoratingflower-like Co_3O_4 nanowire clusters to form an efficient, carbon/binder-free cathode for $Li-O_2$ batteries [J]. Journal of Materials Chemistry A, 2015, 3 (30): 15626-15632.

［58］ PARVEZ K, RINCÓN R A, WEBER N E, et al. One-step electrochemical synthesis of nitrogen and sulfur co-doped, high-quality graphene oxide ［J］. Chemical Communications, 2016, 52（33）: 5714-5717.

［59］ GOWDA S R, REDDY A L M, ZHAN X B, et al. Building energy storage device on a single nanowire ［J］. Nano Letters, 2011, 11（8）: 3329-3333.

［60］ HUANG J Y, ZHONG L, WANG C M, et al. In situ observation of the electrochemical lithiation of a single SnO_2 nanowire electrode ［J］. Science, 2010, 330（6010）: 1515-1520.

［61］ AGOSTINI M, HASSOUN J, LIU J, et al. A lithium-ion sulfur battery based on a carbon-coated lithium-sulfide cathode and an electrodeposited silicon-based anode ［J］. ACS Applied Materials & Interfaces, 2014, 6（14）: 10924-10928.

［62］ FAN X, DOU P, JIANG A, et al. One-step electrochemical growth of a three-dimensional Sn-Ni@PEO nanotube array as a high performance lithium-ion battery anode ［J］. ACS Applied Materials & Interfaces, 2014, 6（24）: 22282-22288.

［63］ RAUBER M, ALBER I, MÜLLER S, et al. Highly-ordered supportless three-dimensional nanowire networks with tunable complexity and interwire connectivity for device integration ［J］. Nano Letters, 2011, 11（6）: 2304-2310.

［64］ XIA X H, TU J P, XIANG J Y, et al. Hierarchical porous cobalt oxide array films prepared by electrodeposition through polystyrene sphere template and their applications for lithium ion batteries ［J］. Journal of Power Sources, 2010, 195（7）: 2014-2022.

［65］ XIA X, TU J, ZHANG Y, et al. Porous hydroxide nanosheets on preformed nanowires by electrodeposition: Branched nanoarrays for electrochemical energy storage ［J］. Chemistry of Materials, 2012, 24（19）: 3793-3799.

［66］ SAADAT S, TAY Y Y, ZHU J, et al. Template-free electrochemical deposition of interconnected ZnSb nanoflakes for Li-ion battery anodes ［J］. Chemistry of Materials, 2011, 23（4）: 1032-1038.

［67］ SHIN H C, DONG J, LIU M. Nanoporous structures prepared by an electrochemical deposition process ［J］. Advanced Materials, 2003, 15（19）: 1610-1614.

［68］ SHIN H C, LIU M L. Three-dimensional porous copper-tin alloy electrodes for rechargeable lithium batteries ［J］. Advanced Functional Materials, 2005, 15（4）: 582-586.

［69］ NAM D H, KIM T H, HONG K S, et al. Template-free electrochemical synthesis of Sn nanofibers as high-performance anode materials for Na-ion batteries ［J］. ACS Nano, 2014, 8（11）: 11824-11835.

［70］ LI X L, GU M, HU S Y, et al. Mesoporous silicon sponge as an anti-pulverization structure for high-performance lithium-ion battery anodes ［J］. Nature Communications, 2014, 5: 4105.

［71］ YUAN Y, XIAO W, WANG Z, et al. Efficient nanostructuring of silicon by electrochemical alloying/dealloying in molten salts for improved lithium storage ［J］. Angewandte Chemie-International Edition, 2018, 57（48）: 15743-15748.

［72］ MUNISAMY T, BARD A J. Electrodeposition of Si from organic solvents and studies related to initial stages of Si growth ［J］. Electrochimica Acta, 2010, 55（11）: 3797-3803.

［73］ GOBET J, TANNENBERGER H. Electrodeposition of silicon from a nonaqueous solvent ［J］. Journal of the Electrochemical Society, 1988, 135（1）: 109-112.

［74］ SAADAT S, ZHU J, SHAHJAMALI M M, et al. Template free electrochemical deposition of ZnSb nanotubes for Li ion battery anodes ［J］. Chemical Communications, 2011, 47（35）: 9849-9851.

［75］ MORIMOTO H, TOBISHIMA S I, NEGISHI H. Anode behavior of electroplated rough surface Sn thin films for lithium-ion batteries ［J］. Journal of Power Sources, 2005, 146（1/2）: 469-472.

［76］ XIAO A, YANG J, ZHANG W. Mesoporous cobalt oxide film prepared by electrodeposition as anode material for Li ion batteries [J]. Journal of Porous Materials, 2010, 17 (5): 583-588.

[77] NAM D H, KIM M J, LIM S J, et al. Single-step synthesis of polypyrrole nanowires by cathodic electropolymerization [J]. Journal of Materials Chemistry A, 2013, 1 (27): 8061-8068.

[78] NAM D H, LIM S J, KIM M J, et al. Facile synthesis of SnO_2-polypyrrole hybrid nanowires by cathodic electrodeposition and their application to Li-ion battery anodes [J]. RSC Advances, 2013, 3 (36): 16102-16108.

[79] ZHAO G, MENG Y, ZHANG N, et al. Electrodeposited Si film with excellent stability and high rate performance for lithium-ion battery anodes [J]. Materials Letters, 2012, 76: 55-58.

[80] SUK J, KIM D Y, KIM D W, et al. Electrodeposited 3D porous silicon/copper films with excellent stability and high rate performance for lithium-ion batteries [J]. Journal of Materials Chemistry A, 2014, 2 (8): 2478-2481.

[81] QIAN X, XUQ, HANG T, et al. Electrochemical deposition of Fe_3O_4 nanoparticles and flower-like hierarchical porous nanoflakes on 3D Cu-cone arrays for rechargeable lithium battery anodes [J]. Materials & Design, 2017, 121: 321-334.

[82] KIM S, QU S, ZHANG R, et al. High volumetric and gravimetric capacity electrodeposited mesostructured Sb_2O_3 sodium ion battery anodes [J]. Small, 2019, 15 (23): 1900258.

[83] GOWDA S R, REDDY A L M, ZHAN X B, et al. Building energy storage device on a single nanowire [J]. Nano Letters, 2011, 11 (8): 3329-3333.

[84] CHEN X, GERASOPOULOS K, GUO J, et al. A patterned 3D silicon anode fabricated by electrodeposition on a virus-structured current collector [J]. Advanced Functional Materials, 2011, 21 (2): 380-387.

[85] CHI C, HAO J, LIU X, et al. UV-assisted, template-free electrodepositionof germanium nanowire cluster arrays from an ionic liquid for anodes in lithium-ion batteries [J]. New Journal of Chemistry, 2017, 41 (24): 15210-15215.

[86] SOHN H, GORDIN M L, XU T, et al. Porous spherical carbon/sulfur nanocomposites by aerosol-assisted synthesis: The effect of pore structure and morphology on their electrochemical performance as lithium/sulfur battery cathodes [J]. ACS Applied Materials & Interfaces, 2014, 6 (10): 7596-7606.

[87] ZHAO Q, HU X, ZHANG K, et al. Sulfur nanodots electrodeposited on Ni foam as high-performance cathode for Li-S batteries [J]. Nano Letters, 2015, 15 (1): 721-726.

[88] SOVIZI M R, FAHIMI HASSAN, GHESHLAGHI Z. Enhancement in electrochemical performances of Li-S batteries by electrodeposition of sulfur on polyaniline-dodecyl benzene sulfonic acid-sulfuric acid (PANI-DBSA-H_2SO_4) honeycomb structure film [J]. New Journal of Chemistry, 2018, 42 (4): 2711-2717.

[89] ZHANG L, HUANG H, YIN H, et al. Sulfur synchronously electrodeposited onto exfoliated graphene sheets as a cathode material for advanced lithium-sulfur batteries [J]. Journal of Materials Chemistry A, 2015, 3 (32): 16513-16519.

[90] ZHANG L, HUANG H, XIA Y, et al. High-content of sulfur uniformly embedded in mesoporous carbon: A new electrodeposition synthesis and an outstanding lithium-sulfur battery cathode [J]. Journal of Materials Chemistry A, 2017, 5 (12): 5905-5911.

[91] ZHANG K, LI J, LI Q, et al. Improvement on electrochemical performance by electrodeposition of polyaniline nanowires at the top end of sulfur electrode [J]. Applied Surface Science, 2013, 285 (Part B): 900-906.

[92] HARI MOHAN E, SARADA B V, VENKATA RAM NAIDU R, et al. Graphene-modified electrodeposited dendritic porous tin structures as binder free anode for high performance lithium-sulfur batteries [J].

Electrochimica Acta, 2016, 219: 701-710.

[93] AGOSTINI M, HASSOUN J, LIU J, et al. A lithium-ion sulfur battery based on a carbon-coated lithium-sulfide cathode and an electrodeposited silicon-based anode [J]. ACS Applied Materials & Interfaces, 2014, 6 (14): 10924-10928.

[94] HONG Q, LU H. In-situ electrodeposition of highly active silver catalyst on carbon fiber papers as binder free cathodes for aluminum-air battery [J]. Scientific Reports, 2017, 7 (1): 3378.

[95] NAN K, DU H, SU L, et al. Directly electrodeposited cobalt sulfide nanosheets as advanced catalyst for oxygen evolution reaction [J]. ChemistrySelect, 2018, 3 (25): 7081-7088.

[96] Wang P, Lin Y, Wan L, et al. Construction of a Janus MnO_2-NiFe electrode via selective electrodeposition strategy as a high-performance bifunctional electrocatalyst for rechargeable zinc-air batteries [J]. ACS Applied Materials & Interfaces, 2019, 11 (41): 37701-37707.

[97] QU S, SONG Z, LIU J, et al. Electrochemical approach to prepare integrated air electrodes for highly stretchable zinc-air battery array with tunable output voltage and current for wearable electronics [J]. Nano Energy, 2017, 39: 101-110.

[98] CHEN X, LIU B, ZHONG C, et al. Ultrathin Co_3O_4 layers with large contact area on carbon fibers as high-performance electrode for flexible zinc-air battery integrated with flexible display [J]. Advanced Energy Materials, 2017, 7 (18): 1700779.

[99] CHEN X, ZHONG C, LIU B, et al. Atomic Layer Co_3O_4 Nanosheets: The key to knittable Zn-air batteries [J]. Small, 2018, 14 (43): 1702987.

[100] BAI P, LI J, BRUSHETT F R, et al. Transition of lithium growth mechanisms in liquid electrolytes [J]. Energy and Environmental Science, 2016, 9 (10): 3221-3229.

[101] BARTHEL J, WÜHR M, Buestrich R, et al. A new class of electrochemically and thermally stabe lithium salts for lithium batery electrolytes [J]. Journal of the Electrochemical Society, 1995, 142 (8): 2527-2531.

[102] BARTHEL J, BUESTRICH R, CARL E, et al. A new class of electrochemically and thermally stable lithium salts for lithium battery electrolytes: Ⅲ. Synthesis and properties of some lithium organoborates [J]. Journal of the Electrochemical Society, 1996, 143 (1): 3572-3575.

[103] BARTHEL J, BUESTRICH R, CARL E, et al. A new class of electrochemicall and thermally stable lithium salts for lithium battery electrolytes: Ⅱ. Conductivity of lithium organoborates in dimethoxyethane and propylene carbonate [J]. Journal of the Electrochemical Society, 1996, 143 (11): 3565-3571.

[104] RAUH R D, REISE T F, BRUMMER S B. Eficiencies of cycling lithium on a lithium substrate in propylene carbonate [J]. Journal of the Electrochemical Society, 1978, 125 (2): 186-190.

[105] FREUNBERGER S A, CHEN Y, PENG Z, et al. Reactions in the rechargeable lithium-O_2 battery with allky carbonate eletrolytes [J]. Journal of the American Chemical Society, 2011, 133 (20): 8040-8047.

[106] KOCH V R, YOUNG J H. The stability of the secondary lithium electrode in tetrahydrofuran-based electrolytes [J]. Journal of the Eletrochemical Society, 1978, 125 (9): 1371-1377.

[107] CHAUDHARI A K, SINGH V B. A review of fundamental aspects, characterization and applications of electrodeposited nanocrystalline iron group metals, Ni-Fe alloy and oxide ceramics reinforced nanocomposite coatings [J]. Journal of Alloys and Compounds, 2018, 751: 194-214.

[108] AURBACH D, YOUNGMAN O, GOFER Y, et al. The electrochemical behaviour of 1, 3-dioxolane-LiClO solutions: I. Uncontaminated solutions [J]. Electrochimica Acta, 1990, 35 (3): 625-638.

[109] GOFER Y, BEN-ZION M, AURBACH D. Solutions of LiAsFe in 1, -dioxolane for secondary lithium btteies [J]. Journal of Power Sources, 1992, 39 (2): 163-178.

［110］ AURBACH D, ZINIGRAD E, TELLER H, et al. Attempts to improve the behavior of Lieleerodes in rechargeable lithium batteries ［J］. Journal of the Electrochemical Society, 2002, 149 (10): A1267-A1277.

［111］ PELED E, STERNBERG Y, GORENSHTEIN A, et al. Lithium-sulfur battery: Evaluation of dioxolane-based electrolytes ［J］. Journal of the electrochemical Society, 1989, 136 (6): 1621-1625.

［112］ AURBACH D, ZABAN A, GOFER Y, et al. Recent studies of the lithium-liquid eleetrolyte interface electrochemical, morphological and spectral studies of a few important systems ［J］. Journal of Power Sources, 1995, 54 (1): 76-84.

［113］ UE M, MORI S. Mobility and ionic association of lithium salts in a propylene carbonate-ethyl methyl carbonate mixed solvent ［J］. Journal of the Eleetrochemical Society, 1995, 142 (8): 2577-2581.

［114］ DUDLEY J T, WILKINSON D P, THOMAS G, et al. Conductivity of electrolytes for rechargeable lithium batteries ［J］. Journal of Power Sources, 1991, 35 (1): 59-82.

［115］ AURBACH D, MARKOVSKY B, SHCHTER A, et al. A comparative study of synthetic graphite and Li eleetrodes in electrolyte solutions based on ethylene carbonate-dimethyl carbonate mixtures ［J］. Journal of the Electrochemical Society, 1996, 143 (12): 3809-3820.

［116］ OSAKA T, MOMMA T, MATSUMOTO Y, et al. Surface characteiation of electrodeposited lithium anode with enhanced cycleability obtained by CO_2 addition ［J］. Journal of the Electrochemical Society, 1997, 144 (5): 1709-1713.

［117］ RAUH R D, REISE T F, BRUMMER S B. Eficiencies of cycling lithium on a lithium substrate in propylene carbonate ［J］. Journal of the Electrochemical Society, 1978, 125 (2): 186-190.

［118］ AURBACH D, WEISSMAN I, ZABAN A, et al. Correlation between surface chemistry, morphology, cycling efficiency and interfacial properties of Li eletrodes in solutions containing different Li salts ［J］. Electrochimica Acta, 1994, 39 (1): 51-71.

［119］ KANAMURA K, TAKEZAWA H, SHIRAISHI S, et al. Chemical reaction of lithium surface during immersion in LiClO or LiPF; /DEC electrolyte ［J］. Journal of the Electrochemical Society, 1997, 144 (6): 1900-1906.

［120］ SLOOP S E, PUGH J K, WANG S, et al. Chemical reactivity of PF. and LiPF in ethylene carbonate/ dimethyl carbonate solutions ［J］. Electrochem Solid State Letters, 2001, 4 (4): A42-A44.

［121］ DIAO Y, XIE K, XIONG S, et al. Insights into Li-S bttery cathode capacity fading mechanisms: Ireversible oxidation of active mass during cycling ［J］. Journal of the Electrochemical Society, 2012, 159 (11): A1816-A1821.

［122］ GAO J, LOWE M A, KIYA Y, et al. Effects of liquid eletrolytes on the charge—discharge performance of rechargeable lithium/sulfurbatteries: Electrochemical and insitu X-ray absorption spectroscopic studies ［J］. The Journal of Physical Chemistry C, 2011, 115 (50): 25132-25137.

［123］ OSAKA T, MOMMA T, MATSUMOTO Y, et al. Effect of carbon dioxide on lithium anode cycleability with various substrates ［J］. Journal of Power Sources, 1997, 68 (2): 497-500.

［124］ SMEE A. Elements of electro-metallurgy ［M］. London: Longman, Brown, Green, and Longmans, 1851: 7-31.

［125］ MATSUDA Y. Behavior of lithium/eletrolyte interface in organicsolutions ［J］. Journal of Power Sources, 1993, 43 (1/2/3): 1-7.

［126］ UCHIDA J I, TSUDA T, YAMAMOTO Y, et al. Electroplating of amorphous aluminum-manganese alloy from molten salts ［J］. ISIJ International, 1993, 33: 1029-1036.

［127］ LEE Y M, SEOJ E, LEE Y G, et al. Effects of triacetoxyvinylsilane as SEI layer aditive on electrochemical performanc of lithium metal secondary battry ［J］. Electrochemical an Solid-State Leters,

2007, 10 (9): 216-219.

[128] LIANG X, PANG Q, KOCHETKOV I R, et al. A facile surface chemistry route to a stabilized lithium metal anode [J]. Nature Energy, 2017, 2: 6362.

[129] YAN K, LEE H W, GAO T, et al. Ultrathin two-dimensional atomic crystals as stable interfacial layer for improvement of lithium metal anode [J]. Nano Letters, 2014, 14 (10): 6016-6022.

[130] SAND H J S. On the concentration at the electrodes in a solution, with specil refrence to the liberation of hydrogen by electrolysis of a mixture of copper sulphate and sulphuric acid [J]. Proceedings of the Physical Society of London, 1899, 17 (1): 496.

[131] JEONG S K, SEO H Y, KIM D H, et al. Suppression of dendritic lithium formation by using concentrated electrolyte solutions [J]. Electrochemistry Communications, 2008, 10 (4): 635-638.

[132] LIANG G, MO F, LI H, et al. A universal principle to design reversible aqueous batteries based on deposition-dissolution mechanism [J]. Advanced Energy Materials, 2019, 9 (32): 1901838.

[133] WANG S H, YIN YX, ZUO T T, et al. Stable Li metal anodesvia regulating lithium plating/striping in vertically aligned microchannels [J]. Advanced Materials, 2017, 29 (40): 1703729.

[134] YANG C P, YIN Y X, ZHANG S F, et al. Acommodating lithium into 3D current collectors with a submicron skeleton towards long-life lithium metal anodes [J]. Nature Communications, 2015, 6: 8058.

[135] LI Q, ZHU S, LU Y. 3D porous Cu current colletor/Li-metal composite anode for stable lithium- metal batteries [J]. Advanced Functional Materials, 2017, 27 (18): 1606422.

[136] KABTAMU D M, LIN G Y, CHANG Y C, et al. The effect of adding Bi^+ on the performance of a newly developed iron-copper redox flow battery [J]. RSC Advances, 2018, 8 (16): 8537-8543.

[137] 王鸿建. 电镀工艺学 [M]. 哈尔滨: 哈尔滨工业大学出版社, 1995: 154-164.

[138] HU C C, CHANG C Y. Anodic stripping of zinc deposits for aqueous batteries: Effects of anions, additives, current densities, and plating modes [J]. Materials Chemistry Physics, 2004, 86 (1): 195-203.

[139] YAO S G, CHEN Y, et al. Effect of stannum ion on the enhancement of the charge retention of single-flow zinc-nickel battery [J]. Journal of the Electrochemical Society, 2019, 166 (10): A1813-A1818.

[140] ZHANG L, CHENG J, YANG Y S, et al. Study of zinc electrodes for single flow zinc/nickel battery application [J]. Journal of Power Sources, 2008, 179 (1): 381-387.

[141] 申承民, 张校刚, 力虎林. 电化学沉积制备半导体 $CuInSe_2$ 薄膜 [J]. 感光科学与光化学, 2001, 19 (1): 1-8.

[142] NIKIFORIDIS G, DAOUD W A. Indium modified graphite electrodes on highly zinc contining methanesulfonate electrolyte for zinc-cerium redox flow battery [J]. Electrochimica Acta, 2015, 168: 394-402.

[143] AZHAGURAJAN M, NAKATA A, ARAI H, et al. Effect of vailin to prevent the dendrite growth of Zn in zinc-based secondary batteries [J]. Journal of the Electrochemical Society, 2017, 164 (12): A2407-A2417.

[144] GHAVAMI R K, RAFIEI Z. Performance improvements of alkaline batteries by studying the effects of diferent kinds of surfactant and different derivatives of benzene on the electrochemical properties of electrolytic zinc [J]. Power Sources, 2006, 162 (2): 893-899.

[145] CHEN X C, GUO J C, GERASOPOULOS K, et al. 3D tin anodes prepared by electerodeposition on a virus scaffold [J]. Journal of Power Sources, 2012: 129-132.

[146] HU W B, ZHONG C, LIU B. High voltage rechargeable $Zn-MnO_2$ battery: PCT/CN2019/074801 [P].

目录

第1章
绪　论

　　城市河流是城市水环境的重要组成部分，河湖水系统的污染防治和保护是城市水环境治理工作的重要内容。全面了解城市水环境系统的组成、功能、现状和发展趋势是科学、有效开展城市河湖水污染防治与水环境保护的前提和基础。

　　城市水环境系统由水的自然循环系统和社会循环系统组成，由于人为的因素城市水环境系统比天然水环境情况显得更为复杂。在水的社会循环过程中，除了部分水量消耗外，主要发生的是水质变化过程。随着城市化进程的加快，人类对自然水资源的利用不断加大，在城市化过程中，城市河流的自然水环境系统不断地受到干扰，使其结构发生变化，从而影响到它原有的功能。

1.1　城市河流污染

1.1.1　我国城市河流水环境现状及趋势

　　一般认为，河流指地表上具有相当水量且常年或季节性流动的天然水流；而对于城市河流，有学者认为是指发源于城区或流经城市区域的河流或河流段，也包括一些历史上虽属人工开挖，但经多年演化已具有自然河流特点的运河、渠系。城市河流水环境涵盖了城市中的线状水体（自然河流、人工渠道、护城河）及其构成的水循环空间。城市河流是我国水环境的重要组成部分，也是城市居民生活、生产的重要水资源，在社会经济发展中发挥着巨大的作用。城市河流水环境与城市的发展及人居环境的改善有着密切的关系，它同时是城市景观的灵魂和历史文化的载体，也是城市风韵和灵气之所在。城市河流水环境在不同时期有不同的组成，其功能也有相应的转变。

　　（1）在开发利用初期即工业化时期，城市河流水环境由河道、水域和河滨空间组成，其功能是防洪、排水、渔业和运输。

　　（2）在污染控制和水质恢复期，城市河流水环境由河道、水域和河滨空间组成，其功能是防洪、排水、渔业、运输和水质调节。

（3）在综合规划治理和可持续利用期，城市河流水环境由河道、水域、河滨空间、生物和河岸周边环境组成，其功能是防洪、给水排水、渔业、运输、水质调节、保持生物和景观多样性、承载历史文化和城市人文自然情感。

近年来我国城市河流随着城市迅速发展而出现一系列环境问题。目前，全国80%以上的城市河流受到污染。据全国2222个监测站的统计（2006年），在138个城市河段中符合Ⅱ、Ⅲ类水质标准的仅占23%，超过Ⅴ类水质的占到38%。我国城市河流及景观水体普遍出现水污与生态退化等问题，突出表现为水质恶化乃至黑臭、水生态严重退化甚至破坏、堤岸人工化和河流形态几何化、城市水灾频发、河流景观极大伤害。归纳起来，我国城市河流所面临的主要环境问题如下。

（1）随着城市化步伐的加快，大量工业废水、生活污水不经处理直接排放（或未达标排放）到城市河流中，致使水质污染严重，COD、BOD、氨氮、总氮和总磷等超标。城市河流水质污染导致河流水体及其两岸的生物多样性下降，城市河流自净能力及生态功能逐渐丧失，城市河流的基本功能受到损害。

（2）片面地追求功能，城市河流水面减少，河道硬化、渠化导致河流水环境的生态及环境功能破坏。另外，由于城市河流水质恶化，很多城市将河流覆盖变为地下暗河。

1.1.2　城市河流水体污染来源

水体污染日趋复杂，就污染的类型和形成机制大致可以分为以下几类。

1.1.2.1　点源污染

水环境中的点源污染指有固定的排放位置进行污染物集中排放的污染源，目前主要包括城市生物污水处理厂排放的尾水和工业废水。

生活污水排放量大、污染物负荷高，是我国城市水环境受纳水体中污染物的重要来源。目前，我国城市生活污水处理厂的管网配套不健全，存在生活污水直接排放现象，这一问题在河网城市的老城区中尤为多见；二是生活污水处理厂处理后达标排放，但城市水环境依然作为排放尾水的最终受纳水体，仍接纳较多的负荷污染物，污水处理厂的达标排放尾水作为城市水环境的新污染点源问题已经引起重视。

工业废水污染物浓度高，由于受到产品、原料、工艺流程和操作条件等多种因素的影响，工业废水中所含的污染物质成分极为复杂，部分工业废水中有机有毒污染物和重金属含量较高。与生活污水相比，工业废水对水环境的影响大，对水环境生态破坏的作用也更为明显。

1.1.2.2 非点源污染

非点源污染即向环境中排放且非连续的扩散过程，而且不能由一般的污水处理方法获得水质改善的排污源。长期以来，点源治理一直被作为水污染治理中的主要方向。但实践表明，单纯控制点源污染一些水体仍然受到非点源的污染。据美国、日本等国家报道，即使点源污染得到全面控制，江河的水质达标率也仅为65%，湖泊的水质达标率为42%，海域水质达标率为78%。城市水环境受到非点源污染的问题已经收到各国的普遍重视，非点源管理与处理技术研究也成为业内研究的热点问题。目前我国城市非点源污染主要包括地表径流污染和近郊农业的面源污染。

城市地表径流产生的雨污水成分复杂，且具有季节性变化的特点；另外随着城市规模的扩大和交通运输的增加，城市径流量和污染物含量也随之增加。在城市水环境中，除了城市地表径流外，其他如郊区的农业面源、禽畜养殖以及河网城市的水产养殖等也是造成其污染的来源。在美国，农田径流使全国64%的河流、57%的湖泊受到污染；我国富营养化湖泊中50%以上磷、氮的污染负荷来自农业。

1.1.2.3 内源污染

底泥是河湖水生态系统的重要组成部分。营养盐、难降解有机物等污染物通过大气沉降、废水排放、雨水淋溶与冲刷进入水体，最后沉积到河底，并逐渐富集，使底泥受到污染。因此，底泥是河湖有机质、营养盐等污染物的积蓄库，被认为是城市河湖内源污染的主要来源。

底泥中污染物在物理、化学和生物的作用下，在底泥中发生复杂的变化，继而向水体释放污染物，对水生生态构成威胁乃至破坏。富营养化越严重的河水，水体在外源性磷、氮污染被截断后，底泥中营养盐的释放持续发挥作用，使水体仍保持富营养化状态。因为底泥中的营养盐与水体保持动态平衡，当水体污染源得到一定控制后，氮、磷就主要来自底泥的释放，所以底泥中营养盐的释放是造成内源负荷的直接原因。重金属可以通过各种途径进入环境，参与土壤-水体-生物系统的循环，当环境条件发生变化时，也极易再次进入水体，成为二次污染源。

1.1.2.4 城市固体废物污染

随着社会的不断进步和经济的迅猛发展，国内固体废物的产生量正在逐年增加。城市固体废物产生量和成分的多变性、不均匀性以及环境污染的严重性，构成当今城市固体废物的主要特点。与废水和废气相比，固体废物具有污染物的富集终态和污染源头的双重作用，如在环境污染治理中很多污染物通过收集、浓缩、转化、最终成为固体废物。这些"终态"物质中浓度的有害成分在长期自然因素的作用下，又会渗入大气、土壤和水体中，成为它们的污染源头。

固体废物对水体的污染有直接污染和间接污染两种途径。把水体作为固体废物的接纳体，向水体中直接倾倒废物，从而导致水体的直接污染。固体废物在堆放和填埋过程中，经发酵和雨水淋滤、冲刷以及地表水和地下水的浸泡等会产生渗滤液；渗滤液通过岩土层向下渗透，污染物沿地下水流扩散或者进入江河湖泊，对周围水环境带来严重污染和危害，即间接污染。渗滤液具有污染物组成复杂、污染强度高、污染持续时间长、水量变化大、水质波动性和水质场地性等特点。

1.1.3 城市河流水体污染物

据估计，全世界各城市地区每年排入水体的工业废水和生活污水达 5000 亿吨以上，造成各种类型的河流水体污染，主要包括有机物污染、重金属污染、酸碱污染、病毒细菌污染等。

有机污染物是指以碳水化合物、蛋白质、氨基酸和脂肪等形式存在的天然有机物质以及某些其他可生物降解的人工合成有机物质为组成的污染物。有机物又可因其污染后果分需氧污染物、植物营养物、酚类化合物等类型。需氧污染物是指生活污水和工业废水中的碳水化合物、蛋白质、脂肪和木质素等有机化合物，其在分解过程中需要消耗水中的溶解氧，从而降低水体的自净能力。植物营养物主要来自生活污水的粪便以及含磷洗涤剂、化肥、农药，它们能引起水体的富营养化。酚类化合物主要来自冶金、炼焦、塑料、石化等行业的工业废水，酚有毒性，可使人和水生动物慢性中毒。

沉积物中有机质在沉积物环境化学及污染迁移释放中扮演着重要角色。有机质矿化消耗大量氧气，释放出碳、氮、磷、硫等营养物质，造成水体富营养化。例如，Gachter 为降低两个富营养化湖水中的磷浓度，向湖底曝气 10 年，但由于湖底富集的大量有机质矿化，使其未达到预期效果。有机质通过吸附、络合等方式对沉积物中重金属及有毒有机化合物的环境迁移行为起决定作用。Tack 通过研究水体氧化时沉积物重金属的移动性，发现沉积物有机物的矿化分解可能会导致重金属活性增加。Warren 通过研究沙质、富铁氧化物、富有机质沉积物中铜对水稻萌芽的影响，发现有机质控制了沉积物中铜的生物可给性。此外，有机质矿化产生的二氧化碳、甲烷及挥发性卤代烃能破坏臭氧层气体。对沉积物中有机质的研究表明，再悬浮是有机质迁移的主要途径。而有机质的矿化主要受到污染状况、固化程度以及沉积厚度的影响，且呈负相关关系。

重金属污染指工业企业排放的含重金属的工业废水造成的污染。重金属一般以天然浓度广泛存在于自然界中。但由于人类对重金属的开采、冶炼、加工及商业制造活动日益增多，造成重金属如铅、汞、镉、钴等进入大气、水、土壤中，引起严重的环境污染。危害较大的重金属有铜、锌、镉、铬、汞、砷、铅等。

重金属含量超标虽然不会改变水体的外观和气味，但对动植物的危害巨大。例如，日本的水俣病就是因为烧碱制造工业排放的废水中含有汞，在经生物作用变成有机汞后造成的；又如骨痛病是由炼锌工业和镉电镀工业所排放的镉所致。汽车尾气排放的铅经大气扩散等过程进入环境中，造成目前地表铅浓度显著提高，致使近代人体内铅的吸收量比原始人增加了约100倍，损害了人体健康。

重金属以各种形态分布在水体、底泥及生物体中，表现出不同的环境地球化学行为和毒性特征，其毒性危害与污染特点在于：天然水中，只要有微量浓度即可产生毒性效应，其毒性和稳定性取决于其存在形态，而且随水环境条件而改变；微生物不仅不能降解重金属，相反地，某些重金属在微生物的作用下可转化为毒性更强的金属有机化合物；生物体从环境中摄取的重金属，可经过食物链的生物放大作用逐级在较高的生物体内成千百倍地富集；重金属可通过多种途径进入人体，不易排出，逐渐积累，从而导致急、慢性疾病或产生远期危害。

沉积物中重金属污染物具有隐蔽性、长期性和不可逆性等特点。最主要的是重金属不能被微生物降解（某些重金属在微生物的作用下可转化为毒性更强的金属有机化合物），只能以各种形态分布在水体、底泥及生物体中，表现出不同的环境地球化学行为和毒性特征，或以不同的价态，在水、沉积物和生物之间迁移、转化、分散、富集。因此，重金属污染一旦形成，就很难在短期内消除。

1.1.4 主要研究方法及研究现状

1.1.4.1 国内外河流水质研究现状

河流环境质量评价工作已有多年的历史。最初水质的优劣是通过水的色泽、味、嗅、浑浊度等感官性状来认识评定的，自从西方工业革命以后，人口大量向城市集中，排入河流、湖泊等地表水体的生活污水量剧增，由于未采取任何处理措施，污水中的病原菌大量繁殖，水质卫生状况严重恶化，导致19世纪末至20世纪初，在英国伦敦、德国汉堡等地大规模霍乱流行，使成千上万人丧生，从而引起对水卫生学的重视，因此，除增加了生化需氧量和化学需氧量外，又提出了大肠菌群和细菌总数等卫生学指标作为水质评价参数。

第二次世界大战后，随着工业迅速发展，大量污染物随工业废水进入水体，严重危害水生生物生存和人类健康。因此，水质评价参数中引入了重金属、农药和有机化合物等有毒、有害物质指标。自20世纪70年代以来，随着水体富营养化研究的深入，磷、氮等被列为湖泊、水库、河口等的重要评价指标。

从评价方法来看，最初的水质评价方法仅凭感官性状指标进行描述性评价，后来，采用了化学指标和生物指标，进行一定程度的定量评价，R. K. Horton 提出了水质评价的质量指数法（QI），标志着水质现状评价工作的开始。此后，国外许多环境科学家研究和构造出各种环境指数，用以表明各种不同的环境要素的环境污染状况。比较有代表性的水环境质量指数有：美国布朗水质指数 WQI，美国内梅罗水质污染指数 PI，英国罗斯水质指数，意大利帕梯水质指标，苏联依库拉里水质指数等。在东欧和苏联/俄罗斯，多数学者在评价时既考虑物理、化学指标，还考虑生物指标，使水质现状评价更加全面、科学。我国也提出了一些方法，例如，在北京西郊环境质量评价时提出了迭加型指数法，在南京城区环境质量综合评价研究中提出了加权均值指数法，在图们江水系污染与水质资源保护研究时提出了均值型指数法。

从环境评价发展的历程来看，20 世纪 60 年代中末期，对环境污染主要采取以"治"为主的方针，相应的环境评价工作是以现状评价为主。从 60 年代末开始，进入防治结合以"防"为主的环境污染综合防治阶段。这一阶段的环境评价工作以预测评价为主，开展环境影响评价。

日本从 20 世纪 50～60 年代以来经济发展迅速，经济密度大，污染负荷重，在出现一系列公害事件后，开始重视环境污染防治与环境评价工作。日本的环境质量评价的一个重要特点就是把评价与污染控制紧密结合起来，先后提出多种控制方式，例如早期的浓度控制方式，后来的总量控制方式和按变化的排放量分配控制方式等。1972 年起，日本把环境影响评价作为一项重要的政策来实施，在评价内容上，不仅包括对自然环境的影响，还包括对社会和经济带来的影响。

东欧与苏联/俄罗斯从 20 世纪 70 年代开始环境质量评价，主要侧重于河流和地理的评价，苏联在伏尔加河、顿河、莫斯科河建立了河流污染平衡模式，许多学者强调，评价时不仅要考虑物理、化学指标，还要考虑生物学指标。捷克斯洛伐克在 70 年代中期就进行了全国的环境质量评价工作，并出版了一套比例尺为 1∶50 万的彩色环境质量图。捷克斯洛伐克、波兰还开展了旅游地的环境评价研究。东欧各国与美国、日本、西欧各国在环境质量评价方面的学术交流及双边协作也十分活跃，美苏/俄、日苏/俄等国都有定期的专题讨论会，并出版相应的会议纪要。例如，美国和苏联/俄罗斯从 1975 年开始举行两年一次的城市环境质量问题讨论会，主要讨论"现代与未来的城市环境问题"。

我国的环境质量评价工作是 20 世纪 70 年代逐步发展起来的，大体上经过了四个阶段：初步尝试阶段、广泛探索阶段、全面发展阶段和环境影响评价阶段。

在初期仅限于城市或小范围区域的现状评价。如北京西郊环境质量评价、官厅水库环境质量评价等。之后开展了像北京官厅水库、松花江、图们江、白洋淀、湘江、杭州西湖、武昌东湖、昆明滇池、太湖、东海海域及南海海域等水环境的专题质量评价工作。

从环境质量评价的应用理论来看，20 世纪 80 年代以前，国内外进行的环境质量分析与评价的理论基础是基于随机性的概率论和数理统计；基本方法主要为综合指数评价法、概率统计评价法、主分量分析评价法等。

主分量分析法，也称主因子分析法（含主成分分析法）是从研究相关矩阵内部的依赖关系出发，把一些错综复杂的变量归结为少数几个综合因子的一种多变量统计分析方法。这个概念起源于 20 世纪初的 Karl Pearson 和 Charles Spearman，一开始主要用于对认知测验变量的组织、结构的分析上，目的是借助提取出的公因子来代表不同的性格特征和行为取向，从而解释人类的行为和能力。早期的主因子分析都采用零碎的、个别近似的方法，1967 年哈尔曼（Harman）的《现代因子分析》一书的问世，加上 Hotelling 和 Larley 等分别从统计角度来处理整个分析过程，主因子分析才真正作为一个比较严格的数学和统计学的理论而得到广泛应用。如 Perona 研究了西班牙阿柏契（Alberche）河河流水质指标特征及其时空变化特征，Rajesh Reghunath 用因子分析和聚类分析对印度的地下水水质进行了研究，W. Zhu 对河流沉积物中的稀有元素的分布及类型进行了研究。近几年，Nicolaos Lambrakis 运用多元统计方法中的因子分析对水化学及水环境的各种参数进行分析，揭示了 NO_3^- 离子在水体中的分布特征。

但环境信息除了具有随机性外，还具有模糊性、灰色性和不相容性等不确定性特征。此外，环境评价问题实质上就是决策问题，而决策是需要考虑优化的。自 20 世纪 80 年代兴起和发展起来的模糊集理论、灰色系统理论、物元可拓集、集对分析、粗集理论、投影寻踪技术、人工神经网络、遗传算法和蚁群算法等不确定性问题的新理论和新优化技术正是用于处理具有模糊性、灰色性、不相容性等不确定性问题的新理论和新优化技术。将这些新理论和新技术引进到环境科学中，应用于环境质量评价，使环境质量评价过程更体现为数学模型化和最优化，使评价理论和方法更具有科学性和先进性，使评价结果更具合理性和精确性，从而开辟了环境质量评价的新途径。

现在，水质评价成为几乎所有综合环境质量评价中不可残缺的重要内容。目前我国已经建立了一支有专家和技术人员为主力的环境评价队伍，许多高等院校开设了环境评价课程，在评价方法和理论方面做了许多探讨研究，无论从广度还是深度方面均有很大的进展。

1.1.4.2　国内外河流底泥研究现状

近年来，人们对沉积物中重金属有害物质的污染研究已经从总量和单质分析转移到形态分析，并从单纯的表面环境污染转向更深层的污染源迁移转化规律的研究。1979 年，加拿大学者 Tessier 等首先提出了土壤中重金属的五步分级提取法，将土壤重金属分为可交换态、碳酸盐结合态、铁锰氧化态、有机硫化物结合态和残渣态。最易被生物吸收的是离子交换态；其次是在 pH 值变化时较易重新释放进入水体的碳酸盐结合态；铁锰氧化物结合态，在环境变化时会部分释放，对生物有潜在有效性；有机-硫化物结合态不易被生物吸收利用；残渣态主要来源于天然矿物，稳定存在于矿物晶格里，对生物无效应，所以也称惰性态。

随后国内外学者相继开展了对重金属形态的研究，包括后来使用的三步提取法（BCR 法）、六步连续提取法（Forstner 法）及针对不同沉积物特征的连续萃取法等。在沉积物中，重金属以各种不同的化学形态存在，表现出了不同的与化学反应、迁移性、生物有效性以及毒性有关的物理化学特性。研究显示，重金属在环境中的生物可利用性和毒性受它们在环境中存在形态的影响很大，而与总量没有很好的相关性。此外，也可通过分析元素形态分布特征来判别污染物的自然或人为来源。可见，重金属各形态的含量也是了解重金属对生态环境、生物地质化学转化性和其最终命运的重要指标。因此，除了对重金属总量进行比较外，有必要结合重金属形态分布进行污染水平和生物有效性分析，以便为沉积物后期的修复措施提供理论依据。

目前，国内外评价河流沉积物重金属污染的方法很多，普遍采用的有传统的地累积指数法、潜在生态风险指数法、沉积物富集系数法、污染负荷指数法、脸谱图法、次生相富集系数法等，也有新的地积累指数法、海洋沉积物污染指数法、平均沉积物质量基准系数法等（表 1-1）。

表 1-1 沉积物污染评价方法对比

评价方法	优 点	缺 点
地累积指数法	综合考虑了人为活动对环境的影响和由于自然成岩作用对背景值的影响	依据重金属总量进行评价，仅可了解污染程度，难以区分污染物自然来源和人为来源，难以反映重金属的化学活性和生物可利用性
潜在生态风险指数法	综合考虑了重金属的毒性、敏感性以及背景值的区域差异，体现沉积物污染对生态环境的风险效应	仅适合对大区域范围内不同源沉积物间进行评价比较；确定毒性加权系数时带有主观性
沉积物富集系数法	对沉积物粒度进行校正，回避了由于黏土含量的不同而造成重金属浓度差别	不能反映重金属自然来源和人为来源、化学活性和生物可利用性
污染负荷指数法	由评价区域的多种重金属成分共同构成，可对任意给定的区域进行定量判断	未考虑不同污染物源引起的背景值差异
脸谱图法	在一张图上可直观反映各元素的量值及人类活动对污染区域的影响程度	表达较为烦琐
次生相富集系数法	扣除母岩控制作用，客观反映人类活动对污染区域的影响程度	未用国家标准来对比度量，不能确定人类所能接受的污染物浓度水平
新的地积累指数法	依照沉积物的粒径，使用不同背景参照，已应用于河口沉积物中	需要对沉积物进行粒径分类
海洋沉积物污染指数法	针对性强，结果更准确	需要大量的计算（主成分分析）
平均沉积物质量基准系数法	较简单，易于定量化、模型化，结合重金属形态分布特征，可很好反映沉积物的污染来源和背景值差异	建立在 3 个基本经验假设基础上，未考虑"硬度"和环境 pH 值的影响，使结果具有某些不确定性和误差

由表 1-1 可知，各种评价方法都有其优缺点。因此，要想客观、全面、准确地反映沉积物重金属的污染状况，需将多种评价方法相结合，综合考虑背景差异、粒度差异、人类活动影响、毒性等因素。

沉积物中重金属以不同的形态存在，且不同形态表现出的生物有效性不同。因此，还应分析污染物的生物有效性。目前，评价沉积物重金属生物有效性的方法较缺乏，主要有风险评价准则法（RAC，risk assessment code，2004）、次生相与原生相比值法（RSP）和次生相富集系数法（REF）等。

研究表明，人类活动引起的可交换态和碳酸盐结合态重金属含量升高会增加重金属的生物有效性，而 RAC 就是建立在可交换态和碳酸盐结合态的基础上，根据这两种形态分布比例的加和来确定沉积物的风险程度。但是，由于重金属的毒性会随重金属种类、浓度及环境暴露时间的改变而改变，RAC 只能粗略估计沉积物重金属的有效性。

RSP 是通过求次生相（除残渣态以外的其他形态）与原生相（残渣态）的比值来确定沉积物重金属的污染状况。REF 则是通过将上述沉积物的次生相与原生相比值与未受污染参照点的次生相与原生相比值相比，来确定沉积物中的重金属污染状况。与 RSP 相比，REF 会得到更可靠的结论，但是，REF 需使用未受污染的参照点来进行计算，这大大降低了该方法的普及程度。可见，要获得更合理的评价方法和标准，还需进行重金属不同形态的毒理试验，然后通过归纳总结来明确沉积物重金属的迁移转化规律和生物有效性。

解析土壤重金属污染来源的方法主要包括化学形态分析、剖面分布、同位素示踪、空间分析、多元统计等。

通过元素的形态分布可区分自然来源和人为来源。例如，卢瑛、莫争等的研究发现人为输入会使土壤重金属残渣态所占比例大大降低。由于外源重金属污染物大都富集在沉积物表层而很难向下层迁移，利用土壤剖面表层和深层土壤重金属含量的关系，可判别土壤元素异常的成因。又如，王祖伟利用土壤上层和底层重金属含量比值来讨论人为输入对土壤重金属污染的影响。

同位素标记法被广泛应用于土壤地球化学领域污染物来源的研究，此法可有效区分人为来源和自然来源。例如，杨元根使用同位素示踪法研究某炼锌点土壤和沉积物中重金属的累积程度，发现该区累积的 Pb 来源于矿山物质。空间分析是应用地理信息系统（GIS）来直观判断异常空间分布和污染源的关系。多元统计是利用因子分析和聚类分析等方法来区分人为污染和自然污染。

在评价中，需综合运用多种解析方法，例如，将形态分析、剖面分布和多元统计方法相结合，以便较准确地分析沉积物重金属污染的自然或人为来源。然而，目前的研究主要停留在区分人为污染或自然污染上，对污染重金属各来源的比例认识尚需发展，从而准确确定污染物的来源及比例，为沉积物后续修复提供重要参考。本书将侧重于分析重金属的污染状况，结合重金属与有机质间的相关关系，综合运用多种评价方法较准确地评价入海城市排污河道沉积物的污染水平，为复合污染底泥修复技术的选取提供理论依据。

1.2　城市河流底泥污染修复技术

污染底泥的处理即污染沉积物的修复，是当前环境保护工程科学与技术研究中的一个新热点。近年来，世界各国都非常重视污染土壤修复技术的研究。现有的河道底泥修复方式主要有原位修复和异位修复两种，修复技术按照修复方法及原理的不同分为物理化学修复技术和生物修复技术。

原位修复是指在污染现场利用物理化学或生物方法对污染底泥进行处理，以降低污染物浓度、毒性以及迁移性。异位修复则是指将污染沉积物挖出，运离污染现场，再使用物理化学或生物的方法对其进行处理。

物理化学修复技术主要有原位封帽技术、底泥氧化技术、上覆水充氧技术、疏浚、冲刷、自然恢复法等。在治理局部性热点污染时，常用的物理化学方法有客土换土法、化学沉淀法、离子交换法、电解法、反渗透法、萃取法、活性炭吸附法、膜分离法、淋滤法、热处理法等。其中，原位封帽技术是在污染沉积物表层铺设一层隔离材料，对污染物进行包封，使其达到稳定。该技术在日本、加拿大、美国和欧洲的发展较为迅速。沉积物氧化技术是将氧化剂（硝酸钙、氧化铁、石灰等）注入沉积物内部，对污染物进行脱氮并控制内源性磷的钝化处理技术。上覆水充氧技术是利用增氧措施对河湖充氧，增加水体溶解氧，以阻止底泥污染物对上覆水体的影响。如白晓慧通过充氧使模拟河道保持一定溶解氧，有效控制了底泥中有机物、氨氮、磷等向水体的释放。底泥疏浚是将河道的污泥挖出，转移并用以堆肥、填埋或焚烧，可在短时间内大幅降低河道污染。且挖出的淤泥可用于制砖、改良土壤等。

目前，原位修复技术的应用并不广泛。与原位修复技术相比，异位修复具有更好的效果。疏浚技术是主要的异位修复方法并被广泛使用。该技术能较大程度上消减底泥对上覆水体污染的贡献，但费用昂贵，难以大范围推广使用。对于大面积污染区，物理化学方法费用昂贵，技术可操作性差的特征更突。

生物修复技术是通过利用微生物自身的降解能力分解污泥中的污染物，或利用植物的富集、吸附、分解等作用来净化污染底泥。原位生物修复通过投加具有高效降解作用的微生物、营养物质以及电子受体和供氧剂来修复污染底泥，由于其投资费用低，是污染底泥治理的理想方法。如冯奇秀将土著微生物培养液和底泥生物氧化复合配方制剂一起应用于黑臭河涌的治理，达到很好的治理效果。但外加物质或微生物易受到水利条件及土著微生物的影响，经常难以达到预期效果。异位生物处理则是对疏浚底泥进行植物或微生物修复。例如，运用生物处理方法修复烃类污染物已达到规模化使用。

表 1-2 为在同一实际污染区域采用不同修复措施的效应及费用情况。

表 1-2 同一污染区域的修复措施对比

技术	影响	效应	估计费用/百万美元
加盖	只将地表水和地下层分离，仍然存在风险	污染物依然存在，需要一些维护措施	0.5~1.0
化学稳定和加盖	降低了未来扩散	不能达到持久性	5.3
生物修复	完全清除污染	持久性降低风险	2.3
焚烧	完全清除污染	持久性降低风险	15~17
不采取行动	污染物将会扩散，不确定性风险	对环境和人体健康产生风险	0

可见，综合考虑污染物的持久性效应和费用情况，生物修复表现出了突出优势。图 1-1 为受石油烃污染土壤的修复费用情况。微生物修复和植物修复在预算的每吨处理成本上均小于 200 美元，具有很好的应用前景。因此，虽然其修复过程较为缓慢，但具有处理费用低，对环境影响小等优点，受到人们的广泛关注。

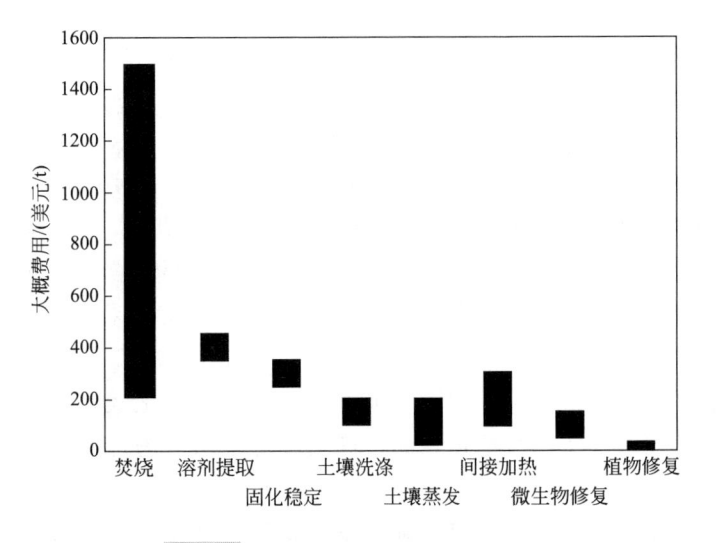

图1-1 石油烃污染土壤的修复费用

近年来，为解决生物修复过程缓慢、降解不彻底的问题，国内外学者提出用联合降解的方式来提高沉积物的生物活性和生物可利用性。例如，厌氧-好氧联合，生物降解-吸附联合，膜生物反应器-吸附-化学氧化联合等。本书将采用异位生物修复方式对入海排污河道的疏浚底泥进行处理。

1.3　生物修复技术

生物修复技术最早应用于清除美国宾夕法尼亚州 Ambler 管线泄漏的汽油（1972 年）。该技术的应用规模最初很小，仅处于试验阶段，直至 1989 年美国阿拉斯加海域受到大面积石油污染以后，生物修复技术才得到大规模应用。美国从 1991 年开始实施庞大的土壤、地下水、海滩等环境危险污染物的治理项目。欧洲各发达国家从 20 世纪 80 年代中期开始研究生物修复技术，并将其应用于一些实际工程中。德国、荷兰等国在生物修复技术应用方面处于欧洲前列。

我国的生物修复技术处于刚刚起步阶段。在过去的十几年中主要是跟随其他国家生物修复技术的发展，最初的生物修复应用是利用细菌来治理石油、农药之类的有机污染，但大面积应用的例子较少。随着研究的不断深入，生物修复技术又应用于对地下水、土壤等污染的治理上，而且修复技术已由细菌修复拓展到真菌、植物、动物修复，由有机污染物的生物修复拓展到无机污染物的生物修复。

1.3.1　植物修复技术及研究现状

植物修复是以植物能够忍耐和超量积累重金属、有机物或放射性元素的理论为基础，通过植物及其共生微生物体系来清除环境中污染物的一种污染治理技术。1977 年，Brooks 等首先提出了超富集植物的概念。1983 年，美国科学家 Chaney 首次提出运用植物来去除土壤或沉积物中重金属等污染物的设想，自此，人们逐渐将植物修复技术作为重金属污染治理研究的重点。

目前，英国、美国、德国、意大利、澳大利亚等国家已就植物修复方式进行了大量的研究。美国等一些发达国家大规模的试验表明，植物修复技术是一项切实有效的、有希望的、能廉价处理某些有毒污染物的新方法。据美国 D. Glass 公司估计，2005 年美国植物修复技术市场投入可高达 3.7 亿美元。在欧洲和北美地区，采用植物修复技术治理重金属污染土壤的年均市场价值高达 40 亿美元。国外有些国家已进行了野外大规模试验，并达到了商业化水平。例如 Edenspace 公司成功研发出针对铅、锌、锡和砷污染的植物修复技术。英国利物浦大学的 Bradsha 最早利用矿山废弃地的耐性植物对矿山土地进行了修复，并且成功地开发出可商业化应用的针对不同重金属矿山废弃地的耐性植物。

重金属的植物修复包括植物提取、植物挥发、植物过滤或根系过滤、植物钝化等。植物提取是利用植物对重金属的吸收和在地上部的积累，收获地上部植物以减少土壤中的重金属含量，可以较彻底地去除土壤或沉积物中的重金属，是公认的去除环境中重金属污染物最主要的方法。植物挥发是利用植物促进重金属转变为可挥发形态，脱离土壤和植物的表面。植物过滤是利用植物根系的吸收能力和表面积或利用整个植株来去除废水或土壤中的重金属。植物钝化是利用植物促进重金属转变为低毒性形态，从而减轻重金属毒害的一种方法。在这一过程中，土壤的重金属含量并不减少，只是形态发生变化。

有机化合物能否被植物吸收，并在植物体内发生转移，完全取决于有机化合物的可溶性、亲水性、极性及其分子量大小。有机质亲水性越强，就越难被植物吸收。植物去除环境中有机物的机理有三种，包括植物直接吸收、植物和根际微生物的联合作用以及植物根系释放分泌物和酶。

植物吸收是指植物对有机物的吸收，这主要与有机物的相对亲脂性有关。化合物被植物吸收后，以一种被植物利用的形式束缚于植物组织中，如胡萝卜对二氯二苯基-三氯乙烷的吸收。环境中大多数苯系物、有机氯化剂和短链脂肪族化合物都可以通过植物吸收方式去除。植物和根际微生物的联合作用是指植物通过向根际分泌氨基酸等低分子营养物质来刺激根际附近微生物的大量繁殖，间接促进根际微生物有机污染物的降解。植物能以多种方式刺激微生物对有机污染物进行转化，根系分泌物可以刺激土壤微生物的活动，增加其数量，而微生物可以加速许多种有机农药、甲基硫类物质及某些杀虫剂的降解。

根据植物对重金属的吸收、转移和累积，可用于植物修复的植物主要有超富集型、指示型（敏感型）和排斥型。其中，超富集植物是植物修复中普遍运用、且修复效果较好的植物。超富集植物可以耐受很高的重金属离子且可将沉积物或土壤中的重金属离子大量吸入体内，但却可以保持生长。在植物提取中，超富集植物的筛选是当前研究的重点。世界上已发现的超富集植物有500多种，且主要集中在十字花科，如国际上研究最广泛的芸苔属、遏蓝菜属及庭介属，大多发现于欧美、新西兰及澳大利亚等国的污染地区。我国发现的超富集植物有400多种，包括对铅的超富集植物羽叶鬼针草、酸模和苘麻，镉的超富集植物龙葵，锌的超富集植物东南景天、天蓝遏蓝菜，锰和镉的超富集植物商陆，铜的超富集植物香薷属植物等。而且，这些植物中有70%以上为镍的超富集植物。

指示植物对重金属的吸收量随着重金属生物有效性的增加而增加。一般要求每种指示植物吸收某一特定的重金属离子，或多种互不干扰的重金属，从而可通过分析植物体内的重金属浓度来评价土壤或沉积物的污染状况及生物可利用性，很直观地反映出污染土壤或沉积物的修复效果。

排斥型植物若本身具有避性，则对土壤或沉积物中的重金属具有一定的排斥性，即土壤中的重金属不会被该植物吸入体内，也不会对植物生长产生毒害作用。因此，在土壤重金属生物有效性得到一定降低后，种植具有一定排斥能力的避性植物，可在"不安全"土壤或沉积物上长出"安全"产品。

到目前为止，植物修复仍处于试验阶段，对污染环境治理具有很大局限性。目前发现的可植物修复的超积累植物一般地上部分生物量小、生长缓慢且受季节性限制较强，修复效率不高。且不同植物仅对某种污染有较好修复效果，对复合污染土壤的修复收效甚微，还应防止植物的果实被误食而污染食物链。因此，需不断完善植物修复，采取各种辅助措施来提高植物修复效率。

1.3.2　植物修复辅助措施及研究现状

20 世纪 90 年代以后，许多学者注意到了植物和微生物共存体系对重金属超积累的重要性，通过对土壤环境因子进行调控，以提高植物对重金属的可吸收性。也有许多学者在寻找超积累植物的同时，又转向了对超积累植物耐性机理的研究，运用基因工程和现代分子生物技术，将超量积累植物和生物量高的亲缘植物杂交，改变了超富集植物生物量小、生长慢的缺点，并对土壤修复的工艺进行了研究，结合土壤改良剂等各方面因素，提高植物对重金属积累的有效性，加快对重金属污染土壤的植物修复进程。归纳起来，重金属污染土壤的植物修复强化途径主要有两种，一是提高植物生物量，二是提高植物体内重金属含量。根据上述目的，可将提高植物对土壤或沉积物重金属的措施有以下几种。

1.3.2.1　与化学方法相结合

主要包括调节土壤 pH 值、施加螯合剂及螯合肽、施加植物营养等。

pH 值是影响土壤中重金属生物有效性的重要因子。研究表明，适当降低 pH 值可大大提高土壤溶液中重金属阳离子的浓度，增加其生物有效性。通过使用土壤酸化剂或含铵肥料，可增加植物对重金属的吸收。对于重金属阴离子（如砷），则需要投加生石灰等碱性物质来增加土壤 pH 值，增大土壤溶液中的阴离子含量，使植物对阴离子的吸收量增加。

污染土壤中大部分重金属以固相形态吸附于土壤胶体和颗粒表面。螯合剂则对沉积物中的重金属具有活化作用，它主要是通过与沉积物溶液中的重金属离子结合，降低沉积物液相中的重金属离子浓度，打破沉淀-溶解平衡，促进固相金属离子的溶解，形成新的溶解-沉淀平衡，从而提高了重金属根际扩散能力，提高植物修复的效果。不同螯合剂和不同重金属之间存在选择性，它们之间存在最佳组合。如乙二胺四乙醇（EDTA）对铅，EGTA 对镉，EDDS 对铜，柠檬酸对铀分别具有很高的选择性。螯合剂的投加模式也会影响植物修复的效果。例如，Luo 等研究发现，当 EDTA 以热熔液形式施入种植植物的土壤后，植物地上部分对铅的累积量是常温溶液下最大累计量的 7 倍。

　　然而，螯合剂的使用通常会对植物产生毒害作用，使植物黄化、萎蔫，甚至死亡，且不同螯合剂对植物的毒害作用不同。例如，投加 EDTA 后，植物地上部生物量均有不同程度的降低。螯合剂的毒害作用与螯合剂的投加时间、投加模式以及供试植物的耐受性等有关。一次投加比多次投加效果要好，但会增加对植物的毒害以及重金属向地下渗滤的风险。多次投加效果虽然不如一次投加好，但会降低对植物的毒害作用，增强植物的耐受性。因此，应综合考虑目标重金属、螯合剂、植物、土壤等多方面因素。

　　植物螯合肽是在重金属诱导下合成的由谷氨酸、半胱氨酸和甘氨酸组成的含巯基多肽。它具有很强重金属结合能力，可与多种重金属结合形成螯合物，对重金属具有富集和解毒作用，并且对必需金属元素在真核生物（微藻、真菌和高等植物）细胞内的分布具有调节作用。

　　向污染土壤或沉积物中施加植物营养液或生长调节剂，可促进植物地上部的生长，提高生长量，并能促进植物根系的发育。植物的根系在植物对重金属的超积累或固定中起着重要作用。因此，发达的植物根系有利于植物对重金属的吸收。例如，在镉污染土壤中施入腐殖酸能使烟草茎中镉的含量大大增加。

　　然而，植物修复不仅要考察植物对重金属等污染物的提取效率及修复潜力，更需检测修复前后土壤的质量状况及添加剂带来的潜在生态环境风险。研究表明，施加螯合剂等化学试剂确实可能会带来一些潜在风险，如重金属的渗滤及二次污染问题，这大大限制了植物修复与化学方法相结合使用的实际效用。

1.3.2.2　与生物方法相结合

　　植物与生物方法相结合是将植物与微生物结合起来形成共生体，可以减少植物根对重金属的吸收。由于根际微生物能够改变金属离子在环境中的存在形态，在种植植物的土壤中施用接种菌种也能够促进植物吸收和积累重金属，而且作用显著。利用植物菌根技术对重金属和有机物污染土壤进行直接或间接修复，可有效降低污染物毒性。1991 年首次报道了石楠菌根能够降低植物对过量重金属铜和锌的吸收。之后，人们对菌根的重金属修复作用产生了浓厚的兴趣。丛枝菌根 AM 真菌是自然界中分布最广的一类菌根，也是土壤微生物区系中最重要的成员之一，对自然生态系统中植物的营养循环和逆境耐受能力起着重要作用。从生态学角度来看，AM 真菌与植物根系的紧密联系是自然界中最古老、最重要的微生物与植物的生态共生关系。AM 真菌能与世界上 80% 以上的植物形成丛植菌根，且与绝大多数的草本植物共生。Ortega Larrocea 等在墨西哥伊达尔戈州的矿山废弃物中发现，*Glomus* 属和 *Acaulospora* 属是主要的菌根真菌物种。

研究证明，AM 真菌不仅自身有耐金属毒害的能力，而且能抑制重金属从根系向地上部分移动，还可以提高植物对重金属的耐性，从而有利于植物生长。例如，在锌胁迫下接种了 AM 真菌后，AM 有效地阻挡了金属锌进入根部，植物组织内锌含量显著下降，而生物量显著上升。在铅胁迫下，AM 真菌可以增加鸡眼草、黑麦草、白三叶草等的生物量。菌根还能通过降低土壤 pH 值和分泌物成分来促进菌根植物对重金属的纯化。何章莉指出，根际土壤的 pH 值比非根际土壤低 1~2 个单位，就能显著活化重金属，而 Jones 发现有机酸能与重金属结合，可降低重金属毒性。

也有报道显示，AM 真菌能够提高宿主植物对重金属的积累和分配，增加植物体内重金属积累量，提高植物提取的效果。例如，Usman 在种植玉米和向日葵的重金属污染土壤上接种 AM 真菌后，植物生物量显著增加，且植物体内的锌、铜和镉含量也显著增加。黄艺等测定了不同施锌、铜水平下苗木体内的铜、锌含量，发现菌根苗木体内铜和锌含量分别是非菌根植物体内含量的 2.6 倍和 1.3 倍。此外，丛植菌根具有抵消矿区复垦区覆土少而导致植株产量降低的可能性，可大大节约复垦费用。这些都为 AM 真菌的田间应用提供了理论和实践依据。然而，土壤、水分、气候、病害、施肥等因素都有可能影响到植物的生长和丛枝菌根的发育，从而影响植物修复的田间应用。

可见，采用植物对重金属的忍耐和超量积累能力并结合共生的微生物体系来实现对重金属污染环境的修复，能在不破坏土壤生态环境，保持土壤结构和微生物活性的情况下，通过植物的根系直接将大量的重金属元素吸收，收获植物地上部分或促进植物钝化来修复被污染的土壤。

1.3.2.3　与基因工程相结合

将植物修复与基因工程相结合，主要应用在超积累植物修复中。在修复土壤重金属污染中，超富集植物表现出了很大的发展潜力。然而，到目前为止，发现的大多数超积累植物具有生长缓慢、个体矮小、修复效率低等缺点。此外，已发现的超富集植物多数生长在矿山区、成矿带或由富含某些化学元素的岩石风化而成的地表土壤中，具有特有生态型，生态适应性较窄。而应用转基因技术将积累植物的超富集性状转移到生长速度快、生物量大且适应性强的植物体内，可大大提高植物修复效率。目前，已分离出与金属化合物形态转化有关的基因，如金属硫蛋白基因（MT）、汞离子还原酶基因（$merA$）、植物螯合肽基因（PCs）等。基因的分离和克隆技术相结合有助于运用基因工程手段得到对不同重金属有抗性的转基因植物。例如，美国利用基因工程技术把汞离子还原酶基因 $merA$ 和 $merB$ 移植到植物体内，研制出了去除汞的转基因植物拟南芥菜和烟草，有效地将甲基汞及有机汞转化为无机汞。

1.3.2.4 与农田、园艺技术相结合

通过育种技术对野生超富集植物进行培育以及性能改进，提高植物地上部分生物量，可更有效用于植物修复中。例如，利用种子包衣技术给超富集植物很小的种子上包上一层物质，可防止苗期病虫害；使用蚯蚓可活化土壤中养分，促进养分吸收及生物量累积，强化污染土壤的植物修复技术。

在污染土壤上种植观赏性植物具有绿化和美化环境的效果。研究表明，观赏性植物具有生物量大和对重金属有耐性等特征，可应用于重金属污染土壤的植物修复中。比如用草、美人蕉可修复镉污染的土壤，紫茉莉、凤仙、金盏菊和蜀葵对镉、铅单一污染及二者复合污染具有很强的耐性和积累性。

本书首次尝试采用植物与化学方法相结合、植物与生物方法相结合的方式对南排污河排污口附近沉积物进行处理，研究螯合剂、菌根真菌对复合污染土壤的辅助修复效果，寻求针对入海排污河道疏浚底泥的最佳异位生物修复方式。

1.3.3 厌氧微生物修复技术及研究现状

植物修复技术主要应用于修复土壤中的无机污染物，受有机污染物污染的土壤则优先考虑以微生物的修复研究为主，这主要是因为微生物是唯一可以将有机污染物作为生长碳源的生物，并可通过代谢作用将有毒有害有机物完全矿化为无害化学物质如二氧化碳和水，且费用较物理化学修复低很多。

芳香族化合物，如单环芳烃 BTEX（苯、甲苯、乙苯、二甲苯）和多环芳烃，是主要的含水层有机污染物。在地表水环境中，由于 BTEX 的浓度和可移动性相对较高，被认为是最普遍、对供水安全存在隐患的污染物，会造成显著环境威胁。在有机物污染的地表水系统中，氧消耗非常快，含水层通常处于缺氧或厌氧状态，沿水流方向形成还原梯度。BTEX 很少会通过自然物理或化学方式降解，但许多研究结果表明，BTEX 会在硫酸盐、硝酸盐或铁还原的条件下，在厌氧微生物的作用下自然降解。这说明地表水中的主要污染物（如 BTEX）能在缺氧区被降解，厌氧微生物降解是污染物自然衰减的关键过程。此外，由于芳香族化合物在生物地质化学碳循环（包括 $10\% \sim 20\%$ 的生物量）中起了重要作用，而其化学过程必须克服共轭循环的高共振能量，因此，其代谢过程引起了科研界的广泛关注。

国内外已有许多关于不同沉积物样品或纯菌液的 BTEX 厌氧生物降解的研究，研究结果表明，这些化合物可通过利用电子受体得到降解。第一个厌氧芳烃降解模型"甲苯"的降解速度相对较快，使得微生物在不同的电子还原条件下迅速生长。含水层柱状样中首次发现微生物可利用硝酸盐作为电子受体来降解甲苯。随后，在使用多种电子受体的情况下，甲苯厌氧降解被反复运用于焦油污染含水层、富集微生物菌群和纯菌液的研究中。此外，甲苯厌氧降解还可发生在产

甲烷菌富集菌液和发酵互养菌液中。

在过去的 20 多年中，许多科学家对污染含水层中的土壤或沉积物进行了富集，并研究了菌液中的生物群落，结果发现 Beta-变形杆菌和 Delta-变形杆菌主要参与了外源基质的降解。研究主要集中在分离和确定在较普遍环境污染物〔BTEX 和多环芳烃（PAHs）〕净化过程中起重要作用的厌氧菌的特征，并分离出了许多革兰阴性甲苯降解菌，如还原硝酸盐氧化甲苯的 Beta-变形杆菌 *Thauera aromatic* strain T1 和 K172 等；还原铁离子氧化甲苯的 Delta-变形杆菌 *Geobacter metallireducens* GS-15 等；还原硫酸盐氧化甲苯的细菌 *Desulfobacula toluolica* Tol2 等。最近，有报道称在梭状芽孢杆菌中发现了甲苯降解菌，然而，至今仍未分离出降解甲苯的厚壁菌的纯菌液。

在研究厌氧微生物菌群结构中，16S rRNA 基因的应用最广泛。16S rRNA 是细菌染色体上编码核糖体核苷酸（rRNA）对应的 DNA 序列。它具有高度的保守性、特异性和足够长的基因序列，存在于所有细菌的染色体基因组中。作为一种分子计时器，16S rRNA 基因已被普遍应用于检测微生物之间的进化论关系，并可通过其序列构建出细菌菌群结构的基础框架。

芳香烃的厌氧降解由各种生物化学反应组成。近年来，已确定了一些烃类物质降解初始激活反应的标志性代谢物、功能基因和酶。苯环的初始激活反应对于芳香族化合物的厌氧降解来说至关重要。初始激活反应需要非常高的激活能量，为了克服这种能量，不同的微生物会使用特殊的酶来催化一些烃类物质的反应。在不同的代谢步骤中，每一步用来催化的酶在不同生物体内不一定相同。功能基因是用来编码这种特殊的酶即蛋白质的，同一个蛋白质可以由许多不同的功能基因来编码。因此，研究功能基因的多样性可作为 16S rRNA 基因的互补信息，能更准确地分析微生物体内烃类物质的代谢即修复过程，可大大增加对微生物菌群结构的了解。

目前，对微生物菌群结构的研究方法主要为构建克隆文库，指纹识别技术〔变性梯度凝胶电泳（DGGE）、末端限制性片段长度多态性（T-RFLP）〕，定量技术〔荧光原位杂交（FISH）、定量槽杂交〕，基因组学（454 测序、illumina）等。构建克隆文库虽需要分析足够数量的单克隆，耗时、耗力又耗财，但可得到比较完整的种群组成情况，能全面了解微生物菌群多样性。DGGE 所分析的 DNA 片段较短，不能具体准确地确定微生物的分类，但运用该方法可快速得出微生物群落组成结构随时间和空间的变化。基因组学是新型生物学研究技术，无需构建克隆文库，即获得较大的数据量和较准确的结果，为环境微生物生态多样性研究带来了革新，但在数据的处理上，需要大量软件及计算机系统的支持。

对功能基因多样性的研究方法目前主要集中在传统的构建克隆文库上。有些研究中也应用了变性梯度凝胶电泳（DGGE），如 Sakurkai 利用 PCR-DGGE 方法对土壤中碱性金属蛋白酶基因和中性金属蛋白酶基因多样性进行了研究。Geets 利用 DGGE 研究异化亚硫酸盐还原酶 $DsrB$ 基因的多样性。

本书将以入海河道沉积物中检出的单环芳烃类物质为研究对象，联合使用 16S rRNA 基因和苯环开环基因 $bamA$ 来研究单环芳烃类物质厌氧降解过程中的微生物菌群结构变化和功能基因多样性。在 $bamA$ 基因多样性的研究方面，除了使用传统的克隆方法外，首次尝试使用 DGGE 方法进行研究，进一步确定 $bamA$ 基因作为苯环开环标记物的潜力，完善芳烃物质的厌氧代谢机理。

第2章
南排污河的水环境现状及水质评价

2.1 南排污河概况

南排污河建于 1958 年，北起陈台子排污河顶端，流经天津市南开区、西青区、津南区、塘沽区，最终在南口入渤海，全长 83.6km，是海河改造工程的重要组成部分。南排污河上有支渠，其中，纪庄子排污河东起纪庄子污水处理厂，西至西青区四号房，长 3.7km，先锋排污河从北端双林泵站始，向南穿外环线过双港镇、南马集，至巨葛庄泵站止，全长 12.5km。两河分别汇入南排污河，三条排污河总长 83.6km。

2.1.1 南排污河现状

南排污河建成至今，经历了多次改造、拓宽，增加自巨葛庄至东南泵站段（32.4km）过水流量，扩建了南排污河泵站，增建了入海河口节制闸。加大了河道断面，使上口达到了 30～60m，河底 8～20m，提高堤顶至 2.8～4.3m。但是自 1966 年改造后，至今未彻底治理过，导致河道断面减小，底泥淤积严重，底泥中重金属富集，沿河构筑物损坏严重。在汛期经常造成污水漫溢、倒灌，影响市区及沿河乡镇企业正常排水，给东、西沽地区人民生命财产安全和企业生产安全带来极大威胁。

南排污河东南泵站的水体类别为劣 V 类，其中氟化物、溶解氧、化学需氧量、高锰酸盐指数、生化需氧量和挥发酚均超过 V 类水体标准。

2.1.2 南排污河面临的主要问题

南排污河面临的主要问题有三个：河道淤积严重，河道断面减小，河道污染严重、水质恶化。

南排污河河底平均淤泥深度达 2m 左右，最深的达 2.5～2.8m。多年来市区段几乎没有进行过清淤工作，西青区虽每年都拿出 40 多万元进行清淤工作，但只有外环线九号桥段很小的一段，每年清淤 1km 左右，这往往是群众反映比较强烈的地方，这种清淤工作一般都是间断进行，缺乏一定的计划性，其结果并不十分满意。通过现场调查，有多处河段河底的水草已经长出水面。

由于河流淤积严重，管理不善，没有定期维护，河流上游的居民区及企业数量迅速增加，污水排放量逐年呈上升趋势，沿途村庄的生活污水、乡镇企业的生产废水以及农业沥水和咸水的排入等原因，导致了南排污河河水断面减小，过流能力锐减，不能满足排放水量的要求。

南排污河河水呈深黑色、深褐色，有时呈红色或绿色，且带有明显臭味，夏季高温时几十米外就能闻到，对沿途小区、村庄造成很大危害。分析原因，主要有以下几点。

（1）河道的淤积破坏了原有设计坡度，污水在河道中壅水严重，流动缓慢，高浓度污水在河道内停留时间长，导致水质进一步恶化。

（2）沿途大量工业废水的排入，尤其是一些大型化工、造纸企业的生产废水，含有大量固体废弃物，加剧了南排污河的污染程度。

（3）沿河靠近公路，毗邻农村的分段河道，附近居民向河里乱泼乱倒废弃物，使整个河面布满垃圾，管涵与倒虹管的进口和出口被垃圾堵塞。

基于上述原因，南排污河水质极为恶劣，尤其是春夏两季，伴随大风和高温天气，河水蒸发，臭气弥漫，蚊蝇滋生。而且从位于南开区的咸阳路泵站、密云路泵站至外环线八号桥段河道，由于城市建设的发展需要，河道两侧已建成大批住宅小区。因此，从环保方面来讲，该河道已严重影响了两侧居民的生产和生活。另外，西青、津南及塘沽三区很多村庄直接利用河水灌溉农田，致使农田受到污染，直接影响了人民群众的身心健康。

2.1.3　主要污染源分析

南排污河除接纳市区咸阳路、纪庄子、双林三个系统的污水和咸阳路、纪庄子部分雨水外，尚接纳沿途郊区乡镇的污水及部分农田沥水和咸水。对天津市的污水排放起着至关重要的作用。

2.1.3.1　工业污染源

工业废水是南排污河的主要点源污染源之一。表 2-1 是 2002 年和 2003 年南排污河流经各区县工业企业废水及污染物的排放情况。

监测结果显示，2003 年，塘沽区的南化工厂万年桥泵站排污口的化学需氧量浓度为 439mg/L，超标［《污水综合排放标准》（GB 8978—1996）二级标准］2.93 倍，氨氮浓度为 15.5mg/L，未超标。长芦集团河南路泵站排污口的化学需氧量浓度为 148mg/L，氨氮浓度为 12.6mg/L，均未超标。西青区的现代化工厂排污口的化学需氧量浓度为 130mg/L，氨氮浓度为 3.30mg/L，也均未超标。由表 2-1 可知，各区县工业废水排放量、COD、氨氮都呈明显上升趋势。

表 2-1　2002 年和 2003 年南排污河流经各区县工业企业废水及污染物排放情况

地区	年份							
	2002 年				2003 年			
	南开	塘沽	西青	津南	南开	塘沽	西青	津南
废水排放量/万吨	1892.1	1497.6	1959.1	968.21	1681.8	2221.0	1727.7	1621.1
COD/t	2617.2	1982.0	2615.7	2488.8	2519.4	3596.4	2406.6	2086.5
氨氮/t	158.11	355.50	97.50	170.99	156.51	354.50	151.81	375.28
石油类/t	—	26.42	18.26	0.27	—	18.15	4.18	0.03
挥发酚/t	—	0.34	0.18	0.11	—	0.04	0.21	0.07
氰化物/t	0.01	0.04	0.01	0.26	0.01	0.04	0.01	
汞/t	—	0.03	—	—				
六价铬/t	0.01	0.05	0.16	0.01	0.02	0.04	0.09	0.01
铅/t								
砷/t								

　　排入南排污河的工业废水主要分布在化工及化学药品制剂制造业、造纸及纸制品业、蜜饯业、染料及颜料制造业、轻革业等行业，其主要污染物是氨氮和化学需氧量。2004 年排入南排污河的重点工业污染源排放情况见表 2-2。可见，对于南排污河来说，点源治理的重点是某石油化工公司乙烯厂，其废水年排放量占

表 2-2　2004 年排入南排污河的重点工业污染物排放情况　　单位：t/a

市县	厂名	废水排放量	COD 排放量	氨氮排放量
大港区	某石油化工公司乙烯厂	4152600	593	2.3
大港区	某市化工染料厂	30160	4.9	0.98
西青区	某食品有限公司	270000	23.68	2.65
西青区	某报社造纸厂	510000	194	0.36
西青区	某制药有限公司	97200	5.03	0.39
西青区	某电子制品有限公司	552400	36.21	0.13
津南区	某制革有限公司	681000	75.61	9.13
津南区	某化工染料厂	2400	0.26	0.06
津南区	某工业集团有限公司	120800	13.19	0.52
津南区	某染料化工厂	50000	7.1	1.08

了重点工业废水排放量的64%。其中，COD的年排放量占了重点工业废水COD年排放量的62%。

从对工业污染源的分析可以看出，排入南排污河的各种工业污水中，有机物和氨氮的含量都非常高。有机物和氨氮的存在会消耗水中溶解氧，这也是造成水质恶化的一方面原因。

2.1.3.2 生活污染源

由于近年来天津市发展进程加快，人民的生活水平不断提高，同时全市常住人口数也逐年增加，导致生活污水和生活垃圾的产生量越来越大。

南排污河接纳的生活污染源主要是来自纪庄子污水处理厂、咸阳路污水处理厂、北仓污水处理厂、津南环兴污水处理厂、西青开发区污水处理厂和塘沽区南化污水治处理厂。其中，纪庄子污水处理厂和咸阳路污水处理厂对南排污河污染物的贡献最大，污水排放量占到了总污水排放量的75%。

表2-3和表2-4分别给出了2002年和2003年排入南排污河的市区污水量以及污染物排放量。由此可知，2002年市区排入南排污河的污水量和COD排放量分别为21068.5万吨和43945t，估算出COD排放浓度为49mg/L。2003年分别为21668.3万吨和50863t，估算出COD排放浓度为44mg/L。可见，虽然市区排放的污水排放总量和COD排放量有明显上升趋势，但COD排放浓度却有所下降，这也表明了近年来污水处理厂污水排放质量有所提高。

表2-3 2002年排入南排污河的市区污水量及污染物排放量 单位：t/a

排污系统	纪庄子污水处理厂	纪庄子	咸阳路	双林	合计
污水量	94545400	17276272	72580550	26283195	210685417
悬浮物	822.5	2581	14484	7894	25781.5
COD	4642	4899	24684	9720	43945
BOD$_5$	1115	2531	11867	4105	19618
挥发酚	8.425	3.843	10.77	8.104	31.142
氟化物	0.305	0.110	1.218	5.817	7.450
砷	0.110	0.033	0.212	0.041	0.396
总铬	1.964	0.660	4.603	1.058	8.285
镉	0.032	0.005	0.049	0.014	0.100
汞	0.021	0.005	0.022	0.008	0.056

同时，沿途城镇生活污水大多未经处理就直接排放入河，且排放量逐年上升。建议建立单独的污水处理设施，如污水处理设备、小型的污水处理站，或污水再生站等，改善排水水质。

表 2-4 2003 年排入南排污河的市区污水量及污染物排放量 单位：t/a

排污系统	纪庄子污水处理厂	纪庄子	咸阳路	双林	合计
污水量	90999196	34046222	63243308	28394039	216682765
悬浮物	546.0	8344	23054	14227	46171
COD	4004	8217	26532	12110	50863
BOD_5	1183	4076	11601	5385	22245
挥发酚	9.100	6.417	12.200	9.759	37.476
氰化物	0.364	0.244	1.486	10.000	12.094
砷	0.273	0.082	0.328	0.099	0.782
总铬	2.821	2.052	5.393	2.288	12.554
镉	0.042	0.016	0.073	0.020	0.151
汞	0.036	0.010	0.018	0.007	0.071

2.1.3.3 地表径流、雨水及农业面源

天津市降雨相对较少，丰水期河流水质污染会受到地表径流的影响，但影响不是很大。附近乡镇的部分农田沥水及咸水也会对水质也有一定影响。近年来，沥水越来越多，对流量的要求越来越大，造成污水所占的比例越来越少，平日流速越来越低，河道成为大沉淀池，淤积现象相当严重。

2.2 水质监测资料

2.2.1 采样区域和样品采集

水质监测点的位置决定着水质数据的代表性和合理性。监测点的选择必须合理并具有代表性，也就是说，采集样品能够真实地代表监测对象的污染状况及其在空间、时间上的分布。结合南排污河市内段河道特征、地貌特征和城镇分布，在南排污河的上、中游河道上选取具有代表性的断面进行布点。布点的基本原则是：

（1）市内相邻断面间距离为 5km，市郊为 8～10km；

（2）有大量废水排入河流的主要居民区、工业区的上游和下游处；

（3）河口的主要入口和出口处；

（4）较大支流汇合口上游和汇合后与干流充分混合处，入海河流的河口处，受潮汐影响的河段和严重水土流失区；

（5）应尽可能与水文测量断面重合，并要求交通方便，有明显岸边标志。

结合南排污河道市内段及市郊段的河道特征、地貌特征、城镇分布及样品采集原则，沿水流路线，选取南排污河的 7 个断面进行水样采集，采样点位置如图 2-1所示。采样点描述如下：

（1）采样点 S1，位于保山西道与外环线交口的排污河桥 A 上；

（2）采样点 S2，位于外环线与宾水西道的交口处的排污河桥 B 上；

（3）采样点 S3，位于外环线与中兴路交口处的中兴桥 C 上；

（4）采样点 S4，位于沿津淄公路与津晋高速公路交叉点附近的污水河桥 D 上；

（5）采样点 S5，位于二八公路与津晋高速的交叉点处的翟甸桥 E 上；

（6）采样点 S6，位于汉港公路与津晋高速交点处的南排污河桥 F 上；

（7）采样点 S7，位于港津公路与津晋高速的交点处的塘港桥 G 上。

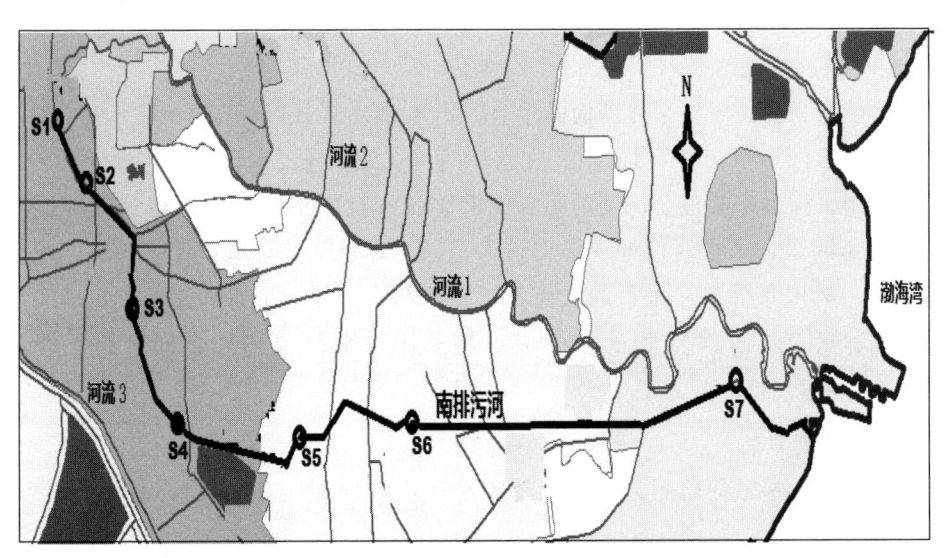

图2-1　研究区域及河道断面采样点位置图

注：○、S代表河道断面采样点。

2.2.2　样品分析

2.2.2.1　水质监测指标

排污河水体的首要功能是接纳其规定范围内的污水，兼有防洪、排涝的功能。考虑到本研究的需要，选择以下 7 项参数作为氮磷营养盐和有机物的水质评价指标，即水温、pH 值、浊度、COD_{Cr}、氨氮（$NH_3\text{-}N$）、总氮（TN）、总磷（TP）。

2.2.2.2　采样的时间安排与采样频率

目前我国水质监测一般确定一年内采样不应少于 6～8 次，对于一般的地表水的常规监测要掌握水质的季节变化，最好每月采样一次，为了更好地掌握水质的时空变化，本研究对南排污河水样的采集分枯水期、平水期和丰水期三期进行。并选择代表性月份采集水样：丰水期为 8 月，平水期为 10 月，枯水期为 3 月。每期采样 2~3 次。具体采样频度安排见表 2-5。

表 2-5　采样频度

水期	取样日期	水期	取样日期
丰水期	9 月 7 日		3 月 4 日
平水期	10 月 14 日	枯水期	3 月 18 日
	10 月 25 日		
	11 月 7 日		4 月 4 日

2.2.2.3　采样方法

实际的采样位置在采样断面的中心。当水深大于 1m 时，在表层下 1/4 深度处采样；水深小于或等于 1m 时，在水深的 1/2 处采样。本研究中，水样的采集使用自制采样器采集适合深度的河水。采样前所有收集样品的容器预先贴上标签，以免混淆，采样时做好现场记录，记录内容有气象环境条件、时间、水环境表观、风浪条件等。采集的水样置于冷藏箱中，尽量减少和降低分析前参数的变化。所有样品编号后放置于聚乙烯瓶中，密封包扎后带回实验室冷冻保存。

2.2.2.4　监测方法

各种水质参数的监测方法参见地表水环境质量标准基本项目分析方法，如表 2-6 所列。

表 2-6　各种水质参数的监测方法

项　　目	分 析 方 法
水温	温度计法
pH 值	玻璃电极法
浊度	便携式浊度仪
COD_{Cr}	重铬酸钾法
氨氮	纳氏试剂比色法
总磷	钼酸铵分光光度法
总氮	碱性过硫酸钾消解-紫外分光光度法

2.3 水质监测结果

2.3.1 数据统计方法

所监测的数据最终要经过统计处理，本书所采用的统计处理方法为算术均数法。其公式为：

$$\overline{x} = \frac{\sum x_i}{n} \tag{2-1}$$

对于所监测的数据中的可疑数据采用格鲁勃斯检验法进行检验。该方法适用于检验多组测量值均值的一致性和剔除多组测量值中的离群均值，也可用于一组测量值的检验。具体步骤如下。

（1）有 i 个测定值，其中最大值记为 x_{max}，最小值记为 x_{min}。

（2）由 n 个值计算均值 $\overline{x}$ 和标准偏差 $s_{\overline{x}}$。

（3）当 x_{max} 为可疑值时，按式 $T = (x_{max} - \overline{x})/s_{\overline{x}}$，计算 T；当 x_{min} 为可疑值时，可按式 $T = (\overline{x} - x_{min})/s_{\overline{x}}$ 计算 T。

（4）根据测定值数和给定的显著性水平 α，从表 2-7 中查得临界值 T。

（5）若 $T \leqslant T_{0.05}$，则可疑数均值为正常值；若 $T_{0.05} \leqslant T \leqslant T_{0.01}$，则可疑值为偏离值；若 $T > T_{0.01}$，则可疑值为离群值。

表 2-7　格鲁勃斯检验临界值（T_α）

i	显著性水平		i	显著性水平	
	0.05	0.01		0.05	0.01
3	1.153	1.155	15	2.409	2.705
4	1.463	1.492	16	2.443	2.747
5	1.672	1.749	17	2.475	2.785
6	1.822	1.944	18	2.504	2.821
7	1.938	2.097	19	2.532	2.854
8	2.032	2.221	20	2.557	2.884
9	2.110	2.322	21	2.580	2.912
10	2.176	2.410	22	2.603	2.939
11	2.234	2.485	23	2.624	2.963
12	2.285	2.050	24	2.644	2.987
13	2.331	2.607	25	2.663	3.009
14	2.371	2.659			

2.3.2 排污河污染物的时空分布特征

据首年8月至次年4月对南排污河7个采样断面进行采样和分析，获得了大量的分析数据，表2-8、表2-9系南排污河三个水期监测数据的整理结果。

表2-8 南排污河各水期监测数据整理

断面		1	2	3	4	5	6	7
温度 /℃	丰水期							
	平水期	20.8	19.1	20.5	19.1	18.0	18.6	17.9
	枯水期	15.0	13.9	14.4	12.7	12.4	13.0	12.6
溶解氧 /(mg/L)	丰水期							
	平水期	2.29	1.01	2.95	1.10	0.90	0.74	0.85
	枯水期	2.19	0.63	1.47	0.83	0.68	0.52	0.72
浊度 /NTU	丰水期							
	平水期	12.77	50.00	68.83	33.13	48.43	62.93	59.63
	枯水期	32.43	75.37	22.43	35.97	30.20	66.07	86.17
pH值	丰水期							
	平水期	7.06	7.13	7.15	7.47	6.83	6.33	6.53
	枯水期	7.35	7.45	7.31	7.22	4.84	2.96	4.19
氨氮 /(mg/L)	丰水期							
	平水期	28.21	31.66	23.11	11.70	32.70	34.40	22.80
	枯水期	44.04	54.18	33.40	25.49	91.86	98.30	104.17
总氮 /(mg/L)	丰水期	35.04	63.43	20.49	88.52	85.17	172.7	69.19
	平水期	35.97	44.34	30.47	23.63	30.29	55.95	27.79
	枯水期	55.51	82.17	43.92	32.33	117.98	123.71	129.35
COD$_{Cr}$ /(mg/L)	丰水期							
	平水期	300.23	354.68	271.23	275.72	315.72	329.23	440.35
	枯水期	141.87	627.49	167.07	125.25	382.95	614.63	599.20
总磷 /(mg/L)	丰水期	2.05	13.8	3.95	3.2	7.05	12.25	3.00
	平水期	1.55	3.43	1.75	1.40	1.74	2.01	1.98
	枯水期	1.89	8.29	4.38	2.27	2.48	5.08	3.70

表2-9 南排污河水质监测结果统计

项目内容	地表水Ⅴ类标准值	样品数 /个	最小值 /(mg/L)	最大值 /(mg/L)	平均值 /(mg/L)	检出率 /%	超标点次	超标率 /%
温度		49	10℃	28.6℃	16.3℃	—	—	—
pH值	6~9	49	2.26	7.93	6.42	—	8	16.3%
浊度		49	10.7NTU	118NTU	48.88NTU	—	—	—
DO	≥2mg/L	42	0.23	5.3	1.57	—	24	57.1%
COD$_{Cr}$	≤40mg/L	49	16.13	906.73	690.64	100%	48	98.2%
氨氮	≤2.0mg/L	49	4.15	143.89	45.43	100%	49	100%
总氮	≤2.0mg/L	56	8.64	172.70	61.93	100%	56	100%
总磷	≤0.4mg/L	56	0.4	13.8	3.49	100%	55	98.2%

注：除温度、pH值、浊度外，所有指标的最小值、最大值、平均值的单位均为mg/L。

2.3.2.1　水样温度、浊度、pH 值的检测

图 2-2 为南排污河各水期温度分布图。从图 2-2 中可以看出，水温几乎随气温变化，表现为平水期＞枯水期。同时，由于南排污河的流速小于 0.01m/s，可见，水温受水中污染物排放温度的影响较小。

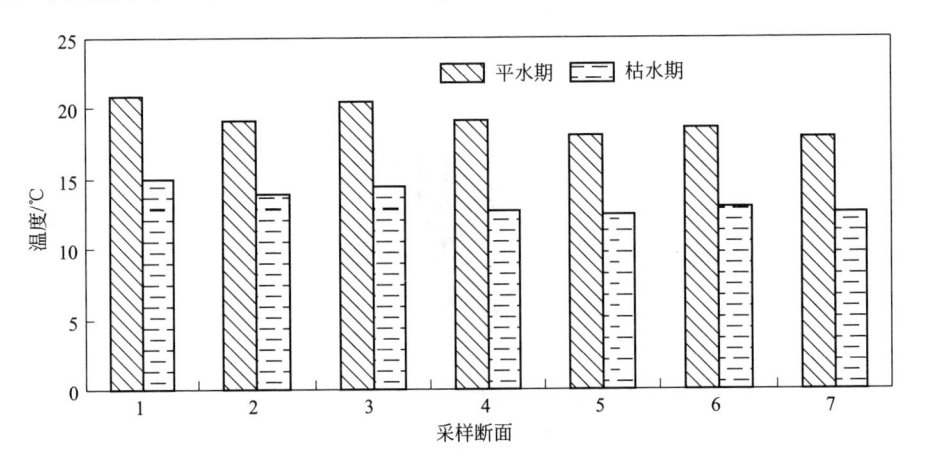

图2-2　南排污河各水期温度分布图

图 2-3 为南排污河各水期浊度分布图。由图 2-3 可知，浊度随水期变化基本上表现为枯水期＞平水期，这可能与水深和水的流动程度有关。断面 3、5 表现为平水期＞枯水期，说明这两断面浊度受降雨、气温影响较大。

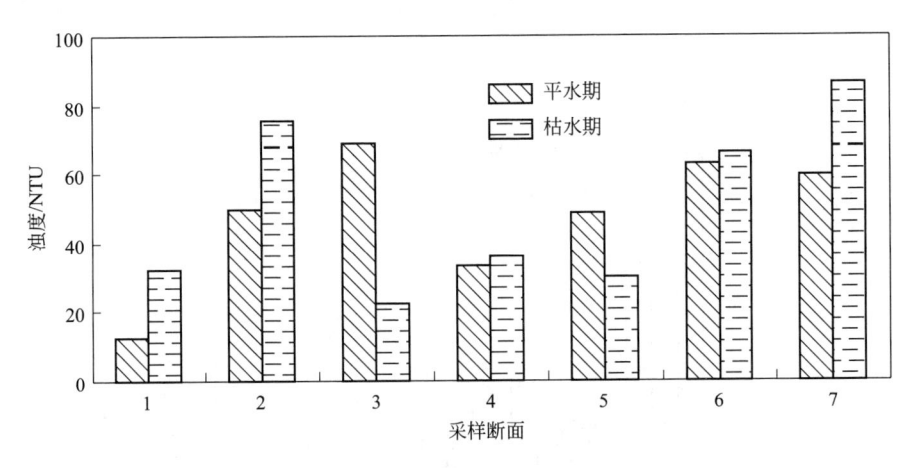

图2-3　南排污河各水期浊度分布图

图 2-4 为南排污河各水期 pH 值分布图。图 2-4 表明，下游三断面 pH 值在枯水期均未达标。这可能是因为下游三断面附近有排放酸性废水的工厂存在或者有排放酸性废水的排污口。其他断面 pH 值都在 6～9 的范围内，基本达标。

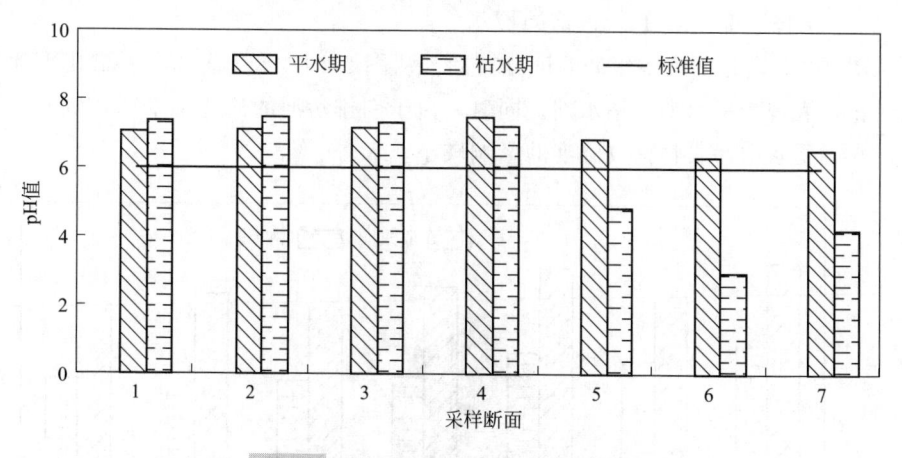

图2-4 南排污河各水期 pH 值分布图

注：标准值指 GB 3838—2002 中的 Ⅴ类水质标准值。

2.3.2.2 水样 N、P 营养盐及有机物的检测数据

图 2-5 为南排污河各水期总磷分布图。由图 2-5 可知，三个水期总磷含量全部超标。丰水期断面 2、5、6 的超标严重，超标倍数分别为 35 倍、18 倍、31 倍。平水期总磷含量相对较稳定，超标倍数为 3～9 倍。枯水期 2、6 断面超标严重，超标倍数为 21 倍和 13 倍。总磷含量随水期变化基本上表现为丰水期＞枯水期＞平水期，总的来说，断面 2 超标最为严重，造成这种状况的原因是此断面处于人口密集的居民区，岸边防护带较窄，而且破坏严重，有部分生活污水溢入河道。

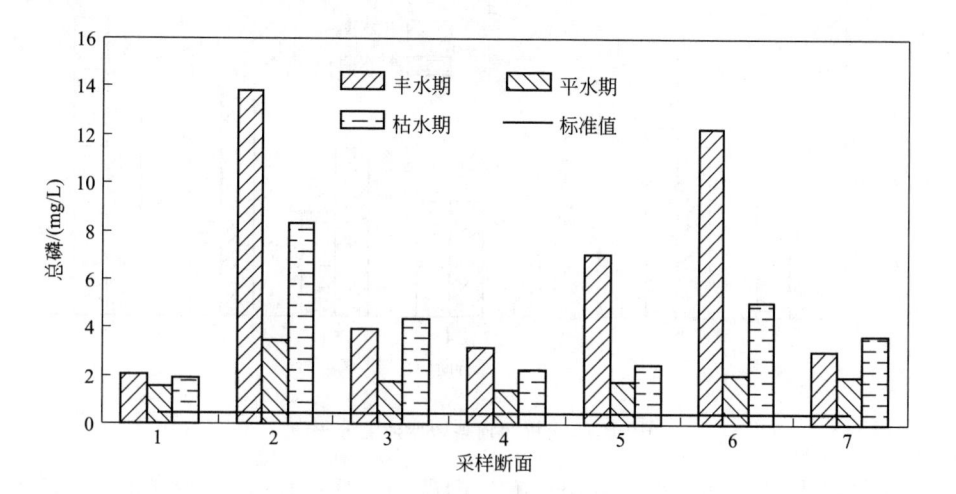

图2-5 南排污河各水期总磷分布图

注：标准值指 GB 3838—2002 中的 Ⅴ类水质标准值。

图 2-6 和图 2-7 为南排污河各水期氨氮和总氮分布图。由图 2-6 和图 2-7 可

知，三个水期氨氮、总氮含量全部超标，超标倍数分别为 5～55 倍和 11～87 倍。而且氨氮含量在总氮含量中占的比例较大，说明无机氮污染较为严重。这与实际情况相符。氨氮随季节变化规律明显，表现为枯水期＞平水期。这主要是因为，经过漫长的冬季，河水结冰，氨氮难以释放导致枯水期氨氮含量急剧升高。总氮含量随水期变化基本上表现为枯水期＞丰水期＞平水期，这主要是因为枯水期氨氮比例较大，丰水期水温、气温都较高，氨氮值也较高，总氮值自然会很高。

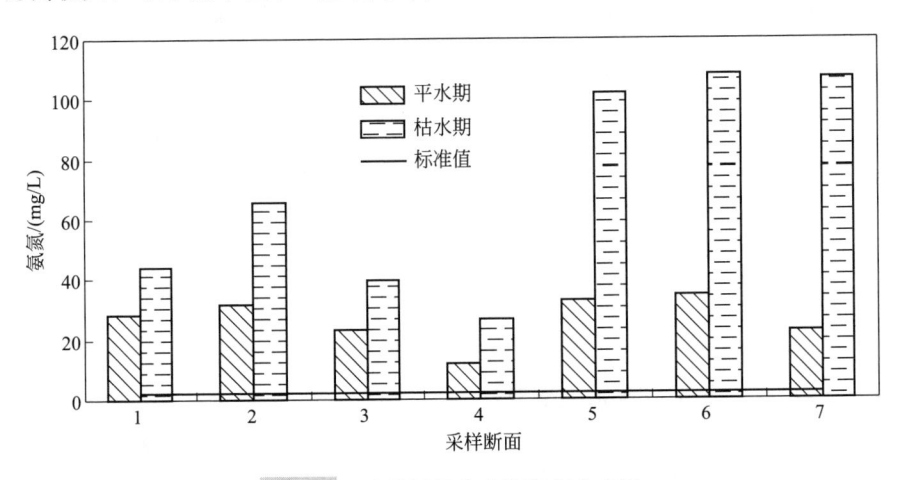

图2-6 南排污河各水期氨氮分布图

注：标准值指 GB 3838—2002 中的 V 类水质标准值。

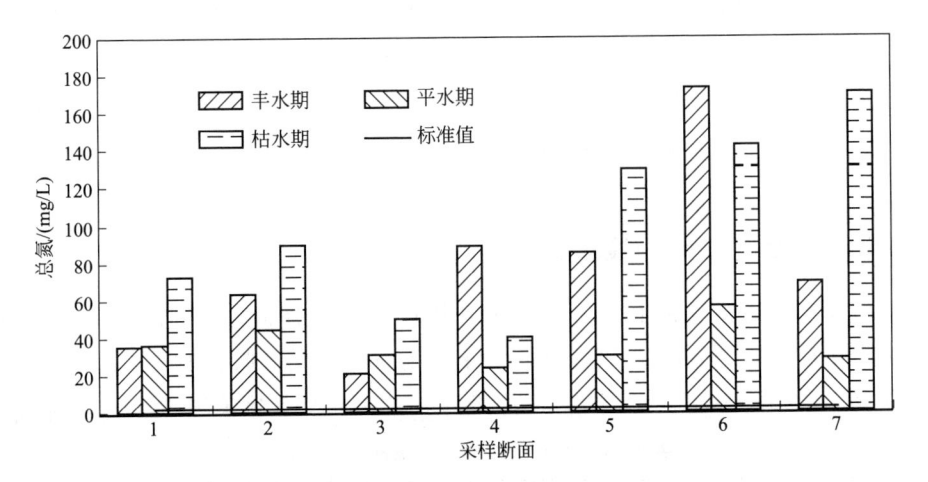

图2-7 南排污河各水期总氮分布图

注：标准值指 GB 3838—2002 中的 V 类水质标准值。

图 2-8 为南排污河各水期 COD 分布图。从图 2-8 中可以看出，COD_{Cr} 也全部超标，且随水期变化基本上表现为枯水期＞平水期，原因可能是枯水期水量较小，有机物富集导致的。

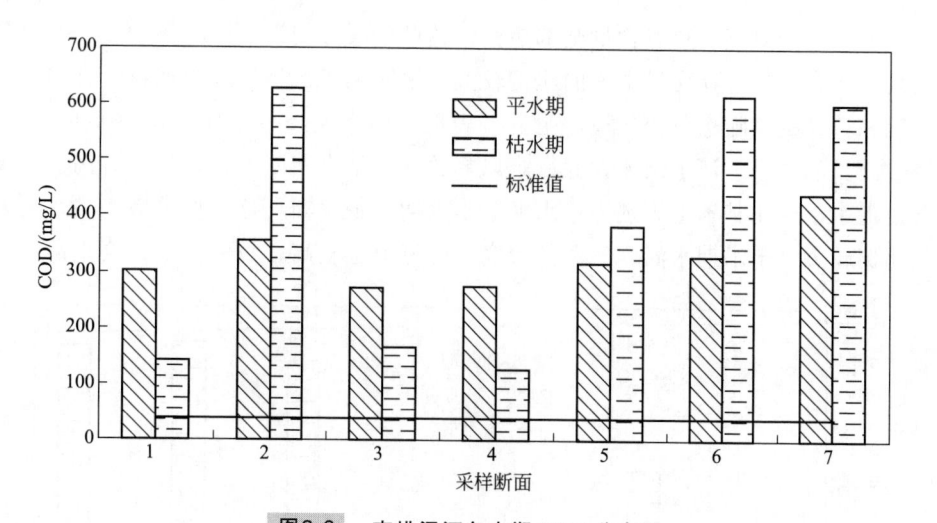

图2-8 南排污河各水期 COD 分布图

注：标准值指 GB 3838—2002 中的 V 类水质标准值。

2.4 南排污河水质评价

水质评价是水环境质量的重要内容，它是根据水的使用功能，按照一定的质量标准和评价方法，直观地对水环境或水体的质量进行定性或定量的估计，以判断其污染程度、划分污染等级、确定污染类型，为进行流域的水源保护提供科学依据。水质评价还是水质规划和水质科学管理的基本手段，也是人类科学地认识水环境的重要途径。我们在建立南排污河水质模型的时候必须对该河水质状况有一个认识，以此了解污染物对水体的污染情况，所以对水体进行评价是很有必要的。

2.4.1 水质评价标准的确定

南排污河属于地表水，加之由于其排放污水的性质，按国家环境保护局 2002 年 4 月 28 日发布，2002 年 6 月 1 日实施的中华人民共和国国家标准《地表水环境质量标准》（GB 3838—2002）中的 V 类水为主要评价依据（表 2-10）。

表 2-10 地表水环境质量标准 V 类水标准

参数	pH 值	溶解氧	COD$_{Cr}$	氨氮	总氮	总磷
标准值	6～9	≥2mg/L	≤40mg/L	≤2.0mg/L	≤2.0mg/L	≤0.4mg/L

地表水环境质量评价应根据应实现的水域功能类别，选取相应类别标准，进行单因子评价，评价结果应说明水质达标情况，超标的应说明超标项目和超标倍数。丰、平、枯水期特征明显的水域，应分水期进行水质评价。

2.4.2　水质评价方法的选择

2.4.2.1　现有的水质评价方法

水质评价主要采用的方法是文字分析与描述，并配合数学计算。可用检出率、超标率等统计数字说明水质的状况。对于地面水质量评价，主要的方法有单因子指数评价法、多项水质参数综合指数评价法、灰色评价法、模糊数学法、物元分析法、人工神经网络评价法等（如表2-11所列），每种方法都有自己的特点和使用条件，在选用评价方法的时候应结合实际掌握的监测数据以及评价目的进行选择。

表 2-11　主要的水质评价方法

水质评价方法	方法特点	使用条件及适用范围
单因子评价法	该方法简单明了，可直接了解水质状况与评价标准之间的关系，但各评价参数之间互不联系，不能全面反映河流水体污染的综合情况	一般根据国家标准或本底值采用超标指数法，评价其超标程度
综合指数评价法	利用各种污染物的相对污染值，进行数学上的归纳与统计，得到一个较简单的数值来表示水的污染程度，并以此作为水污染分级和分类的依据。可以减少工作量，便于多个样本间的比较	以单因子评价为基础，选取适合的指数法，如迭加指数法、内梅罗污染指数法、熵权法赋权指数法等
分级评价法	评价标准以《地表水环境质量标准》（GB 3838—2002）以及《污染水质分级》为参考依据，评价代表值在评价时采用一次值，或采用多次平均值，而且必须与评价的具体目的相适应	适用于对一个河段的一点或多点的监测结果、一条河流不同河段的监测结果，以及同一监测点的不同时间监测结果的评价
模糊评价法	将模糊数学用于水质综合。评价由监测数据建立各因子指标对各级标准的隶属度矩阵，再把因子的权重集与隶属度矩阵相乘，得到模糊集，获得一个综合评判集，表明评价水体水质对各级标准水质的隶属程度，反映了综合水质级别的模糊性	该方法主要有模糊聚类法、模糊近度法、模糊综合指数法、模糊综合评价级数法、模糊水质分别评价法、模糊综合评判法等
灰色评价法	将灰色系统理论进行水质综合评价。思路：计算水体水质中各因子实测浓度与各级水质标准的关联度，然后根据关联度大小确定水质的级别	主要有灰色聚类法、灰色模式识别法、等斜率灰色聚类法、加权灰色局势决策法、梯形灰色聚类分析等
物元分析法	是物元分析理论在水环境质量评价领域的应用。建立各污染指标对不同水质标准级别的关联函数，最后根据其值大小确定水体水质的级别	
神经网络法	该模型具有很强的客观性和通用性，评价运算速度快，评价结果准确，具有广泛的应用前景，为水环境质量评价开辟了一条新途径	
主成分分析和因子分析法	利用降维的思想，把多指标变量转化为少数几个综合指标的多元统计分析方法，而这几个综合指标可以反映原来多个变量的大部分信息	①压缩原始数据，减轻工作人员分析的负担；②对样品及变量做分类，探索污染源；③分析造成污染的理化工程等

2.4.2.2 现有的权重确定方法

环境质量评价中因子的权值是指某个因子在所有评价因子中占有的比重。评价因子权重的分配，直接影响到评价的结果。环境质量评价中往往涉及多次赋权，第一次赋权是单个环境要素评价时对污染物参数的赋权；第二次赋权是区域环境质量评价时各环境要素的赋权，其中以第一次赋权最为重要。权重的确定过程，本质上是客观的，但又容许有一定的人为技巧。其客观性就是深入研究标志污染物在环境中的污染状况及对人体健康的影响，特别是要加强多种污染物联合作用的毒理学试验，确定污染物之间的拮抗与协同效应；其主观性就是运用近代数学工具，如线性代数、概率论、模糊数学、灰色系统等，进行数学解析。

目前现存的环境分指数计算中传统的权系数的确立方法主要有三种，每种方法根据不同的标准，又会有不同的类型，每种类型的计算方法如表 2-12 所列。

2.4.2.3 水质评价方法的比较

环境评价经过数十年的发展，评价方法已有几十种，每一种方法都有各自的优缺点。

单因子评价中污染因子占 100% 权重，其余因子权重为零，具有一定的片面性；南排污河是一条污染相当严重的河流，水质指标的监测值均劣于《地表水环境质量标准》(GB 3838—2002) 中 Ⅴ 类水标准值，而综合评价法中的模糊评价、灰色聚类等现代评价法是基于监测值介于两级别之间需要构造隶属函数确定适宜的级别，所以不适用于这两条排污河的评价；物元分析法中的因子权重与该因子的浓度值和评价标准有关，而且随水质监测结果不断变化，浓度越大权重越大，随意性较大；其他评价方法中因子权重由权重公式计算得到，没有考虑各因子对水环境影响的差异性，因此具有一定的局限性。

因此，本书采用改进的主成分分析法对两条排污河水质进行评价，即在已有的原始监测数据的基础上，采用改进的主成分分析的方法，客观地建立几个环境质量综合指标，这些综合指标是由已知的若干个单项指标线性组合而成的，能够最客观地反映出评价地区的环境质量差异。

该方法的特点如下。

(1) 由于长时期监测资料的分析难度，使得人们对河流水质的研究总是关注于一个或几个独立的变量，而主成分分析可以对大型的、多变量的原始监测数据矩阵进行分析处理。

(2) 主成分分析法对水质进行评价，既可以简化评价指标，损失较少的信息，又可以抓住主要矛盾，能对不同断面、不同水期的水质状况进行比较，这是利用主成分分析法进行水质评价的一大优点。

(3) 主成分分析法综合考虑各水质指标对水环境的影响，因子权重由各主因子的方差贡献率来控制。

表 2-12 传统的权系数确立方法

方法	类型	公式	备注
以专家咨询值为依据的赋权方法	统计分析法	$\bar{a}=\dfrac{1}{m}\sum\limits_{j=1}^{n}a_{ij}$；$W_i=\bar{a}\left/\sum\limits_{i=1}^{n}\bar{a}_i\right.$	a_{ij} 为第 i 个参评因子由第 j 位专家所给的权重咨询值；$\bar{a}$ 为权重咨询值得平均值；m 为专家数；W_i 为权重值
	层次分析法		借用 AHP 模型,构造比较判断矩阵,然后求解而得到权重
	灰色关联法		利用灰色系统原理定量研究两样本间的关联程度,以此确定权重
以因子标准值为依据的赋权方法	简单赋权法	$W_i=(1/S_i)\left/\sum\limits_{i=1}^{n}(1/S_i)\right.$	S_i 为某因子的标准值;W_i 为权重值
	阈域赋权法	$f_i=\dfrac{1}{m-1}\left[\sum\limits_{j=1}^{m-1}(S_{i,j+1}-S_{ij})\right]$ $W_i=(1/f_i)\left/\sum\limits_{i=1}^{n}(1/f_i)\right.$	S_{ij} 为因子 i 的第 j 级标准值,$j\in m$,m 为级别数;f_i 为因子 i 的各级标准间的平均差值;W_i 为权重值
以因子实测值为依据的赋权方法	熵赋权法	$f_{ij}=C_{ij}\left/\sum\limits_{j=1}^{m}C_{ij}\right.$；$W_i=u_i\left/\sum\limits_{i=1}^{n}u_i\right.$ $u_i=-\sum\limits_{j=1}^{m}f_{ij}\log_2 f_{ij}$	C_{ij} 为各点的监测值;f_{ij} 为第 j 个属性下第 i 个方案的贡献度;u_i 为所有方案对属性 j 的贡献总量;W_i 为权重值
	主分量分析法		将主分量中载荷系数归一化,即得各参评因子的权重
以因子实测值与标准值为双重依据的赋权方法	污染贡献率法	$I_i=C_i/S_i$；$W_i=I_i\left/\sum\limits_{i=1}^{n}I_i\right.$	C_i 为因子 i 的监测值;S_i 为因子 i 的某一级标准值;W_i 为权重值
	污染分担率法	$I_{ij}=(C_{ij}-B_i)/S_i$；$u_i=\sum\limits_{j=1}^{m}I_{ij}$; $W_i=u_i\left/\sum\limits_{i=1}^{n}u_i\right.$	C_{ij}、S_i、B_i 分别为污染因子 i 的实测值、标准值、背景值;W_i 为权重值
	统计概率法	$\bar{C}_i=\dfrac{1}{m}\sum\limits_{j=1}^{m}C_{ij}$；$u_i=\sigma_i/|S_i-\bar{C}_i|$; $W_i=u_i\left/\sum\limits_{i=1}^{n}u_i\right.$	$\bar{C}_i$、σ_i、u_i 分别为因子 i 的平均监测值、标准差、统计概率值;C_{ij}、S_i 分别为污染因子 i 的实测值、标准值;W_i 为权重值
	因子序列综合法	$u_i=\sum\limits_{j=1}^{t}X_{ij}$；$W_i=u_i\left/\sum\limits_{i=1}^{n}u_i\right.$	X_{ij} 是将评价因子在各生成因子中大小排序后赋予的序列值;W_i 为权重值

(4) 主成分分析法评价河流水质可以反映出水体的污染程度、主要污染物类别及其变化趋势,定量、定性地掌握河流水质的动态变化,找出优先控制断面或优先控制的水质指标。

(5) 改进的主成分分析法采用了对逆指标进行线性变换的方法,不改变原始的指标变量之间的线性关系，对主成分综合评价的结论不会产生影响。

（6）改进的主成分分析法对原始变量进行了一定的对数化预处理，将主成分表示为原始数据的非线性组合；分析的出发点是协方差矩阵，不再是相关系数矩阵。通过这两处改进，会明显提高降维效果，用更少的主成分更多地反映原始指标的信息。

2.4.2.4 改进的主成分分析法

主成分分析是利用降维的思想，把多指标变量转化为少数几个综合指标的多元统计分析方法，而这几个综合指标可以反映原来多个变量的大部分信息。由于影响环境质量的各因素来自同一个总体，它们之间大多数存在一定的相互关系，然后由原变量线性组合成彼此不相关的新因素，从而对原始变量因素进行提取和简化，使得新因素既能包含原始因素的主要信息，又能更集中、更典型地显示出研究对象的特征。

近年来，很多学者对传统的主成分分析法进行了改进，提出了改进的主成分分析法或非线性主成分分析法。由于指标正逆形式变动对"形态因子"的影响很大，也改变了皮尔森（Pearson）线性相关系，从而特征根与特征向量也产生了变动，据其进行的评价就可能出现变动。因此，采用了对逆指标进行线性变换的方法，即不改变原始的指标变量之间的线性关系，对主成分综合评价的结论也就不会产生影响。传统的主成分分析将标准化作为唯一的无量纲化方法，主成分都是表示成为标准化变量的加权算术平均值，这属于线性主成分。当原始变量之间呈现的是一种非线性关系时，传统主成分分析方法就不太合适。由于 Pearson 直线相关系数无法体现非线性相关关系，从而第一主成分的方差贡献率将比较低，因此对于主成分分析法，也应该考虑非线性的关系。改进的主成分分析法对原始变量进行了一定的对数化预处理，从而提高了评价的准确性。

主成分分析的基本方法是通过构造原变量的适当线性组合，以产生一系列互不相关的变量，从中选出少数几个新变量并使它们含有尽可能多的原变量带有的信息，从而使得用这几个新变量代替原变量分析问题和解决问题成为可能。当研究的问题确定后，变量中所含"信息"的大小通常用该变量的方差或样本方差来度量。

其具体步骤如下。

（1）设共有 n 个待评水体样本，每个样本有 p 个指标变量，则构成一个 $n \times p$ 阶的水质数据矩阵：

$$X = \begin{bmatrix} x_{11} & x_{12} & \cdots & x_{1p} \\ x_{21} & x_{22} & \cdots & x_{2p} \\ \vdots & \vdots & \ddots & \vdots \\ x_{n1} & x_{n2} & \cdots & x_{np} \end{bmatrix} = [x_1, x_2, \cdots, x_p] \tag{2-2}$$

式中　$x_i=(x_{11}, x_{21}, x_{31}, \cdots, x_{n1})^T$ 为相应的列变量，可能相互独立，也可能彼此相关。

（2）为了消除数量级和量纲不同带来的影响，在进行主成分分析之前都对变量先进行标准化，以使每个变量的数学期望为零。通过对原始数据作对数中心化变换，将主成分表示为原始数据的非线性组合，对数中心化变换即为：

$$y_{ij}=\lg x_{ij}-\frac{1}{p}\sum_{t=1}^{p}x_{it} \tag{2-3}$$

（3）根据对数化后的矩阵 $(y_{ij})_{n\times p}$，计算它的协方差矩阵 $S=(s_{ij})_{p\times p}$。

$$s_{ij}=\frac{1}{n-1}\sum_{i=1}^{n}(y_{ij}-\overline{y}_i)(y_{ij}-\overline{y}_i)'; \quad \overline{y}_i=\frac{1}{n}\sum_{i=1}^{n}y_{ij} \tag{2-4}$$

（4）计算矩阵 S 的特征值和特征向量，并将其特征根按大小顺序排列，即 $\lambda_1>\lambda_2>\cdots>\lambda_p$，相应的特征向量单位正交化，即 e_1, e_2, e_3, $\cdots$, e_p。则第 i 个主成分为：

$$F_i=e_i'\lg X=\sum_{j=1}^{p}a_{ij}\lg x_{ij}, \quad i=1,2,\cdots,p \tag{2-5}$$

式中　$A=(a_{ij})_{n\times p}$——矩阵 $(e_1, e_2, e_3, \cdots, e_p)$ 中的各项，又称主成分载荷矩阵。

并且有：

$$\begin{cases}Var(F_i)=e_i'Se_i=\lambda_i, \quad i=1,2,\cdots,p \\ Cov(Y_i,Y_k)=e_i'Se_i=0,i\neq k\end{cases} \tag{2-6}$$

则第 i 个主成分的方差贡献率为 $\lambda_i \big/ \sum\limits_{i=1}^{p}\lambda_i$，前 m 个主成分的累积方差贡献率为 $\sum\limits_{i=1}^{m}\lambda_i \big/ \sum\limits_{i=1}^{p}\lambda_i$。

累积贡献率表明了前 m 个主成分提取了 x_1, x_2, $\cdots$, x_p 中的总信息量的份额。在实际应用中，主成分个数的确定方法：选取 $m<p$，使前 m 个主成分的累积贡献率达到一定比例（在水质评价中一般确定为 85%），或用崖底碎石图[崖底碎石图就是对序号 i 的 $(i, \widehat{\lambda_i})$ 的图。为确定主成分的个数，我们在该图上找拐弯处，选取拐弯点对应的序号，此序号后的特征值全部较小且彼此大小差不多。这样选出的号码作为主成分的个数]来判断。这样用前 m 个主成分代替原来的变量 x_1, x_2, $\cdots$, x_p，而不至于损失太多的信息，从而达到减少变量个数的目的。

最后写出前 m 个主成分计算公式，第 i 个主成分为：

$$F_i=\sum_{j=1}^{p}a_{ij}\lg x_{ij} \tag{2-7}$$

（5）对所选主成分做物理解释。主成分分析的关键在于能否给主成分赋予新的意义，给出合理的解释，这个解释应根据主成分的计算结果结合定性方法来分析。主成分是原来变量的线性组合，在这个线性组合中变量的系数有大有小，有正有负，有的大小相当，因而不能简单地认为这个主成分是某个原变量的属性作用。线性组合中各变量的系数的绝对值大者表明该主成分主要综合了绝对值大的变量，有几个变量系数大小相当时，应认为这一主成分是这几个变量的综合，这几个变量综合在一起应赋予怎样的物理意义，要结合专业知识，给出恰如其分的解释，才能达到深刻分析水质的目的。

（6）求主成分及综合主成分值。将水质监测数据带入主成分的表达式，即可得到各主成分值。若要进行综合评价，可根据方差贡献率的大小来判断：当第一主成分的贡献率大于 80% 时，直接用第一主成分来进行综合评价即可；否则，对所有的 p 个主成分进行加权求和（权数为各自的贡献率），此时，可以逐个分析各个主成分所对应的特征向量，当原始各指标对综合指标都为正指标时，特征向量中系数绝对值较大者应有同样的符号且都为正值。若系数绝对值较大者都为负值，也就是说该主成分与评价指数是负相关的，此时应把相应特征向量改向，使主成分成为其相反数，再与其他主成分综合，以对水质进行综合评价分析。

（7）实现手段。采用 R 软件（R2.6.1-win32）进行计算。R 是属于 GNU 系统的一套自由、免费、源代码开放的完整的数据处理、计算和制图软件系统。其功能包括：数据存储和处理系统；数组运算工具（其向量、矩阵运算方面功能尤其强大）；完整连贯的统计分析工具；优秀的统计制图功能；简便而强大的编程语言：可操纵数据的输入和输入，可实现分支、循环，用户可自定义功能。本书的后续计算全部采用此软件进行。

2.4.3　改进的主成分分析法的水质评价结果

采用 R 软件（R2.6.1-win32）进行计算得到各指标的特征值、主成分的贡献率和累积贡献率。累积贡献率说明主成分所包含全部指标信息的百分比。前 n 个主成分的累计方差贡献率达到 85% 以上，就可以充分反映原始数据的主要信息。因此，可以利用前 n 个主成分来对南排污河的水质污染状况进行可比性研究。按照《地表水环境质量标准》的要求，应分水期进行水质评价。

2.4.3.1　南排污河各水期各断面间的相对污染程度

设温度为 x_1，浊度为 x_2，pH 值为 x_3，氨氮为 x_4，总氮为 x_5，COD$_{Cr}$ 为 x_6，总磷为 x_7。

（1）平水期。对南排污河 7 个采样断面进行采样和分析得到的数据，以断面和监测指标为基础，建立水质数据矩阵。

利用 R 软件计算得到协方差矩阵的特征值、特征向量，以及主成分方差贡献率、累积方差贡献率，见表 2-13。

表 2-13 南排污河平水期各主成分贡献率及累计贡献率

主成分	特征值	贡献率	累计贡献率
第一主成分 Z1	0.072	55.59%	55.59%
第二主成分 Z2	0.040	30.98%	86.57%
第三主成分 Z3	0.0086	6.59%	93.16%
第四主成分 Z4	0.0057	4.44%	97.60%
第五主成分 Z5	0.0029	2.21%	99.81%
第六主成分 Z6	0.00024	0.19%	100%
第七主成分 Z7	−2.1e-19	0%	100%

两个主成分的累计贡献率达到 86.57%，因此可通过前两个主成分表达式来分析污染状况。

前两个主成分的表达式为：

$$Z1 = -0.894x_2 - 0.252x_4 - 0.188x_5 - 0.111x_6 - 0.291x_7$$

$$Z2 = 0.410x_2 - 0.685x_4 - 0.512x_5 + 0.302x_7$$

可见，在平水期，第一主成分在浊度上有很大的载荷，即其主要决定变量是浊度，主要是反映了平水期浊度的污染水平；第二主成分在氨氮上载荷较大，反映了南排污河平水期无机氮的污染水平。

从表 2-14 中可以看出，南排污河平水期各断面营养盐及有机物污染程度排序为：6、2、7、3、5、1、4，比较符合时空分布特征的分析结果，而且能较综合的确定平水期污染程度最严重的断面是断面 6 和断面 2，污染最轻的断面是断面 4。

表 2-14 污染主成分值以及排名

断面	1	2	3	4	5	6	7
综合主成分	1.539	1.907	1.767	1.502	1.764	1.912	1.771
排名	6	2	4	7	5	1	3

（2）枯水期。对南排污河 7 个采样断面进行采样和分析得到的数据，以断面和监测指标为基础，建立水质数据矩阵。

利用 R 软件计算得到协方差矩阵的特征值、特征向量，以及主成分方差贡献率、累积方差贡献率，见表 2-15。

前两个主成分的累计贡献率达到 91.70%，因此可通过前两个主成分表达式来分析污染状况。

表 2-15　南排污河枯水期各主成分贡献率及累计贡献率

主成分	特征值	贡献率	累计贡献率
第一主成分 Z1	0.26	76.16%	76.16%
第二主成分 Z2	0.054	15.54%	91.70%
第三主成分 Z3	0.019	5.49%	97.19%
第四主成分 Z4	0.0079	2.27%	99.46%
第五主成分 Z5	0.0018	0.51%	99.97%
第六主成分 Z6	0.00011	0.03%	100%
第七主成分 Z7	6.7e-18	0%	100%

前两个主成分表达式为：

$$Z1 = -0.357x_2 + 0.229x_3 - 0.441x_4 - 0.423x_5 - 0.615x_6 - 0.260x_7$$

$$Z2 = 0.264x_2 - 0.296x_3 + 0.347x_4 - 0.390x_5 - 0.165x_6 - 0.735x_7$$

可见，在枯水期，第一主成分在 COD 上有很大的载荷，即 COD 是其主要决定变量，反映了枯水期 COD 的污染水平；第二主成分在总磷上载荷较大，反映了南排污河枯水期磷营养盐的污染水平。

从表 2-16 中可以看出，南排污河枯水期各断面营养盐及有机物污染程度排序为：7、6、2、5、3、1、4，比较符合时空分布特征的分析结果，而且能较综合的确定枯水期污染程度最严重的断面是断面 7 和断面 6，污染最轻的断面是断面 4。

表 2-16　污染主成分值以及排名

断面	1	2	3	4	5	6	7
综合主成分	2.507	3.210	2.533	2.393	2.928	3.2805	3.2808
排名	6	3	5	7	4	2	1

2.4.3.2　南排污河各水期主要污染指标的确定

同样，采用改进的主成分分析法来分析南排污河各水期的污染物污染情况，以确定主要污染物。设断面 1 为 x_1，断面 2 为 x_2，断面 3 为 x_3，断面 4 为 x_4，断面 5 为 x_5，断面 6 为 x_6，断面 7 为 x_7。

（1）平水期。利用 R 软件计算得到协方差矩阵的特征值、特征向量，以及主成分方差贡献率、累积方差贡献率，如表 2-17 所列。可见，第一主成分的累计贡献率达到 97.42%，因此可通过第一主成分的表达式来分析综合污染状况。

第一主成分表达式为：

$$Z1 = 0.366x_1 + 0.352x_2 + 0.376x_3 + 0.374x_4 + 0.384x_5 + 0.390x_6 + 0.401x_7$$

可见，在平水期，第一主成分在各个断面上的载荷几乎一致，反映了各断面的综合污染水平。

表 2-17 平水期各主成分贡献率及累计贡献率

主成分	特征值	贡献率	累计贡献率
第一主成分 Z1	3.35	97.42%	97.42%
第二主成分 Z2	0.053	1.54%	98.96%
第三主成分 Z3	0.024	0.69%	99.65%
第四主成分 Z4	0.0071	0.21%	99.86%
第五主成分 Z5	0.0050	0.14%	100%
第六主成分 Z6	0.00017	0%	100%
第七主成分 Z7	−5.9e-17	0%	100%

由于第一主成分的贡献率大于 80%，因此用第一主成分的得分情况来分析综合污染水平。表 2-18 列出了污染主成分值以及排名。可见，南排污河平水期各污染物的污染程度排序为：COD、浊度、总氮、氨氮、温度、pH 值、总磷，可确定平水期的主要污染物为 COD。

表 2-18 污染主成分值以及排名

主成分	温度	浊度	pH 值	氨氮	总氮	COD	总磷
第一主成分	−3.38	−4.32	−2.22	−3.70	−4.05	−6.64	−0.73
排名	5	2	6	4	3	1	7

（2）枯水期。利用 R 软件计算得到协方差矩阵的特征值、特征向量，以及主成分方差贡献率、累积方差贡献率，见表 2-19。第一主成分的贡献率达到 97.02%，因此可通过第一主成分的表达式来分析综合污染状况。

表 2-19 枯水期各主成分贡献率及累计贡献率

主成分	特征值	贡献率	累计贡献率
第一主成分 Z1	3.465552	97.02%	97.02%
第二主成分 Z2	0.063	1.77%	98.79%
第三主成分 Z3	0.028	0.78%	99.57%
第四主成分 Z4	0.014	0.38%	99.95%
第五主成分 Z5	0.0021	0.05%	100%
第六主成分 Z6	0.00014	0%	100%
第七主成分 Z7	4.3e-17	0%	100%

第一主成分表达式为：

$$Z1 = 0.332x_1 + 0.364x_2 + 0.284x_3 + 0.295x_4 + 0.426x_5 + 0.447x_6 + 0.456x_7$$

第一主成分在各个断面上的载荷也几乎一致，反映出各断面的综合污染水平。

由于第一主成分的贡献率大于 80%，因此用第一主成分的得分情况来分析综合污染水平。表 2-20 列出了污染主成分值以及排名。可见，南排污河枯水期各污染物的污染程度排序为：COD、总氮、氨氮、浊度、温度、pH 值、总磷，可确定枯水期的主要污染物为 COD。

表 2-20　污染主成分值以及排名

主成分	温度	浊度	pH 值	氨氮	总氮	COD	总磷
第一主成分	−2.93	−4.35	−1.89	−4.77	−5.16	−6.60	−1.46
排名	5	4	6	3	2	1	7

2.4.4　与其他评价方法的比较

本部分采用内梅罗环境质量指数法，对南排污河的水质进行评价，确定主要污染断面，以便与前面改进的主成分分析法进行比较，提高评价的准确度。

2.4.4.1　内梅罗环境质量指数法

内梅罗指数是指在计算分指数时不仅要考虑单因子 I_j 的平均值，还兼顾了 I_j 中的最大值，是一种兼顾极值的累加型分指数。

该指数是由内梅罗为评价河流水质提出的。内梅罗指数是一种突出最大值型的环境质量指数，属于兼顾极值的累加型分指数，优点是考虑了污染最严重的因子，实际也是一种加权的计算形式。内梅罗指数既考虑了主要的污染因素，又避免了确定权重系数的主观影响。所以是一种比较常用的水质指数评价方法。

$$I_j = \sqrt{\frac{I_{j\max}^2 + \overline{I}_j^2}{2}} = \sqrt{\frac{\left[\text{Max}\left(\dfrac{C_i}{S_{ij}}\right)\right]^2 + \left(\dfrac{1}{m}\displaystyle\sum_{i=1}^{m}\dfrac{C_i}{S_{ij}}\right)^2}{2}} \tag{2-8}$$

式中　I_j——第 j 种水体用途下的内梅罗水质指数；

$I_{j\max}$——参与评价的最大单因子指数；

$\overline{I}_j$——参与评价的单因子指数的均值；

C_i——第 i 种污染物的实测浓度，mg/L；

S——第 i 种污染物的评价标准，mg/L。

单因子指数 pH 值的计算公式是：

$$S_{\text{pH},j} = \frac{7.0 - \text{pH}_j}{7.0 - \text{pH}_{\text{sd}}} \quad (\text{pH}_j < 7.0, \text{pH}_{\text{sd}} = 6) \tag{2-9}$$

$$S_{\text{pH},j} = \frac{\text{pH}_j - 7.0}{\text{pH}_{\text{su}} - 7.0} \quad (\text{pH}_j > 7.0, \text{pH}_{\text{sd}} = 9) \tag{2-10}$$

式中　$S_{\text{pH},j}$——pH 值的标准指数；

pH$_j$——pH 值的实测统计代表值；

pH$_{sd}$，pH$_{su}$——评价标准中 pH 值的下限和上限。

2.4.4.2 南排污河水质评价结果

用内梅罗指数法进行水质评价的结果分别如表 2-21 和表 2-22 所列。

表 2-21　平水期南排污河水质内梅罗指数评价结果

断面		1	2	3	4	5	6	7
单因子指数	pH 值	0.97	0.94	0.925	0.765	0.17	0.67	0.47
	氨氮	14.11	15.83	11.56	5.85	16.35	17.2	11.4
	总氮	17.99	22.17	15.24	11.82	15.15	27.98	13.90
	COD$_{Cr}$	7.51	8.87	6.78	6.89	7.89	8.23	11.01
	总磷	3.88	8.58	4.38	3.50	4.35	5.03	4.95
内梅罗指数		14.18	17.58	12.09	9.295	13.12	21.47	11.46
断面排序		3	2	4	7	5	1	6

表 2-22　枯水期南排污河水质内梅罗指数评价结果

断面		1	2	3	4	5	6	7
单因子指数	pH 值	0.83	0.78	0.85	0.89	2.16	4.04	2.81
	氨氮	22.02	27.09	16.70	12.75	45.93	49.15	52.09
	总氮	27.76	41.09	21.96	16.17	58.99	61.86	64.68
	COD$_{Cr}$	3.55	15.69	4.18	3.13	9.57	15.37	14.98
	总磷	4.73	20.73	10.95	5.68	6.20	12.70	9.25
内梅罗指数		21.32	32.65	17.34	12.67	45.19	48.19	50.05
断面排序		5	4	6	7	3	2	1

由表 2-21 和表 2-22 可以得出以下结论。

（1）水质类别。从单项指标来看，南排污河属于劣 V 类水体，除 pH 值外，几乎全部严重超标。

（2）污染指标。从各水期各断面的单因子指数来看，超标严重的还是氮营养盐和 COD，磷的污染相对较轻。这与用改进的主成分分析法得出的结果一致。说明南排污河水质有机物污染严重。近年来南排污河一直存在有机污染，并且污染状况没有明显减轻的趋势。南排污河水质污染主要是由于生活污水的大量排放导致，这与污染源现状调查的结果相一致。

（3）变化趋势。图 2-9 为南排污河各水期各断面内梅罗指数变化情况。根据内梅罗指数结果可知，南排污河平水期各断面营养盐及有机物污染程度排序为：6、2、1、3、5、7、4，即平水期污染程度最严重的断面是断面 6 和断面

2，污染最轻的断面是断面 4。枯水期各断面营养盐及有机物污染程度排序为：7、6、5、2、1、3、4，即枯水期污染程度最严重的断面是断面 7 和断面 6，污染最轻的断面是断面 4。这些也都与用改进的主成分分析法得出的结论大致相同。

　　南排污河污染状况普遍表现为上下游污染严重，而中游污染较轻。这主要是因为南排污河上游地处市区，生活污染源较多，下游工业污染源较多，而中游工业和生活污染源都较少。同时，枯水期内梅罗指数普遍高于平水期，这可能是枯水期水量较小，污染物浓缩导致的。

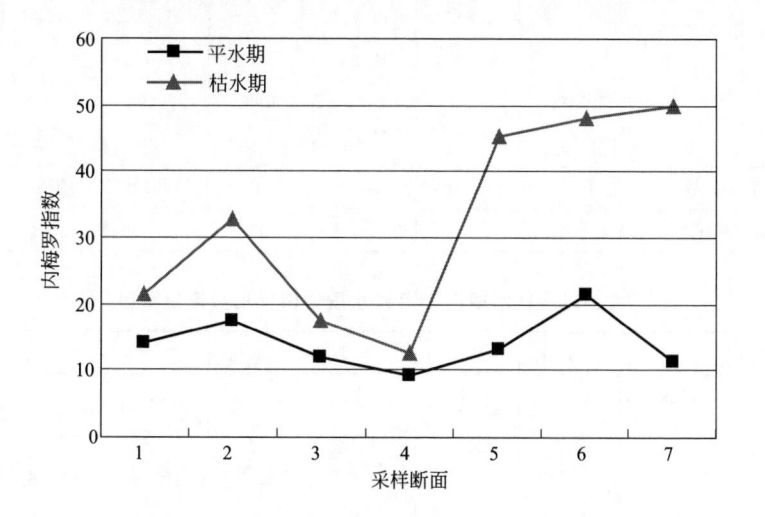

图2-9　南排污河各水期各断面内梅罗指数变化

2.5　水中污染物间的相关关系分析

2.5.1　相关关系分析

　　变量间的关系一般分为两大类，即函数关系和相关关系。其中，相关关系反映着现象间不太严格的依存性。回归分析方法是处理变量间相关关系的有力工具。它不仅提供了建立变量间关系的数学表达式，而且利用概率统计知识进行分析讨论，从而能帮助实际工作者去判明所建立的经验公式的有效性，以及利用所得到的经验公式达到预测、控制等目的。

　　做线性相关分析时应注意：不能只根据相关系数的绝对值大小来判断相关的密切程度，而必须要进行假设检验。但是，任何事物也不是绝对的。在进行相关分析时，若资料相当多（$n \geq 50$）时，就可以根据相关系数的绝对值的大小，来判断相关的密切程度。一般认为：

|r|≤0.3，弱相关（或称无相关）；

0.3<|r|≤0.5，低度相关；

0.5<|r|≤0.8，显著相关；

0.8<|r|≤1，高度相关。

相关可以是因果关系，也可以只是伴随关系。相关显著只说明两现象的数量间存在线性关系，但不能证明事物间有内在联系。当事物间的内在联系尚未被认识前，相关分析能从数量上给理论研究提供线索。

2.5.2 水中污染物间的相关关系分析

使用 R 软件对两条排污河的所有水质指标做相关性分析，得到氮、磷营养盐和有机物等指标之间的相关系数矩阵，如表 2-23 所列。

表 2-23 南排污河各水质指标间的相关系数矩阵

相关系数	温度	浊度	pH 值	氨氮	总氮	COD_{Cr}	总磷
温度	1	−0.16	0.51	−0.74	−0.74	−0.28	−0.51
浊度		1	−0.40	0.38	0.43	0.72	0.43
pH 值			1	−0.86	−0.84	−0.64	−0.19
氨氮				1	0.98	0.67	0.50
总氮					1	0.65	0.47
COD_{Cr}						1	0.63
总磷							1

注：阴影部分代表相关系数大于 0.5，相关性较好。

由表 2-23 可知，南排污河所有水质指标间均与其他一个或几个指标之间有显著相关性。即某种指标的增高会伴随其他指标的增高（正相关）或降低（负相关）。

2.6 南排污河水污染控制方法

从对南排污河分水期进行评价的结果来看，污染物控制的重点是 COD。水体中的有机物主要来源于生活污水和工业废水的排放以及动植物腐烂分解后随降雨流入水体。南排污河主要受到点源污染，点源污染的重点都是工业废水和生活污水。因此，从源头进行控制是必要的。

一方面，禁止将废弃化学试剂、废油、有机废液、高浓度有机废水等污染物排入城镇排水系统，对某石油化工公司乙烯厂和东丽工业区，必须强制其在废水排放稳定达标的基础上，进一步深化处理和回用，削减 COD 排放量。另一方面，提高城镇生活污水的集中处理率，将生活污水全部收集到污水管道，汇入城镇污水处理厂，处理后排放或回用，杜绝污水直接排入河流的现象。

南排污河在不同水期的重点污染断面不太一致，因此，需要对部分断面附近实行分水期重点控制。在丰水期和平水期要重点控制南排污河桥附近的污水排放，枯水期要重点控制塘港桥附近的污水排放。另外，要加大枯水期污染控制的力度。建议对重点污染断面进行污水截流，将其改道引入附近污水处理厂，以减轻它们对南排污河的水质污染。

2.7 本章小结

（1）本章介绍了南排污河的环境现状以及面临的主要环境问题——河道淤积严重，河道断面减小，河道污染严重、水质恶化。通过历史资料可知，南排污河的水体类别为劣 V 类。

（2）本章分析了南排污河的主要污染源情况。主要污染源有：沿途排放的工业废水，来自六个污水处理厂的生活污水，沿途郊区乡镇的未经处理的污水及部分农田沥水和咸水，雨季地表径流造成的非点源污染。尤其是工业废水中有机物和氨氮浓度值都非常高，而且废水排放量还是污染物总量都有明显上升趋势，但 COD 排放浓度有所下降；工业点源治理的重点是某石油化工公司乙烯厂；生活点源控制的重点是沿途城镇未经处理就直接入河的生活污水，建议建立单独的污水处理设施，如污水处理设备、小型的污水处理站或污水再生站等，改善排水水质。

（3）通过对南排污河进行采样检测，本章通过分析得出了南排污河各种污染物的时空分布特征。水温几乎随气温变化，受水中污染物排放温度的影响较小；浊度普遍很大，但随水期未呈现出明显的规律性；除了枯水期的下游三个断面外，其余断面 pH 值均能达标；总磷、氨氮、总氮和 COD 含量全部超标严重，总磷含量随水期变化都普遍表现为丰水期＞枯水期＞平水期，氨氮和总氮含量表现为枯水期＞丰水期＞平水期，COD 含量表现为丰水期＞枯水期＞平水期。南排污河水质普遍劣于《地表水环境质量标准》(GB 3838—2002) 中 V 类标准，这与历史资料完全吻合。

（4）本章利用改进的主成分分析法和内梅罗环境质量指数法，对南排污河的水环境现状进行评价。结果表明，南排污河在平水期污染最严重的断面是断面 6 和断面 2，污染最轻的断面是断面 4；在枯水期污染最严重的断面是断面 7 和断面 6，污染最轻的断面是断面 4，主要污染因子是 COD；总体污染程度是枯水期＞丰水期＞平水期，并且表现为上下游污染严重，中游污染较轻。

（5）不同水期的主要污染物一致，本章提出了从源头控制 COD 的方法。不同水期的重点污染断面不太一致，需要对部分断面附近实行分水期重点控制。对南排污河，在丰水期和平水期要重点控制南排污河桥附近的污水排放，枯水期要重点控制塘港桥附近的污水排放。

第3章
北排污河的水环境现状及水质评价

3.1 北排污河概况

北排污河位于天津市东北部，西至赵沽里泵站，流经河北区、河东区、东丽区、东至永和闸汇入永定新河并最终注入渤海，全长 32.99km。它的水环境状况直接影响着天津市北部区域的工、农业生产和人民生活。

3.1.1 北排污河现状

北排污河自建成至今，也经历了多次改造和拓宽，加大了正段 32.7km 设计规模，疏浚北排咸河 12.5km、疏浚张贵庄和程林庄排污河 9.3km，扩建了山岭子泵站，使其排水能力有所增加。通过治理，使城乡排水条件得到改善，赵沽里泵站不再限量排水。

2003 年，北排污河入海口的化学需氧量为 298mg/L，氨氮为 35.5mg/L。北排污河永和闸的水体类别为劣 V 类，其中，氟化物、溶解氧、化学需氧量、高锰酸盐指数、生化学氧量和挥发酚都超过 V 类水体标准。1976 年，天津市政府曾经对北排污河进行改造，包括市区段修筑岩石边、沿岸美化以及整体清淤。因此，相对大沽河，北排污河底泥淤积情况较为缓和，水利相对好一些。

3.1.2 主要污染源分析

北排污河除担负着天津市六大排水系统中的赵沽里、张贵庄两大排水系统的污水排放外，在汛期还承担部分雨水的排放。

3.1.2.1 工业污染源

与大沽河类似，工业废水是北排污河的主要点源污染源之一。不同的是，大沽河主要接纳华北某北部的工业废水，北排污河接纳的是南部的。表 3-1 是 2002

年和2003年北排污河流经各区县工业企业废水及污染物的排放情况。其中，废水排放量有下降趋势，而COD和氨氮排放量仍呈明显上升趋势。

表3-1 2002年和2003年北排污河流经各区县工业企业废水及污染物排放情况

地区	2002年			2003年		
	河北区	河东区	东丽区	河北区	河东区	东丽区
废水排放量/万吨	824.63	864.18	1056.56	608.73	875.15	1132.37
COD/t	1626.57	1854.59	2183.94	1259.09	1780.52	3354.51
氨氮/t	17.22	63.45	1262.90	30.47	65.94	1425.97
石油类/t	20.47	45.92	30.66	7.28	49.60	15.16
挥发酚/t	0.20	—	0.60	0.12	—	4.58
氰化物/t	0.03	—	0.45	0.13	—	0.12
汞/t	—					
六价铬/t	0.01		0.03	0.08		
铅/t	0.07					
砷/t	—					

可见，对于北排污河来说，点源治理的关键是加强对东丽区工业污染排放的控制。据统计，东丽区入北排污河的废水排放量占入北排污河总排放量的40%左右，COD排放量也占40%左右，氨氮排放量占93%，而且都有逐年上升的趋势。

3.1.2.2 生活污染源

北排污河接纳的生活污染源主要是来自张贵庄污水处理厂和东郊污水处理厂。表3-2和表3-3分别是2002年和2003年排入北排污河的市区污水量及污染物排放量。

表3-2 2002年排入北排污河的市区污水量及污染物排放量 单位：t/a

排污系统	东郊污水处理厂	赵沽里	张贵庄	合计
污水量	114703200	6581447	4292346	125576993
悬浮物	1308	1718	1178	4204
COD	7926	1962	1814	11702
BOD$_5$	1468	908.3	766.5	3143
挥发酚	10.35	1.217	0.751	12.32
氰化物	2.902	0.220	0.045	3.167
砷	0.224	0.013	0.010	0.247
总铬	4.668	0.474	0.266	5.408
镉	0.051	0.030	0.003	0.084
汞	0.033	0.002	0.002	0.037

表 3-3　2003 年排入北排污河的市区污水量及污染物排放量　单位：t/a

排污系统	东郊污水处理厂	赵沽里	张贵庄	合计
污水量	127160297	—	—	127160297
悬浮物	635.8	—	—	635.8
COD	7884	—	—	7884
BOD$_5$	2035	—	—	2035
挥发酚	12072	—	—	12072
氟化物	10144	—	—	10144
砷	0.343	—	—	0.343
总铬	6.612	—	—	6.612
镉	0.068	—	—	0.068
汞	0.025	—	—	0.025

由表 3-2 和表 3-3 可知，2002 年市区排入北排污河的污水量和 COD 排放量分别为 12557.7 万吨和 11702t，估算出 COD 浓度为 93mg/L。2003 年分别为 12716.0 万吨和 7884t，估算出 COD 排放浓度为 62mg/L。可见，虽然污水排放总量有上升趋势，但 COD 排放量和 COD 排放浓度都有所下降，这表明了近年来污水处理厂污水排放质量有所提高。

3.1.2.3　地表径流、雨水及农业面源

天津市降雨相对较少，丰水期河流水质污染会受到地表径流的影响，附近乡镇的部分农田沥水及咸水也会对水质有一定影响。近年来，沥水越来越多，对流量的要求越来越大，造成污水所占的比例越来越少，平日流速越来越低，河道成为大沉淀池，淤积现象相当严重。

3.2　水质监测资料

3.2.1　采样区域和样品采集

结合北排污河道市内段及市郊段的河道特征、地貌特征、城镇分布及样品采集原则，沿水流路线，选取北排污河的 6 个断面进行水样采集，采样点位置如图 3-1所示。采样点描述如下：

(1) 采样点 N1，位于金沙江路与靖江路交叉口不远处的靖江桥上；

(2) 采样点 N2，位于博山道华北某燃气某分公司附近的跨河桥上；

(3) 采样点 N3，位于津汉公路与外环线交口处的华明桥上；

(4) 采样点 N4，位于赤贯路与津汉公路交口处的赤贯桥上；

(5) 采样点 N5，位于津汉公路与排污河交叉处的排污河大桥上；

(6) 采样点 N6，位于北排污河汇入永定新河闸口处。

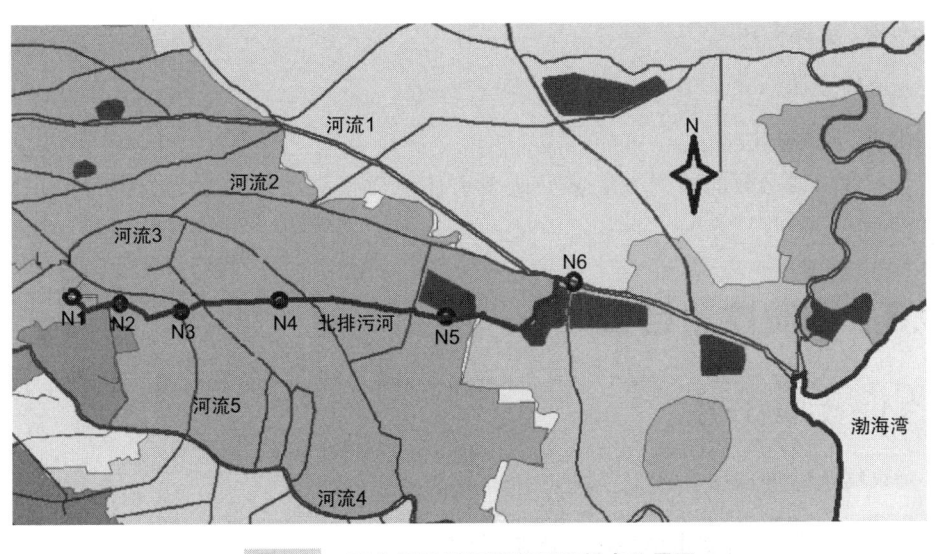

图3-1 研究区域及河道断面采样点位置图

3.2.2 样品分析

3.2.2.1 水质监测指标

排污河水体的首要功能是接纳其规定范围内的污水，兼有防洪、排涝的功能。考虑到本研究的需要，选择以下 7 项参数作为氮磷营养盐和有机物的水质评价指标，即水温、pH 值、浊度、COD_{Cr}、氨氮（NH_3-N）、总氮（TN）、总磷（TP）。

3.2.2.2 采样的时间安排与采样频率

目前我国水质监测一般确定一年内采样不应少于 6～8 次，对于一般的地表水的常规监测要掌握水质的季节变化，最好每月采样一次，为了更好地掌握水质的时空变化，本书对北排污河水样的采集分枯水期、平水期和丰水期三期进行。并选择代表性月份采集水样：丰水期为 8 月，平水期为 10 月，枯水期为 3 月。每期采样 2～3 次。具体采样频度安排见表3-4。

表 3-4 采样频度表

水期	取样日期
丰水期	8 月 9 日
平水期	10 月 18 日
	10 月 25 日
	11 月 7 日
枯水期	3 月 12 日
	3 月 18 日
	4 月 4 日

3.2.2.3 采样方法

采样方法同 2.2.1.3。

3.2.2.4 监测方法

各种水质参数的监测方法参见地表水环境质量标准基本项目分析方法，见表 2-2。

3.3 水质监测结果

3.3.1 数据统计方法

数据统计方法同 2.3.1。

3.3.2 排污河污染物的时空分布特征

据 2007 年 9 月至 2008 年 4 月对北排污河 6 个采样断面进行采样和分析，获得了大量的分析数据，表 3-5、表 3-6 为北排污河三个水期监测数据的整理结果。

表 3-5　北排污河水质监测结果统计

项目	地表水 V 类 标准值	样品总数 /个	最小值 /(mg/L)	最大值 /(mg/L)	平均值 /(mg/L)	检出率 /%	超标 点次	超标率 /%
温度		41	7.3℃	28.6℃	17.7℃	—	—	—
pH 值	6～9	41	6.76	7.71	7.31	—	0	0
浊度		41	5.6NTU	126NTU	44.3NTU	—	—	—
DO	≥2mg/L	41	0.23	5.9	1.64	—	26	63.4%
COD_{Cr}	≤40mg/L	41	17.25	436.86	120.70	100%	38	92.7%
氨氮	≤2.0mg/L	41	2.17	51.26	29.57	100%	41	100%
总氮	≤2.0mg/L	41	15.98	79.17	40.98	100%	41	100%
总磷	≤0.4mg/L	41	0.51	4.4	2.36	100%	41	100%

注：除温度、pH 值、浊度外，其余指标的最大值、最小值、平均值的单位均为 mg/L。

3.3.2.1 水样温度、浊度、pH 值的检测

图 3-2 为北排污河各水期温度分布图。从图 3-2 中可以看出，水温几乎随气温变化，表现为丰水期＞平水期＞枯水期。同时，由于北排污河的流速小于 0.01m/s，可见，水温受水中污染物排放温度的影响较小。

表 3-6　北排污河各水期监测数据整理

项目		断面					
		1	2	3	4	5	6
温度/℃	丰水期	27.2	25.4	27.6	26.7	26.7	28.6
	平水期	16.8	17.8	20.8	17.8	16.9	15.3
	枯水期	16.4	14.7	14.5	14.4	12.1	14.9
溶解氧/(mg/L)	丰水期	0.95	1.01	2.95	0.69	0.31	0.23
	平水期	0.54	0.81	0.67	0.58	0.73	2.85
	枯水期	1.55	3.80	4.35	3.85	2.05	1.60
浊度/NTU	丰水期	78.1	12.3	25.6	42	53.2	45.4
	平水期	39.3	31.5	25.0	48.9	44.6	31.9
	枯水期	35.9	40.7	81.4	61.2	39.0	60.1
pH 值	丰水期	7.71	7.56	7.23	7.26	7.29	7.44
	平水期	7.63	7.42	7.42	7.31	7.33	7.40
	枯水期	7.22	7.15	7.02	7.02	7.24	7.30
氨氮/(mg/L)	丰水期	45.11	28.68	33.17	28.86	28.63	27.68
	平水期	14.43	19.28	25.58	16.03	8.20	21.94
	枯水期	40.08	37.29	45.71	47.71	35.84	41.91
总氮/(mg/L)	丰水期	45.21	33.13	37.91	34.07	30.10	27.73
	平水期	24.99	25.86	33.02	24.37	24.97	38.54
	枯水期	56.54	63.45	52.23	55.89	55.84	52.46
COD$_{Cr}$/(mg/L)	丰水期	50.82	109.46	140.74	140.74	148.55	168.10
	平水期	94.23	84.07	153.46	82.00	125.26	87.31
	枯水期	214.32	65.43	120.79	158.21	135.30	114.51
总磷/(mg/L)	丰水期	3.86	2.90	3.24	4.08	3.12	2.38
	平水期	2.03	2.03	2.46	2.27	1.97	1.34
	枯水期	2.26	1.21	2.44	2.68	3.45	2.33

　　图 3-3 为北排污河各水期浊度分布图。由图 3-3 可知，浊度数值普遍都很大。断面 1、5 表现为丰水期＞平水期＞枯水期，说明这两断面浊度受降雨、气温影响较大。断面 2、4 表现为枯水期＞平水期＞丰水期，这可能与水深有关。断面 3、6 表现为枯水期＞丰水期＞平水期，这可能是降雨、气温、水深和水流综合作用。图 3-4 表明，总体 pH 值变化不大，都在 6～9 的范围内。

3.3.2.2　水样 N、P 营养盐及有机物的测定

　　图 3-5 为北排污河各水期总磷分布图。由图 3-5 可知，三个水期总磷含量全部超标，超标倍数为 3～12 倍。总磷含量随水期变化基本上表现为丰水期＞枯水

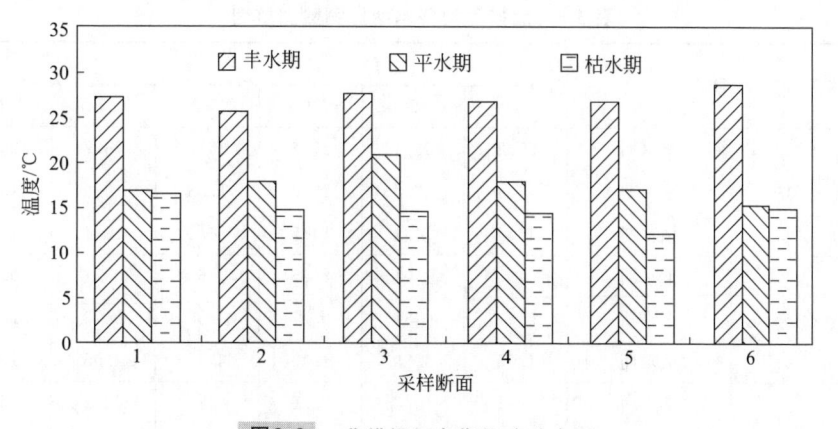

图3-2 北排污河各期温度分布图

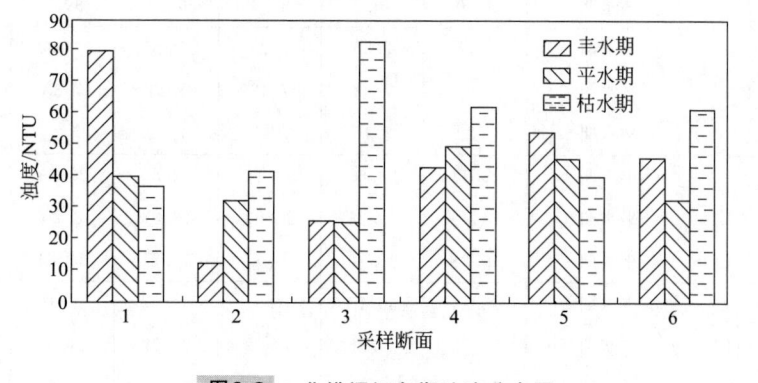

图3-3 北排污河各期浊度分布图

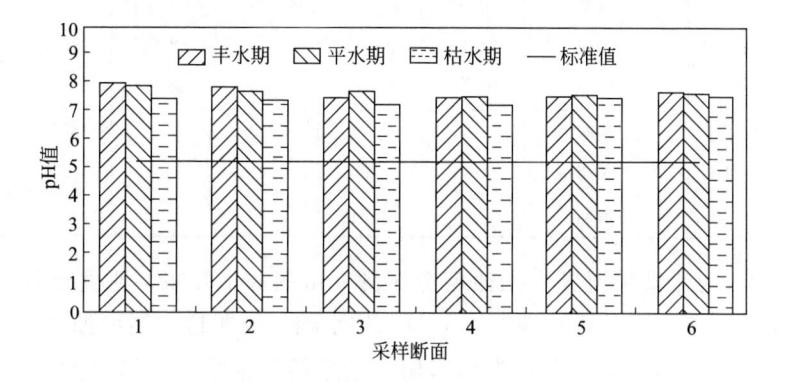

图3-4 北排污河各期 pH 值分布图

注：标准值指 GB 3838—2002 中的 V 类水质标准值。

期＞平水期，丰水期含量很高，其他两水期的含量几乎相当，这可能是因为丰水期气温较高，生活洗衣、洗菜频繁导致生活污水中含有大量的洗涤剂等含氮磷较高的物质，这些物质被沿途大量排入北排污河，从而引起北排污河丰水期总磷含

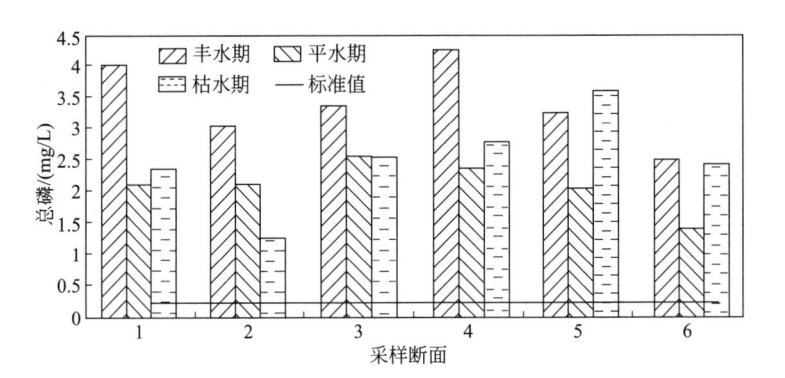

图3-5　北排污河各期总磷分布图

注：标准值指 GB 3838—2002 中的 V 类水质标准值。

量较其他两水期偏高。断面 5 例外，表现为枯水期＞丰水期＞平水期，这可能是因为枯水期断面 5 附近有排放磷的工厂开放。

图 3-6 和图 3-7 为北排污河各水期氨氮分布图。由图 3-6 和图 3-7 可知，三个水期氨氮、总氮含量全部超标，超标倍数分别为 4～24 倍和 12～30 倍。而且氨氮含量在总氮含量中占的比例较大，说明无机氮污染较为严重。这与实际情况相符。总氮和氨氮随季节变化规律明显，表现为枯水期＞丰水期＞平水期。这主要是因为经过漫长的冬季，河水结冰，氨氮难以释放导致枯水期氨氮含量急剧升高。丰水期水温、气温都较高，氨氮值也较高，总氮值自然会很高。

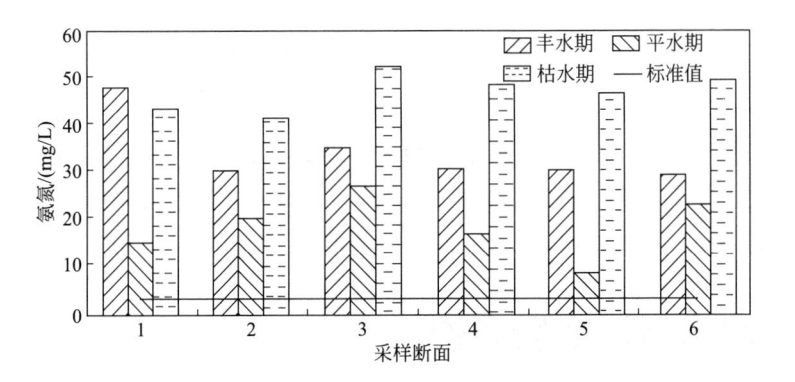

图3-6　北排污河各期氨氮分布图

注：标准值指 GB 3838—2002 中的 V 类水质标准值。

图 3-8 为北排污河各水期 COD 分布图。从图 3-8 中可以看出，COD_{Cr} 也全部超标。枯水期断面 1 的 COD 值达到 214.32mg/L，这主要是因为，在枯水期采集的三次水样中，3 月 18 日所采水样测得的 COD 值高达 436.86mg/L（这可能是因为 3 月 18 日，断面 1 附近有工厂大量排入 COD 类物质），而 3 月 4 日和 4 月 4 日所采水样测得的值都不高，分别为 93.6mg/L 和 112.5mg/L，但经过离

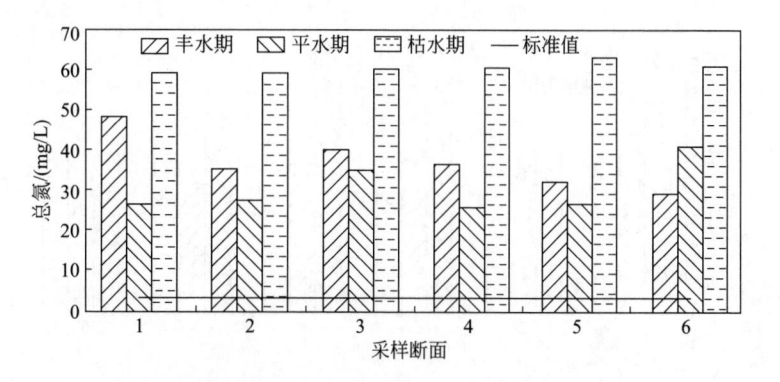

图3-7 北排污河各期总氮分布图

注：标准值指 GB 3838—2002 中的 Ⅴ 类水质标准值。

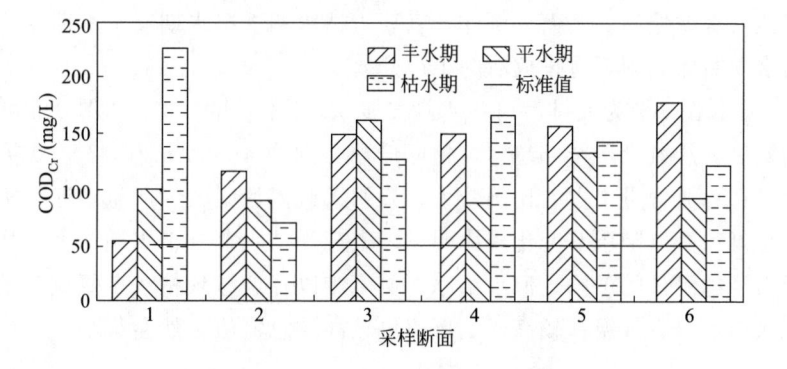

图3-8 北排污河各期 COD 分布图

注：标准值指 GB 3838—2002 中的 Ⅴ 类水质标准值。

群分析，最大值只是偏离了正常值，而未达到离群，因此，保留了此值。丰水期 COD 表现出从上游到下游逐渐升高的趋势。原因可能是上游位于人口密集的居民区，居民生活污水的贡献较大。总体 COD 随水期变化规律不明显。

3.4 北排污河水质评价

3.4.1 水质评价标准的确定

北排污河也属于地表水，加之由于其排放污水的性质，同样按国家环境保护局 2002 年 4 月 28 日发布，2002 年 6 月 1 日实施的《地表水环境质量标准》（GB 3838—2002）中的 Ⅴ 类水为主要评价依据（表 2-6）。

地表水环境质量评价应根据应实现的水域功能类别，选取相应类别标准，进行单因子评价，评价结果应说明水质达标情况，超标的应说明超标项目和超标倍数。丰、平、枯水期特征明显的水域，应分水期进行水质评价。

3.4.2 改进的主成分分析法的水质评价结果

同样采用改进的主成分分析法对北排污河水质进行评价。采用 R 软件（R2.6.1-win32）进行计算得到各指标的特征值、主成分的贡献率和累积贡献率。累积贡献率说明主成分所包含全部指标信息的百分比。前 n 个主成分的累计方差贡献率达到 85% 以上，就可以充分反映原始数据的主要信息。因此，可以利用前 n 个主成分来对北排污河的水质污染状况进行可比性研究。按照《地表水环境质量标准》的要求，应分水期进行水质评价。

3.4.2.1 北排污河各水期各断面间的相对污染程度

设温度为 x_1，浊度为 x_2，pH 值为 x_3，氨氮为 x_4，总氮为 x_5，COD 为 x_6，总磷为 x_7。

（1）丰水期。据 9 月对北排污河 6 个采样断面进行采样和分析得到的数据，以断面和监测指标为基础，建立水质数据矩阵。

利用 R 软件计算得到协方差矩阵的特征值、特征向量，以及主成分方差贡献率、累积方差贡献率，如表 3-7 所列。

表 3-7 北排污河丰水期各主成分贡献率及累计贡献率

主成分	特征值	贡献率	累计贡献率
第一主成分 Z1	0.090	66.55%	66.55%
第二主成分 Z2	0.038	28.25%	94.80%
第三主成分 Z3	0.0055	4.04%	98.84%
第四主成分 Z4	0.0015	1.12%	99.96%
第五主成分 Z5	4.0e-05	0.04%	100%
第六主成分 Z6	2.6e-19	0	100%
第七主成分 Z7	−1.5e-18	0	100%

前两个主成分的累计贡献率达到 94.80%，因此可通过前两个主成分表达式来分析污染状况。

前两个主成分表达式分别为：

$$Z1 = -0.892x_2 - 0.189x_4 - 0.119x_5 + 0.367x_6 - 0.135x_7$$
$$Z2 = 0.443x_2 - 0.269x_4 - 0.300x_5 + 0.780x_6 - 0.172x_7$$

可见，丰水期，北排污河第一主成分在浊度上有很大的载荷，即其主要决定变量是浊度；第二主成分在 COD 上有很大载荷，反映了有机物的污染水平。

表 3-8 列出了污染主成分值以及排名。从表 3-8 中可以看出，北排污河丰水期各断面营养盐及有机物污染程度排序为：1、5、6、4、3、2，比较符合前节时空分布特征的分析结果，而且能较综合地确定丰水期污染程度最严重的断面是断

面 1 和断面 5。

表 3-8　污染主成分值以及排名

断面	1	2	3	4	5	6
综合主成分	1.5373	0.9365	1.1731	1.3304	1.3944	1.3355
排名	1	6	5	4	2	3

（2）平水期。据 2007 年 10～11 月对北排污河 6 个采样断面进行采样和分析得到的数据，以断面和监测指标为基础，建立水质数据矩阵。

计算得到协方差矩阵的特征值、特征向量，以及主成分方差贡献率、累积方差贡献率，如表 3-9 所列。

表 3-9　北排污河平水期各主成分贡献率及累计贡献率

主成分	特征值	贡献率	累计贡献率
第一主成分 Z1	0.042	59.37%	59.37%
第二主成分 Z2	0.017	24.43%	83.80%
第三主成分 Z3	0.0098	13.75%	97.55%
第四主成分 Z4	0.0017	2.32%	99.87%
第五主成分 Z5	0.5e-05	0.12%	99.99%
第六主成分 Z6	3.2e-18	0.01%	100%
第七主成分 Z7	9.6e-19	0%	100%

前三个主成分的累计贡献率达到 97.55%，因此可通过前三个主成分表达式来分析污染状况。

前三个主成分表达式为：

$$Z1 = 0.0768x_1 - 0.470x_2 + 0.820x_4 + 0.307x_5 + 0.0773x_6$$

$$Z2 = 0.266x_1 - 0.226x_2 - 0.169x_4 - 0.0912x_5 + 0.770x_6 + 0.500x_7$$

$$Z3 = -0.206x_1 - 0.223x_2 - 0.357x_4 + 0.485x_5 + 0.391x_6 - 0.1626x_7$$

可见，平水期，第一主成分在氨氮上载荷最大，反映了平水期无机氮的污染水平；第二主成分在 COD 上载荷最大，反映了北排污河平水期有机物的污染水平；第三主成分在总氮上载荷最大，反映了北排污河平水期总氮的污染水平。

表 3-10 列出了污染主成分值以及排名。从表 3-10 中可以看出，北排污河平水期各断面营养盐及有机物污染程度排序为：3、6、2、1、4、5，比较符合前面

表 3-10　污染主成分值以及排名

断面	1	2	3	4	5	6
综合主成分	0.8702	0.9564	1.1312	0.8662	0.7526	0.9611
排名	4	3	1	5	6	2

时空分布特征的分析结果，而且能较综合地确定平水期污染程度最严重的断面是断面 3 和断面 6。

（3）枯水期。据 2008 年 3～4 月对北排污河 6 个采样断面进行采样和分析得到的数据，以断面和监测指标为基础，建立水质数据矩阵。

计算得到协方差矩阵的特征值、特征向量，以及主成分方差贡献率、累积方差贡献率，如表 3-11 所列。

表 3-11 北排污河枯水期各主成分贡献率及累计贡献率

主成分	特征值	贡献率	累计贡献率
第一主成分 Z1	0.045	59.15%	59.15%
第二主成分 Z2	0.022	29.42%	88.57%
第三主成分 Z3	0.0084	11.21%	99.78%
第四主成分 Z4	1.5e-04	0.21%	99.99%
第五主成分 Z5	6.6e-06	0.01%	100%
第六主成分 Z6	3.9e-19	0%	100%
第七主成分 Z7	1.9e-19	0%	100%

前两个主成分的累计贡献率达到 88.57%，因此可通过前两个主成分表达式来分析污染状况。

前两个主成分表达式为：

$$Z1 = -0.0829x_4 - 0.757x_6 - 0.645x_7$$
$$Z2 = -0.923x_2 - 0.216x_4 + 0.252x_6 + 0.188x_7$$

可见，枯水期，第一主成分在 COD 和总磷上有很大载荷，反映了大沽河枯水期有机物和磷的污染水平；第二主成分在浊度上有很大的载荷，即其主要决定变量是浊度，这表明浊度对枯水期污染的影响很大。

表 3-12 列出了污染主成分值以及排名。从表 3-12 中可以看出，北排污河平水期各断面营养盐及有机物污染程度排序为：4、5、3、1、6、2，比较符合前节时空分布特征的分析结果，而且能较综合地确定平水期污染程度最严重的断面是断面 4 和断面 5。

表 3-12 污染主成分值以及排名

断面	1	2	3	4	5	6
综合主成分	1.4661	1.1827	1.5143	1.5350	1.5209	1.4576
排名	4	6	3	1	2	5

3.4.2.2 北排污河各水期主要污染指标的确定

同样，采用改进的主成分分析法来分析北排污河各水期的污染物污染情况，以确定主要污染物。设断面 1 为 x_1，断面 2 为 x_2，断面 3 为 x_3，断面 4 为 x_4，断面 5 为 x_5，断面 6 为 x_6。

（1）丰水期。利用 R 软件计算得到协方差矩阵的特征值、特征向量，以及主成分方差贡献率、累积方差贡献率，如表 3-13 所列。可见，第一主成分的贡献率达到 94.84％，因此可通过第一主成分表达式来分析综合污染状况。

表 3-13　丰水期各主成分贡献率及累计贡献率

主成分	特征值	贡献率	累计贡献率
第一主成分 Z1	1.6	94.84％	94.84％
第二主成分 Z2	0.063	3.79％	98.63％
第三主成分 Z3	0.020	1.22％	99.85％
第四主成分 Z4	0.0025	0.15％	100％
第五主成分 Z5	2.8e-05	0％	100％
第六主成分 Z6	2.6e-06	0％	100％

第一主成分表达式为：

$$Z1 = 0.347x_1 + 0.380x_2 + 0.416x_3 + 0.401x_4 + 0.433x_5 - 0.463x_6$$

可见，丰水期，第一主成分在各个断面上的载荷几乎一致，反映了各断面的综合污染水平。

表 3-14 列出了污染主成分值以及排名。从表 3-14 中可以看出，北排污河丰水期各污染物的污染程度排序为：COD、浊度、总氮、氨氮、温度、pH 值、总磷，可确定丰水期的主要污染物是 COD。

表 3-14　污染主成分、综合主成分以及排名

主成分	温度	浊度	pH 值	氨氮	总氮	COD	总磷
第一主成分	−3.46	−3.80	−2.10	−3.61	−3.69	−5.03	−1.20
排名	5	2	6	4	3	1	7

（2）平水期。利用 R 软件计算得到协方差矩阵的特征值、特征向量，以及主成分方差贡献率、累积方差贡献率，如表 3-15 所列。可见，第一主成分的贡献率达到 97.29％，因此可通过第一主成分表达式来分析综合污染状况。

表 3-15　平水期各主成分贡献率及累计贡献率

主成分	特征值	贡献率	累计贡献率
第一主成分 Z1	1.8	97.29％	97.29％
第二主成分 Z2	0.033	1.81％	99.10％
第三主成分 Z3	0.012	0.67％	99.77％
第四主成分 Z4	0.0038	0.21％	99.98％
第五主成分 Z5	2.5e-04	0.02％	100％
第六主成分 Z6	6.6e-05	0％	100％

第一主成分表达式为：

$$Z1 = 0.399x_1 + 0.385x_2 + 0.411x_3 + 0.386x_4 + 0.431x_5 + 0.436x_6$$

可见，丰水期，第一主成分在各个断面上的载荷几乎一致，反映了各断面的综合污染水平。

表3-16列出了污染主成分值以及排名。从表3-16中可以看出，北排污河平水期各污染物的污染程度排序为：COD、浊度、总氮、温度、氨氮、pH值、总磷，可确定平水期的主要污染物为COD。

表 3-16　污染主成分、综合主成分以及排名

主成分	温度	浊度	pH 值	氨氮	总氮	COD	总磷
第一主成分	−3.04	−3.80	−2.13	−2.98	−3.55	−4.91	−0.72
排名	4	2	6	5	3	1	7

（3）枯水期。利用R软件计算得到协方差矩阵的特征值、特征向量，以及主成分方差贡献率、累积方差贡献率，如表3-17所列。可见，第一主成分的贡献率达到98.05％，因此可通过第一主成分表达式来分析综合污染状况。

表 3-17　枯水期各主成分贡献率及累计贡献率

主成分	特征值	贡献率	累计贡献率
第一主成分 Z1	2.2	98.05％	98.05％
第二主成分 Z2	0.027	1.22％	99.27％
第三主成分 Z3	0.013	0.58％	99.85％
第四主成分 Z4	0.0032	0.14％	99.99％
第五主成分 Z5	1.6e-05	0.01％	100％
第六主成分 Z6	1.8e-06	0％	100％

第一主成分表达式为：

$$Z1 = 0.426x_1 + 0.411x_2 + 0.416x_3 + 0.415x_4 + 0.375x_5 + 0.405x_6$$

可见，枯水期，第一主成分在各个断面上的载荷几乎一致，反映了各断面的综合污染水平。

表3-18列出了污染主成分值以及排名。从表3-18中可以看出，北排污河枯水期各污染物的污染程度排序为：COD、总氮、浊度、氨氮、温度、pH值、总

表 3-18　污染主成分、综合主成分以及排名

主成分	温度	浊度	pH 值	氨氮	总氮	COD	总磷
第一主成分	−2.84	−4.18	−2.09	−4.02	−4.29	−5.15	−0.87
排名	5	3	6	4	2	1	7

磷，可确定枯水期的主要污染物为 COD。

3.4.3　与其他评价方法的比较

本部分同样采用内梅罗环境质量指数法，对北排污河的水质进行评价，确定主要污染断面，以便与 3.4.2 中改进的主成分分析法进行比较，提高评价的准确度。

用内梅罗指数法对北排污河水质进行评价的结果如表 3-19～表 3-21 所列。

由表 3-19～表 3-21 可以得出以下结论。

（1）水质类别。从单项指标来看，北排污河也属于劣 V 类水体，除 pH 值外，几乎全部严重超标。超标最严重的是氨氮和总氮，尤其是总氮，最大超标倍数达到 18.96 倍。总磷超标现象位居第二，超标 7～11 倍。

（2）污染指标。从各水期各断面的单因子指数来看，超标严重的是氮、磷营养盐，COD 的污染相对较轻，说明北排污河水质营养盐污染严重。这与用改进的主成分分析法得出的结果有部分差别。这主要是因为用改进的主成分分析法分析是针对 7 项指标进行的，而内梅罗指数分析只针对了 5 项指标，可能是温度和浊度对评价结果有一定的影响导致。

表 3-19　丰水期北排污河水质内梅罗指数评价结果

断面		1	2	3	4	5	6
单因子指数	pH 值	0.65	0.72	0.89	0.87	0.86	0.78
	氨氮	22.56	14.34	16.59	14.43	14.32	13.84
	总氮	22.61	16.57	18.96	17.04	15.05	13.87
	COD_{Cr}	1.27	2.74	3.52	3.52	3.71	4.20
	总磷	9.65	7.25	8.10	10.20	7.80	5.95
内梅罗指数		17.88	13.11	15.03	13.69	12.17	11.22
断面排序		1	4	2	3	5	6

表 3-20　平水期北排污河水质内梅罗指数评价结果

断面		1	2	3	4	5	6
单因子指数	pH 值	0.69	0.79	0.79	0.85	0.84	0.80
	氨氮	7.22	9.64	12.79	8.02	4.10	10.97
	总氮	12.50	12.93	16.51	12.19	12.49	19.27
	COD_{Cr}	2.36	2.10	3.84	2.05	3.13	2.18
	总磷	5.08	5.08	6.15	5.68	4.93	3.35
内梅罗指数		9.67	10.11	12.98	9.53	9.54	14.57
断面排序		4	3	2	6	5	1

表 3-21　枯水期北排污河水质内梅罗指数评价结果

断面		1	2	3	4	5	6
单因子指数	pH 值	0.89	0.93	0.99	0.99	0.88	0.85
	氨氮	20.04	18.65	22.86	23.86	17.92	20.96
	总氮	28.27	31.73	26.12	27.95	27.92	26.23
	COD_{Cr}	5.36	1.64	3.02	3.96	3.38	2.86
	总磷	5.65	3.03	6.10	6.70	8.63	5.83
内梅罗指数		21.73	23.79	20.27	21.70	21.42	20.21
断面排序		2	1	5	3	4	6

（3）变化趋势。由图 3-9，根据内梅罗指数结果可知，北排污河丰水期各断面营养盐及有机物污染程度排序为：1、3、4、2、5、6，即丰水期污染程度最严重的断面是断面 1，北排污河平水期各断面营养盐及有机物污染程度排序为：6、3、2、1、5、4，即平水期污染程度最严重的断面是断面 6 和断面 3，污染最轻的断面是断面 4 和断面 5。这些都与用改进的主成分分析法得出的结果大致相同。但枯水期各断面营养盐及有机物污染程度排序为：2、1、4、5、3、6，即枯水期污染程度最严重的断面是断面 2 和断面 1，污染最轻的断面是断面 6。

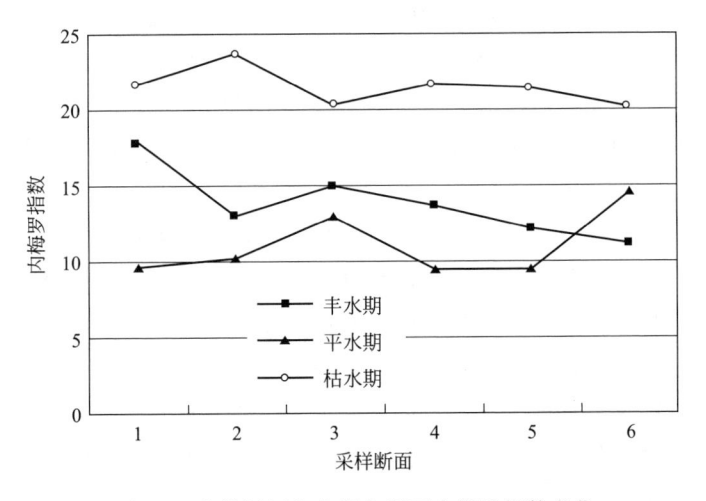

图 3-9　北排污河各水期各断面内梅罗指数变化

这与用改进的主成分分析法得出的结论有很大差别。主要原因是：一方面，内梅罗指数着重考虑了单因子指数最大的因素，断面 2 的单因子指数最大值相对别的断面较高，从而使得分析结果偏大；另一方面，改进主成分分析法还考虑了浊度和温度，相对来说，断面 2 除了总磷含量相对较大外，别的指标都相对较小，但内梅罗指数只考虑了 5 项指标，而没考虑到浊度等相关性指标。总体来说，结合前面的时空分布特征分析结果，改进的主成分分析法的结果更符合实际情况。

北排污河污染状况普遍表现为枯水期＞丰水期＞平水期。这与时空分布特征的结果大体一致。

3.4.4　两种评价方法的比较

前面分别采用改进的主成分分析法、内梅罗环境质量指数法对南排污河（见第 2 章）和北排污河的水质进行了评价，可以看出，两种评价方法的结果具有一定的一致性，但也存在某些的差异。

（1）主成分分析法对水质进行评价，是在不损失或较少损失原有信息的基础上，用较少的指标来代替原来的多指标水环境系统的信息；而内梅罗指数法则不能简化指标，需要多指标来评价水质，并把最劣一项污染指标作为判定水体的水质类别的主要依据。

（2）在识别河流中主要污染物的时候，主成分分析法是根据主因子对方差的贡献率作为因子权重，来判断其是否为主要污染物；而内罗梅指数评价法将各种污染因子等同对待，任一项污染因子高就会使综合评分值偏高，而事实上如考虑不同污染因子对环境的毒性、降解难易程度等因素，那么同一质量级别的不同污染因子应区别对待，即增加权重的因素。

（3）主成分分析法虽然能以较少的指标反映出原有水质的大部分信息，但它的不足之处就是不能确定河流的水质级别及污染的超标程度，这正是内罗梅指数法的优势所在。同时内罗梅指数法还可以很明显地显示出各水期的相对污染程度。

综上所述，主成分分析法在评价河流水质时，其结果在识别河流水质中的污染物及其来源、成因和掌握水质的时空分布规律上等有很大的优势，还可以避免只以一种污染物进行评价的偏颇；而内罗梅指数法评价的结果可以避免水污染物超标给人民生命健康带来的威胁，可以表明水质劣于 V 类的情况，还可以清楚地知道超标污染物及其倍数，也可表示出评价区环境要素的综合环境质量状况，便于进行污染原因的分析，便于决策者做出综合决策。因此，应该结合这两种方法对水质进行评价。

3.5　水中污染物间的相关关系分析

3.5.1　线性相关与回归分析

当线性相关系数有显著性时，只能说明两变量间存在着线性关系，但它不能告诉我们变量间的数量关系。为了从自变量值推算因变量值，可进行回归分析。

回归分析是一种通过一组预测变量（自变量）来预测一个或多个响应变量（因变量）的统计方法。它可用于评估预测变量对响应变量的效果。

3.5.2 一元多重回归模型

设因变量 y 与 $p-1$ 个变量 $x_1, x_2, \cdots, x_{p-1}$ 有相关关系，则 y 可表示成

$$y = f(x_1, x_2, \cdots, x_{p-1}) + \varepsilon \tag{3-1}$$

式中 ε——误差项，是一个随机变量，且假定 $\varepsilon \sim N(0, \sigma^2)$。

若 $f(x_1, x_2, \cdots, x_{p-1}) = \beta_0 + \beta_1 x_1 + \cdots + \beta_{p-1} x_{p-1}$，则上式可以改写成

$$\begin{cases} y = \beta_0 + \beta_1 x_1 + \cdots + \beta_{p-1} x_{p-1} + \varepsilon \\ \varepsilon \sim N(0, \sigma^2) \end{cases} \tag{3-2}$$

称为一元多重正态线性回归模型，ε 称为误差项，$\beta_1, \cdots, \beta_{p-1}$ 称为回归系数。对模型，我们主要讨论以下三个问题。

（1）求未知参数 $\beta_0, \beta_1, \cdots, \beta_{p-1}$ 的估计值 $\hat{\beta}_0, \hat{\beta}_1, \cdots, \hat{\beta}_{p-1}$，以建立线性回归方程：

$$y = \hat{\beta}_0 + \hat{\beta}_1 x_1 + \cdots + \hat{\beta}_{p-1} x_{p-1} \tag{3-3}$$

（2）对回归方程进行合理性检验。显著性检验包括两方面。一方面是回归显著性检验。主要是检验给定显著性水平 α 下的 F 统计量和全相关系数 R 或相关指数 R^2。若 $F > F_{1-\alpha}(k, n-k-1)$，则拒绝原假设，认为线性回归有一定意义，否则，就认为回归模型没有意义。R^2 越大，越接近于 1，说明线性相关程度越显著，R^2 可作为衡量回归方程总效果的一个数量指标。另一方面是回归系数的显著性检验。主要是看给定显著性水平 α 下的回归系数的 t 统计量的大小。若 $|T| > t_{1-\alpha/2}(n-k-1)$ 或 $F > F_{1-\alpha}(1, n-k-1)$，则拒绝原假设，即认为自变量 x_i 对 y 有显著性影响，称 x_i 为显著因子。否则，接受原假设，即不应在线性模型中选入这个自变量，而得到一个更简单的线性回归方程。

（3）利用回归方程对未来进行预测。

3.5.3 水中污染物间的相关关系分析

3.5.3.1 相关关系

使用 R 软件对北排污河的所有水质指标做相关性分析，得到氮、磷营养盐和有机物等指标之间的相关系数矩阵，如表 3-22 所列。

北排污河各水质指标间的相关性相对较差。由表 3-22 可知，北排污河只有部分水质指标间与其他一个或几个指标之间有显著相关性。

表 3-22 北排污河各水质指标间的相关系数矩阵

水质指标	温度	浊度	pH 值	氨氮	总氮	CODCr	总磷
温度	1	−0.13	0.43	−0.14	−0.49	0.10	0.56
浊度		1	−0.24	0.50	0.39	−0.17	0.18
pH 值			1	−0.43	−0.55	−0.40	0.11
氨氮				1	0.91	0.16	0.33
总氮					1	0.15	0.05
CODCr						1	0.19
总磷							1

注：阴影部分代表相关系数大于 0.5，相关性较好。

3.5.3.2 模型的建立

由于氨氮测定的预处理相当复杂，而且测定过程中，会受到纳氏试剂容易变质等诸多方面的影响，经常会导致测定结果偏大。若能建立合适的氨氮值和其他变量之间的线性回归模型，以便通过对其他变量值的测定来推算氨氮值，无疑是一种很好的方法。

将北排污河丰水期和平水期两期的数据联合起来，建立线性回归模型。其中，x_1 代表温度，x_2 代表浊度，x_3 代表 pH 值，x_4 代表氨氮，x_5 代表总氮，x_6 代表 COD_{Cr}，x_7 代表总磷。北排污河枯水期的数据将用于后期模型的校验。

在建立模型前，要对建模的数据进行相关性分析，求出相关系数后，首先取与氨氮值的相关系数大于 0.5 的变量为自变量，氨氮值为因变量，重新记为 y，建立模型。再经过回归系数的显著性检验，剔除显著性差的自变量，重新建立回归模型，如此反复。最终建立的北排污河的线性回归模型为氨氮与温度和总氮的回归模型为 $y = -25.57 + 1.01x_1 + 0.88x_5$，即

$$y = -25.57 + 1.01T + 0.88TN$$

3.5.3.3 显著性检验

用 R 软件所建立的线性回归模型的拟合情况如下。

```
summary （f）
Call：
lm （formula＝y～x1＋x5, data＝x）
Residuals：
Min      1Q     Median   3Q      Max
-5.2634  -2.0198  0.3803  1.3668  4.1253
Coefficients：
Estimate   Std. Error   tvalue   Pr(＞|t|)
(Intercept) -25.5712   4.9499    -5.166   0.000590 ＊＊＊
x1           1.0080    0.1953     5.162   0.000594 ＊＊＊
```

x5　　　　0.8811　　0.1531　　5.754　0.000275 ＊ ＊ ＊

Signif. codes：0 '＊ ＊ ＊' 0.001 '＊ ＊' 0.01 '＊' 0.05 '.' 0.1 ' ' 1

Residualstandarderror：2.988on9degreesoffreedom

MultipleR-Squared：0.9225，　　　　AdjustedR-squared：0.9052

F-statistic：53.54on2and9DF，　　p-value：1.006e-05

从残差项（Residuals）能大致了解残差的情况，这里给出了残差的最小值，四分之一分位数，中位数，四分之三分位数及最大值。按残差的定义可知，其均值应该是零，故中位数当离 0 不远；最大值与最小值的绝对值也应大致相等。现稍有些正偏。在系数项（Coefficients），除了已经给出的回归系数估计值以外，还有估计量的标准误差（Std. Error），在正态假设下，这个结果将用于计算参数的置信区间及回归系数的显著性检验。t 值是按 T 统计量公式计算的。最后一项为 p 值，检验结果中所有变量的 p 值很小（都小于 0.001），说明自变量的影响均很显著。分析最后三行给出的结果，残差标准误差实际上就是残差方差的估计值。很大的相关指数 R^2（0.9225）及 F 统计量（53.54）值都说明应当认为回归方程或性模型是显著的。

（1）回归显著性检验　从相关指数 R^2（0.9225）及 F 统计量（53.54）值都说明应当认为回归方程或线性模型是显著的。

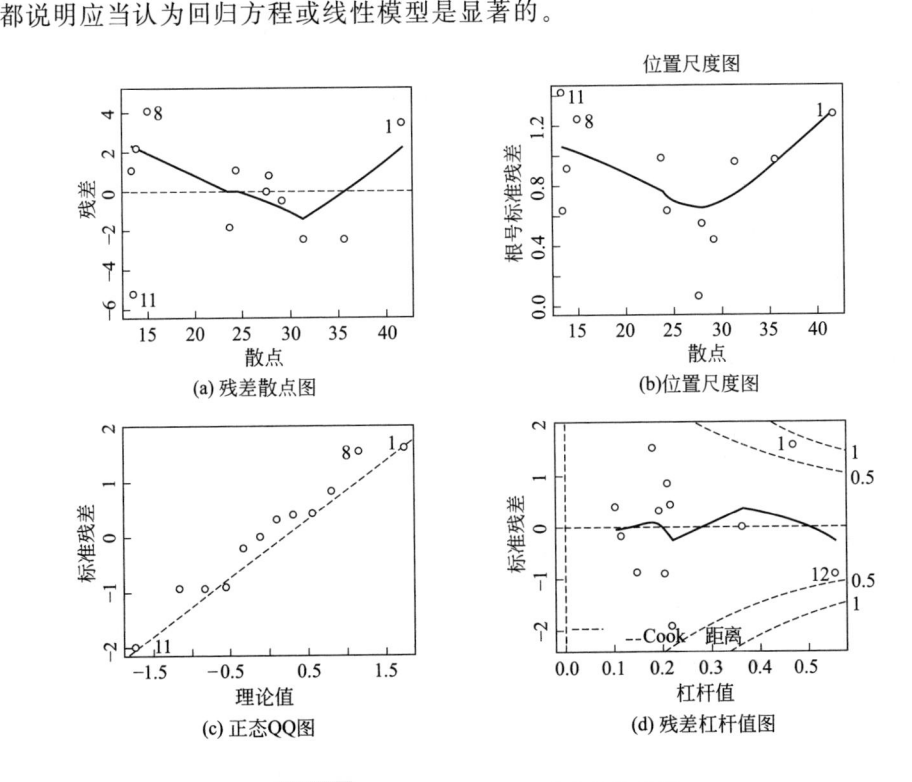

图3-10　残差分析和强影响分析结果图

(2) 回归系数的显著性检验。各回归系数显著性检验的统计量的观测值分别为：$t_1 = 5.126$，$t_2 = 5.757$，对显著性水平 $\alpha = 0.05$，$t_{0.975}$ (9) $= 2.2622$，由于各 t_i 均大于此临界值，可见各自变量的影响皆显著。

3.5.3.4 残差分析与强影响分析

回归诊断的基本工具是残差。残差分析和强影响分析的结果如图 3-10 所示。

从拟合值对残差的散点图（Residuals vs Fitted）中没发现如何趋势，说明误差的正态性检验假定是合适的。正态 QQ 图（Normal Q-Q）的较好的线性更说明可以接受正态性假设。

残差与杠杆值图（Residuals vs Leverage）说明强影响点是观测值 1 和观测值 12，即北排污河丰水期的 1 号断面和平水期的 6 号断面。

用 R 软件做的强影响分析的结果如下。

$ hat

1	2	3	4	5	6
0.4711578	0.1165313	0.2076340	0.1498131	0.1927589	0.3668540
7	8	9	10	11	12
0.2204873	0.1806955	0.1038761	0.2120093	0.2181915	0.5599913

$ coefficients

	(Intercept)	x1	x5
1	-5.3967053639	0.0053252887	0.1837987372
2	0.0856401729	-0.0067647868	0.0004496376
3	1.5191121941	-0.0418119696	-0.0267691886
4	0.7342632479	-0.0447256063	0.0005739561
5	-0.0486431456	0.0201017649	-0.0101162332
6	0.0003145507	-0.0004261532	0.0002559827
7	0.9193505058	-0.0183130424	-0.0125951519
8	2.9748861691	-0.0534609567	-0.0430569491
9	0.1068361131	-0.0102802699	0.0070775020
10	1.8477081515	-0.0233430622	-0.0346119881
11	-4.5700489675	0.0884708817	0.0643155348
12	-0.3257569306	0.1701645039	-0.1207398358

$ sigma

1	2	3	4	5	6
2.694250	3.162559	3.012190	3.020748	3.154614	3.169084
7	8	9	10	11	12
3.141080	2.728856	3.142681	3.046903	2.369340	3.008875

$ wt. res

| 1 | 2 | 3 | 4 | 5 | 6 |

3.43203976 -0.54046864 -2.47943339 -2.49901160 0.76878217 -0.00824113

| 7 | 8 | 9 | 10 | 11 | 12 |

1.04979918 4.12531863 1.09307052 2.18809261 -5.26337584 -1.86657227

这里给出的是帽子矩阵 $P = X(X'X)^{-1}X$ 对角元素组成的向量。若其值等于 1，说明估计值等于观测值。这说明当它很大时，无论观测值如何，总有观测值和估计值大约相等，即 (x_i, y_i) 具有把回归直线拉向自己的作用，这样的点对回归系数的估计影响很大，称为高杠杆点 (leverage)。此处，最大值为 0.6，第 12 次观测有可能是高杠杆点。

Coefficients 是一个 12×3 矩阵，第 i 行表示第 i 次观测在进行回归分析时，引起的回归系数估计量的变化。可以看出，第 1 次和第 11 次的数值比较大，即 (x_1, y_1)、(x_{11}, y_{11}) 对回归系数估计的影响较大，应该值得注意。

向量 sigma 的第 i 个元素是去掉第 i 次观测值再进行回归分析时残差标准差的估计，因此为了减少残差的方差，去掉第 11 次观测再进行回归分析时残差标准差是最小的，只有 2.4。而向量 wt. res 是去掉第 i 次观测再进行回归分析时的加权残差向量。

结合各种因素，最后确定的强影响点为 12、1、6、11，即北排污河丰水期的断面 1、6，平水期的断面 5、6。可见，断面 6 监测数据的准确性很重要。

3.5.3.5 预测与检验

选取北排污河枯水期的数据作为检验数据，由于 3 号断面出现异常值，因此剔除掉 3 号断面的观测值，对其余五个断面的预测值与观测值进行拟合，拟合曲线如图 3-11 所示。

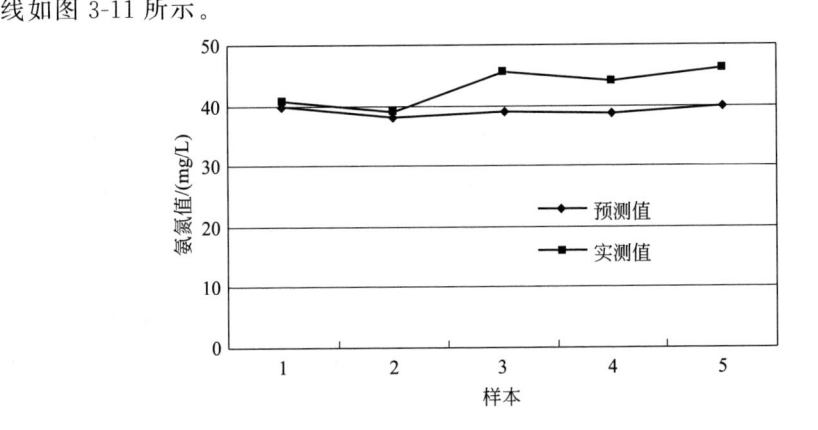

图3-11 真实值与预测值的拟合曲线

氨氮预测值为：40.01，38.14，38.74，39.12，38.73，39.75。

氨氮观测值为：40.85，38.94，49.08，45.65，43.79，46.27。

相对标准误差为：2.04%，2.04%，14.3%，11.5%，14.1%。

由此可见，模型预测的相对误差均小于 15%，可认为此线性回归模型有一定的可借鉴性。

3.6 北排污河水污染控制方法

从对北排污河分水期进行评价的结果来看，污染物控制的重点也是 COD。水体中的有机物主要来源于生活污水和工业废水的排放以及动植物腐烂分解后随降雨流入水体。北排污河主要受到点源污染，点源污染的重点都是工业废水和生活污水。因此，从源头进行控制是必要的。

在不同水期的重点污染断面不太一致，因此，需要对部分断面附近实行分水期重点控制。对北排污河，丰水期要重点控制靖江桥附近的污水排放，平水期重点控制华明桥和北排污河汇入永定新河闸口处附近的污水排放，而枯水期要重点控制博山道燃气某分公司和赤贯桥附近的污水排放。建议对重点污染断面进行污水截流，将其改道引入附近污水处理厂，以减轻它们对北排污河的水质污染。

3.7 本章小结

（1）本章分析了北排污河的主要污染源情况。北排污河的主要污染源有工业废水、生活污水以及部分雨水。各区县工业废水排放量有下降趋势，而 COD 和氨氮排放量仍呈明显上升趋势。市区排入该河的生活污水量呈上升趋势，但COD 排放量和 COD 排放浓度都有明显下降趋势；工业点源治理的关键是加强对东丽区工业污染排放的控制。

（2）通过对北排污河进行采样检测，分析得出了北排污河各种污染物的时空分布特征。总磷、氨氮、总氮和 COD 含量全部超标严重，总磷含量随水期变化都普遍表现为丰水期＞枯水期＞平水期，氨氮和总氮含量表现为枯水期＞丰水期＞平水期，北排污河 COD 含量随水期变化不明显。北排污河水质普遍劣于《地表水环境质量标准》（GB 3838—2002）中Ⅴ类标准，这与历史资料完全吻合。

（3）利用改进的主成分分析法和内梅罗环境质量指数法，对北排污河的水环境现状进行评价。结果表明，北排污河在丰水期污染最严重的断面是断面 1，主要污染因子是 COD；在平水期污染最严重的断面是断面 6 和断面 3，污染较轻的断面是断面 4 和断面 5，主要污染因子是 COD；在枯水期污染较严重的断面是断面 4，污染较轻的断面是断面 6，主要污染因子是 COD；总体污染程度是枯水期＞丰水期＞平水期。

（4）不同水期的主要污染物一致，提出了从源头控制 COD 的方法。不同水期的重点污染断面不太一致，需要对部分断面附近实行分水期重点控制。对北排污河，丰水期要重点控制度靖江桥附近的污水排放，平水期重点控制华明桥和北排污河汇入永定新河闸口处附近的污水排放，而枯水期要重点控制博山道华北某燃气某分公司和赤贯桥附近的污水排放。

（5）通过线性相关和回归分析，建立了北排污河氨氮与温度和总氮的一元多重回归模型。对模型进行了显著性检验、残差分析和强影响分析，检验结果表明，模型的建立是合理的。用实际检测数据进行了模型的检验，结果证明了模型的可靠性和适用性。此模型可以用于预测北排污河的氨氮含量，解决了氨氮测定繁琐和精确度低的问题。

第4章
南排污河沉积物中污染物风险及生物有效性

　　城市排污河道主要接纳市政污水、工业废水、雨水及农田沥水，常年处于高负荷状态，水质恶化，沉积物中重金属、有机物累积严重。有些排污河河水最终会注入海湾，成为海洋或内陆海的主要陆源污染源，严重影响海洋水体、沉积物以及水生生态环境质量。污染物质进入水体，当河道流速缓慢时，极易从水相向固相转化，悬浮颗粒物随即充当污染物迁移转化的主要载体，而河道沉积物则成了污染物迁移转化的主要宿主，可作为二次污染源，对河流水质影响显著，且易通过食物链直接或间接对周边及海洋生态环境造成威胁。因此，有必要对城市排污河道沉积物中持久性污染物，如重金属，进行风险评价。评价的目的是为了准确反映污染物污染状况，为政府部门采取治理措施提供理论参考。生物修复方式是一种经济、有效、环境友好的治理沉积物污染的方法。因此，需进行沉积物的生物有效性分析，以衡量该沉积物是否具有可生物修复的潜力。本章从城市排污河道沉积物中重金属总量、形态分布以及污染源三个角度全面分析重金属在底泥中的累积水平、毒性效应、生物可利用性及其与有机污染之间的关系，为该排污河道底泥的进一步治理提供理论依据。

4.1　材料与方法

4.1.1　采样区域和样品采集

　　结合南排污河道市内段及市郊段的河道特征、地貌特征、城镇分布及样品采集原则，沿水流路线，选取南排污河的 7 个断面进行沉积物样品采集，如图 4-1 所示。采样点为：桥 A，S1；桥 B，S2；桥 C，S3；桥 D，S4；桥 E，S5；桥 F，S6；桥 G，S7。经过对排污河道附近污染源进行大面积调研、普查、水质监测及结果分析（数据未给出），确定了南排污河附近的 14 个主要污染源（PS1～

PS14）。PS2为污水处理厂出水口，出水指标有时达不到污水排放二级标准；PS4、PS5、PS7、PS8、PS14为不同类型工业废水出水口，包括造纸、化工、印染、制药等工厂排放的工业废水，水中含有大量表面活性剂、油墨、色素、无机盐等；其余污染源为混合污水排放口，包括泵站、工业区、闸口等污水排放口。其中，PS11排放的混合污水具有明显的重金属污染特点，且重金属、有机质超标较为严重。因此选取污染源PS11为重点排污口，在该排污口及其附近区域布设8个采样点，分别位于排污口上游50m，排污口处，排污口下游10m、50m、100m、200m和500m，记为采样点：U50、M、D10、D50、D100、D200、D500。

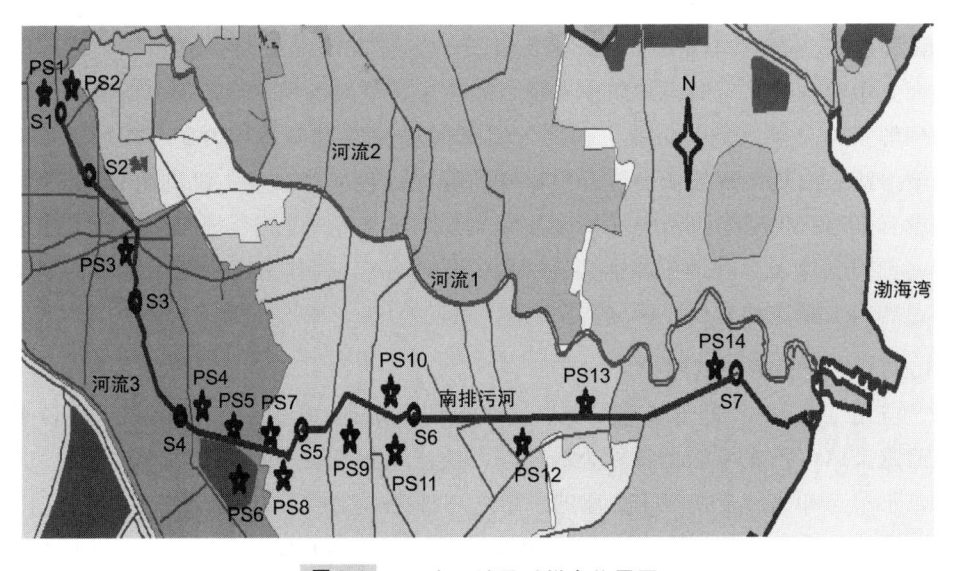

图4-1　研究区域及采样点位置图

注：○、S代表河道断面采样点，☆、PS代表主要污染源点。

使用柱状采样器分别采集排污河道采样点柱状底泥样。所有样品编号后装入聚乙烯保鲜袋中，迅速带回实验室冷冻保存。由于河道底层自然特征不同，采集40～60cm不等的柱状样。根据所采样品的质地和颜色，将每个柱状样分为3层，记为A（表层）、B（中层）、C（底层）。对每个采样点采集4次柱状样，采样时间为枯水期（3月）、丰水期（8月）、平水期（10月和5月），总共采集60个柱状样，对180个样品进行检测分析。

4.1.2　样品分析

4.1.2.1　测试指标

采用自然风干的方法对沉积物样品进行脱水，剔除干燥沉积物样品中的大小砾石及动、植物残体等杂物，使用石英研钵研磨至过180μm金属筛。测定沉积物中的重金属（镉、锌、铜、铅、铬、镍、锰）、pH 值、总磷和有机质含量。

4.1.2.2　重金属总量的测定

重金属总量的预处理采用盐酸-硝酸-高氯酸-氢氟酸消煮法，测定采用火焰原子吸收分光光度计（AAS，WFX-110B，北京瑞利，北京）。

盐酸-硝酸-高氯酸-氢氟酸消煮法步骤如下。称取大约 0.3000g 沉积物样品，置于 50ml 聚四氟乙烯坩埚（PTEE，南京艾夫斯化工产品有限公司，江苏）中，用水润湿后加入 10ml 盐酸（$\rho = 1.19g/ml$，优质纯），在通风橱内电热板（EH45B，天津博天胜达科技发展有限公司，天津）上低温加热，使沉积物初步分解，待蒸发至约 3ml 时，取下稍冷，加入 5ml 硝酸（$\rho = 1.42g/ml$，优质纯），5ml 氢氟酸（$\rho = 1.49g/ml$），3ml 高氯酸（$\rho = 1.68g/ml$，优级纯），加盖后电热板上中温加热，定时搅拌防止沸腾，加热至冒浓厚白烟，待坩埚内壁黑色沉积物分解至样品呈黏稠状，取下稍冷，用蒸馏水冲洗坩埚盖和内壁，并加入 1ml 硝酸溶液，温热溶解残渣。待沉积物样品变为白色或淡黄色，没有明显沉淀物，也没有烟气冒出时，将消解样品充分冷却，转移至 50ml 的容量瓶中，反复冲洗杯壁，同时加入 5ml 的硝酸镧溶液（质量分数为 5%）作为改进剂，定容至刻度线，摇匀，真空抽滤后，待测。

4.1.2.3　重金属形态测定

应用 Tessier 等的五步连续提取法来提取平水期（5 月）A 层沉积物中各形态的重金属（可交换态、碳酸盐结合态、铁锰氧化态和有机硫化物结合态）。其中，水溶态和离子交换态重金属的含量之和称为可交换态。

水溶态重金属：称取 2.00g 沉积物样品置于 50ml 离心管中，加入 20ml 超纯水，室温振荡 30min，用离心机于 3500r/min 下离心 5min，吸取上清液，抽滤，待测。

离子交换态重金属：向水溶态重金属提取后的沉积物中加入 1mol/L 氯化镁溶液 16ml，室温振荡 2h，用离心机于 3500r/min 下离心 5min，再用 6ml 的超纯水洗涤，离心液和洗涤液一并归入 25ml 的容量瓶，最后用 2% 的硝酸溶液定容，抽滤，待测。

碳酸盐结合态重金属：向离子交换态重金属提取后的沉积物中加入 1mol/L 乙酸钠溶液 16ml，室温振荡 3h，用离心机于 3500r/min 下离心 5min，再用 6ml 的超纯水洗涤，离心液与洗涤液一并归入 25ml 的容量瓶中，最后用 2% 的硝酸溶液定容，抽滤，待测。

铁锰氧化态重金属：向碳酸盐结合态重金属提取后的沉积物中加入 0.04mol/L 盐酸羟胺溶液 16ml，于 96℃ 水浴中加热 6h，期间不断搅拌，用离心机于 3500r/min 下离心 5min，再用 6ml 的超纯水洗涤，离心液与洗涤液一并归入 25ml 的容量瓶中，最后用 2% 的硝酸溶液定容，抽滤，待测。

有机物硫化物结合态重金属：向铁锰氧化态重金属提取后的沉积物中加入 0.04mol/L 的硝酸溶液 6ml，并分多次加入双氧水 10ml，于 85℃ 水浴中加热 3h，冷却后加入 5ml 的 1mol/L 乙酸钠溶液浸提 30min，用离心机于 3500r/min 下离心 5min，再用 4ml 的超纯水洗涤，离心液与洗涤液一并归入 25ml 的容量瓶，最后用 2% 的硝酸定容，抽滤，待测。

残渣态含量：总量扣除以上四种形态重金属的含量。

4.1.2.4 其他指标测定

沉积物中 pH 值采用 pH 剂测定，有机质采用重铬酸钾容量法测定，总磷含量测定采用钼酸铵分光光度法测定。

4.1.2.5 数据分析

每个样品的测定做两个平行样，求平均值。数据分析使用 SPSS 软件（SPSS 18.0，PASW Statistics，Chicago，IL）。

4.1.3 沉积物污染评价方法

4.1.3.1 地积累指数法

运用地积累指数法来评价重金属的累积效应，计算公式为：

$$I_{geo} = \log_2 [C_n / (1.5 B_n)] \tag{4-1}$$

式中　I_{geo}——地积累指数；

　　C_n——沉积物重金属浓度，mg/kg；

　　B_n——页岩中重金属地球化学背景值，mg/kg；

　　1.5——常数，背景重金属浓度的修正值。运用修正后的重金属地球化学背景值进行计算。

地积累指数共分为 7 级，0~6 级表示污染程度由无至极强（表 4-1）。

表 4-1　Muller 地积累指数分级

地积累指数（I_{geo}）	分级	污染程度
$I_{geo} > 5$	6	极强污染
$4 < I_{geo} \leqslant 5$	5	强-极强污染
$3 < I_{geo} \leqslant 4$	4	强污染
$2 \leqslant I_{geo} < 3$	3	中度-强污染
$1 < I_{geo} \leqslant 2$	2	中度污染
$0 < I_{geo} \leqslant 1$	1	无-中度污染
$I_{geo} \leqslant 0$	0	无污染

4.1.3.2　沉积物基准系数(SQGs)和平均沉积物基准系数法(mSQGQ)

沉积物基准系数（SQGs）是一种通过比较沉积物浓度与对应质量基准来体现沉积物污染程度的有效方法。SQGs 包括多种浓度标准，其中有 TEL/PEL、LEL/SEL、MET/TET、ERL/ERM、TEL-HA28/PEL-HA28。本章采用将以上各种 SQGs 进行几何平均的 TEC/PEC（阈效应浓度/可能效应浓度）对沉积物样品中各重金属进行毒性和非毒性判别。当污染物测定浓度低于 TEC 时，样品为非毒性，而当污染物浓度高于 PEC 时，认为具有毒性。

当采用可能效应浓度（PEC）时，平均沉积物基准系数（mSQGQ）的计算公式为：

$$mSQG = \frac{\sum_{i-1}^{n} PECQ_i}{n}$$

$$PECQ_i = C_i / PEC$$

式中　mSQG——平均沉积物基准系数；

　　　$PECQ_i$——可能效应浓度系数；

　　　C_i——污染物浓度值，mg/L；

　　　PEC——污染物可能效应浓度，mg/L。

这种方法可优先解释沉积物中潜在毒性物质的显著性。

4.1.3.3　风险评价准则(RAC)

为了确定两条排污河沉积物的风险程度，估计沉积物重金属的有效性，运用风险评价准则（RAC）将重金属可交换态和碳酸盐结合态所占百分数进行分级。分级依据见表 4-2。

表 4-2　风险评价准则（RAC）分级情况

分级	风险程度	可交换态和碳酸盐结合态所占百分数/%
1	无风险	<1
2	低风险	1~0
4	中等风险	11~30
5	高风险	31~50
6	非常高风险	>50

4.1.3.4　次生相与原生相比值法(RSP)

RSP 法数学表达式为：

$$RSP = Msec/Mprim \tag{4-3}$$

式中　RSP——污染程度；

　　　Msec——次生相（非残渣态）中的重金属含量，%；

Mprim——原生相（残渣态）中的重金属含量，%。

RSP<1 时为无污染；1≤RSP<2 时为轻度污染；2≤RSP<3 时为中度污染；RSP≥3 时为重度污染。

4.1.3.5 富集系数法

相对富集系数由以下公式求得：

$$REF = \frac{[M/Mn]_X}{[M/Mn]_{BV}} \tag{4-4}$$

式中   M——重金属浓度，mg/L；

     Mn——Mn 元素浓度，mg/L；

     BV——环境背景浓度，mg/L；

     X——沉积物中测得的重金属浓度，mg/L。

4.2 河道沉积物污染状况分析

4.2.1 重金属累积水平

采用地积累指数法来评价南排污河 A、B、C 层沉积物在丰水期、平水期和枯水期的重金属累积水平。表 4-3 为地积累指数计算结果。表中 Cu、Cd、Cr、Ni、Pb、Zn、Mn 的平均值和不同层、不同采样时间、不同采样点间的差异值均采用单方差分析在 $P=0.05$ 显著水平下的 Duncan 检验法计算，表中还列出了用于计算地积累指数的地壳外壳重金属参考值。

由表 4-3 可知，沉积物中 Cu 污染在 A、C 层中较中层严重，而其余重金属的污染水平在 A、B、C 层中无明显差异。

Cu 在 A、C 层底泥中表现为中度污染，在 B 层为无-中度污染。Cd 在各层底泥中都表现为强-极强污染。Zn 在 A、B 层底泥中为中-强污染，在 C 层中为强污染。Pb 和 Ni 在各层底泥中的污染程度为无-中度，而沉积物未受到 Mn 和 Cr 的污染。可见，该排污河道沉积物中的主要重金属污染物为 Cd、Zn、Cu，且 Cd 污染最为严重。

表 4-3 显示了 Cd 污染在每个采样点都很严重，尤其是在采样点 S1 附近，Zn 污染在 S1，S7，S6 较严重，而 Cu 污染在 S1，S6，S3，S7 较严重。

镉通常与锌共生，广泛应用于采矿冶炼、电镀、橡胶加工、汽车航空、颜料油漆、印刷、电池制造、堆肥农用等行业，而铜主要来源于金属冶炼、塑料电镀、化学工业等的废水排放。采样点 S1 位于该城市外环附近，该地存在大片农田，农业堆肥以及化学肥料被广泛使用，均有可能造成 Zn、Cd 的污染。采样点上游的排污泵站及污水处理厂出口 PS1、PS2 集中排放工业废水和市政污水。此

表 4-3　不同分层重金属地积累指数值和参考值

重金属			Cu	Cd	Zn	Pb	Cr	Ni	Mn
I_{geo}	A层	范围	$-1.02\sim$ 5.19	$-0.13\sim$ 6.63	$1.25\sim$ 5.51	$-3.53\sim$ 3.61	$-3.04\sim$ 2.61	$-2.36\sim$ 5.86	$-3.10\sim$ 0.06
		平均值 ±SE	$1.68\pm$ 0.32^a	$4.53\pm$ 0.31^a	$2.91\pm$ 0.24^a	$0.53\pm$ 0.36^a	$-0.62\pm$ 0.27^a	$0.18\pm$ 0.41^a	$-1.32\pm$ 0.17^a
		等级	2	5	3	1	0	1	0
	B层	范围	$-1.51\sim$ 2.94	$2.85\sim$ 6.24	$0.56\sim$ 5.21	$-1.51\sim$ 3.01	$-3.23\sim$ 2.41	$-2.20\sim$ 6.01	$-2.98\sim$ -0.40
		平均值 ±SE	$0.81\pm$ 0.22^b	$4.82\pm$ 0.18^a	$2.59\pm$ 0.26^a	$0.96\pm$ 0.21^a	$-0.60\pm$ 0.25^a	$0.05\pm$ 0.43^a	$-1.40\pm$ 0.15^a
		等级	1	5	3	1	0	1	0
	C层	范围	$-1.33\sim$ 4.26	$2.33\sim$ 6.22	$0.87\sim$ 5.15	$-1.86\sim$ 3.29	$-1.95\sim$ 2.04	$-2.51\sim$ 5.87	$-3.19\sim$ -0.20^a
		平均值 ±SE	$1.36\pm$ 0.26^a	$4.75\pm$ 0.24^a	$3.06\pm$ 0.24^a	$0.91\pm$ 0.23^a	$-0.17\pm$ 0.20^a	$0.64\pm$ 0.44^a	$-1.30\pm$ 0.17^a
		等级	2	5	4	1	0	1	0
采样时间差异		a	C/D	B	D/B	D	D/A	D	D/C/B
		b	D/B	A/D	B/C	B/C	A/B	B/C/A	A
		c	B/A	C	A	A	C		
采样点差异		a	1/6/3/7	1	1/7/6	3/6/4/ 1/7/5	1	5/3	6/4/5/ 2/3/1
		b	6/3/7/ 4/5	2/6/5/ 7/4/3	7,6,5/3	6/4/1/ 7/52	5/6/3/ 7/2/4	1/2/7/ 4/6	4/5/2/ 3/1/7
		c	3/7/4/ 2/5		6/5/3/ 4/2				
参考值/(mg/kg)			39	0.102	67	17	90	55	527

注：a、b、c 代表不同的显著水平（$p<0.05$）；1、2、3、4、5、6、7 代表采样点 S1、S2、S3、S4、S5、S6、S7；A、B、C、D 代表采样时间 8 月，10 月，3 月，5 月。

外，该排污河还接纳该采样点周边工厂，包括某维他食品有限公司、某制药有限公司、某报社造纸厂、某电子部件有限公司以及某制革有限公司等的废水排放，有可能造成 Cd、Zn、Cu 污染。采样点 S6、S7 位于排污河道中下游，其附近有多个工业废水排放源，包括多个染料化工厂、某石油化工公司乙烯厂和某化工厂等，且其上游还有一些排放混合污水的闸口、泵站，如污染源 PS9、PS10、PS11。这些化工厂、印染厂以及其他金属冶炼造成的点源污染在整条河中所占比例较大，且对该排污河 Cd、Zn、Cu 污染的贡献也较大。因此，采样点 S1，S6，S7 应作为重点监测点进行长期监测。

4.2.2 重金属毒性水平

采用沉积物基准系数法（SQGs）来评价沉积物中 Cu、Zn、Cd、Cr、Ni、Pb 的毒性水平，选用适合于淡水生态系统的 PEC/TEC 作为 SQGs，见表 4-4。

表 4-4　PEC/TEC 重金属基准值　　　　　　　　　单位：mg/kg

基准	Cd	Zn	Cu	Pb	Ni	Cr
TEC	0.99	121	31.6	35.8	22.7	43.4
PEC	4.98	459	149	128	48.6	111

将所有样品的重金属实测值与 TEC/PEC 准则进行比较，区分不同重金属的毒性和非毒性，见表 4-5。当污染物测定浓度低于 TEC 时，为非毒性；而当污染物浓度高于 PEC 时，认为具有毒性。可见，排污河道沉积物样品中有 47.30% 的 Cd，61.45% 的 Zn，48.19% 的 Cu 具有毒性，而这三种重金属的非毒性样品所占比例均小于 7%，结合重金属累积水平，可认为 Cd、Zn、Cu 这三种重金属属于该排污河道沉积物优先控制污染物。Pb 的毒性比例较少，为 8.43%，这与 Pb 的无-中度污染较吻合。虽然 Ni 和 Cr 分别属于无-中度污染和无污染累积状态，但沉积物样品中仍有较大比例的 Ni（51.47%）和 Cr（42.86%）具有毒性，然而这两种重金属的非毒性样品比例均大于 11%。因此，应综合使用多种分析方法对沉积物污染状况进行分析，以提高结果的可靠度。

表 4-5　重金属实测值与 PEC/TEC 准则对比的统计结果　　　　单位：%

基准	Cd	Zn	Cu	Pb	Ni	Cr
>PEC	47.30	61.45	48.19	8.43	51.47	42.86
<TEC	5.41	0	6.02	36.14	11.76	12.99

用 PEC 计算得平均沉积物基准系数（mSQGQ）为 2.59。根据 MacDonald 的观点，当 mSQGQ 值为 0.5 可作为判断沉积物综合风险效应的依据，即若 mSQGQ 大于 0.5，则认为该沉积物具有潜在生物毒性。因此，认为目标河道沉积物中重金属 Cd、Cu、Zn、Cr、Pb、Ni 的综合作用使得该排污河道具有潜在生物毒性，需采取必要措施进行污染控制。

4.2.3 重金属的形态分布及有效性

土壤重金属生物有效性的高低是植物修复中超富集植物对土壤中重金属去除潜力的主要影响因素之一，而重金属有效性的高低主要取决于重金属的存在形态。有数据研究证明沉积物中的重金属以不同的力与不同的形态相结合。因此，重金属形态分布能明显反映沉积物的反应性，也可估计水生环境重金属的风险程度。

　　由于目标河道不同分层沉积物之间重金属污染差异不显著，因此，只选取表层沉积物进行研究。由沉积物中重金属的形态分布情况（图 4-2）可知，Cu 的主要存在形态是有机硫化物结合态和残渣态，这和很多研究结果一致。例如，与有机相结合的 Cu 同样在河口和海岸区域存在。Cu 甚至能在晶格中与有机物结合成稳定的复杂态，有机态的重金属随着生物活性的增加而变得可移动，但很难通过水移动。残渣态重金属非常稳定，不会造成生态风险。Cd 主要以可交换态、碳酸盐结合态和铁锰氧化态存在，且在沉积物中可交换态所占比例最高。这种现象在土壤和沉积物研究中比较普遍。可交换态最能从沉积物相向生物有效性更高的水相转化，而碳酸盐结合态会在诸如 pH 值之类的环境改变时向水相转化，铁锰氧化态也会在环境发生变化时向环境释放，造成潜在生态风险。Zn 主要以除可交换态外的四种形态存在。Pb、Ni、Cr 主要以残渣态形式存在，而有机结合态和铁锰氧化态所占比例也较高，这与湿地、土壤或沉积物的结果一致，而可交换态和碳酸盐结合态的 Cr 的质量分数非常少。

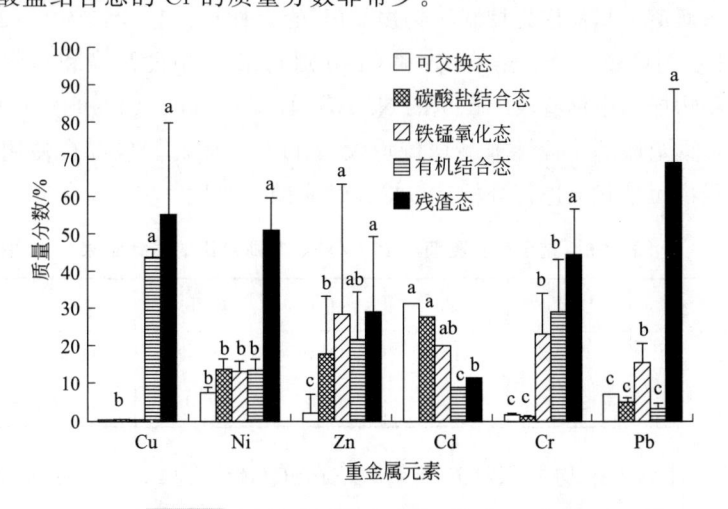

图 4-2　表层沉积物中重金属形态分布图

注：a、b、c 代表不同的显著水平（$p < 0.05$）。

　　通常情况下，可交换态和碳酸盐结合态的重金属具有较高的可移动性。因此，许多研究都将这两种形态在沉积物重金属总量中所占的比例之和（称谓移动系数，Mobile Factor，MF）作为重金属有效性的评判依据。本部分运用生态风险评价准则（RAC）确定目标河道重金属的生物有效性。RAC 即是通过计算重金属的可交换态和碳酸盐结合态的质量分数和来评价生物有效性的。图 4-3 为各重金属的 RAC 值。可见，Cd 表现出高环境风险，Zn 和 Ni 为中等风险，Cr、Pb 有较低风险，Cu 无风险。

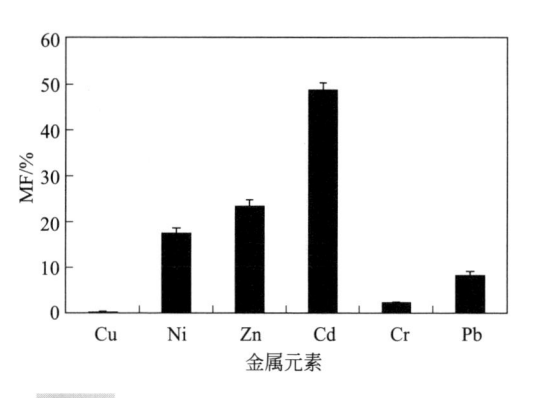

图4-3 沉积物中重金属的移动系数（MF）

4.2.4 重金属与其他污染物的相关性

沉积物中有机质可吸附并络合重金属，控制其迁移行为，沉积物中的微生物也会对重金属有一定的活化作用，而营养盐物质如氮、磷会通过影响微生物的优胜劣汰间接影响沉积物中重金属的迁移行为。因此，本部分对目标河道上、中、下层沉积物中 Cu、Zn、Cd、Pb、Cr、Ni、Mn 以及相应的有机质（OM）、总磷（TP）、氨氮（NH_3-N）含量进行相关性分析（表 4-6）。

表 4-6 目标河道重金属、有机质及营养盐相关分析

	Cu	Zn	Ni	Cd	Cr	Pb	Mn	NH_3-N	OM	TP
Cu	1									
Zn	0.170	1								
Ni	−0.095	0.034	1							
Cd	−0.10	0.356②	−0.033	1						
Cr	0.426②	0.314①	−0.014	0.412②	1					
Pb	0.344②	0.219①	0.054	0.008	0.282①	1				
Mn	0.371①	0.101	0.230①	0.041	0.016	0.416②	1			
NH_3-N	0.195	0.354②	−0.196	0.369②	0.343②	0.398②	0.121	1		
OM	0.218①	0.546②	−0.101	0.214①	0.257①	0.279①	0.011	0.342②	1	
TP	0.184	0.522①	−0.179	0.399	0.207	0.250	−0.120	0.415	0.439①	1

①和②分别为 $p \leqslant 0.05$ 和 $p \leqslant 0.01$ 水平显著相关。

由表 4-6 可知，沉积物中 Cu、Zn、Cd 都与有机质有显著的正相关关系，这是由于有机物的矿化分解可能会增加重金属活性，如有研究表明有机质会控制沉积物中 Cu 的生物可给性。因此，溶解态的重金属有可能会与可溶性有机物结合而吸附到底泥中。

沉积物中 Zn、Cd 具有显著相关关系，可见目标河道沉积物中确实可能存在

Cd 和 Zn 共生的现象，而从表 4-6 中还发现这两种重金属均与沉积物中的氨氮显著相关。同时，Zn 还表现出了与沉积物中总磷的相关性。氨氮、总磷均是该排污河道水体的主要污染物，它们主要来源于目标河道附近泵站、污水处理厂以及沿途的市政生活污水排放，可见，对该排污河道进行污染控制应集中在提高市政污水的排放质量上。此外，Cr 与 Cu、Zn、Cd 以及氨氮、有机质均显著相关，可见，虽然沉积物中 Cr 处于无污染累积水平，但存在一定的潜在生物毒性，对环境具有潜在危害。

4.3 重点污染源污染特征分析

选取目标河道重点污染源，进一步研究人为输入对重金属污染的影响。从沉积物重金属累积水平来看，采样点 S1、S6、S7 污染严重，应将其附近污染源作为重点研究对象。经污染源调研及水质指标检测分析，选取图 4-1 中的 PS11 作为重点污染源进行研究。采用剖面分布和化学形态分析相结合的方法，对沉积物重金属污染源进行解析。

4.3.1 剖面分布

外源重金属污染物大都富集在沉积物表层而很难向下迁移，土壤剖面表层和深层土壤重金属的富集关系，可用来判别人为污染和自然来源。采用相对富集系数法，对污染源及其上、下游表层和底层沉积物重金属污染状况进行分析。考虑到环境地球化学性质，自然界中含量丰富，受人类活动影响最小，且含量相对稳定的元素可作为参比元素来评价重金属的富集水平。由 4.2 部分可知，目标河道沉积物未受到 Mn 污染，而在该污染源附近各采样点沉积物中测得的 Mn 元素含量差异较小，且与土壤环境背景值非常接近。因此选择 Mn 元素作为重金属含量标准化因子，分析污染源附近表层和底层沉积物中各元素的相对富集水平。

采样点 U50、M、D10、D50、D100、D200、D500 表层和底层沉积物中的 Cu、Ni、Zn、Cd、Cr、Pb 的富集系数（EF）范围及平均值见图 4-4。

EF 值小于 1 代表元素主要来源于岩石，而 EF 值为 10 可区分人为污染和自然污染来源。由图 4-4 可知，无论是表层还是底层沉积物中的 EF 值都大于 1。表层沉积物中 Cu、Zn、Cd、Pb 的平均 EF 值均大于 10，说明该污染源可能对沉积物中 Cu、Zn、Cd、Pb 的污染有一定贡献。Zn 和 Cd 的 EF 值尤其高，这与整条排污河受严重的 Zn、Cd 污染一致。Cr、Ni 的 EF 值有部分大于 10，可能是人为污染，也有部分小于 10，可能是自然来源。底层沉积物 Cd 的 EF 值均大于 10，表明 Cd 在该污染源附近历史污染严重，Zn 也有部分 EF 值大于 10，说明底层沉积物中也有 Zn 来自人为污染。

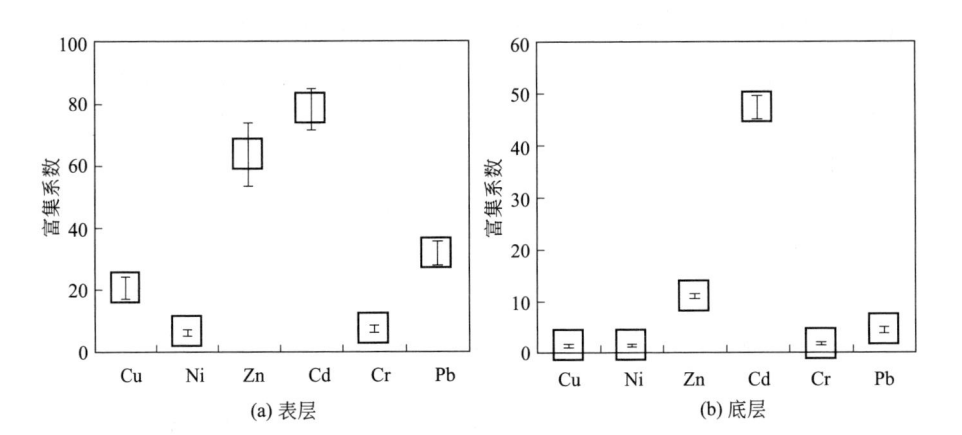

图4-4 污染源附近表层和底层沉积物中重金属的相对富集系数

4.3.2 化学形态分析

为进一步研究人为输入污染对沉积物的影响，测定了表层及底层沉积物中可交换态、碳酸盐结合态、铁锰氧化态、有机硫化物结合态以及残渣态 Cu、Ni、Zn、Cd、Cr、Pb 的含量，表 4-7 和表 4-8 分别为表层和底层沉积物不同形态重金属的分布情况。表中的平均值和差异值同样采用单方差分析在 $P=0.05$ 显著水平下的 Duncan 检验法计算。

表 4-7 表层沉积物不同形态重金属分布

形态	值	Cu	Ni	Zn	Cd	Cr	Pb
可交换态	Range	0.70～3.36	7.73～16.95	7.87～195.14	1.07～1.98	5.49～6.22	14.14～16.07
	Mean ±SE	1.42±0.34[b]	10.36±1.18[b]	42.46±25.58[b]	1.50±0.10[a]	5.81±0.10[b]	14.88±0.28[b]
碳酸盐结合态	Range	0～0.92	4.25～66.57	93.15～1048.04	0.93～2.14	1.37～9.90	2.16～25.63
	Mean ±SE	0.49±0.13[b]	32.82±7.49[b]	559.47±114.27[ab]	1.25±0.15[a]	5.64±0.99[b]	14.75±3.03[b]
铁锰氧化态	Range	0～0.67	5.91～44.53	90.99～1957.09	0.72～1.55	51.44～248.75	4.37～117.98
	Mean ±SE	0.16±0.09[b]	31.28±5.56[b]	869.84±274.63[a]	1.33±0.11[a]	112.12±29.13[b]	56.70±14.28[b]
有机硫化物结合态	Range	56.56～511.33	4.65～49.34	92.05～1389.11	0.49～0.98	17.89～291.48	1.08～31.24
	Mean ±SE	220.37±59.42[a]	33.98±5.94[b]	696.94±164.55[a]	0.71±0.07[b]	157.04±40.09[a]	11.87±4.27[b]
残渣态	Range	20.88～492.14	64.18～218.6	72.47～1874.09	0.04～1.56	8.3～362.86	108.39～365.21
	Mean ±SE	282.79±67.52[a]	116.02±21.96[a]	625.50±246.95[a]	0.71±0.22[b]	157.58±43.79[a]	263.58±40.81[a]

注：a、b、c 代表不同的显著水平（$p<0.05$）。

由表 4-7 和表 4-8 可知，在该点源污染源附近的表层和底层沉积物中由于人为输入导致了部分重金属的形态发生了变化。例如，底层土壤中 Cu 各形态的差异不显著，但表层中有机结合态和残渣态含量明显高于其他形态。Zn 在底层沉积物中以残渣态为主，但在表层中则以铁锰氧化态、有结合态和残渣态为主。Cd 在表层和底层沉积物中均以可交换态、碳酸盐结合态和铁锰氧化态为主。Cr 在底层中以残渣态为主，但在表层中主要形态为残渣态、铁锰氧化态、有机结合态为主。此外，也有重金属的形态分布在表层和底层中一致，如 Ni 和 Pb 虽然在表层沉积物中含量较高，但表层和底层沉积物中均以残渣态为主。

计算得到表层沉积物中的次生相富集系数见图 4-5。由图可知，污染源附近沉积物受到了 Zn 和 Cd 的重度污染，Cu 和 Cr 的轻度污染，Ni 和 Pb 无污染。结合表层沉积物相对底层沉积物的形态分布变化，占主导地位的非稳定态 Cd、Zn、Cu 和 Cr 在表层沉积物中均有所增加，而 Pb 和 Ni 的重金属形态分布在表层和底层底泥中一致。可见，人为污染可改变沉积物中的重金属形态分布特征，从而影响重金属对沉积物污染的贡献。

综上所述，污染源对其附近沉积物中的 Cd、Zn 贡献最大，造成重度污染，对 Cu 贡献次之，为轻度污染，部分 Cr 对沉积物污染有贡献，造成轻度污染，Ni 以自然来源为主，无污染。虽然 Pb 的 EF 值较高，属于人为输入，但由于表层沉积物中残渣态所占比例增加，它对环境无污染。

表 4-8　底层沉积物不同形态重金属分布

形态	值	Cu	Ni	Zn	Cd	Cr	Pb
可交换态	Range	0.06~2.43	2.54~37.87	1.91~124.53	0.95~1.69	2.68~4.99	10.13~18.97
	Mean ±SE	1.05± 0.27[a]	9.86± 4.69[b]	21.22± 17.22[b]	1.33± 0.10[a]	3.17± 0.31[b]	13.12± 1.11[ab]
碳酸盐结合态	Range	1.07~2.20	3.00~7.27	15.78~75.73	0.93~2.00	0~2.27	4.36~9.26
	Mean ±SE	1.56± 0.16[a]	5.48± 0.50[b]	44.28± 9.65[b]	1.26± 0.13[a]	0.38± 0.32[b]	5.98± 0.65[b]
铁锰氧化态	Range	0.70~1.04	2.71~13.90	24.34~135.54	0.24~0.58	2.02~16.80	3.27~11.02
	Mean ±SE	0.88± 0.04[a]	5.87± 1.47[b]	71.35± 13.52[b]	0.45± 0.05[b]	7.47± 2.23[b]	7.11± 1.08[b]

续表

形态	值	Cu	Ni	Zn	Cd	Cr	Pb
有机硫化物结合态	Range	0~67.00	0.94~14.05	6.12~84.73	0.01~0.24	0~13.81	1.18~4.68
	Mean ±SE	15.14± 8.82a	3.86± 1.75b	25.19± 10.68b	0.10± 0.03c	3.19± 1.85b	2.12± 0.45b
残渣态	Range	0.88~35.69	4.09~48.99	163.15~465.62	0.02~0.73	9.84~126.37	4.48~66.99
	Mean ±SE	14.24± 4.93a	24.68± 6.04a	359.20± 38.96a	0.32± 0.11bc	84.17± 16.40a	20.28± 8.51a

注：a、b、c 代表不同的显著水平（$p < 0.05$）。

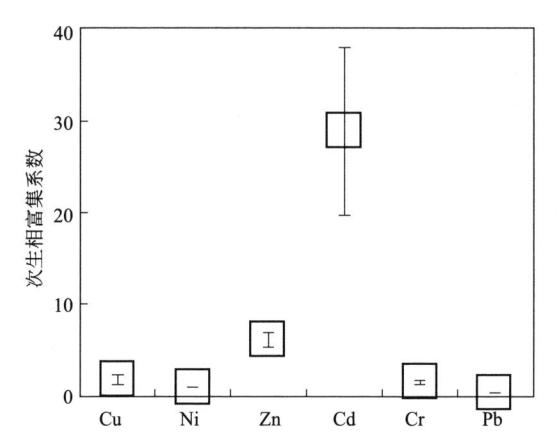

图4-5 污染源附近表层沉积物中重金属的次生相富集系数

4.4 本章小结

（1）从重金属累积水平来看，目标河道沉积物中 Cd、Zn、Cu 累积较严重，是主要重金属污染物，且 Cd 处于最高污染水平。Pb 和 Ni 的污染程度为无-中度，而沉积物未受到 Mn 和 Cr 的污染。

（2）从重金属毒性水平来看，沉积物样品中 Cd、Zn、Cu 的毒性较大，非毒性比例较小。对于 Ni 和 Cr，虽然非毒性样品的比例较高，但毒性样品的比例也较大。目标河道沉积物中重金属的综合作用使得该排污河道具有潜在生物毒性。

（3）综合重金属的累积水平和毒性水平，可认为 Cd、Zn 和 Cu 这三种重金属属于该排污河道沉积物优先控制污染物，且都与有机质有显著的正相关关系。鉴于 Ni、Cr 的累积水平和毒性效应不大一致，而通过相关性分析发现 Cr 与 Cd、Zn、Cu 等污染严重的重金属均有显著相关性，因此，需注意沉积物中 Cr 的潜在风险。建议使用多种分析方法，从不同角度对沉积物污染水平进行分析，以得到更可靠的结果。

（4）河道沉积物中 Cu 的主要存在形态是有机硫化物结合态和残渣态，Cd 为可交换态、碳酸盐结合态和铁锰氧化态，Zn 主要以除可交换态以外的四种形态存在，Pb、Ni、Cr 主要以残渣态形式存在。根据 RAC 结果，Cd 表现出高环境风险，Zn 和 Ni 为中等风险，Cr、Pb 有较低风险，Cu 的生物有效性非常低，无风险，但当环境发生变化时非有效态的 Cu 会向有效态转化，对环境造成威胁。

（5）从目标河道重点污染源附近沉积物的剖面分布来看，污染源 PS11 可能对沉积物中 Cu、Zn、Cd 和 Pb 的污染有一定贡献。Zn 和 Cd 的 EF 值尤其高，这与整条排污河受严重的 Zn、Cd 污染一致。Cr、Ni 有部分来源于人为输入，部分是自然来源。结合表层沉积物相对底层沉积物的形态分布变化，占主导地位的非稳定态 Cd、Zn、Cu 和 Cr 在表层沉积物中均有所增加。污染源附近沉积物受到了 Zn、Cd 的重度污染，Cu、Cr 的轻度污染。可见，人为污染可改变沉积物中的重金属形态分布特征，从而影响重金属对沉积物污染的贡献。

第5章
重金属有机物复合污染沉积物异位生物修复技术

由排污河道沉积物污染物富集程度、毒性水平、生物有效性以及重点污染源附近重金属在沉积物中的富集水平和生物可利用性结果可知，该排污河道沉积物中锌、铜、镉累积严重，镍、铅、铬也有一定的污染，同时，各种金属均具有一定的生物有效性。因此，本章研究运用生物修复技术对排污河道沉积物进行处理处置。另外，笔者所在课题组曾对国内外采用的物理、化学和生物等修复方法进行过大量的比较分析，考虑到投资费用低、操作运行容易、不产生二次污染等优点，以及正值天津市政府对排污河道进行底泥疏浚的便利条件，最终选用异位生物修复方法对沉积物中重金属等污染物的修复技术进行研究。采用单纯植物、植物与化学方法相结合、植物与菌根技术相结合、植物与土著微生物相结合等方式对南排污河两排污口附近沉积物进行处理，研究螯合剂、菌根真菌、土著优势菌对重金属污染土壤的修复效果，寻求针对该排污河道疏浚底泥的最佳生物修复方式。

间作是将不同植物交替种植的一种播种方式。由于沉积物受多种污染物的复合作用，而单一种植一种植物一般只能治理一种污染物。因此，采用间作方式将不同修复功能的植物搭配种植，既可提高修复效果又可节约修复时间。轮作是一种有顺序地轮换种植不同作物的种植方式，它利用不同物种间互利和克生关系以及不同作物对养分的不同需求差异，可最大限度地发挥物种间的互利互补关系，从而协调不同植物对不同重金属的吸收。本课题组对该排污河道沉积物的历史研究结果表明，轮作或间作方式均可以有效提高植物对重金属的累积，提高排污河道沉积物的植物修复效率。本章主要利用自然条件下塑料棚内盆栽试验，选取玉米、黑麦草、紫花苜蓿、印度芥菜四种植物进行间作、轮作，研究其对排污河道沉积物中铜、锌、镉、镍、铅、铬等重金属的污染修复技术。

5.1 试验材料

5.1.1 供试沉积物

供试沉积物取自第 3 章所述的天津市南排污河 A、B 两个主要排污口附近的疏浚底泥。其中 A 排污口排放混合污水，B 排污口底泥中含有大量染料。底泥的部分理化性质见表 5-1。

表 5-1 供试底泥理化性质及重金属含量

样品	pH 值	有机质/%	总磷/%	总氮/%	镍/(mg/kg)	锌/(mg/kg)	铜/(mg/kg)	镉/(mg/kg)	铬/(mg/kg)	铅/(mg/kg)
A	7.8	29.5	0.12	0.56	71.4	3467.0	128.5	11.9	279.9	152.5
B	8.2	38.8	0.49	0.27	136.6	2908.7	276.4	16.4	390.8	296.3
混合	8.0～8.1	17～36	0.3～0.4	0.45～0.49	119～134	2695～3303	250～266	14～15	324～380	242～283

由于本试验中会使用菌根真菌和好氧土著优势菌群，这些微生物的生长均需要一定的空气接触，而供试沉积物黏性较大，空气不易进入。因此，在底泥样品中掺入河沙进行试验。将底泥样品 A、B 和无污染河沙置于阴凉、通风处晾干，剔除大小砾石及动植物残体等杂物，过 2mm 筛，按 A 沉积物∶B 沉积物∶河沙为 1∶1∶1 配比混合，并于 101kPa、121℃高压蒸汽灭菌 2h，待用。混合后底泥中主要理化指标及主要重金属总量同样见表 5-1。

5.1.2 植株的选择

本课题组关于该排污河道沉积物处置的历史研究发现，适宜目标排污河道沉积物修复的植株主要有玉米、印度芥菜、黑麦草和紫花苜蓿。且盆栽试验表明，玉米和印度芥菜的两轮轮作可以利用不同植物对不同重金属的积累优势，对底泥中不同重金属均衡提取，同时也能较好地降解有机污染物。玉米和黑麦草间作、印度芥菜和黑麦草间作这两种方式间作后底泥中的微生物总量均比原底泥增大，脲酶活性也得到一定程度的恢复，且对氯苯的降解效果也好于黑麦草单作。此外，还发现 EDTA 可有效辅助该类沉积物的植物修复。因此，本章依然选取黑麦草（*Lolium multiflorum Lam*）、玉米（*maize*）、印度芥菜（*Indian mustard*）、紫花苜蓿（*Medicogo sativa L*）作为供试植株，但在播种方式上采用间作与轮作相结合的方式，在辅助措施上增加了菌根真菌、土著优势菌，以研究选取适合目标沉积物的修复方式。

5.1.3　供试微生物菌群

5.1.3.1　菌根真菌

由于丛枝菌根真菌对植物根际圈内的重金属具有吸收、屏障以及螯合作用，能影响菌根植物对重金属的累积和分配，使植物体内重金属累积量增加，提高植物提取的效果，且 *Glomus* 属较易与植物形成丛植菌根。因此，选取丛枝菌根AM 真菌菌种摩西球囊霉（*Glomus mosseae*）作为供试微生物菌群。菌种扩培的宿主植物为三叶草，由于 AM 真菌的生长需要充分接触空气，因此选取河沙作为扩培介质，期间施入营养液，繁殖 4 个月后制成含有孢子、菌丝体、浸染根段的接种物，待用。

5.1.3.2　土著优势菌

对排污河道沉积物污染物的植物修复而言，主要是利用植物及土著微生物的共生关系来降低目标沉积物中污染物的含量，植物、根际微生物和沉积物中的重金属及有机物构成的生态环境，尤其是可以在减少植物根对重金属的吸收的同时降低重金属有效态含量，或通过改变沉积物中重金属的存在形态和结构，促进植物对重金属的吸收和积累。因此，采集供试底泥污染源附近的泥水混合物迅速带回实验室，通过富集培养、涂平板等方法进行菌种初筛、复筛，以分离土著优势细菌，再将优势菌群置于液体培养基中进行大量扩培，待用。

5.2　试验方法

5.2.1　盆栽试验

将底泥与河沙混合均匀，灭菌后装入经甲醛消毒的 $0.7m \times 0.5m \times 0.4m$ 的（聚氯乙烯 PVC）箱中，每箱装 80kg，箱底部设通气孔。设定一个对照组，三个处理组。对照组为单纯植物修复（仅含沉积物污染物）。处理组一为 EDTA 诱导植物修复（含沉积物污染物和化学试剂），处理组二为接种菌根真菌的植物-菌根真菌联合修复（含沉积物污染物和真菌接种剂），处理组三为接种菌根真菌和土著优势微生物后的植-菌根真菌-土著优势菌联合修复（含沉积物污染物、真菌接种剂和细菌接种剂）。每个处理组设置三个重复。接种处理每箱施 200g 菌根真菌接种物，不接种处理每箱施 200g 灭菌接种物，以保持微生物区系一致性。将菌根真菌接种物与混合好的沉积物介质混均，用去离子水调至 30%～60%含水率。EDTA 在植物收获的前一周投加于植物根系周围，投加浓度为 3mmol/kg 干泥。土著优势菌液在植物生长过程中投加。

将玉米、黑麦草、印度芥菜和紫花苜蓿种子在双氧水中浸泡 10min 进行表面消毒，种子播种采用交替条播，行距 15cm。待苗出齐后定苗。第一批播种时间为 5 月 21 日至 8 月 18 日，采用玉米和黑麦草间作的方式；第二批播种时间为 8 月 23 日至 11 月 24 日，采用黑麦草和紫花苜蓿或印度芥菜和紫花苜蓿间作的方式。为寻求该沉积物的最佳修复方式，给排污河道疏浚底泥的修复提供真实依据，试验在自然环境的塑料棚中进行。该市 5 月到 11 月的年平均气温分别为：20.6℃、24.8℃、26.7℃、26.1℃、21.3℃、14.6℃、6.1℃。

5.2.2　样品分析

5.2.2.1　测试指标

在植物种植过程中，每隔 30d 采样测试植物根际环境中的酶活性（脱氢酶、脲酶、多酚氧化酶、蔗糖酶），种植始末时间测试植物根际沉积物和植物根、茎、叶中的重金属（Cu、Cd、Pb、Zn、Cr、Ni）总量以及沉积物重金属各形态（可交换态、碳酸盐结合态、铁锰氧化态、有机硫化物结合态、残渣态）含量，并进行沉积物中有机物的定性分析，根际沉积物微生物及植物叶片形貌观察等。

5.2.2.2　样品预处理方法

定期采集植物根系土壤样品置于阴凉、通风处晾干，部分用于酶活性的测定，部分使用石英研钵研磨过 $180\mu m$ 金属筛，用于测定土壤重金属（镉、锌、铜、铅、铬、镍）及有机物的定性分析。各个样品的重金属总量预处理均采用盐酸-硝酸-高氯酸-氢氟酸消煮法，重金属形态（水溶态、离子交换态、碳酸盐结合态、铁锰氧化态和有机硫化物态）的预处理采用 Tessier 的五步提取法，见 4.1.3 部分。

第一轮黑麦草、玉米轮作种植 88d，第二轮黑麦草和紫花苜蓿或黑麦草和印度芥菜种植 91d 后收获，剪取地上部分，并挖出根部，用自来水冲洗干净后，用去离子水冲洗 3 次，再用滤纸将植物表面的水分吸干，于 105℃下杀青 30min，再于 80℃下烘干至恒重，并将根、茎、叶、果实分开。植物重金属的预处理同样采用盐酸-硝酸-高氯酸-氢氟酸消煮法。

沉积物有机污染物的定性分析预处理的方法是：将风干后的沉积物用石英研钵研磨过 2mm 的塑料筛，粉末底泥与无水硫酸钠以质量比为 5:1 的比例混合，并以丙酮为提取剂进行索氏提取器，提取时间至少 4h（30 次/h），再用 4000r/min 的离心机离心 5min，取上清液，旋转蒸发至体积约为 1ml，定容到 1ml，待测。

5.2.2.3　样品测定

本研究主要测定两种水解酶（脲酶和蔗糖酶）和两种氧化还原酶（过氧化氢酶和多酚氧化酶）。脲酶、蔗糖酶、多酚氧化酶的测定采用比色法，过氧化氢酶的测定采用高锰酸钾滴定法。

重金属含量测定采用火焰原子吸收分光光度计（AAS，WFX-130，北京瑞利，北京）测定。总量扣除以上四种形态重金属的含量即为残渣态含量。每个样品做两个平行样，求得平均值。

沉积物中有机物定性分析采用色谱-质谱联用仪（GC 6890N，MS 5975C；Agilent，USA）测定。沉积物根际微生物及植物组织照片通过扫描电子显微镜（X-650，Hitachi，Japan）获得。

5.3　结果与讨论

5.3.1　沉积物变化

5.3.1.1　沉积物中重金属的变化

参照《土壤环境质量标准》（GB 15618—1995）的三级标准，为保证植物生长，Zn、Cd、Cu、Ni、Pb、Cr 的土壤临界值分别应为：$500mg/kg$、$1.0mg/kg$、$400mg/kg$、$200mg/kg$、$500mg/kg$、$400mg/kg$。可见，供试沉积物中 Zn 含量超标 5～7 倍，Cd 超标 10 倍以上。其余重金属含量均未超标。因此，对该沉积物进行植物修复时，Zn 和 Cd 会对植物产生严重毒害作用，可能会影响到植物对沉积物中重金属的累积与吸收。

图 5-1～图 5-6 为不同处理下，第一轮玉米与黑麦草间作时植物根际沉积物中 Zn、Cd、Cu、Ni、Pb、Cr 的重金属总量及形态的变化。图中，"U"代表沉积物重金属总量及形态的初始值；"P"代表只种植植物时的对照处理；"E"代表经过 EDTA 处理的种植处理；"A"代表经过 AM 真菌处理的种植处理；"AB"代表经过 AM 真菌和土著优势菌处理的种植处理。

在第一轮玉米与黑麦草间作情况下，沉积物中重金属总量均有所减少，但不同种植处理条件下植物对沉积物中不同重金属的总量及形态影响不同。

从重金属总量来看，施加 EDTA 或 AM 真菌均对根际沉积物中 Zn、Cr、Pb、Cd 含量的降低起了显著促进作用。对于 Zn，EDTA 诱导下（"E"）的沉积物中 Zn 降解率最高，接种菌根菌和土著微生物的处理（"A"和"AB"）的降解率次之且均大于对照（"P"）中的锌降解率。对于 Cr，"E"和"AB"处理下降解率较高。对于 Pb 和 Cd，"E"和"A"处理下降解率明显高于其他处理。在对重金属 Cd 和 Cr 的修复中，黑麦草的效果要略好于玉米的，而对 Zn、Pb，玉米和黑麦草根际附近的沉积物降解无显著差异。此外，"A"处理还可促进黑麦草的根际土壤中 Ni 含量的减少。可见，在外加试剂的诱导下，植物能够吸收和累积更多的重金属，且 AM 真菌辅助修复作用更广。

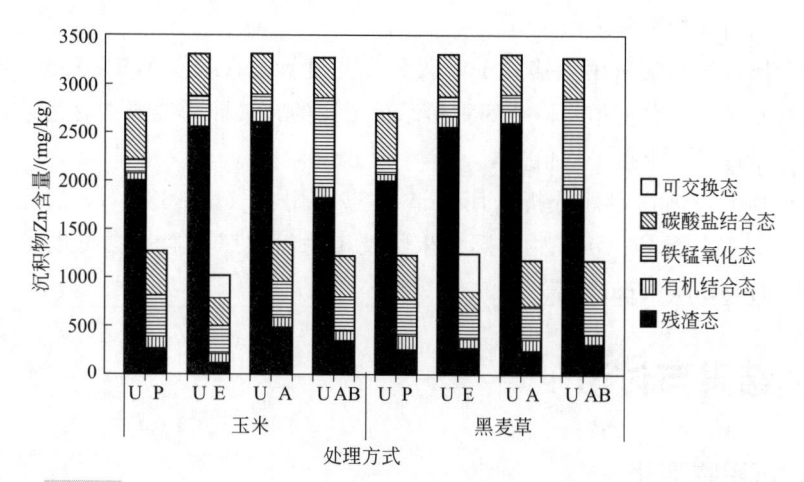

图5-1 不同处理下玉米与黑麦草间作时沉积物中 **Zn** 总量及形态变化

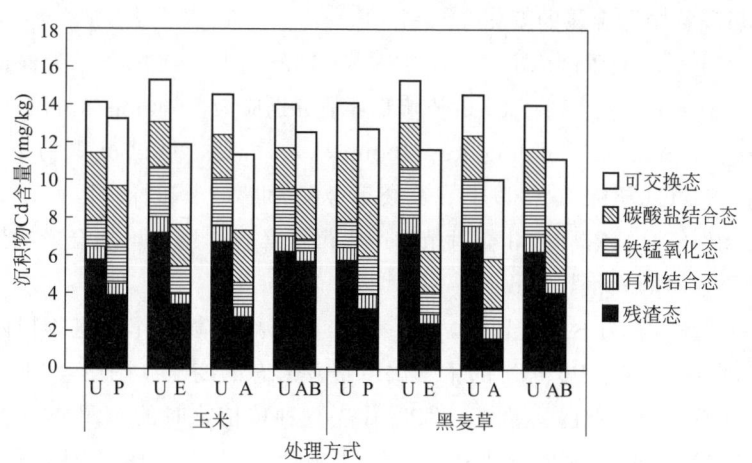

图5-2 不同处理下玉米与黑麦草间作时沉积物中 **Cd** 总量及形态变化

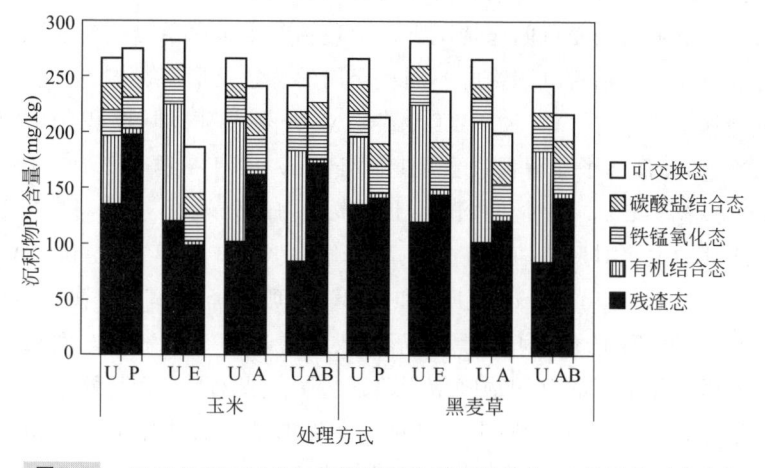

图5-3 不同处理下玉米与黑麦草间作时沉积物中 **Pb** 总量及形态变化

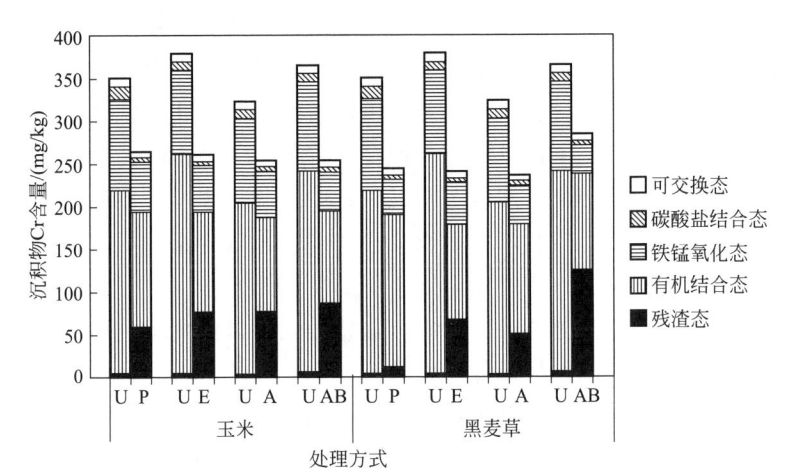

图5-4 不同处理下玉米与黑麦草间作时沉积物中 Cr 总量及形态变化

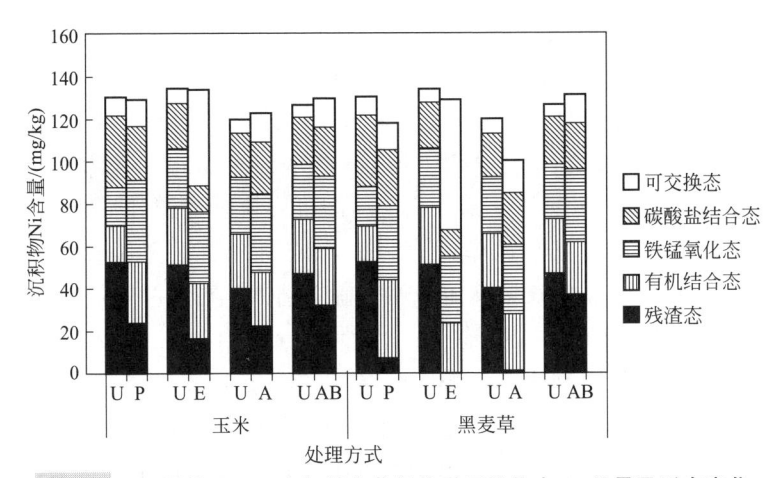

图5-5 不同处理下玉米与黑麦草间作时沉积物中 Ni 总量及形态变化

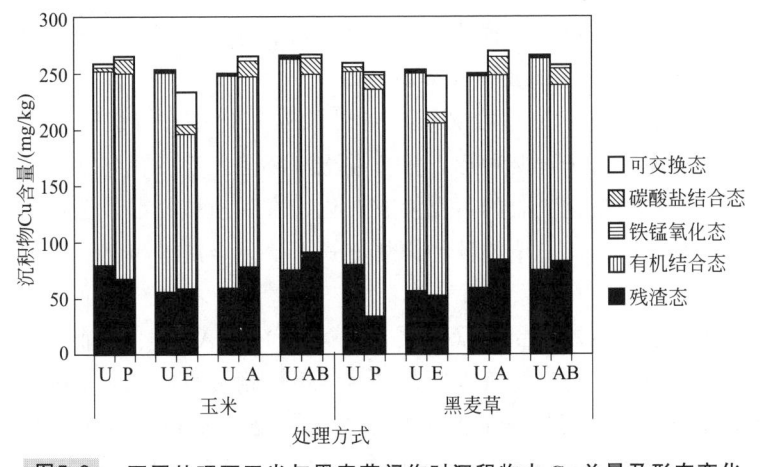

图5-6 不同处理下玉米与黑麦草间作时沉积物中 Cu 总量及形态变化

沉积物中重金属总量的变化是各形态重金属变化的整体体现，但植物不能吸收所有形态的重金属，可交换态重金属的环境迁移性最强，对植物的毒性效应也最强；碳酸盐结合态重金属会在酸性条件下向可交换态转化；铁锰氧化态和有机硫化物结合态在一般情况下比较稳定，但在一定的 pH 值和氧化还原电位下也会慢慢向可交换态重金属转化；残渣态在沉积物中极为稳定，一般被植物利用后不会对植物产生毒害作用。因此，在研究沉积物中重金属含量降低时，不仅要考虑重金属总量，还需研究沉积物中不同重金属的赋存形态。

种植植物后，根际会分泌酸性物质，这些物质可以活化重金属，有效改变沉积物中重金属的存在形态，使得部分以其他形态存在的重金属转化为容易被植物吸收的形态。从种植前后根际沉积物重金属形态分布来看，植物收获前在根际附近沉积物中施加 EDTA 后，沉积物中的重金属形态变化最大，尤其是可交换态含量大大增加，使得植物吸收重金属含量增多。例如，施加 EDTA 后，玉米和黑麦草根际附近沉积物中可交换态 Zn 含量在"P"处理下为 4.16mg/kg，而在"E"处理下分别为 237.68mg/kg 和 380.29mg/kg。Cd 含量在"P"处理下为 2.24mg/kg，而在"E"处理下分别为 4.23mg/kg 和 5.37mg/kg。Pb 含量在"P"处理下为 22.99mg/kg，在"E"处理下则为 42.91mg/kg 和 46.20mg/kg。

在施加 AM 真菌的处理下，部分重金属的可交换态也较对照处理有所增加，但增加幅度不如 EDTA 处理的情况，因此，植物所受重金属毒害作用较小，"A"、"AB"处理下植物生长较其他处理旺盛。例如，在这两种处理下，玉米和黑麦草根际附近沉积物中可交换态 Zn 含量增加到了 16.51mg/kg 和 14.31mg/kg，可交换态 Cd 含量分别为 4.02mg/kg 和 4.18mg/kg。此外，施加 AM 真菌还能有效提高沉积物中碳酸盐结合态重金属的含量。例如，"A"处理中，玉米根际周围沉积物中碳酸盐结合态 Zn 含量增加了 26.52mg/kg。"A"处理和"AB"处理中，玉米和黑麦草根际周围沉积物中 Pb 含量都较处理前有所增加。碳酸盐结合态重金属被植物吸收的同时，对植物的毒害作用较可交换态小，这也是 AM 真菌处理下植物生长较好的重要原因。

需要注意的是，"P"处理中 Zn 和 Ni 的铁锰氧化态和有机硫化物结合态含量有较大幅度增加。由于这两种形态只有在土壤环境发生变化，如 pH 值发生变化时才有可能向利于植物吸收的可交换态转化，在种植植物后，土壤的 pH 值一直保持在 7.0 左右。因此，单纯植物修复方式下，重金属被植物吸收的含量相对较低。

总之，从玉米与黑麦草间作试验来看，施加 EDTA 主要是通过大幅增加植物根际附近沉积物中可交换态重金属含量并促进植物吸收来降低土壤重金属，而施加 AM 真菌则是通过缓慢增加沉积物重金属可交换态和碳酸盐结合态含量来完成辅助修复。因此，虽然施加 EDTA 和 AM 真菌均能不同程度地辅助植物降低沉积物中的 Zn、Cr、Pb、Cd 含量，但 AM 真菌还可辅助植物对 Ni 的吸收，且在 AM 真菌处理下植物生长旺盛，对土壤不会造成二次污染，具有很好的应用前景。但是，同时施加菌根真菌和土著优势菌相对以上两种处理来说，辅助修复效果较差，甚至比单纯植物修复效果还差，这可能是因为土著优势菌和菌根真菌间存在种群竞争导致的。

图 5-7～图 5-12 为不同处理下，第二轮黑麦草与紫花苜蓿或印度芥菜与紫花苜蓿间作时植物根际沉积物中 Zn、Cd、Cu、Ni、Pb、Cr 的重金属总量在种植中期和末期的变化。图中符号与第一轮试验相同。之所以考虑种植中期和末期两个时期，是因为该市气温自 10 月份以后开始急剧下降，这可能会大大影响到不同处理下植物的生长及吸附重金属的能力。而从这些图中可以看出，很多情况

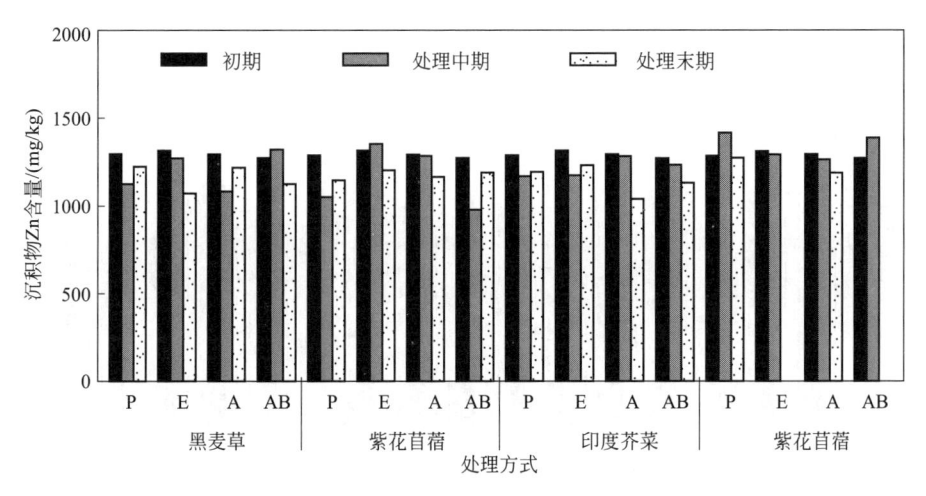

图5-7　不同处理下黑麦草与紫花苜蓿间作时沉积物中 **Zn** 含量的变化

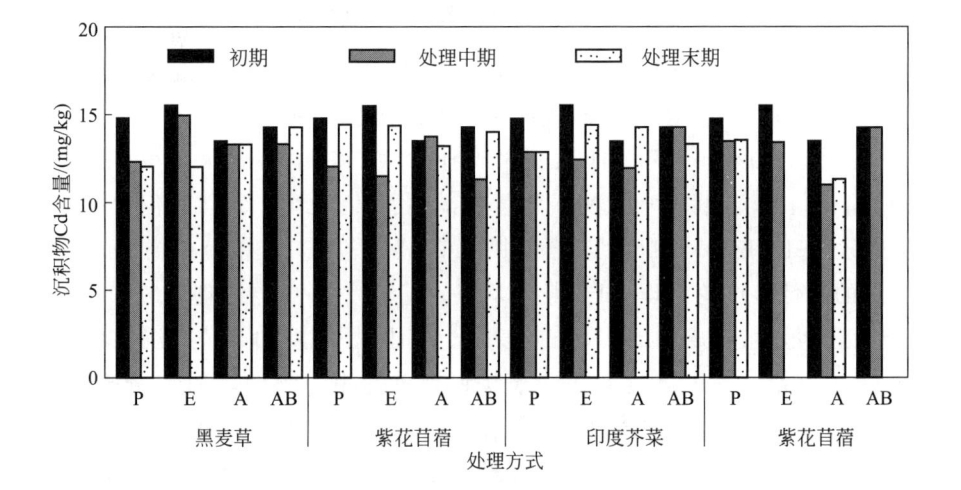

图5-8　不同处理下黑麦草与紫花苜蓿间作时沉积物中 **Cd** 含量的变化

下，沉积物中重金属的最大降解率发生在修复中期。这进一步证明了温度对植物修复效果有一定的影响。

由图 5-9、图 5-10 可知，经过第一轮修复，第二轮种植后沉积物中 Ni、Cu 显著减少，对第一轮修复有很好的补充作用。可见，使用轮作方式对该沉积物进行植物修复切实可行。但是，部分重金属几乎没有修复效果，而且，第二轮种植中，当印度芥菜和紫花苜蓿间作时，除了"P"和"A"处理外，其余处理中紫花苜蓿在种植中后期全部死亡。这表明，在植物及自身共存的微生物体系清除环境中的污染物的同时，AM 真菌结构可能具有保护宿主免受重金属伤害的作用。表 5-2 为不同植物在不同种植方式下各处理的修复效果对比情况。在表 5-2 和下文中，H 代表黑麦草，HZ 代表与黑麦草间作的紫花苜蓿，I 代表印度芥菜，IZ 代表与印度芥菜间作的紫花苜蓿。

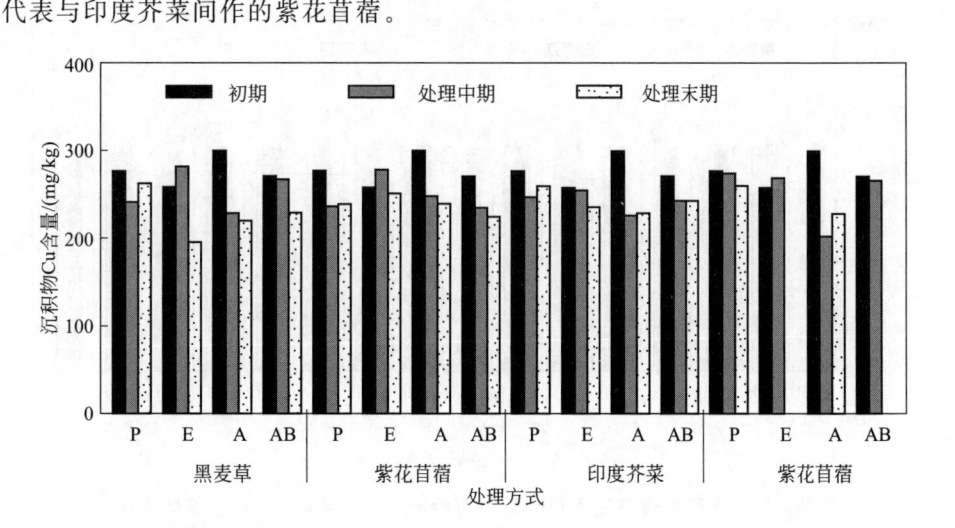

图5-9 不同处理下黑麦草与紫花苜蓿间作时沉积物中 Cu 含量的变化

由图 5-7～图 5-9、表 5-2 可知，AM 真菌能有效辅助此轮植物对 Cu 和 Zn 的修复。例如，"A"处理下各植物根际附近沉积物中 Cu 减少最多，均大于 24%，尤其是在该处理下的 H 和 IZ 根际土壤中，Cu 含量最大减少率达 36%。虽然此轮种植使沉积物中 Zn 的平均含量减少最少（约为 8%），但"A"处理仍然辅助了 H、IZ、I 根际附近土壤中 Zn 的减少。EDTA 能有效辅助沉积物中 Cd 含量的降低。该轮处理 Cd 含量平均减少了 12%，"E"处理下的 H、HZ、I 根际附近土壤中 Cd 减少最多，HZ 根际土壤中减少达 26%。对沉积物中 Ni、Pb 和 Cr 的修复，辅助修复方式并未起到有效作用。例如，"P"处理下的不同植物根际附近沉积物中 Ni 降解率最高，"P"和"E"处理下的 H 根际土壤 Pb 减少最多，黑麦草与紫花苜蓿间作时，"P"处理下根际沉积物中 Cr 减少最多。

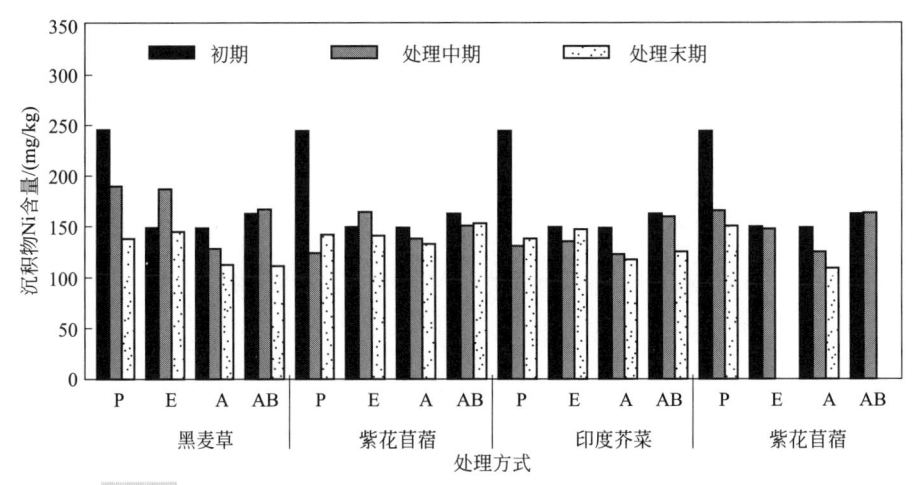

图5-10 不同处理下黑麦草与紫花苜蓿间作时沉积物中 Ni 含量的变化

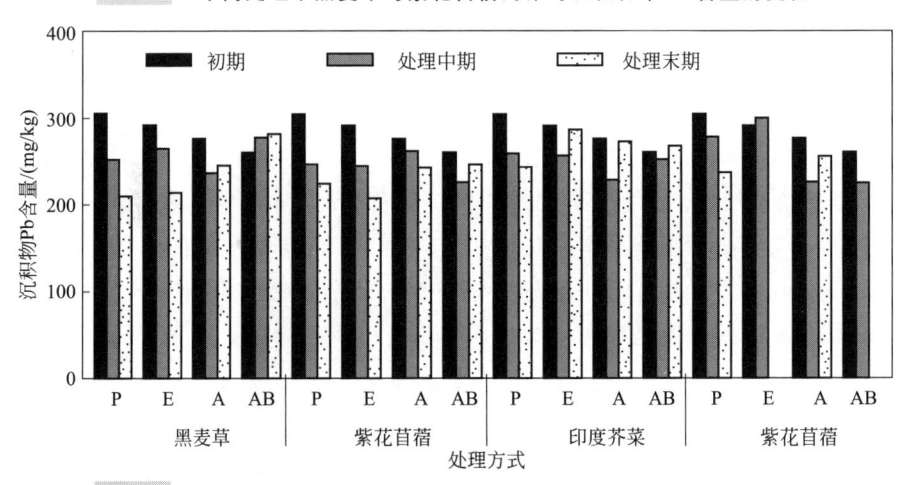

图5-11 不同处理下黑麦草与紫花苜蓿间作时沉积物中 Pb 含量的变化

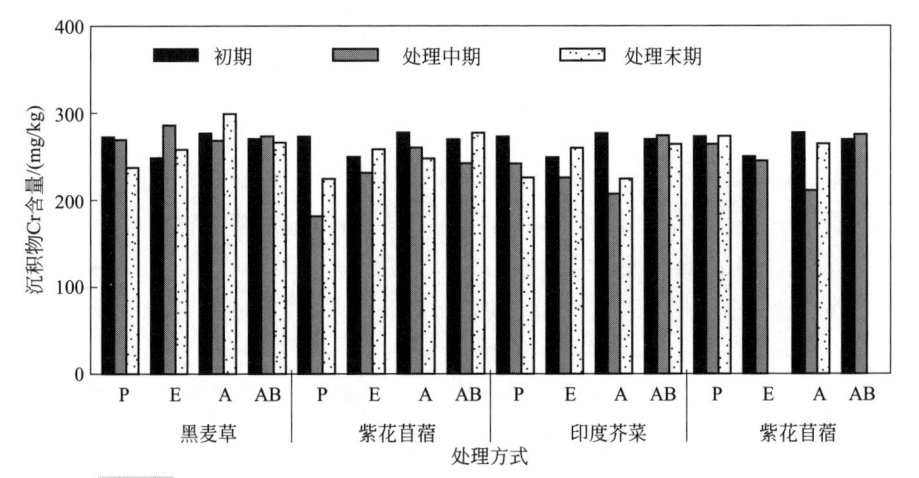

图5-12 不同处理下黑麦草与紫花苜蓿间作时沉积物中 Cr 含量的变化

表 5-2 不同植物在不同种植方式下各处理修复效果对比

金属\植物	黑麦草与紫花苜蓿间作		印度芥菜与紫花苜蓿间作	
	黑麦草（H）	紫花苜蓿（HZ）	印度芥菜（I）	紫花苜蓿（IZ）
Ni	P>AB>A	P>A>AB>E	P>A>AB>E	P>A
Cu	A>E>AB>P	A>AB,P>E	A>AB,P>E	A>P
Pb	P>E>A	E,P>A,AB	P>A>E>AB	P>A
Cd	E>P>A,AB	E>AB>P>A	E>P>A>AB	A>P
Cr	P>A,AB	P>A,AB>E	A>P>E>AB	A>P
Zn	A>E>P	AB>P>E	A>E,AB>P	A>P

综上所述，在第一轮种植使重金属含量部分降低后，外加化学试剂或微生物制剂对植物吸收和累积重金属的诱导作用没有第一轮明显。在"A"处理下，不同植物对 Cu 的排序为 IZ、H>I>HZ，Zn 的排序为 I>H>HZ>IZ；"E"处理下，Cd 的排序为：HZ、H>I。此外，"AB"处理对 Zn 的修复效果也较好，不同植物的修复效果排序为：HZ>H、I。可见，黑麦草对 Pb、Cd、Cu 修复效果较好，与黑麦草间作的紫花苜蓿对 Ni、Cd、Cr、Zn 的修复效果较好。印度芥菜对 Zn 修复效果较好，与印度芥菜间作的紫花苜蓿对 Cu 的修复效果较好。

总之，从第二轮黑麦草与紫花苜蓿或印度芥菜和紫花苜蓿种植对沉积物重金属的修复效果来看，黑麦草与紫花苜蓿能很好地搭配、协调，使其对沉积物中六种重金属都有一定修复效果。

不同处理下、不同植物根际附近沉积物重金属的形态分布特征能很好地解释不同处理、不同植物修复效果的差异。例如，对于 Ni，在"P"处理下的 HZ 和 I，"A"处理下的 HZ 根际附近沉积物中碳酸盐结合态和铁锰氧化态含量有所增加（图 5-13）。对于 Cu，"A"处理下碳酸盐结合态含量明显增加（图 5-13）。对于 Pb，"E"处理下的 HZ 根际附近碳酸盐结合态含量有少量增加（图 5-14）。对于 Cd，"P"处理下 HZ 根际附近沉积物中可交换态含量明显增加，但在"E"处理下 H、HZ 附近可交换态含量增加较少（图 5-14）。对于 Cr，"P"处理下 HZ 根际附近可交换态和碳酸盐结合态含量有所增加，"A"处理下 I 和 IZ 根际附近沉积物中碳酸盐结合态含量也有增加（图 5-15）。与第一轮修复相比，第二轮中 Cr 形态变化恰恰相反，除了残渣态外，其余形态含量在修复后都有所增加。

结合两轮轮作试验可知，玉米与黑麦草间作，紫花苜蓿与黑麦草间作的轮作试验可有效降低沉积物中 Ni、Zn、Pb、Cr、Cu、Cd 含量，尤其是 Zn 和 Ni 含量，这主要是因为 Zn、Ni 本身的生物有效性较高，易被植物吸收。沉积物中的 Pb、Cr 都有一定的减少，虽然其生物有效性一般较低。AM 真菌或 EDTA 均能较好地辅助植物修复，但考虑到二次污染等问题，首选 AM 真菌来辅助植物修

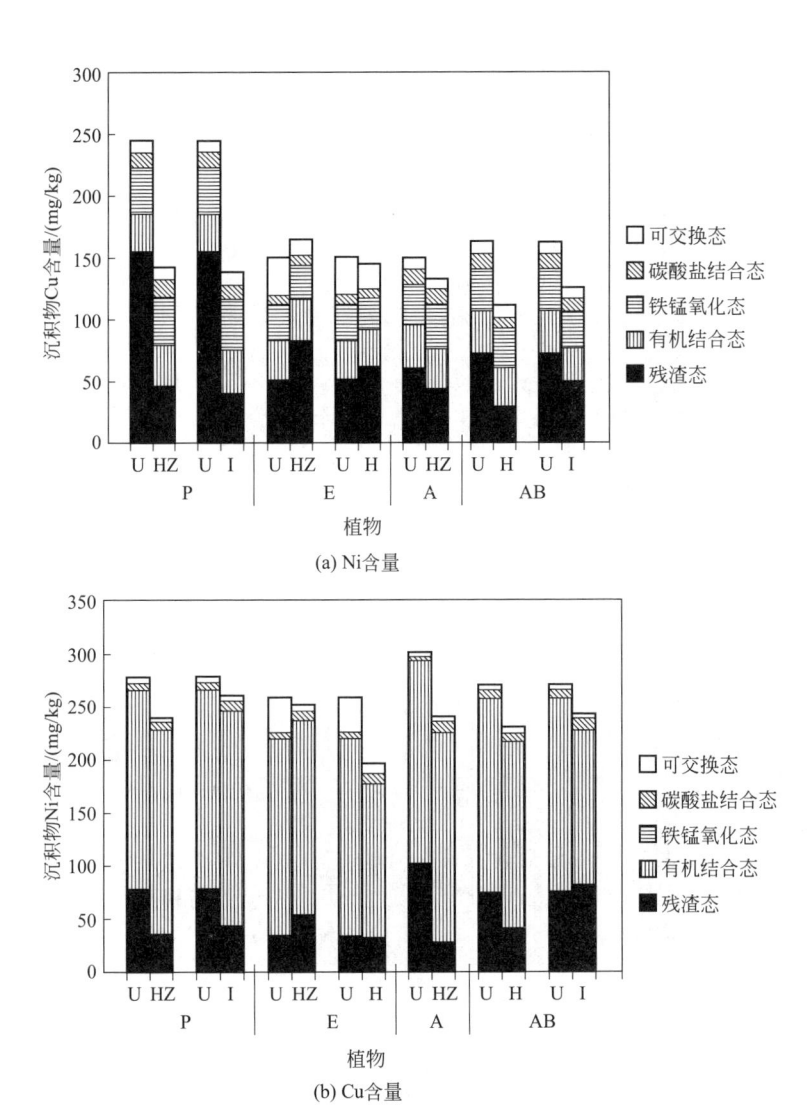

图5-13 不同处理下不同植物根际沉积物中 Ni 和 Cu 形态变化

复。AM 真菌活性易受温度等环境条件的影响，使第二轮修复中 AM 真菌的作用发挥不好。此外，在施加菌根真菌和土著优势菌的试验中发现，由于种间竞争、环境条件等因素，"AB"处理在辅助修复方面没有发挥太大作用，某些情况下反而适得其反。

5.3.1.2 沉积物中有机物种类的变化

由于该排污河道接收沿途工厂、市政排污泵站的生活污水及工业废水，特别是化工、造纸和印染废水，导致沉积物中存在大量有机污染物。使用 GC-MS 对沉积物中有机物进行全扫描，结果发现，供试沉积物中的主要污染物为单环芳烃、多环芳烃、长链烃以及苯胺类物质。其中，单环芳烃类物质主要包括二甲

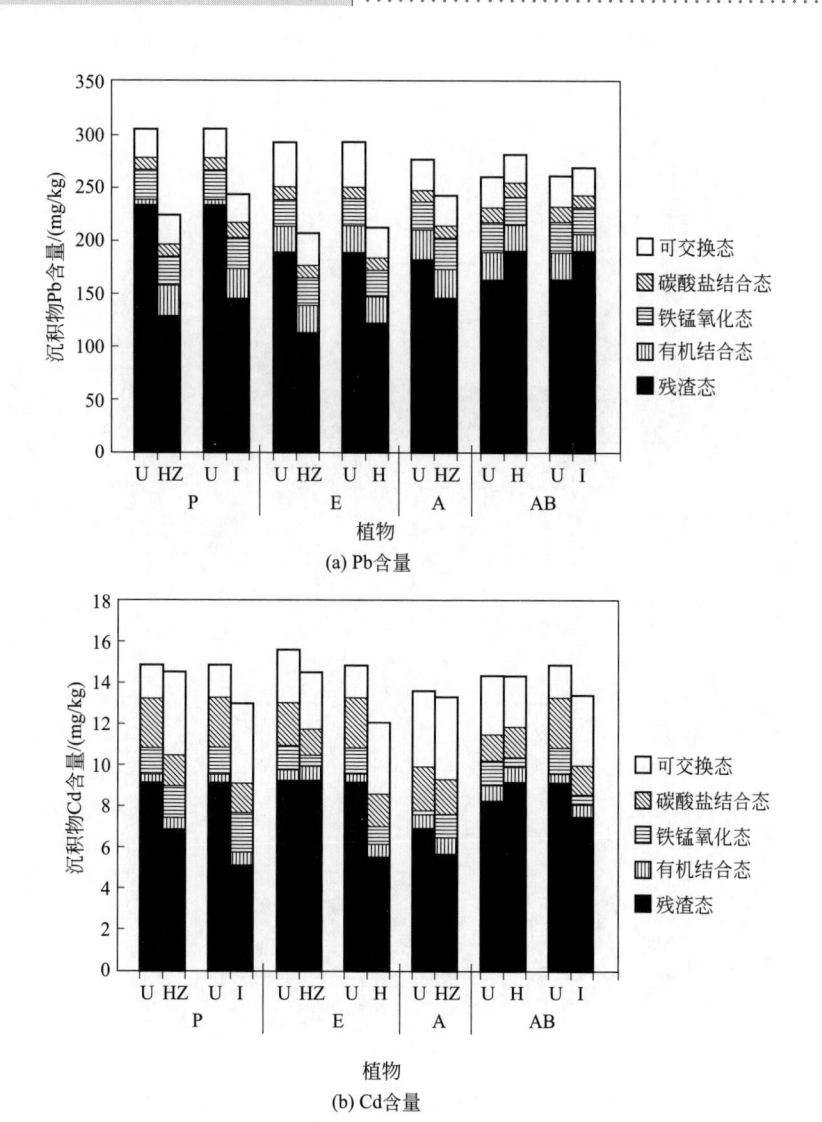

图5-14　不同处理下不同植物根际沉积物中 Pb 和 Cd 形态变化

苯、丁基苯、4-甲基苯酚、邻苯二甲酸异丁基十八基酯、苯蒽等。多环芳烃类物质主要包括萘、二萘酚、1-甲基萘、氧芴、2,7-芴二-1-乙醇、1,2-联萘；苯胺类物质包括苯胺、对甲苯胺、N-异苯基-3,5 二甲基苯胺、2,7-二甲基喹啉；长链烃主要包括十五烷、二十烷、二十一烷、四十三烷、四十四烷、1-(3-甲基苯基)-4-甲基-3-戊烯等，此外还有 2-己烷己酸、$C_{13}H_{16}OSi$ 等有机物。

　　通过色谱分析观察到前 40min 内出现的有机物通过植物修复有一定的降解，因此，本部分只针对前 40min 出现的有机物进行分析。图 5-16 和图 5-17 为种植前后施加 AM 真菌的沉积物中有机污染物的色谱图。表 5-3 中列出了用于定性参考的峰型较好的部分代表性有机物相对含量的变化情况。由这些图、表可知，除

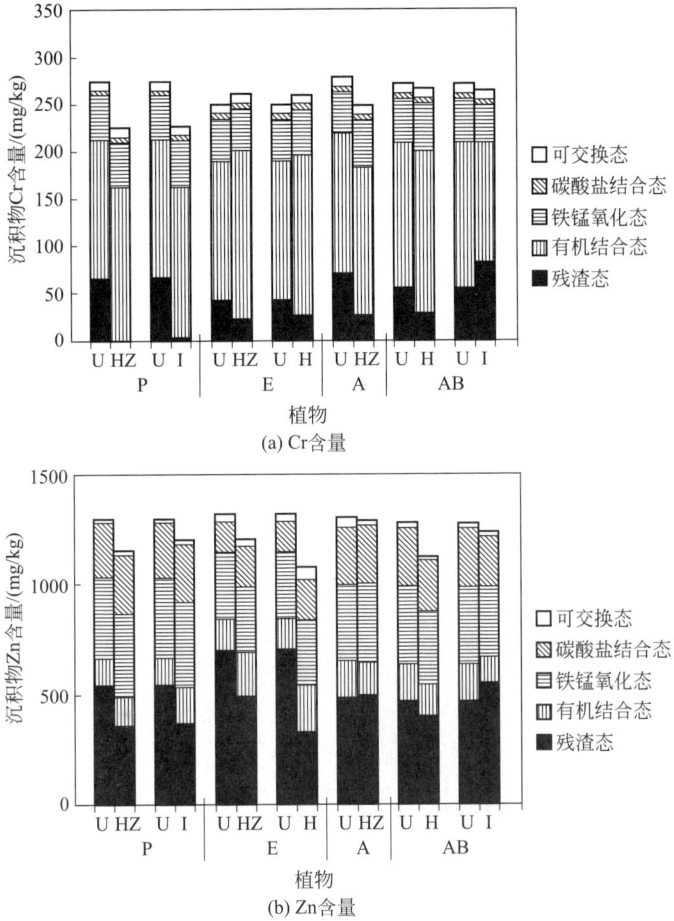

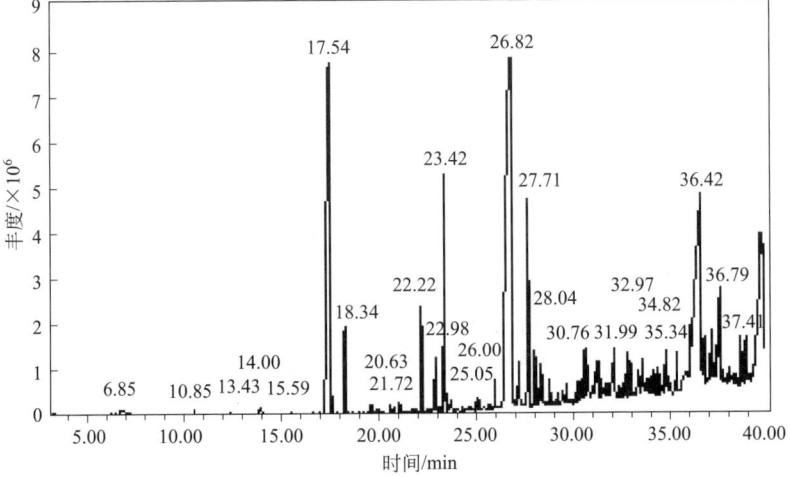

(a) Cr含量

(b) Zn含量

图5-15 不同处理下不同植物根际沉积物中 Cr 和 Zn 形态变化

图5-16 种植前沉积物中有机污染物色谱图

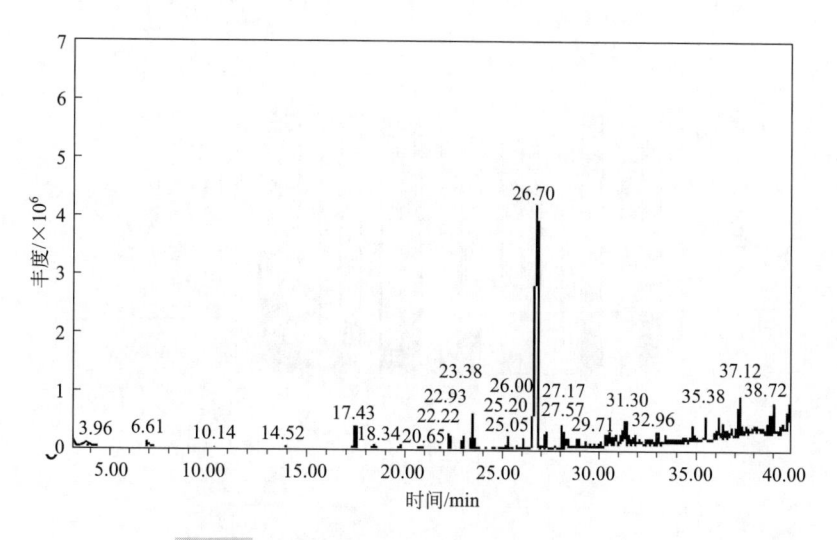

图5-17 种植后沉积物中有机污染物的色谱图

表 5-3 种植前后有机物的相对含量

有机物	种植前		种植后	
	停留时间/min	相对含量/%	停留时间/min	相对含量/%
萘	17.54	9.43	17.43	0.45
苯胺	18.33	1.06	18.34	0.25
喹啉-6-醇,2,2,4-三甲基-1,2,3,4-四氢-	22.22	0.91	22.22	0.10
2,7-二甲基喹啉	22.98	0.54	22.93	0.34
N-异苯基-3,5 二甲基苯胺	23.42	2.99	23.38	0.53
十五烷	25.99	0.24	26.00	0.16
2-萘酚	26.82	19.3	26.70	12.2
氧芴	27.19	0.49	27.17	0.28
2,7-芴二-1-乙醇	35.34	0.39	35.38	0.38

了 2,7-芴二-1-乙醇外,其余峰值较高的物质在种植植物过程中都有不同程度的降解。尤其是萘的降解较多,萘属于亲脂性较低的多环芳烃,它可以在植物根际的作用下直接被植物吸收。而根际也会向环境释放大量有机物,在影响根际微生物的生长同时改变根际沉积物酶活性。

从图 5-16 和图 5-17 还可以看出,污染物在丰度降低的同时,一些大分子物质未继续检出而出现了许多少量存在的、停留时间较短的小分子物质的色谱峰。例如,在末期沉积物中,未检出庚酸、丁基苯、4-甲基苯酚、2-己烷己酸、二十烷、二十一烷、四十三烷、四十四烷、$C_{13}H_{16}OSi$、邻苯二甲酸异丁基十八基酯、1-(3-甲基苯基)-4-甲基-3-戊烯等物质的峰，而甲苯、乙苯、硫代苯酚、苯酚、吲哚、十二烷以及一些低分子有机酸的峰较为明显。这说明大分子物质在代谢过程中会产生一些中间产物，或者通过复杂的环境微生物的作用转化为低分子物质。低分子量的有机酸可以促进根际微生物的生长，有利于有机污染物的进一步降解，但单环苯类物质在其未完全转化为二氧化碳和水之前，会对环境产生较高威胁，因此，有必要对单环苯系物的代谢过程进行研究。

5.3.1.3 沉积物中酶活性变化

植物修复过程中重金属及有机物的降解应反映到植物根际附近沉积物的酶活性上，而环境条件，如气温等也会通过影响根际附近微生物新陈代谢的能力来影响土壤酶活性。因此，本部分在种植植物后，通过对四种处理下植物根际附近沉积物中过氧化氢酶、多酚氧化酶、蔗糖酶、脲酶的活性变化来进一步解释施加微生物试剂对植物修复的辅助作用。

图 5-18 为第一轮玉米与黑麦草间作和第二轮黑麦草与紫花苜蓿间作情况下，不同处理方式下沉积物中脱氢酶活性随植物生长的动态变化曲线。

由图 5-18 可知，在第一轮玉米与黑麦草间作种植，"E""A""P"修复方式下，根际沉积物中脱氢酶活性呈明显上升趋势。"A"处理下，黑麦草根际土壤中脱氢酶活性恢复情况最好，表明黑麦草和菌根真菌能形成很好的共生体系，促进植物对复合污染物的降解，或者是菌根保护了植物，阻隔了金属离子对植物的毒害作用。"E"处理下，根际沉积物中脱氢酶活性均相对较低，研究表明，脱氢酶活性与化合物剂量呈负相关，也与重金属含量呈负相关关系。EDTA 能活化沉积物中的重金属，使其向有利于植物吸收的形态转化，但同时又对土壤微生物以及酶活性产生抑制作用，使土壤中微生物数量减少，植物对有机物降解速率减缓。"AB"处理下，根际沉积物脱氢酶活性呈先上升后下降的趋势。前 20d 玉米沉积物脱氢酶活性恢复较快，后来缓慢下降。前 44d 黑麦草沉积物脱氢酶活性恢复也较快，但后来很快下降。这可能是由于在植物与菌根真菌以及土著优势菌在一个体系中，物种间竞争激烈，互相抑制，导致微生物数量减少，酶活性降低。

第二轮黑麦草与紫花苜蓿间作种植，四种处理方式下，黑麦草、紫花苜蓿根际沉积物脱氢酶活性均呈下降趋势。种植 30d 后，"AB"和"P"处理下脱氢酶活性较高，说明间作初期，这两种修复方式对沉积物复合污染降解速率高于其他两种处理方式。"AB"处理下紫花苜蓿根际沉积物的脱氢酶活性尤其高，这可能是导致此时 Zn 含量降解达 23％的原因（图 5-7）。然而，这种处理下脱氢酶活性在种植过程中几乎呈直线下降趋势，同样说明了"AB"处理下，植物与菌根真菌以及土著优势菌种间竞争的问题。"A"处理下的黑麦草根际沉积物脱氢酶活性和"E"处理下的紫花苜蓿根际沉积物脱氢酶活性在前 60d 呈上升趋势，随后

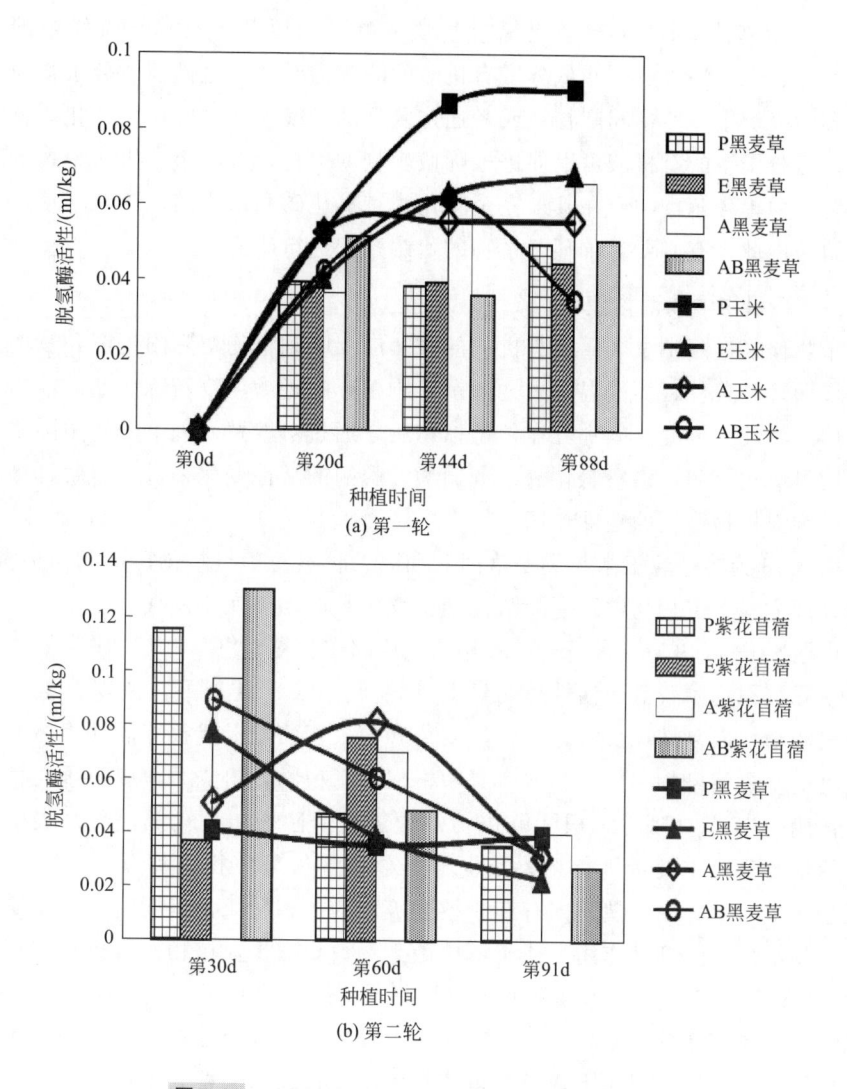

图5-18　间作-轮作情况下土壤中脱氢酶活性变化

才开始降低，说明 AM 真菌或 EDTA 在植物生长和生物量增大后将络合的重金属部分释放到沉积物中，抑制土壤酶活性。酶活性在种植 60d 后下降的一个重要原因是当地气候情况。从 10 月开始，该市气温迅速下降，温度过低使植物及微生物活性受到抑制，土壤酶活性自然降低。值得注意的是，"P"处理下，在收获前黑麦草根际沉积物中脱氢酶活性有略微提升，而紫花苜蓿根际沉积物中脱氢酶活性趋于平稳，这与该播种方式的沉积物中 Ni、Pb、Cr 等重金属修复效果最佳较为一致。

　　图 5-19 为间作-轮作种植在不同处理方式下根际沉积物中多酚氧化酶活性随植物生长的动态变化曲线。

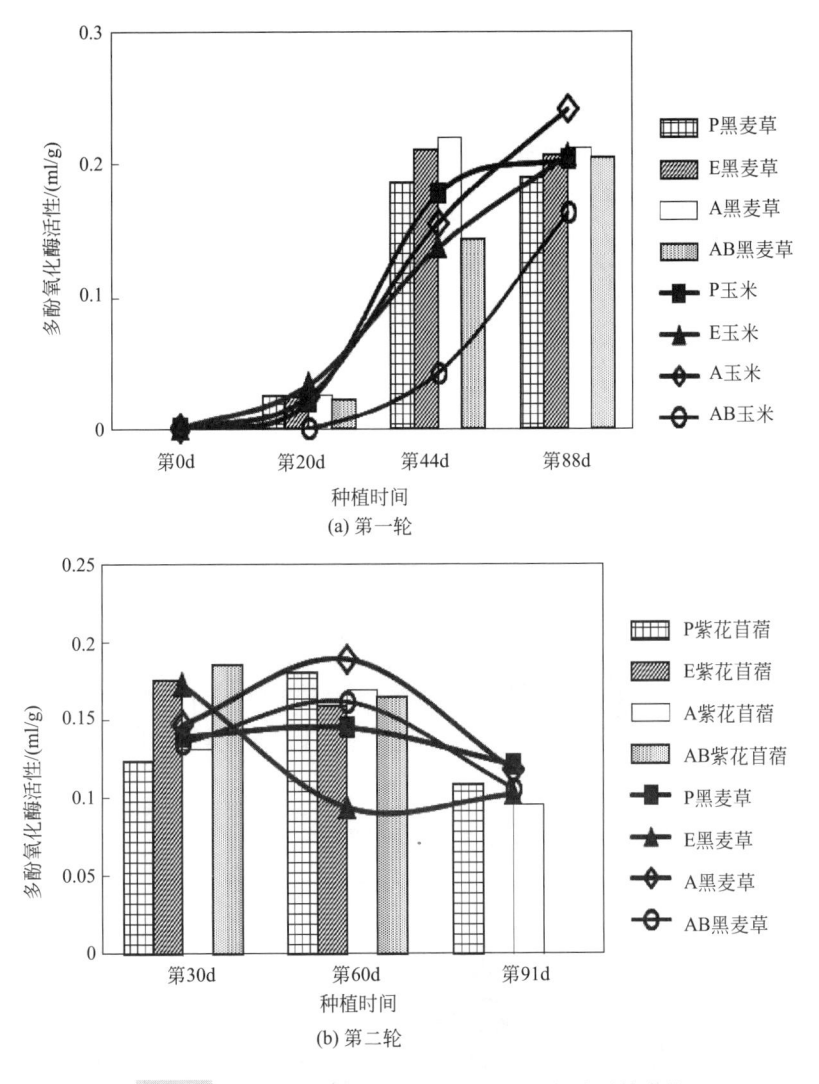

(a) 第一轮

(b) 第二轮

图5-19 间作-轮作情况下土壤中多酚氧化酶活性变化

在玉米和黑麦草间作时，四种处理下根际沉积物中多酚氧化酶活性均呈上升趋势，且在种植44d后趋于平缓或有略微下降。说明种植初期植物生长量逐渐增大，微生物新陈代谢活动旺盛，使植物大量吸收和累积土壤中的重金属，然而，随着植物体内重金属浓度的增加，重金属会对植物产生毒害作用抑制其生长，或植物生理活动趋于稳定，从而使酶活性趋于平缓或略微下降。其中，无论是在玉米还是黑麦草根际沉积物中，"A"处理下土壤多酚氧化酶活性都较高或增加较快，说明AM真菌可以有效辅助植物根际环境微生物活动。"AB"处理下，根际沉积物多酚氧化酶活性恢复最慢，但却一直呈现出上升趋势。这可能是由于种间竞争，优胜劣汰，大量微生物死亡，但却将多酚氧化酶释放到环境中继续发挥分解作用。

第二轮黑麦草与紫花苜蓿种植，"P""A""AB"处理方式下，黑麦草、紫花苜蓿根际沉积物多酚氧化酶活性大致呈先上升后下降的趋势。"E"处理下，呈降低趋势。"A"处理下的黑麦草和"AB"处理下的紫花苜蓿酶活性恢复较高，这与黑麦草根际沉积物中 Zn、Cu 降解，紫花苜蓿根际沉积物中 Zn 的降解一致。

图 5-20 为间作-轮作种植在不同处理方式下植物根际土壤中脲酶活性随植物生长的动态变化曲线。

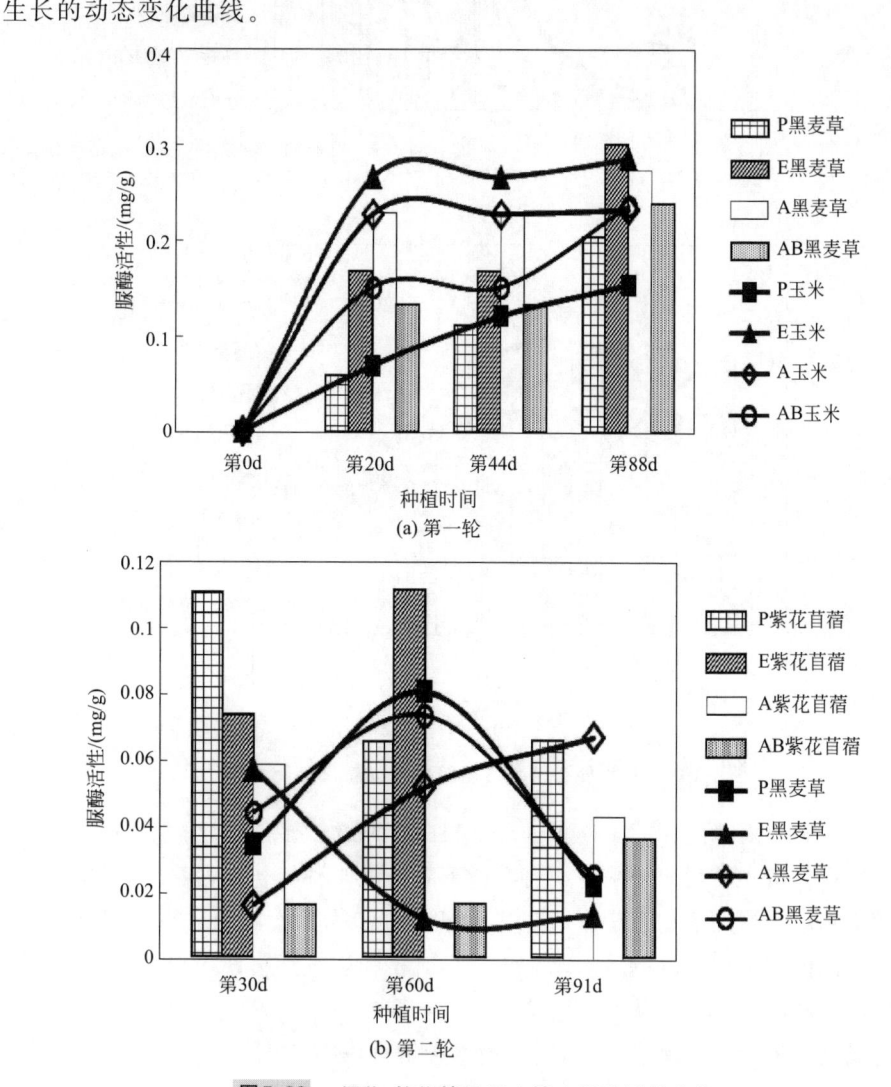

图5-20　间作-轮作情况下土壤中脲酶活性变化

在玉米与黑麦草间作时，四种处理下根际沉积物中脲酶活性均呈上升趋势。在种植 44d 后，玉米根际土壤脲酶活性趋于平缓，而黑麦草根际沉积物中脲酶活性的上升趋势却增加。活性受土壤重金属形态的影响较为显著。从沉积物中重金属的降解来看，黑麦草根际沉积物中重金属的减少普遍大于玉米的，而种植后根际沉积物中可交换态和碳酸盐结合态重金属的含量也大于玉米的，说明脲酶活性水平能从一定程度上反映出植物对重金属的吸收水平。

第二轮黑麦草与紫花苜蓿种植，黑麦草根际沉积物在"P""AB""E"处理下，脲酶变化趋势与脱氢酶和多酚氧化酶一致，而在"A"处理下酶活性恢复呈上升趋势，说明 AM 真菌在辅助植物修复中起了一定作用，例如对 Cu 的修复效果明显。紫花苜蓿沉积物在"P"和"E"处理下，脲酶活性变化与脱氢酶一致，但在"A"处理下呈先下降后上升的趋势，在"AB"处理下呈缓慢上升趋势。

图 5-21 为间作-轮作种植在不同处理方式下根际沉积物中蔗糖酶活性随植物生长的动态变化曲线。

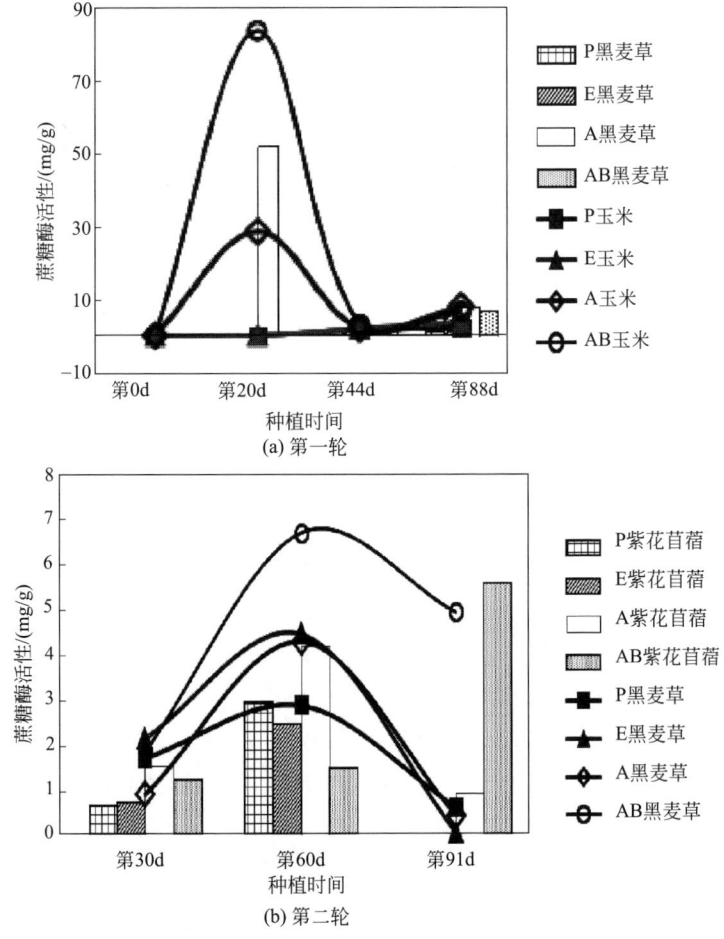

(a) 第一轮

(b) 第二轮

图5-21　间作-轮作情况下土壤中蔗糖酶活性变化

在玉米和黑麦草间作时，只有在 AM 真菌参与的处理中表现出了较高的蔗糖酶活性，且这种活性仅主要保持在修复中期。研究表明，蔗糖酶活性受铁锰氧化态和残渣态 Cd 的影响较大。由修复末期玉米与黑麦草根际沉积物的 Cd 形态分布来看，铁锰氧化态和残渣态 Cd 在末期并未增加。因此，这可能与蔗糖酶在末期活性很低或失活有关。

第二轮黑麦草与紫花苜蓿种植，黑麦草根际沉积物在"P""AB""A"处理下，蔗糖酶变化趋势与多酚氧化酶一致，而在"E"处理下酶活性恢复呈先上升后下降趋势。紫花苜蓿沉积物在"P"和"A"处理下，蔗糖酶活性变化与多酚氧化酶一致，在"E"处理下与脱氢酶变化趋势一致，在"AB"处理下与脲酶活性一致。

5.3.1.4　沉积物中根际环境的变化

在受重金属和有机物复合污染的沉积物中应存在多种对重金属及有机物有抗性的微生物，如细菌、真菌、放线菌以及一些原生动物，并且适应性较好的微生物种类和数量会不断增加，从而使沉积物中微生物菌群结构发生变化。植物根系分泌物可为微生物生长提供大量的电子供体或能源来源，改变微生物的数量和活性，而微生物又会从某种程度上促进植物修复效率的提高。本试验最初采用灭菌方式对供试沉积物进行处理。因此，沉积物中根际环境的变化能较清晰地反映不同处理种植过程中根际微生物的产生和发展状况。

图 5-22 为第二轮间作后四种处理下黑麦草根际沉积物扫描电子显微镜照片。

由图 5-22 可知，四种不同处理下黑麦草根际环境中都有微生物出现但种群结构差异较大。"P"处理下以球菌为主，也有类似菌根真菌的螺旋状菌；"E"处理下产生类似菌根真菌的螺旋状菌，但数量较少。"A"处理下 AM 真菌的特征非常明显，也存在类似杆菌的细菌。"AB"处理下，菌群结构较丰富，包括一些类似菌根真菌的螺旋状菌、球菌以及原生动物。由于"AB"处理中，向沉积物中施加了 AM 真菌和土著优势菌，使植物根际沉积物中种群结构复杂，种间竞争激烈，多数情况下未对植物修复起到有效辅助作用。

图 5-23 为四种处理下印度芥菜根际沉积物扫描电镜图。"P"处理下以球菌为主，也出现了圆形或杆状微生物。"E"处理下可观察到球菌、少量杆菌和类似菌根真菌的螺旋状菌。"A"处理下仍然以 AM 真菌为主，也存在类似杆菌的细菌。"AB"处理下，菌群结构非常丰富，而且丝状菌丝非常明显且密度较大。

图 5-24 为四种处理下紫花苜蓿根际沉积物扫描电镜图，它与其他植物的根际环境有较大差异。"P"处理下除了杆菌、球菌外，出现了形状较大的螺旋状菌。"E"处理下以球菌和类似菌根真菌的螺旋状菌为主。"A"和"AB"处理下

仍然以形状较大的螺旋状菌为主，由于这两种处理中都有 AM 真菌的参与。因此，这种螺旋状菌有可能是 AM 真菌生长旺盛的产物。

总之，在沉积物中种植植物后，植物根际沉积物中产生了不同类型的微生物，可活化沉积物中的重金属，提高重金属的生物有效性，从而使其被植物吸收。结合沉积物中重金属的修复效果，种植末期，"P"处理和"A"处理中重金属的降解率较高。而从植物根际微生物种群结构来看，这两种处理方式下，微生物结构较简单，种间竞争较低，有利于提高对重金属的耐性，辅助植物对重金属进行吸收转化。此外，不同种群的微生物对重金属的敏感程度不同，真菌的敏感程度较低。因此，在修复后期，根际沉积物中均出现了较大数量的类似菌根真菌的螺旋状菌。

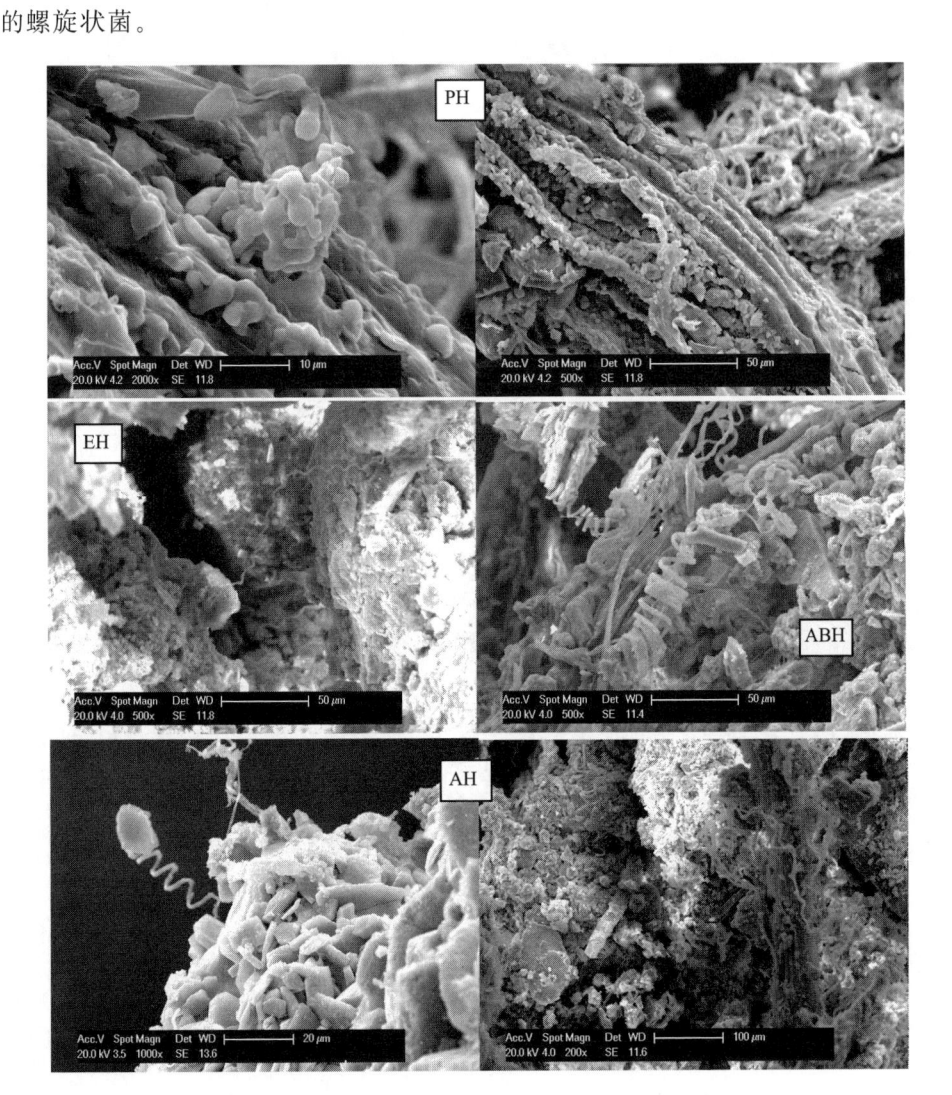

图5-22　四种处理下黑麦草根际沉积物扫描电镜图

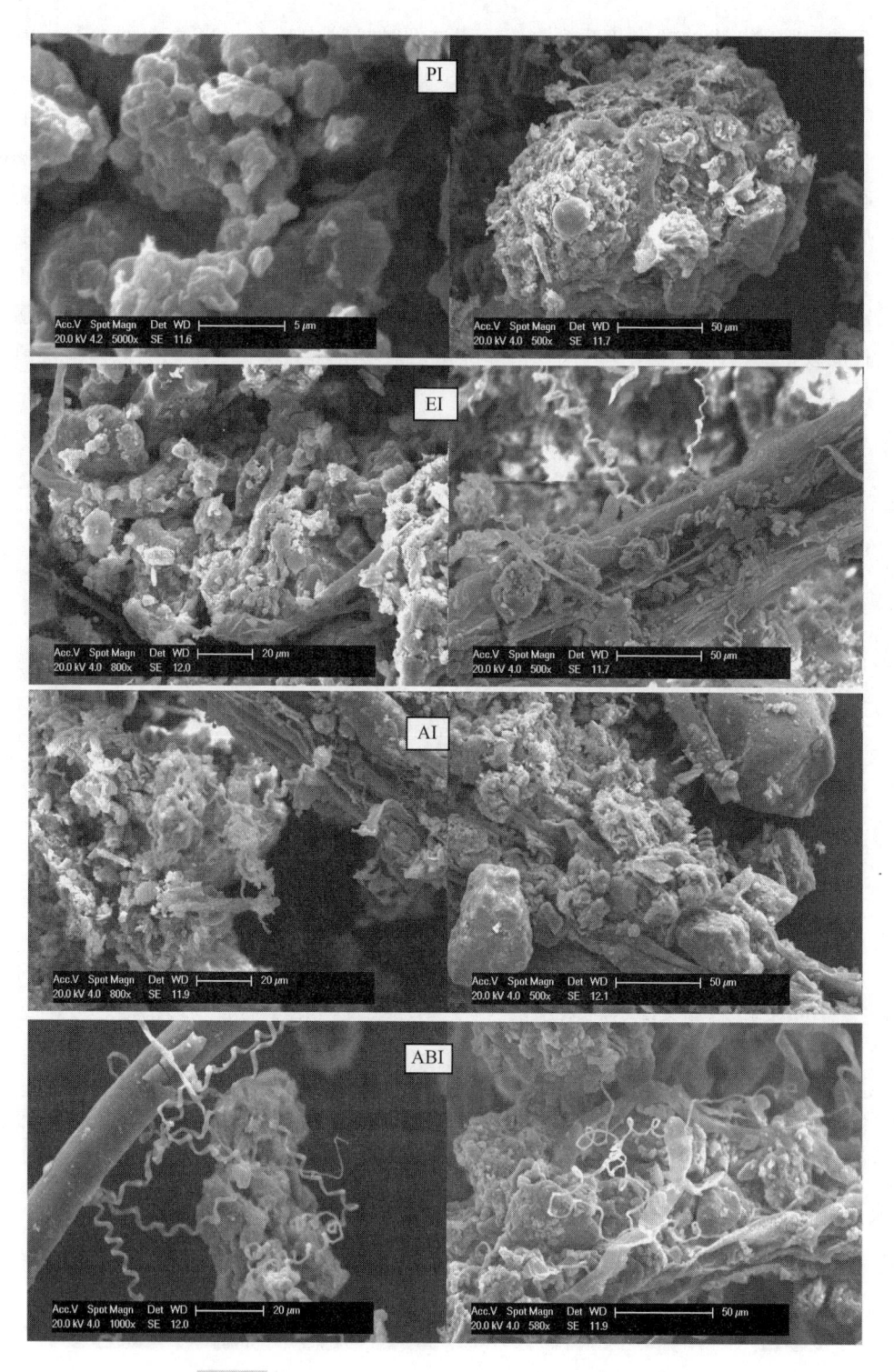

图5-23 四种处理下印度芥菜根际沉积物扫描电镜图

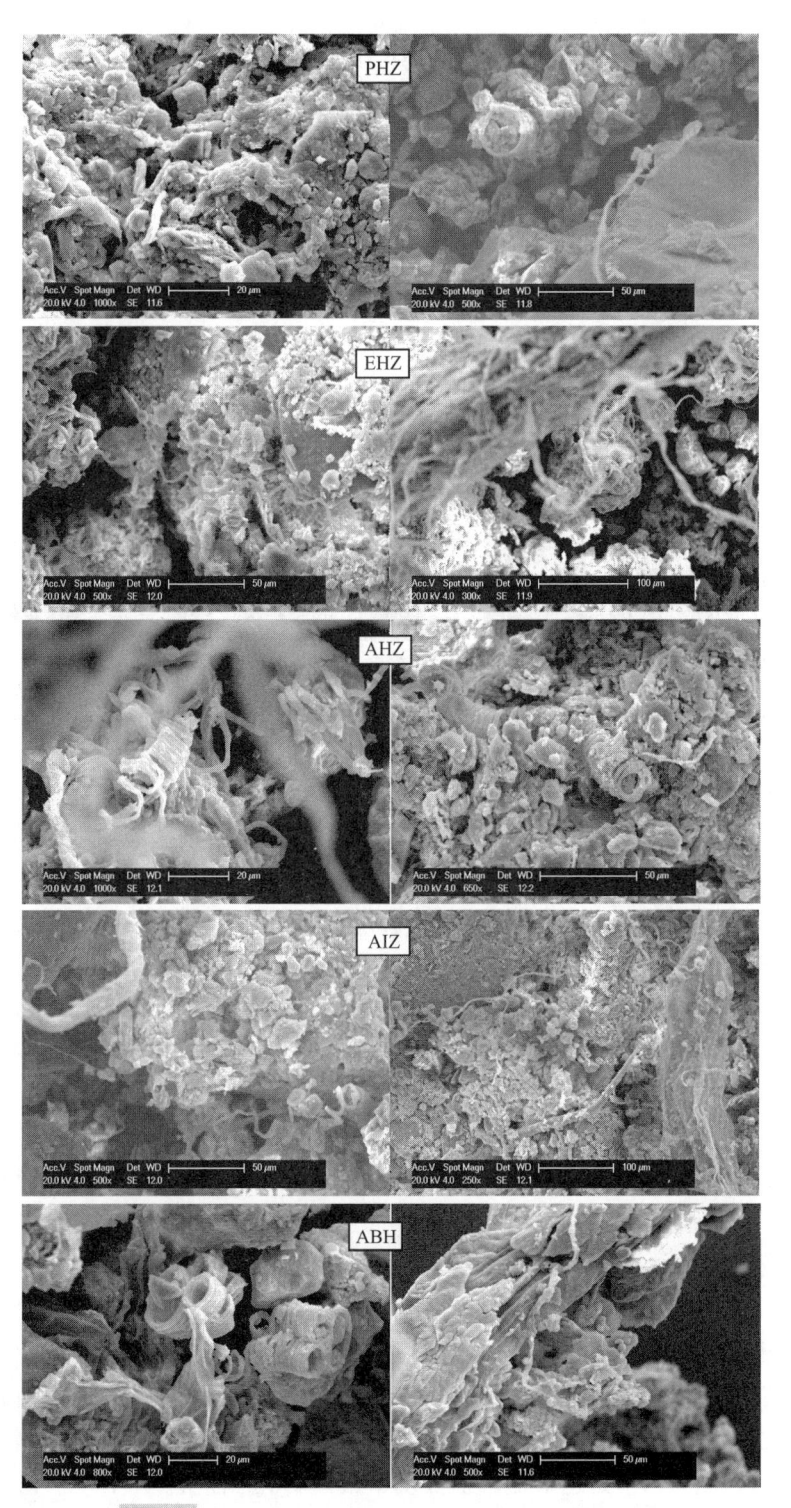

图5-24 四种处理下紫花苜蓿根际沉积物扫描电镜图

5.3.2　植物对重金属的吸收和累积

5.3.2.1　植物不同部位对重金属的累积

图 5-25 为间作-轮作种植下，种植末期不同植物不同部位对 Zn 的累积情况。

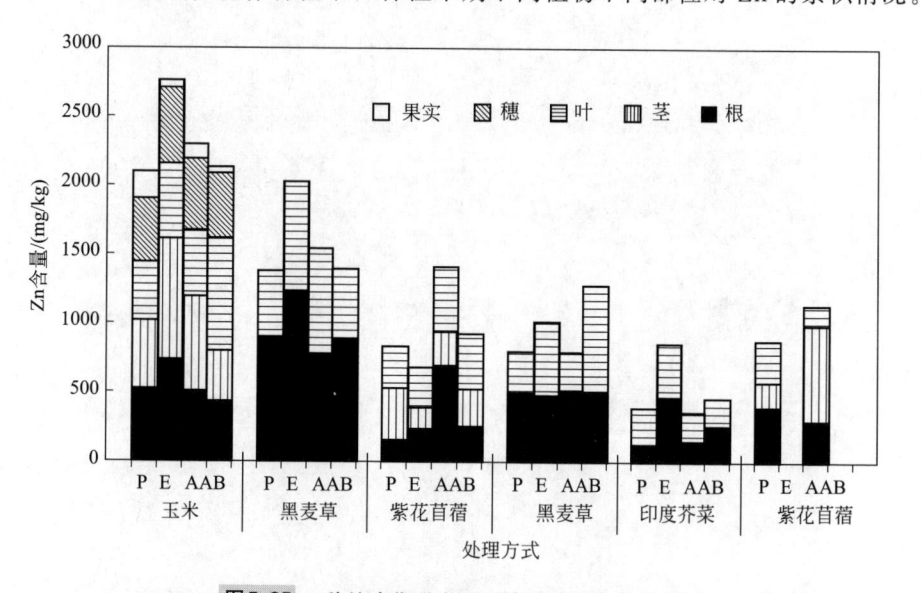

图5-25　种植末期植物不同部位对 Zn 的积累

由图 5-25 可见，从根部累积情况来看，与玉米间作的黑麦草对 Zn 的累积最多，尤其是在"E"处理下。在这种处理下，玉米、紫花苜蓿和印度芥菜根部对 Zn 的累积均较多。这是因为 EDTA 能有效活化重金属，使其向可交换态转化。"A"处理下，植物体内累积的 Zn 也较高，尤其是在玉米、黑麦草和紫花苜蓿体内，Zn 含量有向地上部分运移的趋势。这说明菌根真菌能辅助 Zn 在植物体内向地上部分运移。此外，由于玉米生物量较大，其根、茎、叶、穗、果实各个部分都对 Zn 有不同程度的累积，且"P"处理下，根、茎、叶积累 Zn 的量均匀分布。

图 5-26 为间作-轮作种植下，种植末期不同植物不同部位对 Cd 的累积情况。

由图 5-26 可见，从根部累积来看，仍然还是与玉米间作的黑麦草对 Cd 的累积最多，尤其是在"E"处理下。此外，在"E"处理下，印度芥菜根部对 Cd 的累积也较多。研究表明，印度芥菜具有修复 Cd 污染土壤的潜力。

图 5-27 为间作-轮作种植下，种植末期不同植物不同部位对 Cu 的累积情况。

由图 5-27 可见，从根部累积情况来看，仍然是黑麦草对 Cu 的累积最多，且 AM 真菌能起到很好的辅助作用。铜是生物体的必需元素，它本身的生物有效性较高，在植物地下部分的积累较多，且在生物量较大的黑麦草体内向植物地上运移的能力较差。"A"处理下能增加黑麦草根内 Cu 的含量。"A"处理还能提高 Cu 向植物地上部分迁移的量。例如，Cu 在紫花苜蓿根部积累较少，但向植物地

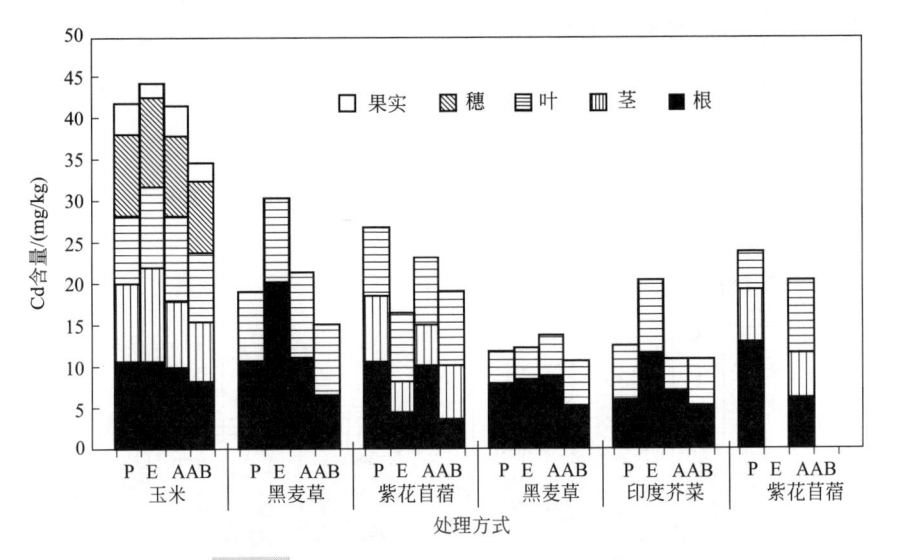

图5-26 种植末期植物不同部位对 **Cd** 的积累

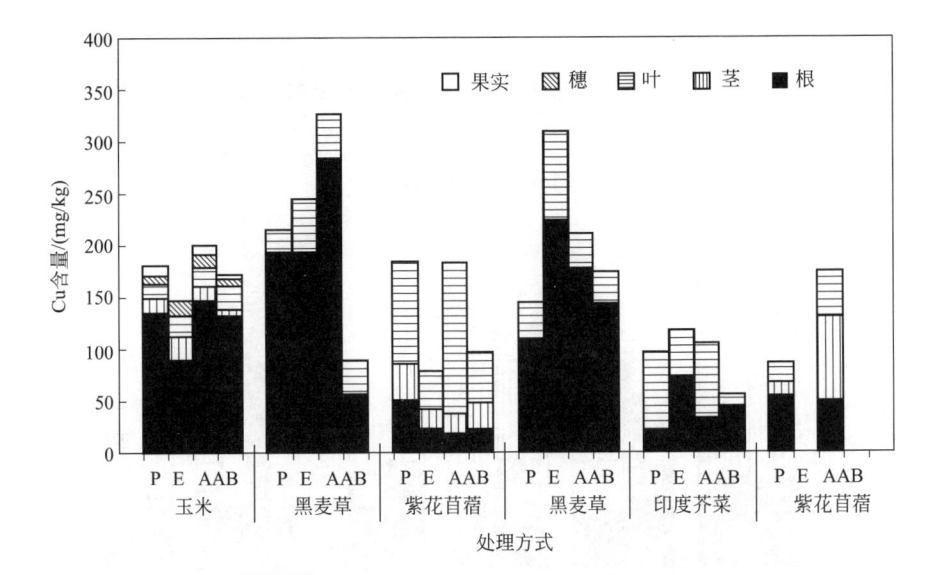

图5-27 种植末期植物不同部位对 **Cu** 的积累

上部分的迁移性较好。尤其是当紫花苜蓿与黑麦草轮作时，紫花苜蓿叶片 Cu 含量是其根部含量的 2～4 倍。

图 5-28 为间作-轮作种植下，种植末期不同植物不同部位对 Ni 的累积情况。

由图 5-28 可见，从根部累积情况来看，玉米与黑麦草对 Ni 的累积最多。在印度芥菜与紫花苜蓿间作时，"A"处理下的 Ni 向地上部分迁移的特征明显。需要注意的是，除了"A"处理下的印度芥菜叶片积累的 Ni 约为根部积累量的 3 倍，玉米果实中积累的 Ni 较少外，其余处理下，不同植物各部位积累 Ni 的量较为均匀。说明 Ni 在植物体的分布较为均匀。

图 5-29 为间作-轮作种植下，种植末期不同植物不同部位对 Pb 的累积情况。

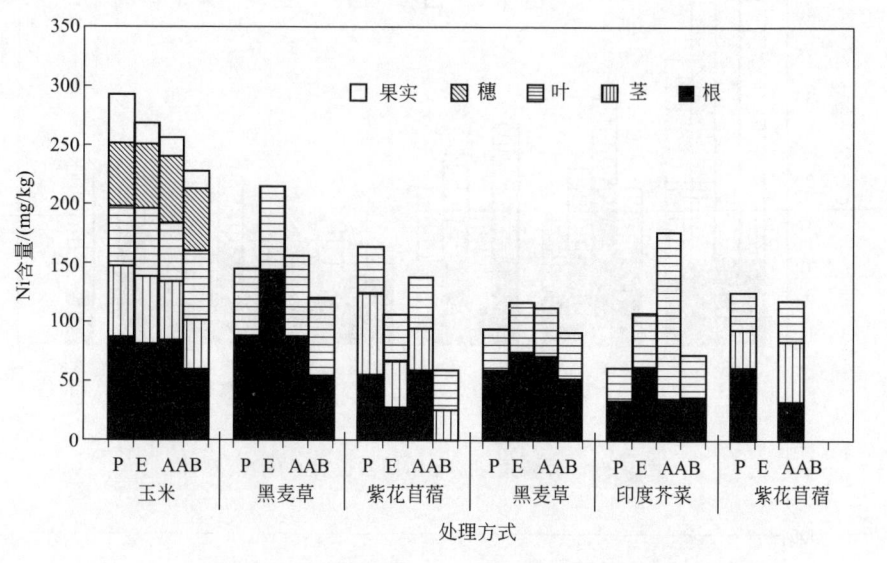

图5-28　种植末期植物不同部位对 Ni 的积累

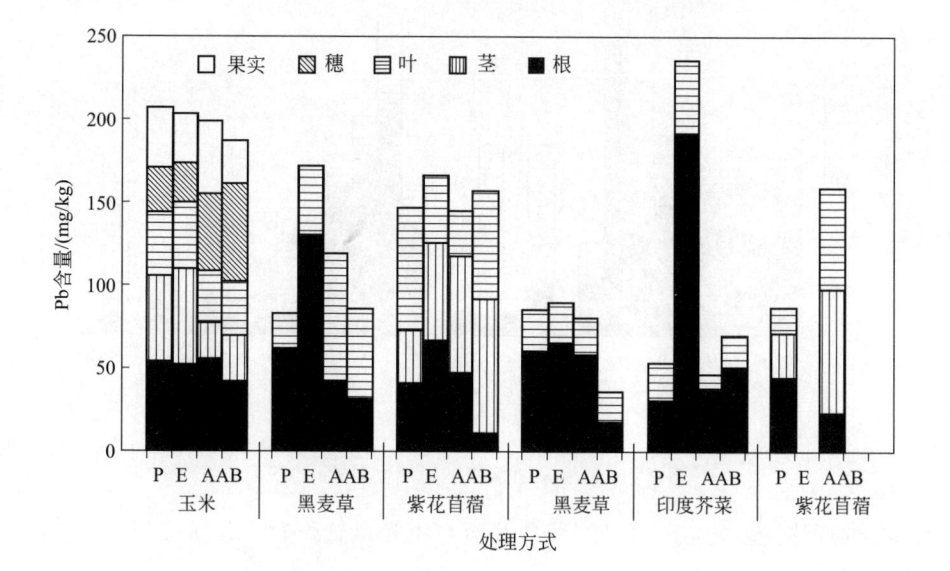

图5-29　种植末期植物不同部位对 Pb 的积累

由图 5-29 可见，从根部累积来看，各种植物对 Pb 的累积差异不大，但在 Pb 向植物地上部分运移的过程中，AM 真菌的辅助修复手段发挥了较大的作用。例如，在与玉米间作的黑麦草体内，"A"处理下叶片中 Pb 含量是地下部分的 2 倍。在与黑麦草间作的紫花苜蓿体内，"AB"处理下，Pb 地下部分含量显著减少，而茎叶部分的 Pb 含量明显增加。此外，"E"处理下，印度芥菜根部的 Pb 含量是"P"处理的 7 倍多，说明在诱导剂作用下，Pb 被植物根部大量吸收，但到达根部的铅大部分被固定。

图 5-30 为间作-轮作种植下，种植末期不同植物不同部位对 Cr 的累积情况。

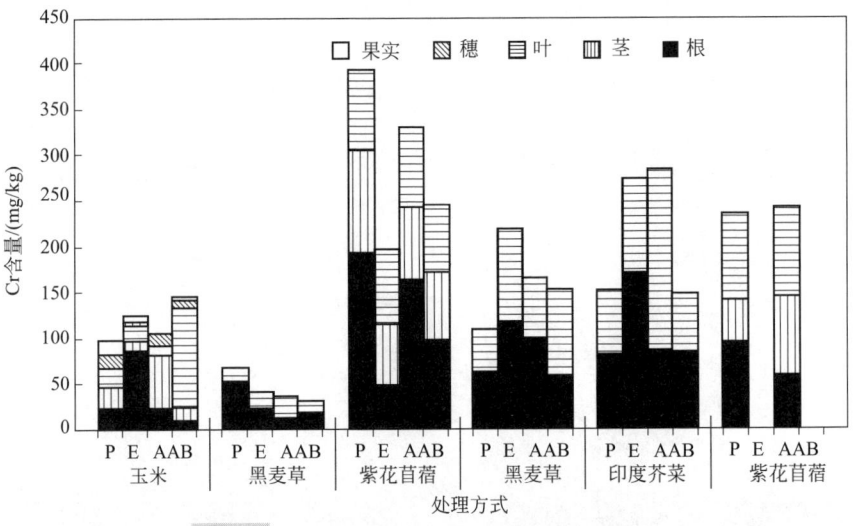

图5-30　种植末期植物不同部位对 Cr 的积累

由图 5-30 可见，第一轮间作下植物累积 Cr 的量明显低于第二轮间作。在第二轮紫花苜蓿与黑麦草间作中，"P"处理下的紫花苜蓿体内积累的 Cr 最多，这与沉积物中 Cr 的降解情况恰好一致。在印度芥菜和紫花苜蓿间作中，"A"处理能显著提高植物地上部分累积 Cr 的含量，同时降低根部累积量。这说明，在该种植方式下，AM 真菌在促进植物对 Cr 吸收从地下部分转移到地上部分的过程中起了辅助作用。

总之，四种处理对玉米积累 Cd、Cu、Ni、Pb 的影响不大，"A"处理能增加其对 Cu 的累积，"E"处理对玉米累积 Zn、Cr 有一定影响。与玉米间作的黑麦草对 Cr 的积累最少，而"E"处理能显著增加黑麦草对 Zn、Cr、Ni、Pb 的累积。当紫花苜蓿与黑麦草间作时，"P"处理下紫花苜蓿对 Cr、Ni、Cd 的累积较好，其他处理对其吸收能力未表现出很好的辅助作用。对于与紫花苜蓿间作的黑麦草，"A"处理能显著增加 Cu 的累积，且可轻微增加对 Cd、Ni 和 Cr 的累积，"AB"处理能显著增加对 Zn 的累积，"E"处理能显著增加 Cu、Ni、Zn、Cr 的累积。印度芥菜对 Cr、Cd 的吸收较多，且"E"处理能显著提高其吸收六种重金属的能力，"A"处理能辅助增加印度芥菜对 Ni 和 Cr 的吸收。与印度芥菜间作的紫花苜蓿能在"A"处理的辅助下增加对 Zn、Cu 和 Pb 的吸收。

综上所述，植物体内累积重金属的情况与其根际沉积物中重金属总量或形态的变化在某种程度上具有一定相关性。例如，在玉米和黑麦草间作时，黑麦草根

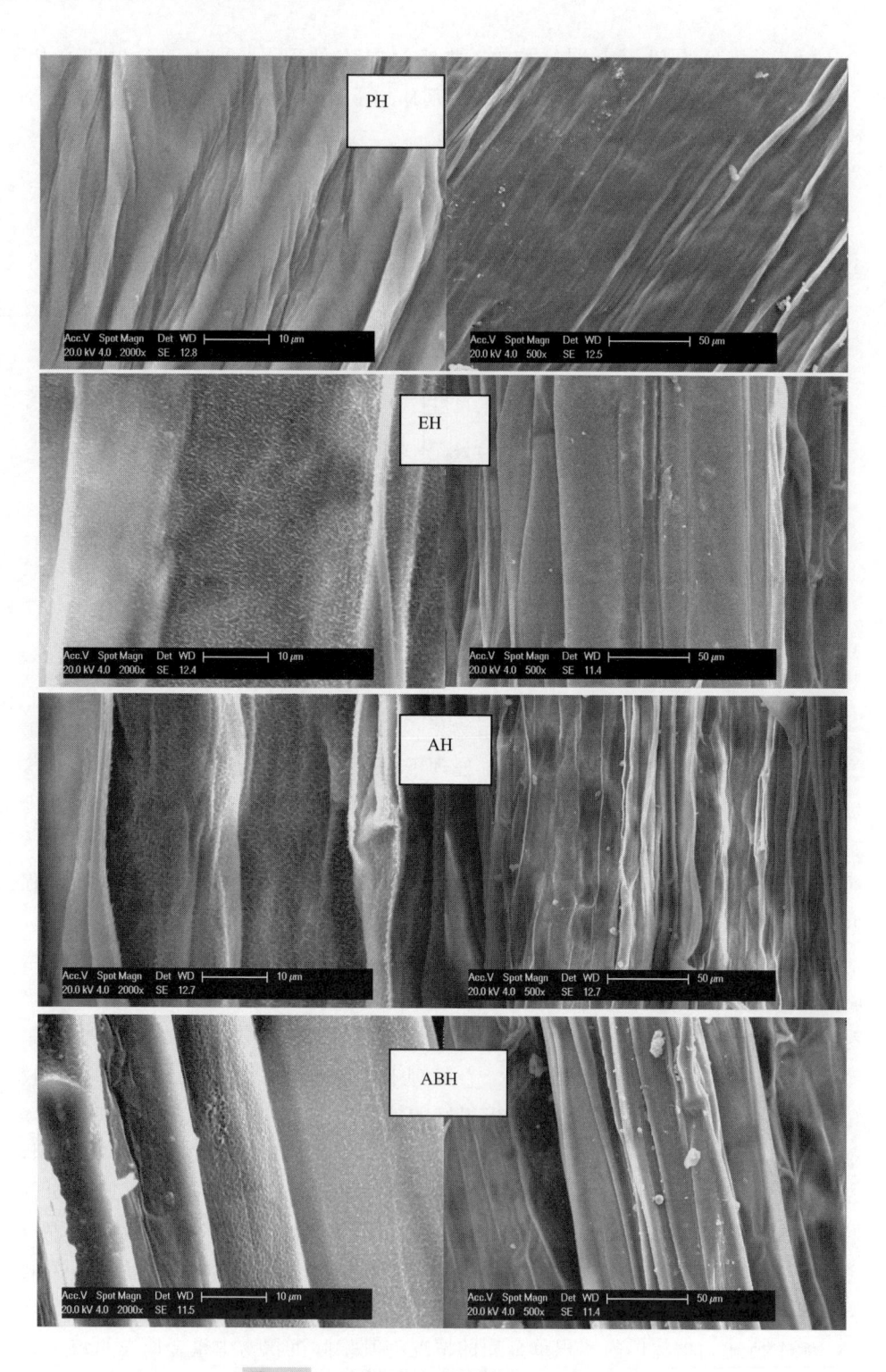

图5-31　四种处理下黑麦草叶片扫描电镜图

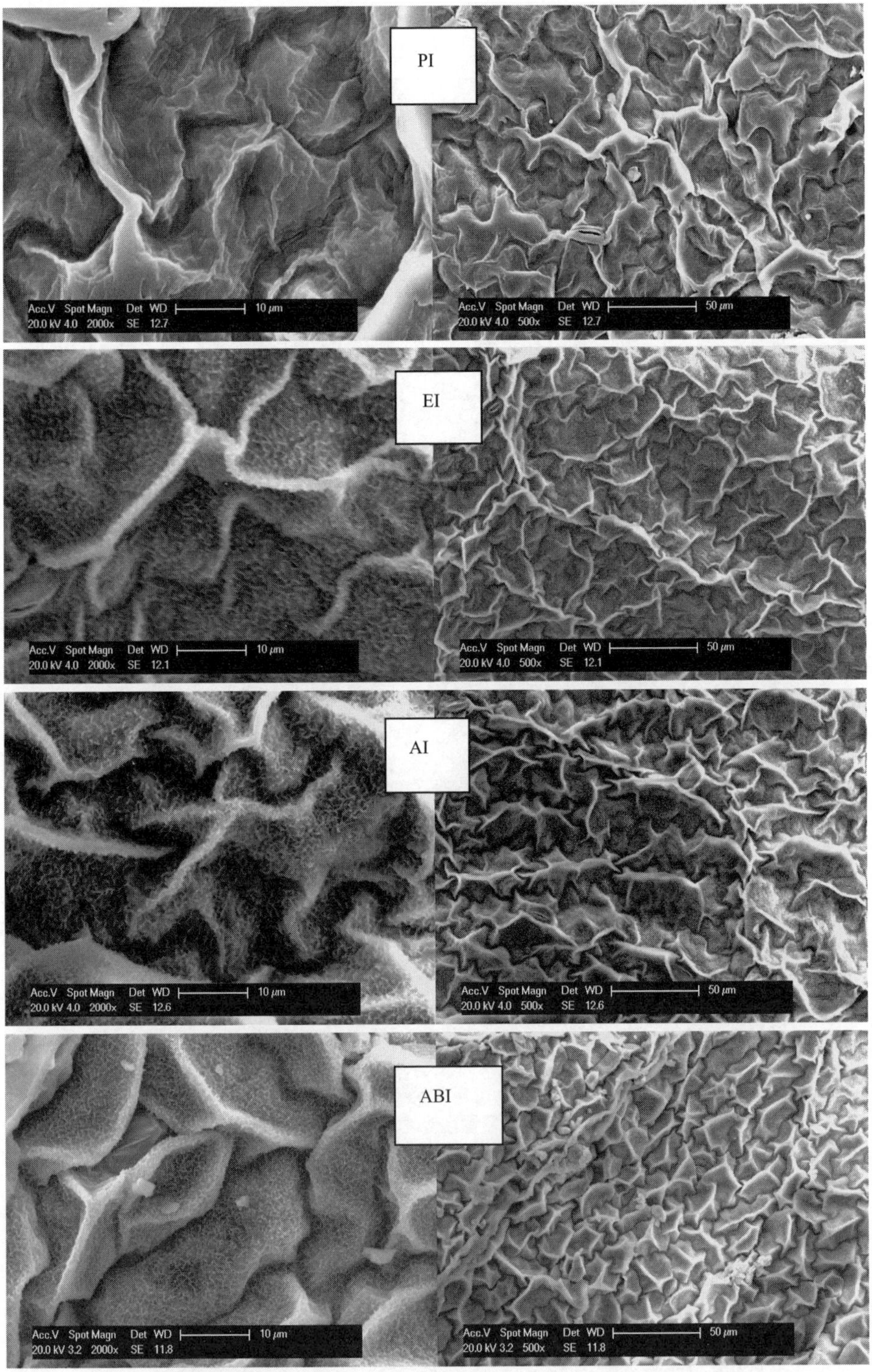

图5-32　四种处理下印度芥菜叶片扫描电镜图

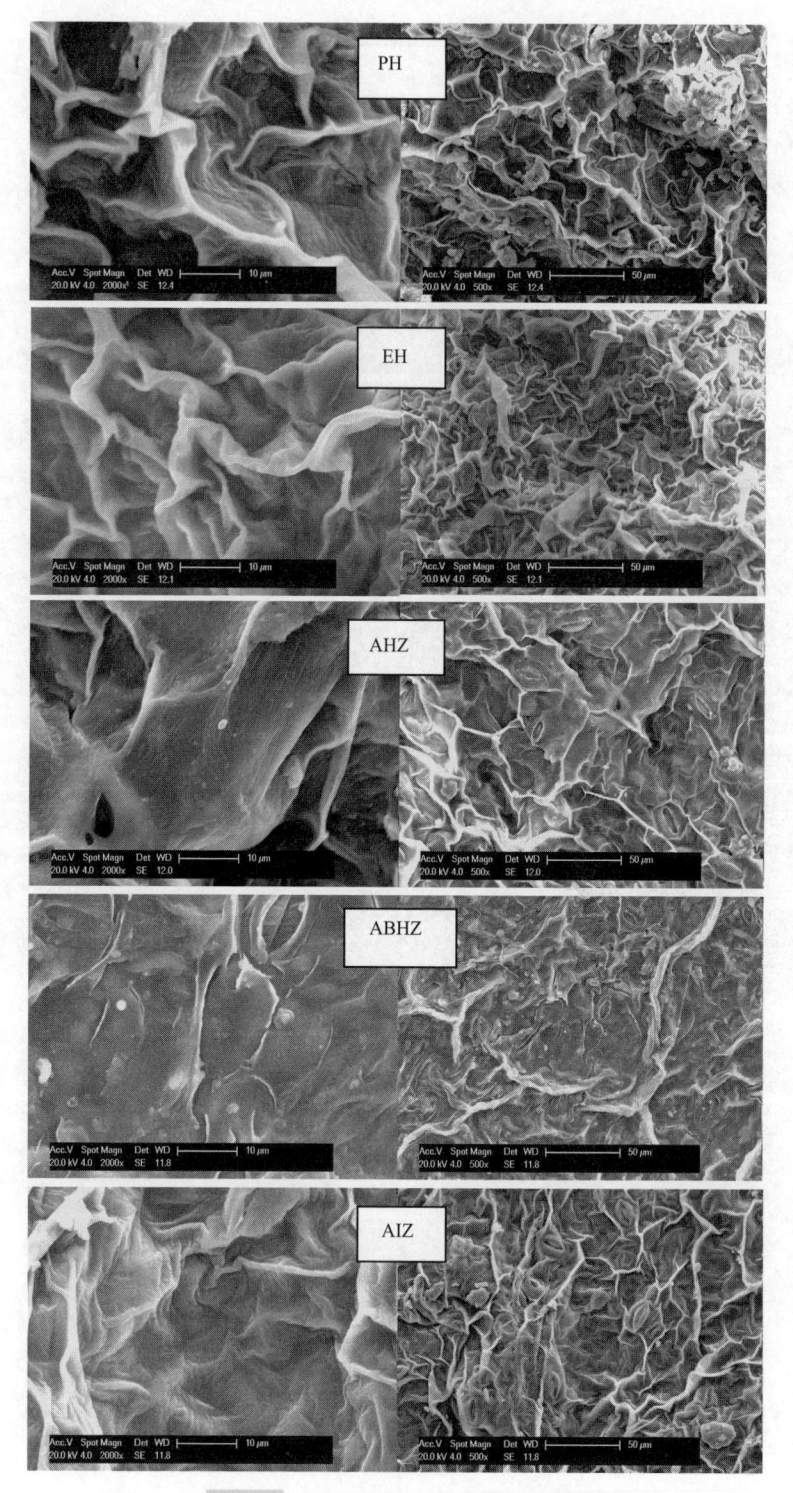

图5-33　四种处理下叶片扫描电镜图

部对重金属的累积较高，黑麦草根际沉积物中重金属的降解也较多。植物体内对重金属的积累能进一步解释不同重金属的迁移转化规律以及 EDTA、AM 真菌等对其转化特征的影响。例如，在印度芥菜和紫花苜蓿间作的情况下，施加 AM 真菌能有效提高植物对 Cr 和 Ni 的吸收以及二者向植物地上部分的迁移。

5.3.2.2 种植前后植物组织的变化

图 5-31 为四种处理下黑麦草叶片扫描电镜图。由图 5-31 可见，不同处理方式对黑麦草叶片结构有不同影响。与对照（"P"）相比，EDTA 处理方式（"E"）下，黑麦草叶片结构变得简单平整，有 AM 真菌参与的处理方式（"A"和"AB"）下，黑麦草叶片结构变得纹理清晰。"E"处理下沉积物中重金属转化为植物可吸收态的含量较其他处理高出很多，重金属被植物吸收的速度非常快。而在"A"或"AB"处理下，植物吸收重金属速度较"E"处理慢很多，重金属对黑麦草的毒害慢慢渗入，表现出了清晰的纹理特征。

图 5-32 为四种处理下印度芥菜叶片扫描电镜图。经过不同的处理，印度芥菜叶片纹理密度都较对照处理有所增高，可见，辅助措施可以增加印度芥菜纹理密度。从印度芥菜地上部分累积重金属情况来看（5.3.2.1），印度芥菜对 Ni 和 Cr 的吸收较好，尤其是"A"和"E"处理能明显增加 Ni 和 Cr 向印度芥菜地上部分的迁移量。

图 5-33 为四种处理下紫花苜蓿叶片扫描电镜图。由图 5-33 可知，"E"处理的紫花苜蓿叶片结构较其他处理纹理密度较大，从紫花苜蓿地上部分累积重金属情况来看，与黑麦草间作的紫花苜蓿积累重金属的量最少，说明"E"处理可能不利于紫花苜蓿对重金属的积累。"P""A"处理对除 Pb 以外的重金属效果好。但是，这两种处理方式下紫花苜蓿的纹理有较大差别，说明 AM 真菌在辅助植物修复的同时改变了植物累积重金属的机制。

总之，不同处理不同植物叶片的纹理结构的变化能进一步说明植物辅助修复方式对植物积累重金属的作用，更直观明确地反映植物体内重金属的毒害机制。

5.4 本章小结

本章通过对排污河道沉积物进行间作-轮作植物修复试验，采取三种不同的辅助措施（投加 EDTA、投加 AM 真菌、投加 AM 真菌和土著优势菌），来探讨适合该沉积物污染物修复的最佳植物修复方式。

（1）适合该排污河道沉积物的最佳修复方式为 AM 真菌辅助下的玉米与黑麦草，紫花苜蓿与黑麦草的间作-轮作种植方式。在第一轮玉米与黑麦草间作中，单纯施加 EDTA 或 AM 真菌均能有效提高植物对沉积物中 Zn、Cr、Pb、Cd 的降解，且降解幅度为 Zn＞Cr＞Pb＞Cd，对 Ni 和 Cu 的降解效果不明显。EDTA

主要通过大幅提高土壤重金属可交换态含量进行辅助修复，而 AM 真菌则通过增加土壤重金属可交换态和碳酸盐结合态含量发挥辅助作用。在对重金属 Cd 和 Cr 的修复下，黑麦草的修复效果略好于玉米的，而对玉米和黑麦草根际附近的沉积物中 Zn 和 Pb 的降解无显著差异。考虑到二次污染问题，首选 AM 真菌辅助修复。

（2）第二轮黑麦草与紫花苜蓿间作能与第一轮玉米与黑麦草间作完美搭配，有效提高沉积物中 Ni 和 Cu 的修复效果，且降解幅度为 Ni＞Cu＞Pb＞Cd＞Cr＞Zn。AM 真菌能辅助 Cu 和 Zn 的降解，而 EDTA 仅表现出了对 Cd 辅助修复作用。可见，在自然环境条件下，此轮修复中，外加化学试剂或微生物制剂对植物吸收和累积重金属的诱导作用没有第一轮明显。

（3）植物根际附近沉积物的脱氢酶、多酚氧化酶、脲酶和蔗糖酶活性中，多酚氧化酶活性恢复相对较快，脲酶和蔗糖酶与植物吸收重金属的水平有一定相关性。AM 真菌能有效提高这三种酶的活性，而脱氢酶受 AM 真菌影响相对较小。

（4）从植物对重金属的累积来看，施加 AM 真菌能辅助 Zn 在玉米、黑麦草和紫花苜蓿体内，Cu 在与紫花苜蓿间作的黑麦草和紫花苜蓿体内，Ni 在印度芥菜体内，Pb 在与玉米间作的黑麦草和紫花苜蓿体内，Cr 在印度芥菜和紫花苜蓿间作中两种植物体内存在由地下向地上部分的运移的现象。

（5）种植植物对沉积物中萘的降解效果较好，但是在种植前后沉积物能检出甲苯等单环芳烃类物质，有必要对其代谢机理进行进一步研究。

第6章
有机污染物的厌氧微生物修复技术

本书 5.3.1.3 中指出，沉积物中有机物在植物降解的过程中，发现了甲苯、乙苯、苯酚等低分子单环苯系物，且在植物修复前后的沉积物中始终能检出二甲苯以及邻苯二甲酸丁酯等物质。经调研及检测，在过去五年中，该排污河道重点污染源附近的河水中甲苯含量为 0.03～2.38mg/L，多数超出《污水综合排放标准》（GB 8978—2002）的一级标准，部分超出其三级标准；而该排污河道水质指标中氨氮、总氮含量常年超出《地表水环境质量标准》（GB 3838—2002）的 V 类水质标准。此外，排污河道底泥黏性很大，长期处于缺氧或厌氧状态。因此，本章将以单环苯系物的模型物质甲苯和苯甲酸为研究对象，探讨其在脱氮条件下厌氧降解过程中的微生物菌群结构变化和功能基因多样性，完善对芳烃物质厌氧代谢机理的研究。本章中的试验在美国罗格斯大学完成。

6.1 甲苯和苯甲酸厌氧代谢

6.1.1 代谢路径

甲苯和苯甲酸是两个非常典型的用以研究厌氧条件下细菌体内苯环代谢过程的模型。二者的代谢路径有诸多相似之处，主要表现在以下几个方面。

第一，甲苯和苯甲酸在厌氧降解过程中最初都会转换成苯甲酰辅酶 A。

在活性污泥和受厌氧烃类污染的底泥中最早发现了甲苯的矿化现象。在用原油富集的硫酸盐还原厌氧菌液中，甲苯是可利用烷基苯中消耗最快的。1990 年以来，科学家陆续分离出了厌氧甲苯矿化的纯菌液，包括硝酸盐还原、硫酸盐还原以及铁还原菌等原生细菌的 β 和 δ 亚类。

苯甲酸（或其辅酶 A）被认定为是多数芳烃化合物厌氧矿化过程的核心中间产物（图 6-1）。在所有厌氧微生物中，绝大多数的芳烃生长基质（如甲苯、苯酚、甲酚、二甲苯、苯甲酸等）在脱芳或开环前都会首先转化为中间产物苯甲酰辅酶 A。因此，在许多甲苯厌氧矿化菌液中，常将苯甲酸作为间断性产物来检测，而苯甲酸经一步反应即可转化为苯甲酰辅酶 A（图6-2）。可见，甲苯厌氧降解的基本反应中包含了甲苯向苯甲酸或甲苯向苯甲酰辅酶 A 的转化过程。

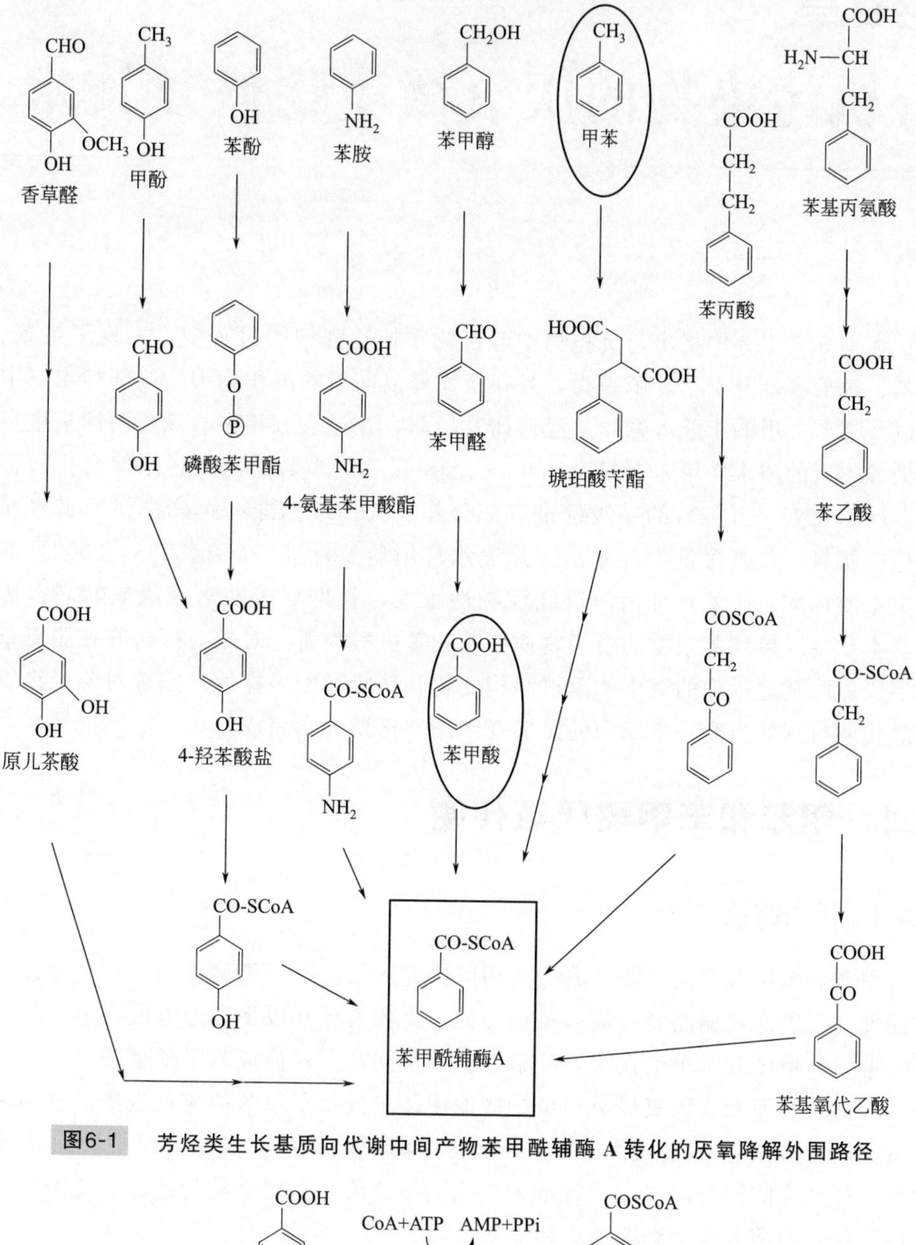

图6-1 芳烃类生长基质向代谢中间产物苯甲酰辅酶 A 转化的厌氧降解外围路径

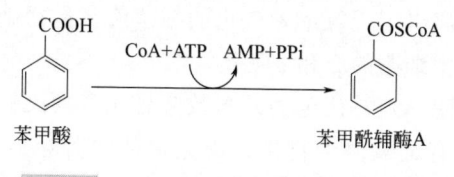

图6-2 苯甲酸向苯甲酰辅酶 A 的转化

第二，甲苯和苯甲酸都通过苯甲酰辅酶 A 代谢路径实现苯环开裂。

在专性厌氧菌如 *Thauera aromatica* 中，苯甲酰辅酶 A 会通过苯甲酰辅酶 A 代谢路径进一步降解。这个路径主要由四步酶促反应组成（图 6-3）。

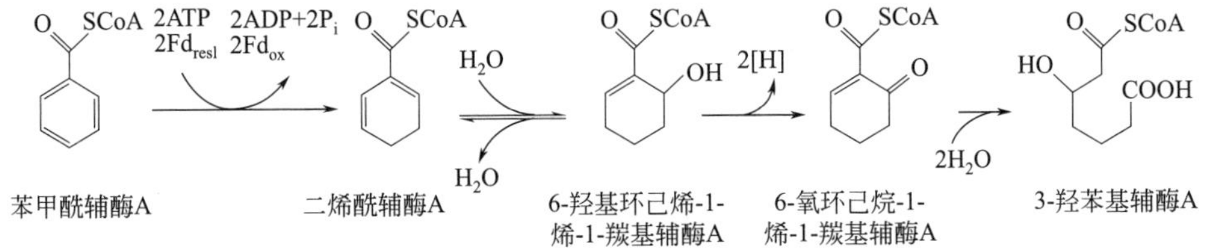

图6-3　苯甲酰辅酶 A 的降解路径

第一步是由苯甲酰辅酶 A 还原酶催化的 ATP 依赖性还原脱芳反应，生成二烯酰辅酶 A，cyclohexa-1,5-diene-1-carbonyl-CoA（dienoyl-CoA）。在这个反应过程中，甲苯和苯甲酸产生了相同的 dienoyl-CoA。从苯甲酰辅酶 A 的降解路径中推断出的氨基酸序列以及细菌 *G. metallireducens* 和 *Syntrophus aciditrophicus* 体内的高确定性 dienoyl-CoA 水合酶的特性均表明 dienoyl-CoA 在专性和兼性厌氧菌中都是一样的。第二步是通过二烯酰辅酶 A 的水合反应，生成 6-羟基环己-1-烯-1-羧基辅酶 A，6-hydroxycyclohex-1-ene-1-carbonyl-CoA（6-OH-cyclohexenoyl-CoA）。第三步是在乙醇脱氢酶的作用下发生羟基氧化反应，生成 6-氧环己-1-烷-1-烯-1-羧基辅酶 A，6-oxocyclohex-1-ene-1-carbonyl-CoA（6-OCH-CoA）。第四步是将水分子加入双键的水解环开环反应，生成 3-hydroxypimelyl-CoA。在厌氧微生物体内，3-hydroxypimelyl-CoA 是 dienoyl-CoA 转化而来的第一个脂肪族产物。

第三，甲苯和苯甲酸代谢过程的苯环开环水解酶几乎一样。

目前，主要存在两种不同类型的苯甲酰辅酶 A 还原酶，一种为依赖 ATP 的一级苯甲酰辅酶 A 还原酶 BCRs，它存在于兼性厌氧菌中，由基因 *bcr*A-D 编码（图 6-4）。另一种为不依赖 ATP 的二级 BCRs，存在于专性厌氧菌中，由 *bam*B-Ⅰ编码。然而，在所有可降解烃类化合物的厌氧微生物体内，苯环开环水解酶 6-hydroxycyclohex-1-ene-1-carbonyl-CoA 几乎是一样的，称为 BamA（Benzoic acid metabolism），Oah（Oxoacyl-CoA hydrolase，*T. aromatica* 体内）和 BzdY（Benzoate degradation，*Azoarcuss* train CIB 体内）。

bamA 基因是用来编码苯环开环酶 BamA，Oah 或 BzdY 的。由于 *bamA* 基因具有很高的稳定性，并具有特殊的核苷酸序列守恒片段。因此，Kunze 设计出了一个单一的寡核苷酸引物，并在一些革兰阴性纯菌液中扩增出 300bp 碱基对的片段。

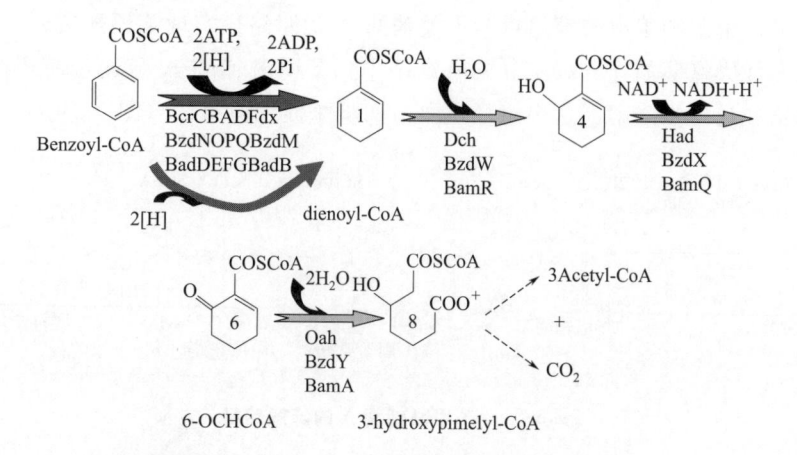

图6-4   含各种类型酶的苯甲酰辅酶 A 的代谢路径

6.1.2 *bamA* 在环境中的应用和研究方法

2008 年，Kuntze 用其设计的 *bamA* 寡核苷酸引物成功扩增了甲苯降解和间二甲苯降解富集菌液中的理想 DNA 片段，用来检测环境样品中微生物体内烃类物质的厌氧降解反应，体现了 *bamA* 在未定义菌群中的应用潜力。这个基因探针的建立首次为厌氧细菌降解芳香族化合物核心功能的检测提供了一种可普及的工具。2010 年，Higashioka 将 *bamA* 用于中温和低温条件下对二甲苯和原油降解的硫酸盐还原富集菌液中生物菌群的研究中，结果表明，在中温条件下，大部分的 *bamA* 单克隆和硫酸盐还原菌 *Desulfocarcina ovate* 有很近的血缘关系，但在低温条件下，*bamA* 基因序列的多样性更丰富。2011 年，Staats 将 *bamA* 应用于荷兰 Banisveld 垃圾填埋场附近沥出液污染含水层中单环苯、甲苯、甲基苯和二甲苯在铁还原条件下的自然衰减过程的研究，对该污染区域在 1999 年和 2004 年地表水样品中的 188 个 *bamA* 克隆进行测序，结果表明，*bamA* 具有很丰富的多样性，且其菌群结构主要受到可溶性有机碳和亚铁离子浓度的影响。试验测得的 *bamA* 序列主要与 *Geobactraceae* 中 *bamA* 基因序列相近，而与 *Geobactraceae* 中 *bamA* 序列相近的 *bamA* 序列与可溶性有机碳有关。可见，*Geobactraceae* 有可能参与了除甲苯、二甲苯以外的其他芳香族化合物的降解。同年，Kuntze 继续研究了功能基因在厌氧芳香族化合物降解过程中的标记作用。他重新设计了两组 *bamA* 引物（700bp 和 800bp）并应用改进了的 *bamA*、*bamB*、*bssA*、*bcr/bzd* 等功能基因研究铁、硫酸盐、硝酸盐等复合还原条件下两个苯污染含水层中的微生态环境，探索芳香族化合物降解菌体内功能基因现场试验的可靠性。研究表明，在苯降解的真实环境中，占主导地位的 *bamA* 基因与 *Geobacter* 和 *Azoarcus* 的 *bamA* 序列相近。虽然大量报道表明脱氮环境下可发生芳香族化合物的降解，但至今仍未有硝酸盐还原条件下 *bamA* 基因多样性的研究。因此，本研究使用菌液依赖和菌液独立两种方法，研究脱氮条件下甲苯和苯甲酸代谢过程中微生物的菌群多样性和 *bamA* 基因多样性。

目前，对 *bamA* 多样性的研究，主要是使用构建克隆文库的方法。本文尝试使用 DGGE 和克隆相结合的方法对 *bamA* 基因多样性进行分析研究。

6.2 材料与方法

6.2.1 甲苯和苯甲酸降解富集菌液的建立

采集美国新泽西州罗格斯大学池塘水下表层 10cm 的底泥样品。该池塘主要接纳其附近草坪、道路等景观排水。过去 8 年中，硝酸盐含量为 0.018～2.7mg/L，正磷酸盐含量为 0.009～2.2mg/L。样品采集后马上带回实验室，储存于 4℃ 冰箱待分析。

富集菌液的建立使用矿物盐液体培养基（略去维他命和酵母提取液），电子受体为 10～12mmol/L 的硝酸盐，电子供体为 1mmol/L 的甲苯或苯甲酸。接种物（样品）和液体培养基按 20％ 的比例混合，不断通入氩气去除空气，并分装于 150ml 血清瓶中，使用聚四氟乙烯塞塞住，铝箔套盖上并密封。过程中，不断向瓶中通入氩气（5～10min）排除空气以达到厌氧条件。菌液的最终体积是 100ml。活性菌液（加电子受体和不同的电子供体）各设置三个重复，背景控制（只加电子受体，不加电子供体）设置三个重复，灭活控制（加电子受体和不同的电子供体）设置两个重复。灭活控制是在接种底泥后，通过对菌液在连续的 3d 内每天灭菌一次而建立。所有的菌液都黑暗培养在 30℃ 培养室中。图 6-5 为试验中的甲苯降解菌液和苯甲醇降解菌液。

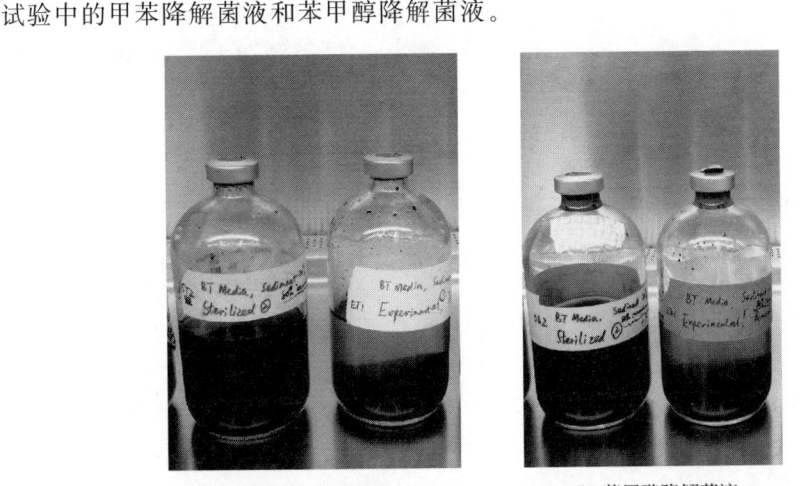

(a) 甲苯降解菌液   (b) 苯甲酸降解菌液

图6-5 试验中的甲苯降解菌液和苯甲酸降解菌液

6.2.2　样品采集和化学分析

每隔 4～5d 采集菌液测定甲苯、苯甲酸和硝酸根的含量。当有大于 80％的基质（电子受体）或硝酸盐（电子供体）消失时，向菌液中续加 1mmol/L 基质和 10mmol/L 硝酸盐。

甲苯的测定方法如下。使用提前充好氩气的 25 号针头，1ml 无菌注射器采集 1ml 甲苯富集样品。样品中加入 $100\mu mol/L$ 氟苯/戊烷 $500\mu l$（内标）进行萃取后，使用 HP5890 气相色谱仪（惠普，帕洛阿尔托，加利福尼亚州）进行测定，温度设定为 35℃。采用外标法（Chemstation 软件，惠普）进行数据处理。

苯甲酸的测定方法如下。使用提前充好氩气的 21 号针头，1ml 无菌注射器采集 0.8ml 甲苯富集样品，以 $15.7\times10^3 g$ 的速度离心 2min 去除样品中的沉积物，再将 0.7ml 上清液转移至带 $0.22\mu m$ 尼龙滤膜的离心管（康宁公司，康宁，纽约州）中，以同样的速度再离心一遍，待测。采用高效液相色谱法 HPLC（日本岛津公司，哥伦比亚，马里兰州）测定苯甲酸含量。色谱流动相由 60％甲醇、38％水和 2％冰醋酸组成，流量为 1ml/min。测试时进样量为 $50\mu l$。

硝酸根的测定方法如下。样品的采集和预处理同苯甲酸。将 0.1ml 处理后的样品与 4.9ml 抽滤后的超纯水在 5ml 聚乙烯管中混合（英国戴安，桑尼维尔，加利福尼亚州），待测。采用 DX120 离子色谱 IC（美国戴安，桑尼维尔，加利福尼亚州）测定硝酸根离子含量。洗脱液中含有 8mmol/L Na_2CO_3 和 1mmol/L $NaHCO_3$，流速为 1.0ml/min。再生剂中含有 25mmol/L 硫酸。测试时进样体积为 $20\mu l$。

6.2.3　DNA 的提取

在菌液培养 117 天后，采集 1ml 菌液，使用 MoBio 超净土壤 DNA 提取试剂盒（MoBio 实验室，卡尔斯巴德，加利福尼亚州）提取菌液中 DNA。提取方法主要依照生产厂家的说明进行，期间根据具体情况对说明进行了部分修改。

6.2.4　16Sr RNA 基因分析

采用引物对 27F 和 519R 对所提取 DNA 的 16SrRNA 基因片段进行 PCR 扩增。扩增条件为：初始变性，95℃，5min；30 次循环（变性，94℃，30s；退火，55℃，30s；延长，72℃，1.5min）；最后延长，72℃，10min。采用 25mlPCR 体系，即超纯水（密理博，比勒利卡，马萨诸塞州），2.5ml 10×PCR 缓冲液，2mmoldNTPS，1.5URedTaq 聚合酶（西格玛奥德里奇，圣露易斯，密苏里州），10pmol 引物，2～3ng DNA 模板。

变性梯度凝胶电泳（DGGE）试验使用 D-Code 系统（Bio-Rad 实验室，里士满，弗吉尼亚州，美国），所用凝胶为 8％聚丙烯酰胺凝胶，分离条件为：变性梯度 45％～75％，60℃，55V，在 1×TAE 缓冲液中运行 16h。电泳结束后，凝胶染色采用核酸胶染料 SYBR GreenI（OR 分子探针，尤金，俄勒冈州），拍照以及图像处理采用 Storm 图像系统，Storm 扫描控制系统（v5.03，生物试剂盒，皮斯卡塔韦，新泽西州）和 ImageQuant 5.2 软件进行。

割取对主要 DGGE 条带并使用同样的方法对凝胶中 DNA 进行再扩增。扩增产物经 1％琼脂糖电泳检验后，使用 ExoSAP-IT（USB 产品，克利夫兰俄亥俄州）纯化，测序（金唯智公司，南普莱恩菲尔德，新泽西州），再用 BLASTN 系统将 DGGE 条带测序结果与数据库中参考序列进行比对分析。

6.2.5 *bamA* 基因分析

采用引物对 BamA SP9R 和 BamA ASP1F 对 300 基极区的 *bamA* 基因进行 PCR 扩增。扩增条件为：初始变性，95℃，5min；35 次循环（变性，94℃，30s；退火，59℃，45s；延长，72℃，1.0min）；最后延长，72℃，10min。采用 25ml PCR 体系，即超纯水（密理博，比勒利卡，马萨诸塞州），2.5ml 10×PCR 缓冲液，2mmol dNTPS，1.5 U RedTaq 聚合酶（西格玛奥德里奇，圣露易斯，密苏里州），30pmol 引物，10～15ng DNA 模板。

变性梯度凝胶电泳（DGGE）同样采用 D-Code 系统。使用 10％聚丙烯酰胺凝胶，分离条件为：变性梯度，65％～80％，60℃，55V，在 1×TAE 缓冲液中运行 16h。电泳结束后，染色、拍照以及图像处理同 6.2.4。

割取主要的 DGGE 条带，并同样使用上述方法对凝胶中 DNA 进行再扩增。扩增产物经 1％琼脂糖电泳检验后，进行纯化，测序以及数据分析（同 6.2.4）。

为进一步确认 DGGE 结果，使用 *bamA* 基因的初始 PCR 产物建立克隆文库。首先，将 PCR 产物在 1％琼脂糖上电泳后采用 QIAquick 凝胶纯化试剂盒（凯杰公司，瓦伦西亚，加利福尼亚州）进行割胶回收。其次，将纯化后的 PCR 产物克隆进 pGEM®-TEasy 载体（普洛麦格公司，麦迪逊，威斯康星州）和 JM109 高效感受态细胞（Promega 公司），并根据生产厂商的说明将转化结果涂平板。37℃隔夜培养后，挑取白色转化子重新在 LB/氨苄西林培养基上涂平板，隔夜培养。然后随机挑取平板上的单克隆，用引物 M13R 和 T7F 扩增载体，最后对 PCR 产物进行纯化、测序。

测序后先使用 NCBI VecScreen 工具除去载体序列，再使用 BLASTN 系统将 DGGE 条带测序结果与数据库中序列进行比对分析。同时，使用 ClustalX2.0 将 DGGE 和克隆文库得到的 *bamA* 序列和基因库中的参考 *bamA* 序列分别进行比对分析，并构建距离邻接（bootstrapped neighbor-joining）进化树，使用 TreeView 软件实现图形化。

6.3 结果与讨论

6.3.1 富集菌液观察

在富集菌液中，作为电子供体和碳源的甲苯或苯甲酸的降解应伴随着作为电子受体的硝酸盐的还原。经过富集后，在三个重复的苯甲酸活性菌液和两个重复的甲苯活性菌液中均观察到了基质和硝酸盐的消耗。图 6-6 为起始 21d 内活性菌液、灭活控制和背景控制中基质和硝酸盐平均浓度的变化情况。

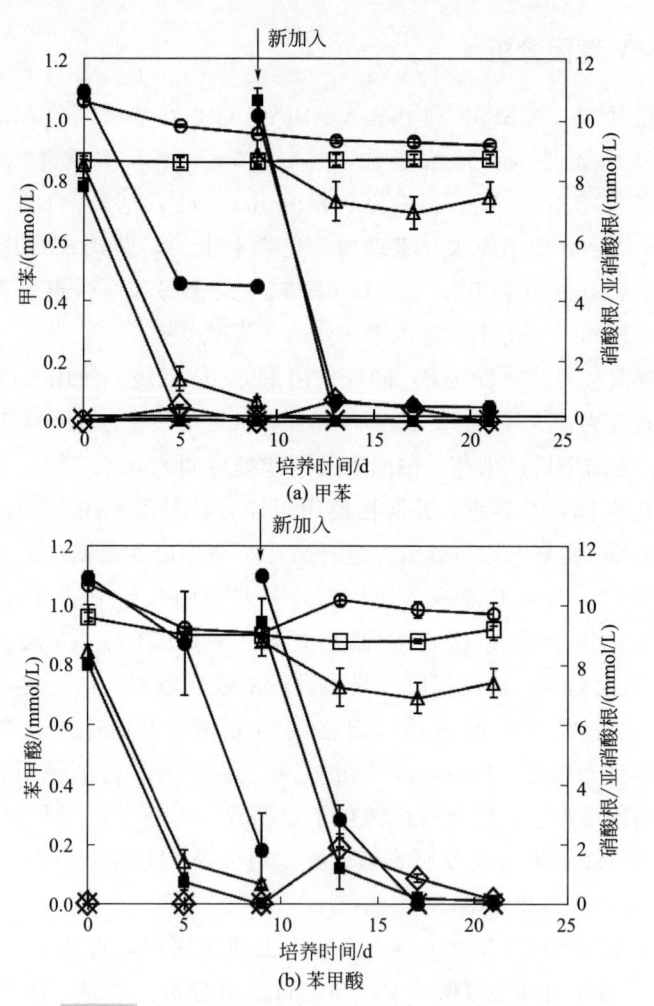

图6-6 富集菌液中的基质降解和硝酸盐还原情况

注：（●）活性菌液中基质浓度；（○）灭活控制中基质浓度；（×）背景控制中基质浓度；（■）活性菌液中硝酸盐浓度；（□）灭活控制中硝酸盐浓度；（△）背景控制中硝酸盐浓度；（◇）活性菌液中亚硝酸盐浓度。

不考虑细胞产生，甲苯或苯甲酸完全氧化为二氧化碳和水，硝酸盐还原为氮气的化学计量方程为：

$$甲苯：C_7H_8 + 7.2NO_3^- + 7.2H^+ \longrightarrow 7CO_2 + 3.6N_2 + 7.6H_2O \qquad (6-1)$$

$$苯甲酸：C_7H_6O_2 + 6NO_3^- + 6H^+ \longrightarrow 7CO_2 + 3N_2 + 6H_2O \qquad (6-2)$$

由上述方程可知，甲苯降解和硝酸盐完全还原为氮气的理论比率是 1：7.2，苯甲酸为 1：6。由图 6-6 可知，在第 9d，甲苯和苯甲酸活性菌液中，甲苯或苯甲酸降解硝酸盐还原的估计摩尔比率分别为 1：1.07 和 1：0.65，是理论比率的15％和11％。图 6-6 中背景控制菌液消耗了大多数加入的硝酸盐，表明背景接种物中含有大量有机物。由于每瓶菌液中都含有这种初始接种物，包括加入甲苯和苯甲酸的活性菌液。因此，背景有机物占据了最初观察到的基质与电子受体的比率。图 6-6(a) 表明由于硝酸盐的消耗，第 5d 和第 9d 之间的甲苯降解停止了，进一步确定了甲苯降解和硝酸盐还原的同步性。

在菌液生长第 9d，重新给活性菌液中加入了甲苯，苯甲酸和硝酸盐，背景控制中加入硝酸盐。第 13d，背景控制中消耗了大约 1.5mmol/L 的硝酸盐，之后，硝酸盐含量不再变化，而甲苯富集菌液中的甲苯（约 1mmol/L）被全部降解。第 15d，苯甲酸富集菌液中的苯甲酸（约 1.1mmol/L）被全部降解。从各甲苯和苯甲酸活性菌液中消耗的硝酸盐的量中扣除背景控制中硝酸盐的消耗，可得出与基质的消耗同步的硝酸盐的利用量，分别为 9.4mmol/L（甲苯）和8.0mmol/L（苯甲酸）。进一步计算可得出本试验中甲苯和硝酸盐的物质的量比为 1：9.4，苯甲酸的为 1：7.3。这个数据和理论计量学比率在合理程度上可认为相近。此外，随着菌液的培养，还间断性地观察到了亚硝酸盐的形成，从而进一步证明了菌液中脱氮过程的发生。在背景控制中并未检出甲苯或苯甲酸，灭活控制中几乎没有甲苯和苯甲酸的损耗，背景和灭活控制中也未观察到亚硝酸盐。

6.3.2 微生物菌群结构分析

应用基于 16SrRNA 基因的 DGGE 技术，分析和对比生长在不同基质下富集菌液中微生物的菌群结构。选取第 0d 和第 117d 采集的菌液提取 DNA，并用引物对 27F 和 519R 对 DNA 进行 16SrRNA 基因的 PCR 扩增，图 6-7 为 PCR 扩增产物的琼脂糖凝胶电泳结果，图中阴性对照采用灭菌的超纯水，阳性对照采用脱氮菌 T1。由图 6-7 可知，第 0d 和第 117d 的所有菌液样品均得到了很强的 PCR 条带，说明成功扩增了第 0d 和第 117d 菌液中的 16SrRNA 基因，为后期变形梯度凝胶电泳试验奠定良好基础。

为分析菌群结构随时间的变化以及同一时间不同基质培养下微生物结构的差异，运用 PCR 扩增产物进行 DGGE 试验。第 0d 和第 117d 的菌液的 DGGE 分离谱见图 6-8。割取 11 条主要显著条带进行测序，运用 BLASTN 将测序结果与基

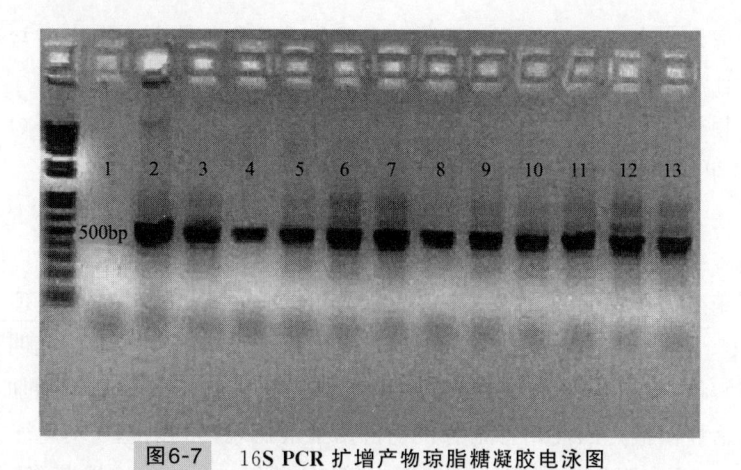

图6-7　16S PCR 扩增产物琼脂糖凝胶电泳图

注：泳道 1，阴性对照（超纯水）；泳道 2，阳性对照（脱氮菌 T1）；泳道 3～5，
第 0d 的三个重复；泳道 6～8，第 117d 背景控制的三个重复；泳道 9～10，
第 117d 甲苯活性菌液的两个重复；泳道 11～13，第 117d 苯甲酸活性菌液的三个重复

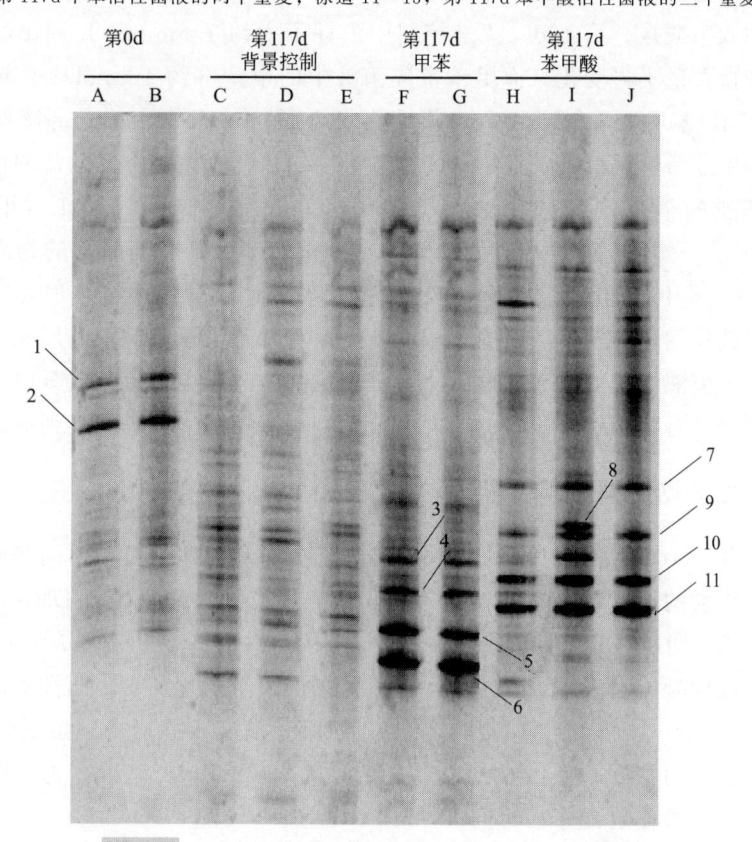

图6-8　基于 16S rRNA 基因的 PCR-DGGE 分离谱图

注：1. 1～11 为条带编号。

2. 泳道 A、B，第 0d 的初始菌液；泳道 C～E，第 117d 的背景控制；
泳道 F、G，第 117d 的甲苯富集活性菌液；泳道 H～J，第 117d 的苯甲酸富集活性菌液。

因库中的参考序列进行比对，分析结果见表 6-1。

表 6-1　富集菌液中 16S rRNA DGGE 得出的核苷酸序列最佳匹配情况

条带	系统学名称	编号	最佳匹配率
1	*Pseudomonas putida* strain L1-5	GU354317	99％(455bp/457bp)
2	*Pseudomonas putida* strain L1-5	GU354317	99％(446bp/447bp)
3	*Thauera* sp. R5	AB287434	99％(443bp/447bp)
4	*Thauera* sp. R5	AB287434	99％(450bp/451bp)
5	*Thauera* sp. R5	AB287434	100％(451bp/451bp)
6	*Thauera* sp. R5	AB287434	99％(446bp/449bp)
7	*Thauera* sp. R5	AB287434	100％(447bp/447bp)
8	*Thauera phenylacetica* strain B4P	NR_027224	99％(456bp/460bp)
9	*Azoarcus aromaticum* EbN1	CR555306	99％(404bp/408bp)
10	*Thauera phenylacetica* strain B4P	NR_027224	99％(454bp/457bp)
11	*Thauera phenylacetica* strain B4P	NR_027224	99％(455bp/458bp)

由图 6-8 和表 6-1 可知，第 0d，主要条带 1 和 2 最接近 *Pseudomonas* 属。

第 117d，在无外加基质的菌液中未观察到很明显的主导条带。在甲苯降解活性菌液（泳道 F、G）中，有四条主导条带（3、4、5、6），并都与 *Thauera* sp. R5 最匹配，最大匹配度为 99％～100％。

图 6-8 中的泳道 H～J 是第 117d 苯甲酸降解菌液的三个重复，它们之间有一些较明显的差异。这可能是因为三条凝胶泳道代表的是三个不同瓶内的菌液，虽然它们都是由同一个采样点的底泥在相同的条件下培养的，但仍有可能存在差异。此外，这些都是复杂环境样品的 DGGE 图谱，在 PCR 过程中可能存在一些合理的微小误差和不确定性。本研究将重点研究苯甲酸降解菌液中的五条主要条带（7、8、9、10、11）。这些条带和甲苯降解菌液的条带有一些相似之处。例如，条带 7 是 *Thauera* sp. R5，而 *Thauera* sp. R5 也是甲苯菌液中条带 3、4、5、6 的最佳匹配菌。然而，两种不同菌液之间也有不同之处。苯甲酸降解菌液中条带 8、10、11 的最佳匹配菌是 *Thauera phenylacetica*，相似度为 98％～99％，而条带 9 与甲苯降解脱氮菌 *Azoarcus aromaticum* EbN1 有 99％的相似度。值得注意的是，虽然这种菌是甲苯降解菌，但它在甲苯降解菌液中并不显著。

6.3.3　*bamA* 基因多样性分析

6.3.3.1　基于 *bamA* 基因的 PCR-DGGE 谱图分析

本部分应用基于苯环开环水解酶基因 *bamA* 的变性梯度凝胶电泳技术（DGGE），分析和对比生长在不同基质下富集菌液中微生物的功能基因分布差

别。选取第 0d 和第 117d 菌液 DNA，使用引物对 BamA SP9R 和 BamA ASP1F
对 DNA 进行 *bamA* 基因扩增，成功获得第 117d 的活性菌液和背景控制中的
PCR 扩增产物，见图 6-9。由图可知，第 117d 活性菌液和背景控制均获得条带，
其中两个背景控制、两个甲苯活性菌液和两个苯甲酸活性菌液的扩增条带较强。

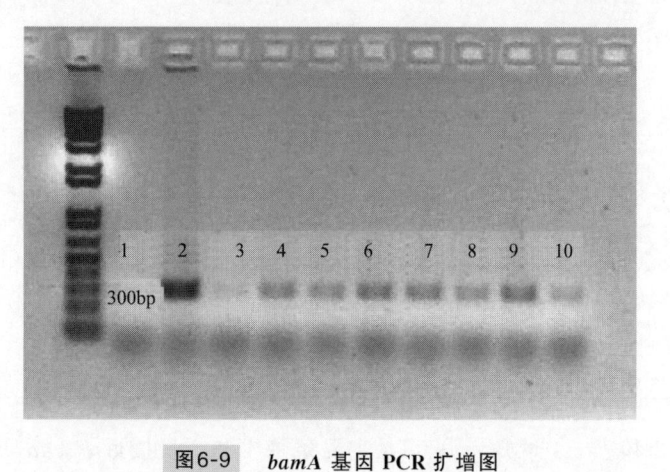

图6-9　　*bamA* 基因 PCR 扩增图

注：泳道 1，阴性对照（水）；泳道 2，阳性对照（T1）；泳道 3～5，第 117d
背景控制的三个重复；泳道 6、7，第 117d 甲苯活性菌液的两个重复；
泳道 8～10，第 117d 苯甲酸活性菌液的三个重复。

将获得的 PCR 产物用于 DGGE 分析以区分不同富集菌液和背景控制中
bamA 基因分布差异。图 6-10 为 PCR 产物的 DGGE 分离谱图。

割取 13 条主要显著条带测序并进行系统发生分析。将条带测序结果与基因
库中的参考核酸序列进行比对，构建距离邻接进化树（图 6-11）。同时，运用
BLASTN，将测序结果与参考序列进行对比分析。综合 BLASTN 和系统发生进
化树结果，DGGE 图谱中的条带主要与 *Thauera* 属、*Rhodomicrobium* 属、
Georgfuchsia 属和 *Azoarcus* 属相似。

由图 6-10 和图 6-11 可知，背景控制中条带 U-1～U-5 是主导条带。条带 U-
1、U-2、U-5 出现在所有样品中。其中，U-1 和 *Thauera chlorobenzoica* 的
bamA 基因最匹配，最大匹配度是 93%。由图 6-11 可知，条带 U-2 和 U-5 的测
序结果与进化树中其附近的所有参考菌的距离值均未超过 50%。因此，可认为
条带 U-2、U-5 与进化树中其周围的所有菌都相似。由于 BLASTN 和 ClustalX
表达未定义菌群和参考序列间关系的计算方式不同，可根据 BLASTN 的结果，
认为条带 U-2 和 *Georgfuchsia toluolica* G5G6T 的 *bamA* 最匹配（匹配率为
85%），U-5 和 *Azoarcus toluvorans* strain Td21 的 *bamA* 最匹配（匹配率为
88%）。此外，条带 U-3 和 U-4 分别聚类于基因组 *Thauera* sp. MZIT 和 *Rhodo-
microbium vannielii*，且最大相似度分别为 85% 和 84%。

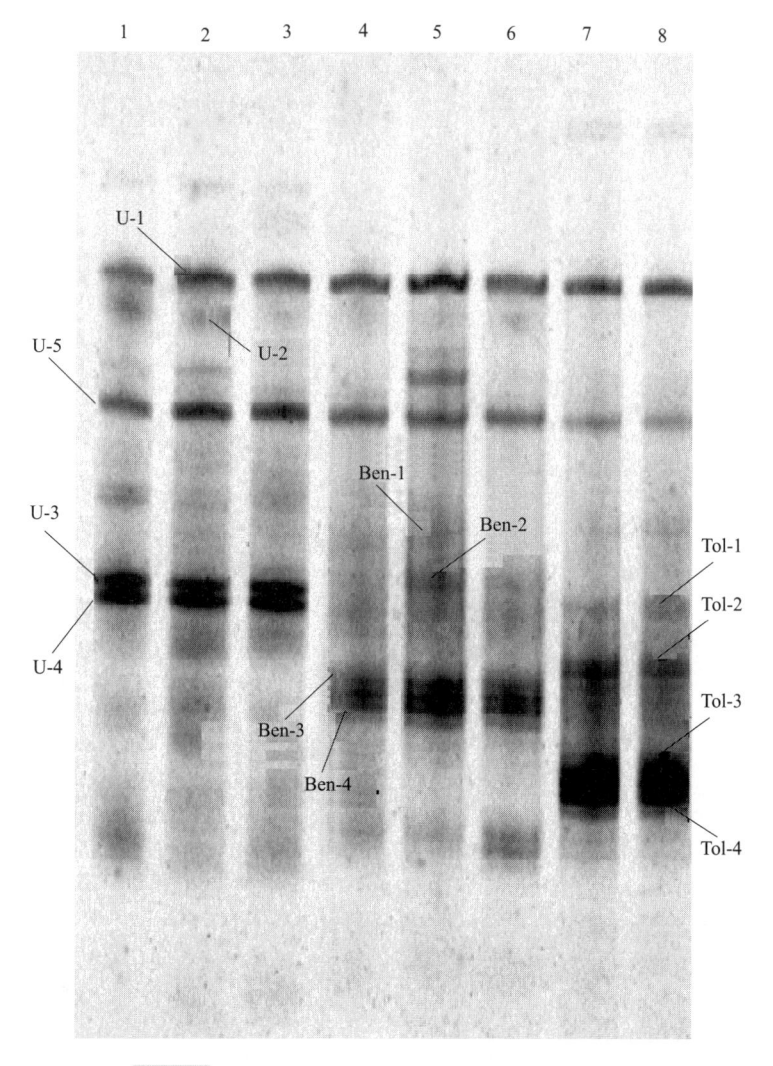

图6-10 基于 *bamA* 基因的 **PCR-DGGE** 分离谱图

注：1. 泳道 1～3，第 117d 的背景控制；泳道 4～6，第 117d 的苯甲酸富集
活性菌液；泳道 7、8，第 117d 的甲苯富集活性菌液。

2. Tol、Ben、U 分别代表甲苯降解菌液、苯甲酸降解菌液和背景控制中的条带。

与 16S rRNA 的分析结果类似，甲苯和苯甲酸降解菌液中的 *bamA* 基因序列
也存在一些相似性。所有的来自甲苯降解菌液的条带 Tol-1 ～ Tol-4 都与
Thauera chlorobenzoica 的 *bamA* 基因最匹配，且匹配度为 97%～99%。苯甲酸
降解菌液的条带 Ben-1 的序列也与 *Thauera chlorobenzoica* 的相匹配（89%）。
然而，从苯甲酸降解菌液中可观察到更多的 *bamA* 序列。例如，条带 Ben-2、
Ben-3、Ben-4 与 *Thauera* sp. MZIT 的 *bamA* 有 94%～97% 的匹配度。

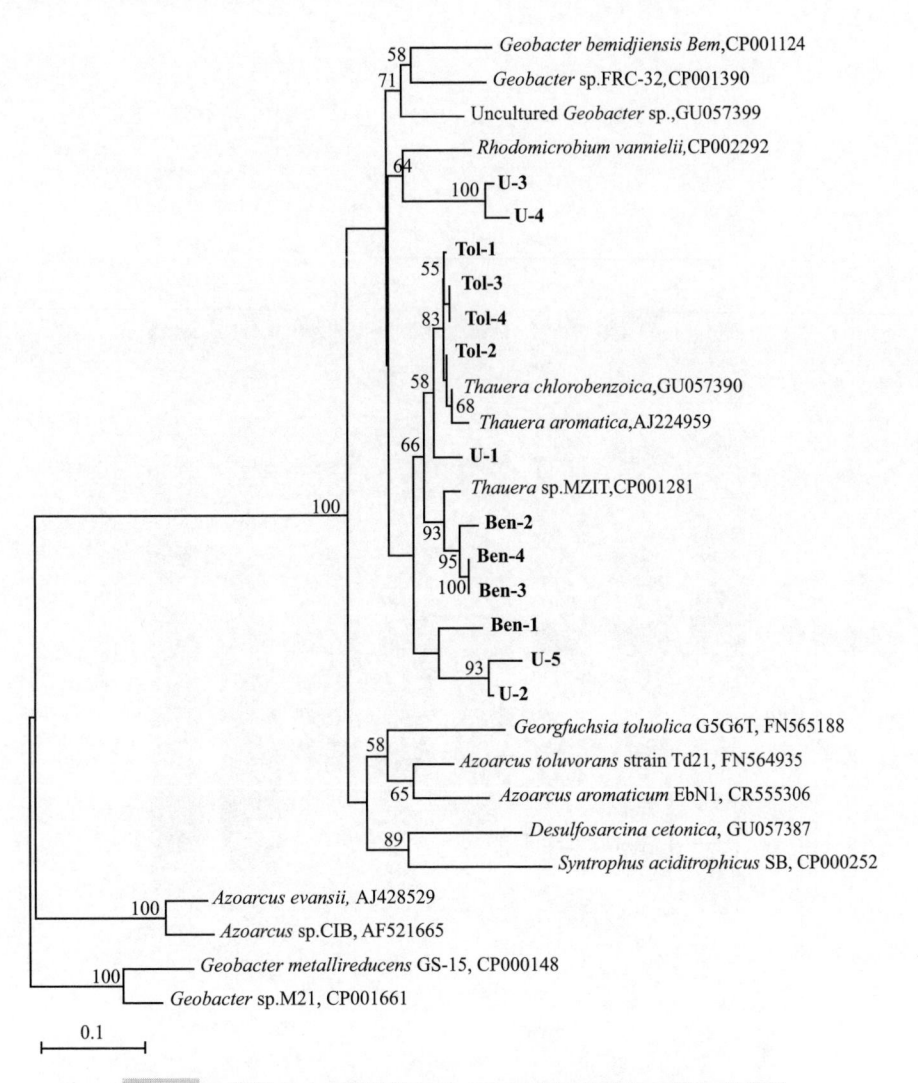

图6-11　基于 *bamA* 基因的 PCR-DGGE 测序结果系统发生进化树

注：1. 该树通过邻接法构建。标尺代表 10％的测序分歧。步长通过 1000 次
重复计算得到，大于 50％的都标于树上。

2. Tol、Ben、U 分别代表甲苯降解菌液、苯甲酸降解菌液和背景控制中的条带。

6.3.3.2　基于 *bamA* 基因的克隆文库分析

本部分应用基于 *bamA* 基因的克隆技术，分析生长在不同基质下富集菌液中微生物的功能基因多样性。将 6.3.3.1 所得 *bamA* 基因的 PCR 扩增产物用于建立克隆文库。对甲苯富集菌液、苯甲酸富集菌液和背景控制共建立 3 个克隆文库，并对 30 个单克隆进行测序。图 6-12 为将条带测序结果与基因库中的参考核酸序列进行比对，运用 ClustalX 2.0 构建距离邻接进化树。由图 6-12 可知，克隆序列主要与 *Thauera* 属、*Azoarcus* 属、*Syntrophus* 属相似。

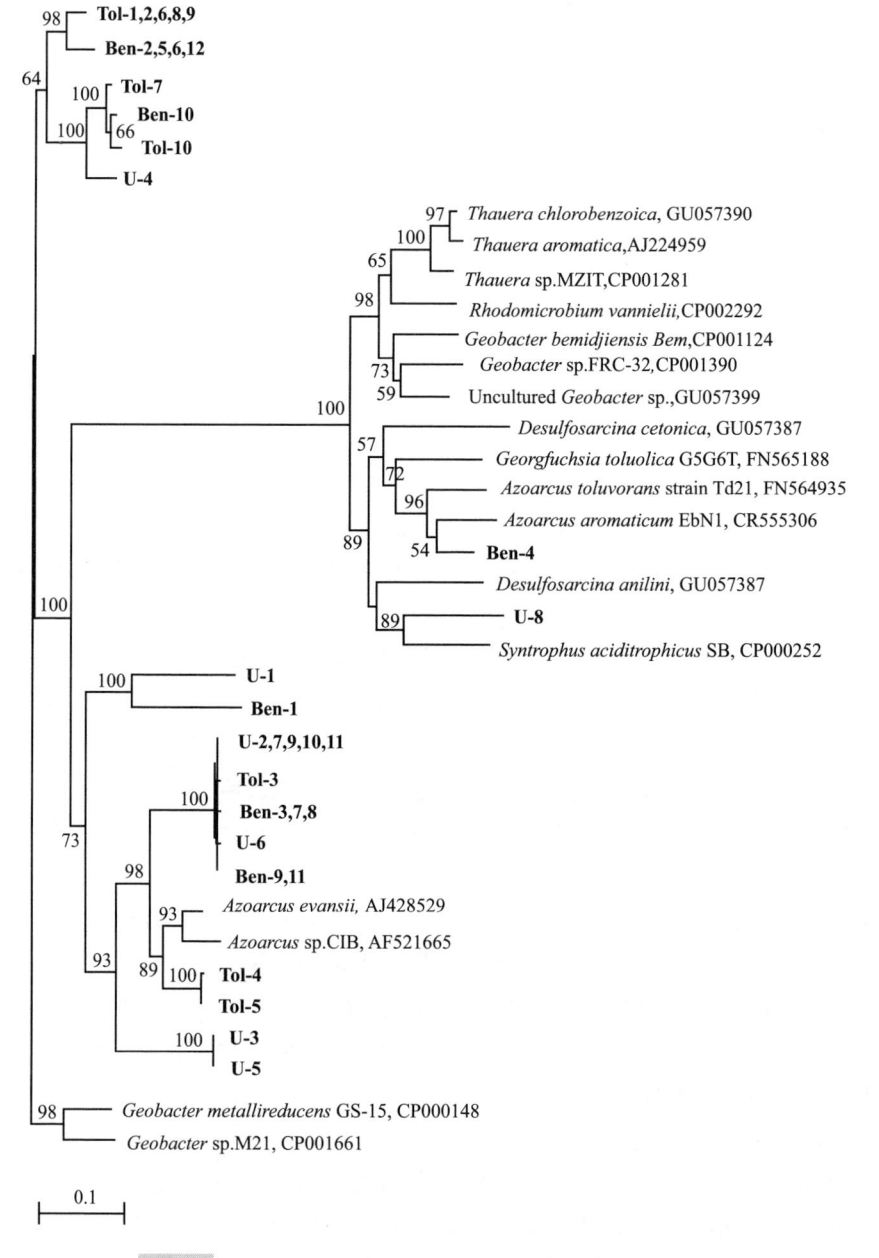

图6-12　基于 *bamA* 基因的克隆测序结果系统发生进化树

注：1. 该树通过邻接法构建。标尺代表10％的测序分歧。

2. 步长通过1000次重复计算得到，大于50％的都标于树上。

3. Tol、Ben、U分别代表甲苯降解菌液、苯甲酸降解菌液和背景控制中的条带。

系统发生进化树体现了三个克隆文库间的相似之处，且甲苯和苯甲酸克隆文库的相似点＞苯甲酸和背景控制克隆文库的相似点＞甲苯和背景控制克隆文库的相似点。例如，甲苯和苯甲酸的 12 个克隆与 *Thauera chlorobenzoica* 和 *Thauera* sp. MZIT 的 *bamA* 有 87％～98％的匹配度。苯甲酸和背景控制文库与 *Azoarcus evansii* 的 *bamA* 有 84％的匹配，而 *Azoarcus evansii* 也是一些甲苯菌液克隆的最佳匹配菌。

需要注意的是，苯甲酸和背景控制克隆文库中可得到更多不同的序列。单克隆 Ben-4 与 *Azoarcus aromaticum* EbN1 的 *bamA* 序列有 89％的匹配度。单克隆 U-3 和 U-5 与 *Azoarcus* sp. CIB 的 *bamA* 有 78％～79％的匹配。此外，单克隆 Ben-1、U-1 和 U-8 与互养苯甲酸降解菌 *Syntrophus aciditrophicus* SB 的基因组中 *bamA* 基因有 79％的匹配度。

6.3.4　讨论

本部分对厌氧脱氮条件下以甲苯、苯甲酸为基质生长的富集菌液进行研究，确定了甲苯和苯甲酸降解菌液中微生物菌群结构和功能基因多样性。运用基于 *bamA* 基因的 PCR-DGGE 技术，快速指纹识别某个特定时间下富集菌液中硝酸盐还原菌的菌群结构。

DGGE 是一个很好的工具，可快速将微生物群落图像化。*bamA*-DGGE 结果表明，甲苯和苯甲酸降解菌液中 *Thauera* 属和 *Azoarcus* 属是携带 *bamA* 的主导菌群，与克隆文库的结果一致。其他研究也证明过 DGGE 和克隆结果的一致性。然而，DGGE 还存在其固有的监测局限性。例如，使用 DGGE 条带测得的序列较短（小于 rRNA 小亚基的三分之一）而且测序质量多变。从 DGGE 获得的序列越短，系统发生推断就越不准确。因此，仅对 DGGE 条带进行测序并不能充分确定大概的系统发生从属关系，更不能进行准确的系统发生分析。此外，由于 DGGE 只能给出主要条带的测序结果，不能覆盖到一些少数群落，而这些群落可能在菌群结构中起着重要作用。例如，有些克隆文库中与 *Syntrophus* 属相似度很高的 *bamA* 序列并未在 DGGE 中检出，表明这些菌落在 DGGE 凝胶中并不显著，所以未割胶测序。

有趣的是，克隆文库中得到了很多与 *Azoarcus evansii* 的 *bamA* 相似的序列，但这些序列并未在 DGGE 中检出，表明这些 *bamA* 克隆代表了低强度未测序的条带。由此可见，条带强度和克隆频率之间没有相关性。此外，在 DGGE 中发现了与 *Georgfuchsia* 属和 *Rhodomicrobium* 属的 *bamA* 相似的序列，但并未在克隆文库中获得。因此，要较完全准确地了解微生物菌群结构变化，应运用多种分析方法，如 DGGE、末端限制性片段长度多态性（T-RFLP）、克隆等。

甲苯和苯甲酸在厌氧代谢路径上有诸多相似之处，这种相似应该可以反映到降解甲苯和苯甲酸的细菌群落结构上。在脱氮条件下，甲苯和苯甲酸富集菌液中，基于 16S rRNA 基因的 DGGE 条带包含了与 *Thauera* 属有很高相似度的

DNA 片段。而 *Thauera* 属的 *bamA* 也是菌液 *bamA* 基因的最佳匹配基因。此外，两种菌液中的 *bamA* 基因也与 *Azoarus* 属的 *bamA* 匹配，尽管只在苯甲酸富集菌液中发现了与 *Azoarus* 属匹配的 16S rRNA 序列。

Thauera 和 *Azoarcus* 是以硝酸盐作为主要电子最终受体，芳香族化合物作为生长基质的微生物菌群中最典型的两种菌属。在本研究的 PCR 试验中，使用了第一个甲苯降解菌 *Thauera* strain T1 作为阳性对照。在硝酸盐、硫酸盐、铁还原条件下的真实生物环境中也发现了与 *Azoarcus* 属和 *Thauera* 属的 *bamA* 相似的 *bamA*。在硫酸盐还原富集菌液中也报道过属于 *Azoarcus* 和 *Syntrophus* 簇的 *bamA* 运算分类单位。但是，上述离子中并未发现与 *Thauera* 属中的 *bamA* 相似的 *bamA*。本研究发现甲苯和苯甲酸菌液中的 *bamA* 主要与 *Thauera chlorobenzoica* 的 *bamA* 相似。*Thauera chlorobenzoica* 是从沉积物和土壤中分离的脱氮菌，且可在脱氮条件下在大量的芳香族化合物中存活，但不能在甲苯中存活。但是，在自然环境中有可能发生基因的水平转移。

与被 BTEX 或苯污染的环境样品中的 *bamA* 基因多样性相比，以单一碳源（甲苯或苯甲酸）和单一电子受体（硝酸盐）的富集菌液中 *bamA* 基因具有低多样性，这种低多样性同样体现在中温条件下，以原油或对二甲苯为碳源，硫酸盐为电子受体的富集菌液中。在苯甲酸富集菌液中，观察到了较丰富的 16S rRNA 基因和 *bamA* 基因的多样性，且 *bamA* 基因与背景控制更接近，这与采样环境有很大关系。本研究的菌液是富集自池塘沉积物，沉积物中含有大量木质素（池塘附近的树根树叶）和造成棕色河水的自然形成腐植酸，这些有机物质是不同芳香族化合物的来源。苯甲酸是芳香族化合物代谢的主要中间产物，可被多种微生物厌氧降解。这表明自然环境下降解苯甲酸并携带 *bamA* 基因的微生物可能是本土微生物的一部分。这也可能是本研究富集菌液中低 *bamA* 多样性的一个原因。

本研究体现了 *bamA* 作为芳香族化合物厌氧降解过程中标记物的潜力。将 DGGE 和克隆相结合研究 *bamA* 基因多样性非常必要，并且证明了只用一种方法是不足以充分确定菌群多样性的。联合使用 16S rRNA 和 *bamA* 基因来分析微生物菌群结构，结论具有很大一致性，但还不能确定具体的降解微生物。编码甲苯厌氧降解苯环激活蛋白的 *bssA* 基因已有一些环境中的应用，所以联合使用 *bssA* 和 *bamA* 基因来分析环境中类似甲苯的芳香族化合物降解将是一个很好的方法。

6.4 本章小结

建立硝酸盐还原条件下，以甲苯、苯甲酸为生长基质或没有外加基质的富集菌液，研究甲苯和苯甲酸在脱氮厌氧降解过程中的微生物菌群结构和 *bamA* 基因多样性。

（1）16S rRNA 基因的 PCR-DGGE 结果表明，第 0d，沉积物中 16S rRNA 基因与 *Pseudomonas* 属匹配，但经过厌氧脱氮富集 117d 以后，甲苯降解富集菌液中的 16S rRNA 以与 *Thauera* sp. R5 匹配的相应基因为主，而苯甲酸菌液中的 16S rRNA 则以与 *Thauera* sp. R5、*Thauera phenylacetica* 和 *Azoarcus aromaticum* EbN1 匹配的相应基因为主。

（2）基于 *bamA* 基因的 PCR-DGGE 和克隆结果表明，在甲苯和苯甲酸菌液中，以与 *Thauera chlorobenzoica* 相似的 *bamA* 基因为主，且富集菌液中 *bamA* 基因具有较低多样性，而苯甲酸菌液中的 *bamA* 基因的多样性较甲苯菌液丰富。

（3）结合 16S rRNA 和 *bamA* 两种基因的分析结果发现，甲苯和苯甲酸菌液以 *Thauera* 属为主。联合使用 DGGE 和克隆技术可较全面地反映出甲苯和苯甲酸降解富集菌液中 *bamA* 基因的多样性，体现了使用多种分析方法进行基因多样性分析的必要性。

（4）活性菌液和背景对照之间的一些相似性，暗示了单环芳烃类物质在自然环境中有发生自然衰减的潜力。此外，本研究还体现了 *bamA* 作为芳香族化合物厌氧降解过程中标记物的潜力。

参考文献

[1] 金相灿,王超,陈卫.城市河湖水生态与水环境[M].北京:中国建筑工业出版社,2010.

[2] Tessier A,Cam Pbell P G C,Bisson M.Sequential.Extraction procedure for the speciation of particulate trace metals [J].Anal Chem,1979,51(7):844-155.

[3] 张丛.环境评价教程[M].北京:中国环境科学出版社,2002.

[4] 潘恒健.主因子分析在小清河(济南段)水质评价中的研究与应用[D].济南:山东师范大学,2005.

[5] Nicolaos Lambrakis,Andreas Antonakos,George Panagopoulos.The use of multicomponent statistical analysis in hydrogeological environmental research [J].Water Research,2004,38(7):1862-1872.

[6] Gachter R,Wehrli B.Ten years of artificial mixing and oxygenation:no effect on the internal phosphorus loading of two eutrophic lakes [J].Environ Sci Tech,1998,32(3):3659-3665.

[7] Almeida C M,Mucha A P,Vasconcelos M T.Influence of the sea rush Juncus maritimus on metal concentration and speciation in estuarine sediment colonized by the plant [J].Environ Sci Technol,2004,38(11):3112-3118.

[8] 郭鹏然,仇荣亮,王畅,等.珠江口桂山岛沉积物中重金属的污染评价和形态分布特征[J].海洋环境科学,2011,30(2):167-171.

[9] Billon G,Ouddane B,Recourt P,et al.Depth variability and some geochemical characteristics of Fe,Mn,Ca, Mg,Sr,S,P,Cd and Zn in anoxic sediments from Authie Bay(northern France)[J].Estuar Coast Shelf S,2002, 55:167-181.

[10] Müller G.Index of geoaccumulation in sediments of the Rhine River [J].J Geol,1969,(2):108-118.

[11] Hakanson L.An ecological risk index for aquatic pollution control.A sedimentological approach [J].Water Res, 1980,(14):975-1001.

[12] Jain C K.Metal fractionation study on bed sediments of river Yamuna,India [J].Water Res,2004,38(3): 569-578.

[13] 潘恒健.主因子分析在小清河(济南段)水质评价中的研究与应用[D].济南:山东师范大学,2005.

[14] 李祚泳,丁晶,彭荔红.环境质量评价原理与方法[M].北京:化学工业出版社,2004.

[15] 陆雍森.环境评价[M].上海:同济大学出版社,2002.

[16] Liu H L,Li L Q,Yin C Q,et al.Fraction distribution and risk assessment of heavy metals in sediments of Moshui Lake [J].J Environ Sci-China,2008,(20):390-397.

[17] Shin P K S,Lam W K C.Development of a marine sediment pollution index [J].Environ Pollut,2001,113: 281-291.

[18] Long E R,MacDonald D D.Recommended uses of empirically derived,sediment quality guidelines for marine and estuarine ecosystems [J].Hum Ecol Risk Assess,1998,(4):1019-1039.

[19] 丁喜桂,叶思源,高宗军.近海沉积物重金属污染评价方法[J].海洋地质动态,2005,21(8):31-36.

[20] 张鑫,周涛发,杨西飞,等.河流沉积物重金属污染评价方法比较研究[J].合肥工业大学学报(自然科学版),2005,28(11):1419-1423.

[21] Caeiro S,Costa M H,Ramos T B,et al.Assessing heavy metal contamination in Sado Estuary sediment:An index analysis approach [J].Ecol Indic,2005,(5):151-169.

[22] 杨永强.珠江EI及近海沉积物中重金属元素的分布、赋存形态及其潜在生态风险评价[D].广州:中国科学院研究生院(广州地球化学研究所),2007.

[23] 卢瑛,龚子同,张甘霖.南京城市土壤中重金属的化学形态分布[J].环境化学,2003,22(2):131-136.

[24] Wong S C,Li X D,Zhang G,et al.Heavy metals in agricultural soils of the Pearl River Delta,South China [J].

Environ Pollut,2002,119:33-44.

[25] Boruvka L,Vacek O,Jehlli C K J.Principal component analysis as a tool to indicate the origin of potentially toxic elements in soils[J].*Geoderma*,2005,128:289-300.

[26] 韦朝阳,陈同斌.重金属超富集植物及植物修复技术研究进展[J].生态学报,2001,21(7):1196-1203.

[27] Palermo M R.A state of the art overview of contaminated sediment remediation in the United States [C].*Proceedings of International conference on remediation of contaminated sediments*.Italy:Venice,2001.

[28] 孙远军,李小平,黄廷林,等.受污染沉积物原位修复技术研究进展[J].水处理技术,2008,34(1):14-18.

[29] 白晓慧,钟卫国,陈群燕,等.城市内河水体污染修复中沉积物的影响与控制[J].环境科学,2002,23(增刊):89-92.

[30] 周国华.被污染土壤的植物修复研究明[J].物探与化探,2003,27(6):473-476.

[31] 郑新,陈华林.底泥中多环芳烃的处理技术进展[J].环境污染与防治,2002,24(6):350-352.

[32] 曾兆华,万继伟.难降解卤代有机物污染环境的生物修复技术研究进展[J].污染防治技术,2011,24(3):62-65.

[33] 朱遐.生物修复的研究和应用现状及发展前景[J].生物技术通报,2006,(5):31-33.

[34] 孙铁珩,李培军,周启星,等.土壤污染形成机理与修复技术[M].北京:科学出版社,2005.

[35] 陈玉成.污染环境生物修复工程[M].北京:化学工业出版社,2003.

[36] 张福锁,曹一平.根际动态过程和植物营养[J].土壤学报,1992,29(3):239-250.

[37] 刘秀梅,聂俊华,王庆仁.六种植物对铅的吸收与耐性研究[J].植物生态学报,2002,26(5):533-537.

[38] 崔爽,周启星,晁雷.某冶炼厂周围 8 种植物对重金属的吸收和富集作用[J].应用生态学报,2006,17(3):512-515.

[39] Wei S H,Zhou Q X,Wang X,et al.A newly discovered Cd-hyperaccumulatior Solanum nigrum L [J].*Chinese Sci Bulletin*,2004,49(24):2568-2573.

[40] 薛生国,陈英旭,林琦.中国首次发现的锰超积累植物-商陆[J].生态学报,2003,23(5):935-937.

[41] 聂发辉.镉超富集植物商陆及其富集效应[J].生态环境,2006,15(2):303-306.

[42] Zhou J H,Yang Q W,Lan C Y,et al.Heavy metal uptake and extraction potential of two Bechmeria nivea(L.)Gaud.(Ramie)varieties associated with chemical reagents [J].*Water Air Soil Pollut*,2010,211:1-4.

[43] Tandy S,Schulin R,Nowack B.Uptake of metals during chelant-assisted phytoextraction with EDDS related to the solubilized metal concentration [J].*Environl Sci Tech*,2006,40(8):2753-2758.

[44] Liu D,Islam E,Li T Q,et al.Comparison of synthetic chelators and low molecular weight organic acids in enhancing phytoextraetion of heavy metals by two ecotypes of Sedum alfredii Hanee [J].*J Hazard Mate*,2008,153:114-122.

[45] Luo C L,Shen Z G,Baker A J M,et al.A novel strategy using biodegradable EDDS for the chemically enhanced phytoextraction of soils contaminated with heavy metals [J].*Plant Soil*,2006,285:67-80.

[46] Neugschwandtner R W,Tlustog P,KomOrek M,et al.Phytoextraction of Pb and Cd from a contaminated agricultural soil using different EDTA application regimes:Laboratory versus field scale measures of efieieney [J].*Geoderma*,2008,144:446-454.

[47] Michael W H,Evangelou,Hatice D,et al,The influence of humic acids on the phytoextraction of cadmium from soil [J].*Chemosphere*,2004,57(3):207-213.

[48] Ortega-larrocea M D,Xoconostile-cazares B,Maldonado-mendoza I E.Plant and fungal biodiversity from metal mine wastes under remediation at Zimapan,Hidalgo,Mexico [J].*Environ Pollut*,2009,158(5):1922-1931.

[49] Chen X,Wu C,TANG J,et al.Arbuscular mycorrhizae enhance metal lead uptake and growth of host plants un-

der a sand culture experiment [J].*Chemosphere*,2005,60(5):665-671.

[50] Usman R,Mohamed H M.Effect of microbial inoculation and EDTA on the uptake and translocation of heavy metal by corn and sunflower [J].*Chemosphere*,2009,76(7):893-899.

[51] 毕银丽,胡振琪,司继涛.接种菌根对复垦土壤营养吸收的影响[J].中国矿业大学学报,2003,31(3):252-257.

[52] 刘索纯,萧浪涛,王惠群,等.植物对重金属的吸收机制与植物修复技术[J].湖南农业大学学报(自然科学版),2004,30(5):493-497.

[53] 周振民,朱彦云.土壤重金属污染大生物量植物修复技术研究进展[J].灌溉排水报,2009,28(6):26-29.

[54] Coates J,Chakraborty R,Lack J.Anaerobic benzene oxidation coupled to nitrate reduction in pure culture by two strains of Dechloromonas [J].*Nature*,2001,411:1039-1043.

[55] Meckenstock R U,Safinowski M.Anaerobic degradation of polycyclic aromatic hydrocarbons [J].*FEMS Microbiol Ecol*,2004,49:27-36.

[56] Chakraborty R,OConnor S M,Chan E.Anaerobic degradation of benzene,toluene,ethylbenzene,and xylene compounds by Dechloromonas strain RCB [J].*Appl Environ Microbiol*,2005,71:8649-8655.

[57] Callaghan A V,Tierney M,Phelps C D.Anaerobic Biodegradation of n-Hexadecane by a Nitrate-Reducing Consortium [J].*Appl Environ Microbiol*,2009,75:1339-1344.

[58] Siddique T,Fedorak P,MacKinnon M.Metabolism of BTEX and naphtha compounds to methane in oil sands tailings [J].*Environ Sci Technol*,2007,41:2350-2356.

[59] Zhang C,Bennett G.Biodegradation of xenobiotics by anaerobic bacteria [J].*Appl Microbio Biotechnol*,2005,67:600-618.

[60] Liu A,Garcia-Dominguez E,Rhine E D.A novel arsenate respiring isolate that can utilize aromatic substrates [J].*FEMS Microbiol Ecol*,2004,48:323-332.

[61] Acosta-Martínez V,Dowd S,Sun Y,et al.Tag-encoded pyrosequencing analysis of bacterial diversity in a single soil type as affected by management and land use [J].*Soil Biol Biochem*,2008,40:2762-2770.

[62] Gowd S S,Reddy M R,Govil P K.Assessment of heavy metal contamination in soils at Jajmau(Kanpur) and Unnao industrial areas of the Ganga Plain,Uttar Pradesh [J].*India J Hazard Mater*,2010,174:113-121.

[63] Uluturhan E,Kontas A,Can E.Sediment concentrations of heavy metals in the Homa Lagoon(Eastern Aegean Sea):Assessment of contamination and ecological risks [J].*Mar Pollut Bull*,2011,62:1989-1997.

[64] Butler J E,He Q,Nevin K P,et al.Genomic and microarray analysis of aromatics degradation in Geobacter metallireducens and comparison to a Geobacter isolate from a contaminated field site [J].*BMC Genomics*,2007,(8):180.

[65] Kuntze K,Shinoda Y,Moutakki H,et al.6-Oxocyclohex-1-ene-1-carbonyl -coenzyme A hydrolases from obligately anaerobic bacteria:characterization and identification of its gene as a functional marker for aromatic compounds degrading anaerobes [J].*Environ Microbiol*,2008,(10):1547-1556.

[66] Higashioka Y,Kojima H,Fukui M.Temperature-dependent differences in community structure of bacteria involved in degradation of petroleum hydrocarbons under sulfate-reducing conditions [J].*J App Microbiol*,2010,110:314-322.

[67] Staats M,Braster M,Roling W F.Molecular diversity and distribution of aromatic hydrocarbon-degrading anaerobes across a landfill leachate plume [J].*Environ Microbiol*,2011,(13):1216-1227.

[68] Kuntze K,Vogt C,Richnow H H,et al.Combined application of PCR-based functional assays for the detection of aromatic compound-degrading anaerobes [J].*App Enviro Microbiol*,2011,77(14):50-56.

［69］ Barringer J L，Mumford A，Young L Y，et al.Pathways for arsenic from sediments to groundwater to streams：Biogeochemical processes in the Inner Coastal Plain，New Jersey，USA ［J］.Water Res，2010，44：5532-5544.

［70］ LaPara T M，Nakatsu C H，Pantea L，et al.Phylogenetic analysis of bacterial communities in mesophilic and thermophilic bioreactors treating pharmaceutical wastewater ［J］.Appl Environ Microbiol，2000，66：3951-3959.

［71］ Diez B，Pedrós-Alió C，Marsh T L，et al.Application of denaturing gradient gel electrophoresis(DGGE)to study the diversity of marine picoeukaryotic assemblages and comparison of DGGE with other molecular techniques ［J］.Appl Environ Microbiol，2001，67：2942-2951.

［72］ Watanabe K，Nagao N，Tatsuki T T，et al.The dominant bacteria shifted from the order "Lactobacillales" to Bacillales and Actinomycetales during a start-up period of large-scale，completely-mixed composting reactor using plastic bottle flakes as bulking agent ［J］.World J Microbiol Biotechnol，2009，25：803-811.

［73］ van Schie P M，Young L Y.Isolation and characterization of phenol-degrading denitrifying bacteria ［J］.Appl Environ Microbiol，1998，64：2432-2438.

［74］ Song B，Young L Y，Palleroni N J.Identification of denitrifier strain T1 as Thauera aromatica and proposal for emendation of the genus Thauera definition ［J］.Int J Syst Bacteriol，1998，48：889-894.

［75］ Häggblom M M，Young L Y.Anaerobic degradation of 3-halobenzoates by a denitrifying bacterium ［J］.Arch Microbiol，1999，171：230-236.

［76］ Song B，Palleroni N J，Häggblom M M.Isolation and characterization of diverse halobenzoate-degrading denitrifying bacteria from soils and sediments ［J］.Appl Environ Microbiol，2000，66：3446-3453.

［77］ Song B，Palleroni N J，Kerkhof L J，et al.Characterization of halobenzoate -degrading，denitrifying Azoarcus and Thauera isolates and description of Thauera chlorobenzoica sp.nov ［J］.Int J Syst Evol Microbiol，2001，51：589-602.

［78］ Wilson M S，Herrick J B，Jeon C O，et al.Horizontal transfer of phnAc dioxygenase genes within one of two phenotypically and genotypically distinctive naphthalene-degrading guilds from adjacent soil environments ［J］.Appl Environ Micriobiol，2003，69：2172-2181.

［79］ Kurtland C G，Canback B and Berg O G.Horizontal gene transfer：a critical view ［J］.Proc Natl Acad Sci USA，2003，100：9658-9662.

［80］ Springael D，Top E M.Horizontal gene transfer and microbial adaptation to xenobiotics：new types of mobile genetic elements and lessons from ecological studies ［J］.Trends Microbiol，2004，12：53-58.

［81］ Ulrich A C，Beller H R，Edwards E A.Metabolites detected during biodegradation of C-13(6)-benzene in nitrate-reducing and methanogenic enrichment cultures ［J］.Environ Sci Techol，2005，39：6681-6691.

［82］ Kunapuli U，Griebler C，Beller H R.Identification of intermediate formed during anaerobic benzene degradation by an iron-reducing enrichment culture ［J］.Environ Microbiol，2008，(10)：1703-1712.

［83］ Rather L J，Weinert T，Demmer U，et al. Structure and Mechanism of the Diiron Benzoyl-Coenzyme A Epoxidase BoxB ［J］.J Biol Chem，2011，286：29241-29248.

［84］ Zaar A，Eisenreich W，Bacher A，et al.A novel pathway of aerobic benzoate catabolism in the bacteria Azoarcus evansii and Bacillus stearothermophilus ［J］.J Biol Chem，2001，276：24997-25004.

［85］ Kung J W，Loffler C，Dorner K，et al.Identification and characterization of the tungsten containing class of benzoyl-coenzyme A reductases ［J］.Proc Natl Acad Sci USA，2009，106：17687-17692.

［86］ Mechichi T，Stackebrandt E，Gadon N，et al.Phylogenetic and metabolic diversity of bacteria degrading aromatic compounds under denitrifying conditions，and description of Thauera phenylacetica sp.nov.，Thauera aminoaromatica sp.nov.，and Azoarcus buckelii sp.nov ［J］.Arch Microbiol，2002，178：26-35.

[87] Laempe D, Eisenreich W, Bacher A.Cyclohexa-1,5-diene-1-carbonyl-CoA hydratase [corrected], an enzyme involved in anaerobic metabolism of benzoyl-CoA in the denitrifying bacterium *Thauera aromatic* [J].*Eur J Biochem*, 1998, 255: 618-627.

[88] Laempe D, Jahn M, Fuchs G.6-Hydroxycyclohex-1-ene-1-carbonyl-CoA dehydrogenase and 6-oxocyclohex-1-ene-1-carbonyl-CoA hydrolase, enzymes of the benzoyl-CoA pathway of anaerobic aromatic metabolism in the denitrifying bacterium *Thauera aromatic* [J].*Eur J Biochem*, 1999, 263: 420-429.

[89] Wilson B H, Smith G B, Rees J F.Biotransformations of selected alkylbenzenes and halogenated aliphatic hydrocarbons in methanogenic aquifer material: a microcosm study [J].*Environ Sci Technol*, 1986, (20): 997-1002.

[90] Rueter P, Rabus R, Wilkes H, et al.Anaerobic oxidation of hydrocarbons in crude oil by denitrifying bacteria [J].*Nature*, 1994, 372: 455-458.

[91] Harwood C S, Burchhardt G, Herrmann H, et al.Anaerobic metabolism of aromatic compounds via the benzoyl-CoA pathway [J].*FEMS Microbiol Rev*, 1999, (22): 439-458.

[92] Rabus R, Fukui M, Wilkes H, et al.Degradative capacities and 16S rRNA-targeted whole-cell hybridization of sulfate-reducing bacteria in an anaerobic enrichment culture utilising alkylbenzenes from crude oil [J].*Appl Environ Microbiol*, 1996, 62: 3605-3613.

[93] Fries M R, Zhou J, Chee-Sanford J, et al.Isolation, characterisation and distribution of denitrifying toluene-degraders from a variety of habitats [J].*Appl Environ Microbiol*, 1994, 60: 2801-2810.

[94] Coschigano P W, Young LY.Identification and sequence analysis of two regulatory genes involved in anaerobic toluene metabolism by strain T1 [J].*App Enviro Microbiol*, 1997, 63: 652-660.

[95] Winderl C, Anneser B, Griebler C, et al.Depth-resolved quantification of anaerobic toluene degraders and aquifer microbial community patterns in distinct redox zones of a tar oil contaminant plume [J].*Appl Environ Microbiol*, 2008, 74: 792-801.

[96] Winderl C, Schaefer S, Lueders T.Detection of anaerobic toluene and hydrocarbon degraders in contaminated aquifers using benzylsuccinate synthase(bssA)genes as a functional marker [J].*Environ Microbiol*, 2007, (9): 1035-1046.